W0263577

Einführung in die Baustatik

Von

Dipl.-Ing. Dr. techn. Ernst Melan

o. Professor an der Technischen Hochschule in Wien
wirkl. Mitglied der Österreichischen Akademie der Wissenschaften

Mit 242 Textabbildungen

Wien
Springer-Verlag
1950

ISBN-13: 978-3-7091-7749-5 e-ISBN-13: 978-3-7091-7748-8
DOI: 10.1007/978-3-7091-7748-8

Softcover reptrint of the hardcover 1st edition 1950

Vorwort.

Die vorliegende „Einführung in die Baustatik" behandelt die Theorie der Tragwerke etwa in dem gleichen Umfang wie die Hauptvorlesung über Baustatik, die der Verfasser für die Studierenden der Fakultät für Bauingenieurwesen an der Technischen Hochschule in Wien hält. Mit der „Einführung in die Statik" und der „Einführung in die Festigkeitslehre", welche der Verfasser gemeinsam mit Dr. Chmelka bereits früher im gleichen Verlage erscheinen ließ, bildet der vorliegende Band den Abschluß einer Reihe, die in nicht allzu breiter Darstellung dem Studierenden jene grundlegenden Kenntnisse vermitteln soll, deren er zur Berechnung und Bemessung der Tragwerke bedarf. Der Verfasser war bemüht, eine leichtfaßliche, aber trotzdem exakte Darstellung der Grundlagen zu geben; daneben ist aber auf die praktische Anwendung weitgehendst Rücksicht genommen und zahlreiche numerische Beispiele sollen zeigen, wie die Theorie in der Praxis tatsächlich angewendet wird.

Der Verfasser verdankt Herrn Dozenten Dr. Chmelka, mit welchem er die beiden ersten vorgenannten Bände herausgegeben hat, diesmal eine gründliche Durchsicht der Korrekturen; er dankt weiters Herrn Dipl.-Ing. E. Hafenrichter für die Mithilfe bei der Ausarbeitung und Herstellung des Manuskriptes.

Endlich möge nicht unerwähnt bleiben, daß der Verlag in gewohnter Weise die Arbeiten des Autors unterstützt hat, wofür er dessen besonderen Dankes versichert sein möge.

Wien, im Januar 1950

Ernst Melan

Inhaltsverzeichnis.

Zahlenbeispiele.

Berichtigungen.

Seite 28, Zeile 13 von unten lies: l statt 1

Seite 44, Zeile 14 von unten in der ersten Formel lies: $\lambda_{n-1/2}$, statt $\lambda_{n+1/2}$ und in der zweiten Formel lies: $\lambda_{n+1/2}$, statt $\lambda_{n-1/2}$

Seite 45, Gl. (28, 12a) lies: $2\,p_{n+1/2}$, statt $p_{n+1/2}$

Seite 50, letzte Zeile lies: $\overline{C}_{bb} = 1$, statt $\overline{C}_{bb} = l$

Seite 285, Zeile 5 von oben lies: w_6', statt w_5'

I. Der Aufbau der Tragwerke.

1. Einleitung. Die Baustatik ist jener Teil der Mechanik, der sich im besonderen mit der Statik der *Tragwerke,* die im Bauwesen verwendet werden, befaßt. Ein solches Tragwerk besteht aus einem oder mehreren miteinander verbundenen *festen* Körpern, die gegen die Erde irgendwie gelagert oder gestützt sind. Die Anordnung muß jedenfalls eine derartige sein, daß ein *unverschiebliches* System entsteht, d. h. es dürfen nur solche Gestaltsänderungen des Tragwerkes möglich sein, welche durch die Nachgiebigkeit des Baustoffes bedingt sind. Setzt man den Baustoff als *starr* voraus, so kann das Tragwerk seine Form überhaupt nicht und also weder die einzelnen Teile ihre gegenseitige noch ihre Lage gegenüber der Erde ändern.

Im folgenden beschränken wir uns auf *ebene* Tragwerke, bei denen alle Teile in einer Ebene — der Zeichenebene — liegen. Auch die äußeren Kräfte sollen in dieser Ebene liegen. Die einzelnen festen Teile des Systems nennen wir in diesem Falle Scheiben. Die einzelnen Scheiben können in verschiedener Weise miteinander verbunden sein, doch nur so, daß wieder ein unverschiebliches Gebilde entsteht.

Wenn die einzelnen Scheiben nur Verformungen in ihrer Ebene erfahren, werden auch die Verschiebungen des Tragwerkes in dieser Ebene liegen. Wir sprechen in diesem Falle von einem *ebenen Problem;* mit solchen werden wir uns ausschließlich beschäftigen.

Genau genommen sind alle in der Praxis verwendeten Tragwerke räumliche Systeme; denn ein ebenes Tragwerk kann senkrecht zu seiner Ebene angreifenden Kräften keinen Widerstand entgegensetzen und muß demnach gegen Ausweichen aus seiner Ebene gesichert sein. So entsteht bereits ein räumliches Tragwerk, das aber in einzelne ebene Tragwerke zerlegt werden kann; man versucht stets, sich die Berechnung räumlicher Tragwerke durch Zerlegung in einzelne ebene Systeme zu vereinfachen. Dieser Umstand begründet die bevorzugte Behandlung der ebenen Systeme.

Das Ziel unserer Untersuchung ist die Bestimmung der inneren Kräfte und Momente sowie der Verformung des Tragwerkes, die entweder durch die Einwirkung äußerer Kräfte oder durch aufgezwungene Verschiebungen bestimmter Punkte des Systems entstehen. Die äußeren Kräfte, die auf das Tragwerk wirken, nennt man in der Baustatik gewöhnlich die *Belastung;* aufgezwungene Verschiebungen können durch

Formänderungen der Scheiben entweder infolge von Temperaturänderungen oder durch unrichtige Form und Lagerung derselben verursacht sein.

Die Bestimmung des Spannungs- und Formänderungszustandes einer Scheibe ist Gegenstand der Elastizitätstheorie. Diese Aufgabe ist zumeist schwierig zu lösen; in vielen Fällen ist sie überhaupt unlösbar. Sie vereinfacht sich nur für Scheiben, bei denen in einer Richtung die räumliche Ausdehnung bedeutend größer ist als in den beiden anderen. Wir nennen einen solchen Körper einen *dünnen Stab*, kurzweg wohl auch nur Stab. Die Längsrichtung heißt *Stabachse;* sie kann gerade oder gekrümmt sein. Senkrecht zu ihr liegen die *Stabquerschnitte*. Eine Hauptträgheitsachse des Stabquerschnittes muß stets in die Tragwerksebene fallen, wenn ein ebenes Problem vorliegen soll; denn sonst würden Verformungen des Stabes außerhalb dieser Ebene auftreten. Sind die äußeren, an einem Stabe angreifenden Kräfte bekannt, so können die inneren Kräfte und die Verschiebungen leicht bestimmt werden. Man pflegt deshalb bei der Untersuchung technischer Bauwerke die Scheiben als dünne Stäbe zu betrachten und dies oft auch dann, wenn diese Annahme streng genommen nicht mehr zutrifft. Das einfachste Tragwerk besteht demnach aus einem mit der Erde unverschieblich verbundenen Stab, wie z. B. ein freiaufliegender Träger auf zwei Stützen, ein Kragträger, ein eingespannter Bogen u. dgl. Besteht ein Tragwerk aus mehreren Scheiben, so sollen diese aus unverschieblich zusammengefügten dünnen Stäben gebildet werden; dies ist bei einem Dreigelenkbogen, bei Fachwerken, Rahmenträgern u. a. m. der Fall.

A. Einige kinematische Begriffe und Hilfssätze.

2. Das Momentanzentrum einer unendlich kleinen Bewegung. Um über den Aufbau und die Stützung von Tragwerken Klarheit zu gewinnen, ist es notwendig, sich mit einigen wenigen Tatsachen der Kinematik vertraut zu machen. In der Abb. 1 ist eine Scheibe dargestellt, die sich von der Lage I in die Lage II bewegt hat. Wir können uns diese Bewegung als eine Drehung der Scheibe um einen bestimmten Punkt entstanden denken. Diesen Drehpunkt erhält man in einfacher Weise, wenn man die Streckensymmetralen auf die Verbindungslinien von je zwei einander entsprechenden Punkten zum Schnitt bringt. In der Zeichnung sind hiefür die Punkte a und b gewählt worden, deren neue Lagen mit a' und b' bezeichnet sind.

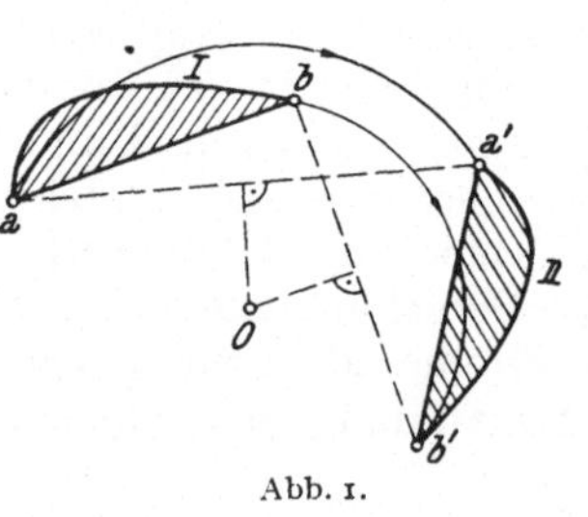

Abb. 1.

Nun setzen wir voraus, daß alle Verschiebungen eines Tragwerkes sehr klein gegenüber den Abmessungen des Systems sind. In der Tat beträgt ja die Durchbiegung einer Decke oder einer Brücke bei ihrer Belastung nur wenige Tausendstel der Stützweite und kann mit freiem

Auge zumeist gar nicht festgestellt werden. Es sollen also zwischen dem deformierten und nicht deformierten Tragwerk so kleine Unterschiede bestehen, daß es statthaft ist, an Stelle des verformten das unverformte System zu setzen. Läßt man diese Annahme fallen, so wird schon die Lösung einfacher Aufgaben recht schwierig. Nur in wenigen Fällen, die sogenannte Stabilitätsprobleme betreffen, ist es notwendig, das Tragwerk im verformten Zustand zu betrachten.

Sind die Verschiebungen einer Scheibe aber im Verhältnis zu ihren Abmessungen sehr klein, so ist es unmöglich, in der Abb. 1 die beiden Lagen der Scheibe darzustellen; denn diese fallen infolge des Maßstabes der Zeichnung zusammen. Man kann aber den Punkt, um den sich die Scheibe bei einer unendlich kleinen Bewegung dreht, leicht angeben, wenn nur von zwei Punkten — wir wählen wieder die Punkte a und b — die Richtungen der Verschiebungen angegeben sind; denn die Kreisbahnen irgendwelcher Punkte der Scheiben können jetzt wegen ihrer Kleinheit durch Gerade ersetzt werden und an Stelle der Streckensymmetralen treten nunmehr die Senkrechten auf die gegebenen Verschiebungsrichtungen. Durch ihren Schnitt erhält man jetzt den Drehpunkt, den man das *Momentanzentrum* oder den *absoluten Pol* der unendlich kleinen Bewegung nennt. In der Abb. 2a ist dies zunächst für die Punkte a und b durchgeführt, deren Verschiebungsrichtungen (nicht aber die Größe) durch δ_a und δ_b angegeben sind.

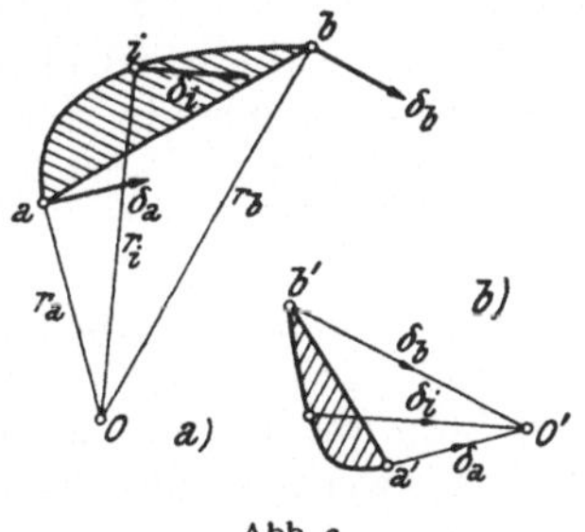

Abb 2.

Will man die Verschiebungen der Größe nach darstellen, so muß man eine eigene Zeichnung in entsprechend größerem Maßstab anfertigen. Hat sich die Scheibe um den unendlich kleinen Winkel φ gedreht, so beträgt die Verschiebung des Punktes a $\delta_a = r_a \varphi$ und des Punktes b $\delta_b = r_b \varphi$, wenn r_a und r_b die Entfernungen des Punktes a und b von dem Momentanzentrum bedeuten. Die Verschiebung eines beliebigen Punktes i δ_i steht senkrecht auf der Strecke r_i und beträgt

$$\delta_i = r_i \varphi. \tag{2, 1}$$

Man pflegt, wie dies in Abb. 2b geschehen ist, die Verschiebungen der Größe und Richtung nach gegen einen Punkt o' aufzutragen und erhält so eine Figur, die der ursprünglichen Abb. 2a ähnlich, jedoch um 90° verdreht ist. Die Drehung erfolgt entgegen dem Drehsinn des Winkels φ. Man kann aber auch die Verschiebungen unmittelbar der Abb. 2a entnehmen; die Entfernungen r_a, r_b, r_i stellen dann, gegen das Momentanzentrum gerichtet, bis auf den Maßstab die Verschiebungen dieser Punkte, jedoch um 90° gedreht vor. Man nennt Abb. 2b den *Verschiebungsplan;* um ihn zeichnen zu können und also die Verschiebungen sämtlicher Punkte einer Scheibe anzugeben, muß außer den Verschiebungsrichtungen zweier Punkte entweder der Drehwinkel oder die Größe der Verschiebung eines Punktes gegeben sein.

Fällt das Momentanzentrum ins Unendliche, so ergibt sich eine *Translation* der Scheibe; sie ist dadurch gekennzeichnet, daß alle Punkte der Scheibe gleich gerichtete und gleich große Verschiebungen besitzen.

Bei den meisten Aufgaben kommt es aber nicht darauf an, die Verschiebungen überhaupt, sondern nur ihre Projektionen in einer bestimmten, gegebenen Richtung zu bestimmen. Wir sprechen dann von der *Verschiebungskomponente* oder der *Verschiebung in einer bestimmten Richtung* oder, wenn die Richtung ein für allemal feststeht und kein Zweifel möglich ist, etwas ungenauer auch nur kurz von der Verschiebung. Es soll also z. B. für den Punkt i der Scheibe in Abb. 3 die Verschiebung in lotrechter Richtung dargestellt werden. Die gesamte Verschiebung des Punktes i beträgt $\delta_i = r_i \varphi$, demnach in lotrechter Richtung

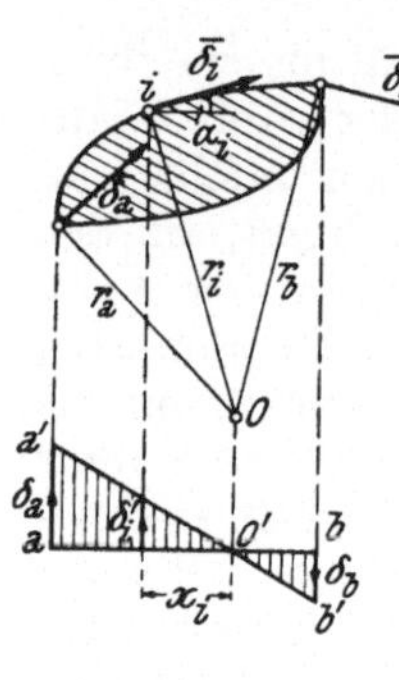

Abb. 3.

$$\delta_i' = r_i \varphi \sin \alpha_i \text{ oder } \delta_i' = x_i \varphi. \qquad (2, 2)$$

Es ergibt sich also die Gerade o′ a' b' als Bild aller Verschiebungen in lotrechter Richtung. Will man die Verschiebung in einer anderen Richtung erhalten, so ist ebenso zu verfahren. Dabei besitzen die Punkte der Scheibe, welche in der Richtung der gesuchten Verschiebungskomponenten liegen, die gleichen Verschiebungen. Da das Momentanzentrum o in Ruhe bleibt, sind hier die Verschiebungen Null.

3. **Zusammensetzung von unendlich kleinen Verdrehungen.** Eine Scheibe soll sich zuerst um das Momentanzentrum o′ um den Winkel φ', sodann um das Momentanzentrum o″ um den Winkel φ'' gedreht haben. Diese zwei aufeinanderfolgenden Drehungen können wir durch eine einzige um das Momentanzentrum o und den Winkel φ ersetzen; es soll die Lage von o und der Winkel φ angegeben werden. Das Momentanzentrum o ist offenbar dadurch bestimmt, daß es nach den beiden Drehungen seine Lage nicht geändert hat. Es muß also die Verschiebung infolge der Drehung um o′ durch jene um o″ wieder aufgehoben werden oder die Verschiebung infolge der Drehung um o′ muß gleich groß, aber entgegengesetzt gerichtet wie jene um o″ sein. Parallele Verschiebungen erfahren bei den beiden Drehungen aber nur die Punkte der Scheibe, die auf der Verbindungsgeraden von o′ und o″ liegen; das gesuchte Momentanzentrum o muß also auf dieser Geraden liegen. Bedeutet e den Abstand o′ — o″, x den gesuchten Abstand o′ — o (vgl. Abb. 4), so erfährt der Punkt o infolge der Drehung um o′ die Verschiebung $x\varphi'$, infolge der zweiten Drehung um o″ die Verschiebung $(e - x) \cdot \varphi''$ in entgegengesetzter Richtung und aus der Gleichheit dieser beiden Verschiebungen $x\varphi' = (e - x)\varphi''$ ergibt sich

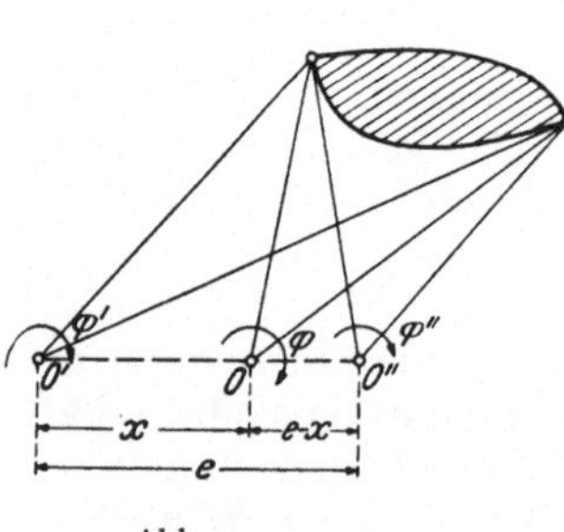

Abb. 4.

$$x = e \frac{\varphi''}{\varphi' + \varphi''}. \tag{3, 3}$$

Um nun noch die Größe der resultierenden Verdrehung φ zu bestimmen, beachten wir, daß die endgültige Verschiebung des Punktes o″ $e\varphi'$ beträgt. Damit sich bei einer Drehung um das neue Momentanzentrum o auch dieser Wert ergibt, muß entsprechend dem Abstande $e - x$ dieses Punktes von o der Drehwinkel φ den Wert

$$\varphi = \frac{e\,\varphi'}{e - x} = \frac{e\,\varphi''}{x} = \varphi' + \varphi'' \tag{3, 4}$$

besitzen.

Es läßt sich unschwer zeigen, daß sich das Ergebnis nicht ändert, wenn wir die Reihenfolge der Drehungen vertauschen, also die Scheibe zuerst um den Punkt o″ mit φ'' und dann um o′ mit φ' verdrehen.

4. Die Relativverschiebungen mehrerer Scheiben. Wir betrachten zunächst zwei Scheiben, die in Abb. 5 mit *I* und *II* bezeichnet sind und deren Momentanzentren o_1 und o_2 mit den Drehwinkeln φ_1 und φ_2 gegeben seien. Wir wollen nunmehr die relative Verschiebung der Scheibe *I* gegen die Scheibe *II* feststellen. Dazu ist es nur notwendig, beiden Scheiben die Drehung $-\varphi_1$ um o_1 zu erteilen, wodurch die Scheibe *I* in Ruhe bleibt, die Scheibe *II* nunmehr nach Nr. 3 die Drehung $-\varphi_1 + \varphi_2$ um den neuen Punkt $o_{1,2}$ erhält, der ebenfalls nach den Angaben unter Nr. 3 bestimmt werden kann. Er liegt jedenfalls auf der Geraden $o_1 - o_2$; man nennt ihn den *Relativpol* der Scheiben *I* und *II*, während man die Momentanzentren o_1 und o_2 auch als die *absoluten Pole* der Scheiben *I* und *II* bezeichnet. Man erhält so den häufig angewendeten Satz, daß *der Relativpol zweier Scheiben und die absoluten Pole dieser Scheiben stets auf einer Geraden liegen.*

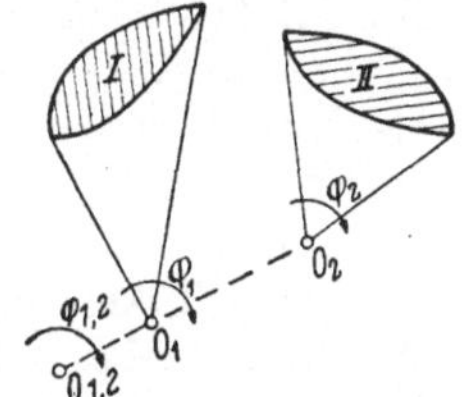

Abb. 5.

Es seien nun n Scheiben gegeben, zwischen denen, wie man sich leicht überzeugen kann, $\binom{n}{2}$ Relativpole existieren. Es läßt sich zeigen, *daß die Relativpole je dreier Scheiben auf einer Geraden liegen.* In Abb. 6 sind die Scheiben *I*, *II* und *III* mit den Relativpolen 1,2 und 2,3 der Scheibe *II* gegen Scheibe *I* und Scheibe *III* dargestellt. Um über die Lage von dem Relativpol 1,3 der Scheibe *I* gegen *III* etwas aussagen zu können, denken wir uns eine solche Drehung überlagert, daß die Scheibe *II* in Ruhe bleibt; dann ist 1,2 das Momentanzentrum von *I* und 2,3 jenes von *III*. Diese beiden Momentanzentren müssen — wie eben bewiesen — mit dem Relativpol der beiden Scheiben *I* und *III*, nämlich mit 1,3, auf einer Geraden liegen, so

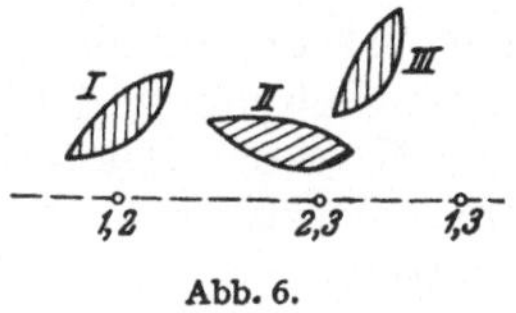

Abb. 6.

daß also, wie behauptet, die Relativpole 1,2, 2,3 und 1,3 tatsächlich auf einer Geraden liegen.

5. Die Verbindungen von Scheiben. Freiheitsgrade. Zwei Scheiben können in verschiedener Weise miteinander verbunden werden. Denken wir uns zwei Scheiben fest miteinander verbunden oder verschweißt, so ist eine relative Bewegung der beiden Scheiben gegeneinander unmöglich und beide Scheiben verhalten sich so wie eine einzige Scheibe. Man sagt auch, daß jede der beiden Scheiben bezüglich der anderen *keinen Freiheitsgrad* besitzt. Wenn eine der beiden Scheiben durch die feste Erde vorgestellt wird, so bezeichnet man diese Verbindung, die weder eine Verschiebung noch eine Verdrehung der anderen Scheibe erlaubt, auch als *Einspannung*. Eine solche Einspannung liegt z. B. bei einem Kragträger oder bei einem eingespannten Bogen vor, wie sie in Abb. 7a und 7b dargestellt sind.

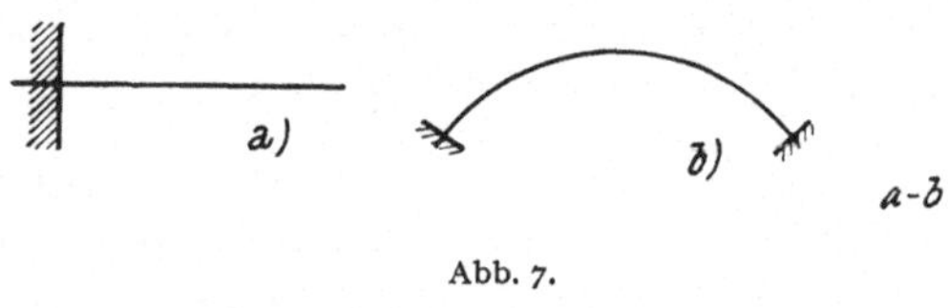

Abb. 7.

Zwei Scheiben können ferner durch ein *Gelenk* verbunden werden. Ein solches Gelenk erlaubt eine Verdrehung, aber keine Verschiebung der beiden Scheiben gegeneinander; das Gelenk stellt demnach bei einer relativen Bewegung den Relativpol der beiden Scheiben vor. Will man die Lage der beiden Scheiben gegeneinander festlegen, so ist die Angabe *einer* Größe, z. B. der Entfernung zweier Punkte der beiden Scheiben oder des Winkels zweier auf den beiden Scheiben markierten Richtungen, notwendig. Man schreibt daher dieser Verbindung *einen Freiheitsgrad* zu. Man bezeichnet ein solches Gelenk, insbesondere wenn eine Scheibe durch die Erde gebildet wird, auch als *festes Lager*.

Eine andere Verbindung, die ebenfalls einen Freiheitsgrad besitzt, die *Klemmung*. Die beiden Scheiben sind jetzt durch einen Mechanismus verbunden, der lediglich die Verschiebung in einer bestimmten Richtung, aber keine Verdrehung der Scheiben gegeneinander zuläßt; es kann dies etwa durch eine teleskopartige Hülse oder Ausziehvorrichtung erreicht werden. In Abb. 8 ist das rechte Auflager eines Trägers auf zwei Stützen als Klemmung ausgebildet. Da die gegenseitige Bewegung der beiden Scheiben eine Translation vorstellt, fällt nach Nr. 2 der Relativpol der beiden Scheiben ins Unendliche, und zwar senkrecht zu jener Richtung, in der die Klemmung eine Verschiebung gestattet.

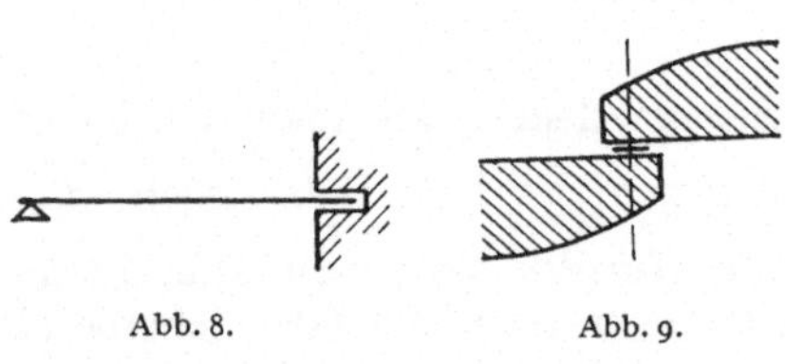
Abb. 8. Abb. 9.

In Abb. 9 sind zwei Scheiben endlich durch ein *Gleitlager* verbunden. Dieses Gleitlager verhindert lediglich eine Verschiebung der beiden Scheiben in einer bestimmten Richtung, nämlich senkrecht zur Gleitrichtung des Lagers; es ermöglicht demnach sowohl eine Verschiebung in der Richtung der Gleitbahn als auch eine Verdrehung der beiden Scheiben gegeneinander. Will man daher die gegenseitige Lage der beiden Scheiben festlegen, so sind *zwei* Größen hiezu erforderlich, z. B. die Größe der erwähnten Verschiebung und der Verdrehungswinkel. Man sagt deshalb, daß ein solches Gleitlager *zwei Freiheitsgrade* besitzt. Der Relativpol bei einer durch dieses Lager möglichen Bewegung der beiden Scheiben gegeneinander liegt im Endlichen auf einer zur Gleitrichtung senkrechten Geraden.

In den Systemskizzen der Baustatik werden für die angeführten Verbindungsarten Symbole verwendet, wie sie aus der Abb. 10 der Reihe nach für eine Einspannung, ein Gelenk, ein festes Lager, eine Klemmung und ein Gleitlager zu ersehen sind. Ihre praktische Ausführung ist natürlich je nach dem verwendeten Baustoff verschieden.

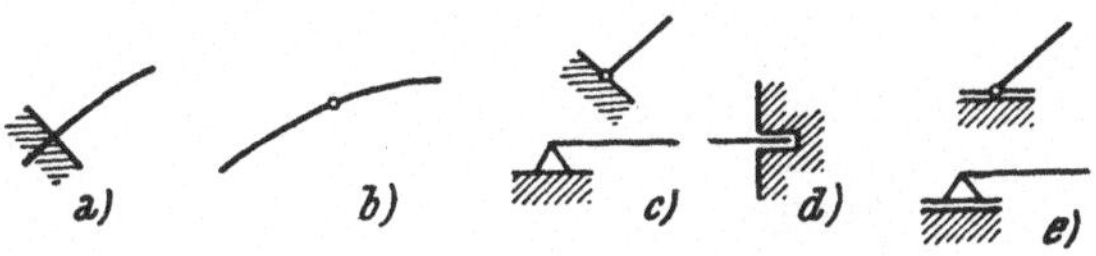

a) b) c) d) e)

Abb. 10.

Wir ergänzen unsere Angaben hinsichtlich der Freiheitsgrade zweier Scheiben noch durch die Bemerkung, daß zwei überhaupt nicht miteinander verbundene Scheiben gegeneinander *drei Freiheitsgrade* besitzen; denn um die gegenseitige Lage der beiden Scheiben zu beschreiben, sind drei Größen notwendig. Dafür können z. B. die Verschiebungen in zwei Richtungen und die gegenseitige Verdrehung gewählt werden.

Ebenso spricht man von den Freiheitsgraden von Scheibenverbindungen und meint damit die Anzahl von Bestimmungsstücken, die notwendig sind, um die Lage der ganzen Verbindung gegenüber einer festen Scheibe (d. i. zumeist die Erde) anzugeben. So besitzen z. B. die beiden in Abb. 11 dargestellten Scheiben gegenüber einer dritten festen Scheibe vier Freiheitsgrade; um die Lage einer der beiden Scheiben anzugeben, sind drei Größen erforderlich; überdies erfordert die Feststellung der Lage der anderen Scheiben, die mit einem Gelenk angeschlossen ist, noch die Angabe einer weiteren Größe. Dies sind also zusammen vier Größen. Ein aus drei Scheiben bestehendes System hat, wie eine ganz ähnliche Überlegung lehrt, fünf Freiheitsgrade gegenüber einer festen Scheibe. Ganz allgemein kann man sagen, *daß der Einbau eines Gelenkes oder einer Klemmung in eine Scheibe den Freiheitsgrad um eins vergrößert. Der Einbau eines Gleitlagers vermehrt den Freiheitsgrad um zwei.*

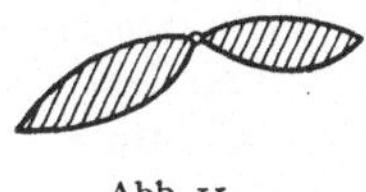

Abb. 11.

6. Das Kurbelviereck. Vier Scheiben, welche wie in Abb. 12 dargestellt, durch vier Gelenke miteinander verbunden sind, nennt man ein Kurbelviereck. Dieses Gebilde ist verschieblich. Denkt man sich eine der vier Scheiben festgehalten, so muß noch eine Größe angegeben werden (z. B.

der Winkel zwischen den Geraden 1,2 — 2,3 und 1,2 — 4,1), um die Lage der vier Scheiben gegeneinander festzustellen. Es erweist sich für die Anwendung als nützlich, sich über die Lage der relativen und absoluten Pole Klarheit zu verschaffen. Zunächst sind die Gelenke jeweils die Relativpole jener Scheiben, die durch sie verbunden sind. Denn, denkt man sich z. B. die Scheibe *I* festgehalten, so kann sich die Scheibe *II* nur um das Gelenk 1,2 drehen. Das gleiche gilt für die anderen Scheiben. Um weiters den Relativpol zweier gegenüberliegender Scheiben, z. B. von *I* und *III*, zu finden, denken wir uns die Scheibe *I* wiederum festgehalten;

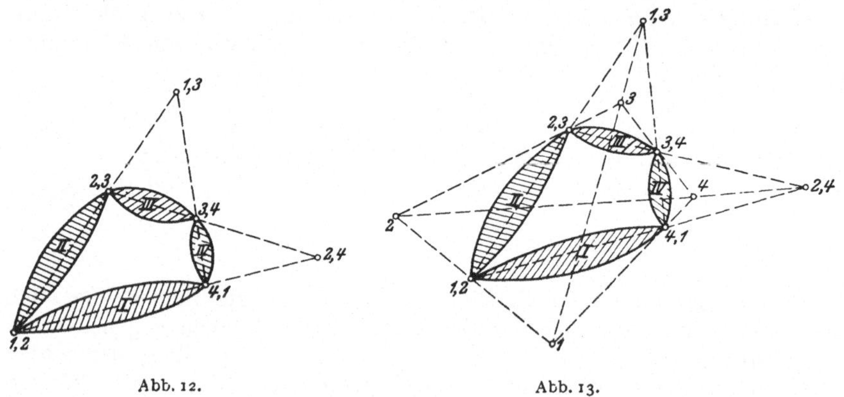

Abb. 12. Abb. 13.

dann sind die Gelenke 1,2 und 1,4 die absoluten Pole der Scheiben *II* und *IV*, während die Relativpole der Scheiben *II* und *III* bzw. von *III* und *IV* durch die Gelenke 2,3 und 3,4 gegeben sind. Nun müssen nach Nr. 4 die absoluten Pole zweier Scheiben und der zugehörige Relativpol auf einer Geraden liegen, so daß also der Schnittpunkt der durch 1,2 und 2,3 bzw. durch 3,4 und 4,1 gelegten Geraden den gesuchten Relativpol der Scheibe *I* und *III* vorstellt. Er ist in Abb. 12 mit 1,3 bezeichnet. Ebenso findet man den Relativpol der beiden Scheiben *II* und *IV*, der mit 2,4 bezeichnet ist.

Wir wollen nun noch die Lage der absoluten Pole der einzelnen Scheiben bei einer beliebigen unendlich kleinen Bewegung des Kurbelvierecks untersuchen. Diese Pole können nicht vollkommen willkürlich angenommen werden, denn die Gelenke müssen bei der Drehung der durch sie verbundenen Scheiben der Größe und Richtung nach dieselben Verschiebungen erfahren, ob man sie nun zu der einen oder anderen Scheibe zugehörig betrachtet. Nehmen wir also z. B. in Abb. 13 den Pol der Scheibe *I* in 1 an, so müssen die Pole von *II* und *IV*, die mit 2 und 4 bezeichnet sind, auf den Geraden 1 — 1,2 und 1 — 1,4 liegen. Wählen wir weiters den absoluten Pol der Scheibe *II*, d. i. der Punkt 2 auf der Geraden 1 — 1,2, so ergibt sich die Lage des absoluten Pols der Scheibe *IV* aus der Bedingung, daß die Punkte 2, 2,4 und 4 auf einer Geraden liegen. Damit ist dann auch der absolute Pol der Scheibe *III* bestimmt, der als Schnittpunkt der Geraden 2 — 2,3 und 4 — 3,4 erhalten wird. Zur Kontrolle müssen 1, 1,3 und 3 ebenfalls auf einer Geraden liegen.

Da mitunter die Punkte 1,3 und 2,4 außerhalb der Zeichnung fallen, kann man die Konstruktion auch so abändern, wie dies in Abb. 14 gezeigt ist. Wenn wiederum der Pol 1 beliebig und der Pol 2 irgendwo auf der Geraden 1 — 1,2 angenommen wurde, zieht man die beliebige Parallele 1',2' — 4',1' zu der Geraden 1,2 — 4,1, ferner die Parallelen 1',2' — 2',3' zu 1,2 — 2,3, 2',3' — 3',4' zu 2,3 — 3,4 und 3',4' — 4',1' zu 3,4 — 4,1 und erhält, wie aus Abb. 14 ersichtlich ist, die absoluten Pole 3 und 4. Die Richtigkeit der Konstruktion kann man wie folgt beweisen: Die Verschiebungen der Gelenke 1,2 und 4,1 sind den Abständen vom Momentanzentrum 1, d. i. den Strecken 1,2 — 1 und 4,1 — 1 proportional. Daher stellen die Strecken 1,2 — 1',2' und 4,1 — 4',1' die um 90° gedrehten Verschiebungen der Gelenke 1,2 und 4,1 vor. Betrachtet man jetzt die Scheibe *II*, so erhält man in gleicher Weise aus der Verschiebung 1,2 — 1',2' des Gelenkes 1,2 jene des Gelenkes 2,3, nämlich die Strecke 2,3 — 2',3', wenn man zu 1,2 — 2,3 die Parallele 1',2' — 2',3' zieht. Die Scheibe *II* hat sich hiebei um den Pol 2 gedreht. Dieselbe Überlegung stellt man hinsichtlich der Scheiben *III* und *IV* an und findet endlich, daß die Verschiebung des Gelenkes 4,1 denselben Betrag erhält, ob man nun 4,1 zur Scheibe *I* oder zur Scheibe *IV* gehörend auffaßt. Bei der auf diese Weise erhaltenen Lage der Momentanzentren der einzelnen Scheiben haben also sämtliche Gelenke gleichgerichtete und gleich große Verschiebungen, ob man sie nun zu der einen oder der anderen Scheibe rechnet, die durch das Gelenk verbunden sind. Die Verschiebung ist also möglich, ohne daß der Zusammenhang der Scheiben in den einzelnen Gelenken gestört wurde und damit ist gezeigt, daß die gewählte Lage der absoluten Pole möglich ist.

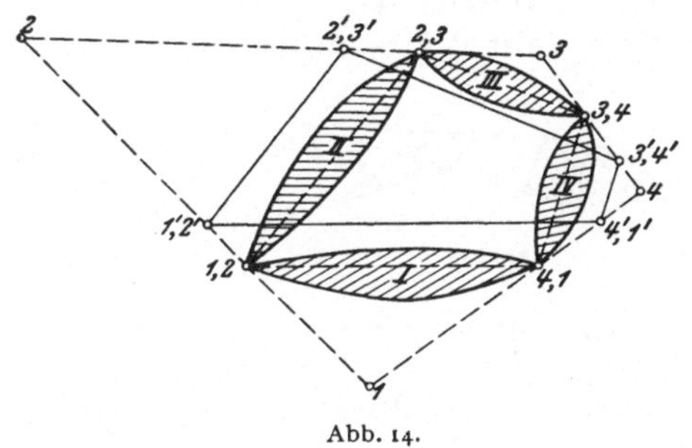

Abb. 14.

7. Ersatz der Lager durch Stäbe. Stützung. Es erweist sich mitunter vorteilhaft, die Verbindung von Scheiben an Stelle durch die in Nr. 5 beschriebenen Lager durch einzelne Stäbe bewirkt zu denken; diese

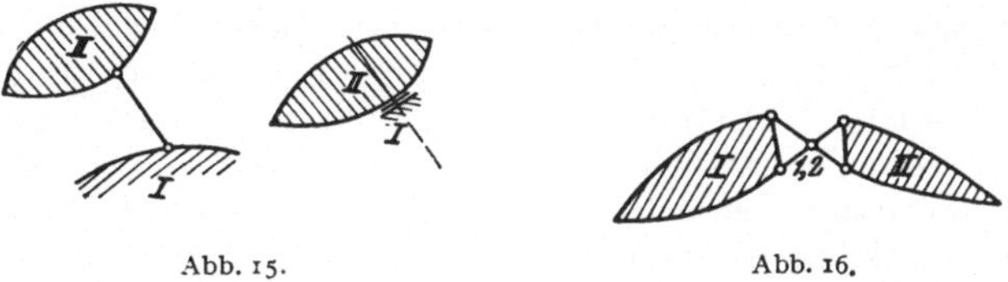

Abb. 15. Abb. 16.

Stäbe müssen dabei so angeordnet sein, daß sich dieselbe gegenseitige Beweglichkeit der verbundenen Scheiben gegeneinander ergibt. So läßt sich ein Gleitlager durch einen einzigen Stab ersetzen, der in der Richtung der Normalen auf die Gleitrichtung fällt (Abb. 15). Zwei Scheiben, welche durch ein Gelenk miteinander verbunden sind, erhalten die gleiche gegenseitige Beweglichkeit, wenn anstatt des Gelenkes zwei Stäbe in der in Abb. 16 dargestellten Anordnung verwendet werden. Die beiden Stäbe müssen sich nur an derselben Stelle schneiden, an der das Gelenk liegt. Denn es entsteht das in Nr. 6 behandelte Kurbelviereck, bei welchem der Relativpol zweier gegenüberliegender Scheiben im Schnittpunkt der die beiden Scheiben verbindenden Stäbe liegt. Es kann also ein Gelenk durch zwei an seiner Stelle sich schneidender Stäbe ersetzt werden.

Hat der Schnittpunkt der beiden Stäbe die in Abb. 17 dargestellte Lage, so spricht man — allerdings nicht richtig — von einem *imaginären Gelenk;* fällt der Schnittpunkt ins Unendliche, so ist keine Drehung der Scheiben gegeneinander, sondern nur eine translative Bewegung möglich. Demnach kann eine Klemmung durch zwei parallele Stäbe ersetzt werden, die senkrecht zur Richtung der Bewegungsmöglichkeit des Klemmlagers liegen müssen (Abb. 18).

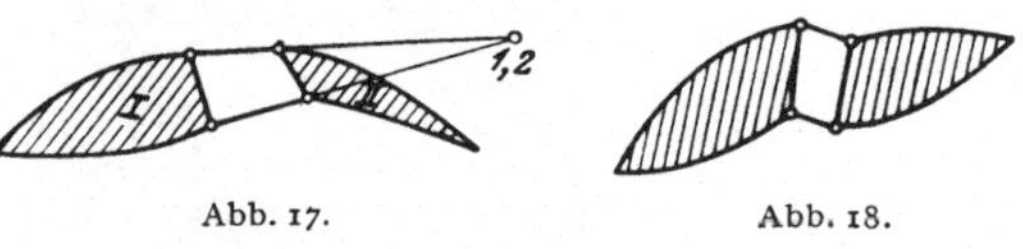

Abb. 17. Abb. 18.

Will man endlich zwei Scheiben durch Stäbe fest miteinander verbinden, so müssen wir durch den Einbau eines dritten Stabes, etwa wie in Abb. 19 dargestellt, die Drehung um das Gelenk verhindern. Zwei Scheiben sind also im allgemeinen durch *drei* Stäbe unverschieblich miteinander verbunden. Daß diese drei Stäbe zu einer unverschieblichen Verbindung ausreichen, erkennt man auch daran, daß der Pol der

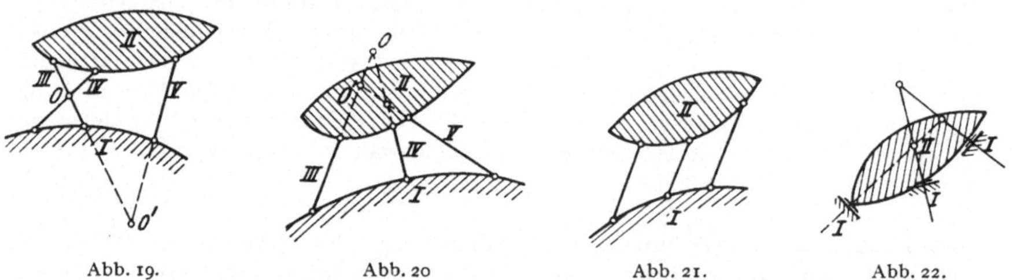

Abb. 19. Abb. 20 Abb. 21. Abb. 22.

Scheibe *II* im Punkte o liegt, wenn diese Scheibe durch die Stäbe *III* und *IV* an der Scheibe *I* angeschlossen ist. Beim Anschluß durch die Stäbe *III* und *V* würde er aber in o' liegen. Es ist aber unmöglich, eine Bewegung einmal als Drehung um den Punkt o, das andere Mal um o' zu erklären. Der Widerspruch kann nur so behoben werden, daß die Scheibe *II* überhaupt keine Bewegung gegenüber der Scheibe *I* ausführt.

Im übrigen können die drei Stäbe auch anders liegen (Abb. 20), um die zwei Scheiben unverschieblich miteinander zu verbinden. Nur dürfen die Pole o und o' nicht zusammenfallen; denn sonst wird eine Drehung möglich und die Verbindung ist nicht mehr unverschieblich. Dies ist z. B. der Fall, wenn, wie in Abb. 21, die drei Stäbe parallel sind; dann fallen o und o' im Unendlichen zusammen.

Die eine Scheibe festhaltenden Verbindungsstäbe oder Lager bezeichnen wir als *Stützungen* der Scheibe; dabei zählt eine Einspannung als dreifache, ein Gelenk oder eine Klemmung als zweifache und ein Gleitlager als einfache Stützung der Scheibe. Eine Scheibe braucht also zu ihrer Unverschieblichkeit drei Stützungen; es kann dies entweder eine Einspannung oder ein Gelenk bzw. eine Klemmung und ein Gleitlager oder es können dies endlich drei Gleitlager sein (Abb. 22).

B. Der Zusammenbau von Scheiben zu Tragwerken.

8. Ein Bildungsgesetz für unverschiebliche Tragwerke. In Nr. 5 haben wir uns klar gemacht, daß *zwei Scheiben durch drei Stäbe oder allgemeiner durch drei Stützungen* miteinander unverschieblich verbunden werden. Wir können also ein solches unverschiebliches Tragwerk, das mit der Erde fest verbunden ist, herstellen, wenn wir zunächst eine Scheibe mit drei Stäben an die feste Erdscheibe anschließen, eine weitere Scheibe ebenfalls durch drei Stäbe mit dieser Scheibe oder auch zum Teil mit der Erde verbinden und so fortfahren und also jede neue Scheibe mit drei Stäben an drei schon festen Punkten anschließen (vgl. Abb. 23). Dabei kann natürlich ein Stab zwischen zwei Scheiben durch ein Gleitlager, zwei Stäbe durch ein Gelenk bzw. eine Klemmung und endlich drei Stäbe durch eine Einspannung ersetzt werden.

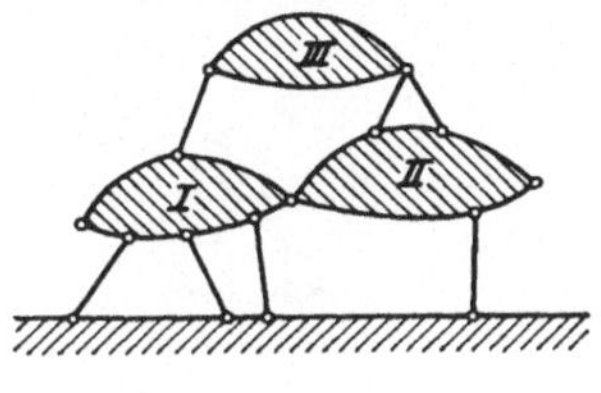

Abb. 23.

Ein so aufgebautes Tragwerk enthält nur soviel Verbindungsstäbe oder dieselben ersetzenden Stützungen, als unbedingt notwendig sind,

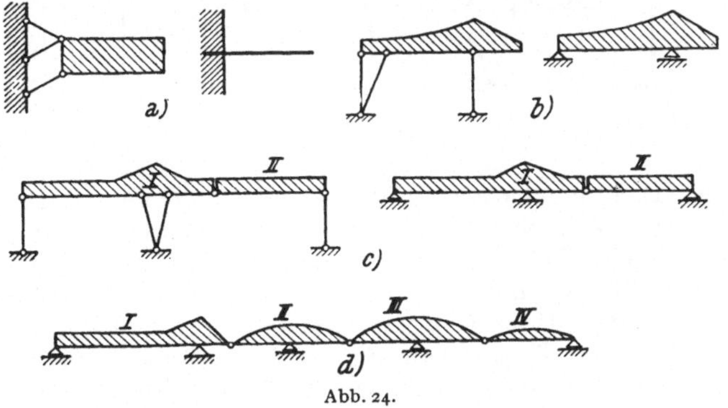

Abb. 24.

um ein unverschiebliches System zu erhalten. Läßt man also auch nur einen Stab weg oder ersetzt ein Lager durch ein solches mit einem größeren Freiheitsgrad, so wird das System verschieblich.

In Abb. 24 sind einige häufig verwendete Tragwerke, die nach dieser Regel gebildet sind, zusammengestellt. Zunächst ein Kragträger, der mit drei Stäben an die feste Erde angeschlossen ist bzw. fest eingespannt ist, dann ein freiaufliegender Balkenträger, der an einem Ende durch einen Stab (zumeist als *Pendelstütze* bezeichnet) oder ein Gleitlager unterstützt ist. Dann sind Balkenträger über mehrere Felder dargestellt; ein Gerberträger, bei welchem die Scheibe *I* durch eine Pendelstütze und zwei weitere Stäbe mit der Erde verbunden ist, während die Scheibe *II* sich einerseits durch ein Gelenk auf Scheibe *I*, anderseits durch eine Pendelstütze gegen die Erdscheibe abstützt. Endlich ist noch ein Tragwerk über vier Felder angegeben; man kann sich auch bei diesem leicht vergewissern, daß sein Aufbau nach der angegebenen Regel erfolgt ist.

9. Vertauschung von Stützungen. Auf die eben beschriebene Weise erhalten wir aber noch nicht alle Arten von Tragwerken, die gerade nur so viele Stützungen besitzen, um unverschieblich zu sein. Wir können uns vielmehr durch folgende Überlegung neue Arten von unverschieb-

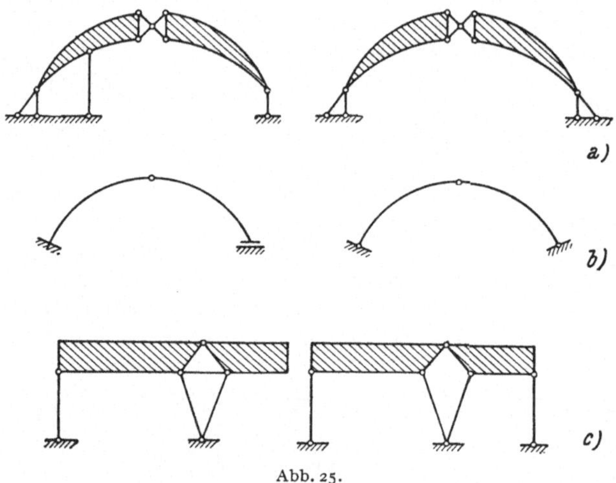

Abb. 25.

lichen Tragwerken beschaffen. Entfernt man irgendeine Stützung, so besitzt das Tragwerk nunmehr einen Freiheitsgrad; die entstandene Beweglichkeit kann dadurch behoben werden, daß wir diese Stützung an einer anderen Stelle einbauen und die Verschieblichkeit wieder sperren. Wir bezeichnen dies als *Stützungsvertauschung* und sind dadurch in der Lage, neue Arten von Tragwerken, die bei der geringsten Zahl von Stützungen unverschieblich sind, zu bilden. In Abb. 25 sind einige auf diese Weise erzeugte Tragwerke dargestellt. Zunächst ist ein *Dreigelenkbogen* aus einem Tragwerk abgeleitet, welches aus zwei Scheiben besteht, von denen die eine durch drei Stäbe an der Erde angeschlossen ist; am anderen Ende stützt sich eine zweite Scheibe mittels zweier Stäbe auf die erste Scheibe und mittels eines Stabes gegen die Erde. Wir entfernen nun einen Stab am linken Auflager der ersten Scheibe und fügen ihn am rechten

Auflager der zweiten Scheibe ein. Man kann aber auch an Stelle der Verbindungsstäbe Lager annehmen; dann ist die erste Scheibe am linken Ende in die Erde eingespannt, während die zweite Scheibe sich mittels eines Gelenkes gegen die erste und mittels eines Gleitlagers gegen die Erde stützt. Wir ersetzen nun die Einspannung durch ein Gelenk, haben also den Freiheitsgrad um eins erhöht und sperren die entstandene Beweglichkeit dadurch, daß wir das Gleitlager durch ein Gelenk ersetzen. Als zweites Beispiel ist ein Tragwerk über zwei Felder angeführt. Es kann aus einem System abgeleitet werden, welches aus zwei durch ein Gelenk und einen Stab unverschieblich verbundenen Scheiben besteht, die einerseits durch eine Pendelstütze, anderseits durch zwei Stäbe gegen die Erde abgestützt sind. Wir entfernen den mittleren waagrechten Stab und bauen dafür eine zweite Pendelstütze am anderen Trägerende ein.

Bei der Vertauschung von Stützungen ist aber einige Vorsicht notwendig. Man muß nämlich darauf achten, daß man die entfernte Stützung an einer Stelle einbaut, wo sie die entstandene Verschieblichkeit tatsächlich

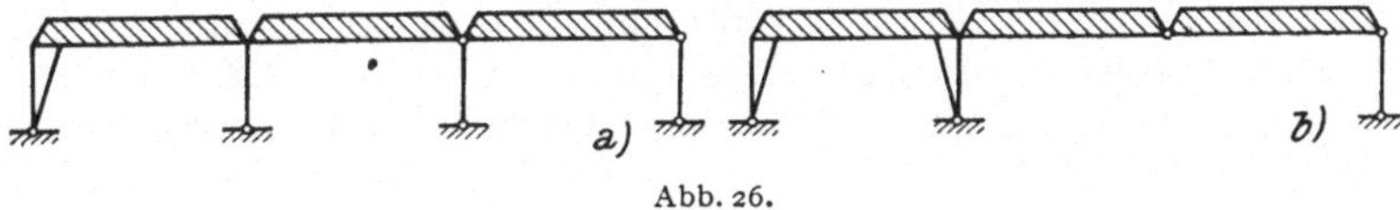

Abb. 26.

aufhebt. Es wäre also falsch, wenn man den in Abb. 26 entfernten Stab, so wie dargestellt einfügen würde; denn dann ist die linke Scheibe mit einem Stab mehr als notwendig an die Erde angeschlossen, während die beiden rechten Scheiben verschieblich sind.

10. Kinematisch unbestimmte, bestimmte und überbestimmte Tragwerke. Wir nennen ein Tragwerk, das, so wie die bisher behandelten, gerade nur soviele Stützungen besitzt, damit es unverschieblich ist, *kinematisch bestimmt*. Besitzt es weniger Stützungen als hiefür notwendig sind, ist es also verschieblich, so nennt man es *kinematisch unbestimmt;* man sagt, es sei ein-, zwei-, dreifach usw. kinematisch unbestimmt, wenn es eine, zwei, drei usw. Stützungen weniger aufweist, als zur Unverschieblichkeit notwendig sind. *Der Grad der kinematischen Unbestimmtheit ist demnach mit dem Freiheitsgrad des Systems identisch.* Ein Tragwerk, welches mehr Stützungen besitzt, als zur Unverschieblichkeit notwendig sind, nennt man kinematisch *überbestimmt.* Je nachdem, ob ein, zwei, drei usw. Stützungen zuviel sind, heißt das Tragwerk einfach, zweifach usw. kinematisch überbestimmt. Kinematisch unbestimmte Tragwerke werden im Bauwesen wegen ihrer Verschieblichkeit nicht verwendet; hingegen kommen kinematisch überbestimmte Tragwerke häufig vor. Hiebei gilt eine Einspannung als dreifache, ein Gelenk oder eine Klemmung als zweifache und ein Gleitlager als einfache Stützung.

Es gibt eine einfache Beziehung zwischen der Zahl der Scheiben und der Zahl der Stützungen, aus der man feststellen kann, ob ein Tragwerk kinematisch unbestimmt, bestimmt oder überbestimmt ist. Nach der

Regel, wie wir uns kinematisch bestimmte Tragwerke beschafft haben, ergibt sich, daß jede Scheibe mit drei Stützungen an bereits feste Scheiben angeschlossen werden muß. Bezeichnet man also s die Anzahl der Scheiben und a die Anzahl der Stützungen, so gilt für ein kinematisch bestimmtes Tragwerk

$$3\,s = a. \tag{10, 5}$$

Dabei ist die Erdscheibe nicht, wohl aber die Stützungen des Tragwerkes gegen dieselbe mitzuzählen. Stützenvertauschung ändert selbstverständlich nichts an dieser Gleichung. Man erkennt aber, daß diese Gleichung nur *notwendig*, nicht aber auch *hinreichend* für kinematisch bestimmte Tragwerke ist; denn durch unrichtige Stützungsvertauschung wird an den Größen s und a nichts geändert, während das Tragwerk verschieblich wird. Ebenso ist die Ungleichung

$$3\,s < a$$

auch nur notwendig, nicht aber hinreichend, daß ein kinematisch überbestimmtes Tragwerk vorliegt; denn auch in diesem Falle ist es bei unrichtiger Anordnung der Stützungen möglich, daß das System verschieblich ist. Die Differenz $\nu = a - 3\,s$ gibt den Grad der kinematischen Überbestimmtheit an.

Hingegen ist die Gl.

$$3\,s > a$$

hinreichend, aber nicht notwendig, daß ein Tragwerk kinematisch unbestimmt, also verschieblich ist; denn wir haben eben dargelegt, daß auch dann, wenn diese Gleichung nicht erfüllt ist, also $3\,s = a$ oder $3\,s < a$ ein verschiebliches Tragwerk vorliegen kann.

11. Ausnahmetragwerke. Die Ursache, warum Tragwerke, bei denen die Bedingung $3\,s \leq a$ gilt, allenfalls verschieblich waren, ist darin gelegen, daß die Stützungen unrichtig verteilt waren. Während einige Scheiben mehr Stützungen als notwendig aufwiesen, fehlten solche bei anderen Scheiben. Es gibt aber noch einen anderen Grund, warum ein Tragwerk mit $3\,s \leq a$ verschieblich sein kann; er besteht darin, daß zufolge einer ganz besonderen Lage der Scheiben und Stützungen Verschieblichkeit eintritt.

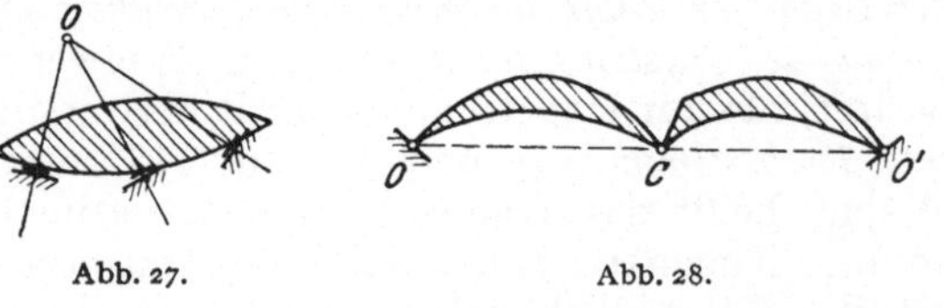

Abb. 27. Abb. 28.

Man nennt solche Tragwerke *Ausnahmetragwerke.* Als einfachstes Beispiel erwähnen wir eine Scheibe, welche, wie in Abb. 27 dargestellt, durch drei Gleitlager gestützt ist, deren Senkrechte auf die Gleitbahnen sich in einem Punkt schneiden. Die Verschieblichkeit ist nur durch diese spezielle Lage der Gleitbahnen bedingt und verschwindet, wenn wir eine

Gleitrichtung ändern. Als weiteres Beispiel erwähnen wir einen Dreigelenkbogen, bei welchem die drei Gelenke auf einer Geraden liegen (Abb. 28); man erkennt leicht, daß in diesem Falle eine unendlich kleine Beweglichkeit vorhanden ist, da die beiden absoluten Pole o und o' sowie

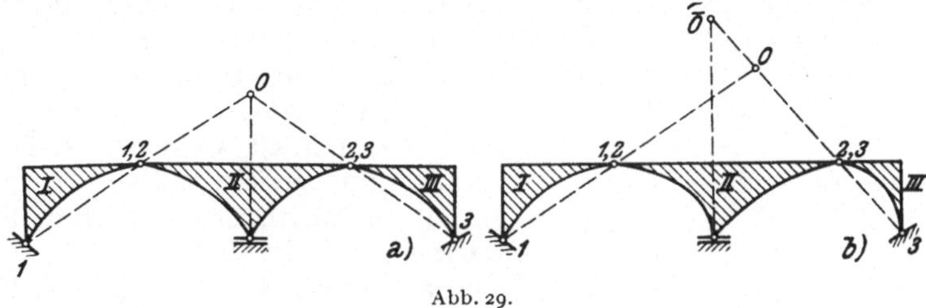

Abb. 29.

der Relativpol C der beiden Scheiben auf einer Geraden liegen; dies ermöglicht aber nach den Darlegungen in Nr. 4 eine Relativbewegung der beiden Scheiben. Ein weiteres Beispiel zeigt die Abb. 29. Drei Scheiben sind durch zwei Gelenke verbunden; die Scheiben *I* und *III* sind mit Gelenken gegen die Erde abgestützt, während die mittlere Scheibe *II* ein Gleitlager besitzt. Es ist bei diesem Tragwerk $s = 3$, $a = 4 \cdot 2 + 1 = 9$, sohin $3s = a = 9$, also die notwendige Bedingung für kinematische Bestimmtheit und Unverschieblichkeit erfüllt. Der absolute Pol der Scheibe *II* wird durch den Schnittpunkt der Geraden 1 — 1,2 und 3 — 2,3 gefunden. Geht durch diesen Pol o nunmehr auch die Senkrechte auf die Gleitrichtung des mittleren Lagers, so ist tatsächlich die Scheibe *II* drehbar und das Tragwerk sohin verschieblich. Ändert man aber die Lage der Gleitrichtung, so wird das System sofort unverschieblich; denn der Pol der Scheibe *II* müßte auch auf der Senkrechten zur Gleitrichtung des mittleren Lagers liegen. Es ist aber unmöglich, daß sich die Scheibe *II* zugleich um den absoluten Pol o und um einen auf der erwähnten Senkrechten liegenden Punkt dreht; sie bleibt demnach in Ruhe und das Tragwerk ist sonach unverschieblich. Es scheiden demnach bei diesem Tragwerk symmetrische Anordnungen von vorneher aus. Endlich betrachten wir noch als letztes Beispiel das in Abb. 30 dargestellte Tragwerk. Nach den Sätzen über Kurbelvierecke liegen die Momentanzentren der beiden Scheiben *II* und *V* im Schnittpunkt der Geraden 1 — 1,2 und 3 — 2,3, bzw. 6 — 5,6 und 4 — 4,5. Liegen diese Punkte — mit 2 und 5 bezeichnet — und der Relativpol 2,5 der beiden Scheiben *II* und *V* auf einer Geraden, so ist das System verschieblich. Man wird also dafür Sorge tragen müssen, daß der Punkt 2,5 möglichst weit von der Geraden 2 — 5 entfernt ist, um ein unverschiebliches Tragwerk zu erhalten.

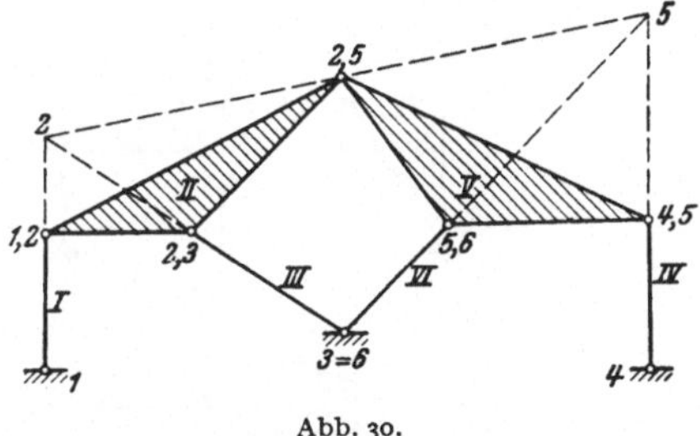

Abb. 30.

12. Fachwerke. Eine besondere Art von Tragwerken bilden die *Fachwerke*. Sie bestehen aus dünnen Stäben, die durch Gelenke verbunden sind. Die Gelenke liegen in den Stabachsen; die Punkte, an denen mehrere Stäbe in einem Gelenk zusammentreffen, heißen *Knoten*. Man kann sich eine Fachwerkscheibe in der Weise unverschieblich aus einzelnen Stäben zusammensetzen, daß man zunächst drei Stäbe zu einem Dreieck, dasselbe durch drei Stützungen mit der Erde unverschieblich verbindet und dann jeden neuen Knoten an zwei schon vorhandenen Knoten anschließt. Man ist so sicher, daß man gerade nur soviele Stäbe verwendet, als zu einem unverschieblichen Fachwerk notwendig sind. In Abb. 31 ist ein nach dieser Regel gebildetes Fachwerk dargestellt. Die Reihenfolge, in welcher die einzelnen Knoten bei dem Aufbau des Fachwerkes einander folgen, ist aus der Bezifferung ersichtlich.

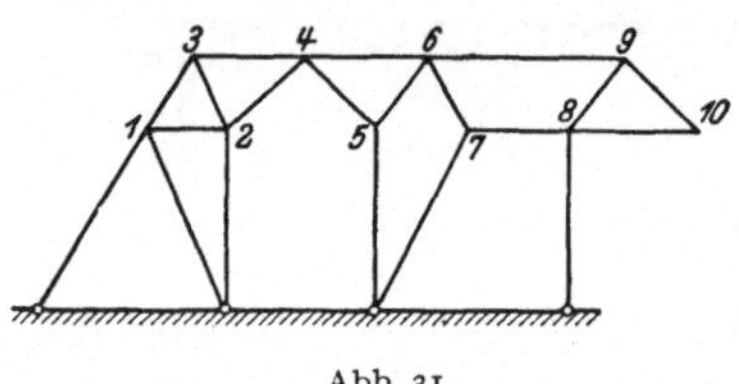

Abb. 31.

Mehrere Fachwerkscheiben können dann wieder nach der bereits angegebenen Weise zu Tragwerken zusammengesetzt und gegen die Erde entsprechend abgestützt werden.

Durch Stabvertauschung kann man sich neue Fachwerke beschaffen, die nach der vorstehenden Regel nicht zu bilden sind; entfernt man nämlich aus einem wie vorbeschrieben zusammengesetzten Fachwerk einen Stab, so wird das Fachwerk verschieblich; diese Verschieblichkeit muß

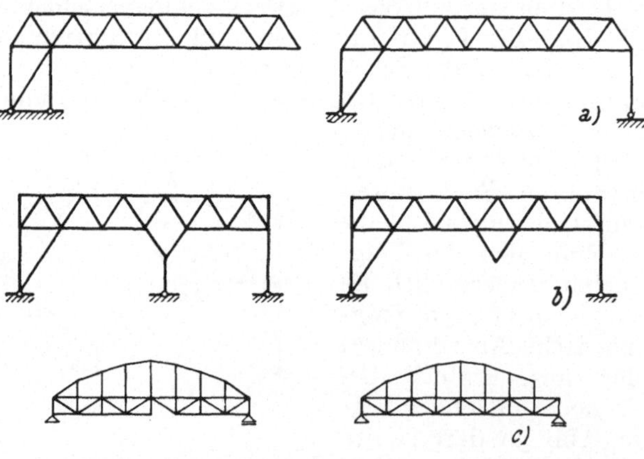

Abb. 32.

dann durch den Einbau eines neuen Stabes an anderer Stelle wieder gesperrt werden. Die Abb. 32 zeigt einige Beispiele für diese Stabvertauschung.

An Stelle des Einbaues eines neuen Stabes kann auch der Freiheitsgrad eines Lagers um eins verringert werden, wie dies bei dem Dreigelenksbogen in Abb. 33 der Fall ist. Hier wurde für den entfernten Stab an Stelle des rechten Gleitlagers ein Gelenk angeordnet. Natürlich muß

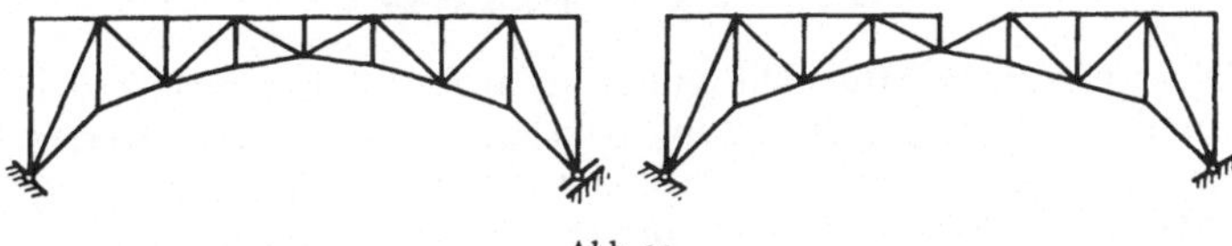

Abb. 33.

man auch bei dieser Stabvertauschung darauf achten, daß die neue Stützung oder der neue Stab an einer Stelle eingebaut wird, wo tatsächlich die entstandene Beweglichkeit wieder aufgehoben ist. Eine Stabvertauschung nach Abb. 34 wäre falsch.

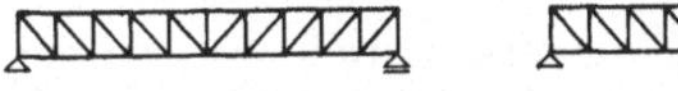

Abb. 34.

Es läßt sich leicht eine Beziehung zwischen der Zahl der Stäbe, der Stützungen und der Knoten angeben. Für das erste Stabdreieck benötigen wir drei Stäbe für drei Knoten und überdies drei Stäbe (oder Lager mit drei Stützungen), also insgesamt sechs Stäbe, mithin doppelt soviel Stäbe als Knoten. Dasselbe gilt für den weiteren Aufbau, bei dem jeder neue Knoten mit zwei Stäben anzuschließen war. Es sind also doppelt soviel Stäbe als Knoten vorhanden, mithin gilt, wenn s die Anzahl der Stäbe und k die Anzahl der Knoten bedeutet, für ein unverschiebliches Fachwerk mit der Mindestanzahl von Stäben

$$s = 2\,k \tag{12, 6}$$

wenn die Stützungen gegen die Erde, nicht aber die Knoten an der Erdscheibe mitgezählt werden.[1] Dabei sind Gelenke zwischen Scheiben als Knoten, Gleitlager als ein Stab zu zählen. Man nennt ein unverschiebliches Fachwerk, das gerade soviel Stäbe als notwendig enthält, kinematisch bestimmt. Die Gleichung $s = 2\,k$ ist hiefür nur *notwendig*, aber *nicht hinreichend*. Besitzt ein unverschiebliches Fachwerk mehr Stäbe als unbedingt erforderlich, so heißt es kinematisch überbestimmt. Hiefür ist die Bedingung

$$s > 2\,k$$

ebenfalls nur notwendig, aber nicht hinreichend; denn trotz der Gleichung $s \geq 2\,k$ könnte ein Fachwerk durch unrichtige Stabvertauschung noch verschieblich sein. Hingegen ist die Bedingung

$$s < 2\,k$$

hinreichend, aber nicht notwendig für ein kinematisch unbestimmtes Fachwerk.

[1] Werden die Stützungen gegen die Erde nicht mitgerechnet, so ändert sich die Formel (12, 6) entsprechend auf $s = 2\,k - 3$ (siehe CHMELKA-MELAN „Einführung in die Statik" Nr. 52).

II. Die äußeren und inneren Kräfte der Tragwerke.

13. Die äußeren Kräfte. Die äußeren, auf ein Tragwerk einwirkenden Kräfte, in der Praxis als *Belastung* bezeichnet, können entweder *Einzelkräfte* oder *verteilte Kräfte* sein. Dabei ist die in einem Punkte angreifende Einzelkraft eine Fiktion, die sich praktisch nicht verwirklichen läßt und die nur zur Vereinfachung der Untersuchung eingeführt wird; denn alle Kräfte sind in Wirklichkeit auf mehr oder weniger große Flächen oder Strecken verteilt. Die Verteilung kann entweder gleichmäßig oder ungleichmäßig sein, je nachdem ob die Belastung je Längen- oder Flächeneinheit konstant ist oder sich ändert.

Ist ein Tragwerk durch zwei entgegengesetzt gleich große Kräfte P im Abstande e belastet, wobei e gegen Null abnimmt, P aber so wächst,

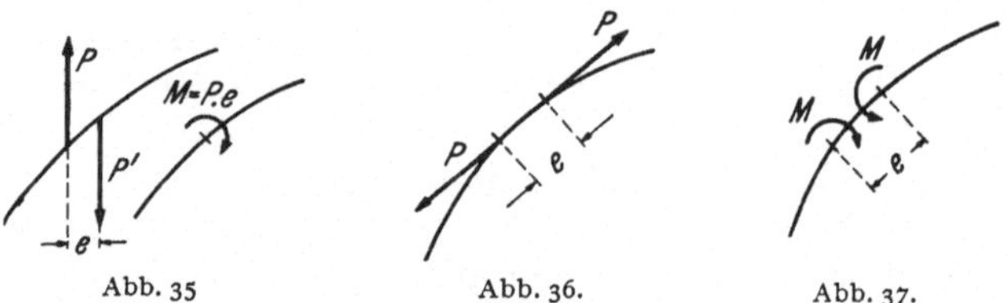

Abb. 35 Abb. 36. Abb. 37.

daß $M = Pe$ einen konstanten Wert behält, so spricht man von einer Belastung durch ein Moment M (vgl. Abb. 35). Man bezeichnet eine solche Belastung auch als *Dipol.* Ein Dipol anderer Art, der als gedachte Belastung bei verschiedenen Untersuchungen verwendet wird, ist in Abb. 36 dargestellt. Zwei gleich große, entgegengesetzte Kräfte P greifen mit derselben Wirkungslinie in zwei im Abstande e liegenden Punkten an; während e gegen Null abnimmt, wächst P so, daß wiederum das Produkt Pe einen bestimmten Wert beibehält. Endlich wird für manche Untersuchungen noch eine Belastung benützt, die aus zwei entgegengesetzt wirkenden Momenten, deren Angriffspunkte in dem gegen Null abnehmenden Abstand e liegen, besteht; die Momente nehmen hiebei so zu, daß der Wert $M \cdot e$ unverändert bleibt (vgl. Abb. 37). Man spricht dann von einem *Dipol zweiter Ordnung.*

In der Baustatik betrachtet man die äußeren Kräfte stets im Zustand der Ruhe, auch wenn sie in Wirklichkeit bewegt sind, wie z. B. die Kräfte infolge eines über eine Brücke fahrenden Lastenzuges; man sieht demnach von der Einwirkung der Trägheits- und Beschleunigungskräfte ab und berücksichtigt in der Praxis die dynamische Wirkung nur näherungsweise durch einen Faktor, *Stoßbeiwert* genannt, mit dem die tatsächlichen Kräfte zu vervielfachen sind. Die genaue Berücksichtigung des dynamischen Einflusses bewegter Lasten erfolgt in der *Elastokinetik,* die aber nicht Gegenstand unserer Betrachtungen ist.

14. Das Gleichgewicht von Kräften an einer Scheibe. Soll zwischen den an einer Scheibe angreifenden Kräften Gleichgewicht herrschen, so müssen bekanntlich die drei Gleichgewichtsbedingungen erfüllt sein: *es muß nämlich die Summe der Komponenten der Kräfte in zwei beliebigen Richtungen verschwinden und überdies das Moment um einen beliebigen Pol gleich Null sein.* Benützt man rechtwinklige Koordinaten (vgl. Abb. 38) und bedeutet $X_i = P_i \cos \psi_i$ und $Y_i = P_i \sin \psi_i$, so gilt also

$$\sum_i X_i = 0, \quad \sum_i Y_i = 0 \text{ und } \sum_i (Y_i x_i - X_i y_i) = 0. \qquad (14, 1)$$

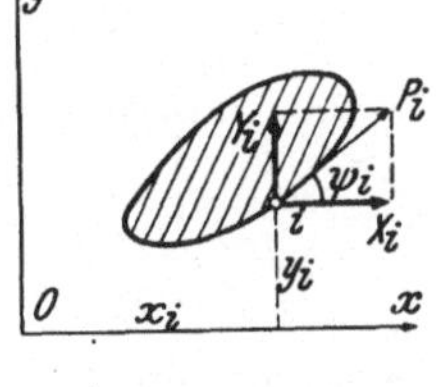

Abb. 38.

Man kann die Gleichgewichtsbedingungen aber auch wie folgt formulieren; Lassen sich drei Punkte, die nicht auf einer Geraden liegen, angeben, für die das Moment der angreifenden Kräfte verschwindet, so verschwindet das Moment für jeden beliebigen Punkt und die Kräfte sind im Gleichgewicht.

An einer Scheibe müssen demnach mindestens zwei Kräfte angreifen, damit Gleichgewicht überhaupt möglich ist. In diesem Falle müssen beide Kräfte die gleiche Wirkungslinie, gleich groß, aber entgegengesetzt gerichtet sein. Greifen drei Kräfte an einer Scheibe an, so ist Gleichgewicht nur dann möglich, wenn sich die Wirkungslinien dieser drei Kräfte in einem Punkte schneiden.

Zufolge der Gleichgewichtsbedingungen können also die Größen X_i und Y_i bis auf drei gegeben sein; diese drei Werte sind aus den drei Gleichgewichtsgleichungen zu bestimmen. Anstatt dessen können natürlich auch nur von einer einzigen Kraft Größe, Richtung und Lage, oder von einer Kraft Größe und Richtung und von einer anderen bloß die Richtung oder bloß die Größe, oder endlich von drei Kräften lediglich die Größe bei gegebener Lage und Richtung als unbekannt angenommen und aus den Gleichgewichtsbedingungen bestimmt werden.

15. Die inneren Kräfte. Zu den inneren Kräften eines Tragwerkes gehören sowohl die Spannungen, welche in den einzelnen Scheiben auftreten, als auch die Kräfte, die durch die Stützungen der einzelnen Scheiben auf dieselben übertragen werden. Wie schon in Nr. 1 erwähnt, bereitet die Ermittlung der Spannungen bei Scheiben zumeist Schwierigkeiten und ist vielfach ein nicht gelöstes Problem. Nur wenn eine Scheibe aus einem dünnen Stab besteht, können die Spannungen nach der technischen Elastizitätstheorie einfach bestimmt werden. Deshalb werden wir stets annehmen, daß Scheiben mit hinreichender Näherung durch dünne Stäbe ersetzt werden können oder aus mehreren dünnen Stäben zusammengesetzt sind.

Denkt man sich einen dünnen Stab durchschnitten, so müssen die Spannungen als äußere Kräfte an den beiden Schnittufern angebracht werden, wenn man das Gleichgewicht eines durch diesen Schnitt abgetrennten Stabteiles untersuchen will. Man pflegt die Resultierende aller Spannungen in eine *Normalkraft* N, die in der Stabachse wirkt, in eine *Querkraft* Q senkrecht zur Stabachse und in ein *Biegungsmoment* M, bezogen auf den Querschnittsschwerpunkt, zu zerlegen; die Bemessung oder der Spannungsnachweis selbst soll uns im folgenden nicht beschäftigen. M, N und Q werden vereinbarungsgemäß in dem aus Abb. 39 ersichtlichen Sinn positiv gerechnet. Die drei Gleichgewichtsgleichungen genügen zur Bestimmung der drei unbekannten Größen M, N und Q, wenn außer diesen keine anderen unbekannten Kräfte angreifen. Durch die Angabe dieser Größen (in der Baustatik auch kurz als „*innere Kräfte*" bezeichnet) ist der Spannungszustand in dem betreffenden Punkt eines dünnen Stabes bestimmt und kann nach den Formeln der Festigkeitslehre ermittelt werden.

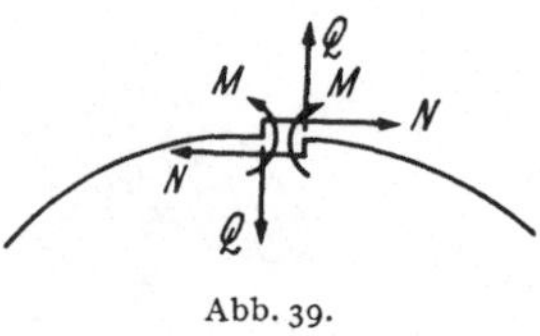

Abb. 39.

Zu den inneren Kräften gehören auch jene, welche durch die Stützungen auf die einzelnen Scheiben übertragen werden. Besteht eine solche Stützung aus einem Stabe, so kann durch denselben lediglich eine Kraft, deren Wirkungslinie in die Verbindungsgerade der beiden Stabenden fällt, übertragen werden. Denn an dem Stabe, der die beiden Scheiben verbindet, greifen ja nur zwei Kräfte an, die im Gleichgewicht stehen müssen. Es liefert also jeder Stab, der zwei Scheiben verbindet, eine zunächst unbekannte Stützkraft.

Werden an Stelle der Stäbe Lager zur Verbindung der Scheiben verwendet, so ist zu beachten, daß ein Lager nur solche Kräfte übertragen kann, in deren Richtung es die gegenseitige Beweglichkeit der beiden Scheiben sperrt. So kann ein Gleitlager nur eine Kraft senkrecht zur Gleitrichtung übertragen. Richtung und Angriffspunkt dieser Kraft sind demnach durch die Anordnung des Gleitlagers gegeben; es ist nur die Größe der Stützkraft unbekannt. Ein Moment, bzw. eine Kraft in der Gleitrichtung des Lagers kann wegen der Möglichkeit einer gegenseitigen Verdrehung, bzw. einer Verschiebung in dieser Richtung nicht übertragen werden. Ein Gelenk (festes Lager) erlaubt bloß die Verdrehung der beiden durch dasselbe verbundenen Scheiben; es verschwindet also das Moment, während eine Kraft in beliebiger Richtung und von beliebiger Größe durch das Gelenk übertragen wird. Die Wirkungslinie dieser Kraft, des *Gelenkdruckes*, muß daher durch das Gelenk gehen. Anstatt Richtung und Größe desselben kann man auch zwei Komponenten in vorgegebener Richtung, also z. B. N und Q im Gelenk angeben. Es sind also zwei Stützkräfte als unbekannt einzuführen. Ebenso liefert auch eine Klemmung zwei Unbekannte, nämlich das Moment und eine Kraft senkrecht zu der Richtung, in der die Klemmung eine Verschiebung erlaubt. Eine Einspannung endlich liefert drei unbekannte Stützungsgrößen, nämlich Moment und zwei Komponenten der übertragenen Kraft; statt dessen kann man auch sagen, daß bei einer Einspannung Größe, Richtung und Lage der übertragenen Kraft unbekannt sind. Es ergibt also ein Gleitlager eine, ein Gelenk (festes Lager) oder eine Klemmung zwei und eine

Einspannung drei unbekannte Stützreaktionen. Jedes Lager besitzt also soviel unbekannte Stützkräfte als es durch Stäbe ersetzt werden kann.

16. Statisch bestimmte, bedingt statisch bestimmte und statisch unbestimmte Tragwerke. In Nr. 10 ist gezeigt worden, daß bei einem kinematisch bestimmten Tragwerk zwischen der Zahl der Scheiben s und der Zahl der Stützungen a die Beziehung $a = 3s$ bestehen muß. Nun ergibt jede Scheibe drei Gleichgewichtsbedingungen zwischen den an ihr angreifenden Kräften, zu denen auch die unbekannten Stützungskräfte zählen. Besteht das Tragwerk aus s Scheiben, so stehen demnach $3s$ Gleichungen zur Verfügung; aus ihnen können gerade die $3s$ unbekannten Stützkräfte bestimmt werden. Damit lassen sich dann weiters auch die inneren Kräfte der Scheiben berechnen. Man nennt ein solches Tragwerk, bei welchem die Stützkräfte der einzelnen Scheiben und die inneren Kräfte lediglich mit Hilfe der Gleichgewichtsgleichungen ermittelt werden können, *statisch bestimmt*. Ein kinematisch bestimmtes Tragwerk ist demnach stets auch statisch bestimmt.

Ist ein Tragwerk kinematisch unbestimmt, und gilt nach Nr. 10 $3s > a$, so liegen demnach mehr Gleichungen für die Bestimmung der Stützkräfte als unbekannte Stützkräfte vor. Ein solches Gleichungssystem mit mehr Gleichungen als Unbekannten hat im allgemeinen keine Lösung; nur wenn zwischen den Gleichungen so viele lineare Beziehungen bestehen als überzählige Gleichungen vorhanden sind, gibt es Lösungen für die Unbekannten.

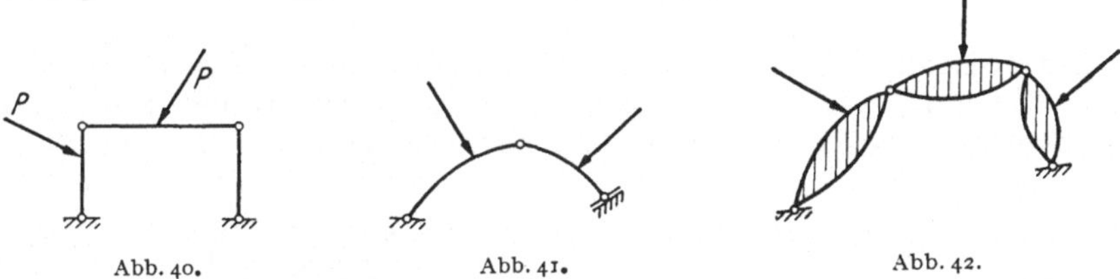

Abb. 40. Abb. 41. Abb. 42.

Die Anzahl dieser überzähligen Gleichungen, nämlich $3s - a$, ist aber nach früherem gleich dem Freiheitsgrad des Tragwerkes; es müssen also auch zwischen den äußeren Kräften $3s - a$ Beziehungen bestehen. Mit anderen Worten, ein kinematisch unbestimmtes Tragwerk ist nur für ganz bestimmte Belastungen im Gleichgewicht. Man nennt es auch *bedingt statisch bestimmt* oder *statisch überbestimmt*. Einfache Beispiele hiefür sind in den Abb. 40 bis 42 angegeben. Das Tragwerk in Abb. 40 besitzt einen Freiheitsgrad. Es ist nur für solche Belastungen im Gleichgewicht, bei denen die Resultierende der äußeren Kräfte keine waagrechte Komponente besitzt. Ebenso besitzt das in Abb. 41 dargestellte Tragwerk einen Freiheitsgrad; die Belastung muß hiebei so beschaffen sein, daß der Auflagerdruck im rechten Lager senkrecht zur Gleitlinie des Gleitlagers steht. Ein Tragwerk mit einem Freiheitsgrad zeigt die Abb. 42. Die äußeren Kräfte und Auflagerdrucke müssen hier die Bedingung erfüllen, daß ihr Moment um die beiden Gelenke verschwindet.

Bei einem kinematisch überbestimmten Tragwerk gilt zwischen der Anzahl der Scheiben und der Stützungen die Beziehung $3s < a$. Es ist also die Anzahl der Unbekannten größer als jene der Gleichgewichtsgleichungen. Ist $n = a - 3s$, so fehlen n Gleichungen; man nennt dieses n-fach kinematisch überbestimmte System auch *n-fach statisch unbestimmt.* Bei einem solchen Tragwerk kann man n Überzählige beliebig annehmen und dann die restlichen Unbekannten aus den Gleichgewichtsgleichungen bestimmen; so erhält man ∞^n Gleichgewichtszustände, die zu *einer* bestimmten Belastung gehören. Es ist auch möglich, einige oder alle Überzähligen gleich Null zu setzen; der Gleichgewichtszustand entspricht in letzterem Falle jenem in einem statisch bestimmten Tragwerk, welches durch Entfernen der überzähligen Stützungen entstanden ist. Auch wenn das Tragwerk unbelastet ist, lassen sich Gleichgewichtszustände angeben, indem man den Überzähligen beliebige Werte beilegt und dann mittels der Gleichgewichtsgleichungen die übrigen Unbekannten bestimmt. Solche Gleichgewichtszustände, die auch in dem unbelasteten, statisch unbestimmten Tragwerk auftreten können, nennen wir *Zwangszustände.* Ein n-fach statisch unbestimmtes Tragwerk besitzt demnach *n solcher Zwangszustände.* Diese sind *voneinander linear unabhängig,* d. h. durch ihre Überlagerung kann nicht etwa ein spannungsfreier Zustand des Tragwerkes erreicht werden.

Die folgenden Abbildungen bringen Beispiele für mehr oder weniger häufig verwendete statisch bestimmte und statisch unbestimmte Tragwerke. So sind die in Abb. 24 dargestellten kinematisch bestimmten Systeme selbstverständlich auch statisch bestimmt. Die Abb. 43 bis 45 zeigen Beispiele für einfach statisch unbestimmte Tragwerke. An Stelle des manchmal mühsamen Abzählens von Scheiben und Stützungen kann man schneller zum Ziele kommen, wenn man sich vergewissert,

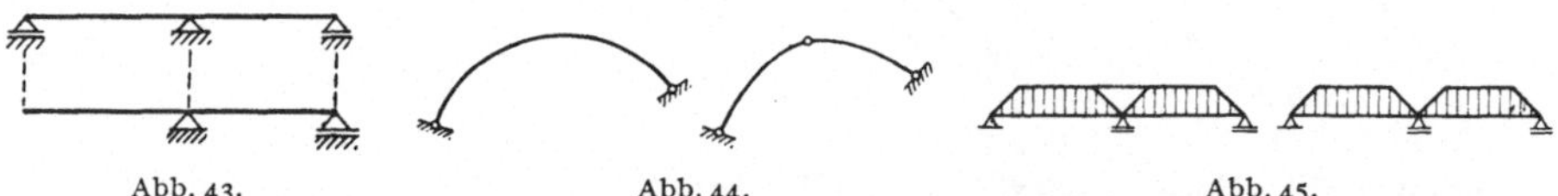

Abb. 43. Abb. 44. Abb. 45.

wieviel Stützungen man weglassen darf, um gerade ein unverschiebliches, also statisch bestimmtes Tragwerk zu erhalten. So erkennt man, daß bei dem Durchlaufträger über zwei Felder in Abb. 43 eines der beiden Gleitlager weggelassen werden kann; es bleibt dann ein freiaufliegender Träger übrig, der statisch bestimmt ist. Anstatt dessen hätte man auch ein Gelenk einbauen können; dann ergibt sich ein ebenfalls statisch bestimmter Gelenkträger. Man merke sich überhaupt, *daß der Einbau eines Gelenkes den Grad der statischen Unbestimmtheit um eins herabsetzt.* So entsteht auf diese Weise aus dem Zweigelenkbogen in Abb. 44 durch Einbau eines Scheitelgelenkes ein Dreigelenkbogen, der statisch bestimmt ist; daher ist der Zweigelenkbogen einfach statisch unbestimmt. Auch das Tragwerk in Abb. 45 ist einfach statisch unbestimmt. Denn, läßt man den oberen waagrechten Stab weg, so bleiben zwei freiaufliegende Träger übrig.

In Abb. 46 ist ein zweifach statisch unbestimmtes Tragwerk dargestellt. Löst man nämlich das Gelenk, so hat man die zwei Stützungen zwischen den beiden Scheiben entfernt und es verbleiben zwei eingespannte Kragträger, die statisch bestimmt sind.

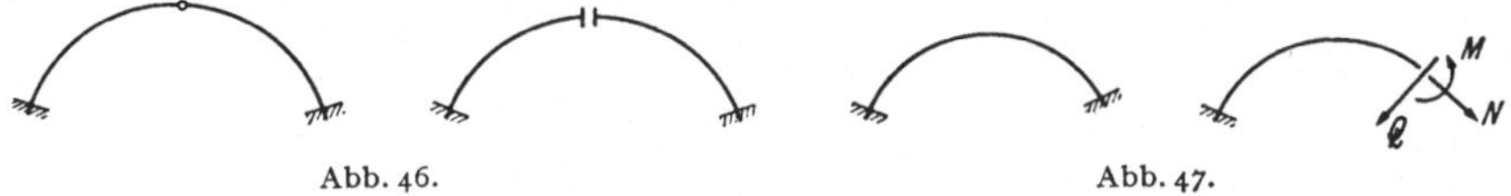

Abb. 46. Abb. 47.

Abb. 47 zeigt ein dreifach statisch unbestimmtes Tragwerk, einen eingespannten Bogen. Man kann etwa eine Einspannung, die drei unbekannte Stützkräfte bedingt, weglassen, um einen statisch bestimmten Kragträger zu erhalten.

Ganz ähnlich liegen die Verhältnisse bei Fachwerken. Bei einem kinematisch bestimmten Fachwerk besteht zwischen der Anzahl der Stäbe s und der Knoten k die Beziehung $s=2k$. Nun gibt jeder Knoten zwei Gleichgewichtsbedingungen, nämlich daß die Summe der Komponenten in zwei beliebigen Richtungen der hier angreifenden Kräfte verschwinden muß. Wir erhalten also ebensoviele Gleichungen als Stabkräfte und können somit diese aus den Gleichgewichtsgleichungen bestimmen. Man sagt, ein *kinematisch bestimmtes Fachwerk ist auch statisch bestimmt.* Hat ein Fachwerk aber weniger als $2k$ Stäbe, so wird es verschieblich und es gibt dann mehr Gleichungen als unbekannte Stabkräfte. Dies verlangt wiederum soviele Bedingungen für die äußeren Kräfte, als Stäbe zu wenig sind, damit überhaupt Gleichgewicht möglich ist. Das Fachwerk nennt man in diesem Falle deshalb auch *bedingt statisch bestimmt oder statisch überbestimmt.*

Hat aber ein Fachwerk mehr Stäbe als zu seiner Unverschieblichkeit erforderlich sind, ist es also kinematisch überbestimmt, so fehlen zur Berechnung der Stabkräfte soviel Gleichungen, als Stäbe zuviel sind. Man spricht dann von einem *statisch unbestimmten Fachwerk.* Die Anzahl der überzähligen Stäbe gibt den Grad der statischen Unbestimmtheit an. Man kann den überzähligen Stabkräften beliebige Werte beilegen und dann die übrigen Stabkräfte mit Hilfe der angenommenen Werte ausdrücken. Lagerverbindungen zwischen einzelnen Fachwerksscheiben sind mit jener Zahl von unbekannten Stützkräften einzuführen, welche dem betreffenden Lager zukommt.

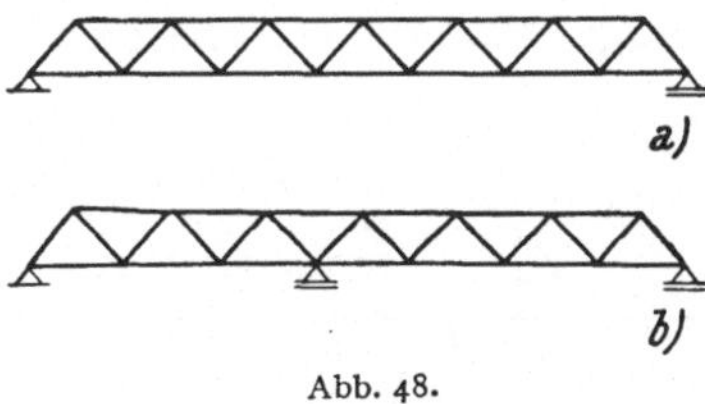

Abb. 48.

In den Abb. 48 bis 52 sind verschiedene, öfters verwendete, statisch unbestimmte Fachwerke dargestellt. Man kann sich die Feststellung, ob ein Fachwerk statisch bestimmt oder unbestimmt ist, vereinfachen, wenn man sich zunächst klar macht, daß eine Dreieckskette (Abb. 48a), die aus einer Aneinanderreihung einzelner Dreiecke besteht, statisch bestimmt ist, wenn sie mit drei Stützungen gegen die Erde gelagert wird. Jede weitere Stützung oder jeder weitere Stab erhöht demnach die statische Unbestimmtheit um einen Grad. So ist z. B. das Fachwerk in Abb. 48b einfach statisch unbestimmt, denn es ist die mittlere Stützung hinzugekommen. Ebenso sind die Fachwerke in den Abb. 49 und 50 einfach

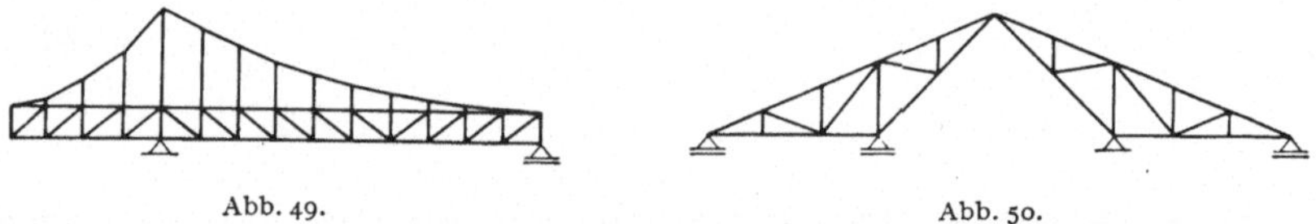

Abb. 49. Abb. 50.

statisch unbestimmt. Man kann sich bei diesen Fachwerken irgendeinen Stab als überzählig auswählen; läßt man ihn weg, so bleibt ein statisch bestimmtes Fachwerk übrig. Allerdings ist man in der Wahl des überzähligen Stabes nicht vollständig frei; denn es gibt, wie wir schon in dem Abschnitt über die Kinematik der Tragwerke erklärt haben, Stäbe, bei deren Weglassung ein verschiebliches Tragwerk übrig bleibt. Die Abb. 51 und 52 zeigen endlich

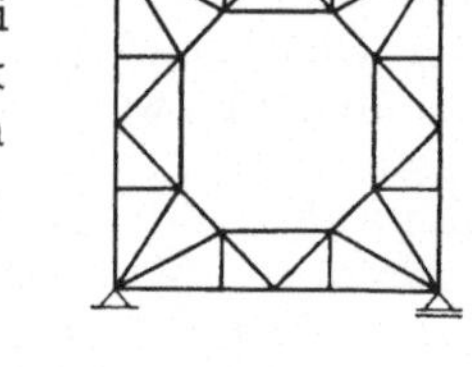

Abb. 51. Abb. 52.

Beispiele für mehrfach statisch unbestimmte Fachwerke, so Abb. 51 einen zweifach statisch unbestimmten Durchlaufträger, Abb. 52 einen dreifach statisch unbestimmten Fachwerksrahmen.

17. Die Bestimmung der inneren Kräfte. Will man die inneren Kräfte eines Tragwerkes ermitteln, so führt man einen Schnitt, durch den ein Teil des Tragwerkes abgetrennt wird, so daß an diesem abgetrennten Tragwerksteil die zu bestimmende innere Kraft nunmehr bei Betrachtung des Gleichgewichtes als äußere Kraft angreift. Natürlich dürfen nur drei der geschnittenen Kräfte unbekannt sein, da der abgetrennte Teil ja nur drei Gleichungen für das Gleichgewicht liefert. Solange das Tragwerk nach der in Nr. 8 angegebenen Regel gebildet ist, also jede neue Scheibe mit drei Stützungen an drei bereits festen Punkten angeschlossen ist, ist die Berechnung der Stützkräfte und der inneren Kräfte einfach; man beginnt bei der letzten Scheibe und schreitet in umgekehrter Reihenfolge wie beim Aufbau des Tragwerkes fort. Man hat also stets nur drei Gleichungen mit drei Unbekannten aufzulösen. An dem Beispiel in Abb. 53 ist die Reihenfolge der Schnitte der betreffenden Scheiben und der zugehörigen Stützkräfte

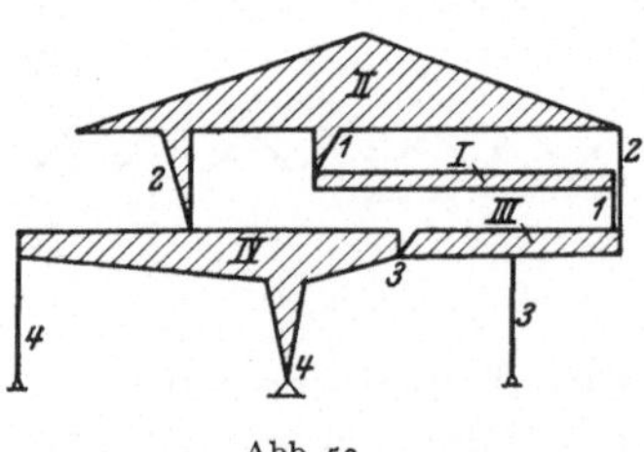

Abb. 53.

durch Ziffern ersichtlich gemacht. Die Bestimmung einer unbekannten Stützkraft erfolgt übrigens vorteilhaft in der Weise, daß man sich die Momentengleichung um den Schnittpunkt der Wirkungslinien der beiden anderen unbekannten Kräfte aufstellt; diese kommen dann in dieser Gleichung nicht vor, da ihr Hebelarm Null ist.

Ist aber die in Nr. 9 beschriebene Vertauschung von Stützungen vorgenommen worden, dann ist es nicht immer möglich, Schnitte zu führen, bei denen nur drei unbekannte Kräfte vorkommen; die Form der Gleichungen ist dann nicht mehr so einfach, daß nur Gleichungssysteme mit je drei Gleichungen und drei Unbekannten vorliegen. Ein einfaches Beispiel hiefür ist der Dreigelenksbogen; löst man die Scheiben von der Erde oder trennt man eine Scheibe durch Lösung eines Widerlager- und des Scheitelgelenkes aus ihrem Zusammenhang, so erhält man jedes Mal drei Gleichungen mit vier Unbekannten. Verfährt man mit der zweiten Scheibe ebenso, so erhält man zwar im ganzen sechs Gleichungen mit sechs Unbekannten, die sich aber nicht in zwei Gruppen mit drei Gleichungen und drei Unbekannten spalten lassen. Doch läßt sich, wie in den meisten praktisch vorkommenden Fällen, durch besondere Überlegungen, die jedem einzelnen Fall eigens angepaßt sind, die mühevolle Auflösung eines Gleichungssystems mit mehreren Unbekannten umgehen. Wie dies im besonderen bei verschiedenen, praktische Bedeutung besitzenden Tragwerken durchgeführt wird, ist in der „Einführung in die Statik"[1]) gezeigt worden.

Ebenso kann man bei einem Fachwerk eine Stabkraft bestimmen, wenn sich durch einen Schnitt ein Teil des Fachwerkes abtrennen läßt, an dem außer der zu ermittelnden Stabkraft nur noch zwei unbekannte Kräfte angreifen. Die Momentengleichung um den Schnittpunkt dieser beiden Kräfte, die zumeist auch unbekannte Stabkräfte sind, liefert dann sofort die gesuchte Stabkraft. Sind Fachwerke ohne Stabvertauschung gebildet, so kann jede Stabkraft auf diese Weise bestimmt werden. Dies ist z. B. bei Dreiecksketten der Fall. Bei Fachwerken mit Stabvertauschung kann es vorkommen, daß nicht alle Stabkräfte nach dieser Methode zu bestimmen sind, weil sie nur in Schnitten vorkommen, die mehr als drei Stäbe treffen. Auch da läßt sich aber zumeist ein Weg finden, der verhältnismäßig einfach zum Ziele führt.

Bei Fachwerken kann man auch sogenannte *Rundschnitte* führen, durch die einzelne Knoten herausgeschnitten werden. Das Gleichgewicht eines Knotens verlangt, daß die Summe der Komponenten der in diesem Knoten angreifenden äußeren Kräfte und Stabkräfte in beliebiger Richtung verschwindet. Man kann demnach aus den Gleichgewichtsbedingungen eines Knoten zwei unbekannte Stäbe bestimmen.

Zeichnerisch wird dies bei der Konstruktion des *Cremonaplanes* verwendet, über den ebenfalls in der „Einführung in die Statik" das Notwendige nachgelesen werden kann.

---

[1] CHMELKA-MELAN: Einführung in die Statik, 5. Auflage. Wien: Springer-Verlag. 1947.

Die Bestimmung der inneren Kräfte einfacher Tragwerke sowie der Stabkräfte von Fachwerken ist sowohl rechnerisch wie zeichnerisch bereits in der „Einführung in die Statik" behandelt worden. Ergänzungen hiezu und die Untersuchung einiger weiterer Tragwerke und Fachwerke folgen im nächsten Abschnitt.

18. Stab- und Stützungsvertauschung. Wir erläutern im folgenden noch eine Methode zur Bestimmung der inneren Kräfte, welche manchmal bei Tragwerken mit Vorteil angewendet werden kann, die durch Stab- oder Stützungsvertauschung gebildet worden sind. In Abb. 54a, bzw. 54b ist ein Tragwerk dargestellt, das durch Stabvertauschung aus dem in Abb. 54c bis e gezeichneten hervorgegangen ist. Nur sind die vertauschten Stäbe a und b des vorgelegten Fachwerkes nicht weggelassen, sondern durchschnitten, wodurch offenbar derselbe Effekt erzielt wurde und sie unwirksam gemacht worden sind. Es werden also im vorgelegten Tragwerk (Abb. 54b) die Stäbe r und s, im *Ersatztragwerk* (Abb. 54c bis e) die Stäbe a und b durchschnitten. Wir nehmen an, daß sämtliche inneren Kräfte des Ersatztragwerkes für irgendeine Belastung nach den bereits bekannten Verfahren bestimmt werden können. So ergeben sich in demselben (Abb. 54c) infolge der äußeren Kräfte P die Stützendrücke $\overline{C}_{pP}$ und die Stabkräfte $\overline{S}_{pP}$, insbesondere in den Stäben a und b, weil sie durch den Schnitt unwirksam wurden, die Stabkräfte $\overline{S}_{aP}=\overline{S}_{bP}=0$, während $\overline{S}_{rP}$ und $\overline{S}_{sP}$ irgend welche Werte haben[1]. Nun bestimmen wir für die Belastung „1", die an den Schnittstellen des Stabes a angreift und die wir mit $\overline{S}_{aa}=1$ bezeichnen, die Stützendrücke $\overline{C}_{pa}$ und die Stabkräfte $\overline{S}_{pa}$ im Ersatztragwerk (Abb. 54d). Dabei ist im besonderen

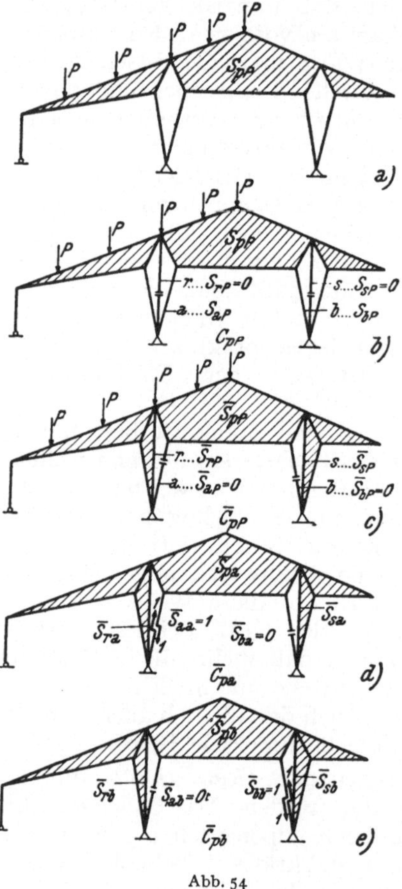

Abb. 54

[1] Wir bezeichnen die Größen des Ersatztragwerkes zum Unterschied gegenüber jenen am vorgelegten Tragwerk mit einem Querstrich. Von den Indizes bedeutet, wie stets im folgenden, der erste den Ort, der zweite die Ursache der betrachteten Größe.

$\overline{S}_{ba}=0$. Ebenso gibt die Belastung $\overline{S}_{bb}=1$, d. i. eine Kraft „1" an den Schnittufern des Stabes b angebracht, die Stützendrücke $\overline{C}_{pb}$ und die Stabkräfte $\overline{S}_{pb}$ (Abb. 54e). Die Kräfte in den Stäben a und b des vorgelegten Tragwerkes werden infolge der Belastung P aber nicht den Wert „1", sondern die vorläufig noch unbekannten Werte S_{aP} und S_{bP} erhalten; sie erzeugen also die Stützendrücke $\overline{C}_{pa}\cdot S_{aP}$ und die Stabkräfte $\overline{S}_{pa}\cdot S_{aP}$, bzw. $\overline{C}_{pb}\cdot S_{bP}$ und $\overline{S}_{pb}\cdot S_{bP}$. Durch Überlagerung der Belastungszustände $\overline{S}_{pP}$, S_{aP} und S_{bP} ergibt sich in einem beliebigen Stabe p die Stabkraft

$$S_{pP}=\overline{S}_{pP}+\overline{S}_{pa}\,S_{aP}+\overline{S}_{pb}\,S_{bP} \qquad (18, 2)$$

und irgendein Stützendruck

$$C_{pP}=\overline{C}_{pP}+\overline{C}_{pa}\,S_{aP}+\overline{C}_{pb}\,S_{bP}.$$

Nun müssen aber die Stabkräfte in den Stäben r und s im vorgelegten System verschwinden, da diese Stäbe ja hier durchschnitten sind. Es ist also, wenn in der vorstehenden Gleichung für p r und s gesetzt wird

$$S_{rP}=\overline{S}_{rP}+\overline{S}_{ra}\,S_{aP}+\overline{S}_{rb}\,S_{bP}=0$$
$$S_{sP}=\overline{S}_{sP}+\overline{S}_{sa}\,S_{aP}+\overline{S}_{sb}\,S_{bP}=0$$

Aus diesen zwei Gleichungen kann S_{aP} und S_{bP} bestimmt werden und damit sind durch Einsetzen in die Gleichungen für S_{pP} und C_{pP} alle Größen am vorgelegten Tragwerk bestimmt. Im übrigen gelten diese Gleichungen natürlich auch für $p=a$ und $p=b$, wenn man beachtet, daß, wie schon erwähnt, $\overline{S}_{aP}=\overline{S}_{bP}=0$, $\overline{S}_{aa}=\overline{S}_{bb}=1$ und $\overline{S}_{ab}=\overline{S}_{ba}=0$ ist.

Es wäre natürlich ein vergebliches Bemühen, wenn man auf diese Weise die inneren Kräfte eines statisch unbestimmten Systems ermitteln wollte. Denn die fehlenden Gleichungen können nicht durch irgend welche Überlegungen beschafft werden, die durch Betrachtungen des Gleichgewichtes des Tragwerkes oder von Teilen desselben erhalten werden. Es ist vielmehr erforderlich, auf anderem Wege die überzähligen Unbekannten zu berechnen. Ist dies geschehen, dann können erst die bekannten Verfahren zur Bestimmung der inneren Kräfte zur Anwendung gelangen. Hierüber wird bei der Behandlung statisch unbestimmter Systeme gesprochen werden.

III. Ergänzungen und Anwendungen zu Abschnitt I und II.

19. Allgemeines. Die folgenden Untersuchungen setzen die Kenntnis der einfachsten Regeln und Verfahren zur Bestimmung der inneren Kräfte voraus, wie sie in der „Einführung in die Statik" erläutert wurden. Sie beziehen sich naturgemäß nur auf statisch bestimmte Systeme. Zunächst wird die Ermittlung der größten Querkräfte und Momente des freiaufliegenden Trägers bei beweglicher, unmittelbarer Belastung behandelt; dann soll die mittelbare Belastung untersucht werden und endlich folgt die Bestimmung der inneren Kräfte für einige in der „Einführung in die Statik" nicht behandelte Tragwerke, die praktische Bedeutung besitzen.

A. Der freiaufliegende Träger bei beweglicher, unmittelbarer Belastung.

20. Die größten Momente und Querkräfte bei einer beweglichen Gleichlast. Wirkt die Belastung, wie es bislang stets angenommen wurde, ohne Zwischenkonstruktion unmittelbar auf den Träger, so sprechen wir von einer *unmittelbaren* oder *direkten* Belastung. In der Praxis liegt der Fall, wie z. B. bei Brücken, häufig so, daß eine gegebene Belastung in verschiedener Stellung auf das Tragwerk einwirken kann. Je nach der Stellung der Belastung werden in einem Punkte des Trägers verschieden große Momente und Querkräfte entstehen. Es ist nun für die Bemessung des Tragwerkes in dem betreffenden Querschnitt notwendig, die größten Werte von Moment und Querkraft zu kennen, die hier auftreten können. Dazu ist zunächst die Kenntnis jener Laststellung notwendig, die überhaupt die Größtwerte hervorruft; ist diese *maßgebende* oder *ungünstige* Laststellung bekannt, so folgt als zweite Aufgabe die Ermittlung der Größtwerte selbst. Im allgemeinen erfolgt die Lösung dieser Aufgabe mit einem eigenen Hilfsmittel, dem Verfahren der *Einflußlinien;* nur bei freiaufliegenden Trägern kann man auch ohne Benützung der Einflußlinien in einfacher Weise zum Ziele kommen.

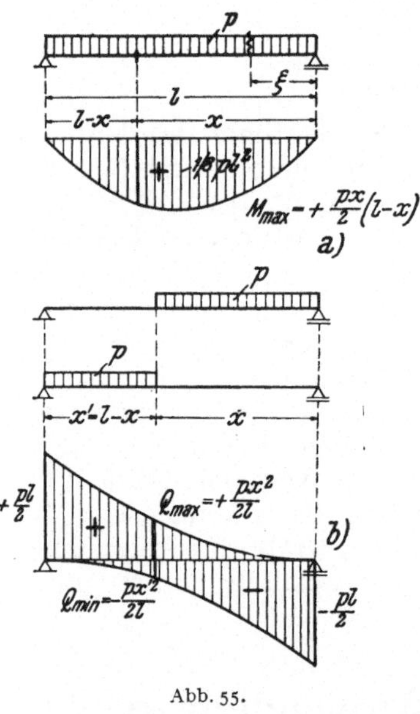

Abb. 55.

Wir betrachten einen freiaufliegenden Träger mit der Stützweite l, der durch eine Gleichlast p belastet wird. Es ist nicht notwendig, daß diese Belastung über die ganze Trägerlänge wirkt; es können vielmehr auch nur Teile der Trägerlänge belastet sein, wenn dadurch in dem betrachteten Trägerquerschnitt ein größeres Moment oder eine größere Querkraft erzeugt wird. Wir wollen zunächst die Frage nach dem größten Moment, das unter diesen Umständen an einer beliebigen Stelle des Trägers im Abstande x vom rechten Auflager auftreten kann, beantworten.

Um zunächst die ungünstige Laststellung festzulegen, beachten wir, daß eine Last an einer beliebigen Stelle des Trägers, etwa im Abstande ξ

vom rechten Auflager, in dem betrachteten Querschnitt x ein positives Moment hervorruft; dabei ist es gleichgültig, ob diese Last links oder rechts von dem Querschnitt x steht, also ob $x < \xi$ oder $\xi < x$ ist. Soll also eine Gleichlast in x das größte Moment erzeugen, so wird man den Träger voll belasten müssen. Dies gilt für jeden Querschnitt, also für alle Werte von x; es gibt demnach die Vollbelastung mit der Gleichlast p bereits in jedem Trägerquerschnitt das größte Moment. Mit anderen Worten, in dem vorliegenden Fall ist die Momentenlinie für Vollbelastung bereits die gesuchte *Maximalmomentenkurve*. Es ist dies bekanntlich eine Parabel mit der größten Ordinate $pl^2/8$ in Trägermitte (vgl. Abb. 55a). Ihre Gleichung lautet

$$M_{xp} = \frac{1}{2} p \, x \, (l - x). \tag{20, 1}$$

Wir stellen nunmehr die Frage nach der Kurve der größten Querkräfte. Steht eine Last rechts von dem Querschnitt x, also ist $\xi < x$, so ruft sie in x eine positive Querkraft $Q = P \, \xi/l$ hervor, steht sie links von x $(x < \xi)$, so erzeugt sie eine negative Querkraft $Q = P \, (l - \xi)/l$. Will man also die größten positiven Querkräfte erhalten, so darf man nur das Trägerstück rechts von x bis zum rechten Auflager belasten; der Trägerteil zwischen linkem Auflager und dem betrachteten Querschnitt muß unbelastet bleiben. Man spricht von einer *Teilbelastung*. Die größte positive Querkraft ist dann stets gleich dem linken Auflagerdruck A; für diesen ergibt sich der Wert

$$_{\max} Q_{xp} = A = + \frac{p \, x^2}{2 \, l}.$$

Ebenso ergibt sich für die negativen Querkräfte

$$_{\min} Q_{xp} = - B = - \frac{p \, x'^2}{2 \, l}.$$

Es sind dies Parabeln, die über den Auflagern die Ordinaten $p \, l/2$, bzw. Null besitzen (Abb. 55b). Die größen Querkräfte treten daher über den Auflagern auf und sind gleich den Auflagerdrücken.

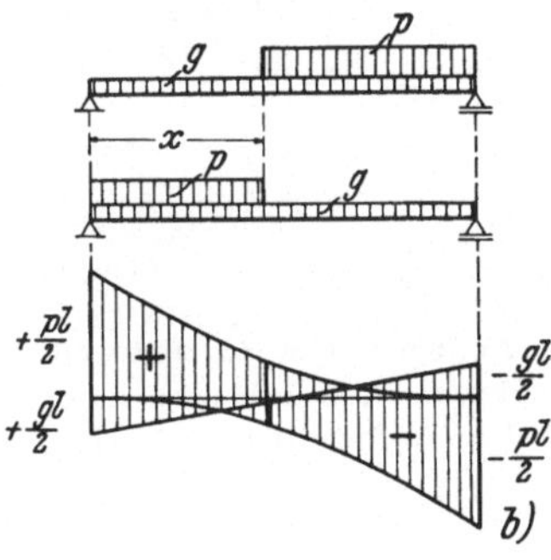

Abb. 56.

Ist ein Träger außer durch eine bewegliche Belastung noch durch eine ständig wirkende ruhende Vollast — etwa sein Eigengewicht — belastet, so erhält man die Größtwerte der Momente und Querkräfte, wenn man zu den eben ermittelten maximalen Momenten und Querkräften noch jene infolge der ruhenden Belastung hinzufügt. Es ist dies zeichnerisch in Abb. 56 dargestellt. Die Momente infolge der ruhenden Belastung g sind durch eine Parabel mit der größten Ordinate in Trägermitte von

$g\,l^2/8$, die Querkräfte durch die Gerade $g/2 \cdot (l - 2\,x)$ gegeben. Man sieht, daß in der Nähe des linken Auflagers nur positive Querkräfte auftreten können, während im mittleren Teil des Trägers je nach der Stellung der beweglichen Belastung p sowohl negative als auch positive Querkräfte entstehen können.

21. Die größten Momente infolge eines Lastenzuges. Besteht die Belastung aus einem *Lastenzug*, d. i. einer Reihe von Einzellasten, die stets in gleicher Entfernung und Reihenfolge, im übrigen aber in beliebiger Stellung auf den Träger wirken können, so ist zwar ebenso wie bei der oben behandelten Gleichlast zu schließen, daß die größten Momente bei Vollbelastung des Trägers auftreten werden; die Laststellung selbst aber, für welche die größten Momente entstehen, muß erst durch eine besondere Überlegung gefunden werden.

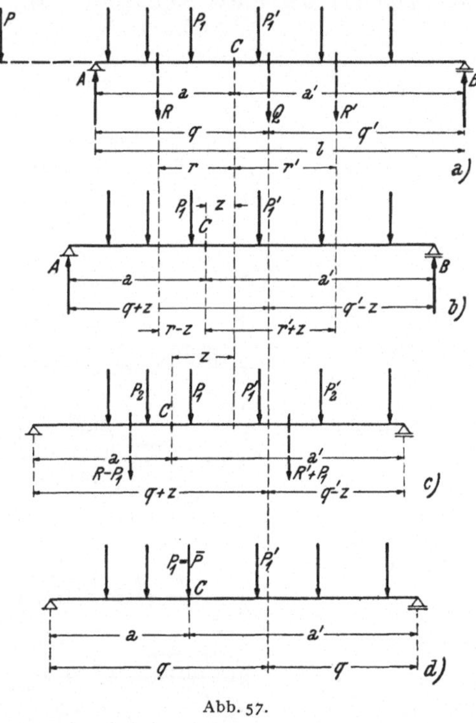

Abb. 57.

In Abb. 57 ist ein Träger mit der Stützweite l dargestellt, bei welchem das Maximalmoment im Querschnitt C, der vom linken Auflager a, vom rechten die Entfernung a' besitzt, unter dem angegebenen Lastenzug bestimmt werden soll. Wir untersuchen zunächst die in Abb. 57a veranschaulichte Laststellung, wobei der Querschnitt C zwischen den Lasten P_1 und P'_1 liegt. Die Resultierende Q sämtlicher Lasten auf dem Träger hat den Abstand q vom linken und q' vom rechten Auflager. Die Resultierende aller links von C wirkenden Kräfte sei R, jene aller auf den rechten Teil wirkenden R'; ihre Entfernung von C sei mit r und r' bezeichnet. Der Auflagerdruck A wird mit diesen Bezeichnungen

$$A = Q\,\frac{q'}{l}$$

und das Moment in C

$$M = Q\,\frac{a\,q'}{l} - R \cdot r.$$

Verschiebt man den Lastenzug um die Strecke z nach rechts, oder — was dasselbe ist — den Träger um dasselbe Stück nach links, wie dies in der Abb. 57b dargestellt ist, so tritt in den vorstehenden Gleichungen $q'-z$ an Stelle von q' und $r-z$ an Stelle von r, während Q, R, a und a' unverändert bleiben. Es ist also jetzt das Moment in C

$$M + \varDelta M = Q \frac{a(q'-z)}{l} - R(r-z) = M + z\left(R - Q\frac{a}{l}\right).$$

Betrachtet man den anderen Trägerteil, so wird

$$B = Q\frac{q}{l}$$

das Moment in C

$$M = Q\frac{a' q}{l} - R' r'$$

und bei einer Verschiebung des Lastenzuges um z nach rechts wird

$$M + \varDelta M = M + z\left(Q\frac{a'}{l} - R'\right);$$

denn an Stelle von q und r' treten jetzt $q+z$ und $r'+z$.

Die Momente nehmen also linear bei einer Verschiebung des Lastenzuges nach rechts zu, wenn $\varDelta M$ in beiden Ausdrücken positiv ist; dazu ist erforderlich, daß die Ungleichungen

$$R/a > Q/l > R'/a',$$

also auch

$$R/a > R'/a'$$

bestehen.

Wenn bei dieser Verschiebung bei A eine neue Last P auf den Träger getreten ist, so ist statt R $R+P$ und statt Q $Q+P$ zu setzen, während sich R' nicht geändert hat. Aus den vorstehenden Gleichungen für M ersieht man, daß die Momente nunmehr noch rascher zunehmen wie bisher. Die Ungleichung $\frac{R+P}{a} > \frac{R'}{a'}$ ist erst recht erfüllt. Dasselbe ist der Fall, wenn in B eine Last den Träger verläßt; denn es ist erst recht $\frac{R}{a} > \frac{R'-P}{a'}$.

Eine wesentliche Änderung dieser Ungleichung kann erst eintreten, wenn eine der Lasten P_1 oder P'_1 den Querschnitt C überschritten hat. In Abb. 57c steht der Lastenzug so, daß der betrachtete Trägerquerschnitt C zwischen den Lasten P_1 und P_2 liegt. Die Summe der Lasten am linken Trägerteil R hat sich um P_1 auf $R-P_1$ vermindert, während R' am rechten Trägerteil auf $R'+P_1$ angewachsen ist. Es ist also möglich, daß jetzt

$$\frac{R-P_1}{a} < \frac{R'+P_1}{a'}$$

wird; dies bedeutet, wie die angeschriebenen Gleichungen für $M+\varDelta M$ lehren, daß $\varDelta M$ nunmehr negativ wird, d. h. die Momente abnehmen. Überschreitet hingegen die Last P'_1 den Querschnitt C, liegt also C zwischen P'_1 und P'_2, so wird erst recht

$$\frac{R+P'_1}{a} > \frac{R'-P'_1}{a'}.$$

Man kann also das Ergebnis unserer Untersuchung wie folgt zusammenfassen: Das größte Moment tritt dann auf, wenn bei einer Verschiebung $\Delta M = 0$ wird. Das verlangt, daß

$$\frac{R}{a} = \frac{R'}{a'}$$

ist. Diese Bedingung läßt sich aber i. a. nur erfüllen, wenn man eine Last — die *maßgebende Last* $\overline{P}$ genannt — über den betrachteten Querschnitt C stellt und sie sich in zwei unmittelbar nebeneinander wirkende Lasten P^+ und P'^+ geteilt denkt. Wird P^+ zu den Lasten am linken Trägerteil, P'^+ zu jenen am rechten Trägerteil gerechnet, so ist die Gl. $\frac{R}{a} = \frac{R'}{a'}$ erfüllt. Man kann dies auch in der Form

$$\frac{R + P^+}{a} = \frac{R' + P'^+}{a'} = \frac{Q}{l} \tag{21, 2}$$

ausdrücken, wobei aber unter R und R' die Summen der Lasten links, bzw. rechts von C ohne die maßgebende Last $\overline{P}$ zu verstehen sind. Die Bedingung kann auch in Form von zwei Ungleichungen angeschrieben werden:

$$\frac{R + \overline{P}}{a} > \frac{R'}{a'} \quad \text{und} \quad \frac{R}{a} < \frac{R' + \overline{P}}{a'} \tag{21, 3}$$

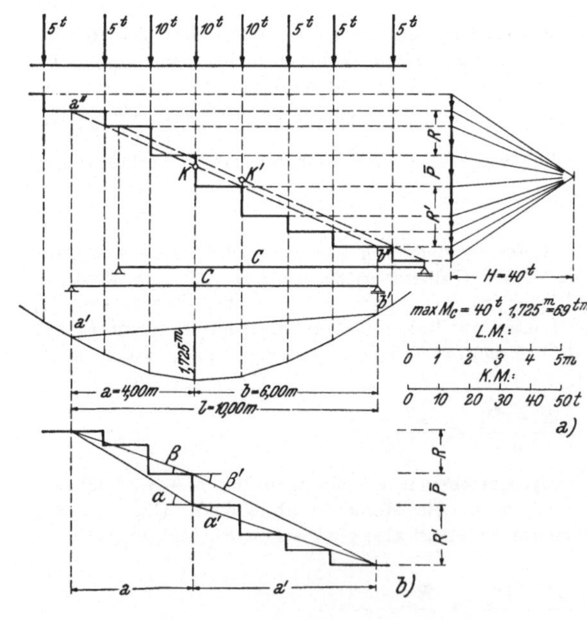

Abb. 58.

Wir bemerken endlich noch, daß für den Fall: sowohl

$$\frac{R + \overline{P}}{a} > \frac{R'}{a'} \quad \text{als auch} \quad \frac{R}{a} > \frac{R' + \overline{P}}{a'}$$

der Lastenzug so lange nach rechts zu verschieben ist, bis sich beim Überschreiten des Querschnittes C durch die maßgebende Last das zweite Ungleichheitszeichen umgekehrt hat. Denn man muß selbstverständlich durch die Verschiebung Lasten von dem mehr belasteten Trägerteil auf den weniger belasteten bringen.

Will man das Maximalmoment unter einem Lastenzug zeichnerisch bestimmen, so verfährt man demnach wie in Abb. 58 dargestellt ist: Zunächst zeichnet man das Seilpolygon der Lasten und stellt dann den Träger so darunter, daß der betreffende Querschnitt unter die voraussichtlich maßgebende Last zu stehen kommt. Will man eine andere Laststellung untersuchen, so verschiebt man anstatt des Lastenzuges den Träger. Die Trägerenden auf das Seilpolygon projiziert und die so erhaltenen Punkte a' b' verbunden, ergibt die Schlußlinie, die dann die Momentenlinie und damit auch das Moment M_c in dem zu untersuchenden Querschnitt bestimmt. Will man sich vergewissern, ob die Laststellung richtig ist, so trägt man sich die Lasten der Reihe nach untereinander auf, projiziert sie auf ihre Wirkungslinien und lotet die Trägerenden auf die so entstandene Treppenlinie. Verbindet man die beiden so erhaltenen Punkte a'' und b'', so muß diese Verbindungsgerade jene Last schneiden, die man als maßgebend angenommen hat, die also über dem betrachteten Querschnitt steht. (In der Abb. 58a ist zunächst eine unrichtige Laststellung für das Maximalmoment in C angenommen, weil die erwähnte Verbindungslinie nicht die maßgebende Last schneidet.) Denn dann ist, wie man aus der Zeichnung (Abb. 58b) unmittelbar ersieht

$$\operatorname{tg} \alpha = \frac{R + \overline{P}}{a} > \frac{R'}{a'} = \operatorname{tg} \alpha'$$

und

$$\operatorname{tg} \beta = \frac{R}{a} < \frac{R' + \overline{P}}{a'} = \operatorname{tg} \beta',$$

also die vordem abgeleitete Bedingung erfüllt.

Man kann sich auch durch Rechnung leicht überzeugen, daß die in Abb. 58a gezeichnete Laststellung das größte Moment in C ergibt; denn mit den dieser Zeichnung zu entnehmenden Werten $a = 4\,m$, $b = 6\,m$, $R = 5 + 10 = 15$ t, $\overline{P} = 10$ t, $R' = 10 + 5 + 5 = 20$ t wird

$$\text{sohin } \frac{15 + 10}{4} = 6{,}25 > \frac{20}{6} = 3{,}33$$

$$\text{und } \frac{15}{4} = 3{,}75 < \frac{10 + 20}{6} = 5.$$

Bestimmt man die Maximalmomente für eine Reihe von Querschnitten des Trägers, so erhält man die Maximalmomentenkurve. Ist diese Maximalmomentenkurve zur Trägermitte unsymmetrisch, so kommt von gleich weit von der Mitte entfernten Ordinaten nur die größere in Betracht, wenn der Lastenzug auch mit umgekehrter Lastenfolge, also auch von der anderen Seite einfahren kann.

22. Bestimmung des größten Momentes, das überhaupt unter einem Lastenzug entstehen kann. Bei dieser Aufgabe handelt es sich zunächst darum, die Stelle anzugeben, an welcher das größte Moment überhaupt auftritt, also den Querschnitt des Maximums der Maximalmomentenkurve, sodann die maßgebende Last zu finden und endlich, wenn dadurch die Laststellung bestimmt ist, das Maximalmoment an dieser Stelle zu bestimmen. Hiezu verhilft uns folgende Überlegung: Angenommen, es sei in Abb. 59 C der gesuchte Trägerquerschnitt, so muß die Laststellung offenbar nach (21, 2) die Bedingung erfüllen, daß

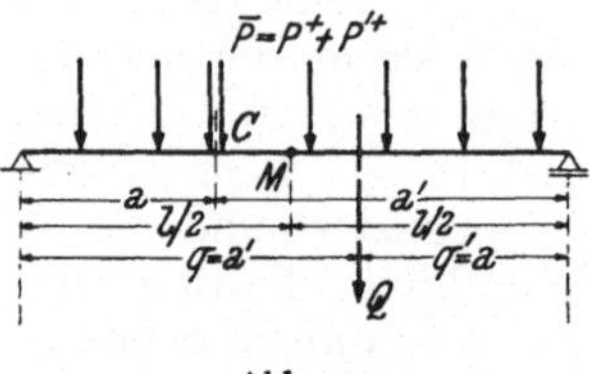

Abb. 59.

$$\frac{R + P^+}{a} = \frac{R' + P'^+}{a'} = \frac{Q}{l}.$$

Dabei ist $P^+ + P'^+ = \overline{P}$ die maßgebende Last. Nimmt man aber die Laststellung als richtig an, so muß C dort liegen, wo die Querkraft verschwindet; denn dies ist ja die Stelle des größten Momentes. Nun ist aber die Querkraft gleich dem Auflagerdruck A vermindert um die Lasten am linken Trägerteil, d. i. $R + P^+$. Mithin wird, weil der Auflagerdruck $A = Q\frac{q'}{l}$ ist, die Querkraft gleich $Q\frac{q'}{l} - (R + P^+)$ und dies gleich Null gesetzt, ergibt

$$\frac{R + P^+}{q'} = \frac{Q}{l}.$$

Aus dem Vergleich dieses Wertes mit den zuerst gefundenen von $\frac{Q}{l}$ erhält man

$$q' = a.$$

Betrachtet man den rechten Trägerteil, so erhält man

$$q = a', \tag{22, 4}$$

d. h. die Trägermitte halbiert den Abstand zwischen dem Querschnitt, in welchem das überhaupt größte Moment auftritt, und dem Angriffspunkt der Resultierenden aller auf dem Träger stehenden Lasten.

Will man dieses Ergebnis zur Lösung der gestellten Aufgabe verwenden, so muß man die maßgebende Last kennen, die über dem gesuchten Querschnitt, in dem das größte Maximalmoment zu erwarten ist, gestellt werden muß. *Man kann also auch sagen, daß die Balkenmitte den Abstand zwischen maßgebender Last und Resultierenden aller auf den Träger einwirkenden Lasten halbiert.*

Bei einem Lastenzug von mehreren Lasten kann man die maßgebende Last zumeist nicht angeben. Besteht aber die Belastung nur aus zwei Lasten P_1 und P_2, dann ist offenbar die größere der beiden Lasten — es sei dies P_1 — die maßgebende Last und die Aufgabe ist ohne Schwierigkeiten zu lösen. Zu der Belastung ist aber auch das Eigengewicht des Trägers g und eine allfällige verteilte Verkehrslast p zu rechnen. Unsere Überlegung verhilft aber dann nur solange zur Lösung, *als P_1 die maß-*

gebende Last bleibt; dies ist der Fall, solange die Einzellasten gegen die verteilte Belastung hinreichend groß sind. Denn im gegenteiligen Falle kann es vorkommen, daß das Maximalmoment nicht mehr unter der Einzellast P_1, sondern an einer anderen Stelle auftritt.

Die in Abb. 60 dargestellte Belastung kommt z. B. bei Straßenbrücken mit kleinerer Stützweite in Frage. Neben dem Eigengewicht g besteht die Belastung aus zwei Einzellasten P_1 und P_2 $(P_1 > P_2)$, die den Raddrücken eines Fahrzeuges entsprechen, an die sich beiderseits eine Gleichlast von p t/m anschließt. Unter der Voraussetzung, daß P_1 die maßgebende Last ist, muß P_1 über den Querschnitt, in dem das Maximalmoment auftritt, gestellt werden, und zwar soll also die Balkenmitte den Abstand zwischen der Resultierenden aller Lasten Q und diesem Querschnitt halbieren. Q hat den Wert

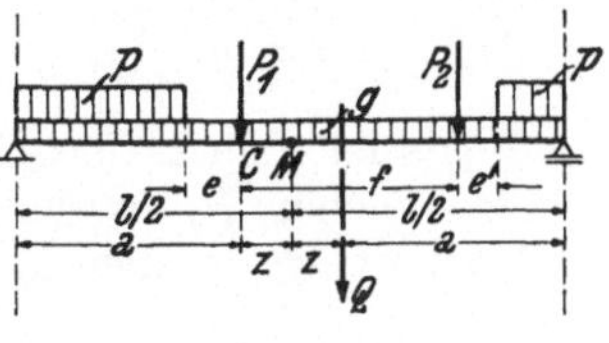

Abb. 60.

$$Q = (g + p)\, l + P_1 + P_2 - p(e + f + e').$$

Die Laststellung ist durch die Angabe der Entfernung z bestimmt; z erhält man am einfachsten aus der Momentengleichung um die Balkenmitte:

$$Q \cdot z = -P_1 z + P_2 (f - z) - (e + f + e')\, p \left(\frac{-e + f + e'}{2} - z\right).$$

Hieraus ergibt sich

$$z = \frac{P_2 f - \frac{p}{2}[(f + e')^2 - e^2]}{(g + p)\, l + 2(P_1 + P_2) - 2(e + f + e')\, p}. \tag{22, 5}$$

Wird z nach dieser Gleichung ermittelt, so kann leicht das größte Moment, das unter der Last P_1 auftritt, bestimmt werden.

Ist $p = o$, wie z. B. Kranbahnen, so vereinfacht sich der Ausdruck für z zu

$$z = \frac{P_2 f}{g\, l + 2(P_1 + P_2)}. \tag{22, 6}$$

In diesem Falle wird der Auflagerdruck A

$$A = \frac{Q\left(\frac{l}{2} - z\right)}{l}$$

und das Moment in C

$$M = Q\frac{\left(\frac{l}{2} - z\right)^2}{l} - \frac{\left(\frac{l}{2} - z\right)^2}{2} g = \frac{\left(\frac{l}{2} - z\right)^2}{l}\left(P_1 + P_2 + \frac{g\, l}{2}\right).$$

Vernachlässigt man schließlich noch, wie dies in vielen Fällen statthaft ist, das Eigengewicht g gegenüber den Lasten P_1 und P_2, so ergibt sich mit $g = o$ (Abb. 61)

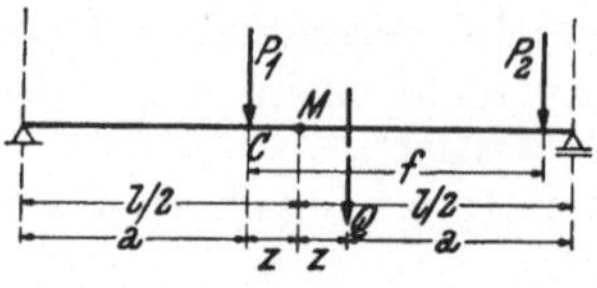

$$z = \frac{P_2 f}{2(P_1 + P_2)}, \tag{22, 7}$$

also $$\frac{l}{2} - z = \frac{P_1 l + P_2 (l - f)}{2(P_1 + P_2)}$$

und $$M = \frac{[P_1 l + P_2 (l - f)]^2}{4(P_1 + P_2) l}.$$

Abb. 61.

Es ist aber zu beachten, daß die in Abb. 62 dargestellte Laststellung, bei welcher P_1 in der Trägermitte steht, an dieser Stelle ein größeres Moment M' ergeben kann, wenn f größer als ein bestimmter Grenzwert f' ist. Dieser Grenzwert ergibt sich aus der Bedingung, daß die Differenz $M - M'$ verschwindet. Für den Fall, daß $g = o$ und $p = o$ ist, ergibt sich für

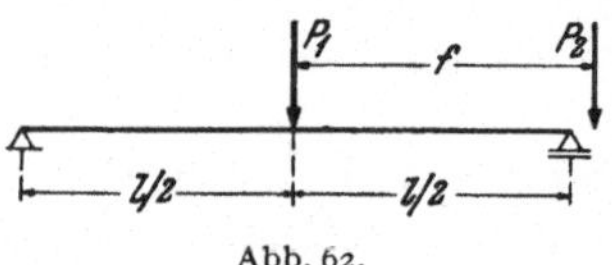

Abb. 62.

$$M' = \frac{P_1 l}{4},$$

wenn — wie das Ergebnis tatsächlich bestätigen wird — $f' \geq l/2$ ist; denn die Last P_2 steht dann nicht mehr auf dem Träger.

Es ist also

$$\frac{[(P_1 + P_2) l - P_2 f]^2}{4(P_1 + P_2) l} - \frac{P_1 l}{4} = 0$$

und aus dieser Gleichung folgt für $f = f'$

$$f' = l\left(\frac{P_1 + P_2}{P_2} \mp \sqrt{\frac{P_1 + P_2}{P_2} \cdot \frac{P_1}{P_2}}\right),$$

sonach

$$f'/l = \alpha - \sqrt{\alpha(\alpha - 1)}, \tag{22, 8}$$

wobei $\frac{P_1 + P_2}{P_2} = \alpha$ gesetzt wurde. Von den beiden Vorzeichen der Wurzel kommt entsprechend dem kleineren Werte von f'/l nur das negative in Betracht. Wegen $P_1 \geq P_2$ ist der kleinste Wert $\alpha = 2$; er entspricht $P_1 = P_2$ und ergibt $f'/l = 2 - \sqrt{2} = 0{,}586$. Mit wachsendem α nimmt der Wert f'/l ab und nähert sich für $\alpha \to \infty$, also $P_2 = 0$, dem Werte $0{,}5$. Es ist demnach der Ansatz für M' berechtigt gewesen.

Es kommt also hiebei nicht auf die Größe des Eigengewichtes, wohl aber auf die der Verkehrslast p im Vergleich zu P_1 und P_2 an.

23. Maximalmomentenkurve unter einem Lastenzug. Für alle Querschnitte eines freiaufliegenden Trägers (Abb. 63), die zwischen den Punkten a und b liegen, soll dieselbe Last $\overline{P}$ maßgebend sein, d. h. wie schon erklärt, das größte Moment bei jener Laststellung auftreten, bei der die Last $\overline{P}$ über dem betreffenden Querschnitt steht. Überdies sollen bei allen diesen Laststellungen stets die gleichen Lasten über dem Träger stehen, also bei einer Verschiebung des Lastenzuges nicht etwa neue Lasten auf den Träger kommen oder Lasten den Träger verlassen. In

Abb. 63 ist für den Querschnitt C im Abstande x' vom rechten, bzw. x vom linken Auflager die Stellung der Lastenzuges angegeben, bei welcher hier das größte Moment auftritt. Die Resultierende Q aller Lasten auf dem Träger hat von C den Abstand c, die Resultierende R aller Lasten links von C den Abstand d von C. Der Auflagerdruck A ergibt sich daher mit $A = \frac{Q(x' - c)}{l}$ und das Maximalmoment in C dann weiters mit

$$M = \frac{Q(x' - c)x}{l} - R \cdot d. \qquad (22, 9)$$

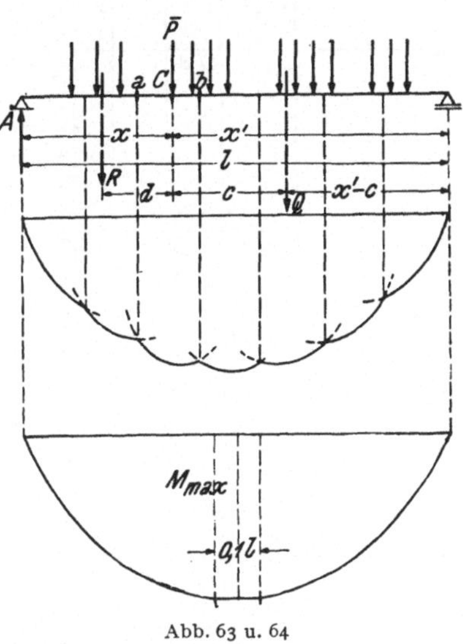

Abb. 63 u. 64

Solange die oben erwähnten Voraussetzungen gelten, also in dem Trägerteil zwischen a und b, bleiben bei einer Verschiebung des Lastenzuges die Größen c und d ebenso wie Q und R ungeändert; setzt man für $x' = l - x$, so erkennt man, daß M eine quadratische Funktion von x, und zwar eine Parabel mit senkrechter Achse vorstellt. Natürlich gilt nur das Parabelstück zwischen den Grenzen a und b. Ist außerhalb dieses Bereiches eine andere Last maßgebend, so bleibt Q und damit der Koeffizient von x^2 nämlich Q/l unverändert; es verschiebt sich daher die Parabel irgendwie parallel. Nur wenn eine neue Last auf den Träger kommt oder ihn eine Last verläßt, ändert sich mit Q auch Q/l und damit die Parabel. Die Maximalmomentenkurve unter einem Lastenzug besteht also aus einzelnen Parabelstücken. Wenn man daher in einzelnen Querschnitten die Maximalmomente bestimmt, so kann es vorkommen, daß die erhaltenen Werte auf keiner glatten Kurve zu liegen scheinen und der unbegründete Verdacht einer ungenauen oder falschen Rechnung entsteht.

Als zumeist übliche Annäherung ersetzt man die einzelnen Parabeln in der Praxis durch ihre Einhüllende. Diese Einhüllende bestimmt man gewöhnlich in der Weise, daß man das Maximalmoment nur für die Trägermitte feststellt, die Momente dann auf einer Trägerlänge von 0,1 l konstant annimmt und beiderseits parabolisch bis auf den Wert Null über den Auflagern abnehmen läßt; dies ist in Abb. 64 dargestellt.

24. Die größten Querkräfte unter einem Lastenzug. Wir haben bereits in Nr. 17 festgestellt, daß die größte positive Querkraft in einem Querschnitt C eines freiaufliegenden Trägers dann auftritt, wenn nur der rechts von C liegende Teil des Trägers belastet, der linke Teil aber unbelastet ist (Abb. 65). Für die Querkraft ergibt sich dann $Q = A$, wenn A den Auflagerdruck am linken Auflager bedeutet. Es ist also

$$Q_{max} = A$$

und um für diese Teilbelastung einen möglichst großen Auflagerdruck A zu erreichen, müssen die schwersten Lasten möglichst nahe an den Querschnitt C von rechts herangebracht werden. Will man die größte negative Querkraft ermitteln, so ist der linke Teil des Trägers zu belasten, während der Teil rechts von C unbelastet ist. Es gilt jetzt

$$Q_{\min} = -B.$$

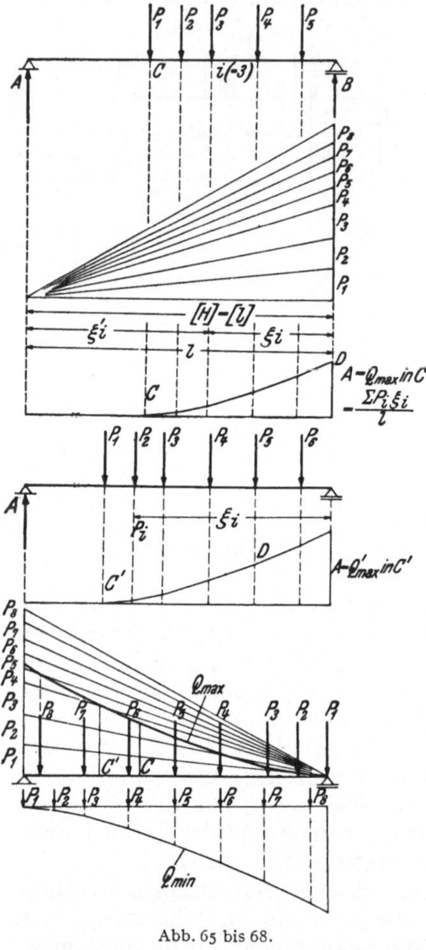

Abb. 65 bis 68.

Der Lastenzug muß also jeweils bis zu dem untersuchten Querschnitt auf den Träger einfahren; man erhält mit den Bezeichnungen der Abb. 65 und 66 für $Q_{\max}$ und $Q_{\min}$ die Ausdrücke

$$Q_{\max} = \frac{\sum P_i \xi_i}{l} \text{ und } Q_{\min} = \frac{\sum P_i \xi_i'}{l}. \tag{24, 10}$$

Diese Werte können in einfacher Weise zeichnerisch bestimmt werden. Der Ausdruck $\sum P_i \xi_i$ stellt die Momente der einzelnen Lasten, bezogen auf das Auflager B, vor. Wie in der „Einführung in die Statik" gezeigt wurde, kann dies zeichnerisch in der Weise geschehen, daß man sich nach Abb. 66 das Kräftepolygon der Lasten P_i und das zugehörige Seilpolygon zeichnet. Der Abschnitt des letzteren auf der durch B zu den Lasten P gezogenen Parallelen gibt dann die Größe von $M/H = \frac{1}{H} \cdot \sum P_i \xi_i$ an. H bedeutet die Polweite und ist im gleichen Maßstab zu messen, in welchem die Kräfte P_i aufgetragen worden sind; M/H hingegen erscheint im Längenmaßstab der Zeichnung. Man kann aber auch H im Längenmaßstab messen; für M/H ist dann der Kräftemaßstab zu verwenden. Wählt man $[H] = [l]$, so gibt der Abschnitt des Seilpolygons an der durch B gezogenen Parallelen $\frac{M}{l} = \frac{\sum P_i \xi_i}{l}$, d. i. die Querkraft im Kräftemaßstab, an. In Abb. 66 und 67 ist dies für die Querschnitte C und C' geschehen; die gesuchten maximalen Querkräfte an diesen Stellen sind mit $Q_{\max}$ und $Q'_{\max}$ bezeichnet. Dabei ist das von C' ausgehende Seilpolygon bis zum

Punkte D mit dem von C ausgehenden identisch. Anstatt nun für jeden Querschnitt ein neues Seilpolygon zu zeichnen, kann die ganze Zeichnung spiegelverkehrt angelegt und nur ein einziges Seilpolygon gezeichnet werden. Man stellt demnach die Lasten in *verkehrter* Reihenfolge so auf den Träger, daß die erste Last über B zu stehen kommt, zeichnet das Seilpolygon mit der Polweite $[H] = [l]$, wie dies in Abb. 68 geschehen ist, und erhält die maximale Querkraft als Ordinate des Seilpolygons dadurch sofort an jener Stelle des Trägers, an welcher sie auftritt. Der Maßstab ist derselbe wie jener, in welchem die Lasten im Kräftepolygon aufgetragen wurden. Genau so hat man, von A beginnend, für die negativen größten Querkräfte zu verfahren; die beiden Kurven sind aber spiegelgleich und man braucht also bloß die Kurve der positiven größten Querkräfte entsprechend zu übertragen, wenn man annimmt, daß derselbe Lastenzug nunmehr von links auf den Träger mit der Last P_1 an der Spitze auffährt.

Für die Kurve der maximalem positiven Querkräfte hat sich auch die Bezeichnung *A-Polygon*, für jene der größten negativen die Bezeichnung *B-Polygon* eingebürgert.

B. Der freiaufliegende Träger bei beweglicher, mittelbarer Belastung.

25. **Die mittelbare Belastung.** Vielfach wirkt die Belastung nicht unmittelbar auf das Tragwerk, sondern wird an einzelnen Stellen durch eine Zwischenkonstruktion auf dasselbe übertragen. So liegen z. B. bei einer Eisenbahnbrücke die Schwellen zumeist auf *sekundären Längsträgern*, die durch *Querträger* gestützt sind. Diese Querträger belasten die Hauptträger in den einzelnen *Knoten*. Die sekundären Längsträger stellen freiaufliegende Träger vor, deren Stützweite gleich der Knotenentfernung ist. Ebenso muß bei Fachwerksträgern stets dafür Sorge getragen werden, daß die Belastung nur

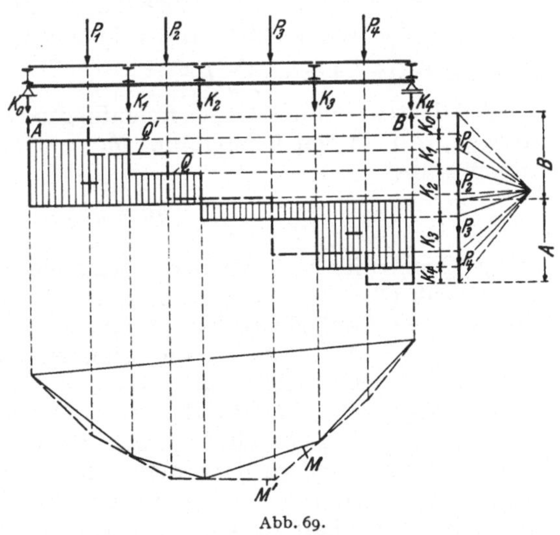

Abb. 69.

in den Knotenpunkten des Fachwerkes auf dasselbe übertragen wird; sonst treten in den Fachwerksstäben Biegungsmomente auf, die man zu vermeiden wünscht. Abb. 69 zeigt schematisch einen Träger mit einer derartigen *mittelbaren* oder *indirekten Belastung*; den Gegensatz hiezu bildet die *unmittelbare* oder *direkte Belastung*, wie wir sie bisher ausschließlich betrachtet haben.

Bei der mittelbaren Belastung sind demnach die Hauptträger zwischen den einzelnen Knoten unbelastet, wenn man von ihrem Eigengewicht absieht, oder, wie es gewöhnlich geschieht, man sich das Eigengewicht in den Knoten konzentriert denkt. Daher sind die Querkräfte in den einzelnen Feldern zwischen den Knoten konstant, während sich die Momente linear ändern. Zur Bestimmung des Momentverlaufes genügt es also, die Momente in den Knoten zu ermitteln und die so erhaltenen Werte geradlinig zu verbinden.

26. Momente und Querkräfte bei beliebiger Belastung. Wir stellen zunächst fest, daß die Auflagerdrücke bei mittelbarer und unmittelbarer Belastung die gleichen sind, wenn auch über den Auflagern Querträger nach Abb. 69 angeordnet sind; dies ist gewöhnlich der Fall. Denn der Auflagerdruck A bestimmt sich aus dem Moment um das Auflager B und für dasselbe erhält man denselben Wert, ob man mit den Auflagerdrücken der sekundären Längsträger auf den Hauptträger oder aber mit den Lasten selbst rechnet; beide Kräftesysteme sind gleichwertig.

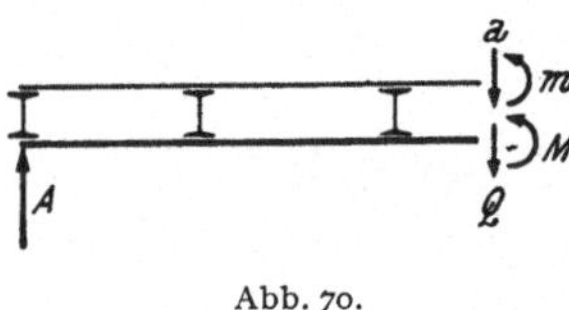

Abb. 70.

Ebenso leicht läßt sich zeigen, daß die Momente in den Knoten bei mittelbarer Belastung ebenso groß wie bei unmittelbarer Belastung sind. Bezeichnet M' das Moment bei unmittelbarer, M jenes bei mittelbarer Belastung und m das Moment des sekundären Trägers (Abb. 70), so gilt

$$M' = M + m = A \cdot x - \sum P \xi.$$

Weil die sekundären Träger freiaufliegend sind, verschwindet an deren Auflager, d. i. in den Knoten, das Moment m und es folgt daher in den Knoten selbst

$$M = M'.$$

Die Querkräfte bei mittelbarer Belastung findet man durch die Überlegung, daß $Q' = Q + q$ sein muß, wenn Q' die Querkraft bei unmittelbarer, Q jene bei mittelbarer Belastung und q die Querkraft des sekundären Längsträgers bedeutet. Q ist, wie schon erwähnt, feldweise konstant; es ist $Q = Q'$ an jener Stelle, wo q verschwindet.

Dies alles kann in einfacher und übersichtlicher Weise auch auf zeichnerischem Wege erhalten werden. In Abb. 69 ist ein freiaufliegender Träger mit vier Feldern dargestellt. Man zeichnet zunächst ein Kräfte- und Seilpolygon für unmittelbare Belastung; die Momentenlinie für mittelbare Belastung erhält man durch geradlinige Verbindung der Momente in den Knoten. Zieht man zu diesen Verbindungslinien die Parallelen im Kräftepolygon, so bekommt man die Knotenlasten des Hauptträgers, die mit K_0, K_1 usw. bezeichnet sind. Kennt man diese Knotenlasten, so läßt sich leicht der Verlauf der Querkräfte im Hauptträger bestimmen; denn die Querkraft muß in jedem Knoten (auch über den Auflagern!) den Sprung K besitzen, während die Auflagerdrücke sich nicht geändert haben.

27. Die maximalen Momente und Querkräfte unter einem Lastenzug. Nach den Darlegungen in Nr. 26 treten in den Knoten die gleichen Momente bei unmittelbarer und bei mittelbarer Belastung auf. Die Maximalmomentenkurve besitzt also bei mittelbarer Belastung an diesen Stellen die gleichen Ordinaten wie bei unmittelbarer Belastung. Es bleibt nur noch zu untersuchen übrig, wie sie zwischen den einzelnen Knoten aussieht. Wir nehmen an (Abb. 71), daß in dem Knoten 1 die Laststellung I das größte Moment M_{11} erzeugt. Im Knoten 2 ruft diese Laststellung 1 das Moment M_{21} und in einem Querschnitt zwischen den Knoten 1 und 2 das Moment M_{31} hervor. Das größte Moment im Knoten 2 entsteht bei der Laststellung II; es sei M_{22} genannt. Diese Laststellung II ruft im Knoten I das Moment M_{12} und im Querschnitt 3 das Moment M_{32} hervor. Endlich erzeugt die Laststellung III das größte Moment in 3, nämlich M_{33}, während in den Knoten 1 und 2 die Momente M_{13}, bzw. M_{23} entstehen. In übersichtlicher Zusammenstellung ergibt sich also

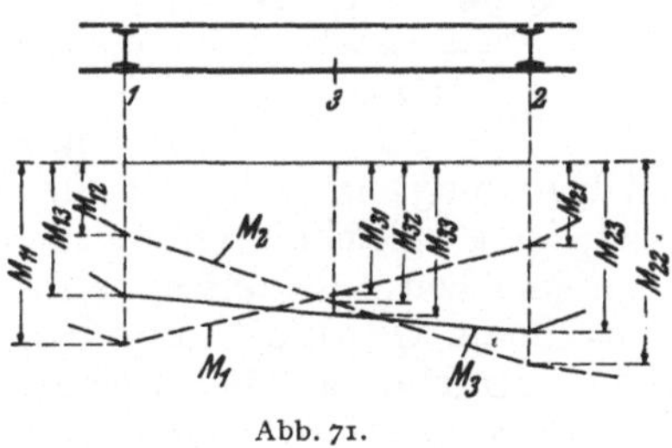

Abb. 71.

bei der Laststellung	Moment an den Stellen		
	1	3	2
I	M_{11}	M_{31}	M_{21}
III	M_{13}	M_{33}	M_{23}
II	M_{12}	M_{32}	M_{22}

Dabei ist nach Voraussetzung in jeder Spalte jenes Moment das größte, welches zwei gleiche Indices besitzt; es ist also

$$M_{11} > M_{13} \text{ und } M_{11} > M_{12},$$
$$M_{33} > M_{31} \text{ und } M_{33} > M_{32},$$
$$M_{22} > M_{21} \text{ und } M_{22} > M_{23}.$$

Der Momentenverlauf zwischen den Knoten 1 und 2 für die Belastungen I, II und III ist in Abb. 71 dargestellt. Man erkennt, daß den angeschriebenen Ungleichungen nur dann Genüge geleistet wird, wenn M_{33} kleiner als die Ordinate der Verbindungsgeraden $M_{11} - M_{22}$ an dieser Stelle ist. Dies gilt für jeden Querschnitt zwischen 1 und 2 und die Maximalmomentenkurve muß also in dem Feld zwischen zwei Knoten die in Abb. 72 dargestellte Form besitzen. In der Praxis begnügt man sich, die Momentenkurve in den Feldern durch eine Gerade, die durch M_{11} und M_{22} geht, anzunähern, erhält dadurch also etwas zu große Werte in den Feldern. Nur wenn es in einem Felde 1—2 einen Querschnitt 3 gibt, bei welchem $M_{13} = M_{11}$ und $M_{23} = M_{22}$ wird, stimmt diese Näherung mit den genauen Werten.

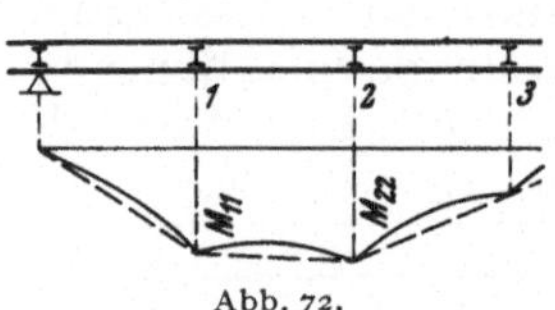

Abb. 72.

Um die maximale Querkraft in einem Querschnitt und weiters die Kurve der Maximalquerkräfte überhaupt zu erhalten, ist folgende Überlegung anzustellen: da die Querkraft in den einzelnen Feldern konstant ist, ist es gleichgültig, welchen Querschnitt innerhalb eines Feldes wir untersuchen; es müssen also alle Querschnitte eines Feldes dieselbe maximale Querkraft aufweisen. Ferner ist sicher, daß alle Lasten rechts des betrachteten Feldes eine positive Querkraft, alle Lasten links eine negative Querkraft in dem betreffenden Feld ergeben. Um also die größte positive Querkraft zu erhalten, haben wir dafür Sorge zu tragen, daß keine Lasten am linken Teil des Trägers stehen. Für eine solche Belastung ergibt sich $Q = A$, wenn A den Auflagerdruck bedeutet. Es ist nur noch festzustellen, wie sich eine Belastung im untersuchten Feld selbst auswirkt. In diesem Falle entsteht in dem belasteten sekundären Träger am linken Auflager der Stützendruck a und die Querkraft beträgt $A - a$. Sowohl A wie auch a hängen davon ab, wie weit die Belastung von rechts her in das untersuchte Feld hineinreicht. Es ist demnach dafür Sorge zu tragen, daß $Q = A - a$ zu einem Größtwert wird.

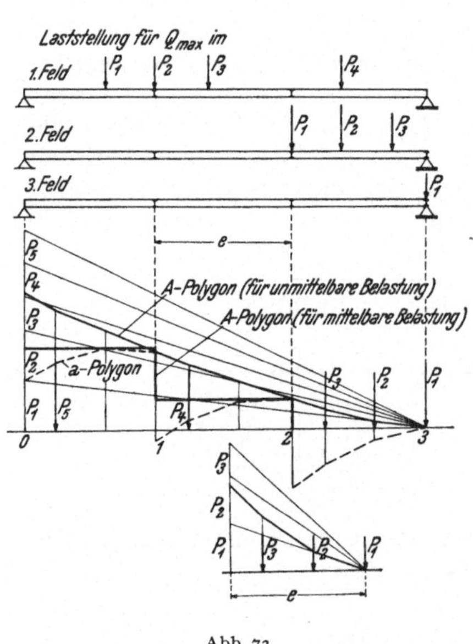

Abb. 73.

Man macht dies nun so, daß man sich die Werte A mittels des A-Polygons, als ob keine Querträger vorhanden wären, bestimmt. Dann zeichnet man mit den ersten Lasten $P_1, P_2 \ldots$ das a-Polygon des betreffenden Feldes. Sind alle Feldweiten gleich groß, wie dies gewöhnlich der Fall ist, so genügt natürlich die Konstruktion eines einzigen Polygons; sind die Felder aber verschieden, so muß für jede Feldweite ein eigenes a-Polygon gezeichnet werden. Man pflegt sodann, um die Differenz $A - a$ zu erhalten, die Ordinaten des a-Polygons von jenen des A-Polygons abzuziehen und kann leicht feststellen, wie groß Q_{max} ist. In Abb. 73

ist dies durchgeführt. Um die Darstellung zu verdeutlichen, ist in Abb. 74 das Feld zwischen den Knoten 0 und 1 in vergrößertem Maßstab herausgezeichnet. Zur weiteren Verdeutlichung sind auch in Abb. 73 die jeweiligen Laststellungen angegeben, die Q_{max} erzeugen. Man sieht, daß für Q_{max} im zweiten Feld die erste Last über den rechten Knoten des betreffenden Feldes zu stellen ist, während das Feld selbst unbelastet ist. Für das erste Feld hingegen ist die zweite Last über den rechten Knoten dieses Feldes zu stellen; die erste Last steht bereits im Feld. Dies ist dadurch bedingt, daß im ersten Feld die Neigung des a-Polygons, nämlich $\frac{P_1}{e}$, kleiner, in den übrigen Feldern aber größer als die Neigung des A-Polygons ist. Die Belastung des betrachteten Feldes kommt also vor allem in den Feldern nächst dem linken Auflager in Frage, wo das A-Polygon am steilsten verläuft und überdies auch dann, wenn die erste Last des Lastenzuges klein im Vergleich zur folgenden ist (z. B. bei Lokomotiven mit vorderer Laufachse).

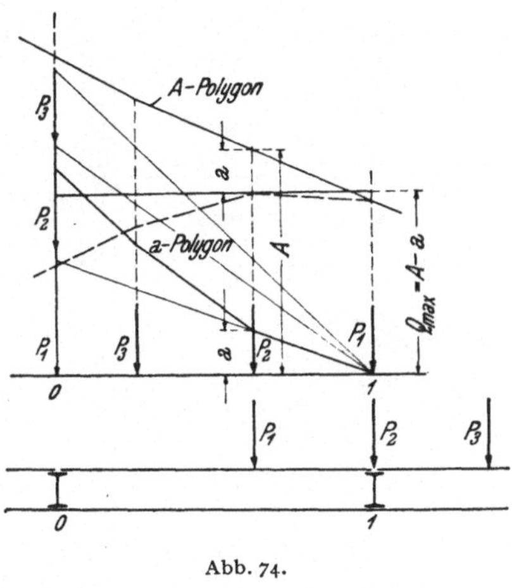

Abb. 74.

28. Die numerische Berechnung der Querkräfte und der Momente bei beliebiger Belastung. Für die praktische Rechnung erweist sich insbesondere bei einer größeren Zahl von Einzellasten und bei einer beliebigen, verteilten Belastung ein Verfahren vorteilhaft, welches bereits in der „Einführung in die Statik" erläutert wurde und das darin besteht, daß man mittels der Rekursionsformel

$$Q_{n+1/2} = Q_{n-1/2} - P_n$$

zunächst schrittweise die Querkraft $Q_{n+1/2}$ zwischen den Punkten n und $n+1$ aus der Querkraft $Q_{n-1/2}$ zwischen $n-1$ und n und dann nach Ermittlung der Querkräfte ebenfalls durch Rekursion das Moment $M_{n+1/2}$ in $n+1$ aus dem Moment M_n in n und der Querkraft zwischen n und $n+1$ entsprechend der Gl.

$$M_{n+1} = M_n + Q_{n+1/2}\,\lambda_{n+1/2}$$

bestimmt, wobei $\lambda_{n+1/2}$ die Entfernung der Punkte n und $n+1$ bedeutet. Zwischen diesen beiden Punkten muß der Träger unbelastet sein; es dürfen also nur an den Stellen ... $n-1$, n, $n+1$, ... Einzellasten ... P_{n-1}, P_n, P_{n+1}, ... wirken. Bei mittelbarer Belastung ist also dieses Verfahren stets anwendbar, wenn die Knotenlasten P schon ermittelt wurden. Man beginnt an einem Punkte des Trägers, in welchem Moment und Querkraft bekannt sind. Dies ist gewöhnlich ein Trägerende, an welchem diese Größen verschwinden. Überdies müssen die Auflagerreaktionen, die zu den Kräften P_n zählen, bestimmt sein. Andernfalls behilft man sich am einfachsten, so wie dies in dem folgenden Zahlenbeispiel geschehen ist, mit der in Nr. 18 beschriebenen Stützenvertauschung.

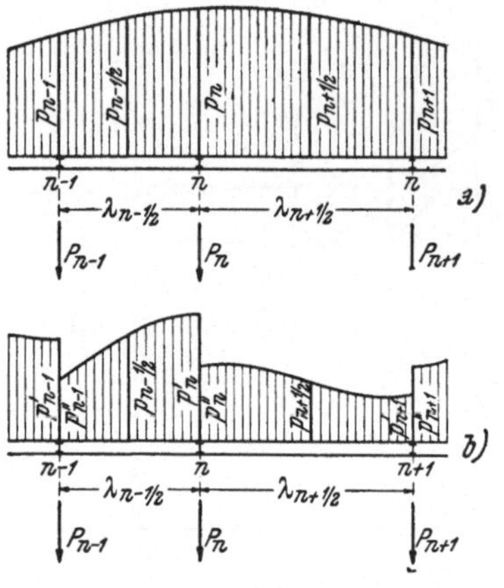

Abb. 75.

Ist der Träger durch eine beliebige, verteilte, unmittelbare Belastung beansprucht, so erinnern wir uns, daß bei mittelbarer Belastung die Momente in den Knoten genau so groß sind, wie bei unmittelbarer Belastung. Sollen also bei einer solchen Belastung die Momente an den Stellen $..n-1,\ n,\ n+1,..$ ermittelt werden, so nehmen wir hier die Knoten einer mittelbaren Belastung an. Die Auflagerdrücke der Sekundärträger mit den Stützweiten $...\lambda_{n-1/2}$, $\lambda_{n+1/2}...$ stellen dann die Knotenlasten $...P_{n-1},\ P_n,\ P_{n+1}...$ vor, die an den Stellen $n-1,\ n,\ n+1,...$ dieselben Momente wie die unmittelbar wirkende Belastung ergeben.

Die verteilte Belastung ist gewöhnlich durch die Werte $..p_{n-1},\ p_n,\ p_{n+1}..$ an den Stellen $..n-1,\ n,\ n+1,..$ gegeben (Abb. 75a); nehmen wir dieselbe in den einzelnen Feldern linear veränderlich an, so erhalten wir als Beitrag des Feldes $\lambda_{n-1/2}$ im Punkte n den Beitrag $\frac{\lambda_{n+1/2}}{6}(p_{n-1}+2p_n)$ und des Feldes $\lambda_{n+1/2}$ $\frac{\lambda_{n-1/2}}{6}(2p_n+p_{n+1})$, also zusammen

$$P_n = 1/6\,[(p_{n-1}+2p_n)\,\lambda_{n-1/2}+\lambda_{n+1/2}\,(2p_n+p_{n+1})]. \qquad (28, 11)$$

Das Ergebnis wird genauer, wenn man an Stelle einer linearen Veränderlichkeit p parabolisch veränderlich annimmt. Dann muß aber innerhalb der einzelnen Felder $..\lambda_{n-1/2},\ \lambda_{n+1/2}..$ ein weiterer Wert von p, also z. B. in der Mitte eines jeden Feldes der Wert $p_{n-1/2},\ p_{n+1/2}..$, gegeben sein. Zu dem oben ermittelten Werte von P_n treten dann noch die Auflagerdrücke der Parabelsegmente, um die sich die Belastung in den Feldern gegenüber der Trapezbelastung vergrößert hat. Das Parabelsegment im Felde $\lambda_{n-1/2}$ liefert den Beitrag

$$1/2\cdot 2/3\cdot\lambda_{n-1/2}\left(p_{n-1/2}-\frac{p_{n-1}+p_n}{2}\right)$$

und das Feld $\lambda_{n+1/2}$

$$1/2\cdot 2/3\cdot\lambda_{n+1/2}\left(p_{n+1/2}-\frac{p_n+p_{n+1}}{2}\right).$$

Es ergibt sich also

$$P_n = 1/6 \cdot [(p_{n-1} + 2\,p_n + 2\,p_{n-1/2} - p_{n-1} - p_n)\,\lambda_{n-1/2} + \lambda_{n+1/2}\,(2\,p_n + p_{n+1} + 2\,p_{n+1/2} - p_n - p_{n+1})]$$

daher

$$P_n = 1/6 \cdot [(2\,p_{n-1/2} + p_n)\,\lambda_{n-1/2} + \lambda_{n+1/2}\,(p_n + 2\,p_{n+1/2})] \tag{28, 11a}$$

Die beiden angegebenen Gl. (28, 11) und (28, 11a) für P_n setzen voraus, daß sich p innerhalb der einzelnen Feldweiten nicht sprunghaft ändert. Hingegen bleiben diese Gleichungen noch richtig, wenn p an den Stellen $\ldots p_{n-1}, p_n, p_{n+1} \ldots$ Unstetigkeiten aufweist (Abb. 75b). In diesem Falle muß man dafür Sorge tragen, daß eine solche Unstetigkeitsstelle mit einem der Punkte $\ldots n-1, n, n+1 \ldots$ zusammenfällt. Besitzt also z. B. p unmittelbar vor diesen Stellen die Werte $p'_{n-1}, p'_n, p'_{n+1} \ldots$, unmittelbar nachher die Werte $\ldots p''_{n-1}, p''_n, p''_{n+1} \ldots$, so wird (Abb. 75b)

$$P_n = 1/6 \cdot [(p''_{n-1} + 2\,p'_n)\,\lambda_{n-1/2} + \lambda_{n+1/2}\,(2\,p''_n + p'_{n+1})], \tag{28, 12}$$

bzw. genauer

$$P_n = 1/6 \cdot [(2\,p_{n-1/2} + p'_n)\,\lambda_{n-1/2} + \lambda_{n+1/2}\,(p''_n + p_{n+1/2})]. \tag{28, 12a}$$

Wenn es möglich ist, wird man die Teile λ gleich groß wählen. Dann vereinfacht sich der Ausdruck für P_n

$$P_n = \frac{\lambda}{6}\,(p_{n-1} + 4\,p_n + p''_{n+1}) \tag{28, 13}$$

oder nach der genaueren Gl.

$$P_n = \frac{\lambda}{3}\,(p_{n-1/2} + p_n + p_{n+1/2}) \tag{28, 13a}$$

Für p_n ist hiebei im Falle einer Unstetigkeit in n das Mittel $p_n = 1/2 \cdot (p'_n + p''_n)$ zu nehmen.

Das Beispiel in Abb. 76, ein freiaufliegender Träger mit Kragarmen, zeigt die Durchführung der Rechnung. Wir sind in diesem Falle gezwungen, Stützungstauschung vorzunehmen; denn in den Punkten 2 und 7 greifen die vorderhand noch unbekannten Stützendrücke A und B an und wir bleiben daher mit den angegebenen Rekursionsformeln an diesen Stellen stecken. Wir untersuchen deshalb einen gleichbelasteten Träger, bei welchem die Stützung in 2 entfernt, dafür aber in 7 eine feste Einspannung vorhanden ist. Querkräfte und Momente dieses Ersatzträgers können, von den Enden her beginnend, mittels der Rekursionsformeln bestimmt werden, und zwar ergibt sich vom linken Trägerende ausgehend das Einspannmoment $\overline{M}'_7$, vom rechten Trägerende das Moment $\overline{M}''_7$. Die Stütze in 7 hat demnach das Einspannmoment $\overline{M} = \overline{M}'_7 - \overline{M}''_7$ aufzunehmen. Im vorgelegten Tragwerk muß $M = O$ sein, da hier ein Gelenklager vorhanden ist. Der Auflagerdruck A muß also so groß sein, daß er dieses Moment zum Verschwinden bringt, also

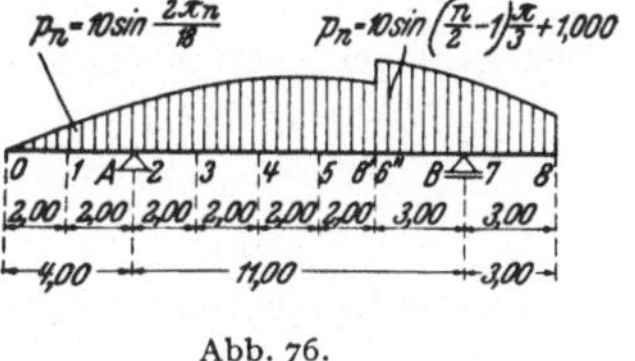

Abb. 76.

$$A = \overline{M}/l$$

und es ergeben sich die endgültigen Momente M_n des vorgelegten Trägers aus jenen des Ersatzträgers mittels Beziehung für den Teil links von 7

$$M_n = \overline{M}_n - A\,x.$$

Für den Teil rechts von 7 ist selbstverständlich

$$M_n = \overline{M}_n.$$

Die Rechnung ist in Tab. 1 zusammengestellt, zu der eine nähere Erklärung überflüssig erscheint.

Tabelle 1.

n	p_n t/m	$p_{n-\frac{1}{2}}+p_n+$ $+p_{n+\frac{1}{2}}$ t/m	λ_n m	P_n t	Q_n t	$Q_n \lambda_n$ tm	$\overline{M}_n$ tm	$A x$ tm	M tm
0	0,000	1,737		1,158			0,000	—	0,000
½	1,737		2,00		1,158	2,316			
1	3,420	10,157		6,771			— 2,316	—	— 2,316
1½	5,000		2,00		7,929	15,858			
2	6,428	19,088		12,725			— 18,174	—	— 18,174
2½	7,660		2,00		20,654	41,308			
3	8,660	25,717		17,145			— 59,482	125,005	65,503
3½	9,397		2,00		37,799	75,598			
4	9,848	29,245		19,497			— 135,080	250,010	114,930
4½	10,000		2,00		57,296	114,592			
5	9,848	29,245		19,497			— 249,672	375,015	125,343
5½	9,397		2,00		76,793	153,586			
6′	8,660	13,727		9,151			— 403,258	500,021	96,673
6″	9,660	12,901		12,901					
6½	8,071		3,00		98,845	296,535			
7′	6,000	17,659		17,659			— 699,793	687,529	— 12,264
7″	6,000	—	—	—	—	—	— 12,264		— 12,264
7½	3,588		3,00		4,088	12,264			
8	1,000	4,088		4,088			0,000	—	0,000

Der Auflagerdruck A in 2 ist hiebei

$$A = \frac{699{,}793 - 12{,}264}{11{,}00} = 62{,}503 \text{ t}.$$

Bei diesem Beispiel wurde $p_n = 10 \sin \frac{2\pi n}{18}$ für $n \leq 6$ und $p_n = 10 \sin \left(\frac{n}{2} - 1\right)\frac{\pi}{3} +$ $+ 1{,}000$ für $n \geq 6$ gewählt. Nimmt man an, daß diese Beziehung auch für die Belastung in den Feldern gilt, so kann die Güte unserer Näherungsrechnung, die in den Feldern parabolischen Verlauf der Belastung voraussetzt, überprüft werden; es ergibt sich z. B. $A = \frac{2 \cdot 10 \cdot 18}{\pi} \cdot \frac{6{,}0}{11{,}0} = 62{,}505$ t. Der Unterschied ist sohin bedeutungslos.

C. Die Bestimmung der Stabkräfte einiger besonderer Fachwerke.

29. Fachwerke mit K-Ausfachung. Die in der „Einführung in die Statik" behandelten Beispiele für die Berechnung der Stabkräfte von Fachwerken sollen durch zwei weitere ergänzt werden; diese Fachwerke sind dadurch gekennzeichnet, daß es keine Schnitte gibt, die nur drei Stäbe treffen. So findet mitunter das in Abb. 77a dargestellte Fachwerk für Türme oder Maste, das in Abb. 77b ersichtliche für waagrechte Verbände Verwendung. Dieses Tragwerk ist statisch bestimmt; man kann dies durch Abzählen der Knoten und Stäbe oder aber einfacher durch die folgende Überlegung feststellen: Ersetzt man die Diagonalen eines Feldes durch eine einzige und läßt den inneren Knoten der Vertikalen wegfallen, so erhält man ein System nach Abb. 77c, das, wie bekannt, statisch bestimmt ist. Es hat sich also je Feld die Zahl der Stäbe um insgesamt zwei, die Zahl der Knoten um einen vermindert und damit gilt auch für das Fachwerk nach Abb. 77a und 77b die Beziehung $s = 2\,k$, wenn s die Anzahl der Stäbe, k jene der Knoten bedeutet. Führt man, wie in Abb. 78 dargestellt, einen Schnitt im Felde $(n, n+1)$, so kann man aus der Momentengleichung um den Punkt C_n lediglich die Beziehung

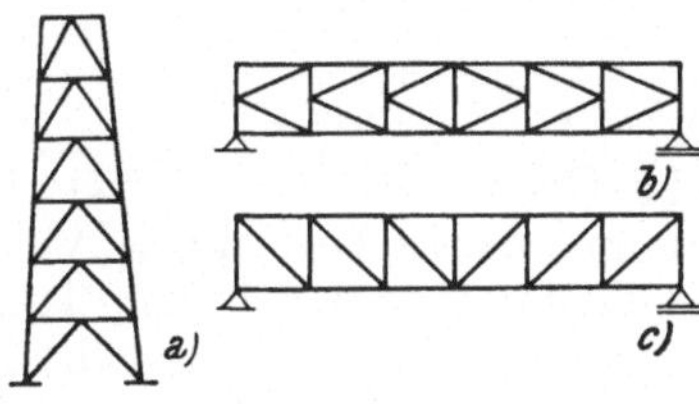

Abb. 77.

$$(O_n - U_n)\,\frac{h_n}{2}\cos\alpha + M_n = 0$$

finden, worin M_n das Moment aller am linken Fachwerksteil wirkenden Kräfte, bezogen auf den Schnittpunkt der beiden Diagonalen C_n, bedeutet. Ferner liefert die Bedingung, daß die Summe der Kräfte in waagrechter Richtung verschwindet, mit

$$N_n = \sum_0^n (P_i' \cos\psi'_i + P_i'' \cos\psi_i'') + A_h$$

(A_h, A_v sind die Komponenten des Auflagerdrucks), die Gleichung

$$(O_n + U_n)\cos\alpha + (D_n' + D_n'')\cos\varphi_n + N_n = 0,$$

während dieselbe Bedingung für den Knoten C_n (Rundschnitt)

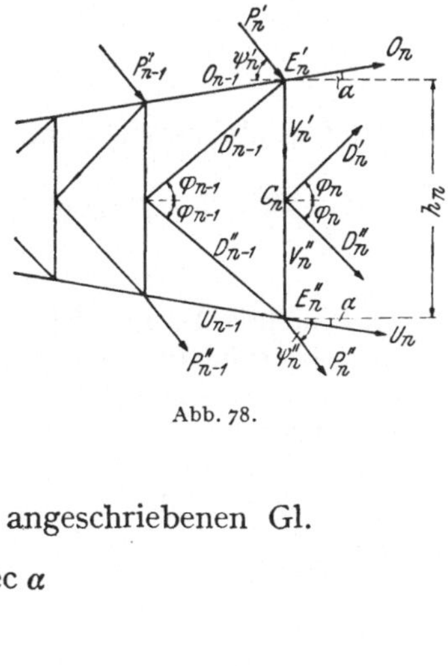

$$D_n' + D_n'' = 0$$

Abb. 78.

ergibt. Hiedurch wird aus der dritten der angeschriebenen Gl.

$$O_n = -U_n - N_n \sec\alpha$$

und dies in die erste Gleichung eingesetzt, liefert

$$U_n = \left(\frac{M_n}{h_n} - \frac{N_n}{2}\right) \sec\alpha \text{ und} \tag{29, 14}$$

$$O_n = -\left(\frac{M_n}{h_n} + \frac{N_n}{2}\right) \sec\alpha. \tag{29, 15}$$

Bedeutet

$$Q_n = A_v - \sum_0^n P_i \sin\psi_i$$

die Querkraft im Feld zwischen den Knoten n und $n+1$ — wie üblich dann positiv bezeichnet, wenn die Resultierende der lotrechten Komponenten der am linken Trägerteil angreifenden Lasten und Auflagerdrücke nach aufwärts wirkt —, so folgt aus dem Gleichgewicht der Kräfte in der Richtung senkrecht zur Längsachse des Fachwerkes

$$(D_n' - D_n'') \sin\varphi_n + (O_n - U_n) \sin\alpha + Q_n = 0$$

und wegen

$$D_n' = -D_n'' \text{ und } U_n - O_n = \frac{2\,M_n}{h_n} \sec\alpha,$$

$$D_n' = -D_n'' = \frac{1}{\sin\psi_n}\left(-\frac{Q_n}{2} + \frac{M_n}{h_n} \operatorname{tg}\alpha\right). \tag{29, 16}$$

Ein Rundschnitt des Knotens E_n' führt zufolge des Gleichgewichtes in der Richtung des Stabes V_n' zu dem Ausdruck

$$V_n' - (O_n - O_{n-1}) \sin\alpha + D_{n-1}' \sin\varphi_{n-1} + P_n' \sin\psi_n' = 0.$$

Setzt man hierin die bereits gefundenen Ausdrücke für O_n, O_{n-1} und D_{n-1}' ein, so erhält man

$$V_n' = \frac{Q_{n-1}}{2} - P_n' \sin\psi_n' - \frac{M_n}{h_n} \operatorname{tg}\alpha - \frac{1}{2}(P_n' \cos\psi_n' + P_n'' \cos\psi_n'') \operatorname{tg}\alpha \tag{29, 17}$$

und auf ähnliche Weise mittels eines Rundschnittes um E_n''

$$V_n'' = -\frac{Q_{n-1}}{2} + P_n'' \sin\psi_n'' + \frac{M_n}{h_n} \operatorname{tg}\alpha - \frac{1}{2}(P_n' \cos\psi_n' + P_n'' \cos\psi_n'') \operatorname{tg}\alpha. \tag{29, 18}$$

30. Fachwerke mit Hilfsausfachung. Bei den in Abb. 79a und 79b dargestellten Fachwerken ist in den einzelnen Feldern eine Hilfsausfachung eingebaut, um den Abstand zwischen den Hauptknoten zu verringern. Man kann sich durch Abzählen der Knoten und Stäbe vergewissern, daß diese Tragwerke statisch bestimmt sind. Einfacher ist es, von einem Tragwerk nach Abb. 79c auszugehen; dieses besitzt in jedem Feld um zwei Knoten und um vier Stäbe weniger als das vorgelegte und ist als Dreieckskette sicherlich statisch bestimmt. Es gilt also auch für das

Fachwerk mit Hilfsausfachung die Beziehung $2\,k = s$, die für ein statisch bestimmtes Fachwerk notwendig ist. Die Belastung wirke bei einem System nach Abb. 79a am Untergurt, nach Abb. 79b am Obergurt.

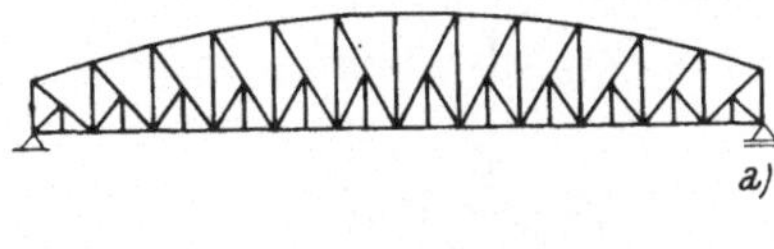

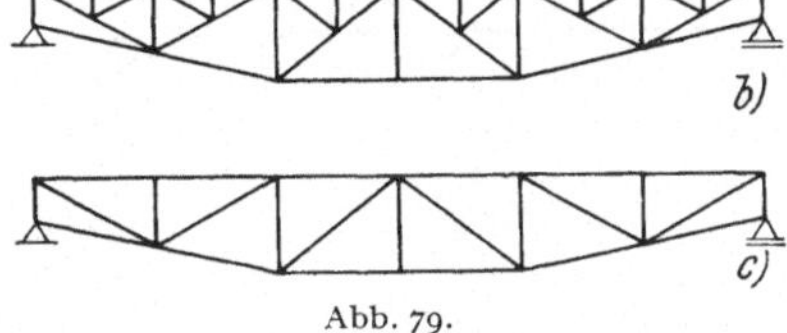

Abb. 79.

Die Stäbe O, U und D können mittels eines Schnittes, der nur diese drei Stäbe trifft und in Abb. 80a gezeichnet ist, ermittelt werden. Es ist

$$O = -\frac{M_m}{h_m}\sec\omega,$$

$$U = +\frac{M_{m-1}}{h_{m-1}} \text{ und}$$

$$D = \sec\varphi'\left(\frac{M_m}{h_m} - \frac{M_{m-1}}{h_{m-1}}\right),$$

wenn wir lotrechte Belastung voraussetzen. Nur ist bei der Bestimmung des Momentes M_{m-1} zu beachten, daß auch die am Zwischenknoten angreifende Kraft P_m' am linken Schnitteil wirkt, also

$$M_{m-1} = A \cdot x - \sum P \cdot \xi + P_m' \, \lambda_m'$$

wird. Hingegen kommen die Stäbe D', D'', V, V' und U' in keinem Schnitt vor, der nur drei Stäbe schneidet.

$$U' = U \text{ und } V' = P_m'$$

ergibt sich aber sofort aus dem Gleichgewicht des Zwischenknotens. Um nun noch D', D'' und V zu bestimmen, fügen wir in den Hauptknoten die Kräfte K_{m-1} und K_m paarweise (wie in Abb. 80b dargestellt) hinzu, welche die auf die benachbarten Hauptknoten aufgeteilte Zwischenknotenlast P_m' vorstellen. Dadurch wird an den Stabkräften des Fachwerkes nichts geändert. Wir bestimmen zunächst die Stabkräfte infolge der nach aufwärts gerichteten Kräfte K_m und der Zwischenknotenlast P_m' (Abb. 80c). Diese Belastung ist im Gleichgewicht und es erhalten also bloß die Stäbe D, D'', V', U und U' Stabkräfte. Man findet leicht

$$D'' = -P_m' \frac{\cos\varphi'}{\sin(\varphi' + \varphi'')} \qquad (30, 19)$$

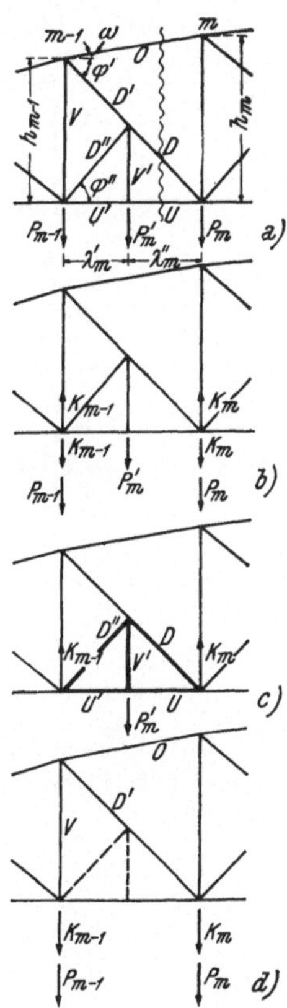

Abb. 80.

während D' und V Null sind.

Die Stabkräfte V und D' erhält man durch die Belastung, die noch übrigbleibt und die in Abb. 80d dargestellt ist. Sie besteht aus den

Lasten in den Hauptknoten, welche um die entsprechenden Anteile K_m der Last P_m' in den Zwischenknoten vergrößert wurden. Es ergeben sich also die gleichen Kräfte in den Stäben V und D' wie bei einem Fachwerk ohne Zwischenknoten und ohne Hilfsausfachung; dabei sind die Lasten in den Feldern dieses Fachwerkes auf die benachbarten Hauptknoten aufzuteilen.

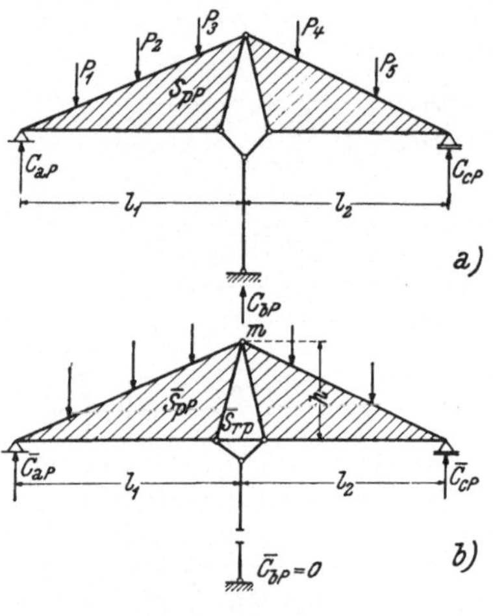

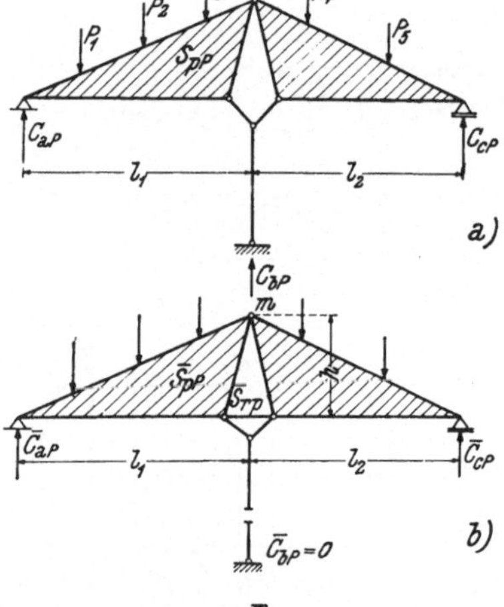

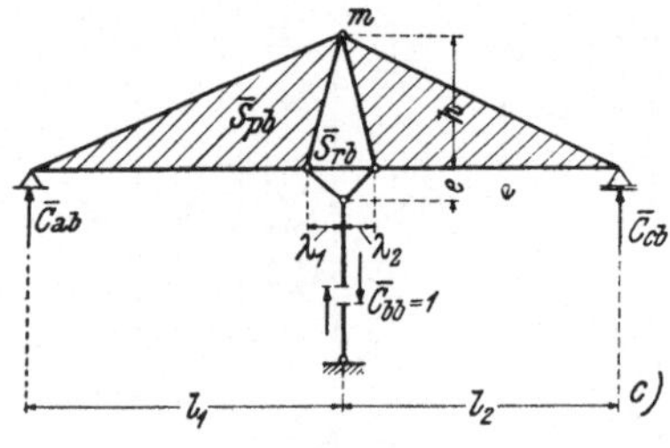

Abb. 81.

31. Ein Beispiel für das Stabtauschverfahren. Wir untersuchen das in Abb. 81a dargestellte Tragwerk unter der Einwirkung lotrechter Kräfte. Unsere Aufgabe ist im wesentlichen gelöst, wenn wir die Stützendrücke C_{aP}, C_{bP} und C_{cP} angeben können. Das Ersatztragwerk nach Abb. 81b soll an Stelle der fehlenden Stützung in b den Stab r erhalten; es ist demnach ein freiaufliegender Träger von der Stützweite $l_1 + l_2$. Bedeutet $\overline{M}_{mP}$ das Moment infolge der Belastung P im Punkte m im Ersatztragwerk, $\overline{M}_{mb}$ das Moment an dieser Stelle infolge des Hilfsangriffes $\overline{C}_{bb} = 1$ (Abb. 81c) und h die Trägerhöhe daselbst, so ist die Stabkraft im Stabe r

$$\overline{S}_{rP} = \frac{\overline{M}_{mP}}{h}, \quad \text{bzw.} \quad \overline{S}_{rb} = \frac{\overline{M}_{mb}}{h}$$

und wegen

$$\overline{S}_{rP} = \overline{S}_{rP} + S_{rb}\, C_{bP} = 0$$

$$C_{bP} = -\frac{\overline{S}_{rP}}{\overline{S}_{rb}} = -\frac{\overline{M}_{mP}}{\overline{M}_{mb}}. \qquad (31, 20)$$

Dabei erhält man mit den Bezeichnungen der Abb. 81c für $\overline{M}_{mb}$

$$\overline{M}_{mb} = -\frac{l_1 l_2}{l_1 + l_2} + \frac{\lambda_1 \lambda_2}{\lambda_1 + \lambda_2} \cdot \left(1 + \frac{h}{e}\right).$$

Bedeuten $\overline{C}_{aP}$ und $\overline{C}_{cP}$ die Auflagerdrücke des Ersatztragwerkes infolge der äußeren Belastung P, so ergeben sich die Auflagerdrücke C_{aP} und C_{cP} des vorgelegten Systems

$$C_{aP} = \overline{C}_{aP} + \overline{C}_{ab}\, C_{bP} = \overline{C}_{aP} - \overline{C}_{ab} \frac{\overline{M}_{mP}}{\overline{M}_{mb}} \qquad (31, 22)$$

$$C_{cP} = \overline{C}_{cP} + \overline{C}_{cb}\, C_{bP} = \overline{C}_{cP} - \overline{C}_{cb} \frac{\overline{M}_{mP}}{\overline{M}_{mb}}. \qquad (31, 21)$$

$$\overline{C}_{ab} = -\frac{l_2}{l_1 + l_2} \text{ und } \overline{C}_{cb} = -\frac{l_1}{l_1 + l_2}$$

sind die Auflagerdrücke im Ersatztragwerk infolge der Belastung durch $\overline{C}_{bb} = l$.

IV. Das Prinzip der virtuellen Verschiebungen.

32. Das Prinzip der virtuellen Verschiebungen für eine starre Scheibe. Wir betrachten im folgenden eine starre Scheibe, an welcher die äußeren Kräfte P_1, $P_2 \ldots P_i$ und die Momente T_1, $T_2 \ldots T_i$ angreifen; wir setzen voraus, daß diese Kräfte und Momente im Gleichgewicht sind. Die Scheibe erfahre nun eine *beliebige, unendlich kleine* Verschiebung. Nach Nr. 2 können wir diese Verschiebung als Drehung um einen bestimmten Punkt o entstanden denken. Das Gleichgewicht verlangt, daß die Summe der Momente um jeden Punkt, also auch um den Punkt o, verschwindet. Es muß demnach mit den Bezeichnungen der Abb. 82

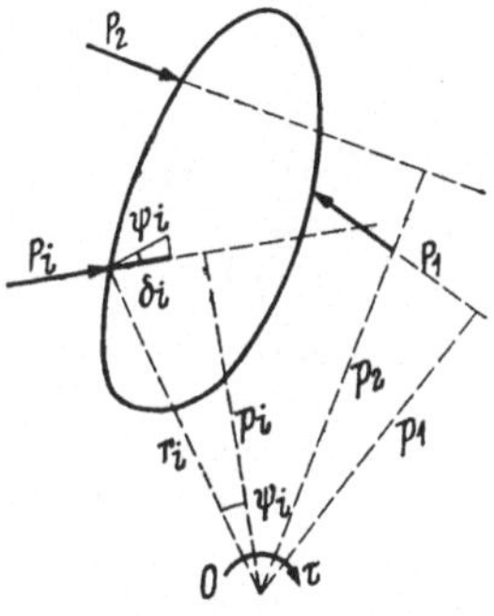

Abb. 82.

$$\sum (P_i p_i + T_i) = 0$$

sein.

Bei der Drehung um den Punkto haben die Angriffspunkte der Kräfte P_i Verschiebungen erfahren; diese betragen, wenn τ den Drehwinkel bedeutet, $r_i \tau$. Ihre Komponenten in der Richtung der P_i betragen dann $\delta_i = r_i \tau \cos \psi_i$, wenn ψ_i den Winkel zwischen Verschiebungsrichtung und Kraftrichtung vorstellt. Multipliziert man die oben angeschriebene Gleichgewichtsbedingung mit τ, so erhält man wegen

$$p_i = r_i \cos \psi_i = \frac{\delta_i}{\tau}$$

$$\sum_i P_i \delta_i + \tau \sum_i T_i = 0. \qquad (32, 1)$$

Diese Gleichung drückt den Inhalt des Prinzips der virtuellen Verschiebungen für eine starre Scheibe aus. Darin bedeuten P_i und T_i die äußeren Kräfte, bzw. Momente, *die im Gleichgewicht stehen müssen*, τ den Winkel, um den sich die Scheibe bei einer unendlich kleinen Drehung um ihr Momentanzentrum gedreht hat und δ_i die dabei auftretenden Komponenten der Verschiebungen der Angriffspunkte der P_i in der Richtung der Kräfte P_i. Die Produkte $P_i \delta_i$ und $T_i \tau$ sind dann positiv zu nehmen, wenn P_i und τ_i, bzw. T_i und τ in demselben Sinne gerichtet sind. Die betreffenden Produkte sind mit negativem Vorzeichen zu versehen, wenn Kraft und Verschiebung oder Moment und Verdrehung entgegengesetzte Richtung besitzen.

33. Die Deformation eines dünnen Stabes. Bevor wir daran gehen, das Prinzip der virtuellen Verschiebungen für einen nicht starren dünnen Stab zu formulieren, müssen wir uns über die Gestaltsänderungen eines solchen Stabes Rechenschaft geben. Zunächst setzen wir voraus, daß *die Verschiebungen, die einzelne Punkte des Tragwerkes erfahren, klein gegenüber dessen Abmessungen sind.* Die Gestaltsänderung des Tragwerkes ist jedenfalls durch die Deformation der Stabelemente bedingt; es müssen also auch die Gestaltsänderungen eines Stabelementes klein im Vergleich zu seinen Abmessungen sein. Benützt man die von BERNOULLI eingeführte Annahme, daß die Querschnitte eines Stabes auch nach dessen Verformung *eben* bleiben, so besteht die allgemeinste Deformation bei einem ebenen Problem darin, daß sich die Lage der beiden ein Stabelement begrenzenden Querschnitte, so wie in Abb. 83 dargestellt, geändert hat. Wir können uns diese Lagenänderung derart entstanden denken, daß sich bei festgehaltenem Querschnitt 1 der unendlich nah benachbarte Querschnitt 2 zunächst parallel zu sich selbst in der Richtung der Stabachse verschoben hat; es entspricht dies der *Längenänderung* des Stabelements von der ursprünglichen Länge ds um den Betrag $\Delta\, ds$. Dann kann sich der Querschnitt 2 aber auch senkrecht zu der Richtung der Stabachse verschieben; wir bezeichnen die Größe $\Delta\, d\, h$ als *Schiebung*. Infolge einer solchen Schiebung stehen die Querschnitte nun nicht mehr senkrecht auf der Stabachse, sondern schließen mit derselben die Winkel $\pi/2 - \Delta\, dh/ds = \gamma$ ein. Endlich können sich die beiden Querschnitte auch noch gegeneinander um den Winkel $\Delta\, d\varphi$ verdrehen; während sie ursprünglich den Winkel $d\varphi$ eingeschlossen haben, beträgt derselbe nach der Verformung $d\varphi + \Delta\, d\varphi$; $\Delta\, d\varphi$ heißt die *Winkeländerung*. In den Abb. 84a, b und c sind diese Verformungen, jede Art für sich, dargestellt.

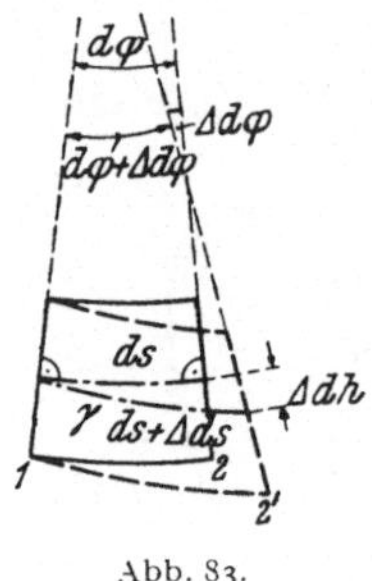

Abb. 83.

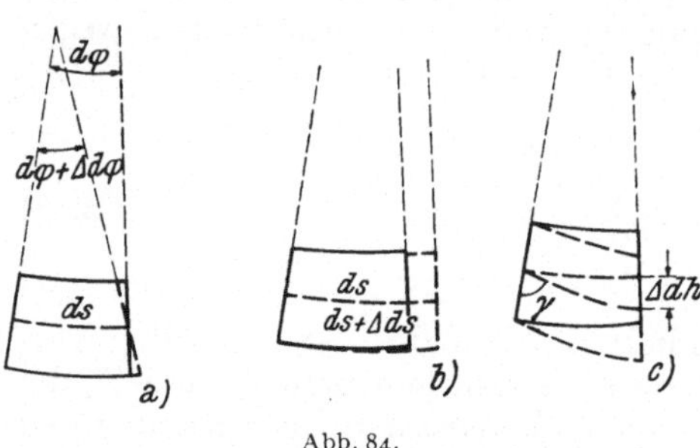

Abb. 84.

Zumeist kommen alle drei Arten von Verformungen zugleich vor; sie treten dabei überdies nicht nur an einer einzigen Stelle, sondern stetig längs der Stabachse verteilt auf. Bei anderen Problemen hingegen ist es erforderlich, nur an einer einzigen Stelle des Tragwerkes eine ganz bestimmte Art von Verformung vorauszusetzen. Im übrigen ist es für die Formulierung des Prinzips der virtuellen Verschiebungen, die wir im folgenden vornehmen werden, vollständig gleichgültig, wodurch die Verformungen verursacht wurden. Sie können etwa durch Spannungen oder durch Temperaturänderungen erzeugt worden sein; wenn es sich um die Verformung an einer einzigen Stelle handelt, ist die einfachste Vorstellung die, das nicht verformte Stabelement gegen ein entsprechend deformiertes zu vertauschen. Handelt es sich also z. B. um eine Längenänderung $\Delta\, d\, s$, so denke man sich das Stabelement von der Länge ds durch ein solches von der Länge $d\, s + \Delta\, d\, s$ ersetzt. Ebenso ersetzt man ein Stabelement, dessen Endquerschnitte sich um den Winkel $\Delta\, d\,\varphi$ gegeneinander verdreht haben, durch ein solches, dessen Querschnitte den Winkel $d\,\varphi + \Delta\, d\,\varphi$ miteinander einschließen, und endlich bei einer Schiebung ist ein Element, bei welchem Querschnitte und Stabachse aufeinander senkrecht standen, durch ein solches, bei dem dieser Winkel sich um $\frac{\Delta\, d\, h}{d\, s}$ verringert hat, zu ersetzen.

34. Das Prinzip der virtuellen Verschiebungen für einen nicht starren Stab. Nunmehr soll das Prinzip der virtuellen Verschiebungen für den Fall erweitert werden, daß an Stelle der starren Scheibe ein Stab tritt, dessen Elemente die eben beschriebenen Verformungen erfahren. Vor-

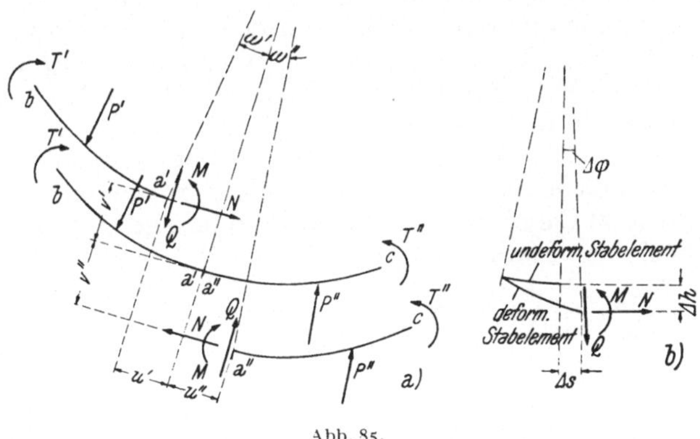

Abb. 85.

läufig nehmen wir an, daß nur ein einziges Stabelement sich aus irgendeinem Grunde verformt hat. Es soll also an dieser Stelle a eine Dehnung $\Delta\, s$, eine Winkeländerung $\Delta\,\varphi$ und eine Schiebung $\Delta\, h$ entstanden sein.[1] Nun sei der Stab irgendwie belastet; infolge dieser Belastung, die aus den Kräften P_i und den Momenten T_i bestehen möge, treten in dem Stab Normalkräfte, Biegungsmomente und Querkräfte auf; diese sollen im besonderen an der Stelle, an der die Verformung auftritt, mit N, M und Q bezeichnet werden. Es ist wesentlich, daß die vorerwähnten Verformungsgrößen $\Delta\, s$, $\Delta\,\varphi$ und $\Delta\, h$ in keinem ursächlichen Zusammenhang mit den inneren Kräften N, Q und dem Moment M stehen. Es sei also z. B. das Stabelement an jener Stelle, an der die Deformation auftrat, durch ein entsprechend verformtes ersetzt. Wir denken uns nun den Stab, so wie in Abb. 85a dargestellt, an der Stelle des deformierten Stabelementes durchschnitten; die beiden Stabteile $b - a'$ und $a'' - c$ werden dann durch die an der Schnittstelle wirkenden Kräfte N, Q und M im Gleichgewicht gehalten. Die Kräfte N und Q sowie das Biegungsmoment M sind dabei als äußere Kräfte bzw. äußeres Moment zu betrachten. Da voraussetzungsgemäß keine andere Verformung wie an der Schnittstelle

[1] Δs, $\Delta\varphi$, Δh sind zunächst endliche, aber immer noch sehr kleine Größen.

aufgetreten ist, sind die beiden Stabteile $b - a'$ und $a'' - c$ als starr anzusehen und es kann für jeden derselben das Prinzip der virtuellen Verschiebungen, wie in Nr. 32 abgeleitet, angeschrieben werden. So erhält man für den linken Stabteil

$$\sum P_i' \delta_i' + \tau' \sum T_i' = 0$$

und für den rechten

$$\sum P_i'' \delta_i'' + \tau'' \sum T_i'' = 0.$$

δ_i', δ_i'', τ' und τ'' sind dabei jene Verschiebungen, bzw. Verdrehungen der beiden Stabteile, welche infolge der Verformungen des Stabelementes an der Schnittstelle entstanden sind. In den angeschriebenen Summen kommen aber auch die Beiträge der Schnittgrößen N, Q und M vor, da diese jetzt zur Belastung gehören. Wir bezeichnen den Verdrehungswinkel des einen Stabendes mit ω', die Verschiebung in der Richtung der Stabachse daselbst mit u', senkrecht zu derselben mit v', während für das andere Stabende diese Größen ω'', u'' und v'' genannt werden sollen. Schreiben wir jetzt die hiezu gehörenden Produkte gesondert an, so ergibt sich für den linken Stabteil

$$\sum P_i' \delta_i' + \tau' \sum T_i' + M \omega' + N u' + Q v' = 0$$

und für den rechten Stabteil

$$\sum P_i'' \delta_i'' + \tau'' \sum T_i'' + M \omega'' + N u'' + Q v'' = 0.$$

Addiert man diese beiden Gleichungen und bringt die Beiträge der Schnittkräfte auf die rechte Seite, so erhält man

$$\sum P_i \delta_i + \sum \tau_i T_i = -M(\omega' + \omega'') - N(u' + u'') - Q(v' + v'').$$

Wir betrachten nunmehr das deformierte Stabelement, das in Abb. 85b dargestellt ist; $u' + u''$ stellt die Längenänderung Δs, $v' + v''$ die Schiebung Δh und $\omega' + \omega''$ die gegenseitige Verdrehung $\Delta \varphi$ der das Stabelement begrenzenden Querschnitte vor. Wir wollen weiters festsetzen, daß die Produkte $M \Delta \varphi$, $N \Delta s$ und $Q \Delta h$ dann positiv zu nehmen sind, wenn die Verformungen jenen Sinn besitzen, wie sie an einem elastischen Element durch die Kräfte N und Q, bzw. durch das Moment M verursacht würden. Demnach wären in Abb. 85a diese drei Produkte positiv. Hingegen besitzen die Produkte $N(u' + u'')$, $Q(v' + v'')$ und $M(\omega' + \omega'')$ bei Betrachtung der Stabteile immer das entgegengesetzte Vorzeichen wie $N \Delta s$, $Q \Delta h$ und $M \Delta \varphi$, weil die an den Stabenden angreifenden Kräfte, bzw. das Moment stets in entgegengesetztem Sinn wirken als wie jene am verformten Stabelement. In der Tat ist in Abb. 85a N entgegengesetzt gerichtet wie u' und u'', ebenso Q entgegengesetzt wie v'

und v'' und endlich M entgegengesetzt gerichtet wie ω' und ω''. Daher sind die Produkte $M(\omega'+\omega'')$, $N(u'+u'')$ und $Q(v'+v'')$ in Abb. 85a negativ. Allgemein gilt also

$$M(\omega'+\omega'') = -M\,\Delta\,\varphi,\; N(u'+u'') = -N\,\Delta\,s,\; Q(v'+v'') = -Q\,\Delta\,h.$$

Damit erhalten wir

$$\sum P_i\,\delta_i + \sum \tau_i\,T_i = M\,\Delta\,\varphi + N\,\Delta\,s + Q\,\Delta\,h.$$

Erfährt der Stab nicht an einer einzigen, sondern an mehreren Stellen $\sigma = 1, 2 \ldots$ Verformungen, so zerlegen wir ihn in einzelne starre Teile, für die wir ebenso wie früher das Prinzip der virtuellen Verschiebungen anschreiben, dabei die Schnittkräfte als äußere Kräfte einführen und endlich die Gleichungen für die einzelnen Stabteile addieren. Dies führt dann zu der Gl.

$$\sum P_i\,\delta_i + \sum T_i\,\tau_i = \sum M_\sigma\,\Delta\,\varphi_\sigma + \sum N_\sigma\,\Delta\,s_\sigma + \sum Q_\sigma\,\Delta\,h_\sigma$$

Nehmen wir endlich noch an, daß jede Stelle σ des Stabes eine Verformung, beschrieben durch die Größen $\Delta\,d\varphi\,(\sigma)$, $\Delta\,ds\,(\sigma)$ und $\Delta\,dh\,(\sigma)$, erfährt, so treten an Stelle der Summen rechter Hand Integrale längs der Stabachse und es ergibt sich mit Unterdrückung des Argumentes

$$\sum P_i\,\delta_i + \sum T_i\,\tau_i = \int (M\,\Delta\,d\,\varphi + N\,\Delta\,ds + Q\,\Delta\,dh)\,{}^{1} \qquad (34, 2)$$

Wir fassen die Voraussetzungen, unter denen diese Gleichung gilt, nochmals zusammen: Die äußeren Kräfte P und die Momente T müssen im Gleichgewicht stehen[2]; sie erzeugen die inneren Momente M, die Normalkräfte N und die Querkräfte Q. Aus irgendeiner Ursache hat der Stab die im Vergleich zu der Stablänge kleinen Deformationen $\Delta\,d\varphi$, $\Delta\,ds$ und $\Delta\,dh$ erfahren, als deren Folge sich die Angriffspunkte der Kräfte P_i um die Beträge δ_i in deren Richtung verschoben und die Stabachsen an jenen Stellen, an denen die Momente T_i angreifen, um die Winkel τ_i verdreht haben. Die Produkte $P_i\,\delta_i$ und $T_i\,\tau_i$ sind positiv, wenn Kraft und Verschiebung, bzw. Moment und Verdrehung denselben Richtungssinn besitzen. Das gleiche gilt für die Produkte $M\,\Delta\,d\varphi$, $N\,\Delta\,ds$ und $Q\,\Delta\,dh$; sie sind dann also positiv zu nehmen, wenn $\Delta\,d\varphi$, $\Delta\,ds$ und $\Delta\,dh$

---

[1] Die Integrale erstrecken sich dabei über alle Elemente der Stabachsen. Bezeichnet man eine beliebige Stelle der Stabachse mit σ, so wäre ausführlicher $\int\limits_{\sigma=a}^{\sigma=b} [M(\sigma)\,\Delta\,d\,\varphi(\sigma) + N(\sigma)\,\Delta\,d\,s(\sigma) + Q(\sigma)\,\Delta\,d\,h(\sigma)]$ zu schreiben.

[2] Wir müssen also hier ausnahmsweise auch die Auflagerkräfte zu den äußeren Kräften zählen. Da jedoch die Verschiebungen ihrer Angriffspunkte in der Kraftrichtung meist Null sind, kommen die Auflagerkräfte in der Gleichung gewöhnlich nicht vor.

jenen Sinn haben, wie er durch die M, N und Q an dieser Stelle verursacht würde. Im übrigen stehen aber die Kräfte P, N und Q sowie die Momente M und T, die wir als *Größen* der *Kraftgruppe* bezeichnen, mit den Größen der *Verschiebungsgruppe* $\Delta\, d\varphi$, $\Delta\, ds$ und $\Delta\, dh$ in keinem Zusammenhang. Die Annahme, daß diese Formänderungen durch die Kraftgruppe erzeugt werden, ist ganz speziell; von derselben wird nur in seltenen Fällen Gebrauch gemacht. Die Summen linker Hand erstrecken sich über alle äußeren Kräfte, die Integrale sind längs der Stabachse zu nehmen. Trennt man durch Schnitte einen Teil des Tragwerkes ab und stellt das Prinzip der virtuellen Verschiebungen für den abgetrennten Teil auf, so treten die Schnittkräfte als äußere Kräfte zu den Summen linker Hand zu. Dies gilt auch für die Auflagerkräfte, wenn die Auflager Verschiebungen erfahren haben[1].

Bei den zeichnerischen Darstellungen ist zu beachten, daß dieselben insoferne unrichtig sind, als die Verdrehungen und Verschiebungen viel zu groß eingezeichnet sind. Voraussetzungsgemäß müssen dieselben ja so klein sein, daß sie im Maßstab des Tragwerkes überhaupt nicht darstellbar sind. Es sind daher z. B. in Abb. 85 am deformierten System die Richtungen von N und u parallel, von Q und v senkrecht zur Stabachse des nicht deformierten Systems gezeichnet. Die Verdrehungen der Stäbe dürfen tatsächlich nur so groß sein, daß sie auch nach der Deformation des Stabelementes senkrecht auf der bzw. parallel zu der verformten Stabachse bleiben. Auch die Richtungen und die Lage der äußeren Kräfte dürfen sich durch die Verdrehungen und Verschiebungen nur um unendlich kleine Beträge geändert haben.

35. Erweiterung des Prinzips der virtuellen Verschiebungen für Tragwerke, welche aus einzelnen biegungssteifen Stäben zusammengesetzt sind. Auch für Tragwerke, die aus einzelnen irgendwie miteinander verbundenen Stäben bestehen, kann das Prinzip der virtuellen Verschiebungen in der Form (34, 2)

$$\sum P_i\, \delta_i + \sum T_i\, \tau_i = \int (M\, \Delta\, d\varphi + N\, \Delta\, ds + Q\, \Delta\, dh)$$

angeschrieben werden. Die Integrale erstrecken sich hiebei über alle Stäbe. Der Beweis ist hiebei genau so wie bei einem einzelnen Stab zu erbringen; besondere Untersuchung erfordern nur die Verbindungsstellen der einzelnen Stäbe. Nehmen wir vorläufig an, daß nur 2 Stäbe irgendwie miteinander verbunden sind. Wir denken uns die Verbindung gelöst (Abb. 86), dann sind an jedem Stab die inneren Kräfte an der Verbindungsstelle, nämlich N und Q sowie das hier auftretende Moment M als äußere Kräfte bzw. als äußeres Moment anzubringen, die aber für die beiden

[1] Gl. (34, 2) besagt einfach, daß die Arbeit, welche die äußeren Kräfte und Momente bei einer beliebigen Verschiebung bzw. Deformation des Tragwerkes leisten, gleich ist der bei dieser Verschiebung von den inneren Kräften geleisteten Arbeit.

Schnittufer entgegengesetzte Richtung haben. Wir betrachten dabei einen Querschnitt, welcher in die Winkelsymmetrale des von den beiden Stäben gebildeten Winkels fällt. Die Verdrehung des einen Stabendes an der Verbindungsstelle sei ω', die Verschiebungen u' und v', am Ende des anderen Stabes heißen diese Größen ω'', u'' und v''. Zu der linken Seite der oben angeschriebenen Gleichung kommt also der Betrag

$$M(\omega''-\omega')+N(u''-u')+Q(v''-v').$$

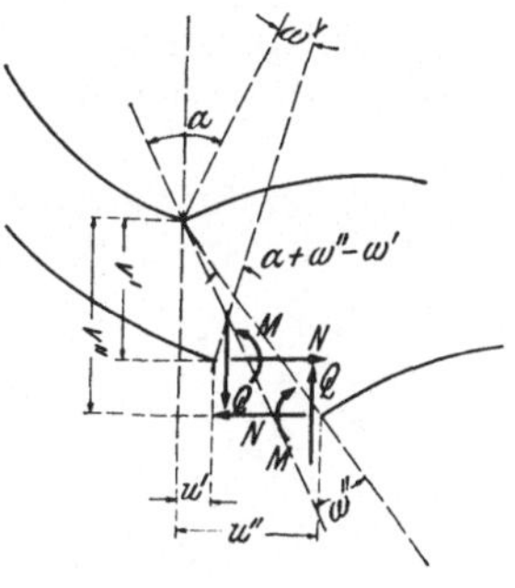

Abb. 86.

Wie immer die Verbindung aussieht, stets ist in diesen Produkten ein Faktor gleich Null; so sind z. B. bei einer vollkommen starren Verbindung M, N und Q von Null zwar verschieden, aber $\omega''=\omega'$, $u''=u'$ und $v''=v'$. Bei einer Gelenkverbindung ist zwar $\omega''=\omega'$, von Null verschieden; dafür aber kann im Gelenk kein Moment auftreten und sonach ist $M=0$. Das gleiche gilt von anderen Verbindungsarten zweier Stäbe; immer verschwindet das betreffende Produkt. Es ändert sich daher die in Nr. 34 angegebene Gleichung nicht.

Treffen mehrere Stäbe in einem Knoten zusammen, so denkt man sich am einfachsten die verschiedenen Stäbe in unendlich benachbarten Punkten zu zweit verbunden; man hat dann stets nur die Verbindung zweier Stäbe zu untersuchen und verfährt hiebei so wie oben. Es ist sonach auch für diesen Fall die Richtigkeit der Gl. (34, 2)

$$\sum P_i\,\delta_i+\sum T_i\,\tau_i=\int(M\,\Delta\,d\varphi+N\,\Delta\,ds+Q\,\Delta\,dh)$$

erwiesen. Die Integrale erstrecken sich auch in diesem Falle längs der Stabachse sämtlicher Stäbe, die Summen über alle äußeren Kräfte und Momente.

36. Das Prinzip der virtuellen Verschiebungen für Fachwerke. In einem idealen Fachwerk sind die Stäbe lediglich auf Zug und Druck beansprucht; Momente und Querkräfte verschwinden. Da überdies die äußere Belastung nur aus Einzelkräften und nicht auch aus Momenten bestehen kann, reduziert sich der Ausdruck (34, 2) auf die Gl.

$$\sum P_i\,\delta_i=\int N\,\Delta\,ds.$$

Dieses Integral kann in eine Summe von Integralen über die einzelnen Stäbe zerlegt werden; da weiters die Normalkraft, die nunmehr mit S bezeichnet werden möge, in den einzelnen Stäben konstant ist, kann die Integration längs derselben durchgeführt werden und es ergibt z. B. der Stab p den Beitrag zu dem Integral rechter Hand

$$\int N\,\Delta\,ds=S_p\int\Delta\,ds=S_p\,\Delta\,s_p,$$

worin Δs_p die Längenänderung diese Stabes bedeutet. Damit nimmt das Prinzip der virtuellen Verschiebungen für ein Fachwerk die Form an

$$\sum P_i \delta_i = \sum S_p \Delta s_p; \tag{36, 3}$$

Δs_p ist positiv, wenn es eine Verlängerung des Stabes p, S_p, wenn es eine Zugkraft bedeutet.

37. Stetig verteilte Belastung. Die Belastung eines Tragwerkes bestehe nunmehr an Stelle einzelner Lasten aus einer stetig verteilten Belastung. Diese Belastung p soll unter einem beliebigen Winkel ψ zur Stabachse wirken. Für $P_i \delta_i$ tritt jetzt das Integral $\int p\, \delta\, d\sigma$, wobei δ die Verschiebung des Punktes σ in der Richtung von p an dieser Stelle ist (Abb. 87a). Damit wird

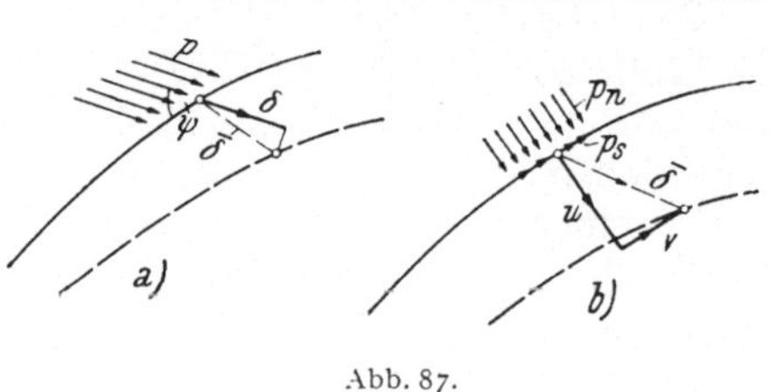

Abb. 87.

$$\int p\, \delta\, d\sigma = \int M \Delta\, d\varphi + \int N \Delta\, ds + \int Q \Delta\, dh \tag{37, 4}$$

Man kann statt dessen auch mit den Komponenten $p_s = p \cos \psi$ in der Richtung der Stabachse und $p_n = p \sin \psi$ senkrecht dazu rechnen; betragen die Komponenten der Verschiebung in diesen Richtungen v und u, wie dies in der Abb. 87b dargestellt ist, so lautet das Prinzip der virtuellen Verschiebungen in diesem Falle

$$\int p_s\, v\, d\sigma + \int p_n\, u\, d\sigma = \int M \Delta\, d\varphi + \int N \Delta\, ds + \int Q \Delta\, dh. \tag{37, 5}$$

Dabei sind im allgemeinen sämtliche Größen längs der Stabachse veränderlich und somit Funktionen von σ.

38. Die Anwendung des Prinzips der virtuellen Verschiebungen auf ein verschiebliches Tragwerk. Die bisherigen Betrachtungen gelten sowohl für verschiebliche als auch unverschiebliche Tragwerke; wir haben lediglich die Voraussetzung gemacht, daß äußere und innere Kräfte im Gleichgewicht stehen und daß die Verschiebungen δ_i und die Verdrehungen τ_i zu den Verformungen $\Delta\, d\varphi$ und $\Delta\, ds$ gehören[1]. Wir haben bereits in Nr. 16 erwähnt, daß bei einem statisch überbestimmten System, also bei einem verschieblichen Tragwerk, die äußeren Kräfte bestimmte Bedingungen erfüllen müssen, damit überhaupt Gleichgewicht möglich ist; wir nannten ein solches System aus diesem Grunde auch bedingt statisch bestimmt. Es kann Verschiebungen erfahren, ohne daß sich die Stabelemente verformt haben. Es ist also möglich, alle $\Delta\, d\varphi$ und

[1] Wie in Nr. 41 noch näher ausgeführt wird, kann der Einfluß von $\Delta\, dh$ meist vernachlässigt werden.

$\Delta\, ds$ gleich Null zu setzen, ohne daß die δ_i und τ_i verschwinden. Damit nimmt das Prinzip der virtuellen Verschiebungen die Form an

$$\sum P_i\,\delta_i + \sum T_i\,\tau_i = 0. \tag{38, 6}$$

δ_i sind die Verschiebungen der Angriffspunkte der Kräfte P_i in deren Richtung und τ_i die Verdrehungen der Stabachse an jenen Stellen, wo ein äußeres Moment T_i angreift, die infolge der Verschieblichkeit des Systems ohne Verformungen der Stabelemente auftreten können. Bei einem n-fach statisch überbestimmten System gibt es entsprechend den n Freiheitsgraden desselben n solcher Wertesysteme für die Verschiebungen und die Verdrehungen und man erhält demnach n Bedingungsgleichungen von der oben angeschriebenen Form, denen die äußeren Kräfte und Momente genügen müssen, damit Gleichgewicht besteht. Diese n-Wertsysteme für δ_i und τ_i sind voneinander linear unabhängig, d. h. keines derselben kann durch Überlagerung der übrigen erhalten werden.

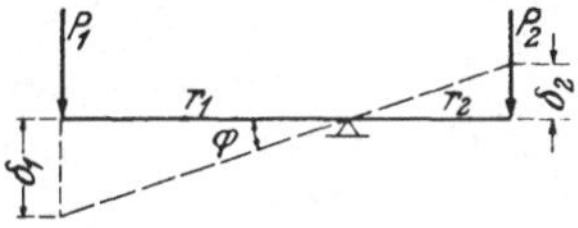

Abb. 88.

Als ein einfaches Beispiel ist hiezu in Abb. 88 ein Träger dargestellt, der nur durch ein Gelenk unterstützt ist, also entsprechend seiner Drehbarkeit um o einen Freiheitsgrad besitzt. An den beiden Trägerenden greifen die Lasten P_1 und P_2 an. Bei der Drehung um o, der einzigen Verschieblichkeit dieses Systems, erfahren die Angriffspunkte von P_1 und P_2 die Verschiebungen $\delta_1 = r_1\,\varphi$ und $\delta_2 = -r_2\,\varphi$ in der Richtung der Kräfte P_1 und P_2. δ_2 ist negativ, weil dessen Richtung der Kraft P_2 entgegengesetzt ist. So erhält man als Bedingung für das Gleichgewicht das bekannte Hebelgesetz

$$P_1\,r_1 = P_2\,r_2.$$

Ein etwas kompliziertes Beispiel stellt das in Abb. 89 dargestellte System vor, welches aus vier durch Gelenke verbundenen Scheiben besteht und welches durch die in dieser Abbildung ersichtlichen Kräfte P_1, P_2 und P_3 belastet ist. Dieses System besitzt zwei Freiheitsgrade; dementsprechend müssen also zwei Gleichungen zwischen den drei Kräften erfüllt sein, wenn Gleichgewicht bestehen soll. Wir denken uns zunächst die Scheibe IV festgehalten; dann ist der absolute Drehpol der Scheibe II der Punkt o_2, wie im Abschnitt I gezeigt wurde und die bei einer Drehung um diesen

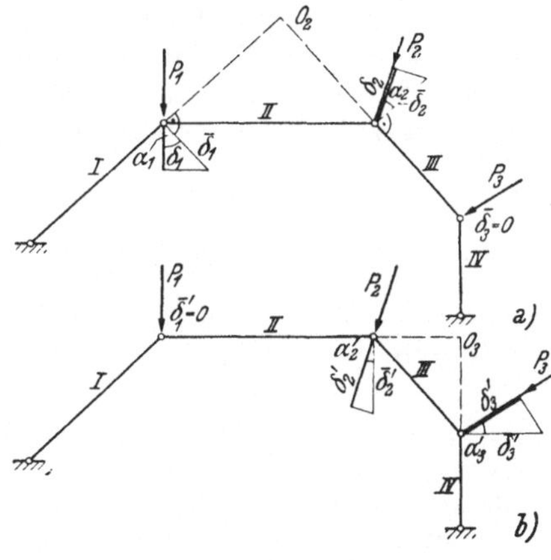

Abb. 89.

Pol auftretenden Verschiebungen $\overline{\delta}_1 = r_1 \tau$ und $\overline{\delta}_2 = - r_2 \tau$ (Abb. 89a). Diese Verschiebungen stehen senkrecht auf r_1 und r_2; ihre Projektionen in die Richtung von P_1 und P_2 betragen $\delta_1 = r_1 \tau \cos \alpha_1$ und $\delta_2 = - r_2 \tau \cos \alpha_2$. Die Verschiebung $\overline{\delta}_3$ des Angriffspunktes von P_3 ist Null. Nun denken wir uns die Scheibe I festgehalten (Abb. 89b); dann ist eine Verdrehung um den Pol der Scheibe III, nämlich um o_3 möglich, als deren Folge die Verschiebungen $\overline{\delta}_2'$ und $\overline{\delta}_3'$ auftreten. Mit den aus der Abbildung ersichtlichen Bezeichnungen wird $\delta_2' = r_2' \tau' \cos \alpha_2'$ und $\delta_3' = - r_3' \tau' \cos \alpha_3'$, während jetzt $\overline{\delta}_1' = 0$ ist und so bekommt man als Bedingungen für das Gleichgewicht durch Anwendung des Prinzips der virtuellen Verschiebungen

$$P_1 r_1 \cos \alpha_1 = P_2 r_2 \cos \alpha_2$$

und

$$P_2 r_2' \cos \alpha_2' = P_3 r_3' \cos \alpha_3'$$

39. **Die Eindeutigkeit des Spannungszustandes.** Wir haben bisher stillschweigend vorausgesetzt, daß zu einer gegebenen äußeren Belastung nur ein einziger Kräftezustand des Tragwerkes existiert. Dies läßt sich mit Hilfe des Prinzips der virtuellen Verschiebungen leicht zeigen und wir führen den Beweis hiefür, der dem Leser einen weiteren Einblick in die Anwendungsmöglichkeiten des Prinzips der virtuellen Verschiebungen gibt, im folgenden an.

Ändert sich die Belastung eines Tragwerkes von P_i um ΔP_i auf P_i', so ändern sich die inneren Momente um ganz bestimmte Werte ΔM auf M' und die Normalkräfte um ΔN auf N'. Daß nicht etwa auch hievon verschiedene Werte $\Delta \overline{M}$ und $\overline{M}'$, bzw. $\Delta \overline{N}$ und $\overline{N}'$ möglich sind, erkennt man aus der folgenden Überlegung: Schreibt man das Prinzip der virtuellen Verschiebungen einmal für die Kräftegruppe P_i, M_i und N_i, das andere Mal für die Kräftegruppe P_i', M_i' und N_i', jedesmal mit denselben Verschiebungen $\Delta\, d\varphi$ und $\Delta\, ds$ an, so erhält man

$$\sum P_i \delta_i = \int M \Delta\, d\varphi + \int N \Delta\, ds$$

$$\sum P_i' \delta_i = \int M' \Delta\, d\varphi + \int N' \Delta\, ds$$

und durch Subtraktion

$$\sum \Delta P_i \delta_i = \int \Delta M \Delta\, d\varphi + \int \Delta N \Delta\, ds,$$

weil $M' - M = \Delta M$, $N' - N = \Delta N$ und $P_i' - P_i = \Delta P_i$ ist. Genau so ergibt sich auch

$$\sum \Delta P_i \delta_i = \int \Delta \overline{M} \Delta\, d\varphi + \int \Delta \overline{N} \Delta\, ds,$$

wenn M' durch $\overline{M}'$ und N' durch $\overline{N}'$, sonach M durch $\overline{M}$ und N durch $\overline{N}$ ersetzt wird.

Subtrahiert man die beiden zuletzt angeschriebenen Gleichungen, so erhält man (da die linke Seite in beiden Fällen gleich ist)

$$0 = \int (\Delta M - \Delta \overline{M}) \Delta d\varphi + \int (\Delta N - \Delta \overline{N}) \Delta ds.$$

Nun können $\Delta d\varphi$ und Δds beliebig gewählt werden; daher wird diese Gleichung nur dann erfüllt sein, wenn der Integrand verschwindet, wenn also

$$\Delta M = \Delta \overline{M} \text{ und } \Delta N = \Delta \overline{N}$$

und deshalb auch $M = \overline{M}$ und $N = \overline{N}$ ist. Damit ist die Eindeutigkeit des inneren Kräftezustandes und damit auch des Spannungszustandes erwiesen. Diese Schlußweise ist aber nur dann zutreffend, wenn zu den $\Delta d\varphi$ und Δds eindeutige Werte δ_i gehören, also wenn ein unverschiebliches Tragwerk vorliegt. Bei verschieblichen Tragwerken muß aber nach den Überlegungen in dem Vorhergehenden $\sum P_i \delta_i = 0$ und auch $\sum \Delta P_i \delta_i = 0$ sein, damit überhaupt Gleichgewicht besteht; man erhält also auch für verschiebliche Tragwerke die Gl.

$$\int (\Delta M - \Delta \overline{M}) \Delta d\varphi + \int (\Delta N - \Delta \overline{N}) \Delta ds = 0$$

und damit ist gezeigt, daß auch bei verschieblichen Tragwerken der Spannungszustand eindeutig ist, wenn überhaupt Gleichgewicht besteht.

V. Die Formänderungen statisch bestimmter Tragwerke.

40. Einleitende Bemerkungen. In diesem Abschnitt sollen die Formänderungen von Tragwerken, die aus dünnen Stäben zusammengesetzt sind, untersucht werden. Wir beschränken uns hiebei auf statisch bestimmte Systeme, obwohl die Untersuchungen in Nr. 41, 42 und 43 auch für statisch unbestimmte Systeme ohne weiteres Gültigkeit haben. Die Erweiterung auf statisch unbestimmte Systeme behalten wir uns vor, bis wir uns mit der Berechnung dieser Tragwerke eingehender beschäftigt haben.

Es wurde bereits früher darauf hingewiesen, daß die Formänderungen eines Tragwerkes stets klein im Vergleiche zu den Abmessungen desselben sein müssen; dies ist deshalb notwendig, weil wir die Gleichgewichtsbedingungen nicht für das deformierte, sondern für das undeformierte Tragwerk angeschrieben haben. Überdies werden sich aus der Annahme kleiner Verformungen Vereinfachungen bei der Bestimmung derselben ergeben, auf die aus praktischen Gründen nicht verzichtet werden kann.

Die Formänderung eines Tragwerkes ist durch die Verformung der

Stabelemente bedingt; es sollen also an allen Stellen der Stabachsen die gegenseitige Verdrehung zweier benachbarter Querschnitte $\Delta\, d\varphi$, die Längenänderung des Stabelementes $\Delta\, ds$ und die Schiebung $\Delta\, dh$ gegeben sein. Die Forderung, daß die Deformation des ganzen Systems klein ist, verlangt, daß auch diese Formänderungsgrößen klein sind. Wodurch diese Verformungen der Stabelemente verursacht werden, ist vorderhand gleichgültig. Ebenso ist ohne weiteres einzusehen, daß zur Bestimmung der Formänderung eines Tragwerkes aus den Verformungen der Stabelemente lediglich geometrische und kinematische Überlegungen notwendig sind; man pflegt sich aber mit Vorteil des Prinzips der virtuellen Verschiebungen zu bedienen, wobei auf rein geometrische und kinematische Überlegungen verzichtet wird.

Wir legen folgende Bezeichnungsweise fest:

Jede Größe soll grundsätzlich zwei Indizes erhalten, von denen der erste den Ort, an welchem sie auftritt, der zweite die Ursache, durch die sie hervorgerufen wird, bezeichnet. Es bedeutet also z. B. S_{pP} die Stabkraft im Stabe p, M_{sP} das Moment, δ_{sP} die Verschiebung an der Stelle s, sämtliche durch die Belastung P hervorgerufen. Sind diese Größen durch eine Temperaturänderung T verursacht, so werden sie analog mit S_{pT}, M_{sT} und δ_{sT} bezeichnet. Wird s, wie in den folgenden Integralen, als stetige Veränderliche aufgefaßt, so schreiben wir zur Verdeutlichung wohl auch $M_P(s)$ und $\delta_P(s)$ und ausnahmsweise zur Vereinfachung wohl auch nur M_P und δ_P. Besteht die Belastung im besonderen aus einem *Hilfsangriff*, wie er in Nr. 41, 42 und 43 erklärt ist, der an der Stelle i angreift (der einfachste Hilfsangriff besteht aus einer Last $P = 1\,t$ in i), so verwenden wir als zweiten Index i, d. i. die Stelle, an welcher der Hilfsangriff wirkt. Es bedeutet also M_{si} das Moment, δ_{si} die Verschiebung, S_{si} die Stabkraft an der Stelle s, bzw. im Stabe s infolge des Hilfsangriffes an der Stelle i. Wir vereinbaren auch in diesem Falle, daß wir mitunter die Bezeichnung der Stelle, aber nie die Bezeichnung der Ursache unterdrücken, so daß also M_i, S_i und δ_i Momente, Stabkräfte und Verschiebungen infolge des Hilfsangriffes in i, nicht aber etwa an der Stelle i bedeuten.

41. Die Verschiebung eines Punktes in einer bestimmten Richtung. Schon in Nr. 32 ist zu ersehen, daß es zumeist nur darauf ankommt, die Verschiebung eines Punktes i in einer bestimmten Richtung, also die Komponente der wirklichen Verschiebung in dieser Richtung anzugeben. Wir bezeichnen diese Verschiebungskomponente mit δ_{iK}, wobei der Index i auf den Punkt und die Richtung der Verschiebung, der Index K auf die bislang nicht näher bestimmte Ursache hinweist. Wir wollen daran festhalten, daß durch den Index i sowohl *Punkt als auch Verschiebungsrichtung* definiert sind; will man die Verschiebung desselben Punktes noch in einer anderen Richtung bestimmen, um etwa durch Zusammensetzen der beiden Verschiebungskomponenten die tatsächliche Verschiebung zu erhalten, so betrachte man einen unendlich nahen Punkt j und bestimme dessen Verschiebung in der neuen Richtung j, die wir mit δ_{jK} bezeichnen.

Wir wenden uns nun der folgenden Aufgabe zu: Es sei die Verschiebung eines Punktes i in einer bestimmten Richtung eines Tragwerkes, welches aus dünnen Stäben zusammengesetzt ist, zu bestimmen, wenn die einzelnen Elemente der Stabachse die Verformungen $\Delta\, d\,\varphi_K$, $\Delta\, ds_K$ und $\Delta\, dh_K$ erfahren haben. Das Prinzip der virtuellen Verschiebungen lautet in der in Nr. 40 vereinbarten Bezeichnungsweise

$$\sum P_j\, \delta_{jK} + \sum T_j\, \tau_{jK} = \int M_{sP}\, \Delta\, d\,\varphi_{sK} + \int N_{sP}\, \Delta\, ds_{sK} + \int Q_{sP}\, \Delta\, dh_{sK}.$$

Für die Verformungsgrößen auf der rechten Seite verwenden wir die gegebenen Werte; dann stellen die δ_{jK} und τ_{jK} die Verschiebungen, bzw. Verdrehungen der Punkte j infolge der $\Delta\, d\,\varphi_K$, $\Delta\, ds_K$ und $\Delta\, dh_K$ vor. Wir spezialisieren nun die Belastung P_j und T_j derart, daß sie bloß aus einer einzigen Last $P_i = 1$ besteht, die im Punkte i der Stabachse in der Richtung der gefragten Verschiebung angreift (vgl. Abb. 90). Dann besteht die linke Seite der angeschriebenen Gleichung aus einem einzigen Glied, nämlich $1 \,.\, \delta_{iK}$; wir nehmen dabei an, daß sich die Widerlager nicht verschoben haben, denn sonst würden die in denselben auftretenden Stützungskräfte auch Beiträge geliefert haben. Es ergibt sich demnach für die gesuchte Verschiebung der Wert

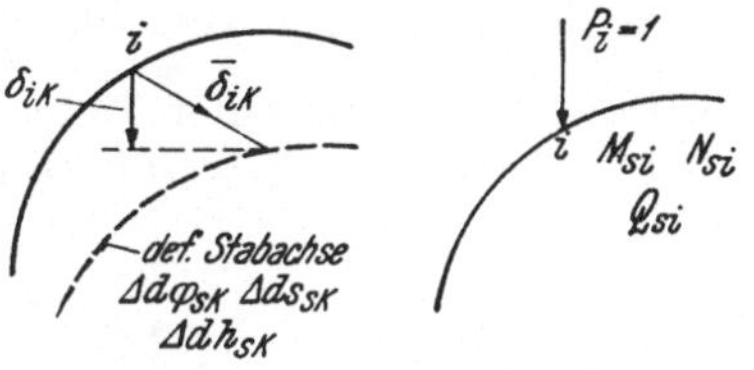

Abb. 90.

$$\delta_{iK} = \int^{s} M_{si}\, \Delta\, d\,\varphi_{sK} + \int^{s} N_{si}\, \Delta\, ds_{sK} + \int^{s} Q_{si}\, \Delta\, dh_{sK}. \qquad (41, 1)$$

M_i, N_i und Q_i bedeuten dabei die inneren Kräfte und Momente, welche durch die Belastung $P_i = 1$ erzeugt wurden. $P_i = 1$ wirkt in derselben Richtung, in welcher die Verschiebung δ_{iK} bestimmt werden soll. Ergibt sich für δ_{iK} ein positiver Wert, so bedeutet dies, daß δ_{iK} denselben Richtungssinn wie P_i besitzt; ein negatives δ_{iK} besagt, daß die Verschiebung in entgegengesetzter Richtung wie P_{iK} erfolgt ist. Wir nennen $P_i = 1$ den der Verschiebung zugeordneten *Hilfsangriff*.

Bei dünnen Stäben ist der Beitrag, den die Schiebungen $\Delta\, dh$ zu den Verschiebungen δ_{iK} geben, stets so gering, daß das Glied $\int^{s} Q_{si}\, \Delta\, dh_{sK}$ nahezu immer zu vernachlässigen ist. Zumeist kann auch das Glied $\int^{s} N_{si}\, \Delta\, ds_{sK}$ gegenüber $\int^{s} M_{si}\, \Delta\, d\,\varphi_{sK}$ unterdrückt werden, so daß man im allgemeinen mit der Gl.

$$\delta_{iK} = \int^{s} M_{si}\, \Delta\, d\varphi_{sK} \qquad (41, 2)$$

hinreichend genaue Ergebnisse erhält. Nur wenn überhaupt keine Verbiegungen auftreten und die Deformation des Systems nur eine Folge von Längenänderungen $\varDelta\, ds_K$ ist, muß das Glied $\int\limits^s N_{si}\, \varDelta\, ds_{sK}$ berücksichtigt werden. Dies ist z. B. bei Fachwerken der Fall; hier ergibt die gleiche Überlegung wie oben angestellt, für die Verschiebung eines Fachwerkknotens i in einer bestimmten Richtung

$$\delta_{iK} = \sum^{p} S_{pi}\, \varDelta\, s_{pK}. \tag{41, 3}$$

Dabei bedeuten $\varDelta\, s_{pK}$ die Längenänderung der einzelnen Stäbe p, S_{pi} die Stabkräfte infolge des Hilfsangriffes, welcher ebenso wie früher aus einer Kraft $P_i = 1$ besteht. Diese Kraft greift in dem Knoten i in der Richtung der gefragten Verschiebung an.

42. Die Verdrehung einer Tangente an die Stabachse. Im folgenden stellen wir uns die Aufgabe, die Verdrehung der Tangente der Stabachse in dem Punkte i zu bestimmen (Abb. 91). Als Hilfsangriff wird jetzt ein einziges Moment $T_i = 1$ verwendet, welches im Punkte i angreift und in demselben Sinne wirkt, in dem die Verdrehung zu bestimmen ist. Werden infolge dieses Momentes T_i die Momente M_{si} und die Achsialkräfte N_{si} genannt, so ergibt das Prinzip der virtuellen Verschiebungen die gesuchte Verdrehung mit

Abb. 91.

$$\delta_{iK} = \int\limits^{s} M_{si}\, \varDelta\, d\varphi_{sK} + \int\limits^{s} N_{si}\, \varDelta\, ds_{sK}. \tag{41, 4}$$

Damit ist die Aufgabe gelöst.

43. Andere Arten von Verschiebungen und Verdrehungen. Häufig handelt es sich darum, noch andere Arten von Verschiebungen oder Verdrehungen zu bestimmen, die sich als eine lineare Verbindung von Verschiebungen oder von Verdrehungen darstellen lassen. So kann z. B. die Vergrößerung der Entfernung s zweier Punkte i' und i'' durch $\delta_{iK} = \delta_{iK}' + \delta_{iK}''$ ausgedrückt werden, wenn δ_{iK}' und δ_{iK}'' die Verschiebungen der Punkte i' und i'', wie aus Abb. 92 ersichtlich, bedeuten. Weiters wollen wir uns die Frage nach der Verdrehung der Verbindungsgeraden zweier Punkte i' und i''

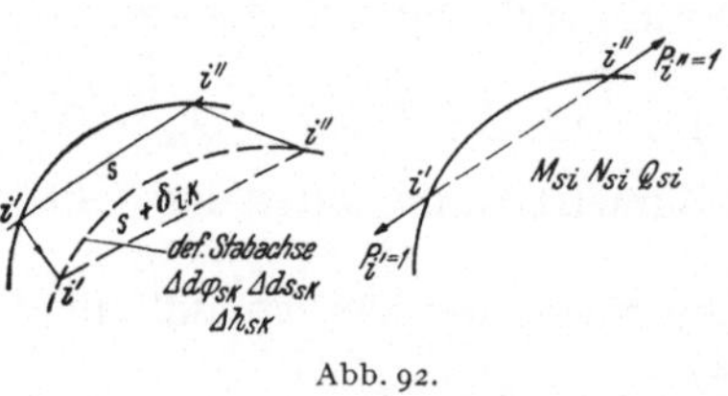

Abb. 92.

vorlegen. Abb. 93 zeigt, daß der Verdrehungswinkel dieser Geraden durch

$$\delta_{iK} = \frac{\delta_{iK}' + \delta_{iK}''}{s}$$

bestimmt ist[1]. s bedeutet den Abstand der Punkte i' und i'', δ_{iK}' und δ_{iK}'' ihre Verschiebung senkrecht zu der Geraden $i' - i''$; wegen der Kleinheit derselben kann der Tangens des Verdrehungswinkels durch denselben ersetzt werden.

Mitunter soll die Vergrößerung des von zwei Geraden $i' - k$ $k - i''$. eingeschlossenen Winkels bestimmt werden. Man erhält diese Winkel-

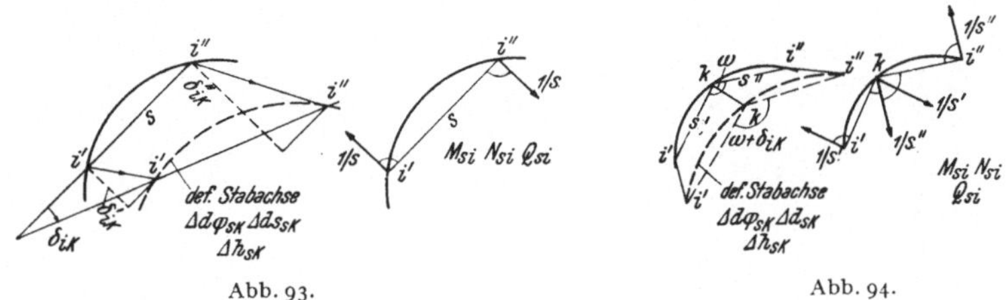

Abb. 93. Abb. 94.

vergrößerung δ_{iK}, indem man nach Abb. 94 die Verdrehungen der Geraden $i' - k$ und $k - i''$ addiert; so findet man, wenn s' die Entfernung der Punkte i' und k, s'' jene von k und i'' vorstellt,

$$\delta_{iK} = \frac{\delta_{iK}' + \delta_{kK}'}{s'} + \frac{\delta_{kK}'' + \delta_{iK}''}{s''}$$

δ_{iK}' und δ_{kK}' sind die Verschiebungen der Punkte i' und k senkrecht zu der Geraden $i' - k$, δ_{kK}'' und δ_{iK}'' jene von k und i'' senkrecht zu $k - i''$. Endlich erhält man für die gegenseitige Verdrehung zweier Tangenten an die Stabachse in den Punkten i' und i''

$$\delta_{iK} = \delta_{iK}' + \delta_{iK}'',$$

wenn man mit δ_{iK}' und δ_{iK}'' die Stabverdrehungen in den Punkten i' und i'' bezeichnet.

Die eben beschriebenen Verschiebungen kann man allgemein in der Form

$$\delta_{iK} = a\,\delta_{iK}' + b\,\delta_{iK}'' + \ldots$$

ansetzen. Dabei findet man δ_{iK}' nach Nr. 42 mittels des Hilfsangriffes $Q_i' = 1$ im Punkte i', δ_{iK}'' mittels $Q_i'' = 1$ in i''. Es ist also

$$\delta_{iK} = \int a\, M_{si}'\, \Delta\, d\varphi_{sK} + \int a\, N_{si}'\, \Delta\, ds_{sK} + \int b\, M_{si}''\, \Delta\, d\varphi_{sK} + \\ + \int b\, N_{si}''\, \Delta\, ds_{sK} + \ldots$$

[1] Bei einer Verschiebung wie in Abb. 93 haben δ_{iK}' und δ_{iK}'' verschiedene Vorzeichen. Siehe später.

Man erhält $a\,M_{si}'$ und $a\,N_{si}'$, wenn man statt $Q_i' = 1$ den Hilfsangriff $a \cdot 1$ in i', $b\,M_{si}''$ und $b\,N_{si}''$, wenn man den Hilfsangriff $b \cdot 1$ in i'' verwendet. Die Momente $a\,M_{si}' + b\,M_{si}''$ und die Normalkräfte $a\,N_{si}' + b\,N_{si}''$ werden demnach durch einen Hilfsangriff erzeugt, der aus $1 \cdot a$ im Punkte i'

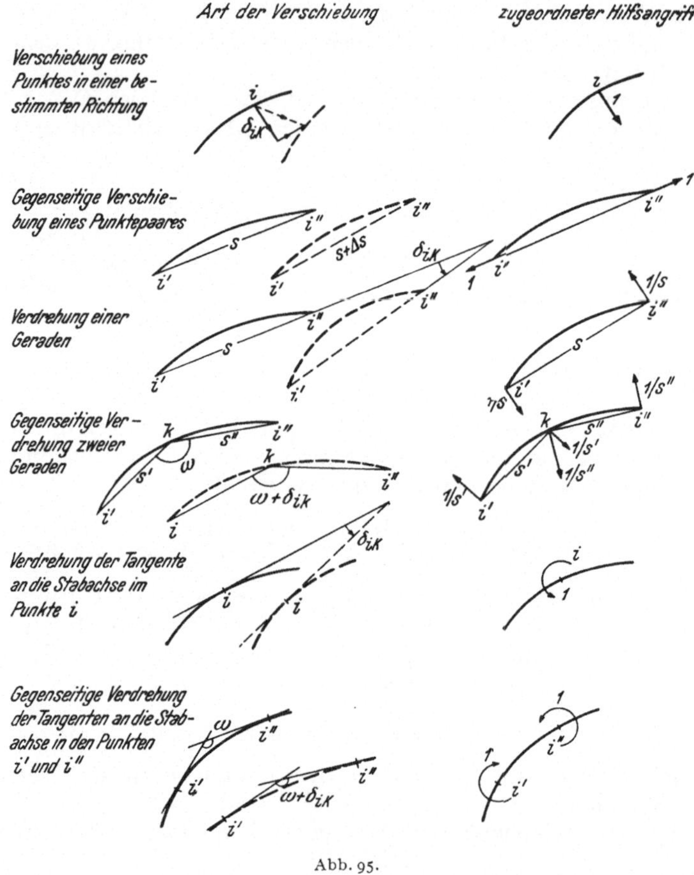

Abb. 95.

und gleichzeitig $1 \cdot b$ im Punkte i'' besteht. Nennt man die Momente infolge dieses zusammengesetzten Hilfsangriffes $\overline{M}_{si}$ und die Normalkräfte $\overline{N}_{si}$, so ergibt sich

$$\delta_{iK} = \int \overline{M}_{si}\, \Delta\, d\varphi_{sK} + \int \overline{N}_{si}\, \Delta\, ds_{sK}.$$

Es setzt sich also der zu δ_{iK} gehörende Hilfsangriff in der gleichen Weise aus den δ_{iK}' und δ_{iK}'' zugeordneten Hilfsangriffen zusammen, wie sich δ_{iK} aus den Verschiebungen δ_{iK}' und δ_{iK}'' zusammensetzt.

Man kann demnach die Gl.

$$\delta_{iK} = \int^{s} M_{si}\,\Delta\, d\varphi_{sK} + \int^{s} N_{si}\,\Delta\, ds_{sK}, \tag{43, 4}$$

bzw. für ein Fachwerk

$$\delta_{iK} = \sum^{p} S_{pi}\,\Delta\, s_{pK} \tag{43, 5}$$

zur Bestimmung jeder Art von Verschiebungen benützen, wenn nur M_{si} die Momente und N_{si} die Normalkräfte, bzw. S_{pi} die Stabkräfte des Fachwerkes infolge des dieser Verschiebung *zugeordneten Hilfsangriffes* bedeuten.

So ergeben sich die folgenden, den erwähnten Verschiebungen zugeordneten Hilfsangriffe:

a) Für die Vergrößerung des Abstandes zweier Punkte i' und i'' entsprechend in der Gl. $\delta_{iK} = \delta_{iK}' + \delta_{iK}''$ zwei Kräfte „1" in den Punkten i' und i'' mit der Wirkungslinie $i' - i''$ (Abb. 92).

b) Für die Verdrehung der Verbindungsgeraden $i' - i''$ gemäß der Gl. $\delta_{i\bar{K}} = \frac{\delta_{iK}' + \delta_{iK}''}{s}$ die Kräfte $1/s$ senkrecht zu der Geraden $i' - i''$ in den Punkten i' und i'' (Abb. 93).

c) Für die gegenseitige Verdrehung zweier Geraden zwischen den Punkten i' und k, bzw. k und i'', deren Entfernungen s' und s'' betragen, die Kräfte $1/s'$ senkrecht zu $i' - k$ in den Punkten i' und k und $1/s''$ senkrecht zu $k - i''$ in den Punkten k und i'' (Abb. 94).

d) Für die Verdrehung der Tangente an die Stabachse im Punkte i daselbst das Moment $T_i = 1$ (Abb. 91).

e) Für die gegenseitige Verdrehung der beiden Tangenten an die Stabachse in den Punkten i' und i'' je ein Moment $T_i = 1$ in diesen Punkten.

In der folgenden Übersicht (Abb. 95) sind die zu verschiedenen Arten von Verschiebungen gehörenden Hilfsangriffe zusammengestellt. Es ist dabei auf den Wirkungssinn der Hilfsangriffe zu achten; nimmt man denselben so wie dargestellt an, so besitzen positive Verschiebungen den in den Abbildungen angenommenen Richtungssinn. Demnach hat δ_{iK} dann ein positives Vorzeichen, wenn es denselben Sinn wie die in i durch den Hilfsangriff 1 an dieser Stelle hervorgerufene Verschiebung gleicher Art, d. i. δ_{ii} besitzt.

44. Innere Kräfte als Ursache von Verschiebungen. Wir haben bislang die Ursachen, welche eine Verformung der Stabelemente bedingen, nicht näher untersucht. Zumeist tritt die Formänderung als eine Folge innerer Kräfte und Momente auf; die technische Elastizitätstheorie lehrt, daß bei einem dünnen Stabe die Größen $\Delta\, d\varphi$, $\Delta\, ds$ und $\Delta\, dh$ Funktionen des Biegungsmomentes M, der Achsialkraft N und der Querkraft Q sind. Die einfachste Annahme ist die, diesen Zusammenhang linear, also die

Gültigkeit des Hookeschen Gesetzes vorauszusetzen. Dann erhält man, wie in der „Einführung in die Festigkeitslehre“[1] ausführlich gezeigt worden ist, die Beziehungen

$$\Delta\, d\varphi = \frac{M}{E\,J}\, ds \tag{44, 6a}$$

$$\Delta\, ds = \frac{N}{E\,F}\, ds \tag{44, 6b}$$

und

$$\Delta\, dh = \varkappa \frac{Q}{F\,G}\, ds, \tag{44, 6c}$$

in denen E der Elastizitätsmodul, G der Gleitmodul, J das Trägheitsmoment und F der Querschnitt des Stabes bedeutet; $\varkappa$ ist ein Faktor, welcher von der Querschnittsform abhängt; daß der Einfluß der Normalkräfte häufig, jener der Querkräfte fast stets vernachlässigt wird, haben wir bereits in Nr. 41 erwähnt. Lediglich bei Stäben, welche im Vergleich zu den Querschnittsabmessungen sehr kurz sind, spielt die Querkraft bei der Ermittlung der Verformung eine Rolle. Die angegebene Gl. (44, 6a) setzt ferner eine *gerade* Stabachse voraus; nur bei geraden Stäben ergibt die Annahme, daß die Querschnitte eben bleiben, auch eine lineare Spannungsverteilung über den Querschnitt. Ist die Stabachse aber bereits vor der Verformung gekrümmt, so folgt aus der Voraussetzung eben gebliebener Querschnitte eine nicht lineare Spannungsverteilung und weiters eine andere, aber ebenfalls lineare Beziehung zwischen $\Delta\, d\varphi$ und M. Doch nimmt man hiebei nur bei stärker gekrümmten Stäben Rücksicht; es ist z. B. ohne weiteres statthaft, Bogenträger mit den üblichen Verhältnissen zwischen Pfeil und Stützweite als schwach gekrümmte Stäbe anzusehen und der Berechnung der Verformung die Beziehung $\Delta\, d\varphi = \frac{M}{E\,J}\, ds$ zugrunde zu legen.

Das Hookesche Gesetz gilt aber nur solange, als die Spannungen innerhalb gewisser Grenzen liegen. Jenseits dieser Grenzwerte tritt an Stelle des linearen Zusammenhanges zwischen Verformung und Moment ein anderes Gesetz, welches durch Versuche bestimmt werden muß. Will man z. B. Tragwerke in der Nähe des Bruchzustandes untersuchen, so darf man nicht mehr das Hookesche Gesetz zugrunde legen. Praktisch werden die Spannungen bei Tragwerken aber stets in jenem Bereich liegen, in dem das Hookesche Gesetz noch gilt und man ist zum Nachweis der tatsächlich auftretenden Spannungen in den seltensten Fällen gezwungen, einen anderen als linearen Zusammenhang zwischen Spannung und Ver-

---

[1] Siehe CHMELKA-MELAN, „Einführung in die Festigkeitslehre“, 3. Auflage, Springer-Verlag, Wien 1948.

Die Formel (44, 6a) ergibt sich aus den Gl. (60, 5) und (60, 7) des genannten Buches unter Berücksichtigung, daß die Stabachse anfänglich gekrümmt ist (daher $\Delta\, d\,z = y \cdot \Delta\, d\,\varphi$). Die Formel (44, 6b) folgt aus (7,32) der „Festigkeitslehre“, wobei l durch die Länge des Stabelements ds zu ersetzen ist. Die Formel (44, 6c) schließlich ist mit entsprechend abgeänderter Bezeichnungsweise aus (67, 59) unverändert übernommen.

formung anzunehmen. *Die folgenden Überlegungen setzen also die Gültigkeit des Hookeschen Gesetzes voraus.*

Bezeichnet man die Momente infolge der Belastung durch die Kräfte P mit M_{sP}, die Normalkräfte mit N_{sP} und vernachlässigt wie üblich den Einfluß der Querkräfte, so bekommt man für die Verschiebung eines Punktes i infolge dieser Belastung P, d. i. für δ_{iP} in einer bestimmten Richtung mit

$$\Delta\, d\varphi_{sP} = \frac{M_{sP}}{E\,J}\, ds \text{ und } \Delta\, ds_{sP} = \frac{N_{sP}}{E\,F}\, ds$$

$$\delta_{iP} = \int^{s} M_{si}\, M_{sP} \frac{ds}{E\,J} + \int^{s} N_{si} N_{sP} \frac{ds}{E\,F}\,. \tag{44, 7}$$

Häufig pflegt man, um die Zahlenrechnung übersichtlicher zu gestalten, den Wert $E J_0\, \delta_{iP}$ zu bestimmen, wobei J_0 ein passend gewähltes Vergleichsträgheitsmoment bedeutet. Für die numerische Berechnung empfiehlt es sich, eine Gerade als Abszissenachse anzunehmen und $ds = \dfrac{dx}{\cos\psi_x}$ zu setzen, wodurch an Stelle von ds nunmehr dx als Integrationsvariable eingeführt ist. Man erhält so

$$E J_0\, \delta_{iP} = \int^{x} M_{xi}\, M_{xP} \frac{J_0\, dx}{J_x \cos\psi_x} + \int^{x} N_{xi}\, N_{xP} \frac{J_0\, dx}{J_x \cos\psi_x}\,. \tag{44, 8}$$

Für Fachwerke erhält man mit Einführung einer Vergleichsfläche F_0 aus Gl. (43, 5) mit $\Delta\, s_{pP} = S_{pP}\, s_p / E\, F_p$

$$E F_0\, \delta_{iP} = \sum^{p} S_{pi}\; S_{pP} \frac{F_0\, s_p}{F_p}\,. \tag{44, 9}$$

Selbstverständlich gelten diese Gleichungen für alle Arten von Verschiebungen, wenn nur M_{xi}, N_{xi} und S_{pi} jeweils durch die den δ_{iP} zugeordneten Hilfsangriffen erzeugt werden.

Die vorstehenden Überlegungen gelten ohne Änderung auch für statisch unbestimmte Systeme, doch verlangen sie eine Bestimmung der inneren Kräfte des statisch unbestimmten Systems sowohl infolge der Belastung P als auch infolge des Hilfsangriffes 1 in i. Die Untersuchung statisch unbestimmter Systeme wird aber zeigen, daß sich diese zweimalige Berechnung des statisch unbestimmten Systems vermeiden läßt und dadurch eine wesentliche Vereinfachung der Rechenarbeit möglich wird. Hierauf werden wir bei der Behandlung der Verschiebungen statisch unbestimmter Systeme ausführlicher zurückkommen.

45. Temperaturänderungen als Ursache von Verschiebungen. Wir müssen vorerst über die Verformungen Klarheit gewinnen, die ein Stabelement infolge einer Temperaturänderung erfährt. Es ist ohne weiteres einzusehen, daß eine gleichmäßige Temperaturerhöhung um t Grad eine Verlängerung des Stabelements um den Betrag $\Delta\, ds_{st} = \alpha\, t \cdot ds$ bedingt, während $\Delta\, d\varphi_{st} = 0$ und $\Delta\, dh_{st} = 0$ ist. α bedeutet den Temperaturausdehnungskoeffizient; er beträgt für Stahl und Beton $\alpha = 1{,}25 \cdot 10^{-5}$ je 1^0 C. Damit wird bei $ds = \frac{dx}{\cos\psi}$

$$\delta_{it} = \int^{s} N_{xt}\, \alpha\, t \frac{dx}{\cos\psi}. \qquad (45, 10)$$

Für Fachwerke ergibt sich

$$\delta_{it} = \sum^{p} S_{pi}\, \alpha\, t \cdot s_p. \qquad (45, 11)$$

Ist die Temperaturänderung aber nicht über den ganzen Querschnitt gleichmäßig verteilt, sondern tritt zwischen den beiden Rändern eine Temperaturdifferenz $t' - t'' = \Delta\, t$ auf, so bedingt dies eine Krümmungsänderung des Stabelementes. Wir nehmen nach Abb. 96 an, daß das Temperaturgefälle linear über den Querschnitt erfolgt; beträgt die Entfernung der Randfasern h und nimmt man an, daß die Temperatur in der Stabachse selbst ungeändert bleibt, also $t = 0$ ist, so lehrt die Abbildung, daß sich entsprechend der Verlängerung der unteren Faser um den Betrag $\alpha\, t', ds$ und der oberen Randfaser um $\alpha\, t'' \cdot ds$ (hiebei ist t'' negativ) eine gegenseitige Verdrehung der Querschnitte im Abstande ds um den Betrag $\Delta\, d\varphi = \alpha \frac{\Delta\, t}{h} ds$ ergibt.

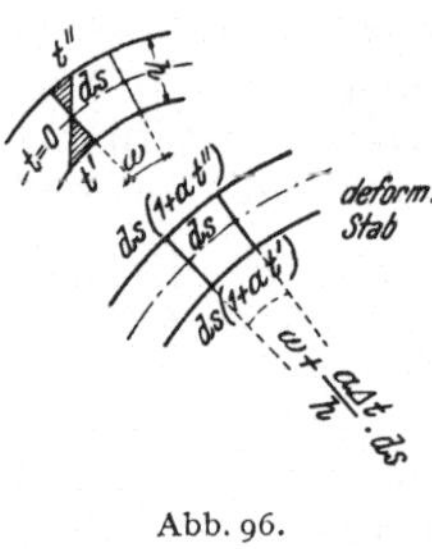

Abb. 96.

Damit wird wegen $t = 0$ und $\Delta\, ds = 0$

$$\delta_{it} = \int^{x} M_{xi} \frac{\alpha \cdot \Delta\, t}{h \cos\psi} dx. \qquad (45, 12)$$

Die angegebenen Gleichungen gelten nur für statisch bestimmte Systeme; bei statisch unbestimmten Tragwerken ist zu beachten, daß durch Temperaturänderungen innere Kräfte entstehen können; durch dieselben treten zusätzliche Verformungen der Stabelemente auf, welche die Verschiebungen des Tragwerkes beeinflussen. Hierüber wird in Nr. 73 noch ausführlich gesprochen werden.

46. Verschiebungen von Tragwerken infolge fehlerhaften Zusammenbaues. Wird bei einem Fachwerk ein Stab mit unrichtiger Länge eingebaut, so ändert sich dadurch die Form des Fachwerkes und die Knoten erfahren Verschiebungen. Wir müssen auch hier zwischen statisch bestimmten und statisch unbestimmten Tragwerken unterscheiden. Bei einem statisch bestimmten System wird ein fehlerhafter Zusammenbau keine inneren Kräfte und somit keine zusätzliche Verformung infolge derselben erzeugen. Beträgt also z. B. bei dem Stabe p der Unterschied der Stablänge $\Delta\, s_p$

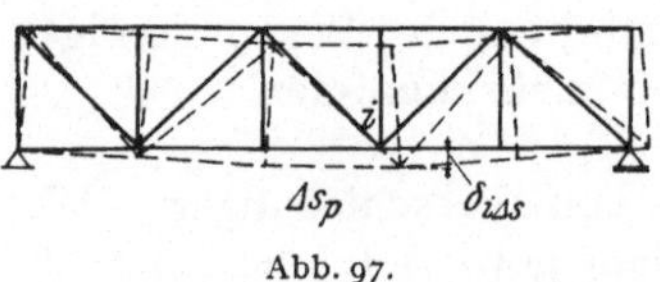

Abb. 97.

(Abb. 97), so tritt auf der rechten Seite der Gleichung (43,5) nur das Glied $S_{pi}\,\Delta\, s_p$ auf und es ergibt sich für die Verschiebung des Punktes i

$$\delta_{i\Delta s} = S_{pi}\,\Delta\, s_p. \tag{46, 13}$$

Bei einem Tragwerk aus biegungssteifen Stäben ergibt sich durch eine ähnliche Überlegung

$$\delta_{i\Delta\varphi} = M_{si}\,\Delta\,\varphi_s, \tag{46, 14a}$$

wenn die Stabachse an der Stelle s einen Knick $\Delta\, d\varphi_s$ aufweist,

$$\delta_{i\Delta s} = N_{si}\,\Delta\, s_s, \tag{46, 14b}$$

wenn das Stabelement an der Stelle s um $\Delta\, s_s$ zu lang ist und

$$\delta_{i\Delta h} = Q_{si}\,\Delta\, h_s, \tag{46, 14c}$$

wenn an der Stelle s eine Schiebung um den Betrag $\Delta\, h_s$ eingetreten ist. In der Abb. 98 sind einige richtig und fehlerhaft zusammengebaute Tragwerke dargestellt. Nur sind die Fehler $\Delta\, s$, $\Delta\,\varphi$ und $\Delta\, h$ und damit auch die Verschiebungen der Tragwerke der Deutlichkeit wegen im Verhältnis zu den Abmessungen des Tragwerkes viel zu groß angenommen.

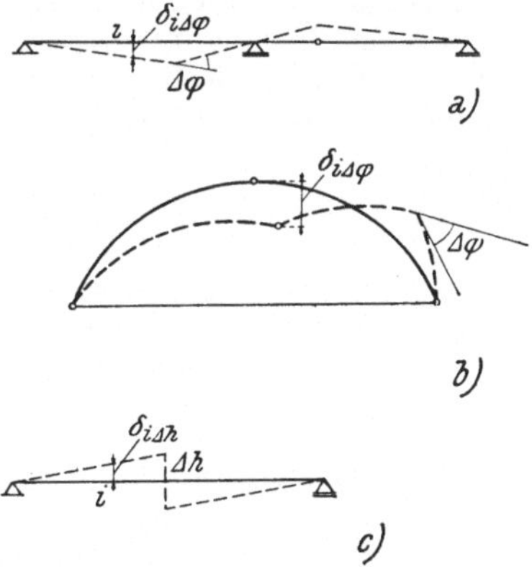

Abb. 98.

Ist nicht nur ein einziges Stabelement, sondern sind alle Elemente längs der Stabachse s unrichtig geformt, also z. B. ein Stab mit einer unrichtigen Krümmung eingebaut worden, so treten in den angegebenen Gleichungen rechter Hand Integrale auf und es ergibt sich

$$\delta_{i\Delta} = \int M_{si}\,\Delta\, d\varphi_s + \int N_{si}\,\Delta\, ds_s + \int Q_{si}\,\Delta\, dh_s, \tag{46, 15}$$

bzw. wenn bei einem Fachwerk mehrere Stäbe unrichtige Längen aufweisen

$$\delta_{i\Delta} = \sum^{p} S_{pi}\,\Delta\, s_p. \tag{46, 16}$$

Ebenso wie bei Verschiebungen infolge Temperaturänderungen ist es auch hier notwendig, bei statisch unbestimmten Systemen die zusätzlichen Verformungen infolge der allenfalls auftretenden inneren Kräfte zu berücksichtigen. Diesbezüglich wird auf Nr. 74 verwiesen.

47. Verschiebungen infolge unrichtiger Lage der Widerlager. Eine fehlerhafte Lage der Widerlager eines Tragwerkes ruft ebenfalls Verschiebungen hervor. Wir können unmittelbar die Gleichungen, welche im vorhergehenden für den fehlerhaften Zusammenbau von Tragwerken abgeleitet wurden, verwenden, wenn wir die Erdscheibe als zum Tragwerk gehörend, also die durch die Lager übertragenen Stützkräfte als innere Kräfte auffassen. Es ist aber üblich, die Stützungskräfte als äußere Kräfte zu betrachten; dann kommen die Produkte aus Auflagerkraft und Verschiebung in deren Richtung auf die linke Seite in der Gleichung (43, 4) und (43, 5) zu stehen. Damit ändert sich das Vorzeichen und man erhält bei statisch bestimmten Systemen für die Verschiebung eines Punktes i infolge der Verschiebung der Lager den Betrag

$$\delta_{iw} + \sum C_{ki} \varDelta_k = 0.$$

Hierin bedeuten die C_{ki} die Komponenten des Auflagerdruckes infolge des Hilfsangriffes 1 im Punkte i, die in der Richtung gegebenen Widerlagerverschiebungen $\varDelta_k$ liegen. Ist jedoch $\varDelta_k$ eine Verdrehung, so ist C_{ki} das Einspannmoment. Auf der rechten Seite dieser Gleichung steht Null, weil in statisch bestimmten Systemen durch Stützenverschiebungen keine inneren Kräfte hervorgerufen werden können. Mithin ist

$$\delta_{iw} = -\sum C_{ki} \varDelta_k. \tag{47, 17}$$

Da ein statisch unbestimmtes System durch Stützenverschiebungen aber innere Kräfte erhalten kann, muß die Gültigkeit dieser Gleichung bei solchen Tragwerken besonders untersucht werden. Dies soll an späterer Stelle (Nr. 75) geschehen.

48. Beispiele für die Ermittlung von Verschiebungen von Fachwerken.

a) Bei dem in Abb. 99 dargestellten Fachwerkskragträger soll die Temperatur der Obergurtstäbe um 40° C zunehmen. Wir fragen nach der Senkung des Punktes i.

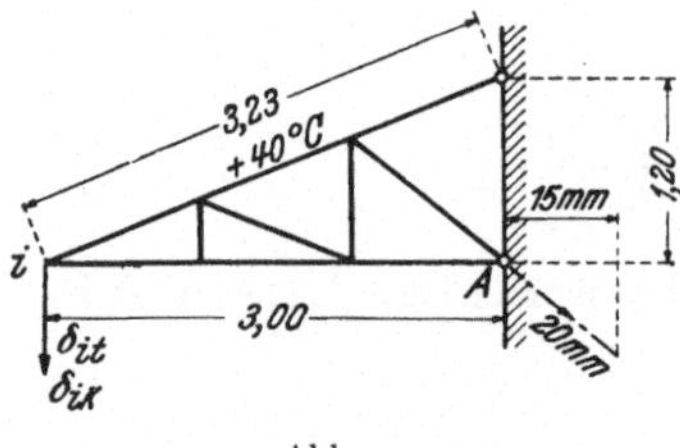

Abb. 99.

Nach Gl. (45, 11) ergibt sich für die Verschiebung

$$\delta_{it} = \sum S_{pi}\, \alpha\, t\, s_p,$$

wobei sich die Summe nur über die drei Obergurtstäbe erstreckt; die übrigen Stäbe kommen nicht vor, weil $t = 0$ ist. Nun ist S_{pi} für alle drei Obergurtstäbe gleich groß; es wird also mit $s' = s_1 + s_2 + s_3$

$$\delta_{it} = \sum S_{pi}\, \alpha\, t\, s'.$$

Für den Hilfsangriff 1 im Punkte i, d. i. eine nach abwärts gerichtete Kraft 1 im Punkte i, findet man die Stabkraft im Obergurt mit

$$S_{pi} = 1 \cdot \frac{3{,}23}{1{,}20} = +\,2{,}692\ \text{t}.$$

Daher wird (für Stahl und Beton ist $\alpha = 0{,}0000125$ je ° C)

$$\delta_{it} = 2{,}692 \cdot 1{,}25 \cdot 10^{-5} \cdot 40 \cdot 3{,}23 = 0{,}00435\ m.$$

b) Bei dem eben behandelten Fachwerksträger hat sich das Widerlager A um den Betrag von 20 mm in der angegebenen Richtung verschoben. Es ist die dadurch hervorgerufene Senkung des Punktes i zu bestimmen. Wir verwenden die Gl. (47, 17)

$$\delta_{iw} = -C_{ki}\,\Delta_k.$$

$C_{ki} = A_i$ bedeutet den Auflagerdruck in A infolge des Hilfsangriffes 1 in i, Δ_k die Verschiebung des Lagers A in der Richtung von A_i. Wir bestimmen zunächst

$$A_i = 1 \cdot \frac{3{,}00}{1{,}20} = 2{,}5\ \mathrm{t},$$

projizieren dann, um $\Delta_k = \Delta_A$ zu erhalten, die gegebene Verschiebung in die Richtung von A_i und finden $\Delta_k = 15$ mm. Da A_i und Δ_A entgegengesetzt gerichtet sind, ist das Produkt $A_i \Delta_A$ negativ und wir erhalten

$$\delta_{ik} = +15 \cdot 2{,}5 = +37{,}5\ \mathrm{mm}.$$

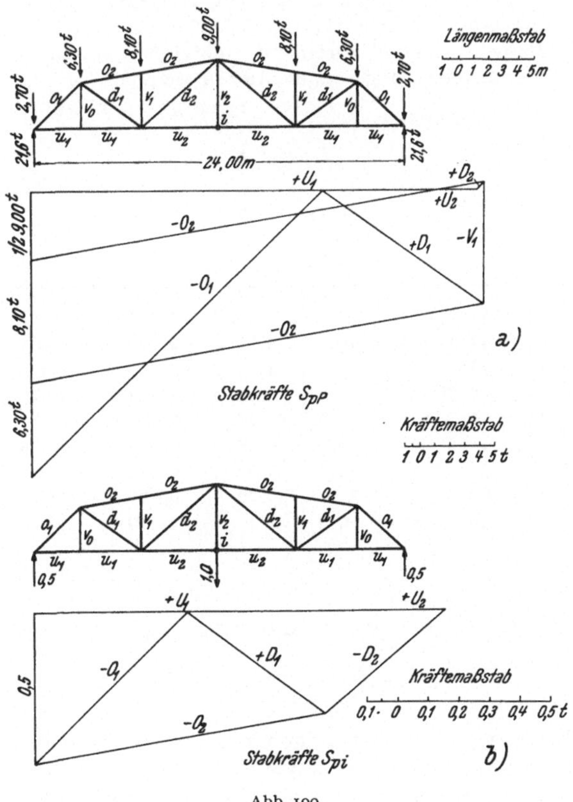

Abb. 100.

Das positive Vorzeichen bedeutet, daß sich der Punkt i in Übereinstimmung mit der Richtung des Hilfsangriffes gesenkt hat.

c) Es ist nach der Senkung des Punktes i des in Abb. 100 dargestellten Dachbinders bei den angegebenen Knotenlasten gefragt. In dem vorliegenden Fall rühren die Stablängenänderungen von der Belastung P der Knoten her; die durch diese Belastung erzeugten Stabkräfte S_{pP} rufen Längenänderungen

$$\Delta s_{pP} = \frac{S_{pP}}{E F_p} s_p$$

hervor, wobei s_p die Länge, F_p den Querschnitt des Stabes P und E den Elastizitätsmodul bedeuten. Wir erhalten demnach (44, 9)

$$E F_0 \delta_{iP} = \sum^{p} S_{pi} S_{pP} \frac{F_0}{F} \cdot s_p.$$

Die Stabkräfte S_{pP} infolge der gegebenen Belastung P sowie die S_{pi}, d. s. die Stabkräfte durch den aus einer Einzelkraft 1 in i bestehenden Hilfsangriff, sind mittels Cremonaplan in den Abb. 100a und b bestimmt worden. Die Rechnung wird vorteilhaft in einer Tabelle durchgeführt; weil Tragwerk und Belastung symmetrisch sind, genügt es die Stäbe für eine Tragwerkshälfte anzuschreiben. Das Ergebnis ist dann zu verdoppeln; deshalb dürfen die bloß einmal vorkommenden Stäbe u_2 und v_2 nur mit der halben Länge angeschrieben werden. Für F_0 wurden 70 cm² angenommen.

Tabelle 2.

Stab	s_p m	Profil	Querschnitt cm²	$\frac{F_0 s_p}{F_p}$ m	S_{pi} t	S_{pP} t	$S_{pi} S_{pP} \frac{F_0 s_p}{F_p}$ tm
o_1	4,242	2 ∟ 130·130·12	60	4,95	—0,707	—26,73	+93,6
o_2	9,124	2 ∟ 140·140·13	70	9,12	—0,968	—29,61	+261,5
u_1	7,000	2 ∟ 75·75·7	20,2	24,25	+0,500	+18,90	+229,2
u_2	5,000	2 ∟ 80·80·8	24,6	14,23	+1,333	+28,80	+546,4
d_1	5,000	2 ∟ 55·55·6	12,6	27,77	+0,568	+12,89	+203,3
d_2	6,727	2 ∟ 50·50·5	9,6	49,05	—0,510	+ 0,55	— 13,8
v_0	3,000	2 ∟ 50·50·5	9,6	21,88	0,000	0,00	0,0
v_1	3,667	2 ∟ 90·90·9	31,0	8,28	0,000	— 8,10	0,0
v_2	2,250	2 ∟ 50·50·5	9,6	16,40	+1,000	0,0	0,0

$\frac{1}{2} \delta_{iP} E F_0 = + 1320,2$

Mit $E = 21 \cdot 10^6$ t/m², $F_0 = 7 \cdot 10^{-3}$ m² wird $E F_0 = 1,47 \cdot 10^5$ t und sonach

$$\delta_{iP} = \frac{2 \cdot 1320,2}{147\,000} = 0,0180 \text{ m}.$$

d) Für die Anwendung ist folgende Aufgabe wichtig. Bei dem in Abb. 101a dargestellten Fachwerk ist nach der Vergrößerung des Winkels ϑ_1 gefragt, wenn die Fachwerkstäbe die Längenänderungen Δs_{pK} erfahren haben. Es kommt dabei offenbar nur auf die Längenänderungen der Stäbe s_1, s_2 und s_3 an, denn die Längenänderungen der übrigen Stäbe sind auf die Winkeländerung von ϑ_1 ohne Einfluß. Sonach genügt die

Betrachtung des von den erwähnten Stäben gebildeten Dreieckes, das in Abb. 101 b samt dem zu $\Delta\vartheta_1$ gehörenden Hilfsangriff herausgezeichnet ist. Durch diesen Hilfsangriff treten in den drei Stäben die Stabkräfte

$$S_{21} = -\frac{\operatorname{cotg}\vartheta_3}{s_2} \qquad S_{31} = -\frac{\operatorname{cotg}\vartheta_2}{s_3}$$

$$S_{11} = \frac{1}{s_2 \sin\vartheta_3} = \frac{1}{r}$$

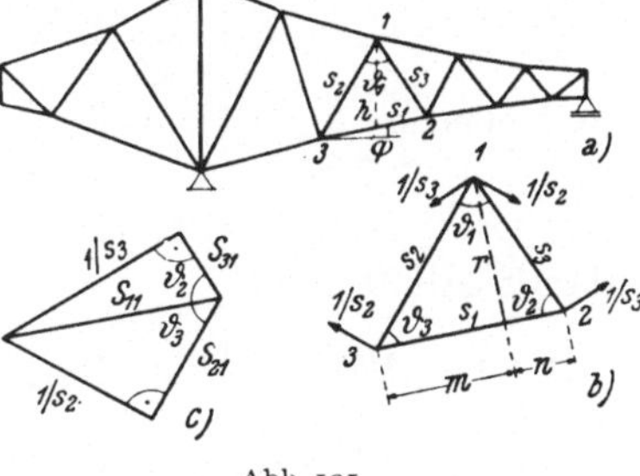

Abb. 101.

auf, wie dem Kräfteplan in Abb. 101 c sofort zu entnehmen ist. Die Gl. (43, 5)

$$\Delta\vartheta_{iK} = \sum^{p} S_{pi}\,\Delta s_{pK}$$

geht daher mit $p = 1, 2, 3$ in

$$\Delta\vartheta_{1K} = -\frac{\Delta s_{2K}\operatorname{cotg}\vartheta_3}{s_2} - \frac{\Delta s_{3K}\operatorname{cotg}\vartheta_2}{s_3} + \frac{\Delta s_{1K}}{r} \qquad (48, 19)$$

über. Nun ist

$$\frac{s_1}{r} = \frac{m}{r} + \frac{n}{r} = \operatorname{cotg}\vartheta_3 + \operatorname{cotg}\vartheta_2$$

und man findet

$$\Delta\vartheta_{1K} = \left(\frac{\Delta s_{1K}}{s_1} - \frac{\Delta s_{2K}}{s_2}\right)\operatorname{cotg}\vartheta_3 + \left(\frac{\Delta s_{1K}}{s_1} - \frac{\Delta s_{3K}}{s_3}\right)\operatorname{cotg}\vartheta_2 =$$

$$= (\varepsilon_1 - \varepsilon_2)\operatorname{cotg}\vartheta_3 + (\varepsilon_1 - \varepsilon_3)\operatorname{cotg}\vartheta_2. \qquad (48, 20)$$

Sind die Stabdehnungen ε eine Folge einer Temperaturerhöhung t, also ist $\varepsilon = \alpha\, t$, so wird

$$\Delta\vartheta_{1i} = \alpha\,[(t_1 - t_2)\operatorname{cotg}\vartheta_3 + (t_1 - t_3)\operatorname{cotg}\vartheta_2]; \qquad (48, 21)$$

sind sie durch Spannungen infolge einer äußeren Belastung P verursacht, so ergibt sich bei Gültigkeit des Hookeschen Gesetzes

$$E\,\Delta\vartheta_{1P} = (\sigma_1 - \sigma_2)\operatorname{cotg}\vartheta_3 + (\sigma_1 - \sigma_3)\operatorname{cotg}\vartheta_2. \qquad (48, 22)$$

Häufig haben σ_2 und σ_3 entgegengesetztes Vorzeichen; dann ist $\sigma_2 \operatorname{cotg}\vartheta_3 + \sigma_3 \operatorname{cotg}\vartheta_2$ in Wirklichkeit eine Differenz und kann oft gegen $\sigma_1 (\operatorname{cotg}\vartheta_2 + \operatorname{cotg}\vartheta_3)$ vernachlässigt werden. Es ist aber $(\operatorname{cotg}\vartheta_2 + \operatorname{cotg}\vartheta_3) = \frac{s_1}{r}$ und wenn für r der für die Rechnung praktischere Wert $h \cos\varphi$ eingesetzt wird, ist der sich damit ergebende Ausdruck

$$\Delta\vartheta_{1P} = \frac{\Delta s_1}{r} = \frac{\Delta s_1}{h}\sec\varphi, \qquad (48, 23)$$

eine in vielen Fällen genügende Näherung.

Der Wert für $\Delta\vartheta_1$ läßt sich auch einfach zeichnerisch bestimmen. Wir gehen von der oben angeschriebenen Gl. (48, 19)

$$\Delta \vartheta_{1K} = -\frac{\Delta s_{2K} \operatorname{cotg} \vartheta_3}{s_2} - \frac{\Delta s_{3K} \operatorname{cotg} \vartheta_2}{s_3} + \frac{\Delta s_{1K}}{r}$$

aus; nun ist

$$\frac{\operatorname{cotg} \vartheta_3}{s_2} = \frac{\cos \vartheta_3}{s_2 \sin \vartheta_3} = \frac{\cos \vartheta_3}{r}$$

und ebenso

$$\frac{\operatorname{cotg} \vartheta_2}{s_3} = \frac{\cos \vartheta_2}{r},$$

damit erhält man

$$\Delta \vartheta_{1K} = \frac{1}{r} (-\Delta s_{2K} \cos \vartheta_3 - \Delta s_{3K} \cos \vartheta_2 + \Delta s_{1K}). \qquad (48, 24)$$

Man braucht also bloß die Längenänderungen Δs_{1K}, Δs_{2K} und Δs_{3K} geometrisch zu addieren und erhält, zweckmäßig vom Schnittpunkt der drei Dreieckshöhen 0 ausgehend (Abb. 102), den Punkt P; nun projiziert man P auf die Dreiecksseite s_1 und verbindet den so erhaltenen Punkt a mit der gegenüberliegenden Ecke 1. Dann stellt der Winkel a—1—0 die Winkeländerung $\Delta \vartheta_{1K}$ des Winkels ϑ_1 vor, und zwar n-fach vergrößert, wenn die Längenänderungen Δs gegenüber dem Netz n-fach vergrößert aufgetragen wurden. Auf die gleiche Weise erhält man die Winkeländerungen der beiden anderen Winkel, $\Delta \vartheta_{2K}$ und $\Delta \vartheta_{3K}$, wie dies in Abb. 102 dargestellt ist. Dabei ist auf die Vorzeichen der Δs zu achten. Vereinbart man den Uhrzeigersinn als positiv, so sind negative Δs entgegengesetzt diesem Richtungssinn aufzutragen. Die Winkeländerungen sind dann positiv, wenn die Geraden 1 — 0, 2 — 0 und 3 — 0 durch eine Drehung im Uhrzeigersinn in die Lage 1 — a, 1 — b und 1 — c übergeführt werden. In Abb. 102 sind demnach Δs_{1K}, Δs_{2K} und Δs_{3K} Verkürzungen der Stäbe 1, 2 und 3; $\Delta \vartheta_{1K}$ ist positiv, bedeutet also eine Vergrößerung des Winkels ϑ_1, während $\Delta \vartheta_{2K}$ und $\Delta \vartheta_{3K}$ negativ sind und Verkleinerungen der Winkel ϑ_2 und ϑ_3 entsprechen. Die Strecke 1 — 1′ entspricht der Einheit, in der $\Delta \vartheta_{1K}$ gemessen wird.

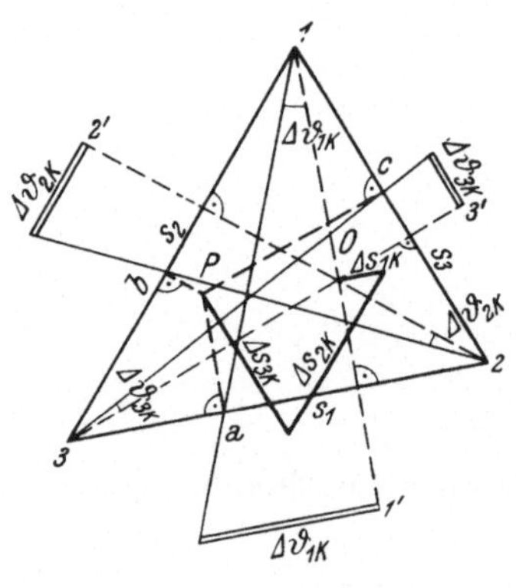

Abb. 102.

49. Die Ermittlung der Integrale $\int M_{si} \Delta d\varphi_{sK}$ und $\int N_{si} \Delta ds_{sK}$. Die Bestimmung der Verschiebungen von Systemen aus biegungssteifen Stäben erfordert die Ermittlung der vorstehenden Integrale. Dabei sind diese Größen zumeist nicht als Funktionen von s, sondern nur an einzelnen Stellen ... $m-1$, m, $m+1$ ... gegeben; die Integration kann daher nur durch ein Näherungsverfahren erfolgen. Man approximiert die Integranden $z_s\, ds = M_{si} \Delta d\varphi_{sK}$ innerhalb der einzelnen Intervalle durch eine integrable Funktion, also am einfachsten durch eine Gerade; dann ergibt das Intervall zwischen $m - 1$ und m von der Länge Δs_m, an dessen Enden die Werte

$$z_{m-1} = M_{m-1,i} \cdot \Delta \varphi_{m-1,K} \text{ und } z_m = M_{m,i} \cdot \Delta \varphi_{m,K} \tag{49, 25}$$

mit

$$\Delta \varphi_{m-1,K} = \frac{\Delta d \varphi_{m-1,K}}{d s} \text{ und } \Delta \varphi_{m,K} = \frac{\Delta d \varphi_{m,K}}{d s}$$

vorliegen, den Beitrag

$$\frac{\Delta s_m}{2} (z_{m-1} + z_m)$$

und damit wird, wenn alle $\Delta s_m = \Delta s$ gleich groß gewählt werden,

$$\int_0^r M_{si} \Delta d \varphi_{sK} = \frac{\Delta s}{2} (z_0 + 2 z_1 + 2 z_2 + \ldots + 2 z_{r-1} + z_r). \tag{49, 26}$$

Eine genauere Näherung erhält man, wenn man $\int M_{si} \Delta d \varphi_{sK}$ in den einzelnen Intervallen durch eine quadratische Funktion ersetzt. Dann muß aber überdies in der Mitte eines jeden Intervalles Δs ein Wert des Integranden gegeben sein, den wir mit $z_{m-\frac{1}{2}}$ bezeichnen. In diesem Falle ergibt sich der Wert des Integrals mit

$$\int M_{si} \Delta d \varphi_{sK} = \sum \frac{1}{6} \Delta s_m (z_{m-1} + 4 z_{m-\frac{1}{2}} + z_m)$$

und bei gleicher Teilung wird hieraus (Näherungsformel von SIMPSON)

$$\int_0^r M_{si} \Delta d \varphi_{sK} = \frac{\Delta s}{6} (z_0 + 4 z_{\frac{1}{2}} + 2 z_1 + 4 z_{\frac{3}{2}} + \ldots 2 z_{r-1} + \\ + 4 z_{r-\frac{1}{2}} + z_r).$$

Nimmt man $M_{si} \Delta d\varphi_{sK}$ als Funktion dritten Grades an, die neben ihren Werten an den Enden $m - 1$ und m des Intervalles Δs noch durch die Werte $z_{m-\frac{2}{3}}$ und $z_{m-\frac{1}{3}}$ in den Drittelpunkten gegeben ist, so erhält man

$$\int M_{si} \Delta d \varphi_{sK} = \sum \frac{\Delta s_m}{8} (z_{m-1} + 3 z_{m-\frac{2}{3}} + 3 z_{m-\frac{1}{3}} + z_m)$$

und bei gleich großen Intervallen $\Delta s_m = \Delta s$ die Formel von NEWTON

$$\int_0^r M_{si} \Delta d \varphi_{sK} = \frac{\Delta s}{8} (z_0 + 3 z_{\frac{1}{3}} + 3 z_{\frac{2}{3}} + 2 z_1 + 3 z_{\frac{4}{3}} + 3 z_{\frac{5}{3}} + 2 z_2 + \ldots \\ 2 z_{r-1} + 3 z_{r-\frac{2}{3}} + 3 z_{r-\frac{1}{3}} + z_r).$$

Ersetzt man in der Formel von SIMPSON m durch $2 m$, in jener von NEWTON m durch $3 m$, so vermeidet man die gebrochenen Zahlen als Index und erhält die übliche Darstellung

$$\int_0^r M_{si}\,\Delta\,d\varphi_{sK} = \frac{\Delta s}{3}(z_0 + 4 z_1 + 2 z_2 + 4 z_3 + \ldots 2 z_{r-2} + 4 z_{r-1} + z_r), \quad (49, 27)$$

bzw.

$$\int_0^r M_{si}\,\Delta\,d\varphi_{sK} = \frac{3\,\Delta s}{8}(z_0 + 3 z_1 + 3 z_2 + 2 z_3 + \ldots 2 z_{r-3} + 3 z_{r-2} + 3 z_{r-1} + z_r). \quad (49, 28)$$

Dabei muß im ersten Fall r eine gerade Zahl, im zweiten durch 3 teilbar sein. Δs ist der Abstand zweier Teilpunkte 0—1 bzw. 1—2 usw.

Im übrigen setzen diese Gleichungen voraus, daß sich z nicht sprunghaft ändert. Ist dies an den Stellen $2m$ in Gl. (49, 27) oder an den Stellen $3m$ in Gl. (49, 28) der Fall, so muß man $2 z_{2m}$, bzw. $2 z_{3m}$ durch $z' + z''$ ersetzen, wobei z' der Wert von z unendlich nahe vor, z'' nach der Unstetigkeitsstelle ist. An anderen Stellen dürfen keine sprunghaften Unstetigkeiten vorhanden sein. Man muß daher die Teilung stets so vornehmen, daß eine Unstetigkeit entweder mit einer Stelle $2m$ oder $3m$ zusammenfällt.

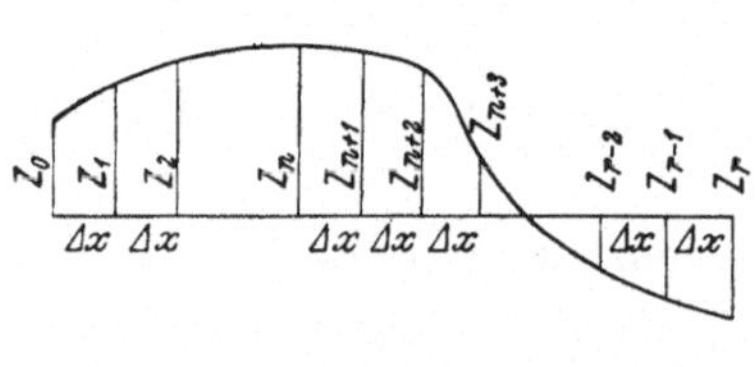

Abb. 103.

Ist die Stabachse gekrümmt, so pflegt man die Teilung in die einzelnen Intervalle nicht auf der Stabachse, sondern auf einer Geraden vorzunehmen; die einzelnen Δs_m müssen hiebei hinreichend klein sein, so daß sie als gerade angesehen werden können. Besitzt Δs_m den Neigungswinkel ψ_m gegen diese Gerade, so ist $\Delta s_m = \frac{\Delta x_m}{\cos \psi_m}$; man verwendet gleiche Teile $\Delta x_m = \Delta x$ und setzt $M_{si} \frac{\Delta \varphi_{sK}}{\cos \psi_s} = \bar{z}$ (Abb. 103). Damit ergeben sich je nach der Annahme, welche über die Veränderlichkeit von z in den einzelnen Intervallen getroffen wird

$$\int_0^r M_{si} \frac{\Delta \varphi_{sK}\,dx}{\cos \psi} = \frac{\Delta x}{2}(\bar{z}_0 + 2 \bar{z}_1 + 2 \bar{z}_2 + \ldots + 2 \bar{z}_{r-1} + \bar{z}_r) \quad (49, 29\text{a})$$

oder

$$= \frac{\Delta x}{3}(\bar{z}_0 + 4 \bar{z}_1 + 2 \bar{z}_2 + 4 \bar{z}_3 + 2 \bar{z}_4 + \ldots) \quad (49, 29\text{b})$$

oder

$$= \frac{3\,\Delta x}{8}(\bar{z}_0 + 3 \bar{z}_1 + 3 \bar{z}_2 + 2 \bar{z}_3 + 3 \bar{z}_4 + 3 \bar{z}_5 + \ldots). \quad (49, 29\text{c})$$

Δx ist der Abstand der Punkte 0—1, 1—2 usw.

Diese Gleichungen versagen aber, wenn in einem Intervall $\psi = \frac{\pi}{2}$ wird, da dann bei verschwindendem $\Delta x\,\bar{z}$ über alle Grenzen wächst.

Mitunter läßt sich wenigstens innerhalb einzelner Teilgebiete M_{si} durch eine lineare Funktion, $\Delta\,\varphi_{sK}$ durch eine quadratische Funktion darstellen. $\Delta\,s$ sei die Länge des Integrationsintervalles, an dessen Anfang die Werte $M_{si} = u_1$, $\Delta\,\varphi_{sK} = v_1$ und an dessen Ende $M_{si} = u_2$ und $\Delta\,\varphi_{sK} = v_2$ gegeben seien, während in der Mitte von $\Delta\,s$ $\Delta\,\varphi_{sK}$ den Wert v' besitzt. Dann ergibt eine einfache Zwischenrechnung den Wert des Integrals (Abb. 104a). $\Delta\,s$ ist der Abstand der Punkte 1 — 2

$$\int u\,v\,ds = \frac{\Delta\,s}{6}\,[u_1\,(v_1 + 2\,v') + (2\,v' + v_2)\,u_2].$$

Ist auch v linear, also $v' = \frac{1}{2}\,(v_1 + v_2)$, so wird (Abb. 104b)

$$\int u\,v\,ds = \frac{\Delta\,s}{6}\,[u_1\,(2\,v_1 + v_2) + (v_1 + 2\,v_2)\,u_2].$$

Ist weiters insbesondere $u_2 = 0$ (Abb. 104c), so wird

$$\int u\,v\,ds = \frac{\Delta\,s}{6}\,u_1\,(2\,v_1 + v_2).$$

Ist $u_2 = 0$ und $v_2 = 0$, so wird nach Abb. 104d

$$\int u\,v\,ds = \frac{\Delta\,s}{3}\,u_1\,v_1,$$

während für $u_2 = 0$ und $v_1 = 0$ nach Abb. 104e

$$\int u\,v\,ds = \frac{\Delta\,s}{6}\,u_1\,v_2$$

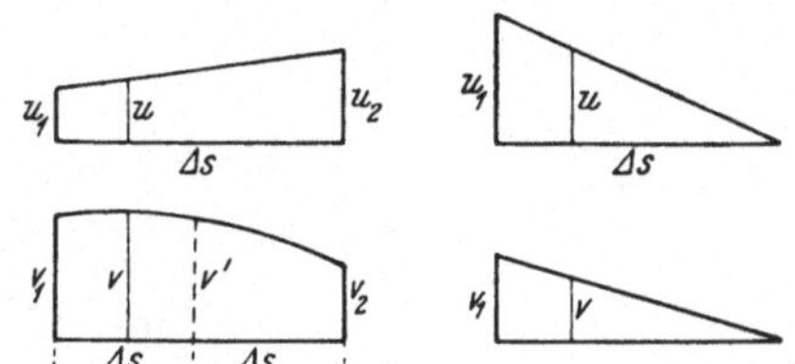
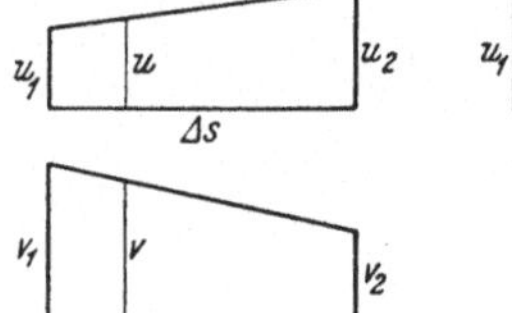
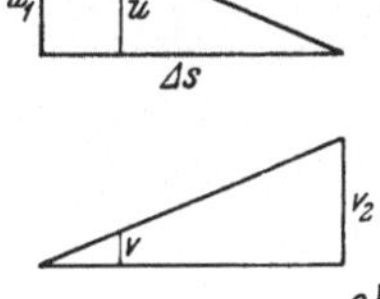
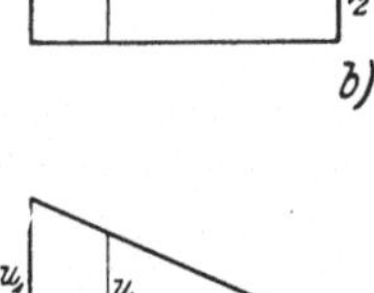
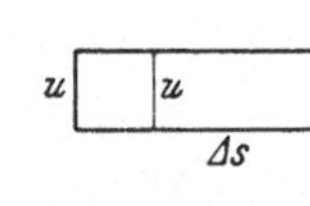
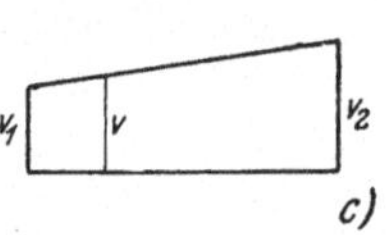
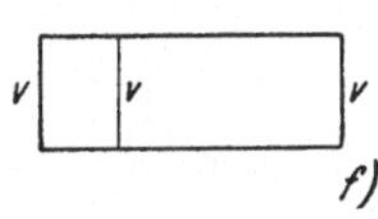
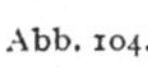
Abb. 104.

und endlich für $u_1 = u_2 = u$ und $v_1 = v_2 = v$ (Abb. 104f)

$$\int u\,v\,ds = \Delta\,s\,u\,v.$$

Zum Schlusse geben wir noch folgende Integrale an, deren Kenntnis in vielen Fällen von Nutzen ist. u soll von dem Werte $u_1 = 0$ am Anfang des Integrationsintervalles linear bis zu dem Wert u_2 zunehmen, während $v\,(x)$ einen beliebigen Verlauf besitze. Wir erhalten dann mit $u\,(x) = u_2\,\frac{x}{l}$ (Abb. 105a)

$$\int u\, v\, ds = \int u_2 \frac{x}{l}\, v\,(x)\, dx = u_2 \int \frac{x}{l}\, v\,(x)\, dx$$

und dieses Integral stellt nichts anderes als den Auflagerdruck B eines freiaufliegenden Trägers mit der Stützweite l vor, der mit $v\,(x)$ „belastet" ist. Es ist also

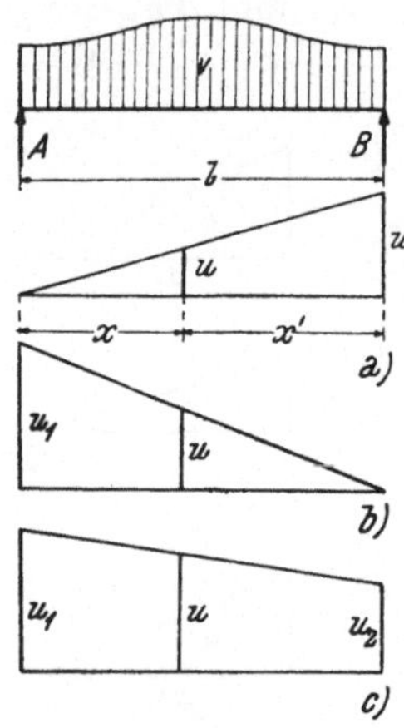

Abb. 105.

$$\int u\, v\, ds = B \cdot u_2 \qquad (49,30\text{a})$$

und ebenso

$$\int u\, v\, ds = A \cdot u_1, \qquad (49,30\text{b})$$

wenn u von dem Wert $u = u_1$ am Intervallbeginn gegen $u_2 = 0$ am Intervallende abnimmt (Abb. 105b).

Ändert sich u linear von $u = u_1$ auf $u = u_2$, wie dies in Abb. 105c dargestellt ist, ist also

$$u\,(x) = u_2 \frac{x}{l} + u_1 \frac{x'}{l},$$

so wird

$$\int u\, v\, ds = u_1\, A + u_2\, B \qquad (49,31)$$

und wenn insbesondere $u_1 = u_2 = u = \text{const.}$ ist,

$$\int u\, v\, ds = u\,(A + B) = u \cdot G \qquad (49,32)$$

wobei $G = \int v\, ds$ das Gesamtgewicht der „Belastung" v vorstellt.

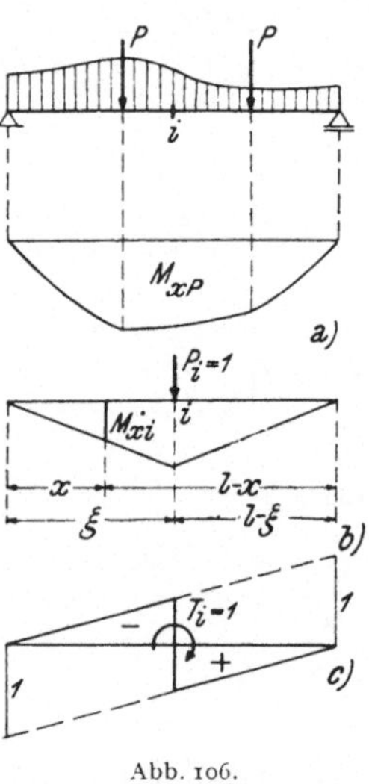

Abb. 106.

50. Beispiele für Verformung von Tragwerken aus biegungssteifen Stäben.

a) Ein freiaufliegender Träger ist irgendwie belastet, so daß nach Abb. 106a die Momente M_{xP} auftreten. Es ist die Durchbiegung an der Stelle i in lotrechter Richtung zu bestimmen. Wir verwenden die Gl. (44,8)

$$E J_0\, \delta_{iP} = \int M_{xP} \frac{J_0}{J} M_{xi}\, dx,$$

wobei M_{xi} die Momente an der Stelle x infolge des Hilfsangriffes 1 im Punkte i im Abstand ξ vom linken Auflager bedeuten. Es ist entsprechend Abb. 106b

$$M_{xi} = \frac{l - \xi}{l}\, x \text{ wenn } x < \xi$$

und

$$M_{xi} = \frac{\xi}{l} \cdot (l - x) \quad \text{wenn } \xi < x,$$

so daß also

$$E J_0 \delta_{iP} = \int_0^{\xi} M_{xP} \frac{J_0}{J} \frac{l - \xi}{l} x\,dx + \int_{\xi}^{l} M_{xP} \frac{J_0}{J} \frac{\xi}{l} (l - x)\,dx$$

wird.

Man kann diesem Ergebnis eine einfache Deutung geben. Bestimmt man nämlich das Moment an der Stelle i dieses Balkens infolge der „Belastung“ mit $M_{xP} \frac{J_0}{J}$, so gibt dies mit $M_{xP} \frac{J_0}{J} dx$ links von i, also für $x < \xi$, den Auflagerdruck rechts

$$M_{xP} \frac{J_0}{J} \frac{x}{l} dx$$

und somit den Beitrag zu dem Moment an der Stelle i

$$M_{xP} \frac{J_0}{J} \frac{x}{l} (l - \xi)\,dx;$$

ganz ähnlich ergibt sich für eine Belastung $M_{xP} \frac{J_0}{J} dx$ rechts von i ($\xi < x$) der Beitrag zu dem Moment in i

$$M_{xP} \frac{J_0}{J} \frac{(l - x)}{l} \xi\,dx$$

und daher das Gesamtmoment bei einer Belastung des ganzen Trägers mit

$$M = \int_0^{\xi} M_{xP} \frac{J_0}{J} \frac{x}{l} (l - \xi)\,dx + \int_{\xi}^{l} M_{xP} \frac{J_0}{J} \frac{(l - x)}{l} \xi\,dx,$$

also denselben Wert wie oben für $E J_0 \delta_{iP}$ gefunden. *Es ist daher die $E J_0$-fache Durchbiegung im Punkte i eines freiaufliegenden Trägers, welcher durch die Momente M_{xP} verbogen wird, gerade so groß, wie das Biegungsmoment an dieser Stelle zufolge der Belastung mit der „reduzierten“ Momentenfläche $M_{xP} \frac{J_0}{J}$.*

b) Nun soll der Winkel angegeben werden, um den sich die Stabachse eines freiaufliegenden Trägers im Punkte i verdreht hat, wenn die Momente M_{xP} aufgetreten sind. Als Hilfsangriff ist in diesem Falle ein Moment $T_i = 1$ zu verwenden, welches in i angreift. Dieses Moment erzeugt im Träger nach Abb. 106c die Momente

$$M_{xP} = -\frac{x}{l}, \quad \text{wenn } x < \xi$$

und

$$M_{xP} = +\frac{l - x}{l}, \quad \text{wenn } \xi < x.$$

Damit wird

$$E\,J_0\,\delta_{iP} = -\int_0^{\xi} M_{xP}\,\frac{J_0}{J}\,\frac{x}{l}\,dx + \int_{\xi}^{l} M_{xP}\,\frac{J_0}{J}\,\frac{l-x}{l}\,dx$$

und diesen Ausdruck kann man als Querkraft in dem Querschnitt i des freiaufliegenden Trägers deuten, wenn er mit $M_{xP}\frac{J_0}{J}$ „belastet" ist. Denn die Belastung $M_{xP}\frac{J_0}{J}\,dx$ ergibt, wenn $x < \xi$ ist, am rechten Auflager den Stützendruck $M_{xP}\frac{J_0}{J}\frac{x}{l}\,dx$ und damit in i die Querkraft $-M_{xP}\frac{J_0}{J}\frac{x}{l}\,dx$, wenn aber $\xi < x$, am linken Auflager den Stützendruck $M_{xP}\frac{J_0}{J}\frac{l-x}{l}\,dx$, der gleich der Querkraft in i ist. Man erhält daher für die Querkraft in i den Ausdruck

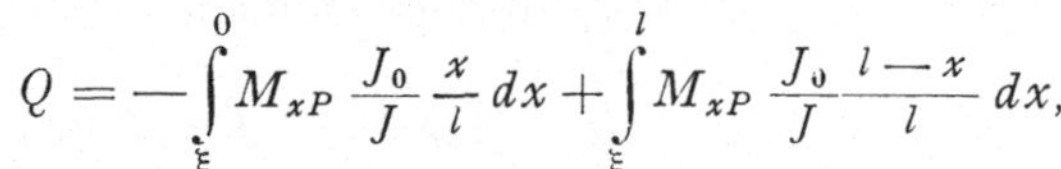

$$Q = -\int_{\xi}^{0} M_{xP}\,\frac{J_0}{J}\,\frac{x}{l}\,dx + \int_{\xi}^{l} M_{xP}\,\frac{J_0}{J}\,\frac{l-x}{l}\,dx,$$

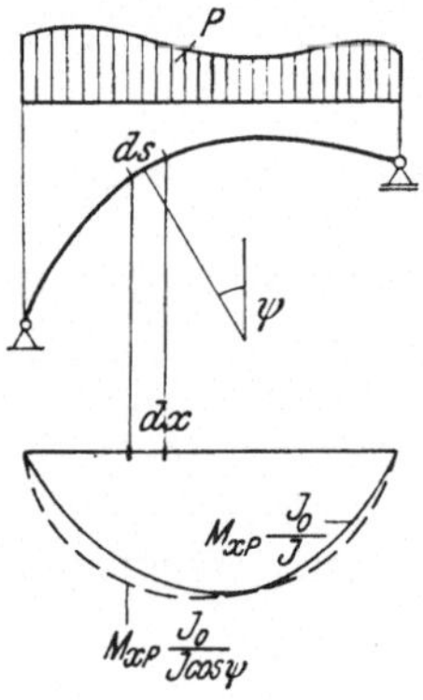

Abb. 107.

also den gleichen Wert wie oben für $EJ_0\,\delta_{iP}$ angegeben. *Insbesondere wird der Verdrehungswinkel am Auflager gleich dem Auflagerdruck des freiaufliegenden Trägers infolge einer Belastung mit* $M_{xP}\frac{J_0}{J}$, weil die Querkraft daselbst gleich dem Auflagerdruck ist.

Ist die Stabachse gekrümmt, so tritt an Stelle von dx das Längenelement ds der Stabachse; die Integrale sind längs der Stabachse zu nehmen. Dementsprechend ist als Belastung $M_{xP}\frac{J_0}{J}$ längs ds aufzubringen, oder wenn man, wie in Abb. 107, sich auf eine waagrechte Abszissenachse bezieht, als reduzierte Momentenfläche $M_{xP}\frac{J_0}{J\cos\psi}$ einzuführen; denn es ist $ds = \frac{dx}{\cos\psi}$.

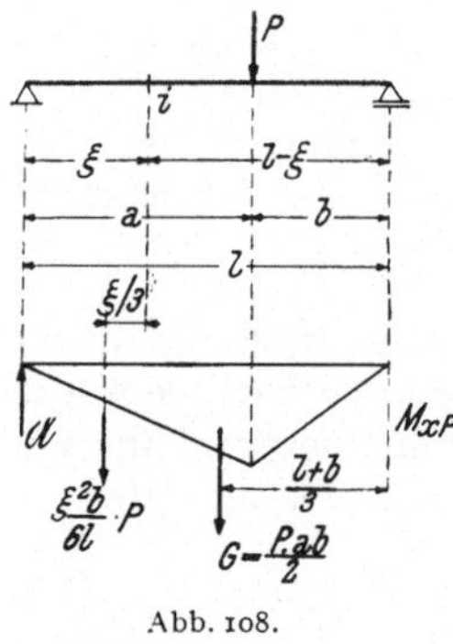

Abb. 108.

c) Wir bestimmen als Anwendung dieses Verfahrens die Durchbiegung eines freiaufliegenden Trägers im Punkte i, welcher vom linken Auflager den Abstand ξ besitzt, infolge einer Einzellast P in der Entfernung a vom linken, bzw. b vom rechten Auflager. Das Trägheitsmoment sei konstant, demnach $J = J_0$ (Abb. 108). Wir setzen voraus, daß $\xi < a$; ist $a < \xi$, so sind in dem Ergebnis a und b zu vertauschen. Die Momente M_{xP} ergeben ein „Gesamtgewicht" von $G = \frac{a\,b}{2}\,P$; dabei greift G im Abstande $e = \frac{l+b}{3}$ vom rechten Auflager an. Der Auflagerdruck $\mathfrak{A}$ infolge der Belastung mit M_{xP} wird also $\mathfrak{A} = \frac{ab\,(l+b)}{6l}\,P$; die Momentenfläche von o bis ξ beträgt

$$G_\xi = \frac{\xi^2 b}{2l} P,$$

ihr Schwerpunktsabstand vom Punkte i ist $\frac{\xi}{3}$. Es ergibt sich also

$$EJ_0 \delta_{iP} = \mathfrak{A}\,\xi - G_\xi \frac{\xi}{3} = \left[\frac{a \cdot b\,(l+b)}{6l} - \frac{\xi^2 b}{6l}\right] \xi P =$$

$$= P \frac{\xi b}{6l} [l^2 - b^2 - \xi^2]. \qquad (50, 33)$$

Die Durchbiegung unter der Last beträgt mit $\xi = a$

$$E J_0 \delta_{iP} = P \frac{a^2 b^2}{3l}.$$

Insbesondere wird die Durchbiegung unter einer in Trägermitte angreifenden Last P, also bei $a = b = l/2$,

$$E J_0 \delta_{iP} = \frac{P l^3}{48}. \qquad (50, 33a)$$

Der Verdrehungswinkel der Stabachse am linken Auflager beträgt

$$E J_0 \delta_{aP} = \mathfrak{A} = \frac{ab\,(l+b)}{6l} P = \frac{b\,(l^2 - b^2)}{6l} P. \qquad (50, 34)$$

d) Wir ermitteln als weiteres Beispiel die Durchbiegung eines freiaufliegenden Trägers im Abstande ξ von der linken Stütze unter einer gleichmäßig verteilten Belastung q. Die Momente M_{xP} sind durch

$$M_{xP} = \frac{q}{2} x\,(l - x)$$

gegeben; der Auflagerdruck $\mathfrak{A}$ infolge dieser Momente als Belastung beträgt

$$\mathfrak{A} = \frac{l}{24} q\,l^3$$

und damit die Durchbiegung an der Stelle ξ

$$E J_0 \delta_{iP} = \mathfrak{A}\,\xi - \frac{q}{2} \int_0^\xi x\,(l - x)\,(\xi - x)\,d\,x =$$

$$= \frac{q\,l^3 \xi}{24} - \frac{q}{2} \left(\frac{l\,x^2 \xi}{2} - \frac{x^3 \xi}{3} - \frac{l\,x^3}{3} + \frac{x^4}{4}\right)_0^\xi =$$

$$= \frac{q\,\xi}{24} (l^3 - 2\,l\,\xi^2 + \xi^3). \qquad (50, 35)$$

Damit ergibt sich für die größte Durchbiegung in Trägermitte, also für $\xi = \frac{l}{2}$, der bekannte Wert

$$E J_0 \delta_{iP} = \frac{5\,q\,l^4}{384} = \frac{5}{48} \cdot M\,l^2, \text{ worin } M = \frac{q\,l^2}{8}. \qquad (50, 35a)$$

e) In ähnlicher Weise kann die Durchbiegung eines Kragträgers bestimmt werden, in welchem durch irgendeine Belastung die Momente $-M_{xP}$ (Abb. 109a) entstanden sind. Die Durchbiegung im Punkte i findet man mit

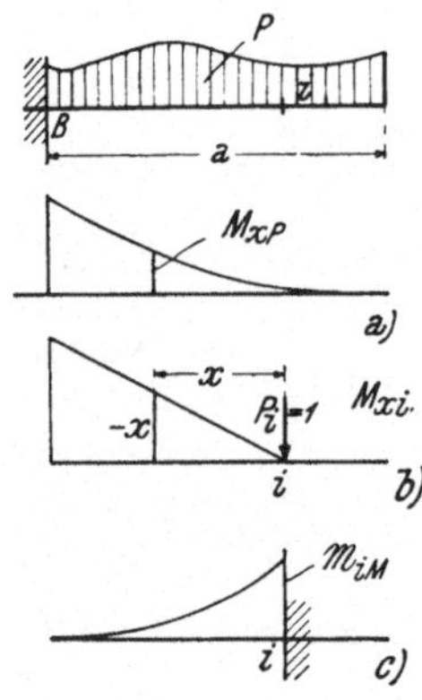

Abb. 109.

$$EJ_0\,\delta_{iP} = -\int_0^a M_{xP}\,\frac{J_0}{J}\,M_{xi}\,dx,$$

wobei die durch den Hilfsangriff 1 in i erzeugten Momente nach Abb. 109b den Wert $M_{xi} = -x$ erhalten. Es ergibt sich also

$$EJ_0\,\delta_{iP} = \int_0^a M_{xP}\,\frac{J_0}{J}\,x\,dx.$$

Es ist dies aber derselbe Wert wie das Einspannmoment $\mathfrak{M}_{iM}$ an der Stelle i eines Kragträgers nach Abb. 109c, der im Punkte i fest eingespannt, an der Stelle B frei und mit den Momenten $M_{xP}\,J_0/J$ „belastet" ist. Besteht also z. B. die Belastung des Kragträgers aus einer Einzellast P im Abstande c von der Einspannstelle (Abb. 110), so wird die Durchbiegung im Punkte i nach Abb. 110b

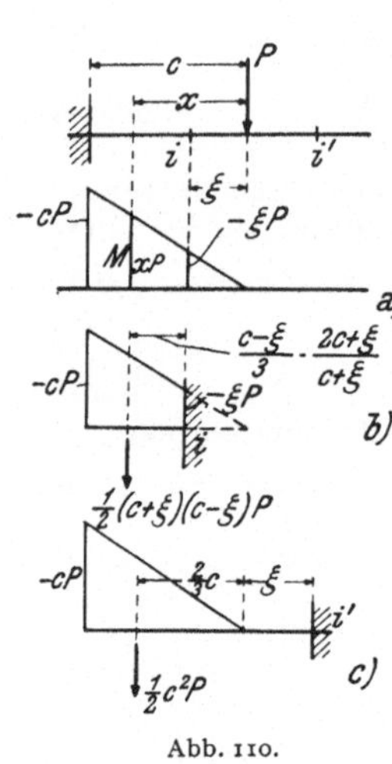

Abb. 110.

$$EJ_0\,\delta_{iP} = \frac{(c-\xi)^2\,(2c+\xi)}{6}\,P; \qquad (50, 36)$$

denn das Gewicht der belastenden Momentenfläche ist in diesem Falle $G = \frac{1}{2}\,(c+\xi)\,(c-\xi)\,P$, der Schwerpunktsabstand von i $\frac{c-\xi}{3}\cdot\frac{2c+\xi}{c+\xi}$. Liegt i' — wie in Abb. 110c — rechts vom Angriffspunkt der Einzelkraft P, so wird $G = \frac{c^2}{2}\,P$ und der Schwerpunktsabstand $\frac{2c}{3} + \xi$, mithin

$$EJ_0\,\delta_{iP} = \frac{c^2\,(2c+3\xi)}{6}\,P. \qquad (50, 37a)$$

Für die Durchbiegung unter der Last P ergibt sich hieraus mit $\xi = 0$

$$EJ_0\,\delta_{iP} = \frac{P\,c^3}{6}. \qquad (50, 37b)$$

f) In der Praxis verwendet man auch in Fällen, wo die Integration von $M_{xi}\,M_{xP}\,\frac{J_0}{J}$ ausführbar ist, zumeist die in Nr. 49 angegebenen Näherungsformeln, wie dies in dem folgenden Beispiel geschieht. Ein Träger von 10,2 m Stützweite (Abb. 111), der aus einem Normalprofil I 38 besteht und im mittleren Teil durch eine obere und untere Lamelle 220·12 mm verstärkt ist, sei mit 2,00 t/m gleichmäßig belastet. Es soll die Durchbiegung in Trägermitte bestimmt werden. Die Momente M_{xP} sind eine quadratische, die Momente M_{xi} eine lineare Funktion, so daß also der Integrand $M_{xP}\,M_{xi}\,\frac{J_0}{J}$ in den Intervallen $0 < x < 1{,}5$ m, $1{,}5 < x < 8{,}7$ m und $8{,}7 < x < 10{,}2$ m, in denen J_0/J jeweils konstant ist, durch eine Funktion dritten Grades darstellbar ist. Verwendet man also die Näherungsformel

$$\int z\,d\,x = \frac{3\,\Delta\,x}{8}\,(z_0+3\,z_1+3\,z_2+2\,z_3+\ldots) = \frac{3\,\Delta\,x}{8}\sum^{i} a_i\,z_i,$$

so erhält man in diesem Falle das Resultat genau, da diese Gleichung ja voraussetzt, daß der Integrand eine Funktion dritten Grades ist[1]. Es ist hier also nicht notwendig, x hinreichend klein zu wählen; es genügt vielmehr, so wie dies in Abb. 111 dargestellt ist, in jedem der Bereiche zwei Zwischenstellen zu wählen, um die genaue Lösung zu erhalten.

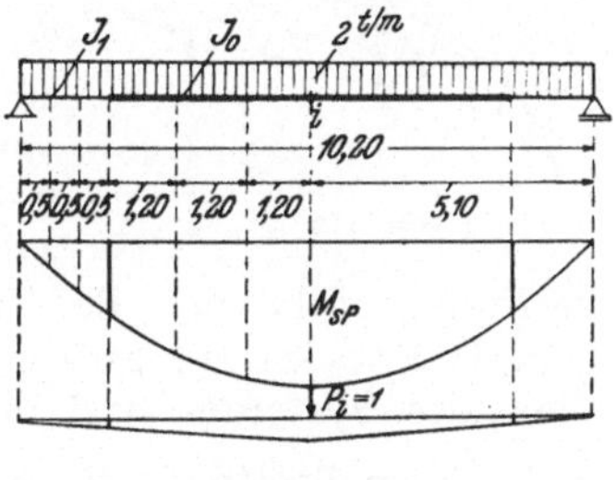

Abb. 111.

Die Rechnung ist in der folgenden Tabelle durchgeführt. Die Momente M_{xP} sind mittels der Gl. $M_{xP} = \frac{q}{2}\,x\,(l - x) = 1{,}0\,x\,(l - x)$, die Momente M_{xi} durch $M_{xi} = \frac{x}{2}$ für $0 < x < 5{,}10$ m, bzw. $M_{xi} = \frac{l-x}{2}$ für $5{,}10 < x < 10{,}20$ m bestimmt. Als J_0 ist das Trägheitsmoment des wie oben angegeben verstärkten I 38 gewählt, welches wir aus Tabellen mit $J_0 = 44.300$ cm^4 entnehmen. Es ist also dort, wo der Träger durch die Lamellen verstärkt ist, d. i. im Intervall $1{,}50 < x < 8{,}70$ m $J_0/J = 1{,}00$ zu setzen. Für jenen Teil, wo der Träger nicht verstärkt ist, also für $0 < x < 1{,}50$ m und $8{,}70 < x < 10{,}20$ m, ist entsprechend dem Trägheitsmoment des unverstärkten Trägers $J = 24{,}000$ cm^4, $J_0/J = 44{,}300/24{,}000 = 1{,}845$ zu nehmen. Wegen der Symmetrie genügt es, die Tabelle nur für eine Trägerhälfte anzuschreiben. Man darf nicht vergessen, das Ergebnis doppelt zu nehmen. Als Maßeinheiten sind t und m gewählt.

Tabelle 3.

x	$l - x$	M_{xP}	M_{xi}	a	$a\,M_{xP}\,M_{xi}$	$\sum a\,M_{xP}\,M_{xi}$	J_0/J	$\frac{3\,\Delta\,x}{8}$	$\frac{3\,\Delta\,x}{8}\cdot\sum a\,M_{xP}\,M_{xi}\,\frac{J_0}{J}$
m	m	tm	tm						tm^3
0	10,2	0	0	1	0				
0,50	9,7	4,85	0,25	3	3,6375				
1,00	9,2	9,20	0,50	3	13,8000				
1,50	8,7	13,05	0,75	1	9,7875	27,2250	1,845	0,1875	9,418
1,50	8,70	13,05	0,75	1	9,7875				
2,70	7,50	20,25	1,35	3	82,0125				
3,90	6,30	24,57	1,95	3	143,7345				
5,10	5,10	26,01	2,55	1	66,3255	301,8600	1,000	0,4500	135,837
								$\frac{1}{2}\,E\,J_0\,\delta_{iP} =$	145,255

E J_0 erhält den Wert $2{,}10\cdot 10^7\cdot 0{,}443\cdot 10^{-3} = 9303$ tm^2 und damit wird

$$\delta_{iP} = 2\cdot\frac{145{,}255}{9303} = 0{,}0312 \text{ m}.$$

[1] Für Funktionen 3. Grades liefert auch die SIMPSONsche Formel (49,27) ein genaues Resultat.

g) Als weiteres Beispiel wollen wir die Frage beantworten, um welches Stück sich zwei Punkte i' und i'' eines gekrümmten Stabes nähern, wenn dieser Stab durch Momente M_{sP} verbogen und durch Normalkräfte N_{sP} gedehnt wird. In Abb. 112 ist ein Teil dieses Stabes mit den beiden Punkten i' und i'' dargestellt. Nach Nr. 43 besteht der Hilfsangriff aus zwei Einzelkräften von der Größe 1, die in den Punkten i' und i'' in entgegengesetzter Richtung angreifen und deren Wirkungslinien in die durch i' und i'' bestimmte Gerade fallen. Dieser Hilfsangriff steht im Gleichgewicht; ist das System statisch bestimmt, so können die Momente M_{si} und die Normalkräfte N_{si} nur in dem Teil des Stabes auftreten, der zwischen i' und i'' liegt. Die übrigen Teile des Systemes sind infolge des Hilfsangriffes frei von Momenten und Normalkräften. Es bleiben daher die Integrale $\int M_{si} M_{sP} \frac{J_0}{J} ds$ und $\int N_{si} N_{sP} \frac{J_0}{F} ds$ auf den Teil zwischen i' und i'' beschränkt und verschwinden außerhalb desselben. Es ergibt sich also

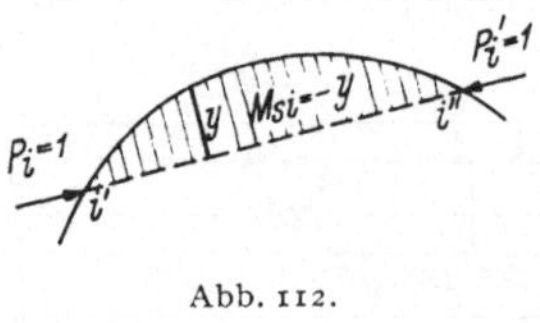

Abb. 112.

$$E J_0 \delta_{iP} = \int_{i'}^{i''} M_{xi} M_{xP} \frac{J_0}{J \cos \psi} dx + \int_{i'}^{i''} N_{xi} N_{xP} \frac{J_0}{F \cos \psi} dx.$$

Dabei wird das zweite Integral, das fast stets nur wenige Prozente des ersten ausmacht, gewöhnlich vernachlässigt. Für M_{xi} ergibt sich der Wert

$$M_{xi} = -1 \,.\, y,$$

so daß man

$$E J_0 \delta_{iP} = -\int M_{xP} \,.\, y \frac{J_0}{J \cos \psi} dx$$

erhält. Wenn das Ergebnis positiv ausfällt, bedeutet dies eine Verkürzung der Strecke $i' - i''$; ein negatives Resultat besagt, daß sich die beiden Punkte i' und i'' voneinander entfernt haben.

Ist das System aber statisch unbestimmt, so müssen die M_{xi} und N_{xi} außerhalb des zwischen i' und i'' gelegenen Teiles der Stabachse im allgemeinen nicht verschwinden. Man kann aber an Stelle der Momente des statisch unbestimmten Systemes, wie noch in Nr. 77 gezeigt wird, die Momente eines statisch bestimmten Grundsystemes infolge des Hilfsangriffes verwenden und damit gelangen wir zu derselben Gleichung, wie sie oben angegeben wurde. Natürlich bedeuten die M_{xP} jetzt die Momente, die im *statisch unbestimmten Tragwerk* infolge der äußeren Belastung auftreten.

h) Wir wollen auch hiefür ein Zahlenbeispiel durchrechnen und bestimmen die gegenseitige Verschiebung der Stabenden des in Abb. 113 dargestellten gekrümmten Stabes, wenn derselbe durch eine Kraft $P = 1$ t in der Richtung der Stabsehne beansprucht wird. Der Stab sei nach einem Kreisbogen mit dem Radius $r = 10$ m gekrümmt; die Stützweite betrage $2w = 12$ m, der Pfeil dementsprechend 2,0 m. Der Querschnitt sei ein Rechteck von 1,0 m Breite; die Höhe nehme von den Enden, wo sie 0,20 m betragen solle, linear mit x gegen die Mitte auf 0,30 m zu. Für J_0 wählen wir das Trägheitsmoment in Stabmitte; es ergibt sich daher für $J_0/J = \left(\frac{0,3}{d}\right)^3$, wenn d die Höhe des Querschnittes an der betrachteten Stelle bedeutet. Nennt man x in diesem Falle die Entfernung eines Querschnittes von der Stabmitte, so ergibt sich ferner die Ordinate der Stabachse an dieser Stelle mit $y = \sqrt{r^2 - x^2} - \sqrt{r^2 - w^2} = \sqrt{100 - x^2} - 8,00$ m; ψ ist durch $\cos\psi = \frac{\sqrt{r^2 - x^2}}{r}$ bestimmt. Die so errechneten Werte für J_0/J, y und $\cos\psi$ sind in Tab. 4 für die einzelnen Querschnitte zusammengestellt; dabei sind je Stabhälfte 8 Teilstrecken $\Delta x = \frac{6,0}{8} = 0,75$ m angenommen.

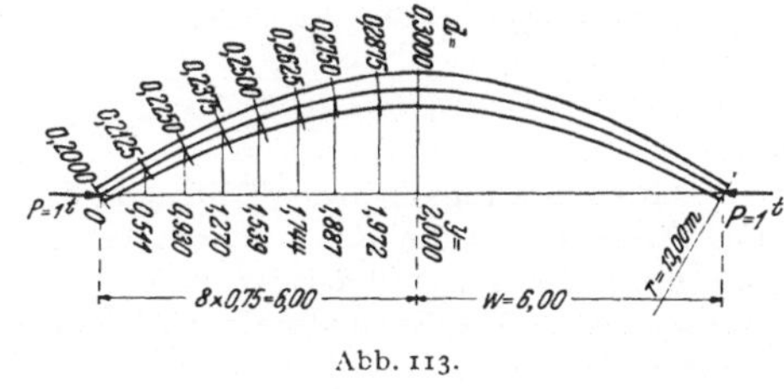

Abb. 113.

In dem vorliegenden Falle stimmt der Hilfsangriff mit der gegebenen Belastung überein; es ist also $M_{xP} = M_{xi} = -y$ und es wird daher $E J_0 \delta_{iP} = \int y^2 \frac{J_0}{J\cos\psi} dx$. Zur Bestimmung dieses Integrals verwenden wir die in Nr. 49 angegebene Näherungsformel (49, 27)

$$\int \bar{z}\, dx = \frac{\Delta x}{3}(\bar{z}_0 + 4\bar{z}_1 + 2\bar{z}_2 + \ldots)$$

und erhalten für $\sum \alpha y^2 \frac{J_0}{J\cos\psi}$, wie in der Tabelle angegeben, den Wert 80,354.

Tabelle 4.

x m	d m	J_0/J	$\cos\psi$	y	$y^2 \frac{J_0}{J_0\cos\psi}$ tm^2	α	$\alpha y^2 \frac{J_0}{J\cos\psi}$ tm^2
6,00	0,2000	3,375	0,8000	0	0	1	0
5,25	0,2125	2,814	0,8511	0,511	0,863	4	3,452
4,50	0,2250	2,370	0,8930	0,930	2,295	2	4,590
3,75	0,2375	2,015	0,9270	1,270	3,505	4	14,020
3,00	0,2500	1,728	0,9539	1,539	4,291	2	8,582
2,25	0,2625	1,493	0,9744	1,744	4,660	4	18,640
1,50	0,2750	1,298	0,9887	1,887	4,675	2	9,350
0,75	0,2875	1,136	0,9972	1,972	4,430	4	17,720
0,00	0,3000	1,000	1,0000	2,000	4,000	1	4,000

$$\sum \alpha y^2 \frac{J_0}{J\cos\psi} = 80,354$$

Sonach wird

$$\frac{1}{2} E J_0 \delta_{iP} = \frac{\Delta x}{3} \sum \alpha \frac{J_0}{J\cos\psi} y^2 = \frac{0,75}{3} \cdot 80,354 = 20,089.$$

Weiters ist

$$J_0 = \frac{1}{12} b d^3 = \frac{1}{12} \cdot 0,3^3 \cdot 1,00 = 2,25 \cdot 10^{-3}\ \text{m}^4;$$

für Stahlbeton beträgt

$$E = 2{,}1 \cdot 10^6 \ \mathrm{t/m^2},$$

also ergibt sich

$$EJ_0 = 2{,}1 \cdot 2{,}25 \cdot 10^3 = 4725 \ \mathrm{tm^2}$$

und damit wird

$$\delta_{iP} = 2 \cdot \frac{20{,}089}{4725} = 0{,}00850 \ \mathrm{m}.$$

Wir können nun noch den Beitrag zu δ_{iP} infolge der achsialen Zusammendrückung des Stabes durch die Kraft $P = 1$ t bestimmen; unsere Rechnung wird bestätigen, daß dieser Beitrag so klein ist, daß er, wie schon erwähnt, zumeist vernachlässigt werden kann. Die Normalkraft wird $N_{xP} = N_{xi} = -\cos\psi$ und damit der gesuchte Beitrag der Normalkräfte

$$EJ_0 \delta'_{iP} = \int N_{xi} N_{xP} \frac{J_0}{F \cos\psi} dx = \int \frac{J_0 \cos\psi}{F} dx.$$

Dieses Integral ist in Tab. 5 nach derselben Näherungsformel wie oben bestimmt; dabei ist

$$\frac{J_0}{F} = \frac{\frac{1}{12} \cdot 0{,}3^3 \cdot 1{,}00}{d \cdot 1{,}00} = \frac{2{,}25}{d} 10^{-3}.$$

Tabelle 5.

x m	d m	$\frac{J_0}{F} \cdot 10^2$	$\cos\psi$	$\frac{J_0}{F}\cos\psi \cdot 10^2$	a	$a\frac{J_0}{F}\cos\psi \cdot 10^2$
6,00	0,2000	1,125	0,8000	0,900	1	0,900
5,25	0,2125	1,059	0,8511	0,901	4	3,604
4,50	0,2250	1,000	0,8930	0,893	2	1,786
3,75	0,2375	0,947	0,9270	0,878	4	3,512
3,00	0,2500	0,900	0,9539	0,859	2	1,718
2,25	0,2625	0,857	0,9744	0,835	4	3,340
1,50	0,2750	0,818	0,9887	0,809	2	1,618
0,75	0,2875	0,783	0,9972	0,781	4	3,124
0,00	0,3000	0,750	1,0000	0,750	1	0,750

$$10^2 \sum a \frac{J_0}{F} \cos\psi = 20{,}352.$$

Sonach ist

$$\frac{1}{2} EJ_0 \delta'_{iP} = \frac{\Delta x}{3} \sum a \frac{J_0}{F} \cos\psi = 0{,}25 \cdot 20{,}352 \cdot 10^{-2} = 5{,}088 \cdot 10^{-2} \ \mathrm{tm^3}.$$

Mit dem früher bereits bestimmten Wert $EJ_0 = 4725 \ \mathrm{tm^2}$ ergibt sich

$$\delta'_{iP} = 2 \cdot \frac{5{,}088 \cdot 10^{-2}}{4725} = 0{,}00002 \ \mathrm{m}.$$

Die gesamte Verschiebung beträgt demnach 0,00852 gegenüber 0,00850 m bei Vernachlässigung der achsialen Zusammendrückung; wir finden bestätigt, daß diese Vernachlässigung ohne weiteres statthaft ist.

i) Endlich zeigen wir noch die Berechnung der Verschiebungen eines Tragwerkes aus biegungssteifen Stäben infolge Temperaturänderungen. Ein freiaufliegender Träger auf zwei Stützen soll eine ungleiche Temperaturänderung erfahren haben, und zwar soll die obere Randfaser um 20° C wärmer sein als die untere. Die Stützweite betrage 12,00 m, die Trägerhöhe 1,00 m. Gefragt wird nach der lotrechten Verschiebung der Trägermitte.

Wir verwenden die in Nr. 45 abgeleitete Gl. (45, 12) mit dem Temperaturausdehnungskoeffizienten α

$$\delta_{it} = \int M_{xi} \frac{\alpha \Delta t}{h} dx;$$

benützen wir als Hilfsangriff die in Trägermitte angreifende, nach abwärts gerichtete Last $P = 1$ t, so bedeutet ein positives Resultat, daß sich die Trägermitte gesenkt hat. Wegen der Symmetrie integrieren wir bloß über eine Trägerhälfte, nehmen das Ergebnis aber doppelt. $\Delta t = t_u - t_0$ wird in unserem Falle -20^0 und mit dem bereits angegebenen Wert $\alpha = 1{,}25 \cdot 10^{-5}$ (für Beton und Stahl) erhalten wir wegen

$M_{xi} = \frac{x}{2}$ für $0 < x < l/2$

$$\delta_{it} = -2 \cdot 1{,}25 \cdot 10^{-5} \cdot \frac{20}{1{,}0} \int\limits_0^6 \frac{x}{2} dx =$$

$$= -2 \cdot 1{,}25 \cdot 10^{-5} \cdot 20 \frac{1}{2} \cdot \frac{1}{2} 6{,}00^2 = -0{,}0045 \text{ m}.$$

Der Balken ist also in der Mitte nach oben gestiegen, wie es auch der Verlängerung der oberen Fasern infolge der höheren Temperatur, durch die eine Krümmung mit der hohlen Seite nach unten bedingt ist, entspricht.

k) Als zweites Beispiel für Verschiebungen durch Temperaturänderungen fragen wir nach der Winkeländerung im Scheitel eines Dreigelenkbogens, der gleichmäßig um t^0 erwärmt wird. Der Hilfsangriff besteht in diesem Falle aus zwei Momenten von der Größe 1, die an den beiden im Scheitelgelenk zusammentreffenden Stabenden in der aus Abb. 114 ersichtlichen Weise angreifen.

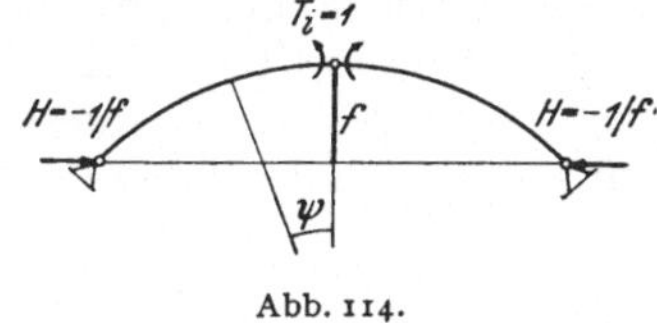

Abb. 114.

Die Auflagerreaktionen infolge dieses Hilfsangriffes bestehen aus zwei gleich großen, entgegengesetzt gerichteten Kräften H, deren Wirkungslinie in die Richtung der Bogensehne fällt. Man erkennt dies leicht aus der Betrachtung des Gleichgewichtes des ganzen Systems; die Momentgleichung, bezogen auf das Scheitelgelenk, für eine Bogenhälfte angeschrieben, ergibt mit f als Bogenpfeil

$$M_c - H \cdot f = 0,$$

wobei hier $M_c = T_i = -1$, das an dem betreffenden Bogenteil angreifende Moment des Hilfsangriffes bedeutet. Es ist also

$$H = -\frac{1}{f}$$

und weiters die Normalkraft $N_{xi} = -H \cos\psi = +\frac{\cos\psi}{f}$. Für eine Temperaturänderung von t^0 C wird nach der Gl. (45, 10)

$$\delta_{it} = \int_0^l N_{xi}\, \alpha\, t \frac{dx}{\cos\psi} = \frac{\alpha t}{f} \int_0^l dx = \frac{\alpha t l}{f}.$$

In unserem Falle sei die Stützweite des Bogens mit $l = 12$ m, der Bogenpfeil mit $f = 2{,}00$ m gegeben. Für eine Temperaturänderung von $+15^0$ C wird dann mit $\alpha = 1{,}25 \cdot 10^{-5}$

$$\delta_{it} = \frac{1{,}25 \cdot 10^{-5} \cdot 15 \cdot 12}{2{,}00} = 1{,}125 \cdot 10^{-3}\,\text{rad}$$

oder absolute Winkeleinheiten und da ein Radiant $2{,}06 \cdot 10^5$ Bogensekunden ist, beträgt der Winkel $1{,}125 \cdot 2{,}06 \cdot 10^2 = 3' \, 52''$. Dabei bedeutet das positive Resultat, entsprechend dem Wirkungssinn der Momente des Hilfsangriffes, eine Vergrößerung des äußeren Winkels. Dies ist auch sofort einzusehen, denn bei einer Temperaturerhöhung vergrößert sich die Länge der Bogenachse, dadurch steigt der Scheitel des Bogens in die Höhe und der Außenwinkel im Scheitelgelenk wird vergrößert.

51. Der Satz von der Gegenseitigkeit der Verschiebungen (Satz von Maxwell). Dieser Satz spielt in der Baustatik, insbesondere bei der Untersuchung statisch unbestimmter Systeme eine wichtige Rolle. Wir wollen annehmen, daß ein Tragwerk durch einen der in Nr. 43 angegebenen Hilfsangriffe im Punkte k belastet ist. Infolge dieser Belastung erfährt das Tragwerk Verformungen, und zwar bezeichnen wir die Verschiebung des Punktes i wie bisher mit δ_{ik}. Es kann dies irgendeine Art von Verschiebungen sein, also z. B. die Verschiebung in einer bestimmten Richtung, die gegenseitige Verschiebung eines Punktpaares i' und i'' oder die Verdrehung der Stabachse im Punkte i usw. Nennen wir die Momente und Normalkräfte infolge der Belastung, die aus dem Hilfsangriff im Punkte k besteht, M_{sk}, bzw. N_{sk} und die Momente und Normalkräfte infolge des der Verschiebung δ_{ik} zugeordneten Hilfsangriffes M_{si} und N_{si} (dieser Hilfsangriff wirkt im Punkte i), so erhalten wir für δ_{ik} nach früherem

$$\delta_{ik} = \int M_{si} M_{sk} \frac{ds}{EJ} + \int N_{si} N_{sk} \frac{ds}{EF}.$$

Nun belasten wir das Tragwerk mit dem Hilfsangriff im Punkte i und wollen die Verschiebung δ_{ki} im Punkte k bestimmen, die dem früher als Belastung verwendeten Hilfsangriff in k zugeordnet ist. Dann entstehen durch diese Belastung die Momente M_{si} und die Normalkräfte N_{si}, während der zu der bestimmenden Verschiebung δ_{ki} gehörende Hilfsangriff im Punkte k die Momente M_{sk} und die Normalkräfte N_{sk} erzeugt. Es ergibt sich also für die gesuchte Verschiebung

$$\delta_{ki} = \int M_{si} M_{sk} \frac{ds}{EJ} + \int N_{si} N_{sk} \frac{ds}{EF},$$

mithin derselbe Wert wie früher für δ_{ik}. Es ist also

$$\delta_{ik} = \delta_{ki} \tag{51, 38}$$

und diese Gleichung besagt, daß die Verschiebung im Punkte i infolge eines Hilfsangriffes im Punkte k ebenso groß wie die Verschiebung im Punkte k infolge eines Hilfsangriffes in i ist. Dabei müssen aber der Hilfsangriff in k und die Verschiebung daselbst, nämlich δ_{ki} und ebenso der Hilfsangriff in i und die Verschiebung δ_{ik} in diesem Punkt einander zugeordnet sein.

52. Einige Beispiele für den Satz von Maxwell. Bei den Anwendungen, die später von dem Satz der Gegenseitigkeit der Verschiebungen gemacht werden, besteht einer der beiden Hilfsangriffe, z. B. jener im Punkte k aus einer Kraft $P = 1$, die in einer bestimmten Richtung wirkt. Dann bedeutet δ_{ki} die Verschiebung des Punktes k in der Richtung dieser Kraft. Zumeist ist die Art der Verschiebung des Punktes i, also δ_{ik} gegeben; dadurch ist auch der andere Hilfsangriff, als dieser Verschiebung zugeordnet, festgelegt. In den Abb. 115 sind einige Fälle dargestellt. So zunächst der häufigste Fall, daß beide Hilfsangriffe aus Einzelkräften bestehen (Abb. 115a und b), dann sind δ_{ik} und δ_{ki} die Verschiebungen in der Richtung dieser Kräfte. In der nächsten Abb. 115c ist der Hilfsangriff in i eine Einzellast, also δ_{ik} eine Verschiebung; δ_{ki} soll die Verdrehung im Punkte k sein; mithin besteht der zweite Hilfsangriff aus einem Moment 1, welches in k angreift. In den übrigen Abbildungen 115d und e sind noch andere Kombinationen dargestellt; es erübrigt sich, darauf näher einzugehen, da die Abbildungen wohl keiner weiteren Erklärung bedürfen. Stets ist in einer Zeichnung der eine Hilfsangriff mit der durch ihn erzeugten Verschiebung, in der zweiten Zeichnung die andere Verschiebung mit dem sie hervorrufenden anderen Hilfsangriff dargestellt. Sind δ_{ik} und δ_{ki} verschieden benannt, wie in den Abb. 115c und e, wo δ_{ik} in Längeneinheiten, δ_{ki} in Winkeleinheiten gemessen wird, so muß man, wenn die Gl. $\delta_{ik} = \delta_{ki}$ auch hinsichtlich der Benennung in Ordnung sein soll, den als Faktor unterdrückten Hilfsangriff anschreiben. Der Satz von der Gegenseitigkeit der Verschiebung lautet also in diesem Falle richtig

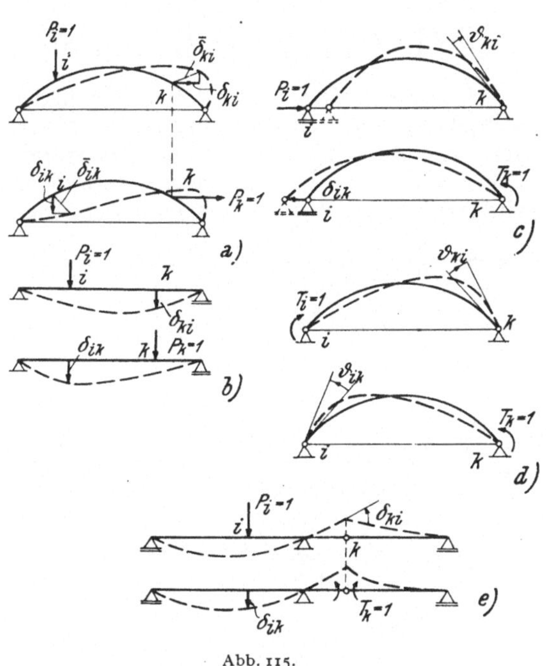

Abb. 115.

$$1^t \cdot \delta_{ik}{}^m = 1^{tm} \cdot \delta_{ki}{}^{rad}. \qquad (52, 39)$$

Bezüglich der Vorzeichen beachte man die Bemerkung am Schlusse von Nr. 43 und die dort gegebene Zusammenstellung der verschiedenen Arten von Hilfsangriffen und den zugeordneten Verschiebungen. Wir erinnern daran, daß δ_{ik} dann positiv ist, wenn es denselben Richtungssinn besitzt wie δ_{ii}, d. i. die Verschiebung gleicher Art im Punkte i, hervorgerufen durch den Hilfsangriff in i. Dementsprechend bezeichnen die in den Abb. 115 eingetragenen Pfeile nicht den positiven Richtungssinn der Verschiebung, bzw. Verdrehung, sondern deren tatsächliche Richtung.

VI. Die Biegelinien von Tragwerken.

53. **Der Begriff der Biegelinie.** Wir haben uns schon in Nr. 2 mit der Darstellung von Verschiebungen, die bei einem starren Tragwerk infolge einer unendlich kleinen Drehung entstanden sind, befaßt. Bei einem nicht starren Tragwerk, welches durch irgendeine Ursache verformt wird, können die Verschiebungen in der gleichen Weise dargestellt werden;

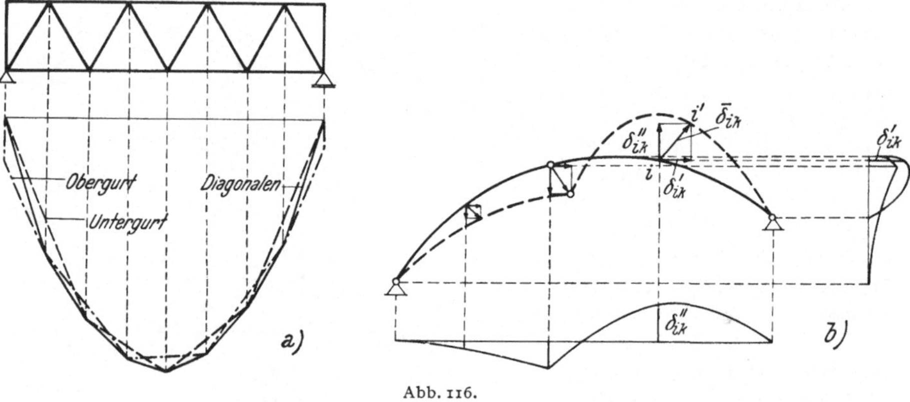

Abb. 116.

auch jetzt ist es notwendig, für die Verschiebungen einen vergrößerten Maßstab zu verwenden. Wie schon erwähnt, benötigt man zumeist nur die Komponenten dieser Verschiebungen in einer bestimmten Richtung; überdies kommt es stets lediglich auf die Verschiebungen von Punkten an, die auf einem bestimmten Linienzug liegen. So sind z. B. in Abb. 116a die Knotenverschiebungen des Obergurtes, dann jene des Untergurtes und endlich jene des Diagonalzuges eines Fachwerkträgers in lotrechter Richtung angegeben. In Abb. 116b ist ein Dreigelenkbogen mit seiner verformten Stabachse dargestellt. Die waagrechten Komponenten δ'_{iK} der tatsächlichen Verschiebungen $\overline{\delta}_{iK}$ ergeben die Biegelinie in waagrechter Richtung, die lotrechten Komponenten δ''_{iK} die Biegelinie in lotrechter Richtung; die erstere ist rechts vom Tragwerk, die zweite unterhalb des Tragwerkes aufgetragen. Für die Biegelinien muß selbstverständlich ein bedeutend größerer Maßstab als wie für das Tragwerk gewählt werden, da ja sämtliche Verschiebungen sehr klein im Vergleich zu den Abmessungen desselben sein müssen. Es ist durchaus nicht zulässig, daß die Verformungen des Dreigelenkbogens etwa die Größe aufweisen, wie sie in dieser Abbildung angenommen ist. Es wäre aber unmöglich, im Maßstab des Tragwerkes einen Unterschied zwischen nicht deformierter und deformierter Gestalt zur Darstellung zu bringen. Deshalb müssen beim Verzeichnen der Biegelinie die Verschiebungen δ'_{iK} und δ''_{iK} dem Punkt i und nicht etwa i' zugeordnet werden.

Will man demnach eine Biegelinie zeichnen, so muß erstens die Richtung, in welcher die Komponenten der tatsächlichen Verschiebungen $\overline{\delta}_{iK}$ und dann der Linienzug, für dessen Punkte die Verschiebungen zu bestimmen sind, gegeben sein. Bei vollwandigen Systemen ist dies stets die Stabachse, bei Fachwerken kann es irgendein durch einzelne zusammenhängende Stäbe gebildeter Stabzug, also z. B. ein Gurt oder der Diagonalenzug sein.

54. Die elastischen Gewichte. Wir betrachten (in Abb. 117a) einen solchen Linienzug mit den Punkten .. $m-1$, m, $m+1$.. ; es ist vorderhand gleichgültig, ob dieser Linienzug einem Fachwerk oder einem biegungssteifen System, also einem Teil der Stabachse, entnommen ist.

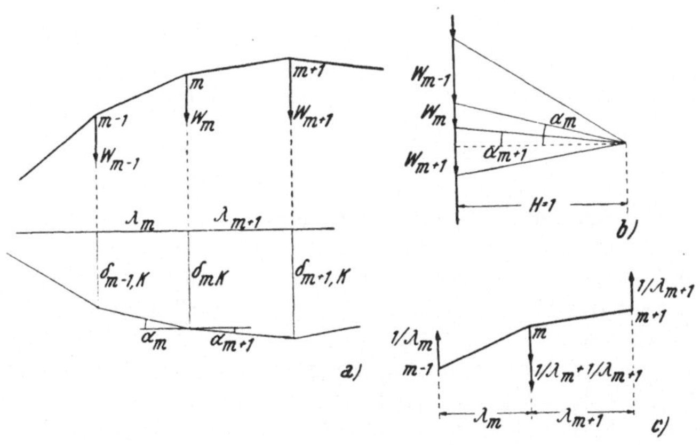

Abb. 117.

Wir könnten die Aufgabe, die Biegelinie zu finden, in der Weise lösen, daß wir der Reihe nach die Verschiebungen der Punkte .. $m-1$, m, $m+1$... nach den in Abschnitt V angegebenen Verfahren ermitteln. Es sind dann nacheinander in jedem Punkt ..$m-1$, m, $m+1$... eine Einzelkraft $P=1$ in der Richtung, in welcher die Komponente der Verschiebung als Ordinate der Biegelinie zu ermitteln ist, als Hilfsangriff anzubringen, jedesmal die Momente infolge dieser Hilfsangriffe, d. s.

$\ldots M_{s\,m-1}, M_{sm}, M_{s\,m+1}\ldots$ zu bestimmen und man erhält dann mittels der Gleichungen

$$\delta_{mK} = \int M_{sm} \Delta \, d\,\varphi_{sK} + \int N_{sm} \Delta \, ds_{sK}$$

oder bei Fachwerken

$$\delta_{mK} = \sum S_{pm} \Delta \, s_{pK}$$

die gesuchten Ordinaten der Biegelinie im Punkte m. Diese Arbeit ist ziemlich zeitraubend, wenn eine größere Anzahl von Ordinaten der Biegelinie zu bestimmen ist; man verwendet daher zumeist das im folgenden beschriebene Verfahren, welches dahin abzielt, die Biegelinie als Seilpolygon einer fiktiven Belastung zu erhalten. Diese Belastung soll aus *elastischen Gewichten*[1] $\ldots W_{m-1}, W_m, W_{m+1}\ldots$ bestehen, die in den Punkten $\ldots m-1, m, m+1 \ldots$ in der Richtung der gesuchten δ_{mK} angreifen. Dann muß der zu den Kräften $\ldots W_{m-1}, W_m, W_{m+1}\ldots$ gehörende Teil des Kräftepolygones so wie in Abb. 117b dargestellt aussehen. Man erhält aus der Betrachtung des Kräftepolygones

$$W_m = H\,(\text{tg}\,\alpha_m - \text{tg}\alpha_{m+1}) = (\text{tg}\,\alpha_m - \text{tg}\,\alpha_{m+1}),$$

wenn die Polweite H zur Vereinfachung vorerst gleich 1 gesetzt wird. Die Betrachtung der Biegelinie ergibt aber

$$\text{tg}\,\alpha_m = \frac{\delta_{mK} - \delta_{m-1\,K}}{\lambda_m} \quad \text{und} \quad \text{tg}\,\alpha_{m+1} = \frac{\delta_{m+1\,K} - \delta_{mK}}{\lambda_{m+1}}$$

und wenn die Werte in die Gleichung für W_m eingesetzt werden, so wird

$$W_m = \frac{\delta_{mK} - \delta_{m-1\,K}}{\lambda_m} - \frac{\delta_{m+1\,K} - \delta_{mK}}{\lambda_{m+1}}$$

Nach den Darlegungen in Nr. 43 wird aber W_m durch einen Hilfsangriff erhalten, der in derselben Weise aus den Hilfsangriffen für $\delta_{m-1\,K}$, δ_{mK} und δ_{m+1K} zusammengesetzt ist, wie W_{mK} aus diesen Verschiebungen. Demnach sieht der Hilfsangriff für W_m so aus, daß in den Punkten $m-1$ und $m+1$ die Kräfte $1/\lambda_m$ und $1/\lambda_{m+1}$ entgegengesetzt der als positiv gewählten Verschiebungsrichtung angreifen, während im Punkte m die Kräfte $1/\lambda_m + 1/\lambda_{m+1}$ in der Richtung positiver δ_{mK} anzubringen sind (Abb. 177c). Man erkennt sofort, daß dieser Hilfsangriff im Gleichgewicht ist, weil die Summe der Kräfte in einer beliebigen Richtung und ihr Moment verschwindet. Denn letzteres beträgt, wenn m als Momentenpunkt gewählt wird,

$$\lambda_m \,.\, 1/\lambda_m - \lambda_{m+1} \,.\, 1/\lambda_{m+1} = 0.$$

Eine solche im Gleichgewicht befindliche Kräftegruppe wie der im vorliegenden Falle der zu W_m zugeordnete Hilfsangriff ruft in einem statisch

[1]) Auch *Winkelgewichte* genannt.

bestimmten System nur in einem begrenzten Teil des Tragwerkes innere Kräfte hervor, während der Rest spannungslos bleibt. Bei statisch unbestimmten Systemen trifft dies im allgemeinen nicht zu. In einem statisch bestimmten Fachwerk z. B. werden also nur in einigen Stäben in der Nähe der Punkte $m - 1$, m und $m+1$ Stabkräfte, bei einem biegungssteifen Stab lediglich in dem Stabteil zwischen den Punkten $m - 1$ und $m+1$ durch den Hilfsangriff W_m Momente und Normalkräfte entstehen. Dadurch wird die Berechnung der W_m wesentlich gegenüber der unmittelbaren Bestimmung der δ_{mK} vereinfacht, da die Integrale, bzw. Summen nur über einen begrenzten Teil des Tragwerkes zu erstrecken sind.

Mit dem Zeichnen des Seilpolygones für die W_m ist aber die Aufgabe noch nicht vollständig gelöst. Es müssen die Verschiebungskomponenten einer hinreichenden Anzahl von Punkten (zumindest zwei) bekannt sein, um die *Schlußlinie,* von welcher die Verschiebungen δ_{mK} zu messen sind, bestimmen zu können. Da das Zeichnen eines Seilpolygones mit einer bestimmten Schlußlinie gleichbedeutend mit der Ermittlung der Momentenlinie ist, können wir auch die Momente infolge der Belastung W_m unter Bedachtnahme auf die vorgeschriebenen Werte an bestimmten Stellen des Tragwerkes ermitteln. Diese Momente infolge der Belastung mit W_m sind dann die gesuchten Ordinaten δ_{mK} der Biegelinie.

A. Tragwerke aus biegungssteifen Stäben.

55. Biegelinien von biegungssteifen Stäben. In der Abb. 118 ist ein Teil der Stabachse mit den Punkten $m - 1$, m, $m+1$ dargestellt und der für W_m in Betracht kommende Hilfsangriff eingezeichnet; derselbe erzeugt also lediglich in dem Stabteil zwischen den Punkten $m - 1$ und $m+1$ Momente und Normalkräfte, die mit $\overline{M}_{sm}$ und $\overline{N}_{sm}$ bezeichnet werden sollen. Es ist also

$$W_m = \int_{m-1}^{m+1} \overline{M}_{sm} \Delta\, d\,\varphi_{sK} + \int_{m-1}^{m+1} \overline{N}_{sm} \Delta\, ds_{sK}. \qquad (55, 1)$$

Ist die Stabachse zwischen den Punkten $m - 1$, m und $m+1$ gerade, so kann man $\overline{M}_{sm}$ und $\overline{N}_{sm}$ leicht bestimmen. Man braucht bloß die Kräfte des Hilfsangriffes in zwei Teilkräfte zu zerlegen, von denen die eine in die Stabrichtung, die andere senkrecht hiezu fällt. Mit den Bezeichnungen der Abb. 118a erhält man für die Komponente senkrecht zur Stabrichtung den Wert $1/s_m$, bzw. $1/s_{m+1}$, für die andere Komponente $\operatorname{tg} \psi_m / s_m$ und $\operatorname{tg} \psi_{m+1}/s_{m+1}$, wobei ψ_m und ψ_{m+1} die Winkel der Stabachsen gegen die zu der Richtung der W_m Senkrechten bedeuten. Die Teilkräfte $1/s_m$, bzw. $1/s_{m+1}$ erzeugen lediglich Momente, aber keine Normalkräfte; die Momente $\overline{M}_{sm}$ nehmen daher vom Werte Null in den Punkten $m - 1$ und $m+1$ linear bis zu dem Wert 1 in m zu. Die Komponenten $\operatorname{tg}\psi_m/s_m$ und $\operatorname{tg}\psi_{m+1}/s_{m+1}$ rufen dagegen nur Normalkräfte, und zwar zwischen $m-1$, m die Druckkraft $\overline{N}_{sm}=-\operatorname{tg}\psi_m/s_m$, zwischen m, $m+1$ die Zugkraft $\overline{N}_{s\,m+1}=\operatorname{tg}\psi_{m+1}/s_{m+1}$ hervor. Nun stellt der Wert $\int\limits_{m-1}^{m+1}\overline{M}_{sm}\,\Delta\,d\,\varphi_{sK}$ die Vergrößerung $\Delta\,\omega_m$ des in der Abb. 118b mit ω_m bezeichneten Winkels zwischen den Stabteilen s_m und s_{m+1} vor; denn der dieser Winkelvergrößerung $\Delta\,\omega_m$ zugeordnete Hilfsangriff ist nach

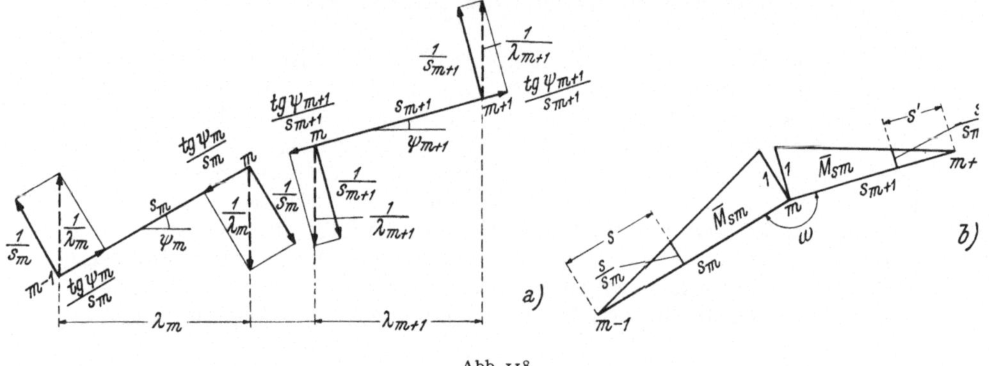

Abb. 118.

der Zusammenstellung in Nr. 43 gerade jene Belastung, wie sie durch die Teilkräfte $1/s_m$ und $1/s_{m+1}$ gebildet wird. Es wird also

$$\int\overline{M}_{sm}\,\Delta\,d\,\varphi_{sK}=\Delta\,\omega_m,$$

während

$$\begin{aligned}\int\overline{N}_{sm}\Delta\,ds_{sK}&=+\overline{N}_{s\,m+1}\,\Delta\,s_{m+1\,K}-\overline{N}_{sm}\,\Delta\,s_{mK}=\\&=\operatorname{tg}\psi_{m+1}\,\frac{\Delta s_{m+1\,K}}{s_{m+1}}-\operatorname{tg}\psi_m\,\frac{\Delta s_{m\,K}}{s_m}=\\&=\varepsilon_{m+1\,K}\operatorname{tg}\psi_{m+1}-\varepsilon_{m\,K}\operatorname{tg}\psi_m.\end{aligned}$$

$\Delta\,s_{m+1K}$ und $\Delta\,s_{mK}$ bedeuten die Längenänderungen, ε_{m+1K} und ε_{mK} die Dehnungen der Stabteile zwischen m und $m+1$; bzw. $m-1$ und m.

Demnach ist

$$W_m=\Delta\,\omega_m+\varepsilon_{m+1K}\operatorname{tg}\psi_{m+1}-\varepsilon_{mK}\operatorname{tg}\psi_m \qquad (55,2)$$

Der Ausdruck $\varepsilon_{m+1\,K}\operatorname{tg}\psi_{m+1}-\varepsilon_{m\,K}\operatorname{tg}\psi_m$ ist der Beitrag, den die Längsdehnung der Stabachse zu W_m liefert; er ist im Vergleich zu $\Delta\,\omega_m$ stets sehr klein und wird deshalb häufig vernachlässigt.

Dem Integral $\Delta\,\omega_m=\int\limits_{m-1}^{m+1}\overline{M}_{s\,m}\,\Delta\,d\,\varphi_K$ kann noch eine andere Deutung gegeben werden, die sich als nützlich erweist. Es wird nämlich nach Abb. 118b für den Stabteil s_m das Moment $\overline{M}_{sm}=\frac{s}{s_m}$; das Integral $\int\limits_{m-1}^{m}\overline{M}_{sm}\,\Delta\,d\,\varphi_K=\int\limits_{m-1}^{m}\frac{s}{s_m}\,\Delta\,d\,\varphi_K$ stellt den Auflagerdruck eines frei-aufliegenden Trägers von der Länge s_m am Trägerende m vor, welcher mit $\Delta\,d\,\varphi_K$ längs ds senkrecht zur Stabachse belastet ist. Das gleiche gilt für den Stab s_{m+1}. Bei Vernachlässigung des Einflusses der Stabdehnungen kann demnach das Winkelgewicht W_m dem Auflagerdruck in m, der durch Belastung der beiden angrenzenden Stäbe s_m und s_{m+1} mit $\Delta\,d\,\varphi_K$ entsteht, gleichgesetzt werden.

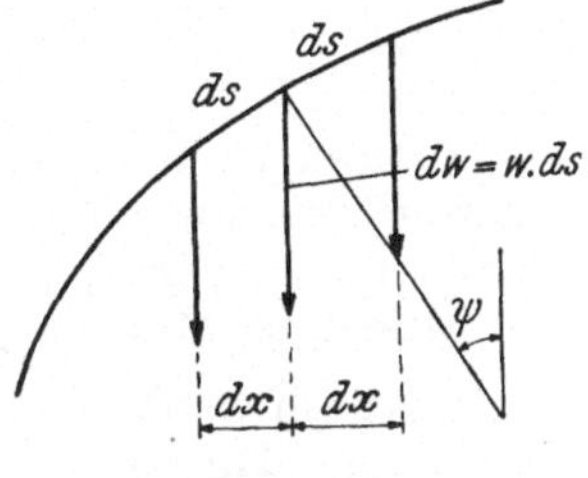

Abb. 119.

Die Gleichung (55, 2) setzt voraus, daß die Stabachse stückweise gerade ist. Ist sie gekrümmt (Abb. 119), so müssen wir $s_{m+1}=s_m$ gegen ds abnehmen lassen; wir erhalten so unendlich viele, aber unendlich kleine elastische Gewichte $d\,W$ und weil bei diesem Grenzübergang $\Delta\,\omega_m$ in $\Delta\,d\,\varphi_{sK}$ übergeht und aus $\varepsilon_{m+1K}\operatorname{tg}\psi_{m+1}-\varepsilon_{mK}\operatorname{tg}\psi_m=d\,(\varepsilon_{sK}\operatorname{tg}\psi_s)$ wird, erhält man

$$d\,W=\Delta\,d\,\psi_{sK}+d\,(\varepsilon_{sK}\operatorname{tg}\psi_s).$$

Diese Belastung $d\,W$ wirkt auf der Länge $d\,s$ der Stabachse in der Richtung, in welcher die Komponenten der Verschiebungen δ_{mK} zu bestimmen sind. Es entspricht dies einer Belastung je Längeneinheit der Stabachse von

$$w_s=\frac{d\,W}{d\,s}=\frac{\Delta\,d\,\varphi_{sK}}{d\,s}+\frac{d\,(\varepsilon_{sK}\operatorname{tg}\psi_s)}{d\,s}$$

oder, wenn man sich, wie dies für die Rechnung vorteilhafter ist, auf die zur Richtung der Verschiebungskomponenten senkrechte Richtung bezieht und das Längenelement mit $dx=\cos\psi\,ds$ bezeichnet,

$$w=\frac{\Delta\,d\,\varphi_{sK}}{d\,x}+\frac{d\,(\varepsilon_{sK}\operatorname{tg}\psi_s)}{d\,x}. \qquad (55,3)$$

Dabei ist aber vorausgesetzt, daß ψ an keiner Stelle den Wert $\frac{1}{2}\pi$ annimmt, da sonst wegen $\cos\psi=0$ w über alle Grenzen wächst.

Soll die Biegelinie infolge einer gegebenen Belastung bestimmt werden, welche die Momente M_{sP} und die Normalkräfte N_{sP} hervorruft, so ist nach Nr. 44

$$\Delta\,d\,\varphi_{sP}=\frac{M_{sP}}{E\,J}\,ds \text{ und } \Delta\,ds_{sP}=\frac{N_{sP}}{E\,F}\,ds$$

und damit wird

$$w=\frac{M_{sP}}{E\,J\cos\psi_s}+\frac{d}{d\,x}\left(\frac{N_{sP}}{E\,F}\operatorname{tg}\psi_s\right). \qquad (55,4)$$

Eine ungleichmäßige Temperaturänderung, bei der zwischen unterer und oberer Randfaser des Stabes mit der Höhe h eine Temperaturdifferenz $t_u - t_0 = \Delta t$ und eine Temperaturzunahme t in der Stabachse auftritt, ergibt nach Nr. 45

$$\Delta\, d\,\varphi_{st} = \alpha \frac{\Delta t}{h}\, ds \text{ und } ds_{st} = \alpha\, t\, ds, \text{ also } \varepsilon_{st} = \alpha\, t$$

und sohin ein elastisches Gewicht

$$w = \frac{\alpha\,\Delta t}{h \cos \psi_s} + \frac{d}{d\,x}\,(\alpha\, t \operatorname{tg} \psi_s). \tag{55, 5}$$

Zumeist rechnet man mit den EJ_0-fachen elastischen Gewichten, belastet also mit $EJ_0 w$, wobei J_0 ein beliebig gewähltes Vergleichsträgheitsmoment bedeutet. Man erhält dann auch die EJ_0-fachen Ordinaten der Biegelinie, also die Werte $EJ_0\,\delta_{mK}$.

Praktisch werden zumeist die Ordinaten der Biegelinie an bestimmten Stellen des Tragwerkes benötigt. Wir richten es dann so ein, daß an diesen Stellen $\ldots m-1,\ m,\ m+1 \ldots$ Einzelkräfte $W_{m-1}, W_m, W_{m+1} \ldots$ von solcher Größe angreifen, daß sich hier dieselben Ordinaten wie bei der verteilten Belastung w ergeben. Mit dieser Aufgabe haben wir uns bereits in Nr. 28 befaßt; wir begnügen uns hier, die Gleichungen anzuschreiben, und zwar erhalten wir unter der Annahme eines linearen Verlaufes der w innerhalb der einzelnen Teilstrecken λ des Trägers gemäß Gl. (28,12) entsprechend der dortigen Bezeichnung

$$W_m = \frac{1}{6}\,[(w_{m-1}'' + 2\, w_m')\,\lambda_{m-1/2} + \lambda_{m+1/2}\,(2\, w_m'' + w_{m+1}')],$$

oder genauer unter Annahme einer parabolischen Veränderlichkeit der w mit den Ordinaten $\ldots w_{m-1/2}, w_{m+1/2} \ldots$ in den Mitten der Teilstrecken nach (28,12 a)

$$W_m = \frac{1}{6}\,[(2\, w_{m-1/2} + w_m')\,\lambda_{m-1/2} + \lambda_{m+1/2}\,(w_m'' + 2\, w_{m+1/2})]. \tag{55, 6}$$

Die Gleichungen für W_m sind dabei in der allgemeinsten Form, also für ungleiche Teilstrecken $\ldots \lambda_{m-1/2}, \lambda_{m+1/2} \ldots$ und Unstetigkeiten in den Punkten $\ldots m-1,\ m,\ m+1 \ldots$ angeschrieben. Im Inneren der einzelnen Intervalle sind Unstetigkeiten unzulässig. Wegen der Bedeutung der einzelnen Größen vergleiche man die Abb. 75a und b; im übrigen sei auf Nr. 28 verwiesen, der auch die Vereinfachungen der obigen Gleichungen bei gleich großen Intervallen und bei Entfall der Unstetigkeiten zu entnehmen sind.

56. Der Maßstab bei zeichnerischer Ermittlung der Biegelinie. Bestimmt man die Biegelinie graphisch mittels Seilpolygon, so muß man sich über den Maßstab, in welchem die Ordinaten der Biegelinie erhalten werden, im klaren sein. Man nimmt zunächst für die W_m einen geeigneten Maßstab an und hätte die Polweite gleich der Einheit dieses Maßstabes zu wählen. Dann erhält man die Ordinaten der Biegelinie in demselben Maßstab, in welchem das Tragwerk gezeichnet worden ist. Da aber die Verschiebungen stets sehr klein im Vergleich zu den Abmessungen des Tragwerkes sind (bei einem freiaufliegenden Träger beträgt z. B. die größte Durchbiegung etwa ein Hundertstel bis ein Tausendstel der Stützweite), so würden die Verschiebungen so klein ausfallen, daß sie zeichnerisch gar nicht darstellbar wären. Man muß daher die Polweite verkleinern, um die Verschiebungen in einem größeren Maßstab zu erhalten; wählt man statt der Einheit als Polweite nur einen Bruchteil, etwa 1/n derselben, so erhält man die Ordinaten der Biegelinie im n-fach vergrößerten Maßstab, in welchem das Tragwerk dargestellt ist. Bedeutet also in der Zeichnung des Tragwerkes 1 cm in der Wirklichkeit a cm (Maßstab 1 : a), so sind die Verschiebungen jetzt im Maßstab 1 : a/n zu messen, d. h. 1 cm der Zeichnung stellt jetzt a/n cm in Wirklichkeit vor. In dem besonderen Falle, daß $a = n$ gewählt wird, erhält man die Verschiebungen in wahrer Größe.

Verwendet man die EJ_0-fachen Werte W_m, so erhält man bei der Polweite EJ_0/n die Ordinaten der Biegelinie δ_{mK} im Maßstab 1 : a/n.

57. Beispiele für die Ermittlung der Biegelinie von Tragwerken mit biegungssteifen Stäben.

a) Es soll die Biegelinie des in Abb. 120 dargestellten freiaufliegenden Trägers in lotrechter Richtung bestimmt werden, wenn derselbe vom linken Auflager bis zur Trägermitte mit einer gleichmäßig verteilten Belastung von 2,00 t/m belastet wird. Da in den Punkten 1 und 5 sich das Trägheitsmoment sprunghaft ändert, müssen wir an diesen Stellen elastische Gewichte angreifen lassen; im übrigen begnügen wir uns mit drei weiteren Punkten 2, 3 und 4, in denen wir genaue Ordinaten der Biegelinien erhalten wollen. In der Tabelle sind zunächst in bekannter Weise die Momente M_{sP} bestimmt; da sich die Momente parabolisch ändern, wird die Gl.

$$W_m = \frac{1}{6}\left[(2\,w_{m-1/2} + w_m)\,\lambda_{m-1/2} + \right.$$
$$\left. + \lambda_{m+1/2}\,(w_m + 2w_{m+1/2})\right]$$

in dem vorliegenden Falle die genauen W_m liefern, da sie ja die parabolische Veränderlichkeit der w und damit bei konstantem Trägheitsmoment auch jene der Momente M_{sP} voraussetzt. Wir müssen also auch in den Punkten 1/2, 1 1/2, ... 4 1/2 und 5 1/2 die w und deshalb auch die M_{sP} bestimmen und erhalten mit dem

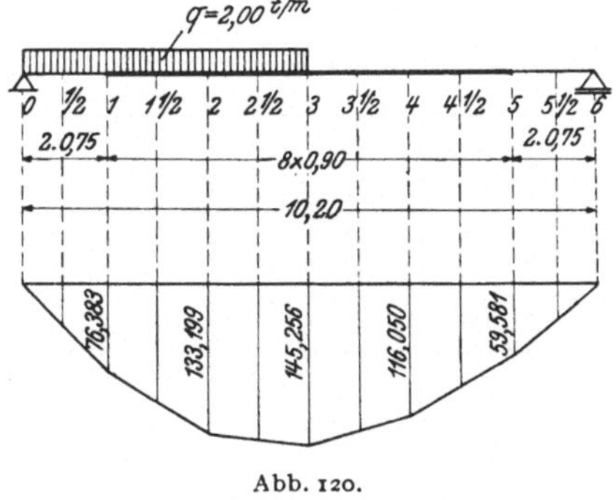

Abb. 120.

Auflagerdruck $A = \frac{3}{8}\,q \cdot l = \frac{3}{8} \cdot 2{,}00 \cdot 10{,}2 = 7{,}65$ t:

Tabelle 6.

	x m	λ m	P t	Q t	$Q\lambda$ tm	M_{sP} tm
0	0		0,75			0,000
		0,75		6,90	5,175	
½	0,75		1,50			5,175
		0,75		5,40	4,050	
1	1,50		1,65			9,225
		0,90		3,75	3,375	
1½	2,40		1,80			12,600
		0,90		1,95	1,755	
2	3,30		1,80			14,355
		0,90		0,15	0,135	
2½	4,20		1,80			14,490
		0,90		— 1,65	— 1,485	
3	5,10		0,90			13,005
		0,90		— 2,55	— 2,295	
3½	6,00		0			10,710
		0,90		— 2,55	— 2,295	
4	6,90		0			8,415
		0,90		— 2,55	— 2,295	
4½	7,80		0			6,120
		0,90		— 2,55	— 2,295	
5	8,70		0			3,825
		0,75		— 2,55	— 1,9125	
5½	9,45		0			1,9125
		0,75		— 2,55	— 1,1925	
6	10,20		0			0,000

Die Berechnung der elastischen Gewichte ist in Tab. 7 durchgeführt.

Tabelle 7.

	M_{sP} tm	$\frac{J_0}{J}$	a	$a\,M_{sP}\,\frac{J_0}{J}$ tm	$\frac{2w_{m-\frac{1}{2}}+w_m}{w_m+2\,w_{m+\frac{1}{2}}}$ tm	$\frac{\lambda}{6}$ m	$\frac{(2w_{m-\frac{1}{2}}+w_m)\frac{\lambda_{m-\frac{1}{2}}}{6}}{(w_m+2\,w_{m+\frac{1}{2}})\frac{\lambda_{m+\frac{1}{2}}}{6}}$ tm^2	W_m tm^2
0	0		1	0	19,096		4,774	4,774
½	5,175	1,845	2	19,096		0,25		
1	9,225		1	17,020	36,116		9,029	
								19,357
1	9,225		1	9,225	34,425		10,328	
1½	12,600	1,000	2	25,200		0,30		
2	14,355		1	14,355	39,555		11,867	24,867

Fortsetzung auf Seite 101

Fortsetzung von Seite 100

Tabelle 7.

	M_{sP}	$\frac{J_0}{J}$	a	$a\,M_{sP}\,\frac{J_0}{J}$	$2w_{m-\frac{1}{2}}+w_m$ / $w_m+2\,w_{m+\frac{1}{2}}$	$\frac{\lambda}{6}$	$(2w_{m-\frac{1}{2}}+w_m)\frac{\lambda_{m-\frac{1}{2}}}{6}$ / $(w_m+2w_{m+\frac{1}{2}})\frac{\lambda_{m+\frac{1}{2}}}{6}$	W_m
	tm			*tm*	*tm*	*m*	*tm*²	*tm*²
2	14,355		1	14,355	43,335		13,000	24,867
2½	14,490	1,000	2	28,980		0,30		
3	13,005		1	13,005	41,985		12,596	
3	13,005		1	13,005	34,425		10,327	22,923
3½	10,710	1,000	2	21,420		0,30		
4	8,415		1	8,415	29,835		8,950	
4	8,415		1	8,415	20,655		6,197	15,147
4½	6,120	1,000	2	12,240		0,30		
5	3,825		1	3,825	16,065		4,920	
5	3,825		1	7,057	14,114		3,528	8,448
5½	1,912	1,845	2	7,057		0,25		
6	0		1	0	7,057		1,764	1,764

Für die so ermittelten W_m als Belastung werden nunmehr in Tab. 8 die Momente bestimmt. Zunächst werden nach der Gl. $M_{m+1}' = M_m' + Q_{m+1}\,\lambda$ mit $M_0' = 0$ die Momente der W_m um das Auflager B berechnet, sodann aus dem Moment M_6' in B der Auflagerdruck $A = \frac{M_6'}{l} = \frac{568{,}097}{10{,}2} = 55{,}696$ t ermittelt und endlich nach $M_m = -M_m' + A\,x_m$ die endgültigen Momente $M = E\,J_0\,\delta_{mP}$ erhalten.

Tabelle 8.

	x	W_m	Q	λ	$Q\,\lambda$	M_m'	$A\cdot x$	$M_m = EJ_0\delta_{mP}$
	m	*tm*²	*tm*²	m	*tm*³	*tm*³	*tm*³	*tm*³
0	0	4,774				0	0	0,000
			4,774	1,50	7,161			
1	1,5	19,357				7,161	83,544	76,383
			24,131	1,80	43,436			
2	3,3	24,867				50,597	183,796	133,199
			48,998	1,80	88,196			
3	5,1	22,923				138,793	284,049	145,256
			71,921	1,80	129,458			
4	6,9	15,147				268,251	384,301	116,050
			87,068	1,80	156,722			
5	8,7	8,448				424,973	484,554	59,581
			96,416	1,50	143,124			
6	10,2	1,764				568,097	568,097	0,000

Ist — wie in dem Beispiel in Nr. 50f — $E\,J_0 = 9303$ tm², so wird die Durchbiegung $\delta_3 = \frac{145{,}256}{9303} = 0{,}0156$ m, also (wie dies auch sein muß) gerade die Hälfte des Wertes nach Nr. 50f, wo die Durchbiegung bei der gleichen Belastung von 2,00 t/m über die ganze Trägerlänge ermittelt worden ist.

b) Als zweites Beispiel bestimmen wir die Biegelinie des in Abb. 121a dargestellten Gelenkträgers über zwei Felder von je 8,00 m Stützweite, dessen rechtes Feld mit einer gleichmäßig verteilten Last von 12,0 t/m belastet ist. Die Trägerhöhe soll über dem linken Auflager 0,40 m sein, über der mittleren Stütze auf 0,80 m zunehmen, dann bis zum Gelenk im Querschnitt 5 auf 0,60 m zurückgehen und diesen Wert im Einhängträger beibehalten. Wir wählen $J_0 = 1/12 \cdot b \cdot 0{,}6^3$ und erhalten

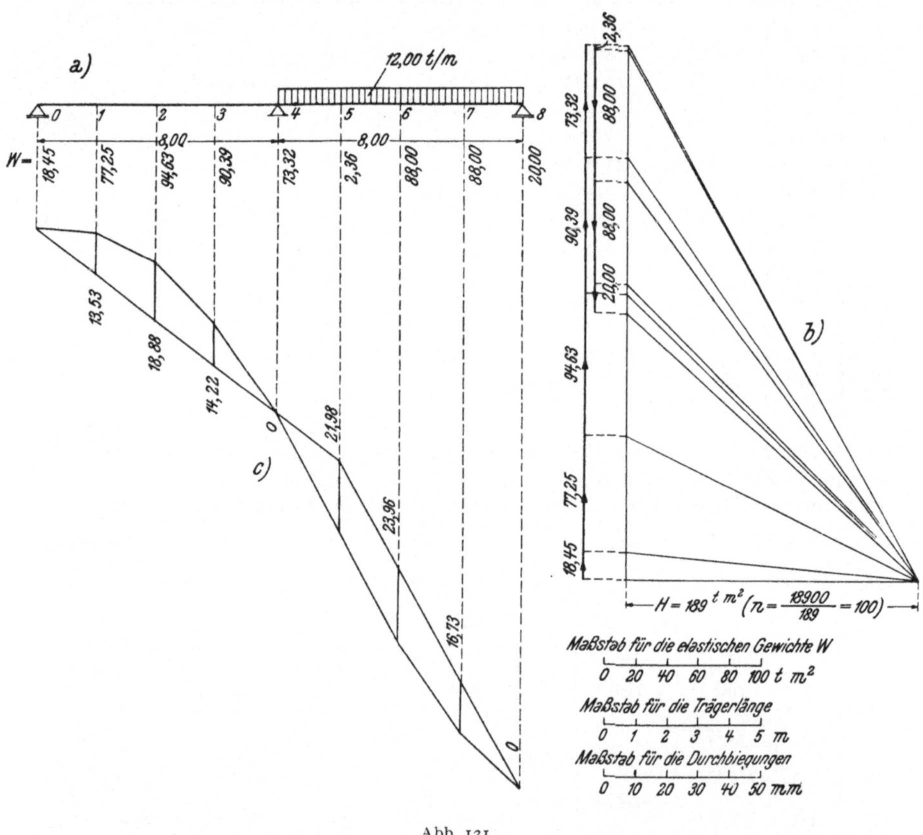

Abb. 121.

dementsprechend für das Verhältnis $J_0/J = (0{,}6/h)^3$ bei der Trägerhöhe h. Zunächst werden die Momente M_{sP}' des rechten Feldes als freiaufliegender Träger mit der Stützweite 8,00 m bestimmt; die Momente des Einhängträgers werden erhalten, wenn wir die Schlußlinie so legen, daß in den Querschnitten 5 und 8 das Moment verschwindet. Dadurch ist das Stützenmoment im Querschnitt 4 bestimmt und der Momentenverlauf im linken Feld durch die Schlußline 0—4 gegeben. Die elastischen Gewichte werden wiederum nach der genaueren Gleichung bestimmt; da die Intervalle $\lambda = 2{,}00$ m gleich groß sind, berechnet sich nach Gl. (55,6) W_m mit

$$W_m = \frac{\lambda}{3}\,(w_{m-1/2} + w_m + w_{m+1/2}).$$

Die Berechnung ist in Tab. 9 zusammengestellt:

Tabelle 9.

	x m	M_{sP}' *tm*	M_{sP}'' *tm*	M_{sP} *tm*	h m	$\frac{J_0}{J}$	$M_{sP}\frac{J_0}{J}$ *tm*	$w_{m-1/2}+w_m+$ $+w_{m+1/2}$ *tm*	$\frac{\lambda}{3}$ m	W_m *tm*²
0	0,00		0,0	0,0	0,40	3,375	0,00	— 27,68		— 18,45
½	1,00		— 12,0	— 12,0	0,45	2,307	— 27,68			
1	2,00		— 24,0	— 24,0	0,50	1,728	— 41,47	— 115,88		— 77,25
1½	3,00		— 36,0	— 36,0	0,55	1,298	— 46,73			
2	4,00		— 48,0	— 48,0	0,60	1,000	— 48,00	— 141,95		— 94,63
2½	5,00		— 60,0	— 60,0	0,65	0,787	— 47,22			
3	6,00		— 72,0	— 72,0	0,70	0,630	— 45,36	— 135,59		— 90,39
3½	7,00		— 84,0	— 84,0	0,75	0,512	— 43,01			
4	8,00	0,0	— 96,0	— 96,0	0,80	0,422	— 40,51	— 109,98	$\frac{2,00}{3} = 0,667$	— 73,32
4½	9,00	42,0	— 84,0	— 42,0	0,70	0,630	— 26,46			
5	10,00	72,0	— 72,0	0,0	0,60	1,000	0,00	3,54		2,36
5½	11,00	90,0	— 60,0	30,0	0,60	1,000	30,00			
6	12,00	96,0	— 48,0	48,0	0,60	1,000	48,00	132,00		88,00
6½	13,00	90,0	— 36,0	54,0	0,60	1,000	54,00			
7	14,00	72,0	— 24,0	48,0	0,60	1,000	48,00	132,00		88,00
7½	15,00	42,0	— 12,0	30,0	0,60	1,000	30,00			
8	16,00	0,0	0,0	0,0	0,60	1,000	0,00	30,00		20,00

Um die Biegelinie zu erhalten, belasten wir mit diesen W_m und zeichnen, wie dies in Abb. 121b geschehen ist, das Seilpolygon; nehmen wir an, daß der Träger ein rechteckiger Stahlbetonbalken von 50 cm Breite sei, so ergibt sich mit einem Elastizitätsmodul von $E = 2{,}1 \cdot 10^6$ t/m² der Wert für $E\,J_0 = 2{,}1 \cdot 10^6 \cdot \frac{0{,}5 \cdot 0{,}6^3}{12} =$ $= 1{,}89 \cdot 10^4$ tm². Wir wählen als Polweite den hundertsten Teil ($n = 100$) hievon, d. i. 189 tm² und tragen diese im gleichen Maßstab wie die W_m auf. Die Ordinaten der Biegelinie δ_{mP} sind also gegenüber dem Längenmaßstab der Zeichnung 100fach vergrößert. Die Schlußlinie für den linken Träger ist durch die beiden Lager dieses Tragwerkteiles zu legen; denn in diesen Punkten 0 und 4 treten keine Verschiebungen auf. Damit erhält man die lotrechte Verschiebung des Punktes 5 (des Gelenkes) und dadurch ist auch die Schlußlinie für den Schwebeträger, wie in Abb. 121c ersichtlich, festgelegt. Um den Auflagerbedingungen Genüge zu leisten, hat man also für die Biegelinie die Momente eines Gelenkträgers infolge der Gewichte W_m zu bestimmen, bei welchem Mittelstütze und Gelenk gegenüber dem gegebenen vertauscht sind.

Will man die Ordinaten der Biegelinie rechnerisch bestimmen, so ermittelt man für das linke Feld die Momente der W_m als ob es ein an der Mittelstütze eingespannter Kragträger wäre und bestimmt aus dem Stützenmoment den linken Auflagerdruck $A = \frac{M_{4P}}{l}$ so, daß in 4 das Moment verschwindet. Tab. 10 gibt die Rechnung wieder:

Tabelle 10.

m	x m	W_m tm^2	Q tm^2	λ m	$Q\lambda$ tm^3	$EJ_0\delta_{mP}'$ tm^3	Ax tm^3	$EJ_0\delta_{mP}$ tm^3	$10\delta_{mP}^3$ m
0	0,0	−18,45							
			18,45	2,00	36,90				
1	2,0	−77,25				36,90	−292,60	−255,70	13,53
			95,70	2,00	191,40				
2	4,0	−94,63				228,30	−585,20	−356,90	18,88
			190,33	2,00	380,66				
3	6,0	−90,39				608,96	−877,80	−268,84	14,22
			280,72	2,00	561,44				
4	8,0	−73,32				1170,40	−1170,40	0,00	0,00
			354,04	2,00	708,08				
5	10,0	2,36				1878,48	−1463,00	415,48	21,98

$$A = \frac{1170{,}40}{8{,}00} = 146{,}30 \text{ tm}^2.$$

Um die Ordinaten der Biegelinie an den Stellen 6 und 7 zu bestimmen, ermitteln wir die Momente an diesen Stellen infolge der Belastung mit W_6 und W_7 als freiaufliegender Träger, der in den Punkten 5 und 8 gestützt ist.

$$M' = EJ_0\delta_{mP}' = 2{,}00 \cdot 88{,}00 = 176{,}00 \text{ tm}^3.$$

Hiezu kommt noch der Beitrag infolge der lotrechten Verschiebung von 5, der oben mit $EJ_0\delta_{mP} = 415{,}48$ tm³ bestimmt worden ist. Damit ergibt sich für eine Stelle n der Entfernung x' von 8 der Beitrag

$$x' \cdot \frac{415{,}48}{6{,}00} = 69{,}247\, x'.$$

So erhält man die Ordinaten der Biegelinie für den Einhängträger.

Tabelle 11.

	x' m	$EJ_0\delta_{mP}'$ tm^3	$69{,}247\,x'$ tm^3	$EJ_0\delta_{mP}$ tm^3	$10^3\delta_{mP}$ m
5	6,00	0,00	415,48	415,48	21,98
6	4,00	176,00	276,99	452,99	23,96
7	2,00	176,00	188,50	316,50	16,73
8	0,00	0,00	0,00	0,00	0,00

c) Wir wollen die Biegelinie des in Abb. 113 dargestellten Trägers in horizontaler Richtung bestimmen, wenn — so wie in Nr. 50 h — eine waagrechte Kraft von 1 t angreift; sie wirkt jedoch gegenüber dem angeführten Beispiel in entgegengesetzter Richtung, so daß $M_{sP} = +y \cdot 1$ ist. Wir verwenden die Gl. (55, 6) für die Ermittlung der elastischen Gewichte W_m (Abb. 122a) und bestimmen zunächst bei gleicher Teilung die Längen der Intervalle auf der Stabachse.

Tabelle 12.

	Δx_m	Δy_m	Δx_m^2	Δy_m^2	Δs_m^2	Δs_m	$\frac{\Delta s_m}{6}$
0							
	1,50	0,930	2,25	0,8649	3,1149	1,765	0,2942
1							
	1,50	0,609	2,25	0,3709	2,6209	1,619	0,2698
2							
	1,50	0,348	2,25	0,1211	2,3711	1,540	0,2567
3							
	1,50	0,113	2,25	0,0128	2,2628	1,504	0,2507
4							

Die Berechnung der elastischen Gewichte ist in Tab. 13 durchgeführt:

Tabelle 13.

	x	$\frac{J_0}{J}$	y	$y\frac{J_0}{J}$	a	$a\,y\frac{J_0}{J}$	$2\,w_{m-1/2}+w_m$ / $w_m+2\,w_{m+1/2}$	$\frac{\Delta s}{6}$	$\frac{\Delta s_{m-\frac{1}{2}}}{6}(2\,w_{m-\frac{1}{2}}+w_m)$ / $\frac{\Delta s_{m+\frac{1}{2}}}{6}(w_m+2w_{m+\frac{1}{2}})$	W_m
	m		m	m		m	tm	m	tm^2	tm^2
0	6,00	3,375	0	0	1	0	2,8760		0,8461	0,8461
½	5,25	2,814	0,511	1,4380	2	2,8760		0,2942		
1	4,50	2,370	0,930	2,2041	1	2,2041	5,0801		1,4945	
										3,4699
1	4,50	2,370	0,930	2,2041	1	2,2041	7,3223		1,9754	
1½	3,75	2,015	1,270	2,5591	2	5,1182		0,2698		
2	3,00	1,728	1,539	2,6594	1	2,6594	7,7776		2,0985	
										4,1180
2	3,00	1,728	1,539	2,6594	1	2,6594	7,8670		2,0195	
2½	2,25	1,493	1,744	2,6038	2	5,2076		0,2567		
3	1,50	1,298	1,887	2,4493	1	2,4493	7,6569		1,9655	
										3,7029
3	1,50	1,298	1,887	2,4493	1	2,4493	6,9297		1,7373	
3½	0,75	1,136	1,972	2,2402	2	4,4804		0,2507		
4	0,00	1,000	2,000	2,0000	1	2,0000	6,4804		1,6246	1,6246

Mit diesen W_m, die in waagrechter Richtung wirken, ist in Abb. 122b das Seilpolygon gezeichnet. Die Schlußlinie findet man durch die Überlegung, daß bei symmetrischer Trägerform und symmetrischer Belastung, wie sie bei diesem Beispiele vorliegen, auch die Biegelinie symmetrisch sein muß, wenn man anstatt des linken Auflagers die Trägermitte, d. i. den Punkt 4, festgehalten denkt. Dann wäre also die Lotrechte durch die Spitze die Schlußlinie; das linke Auflager erfährt dann die mit $\frac{1}{2}\delta_{4P}$ bezeichnete Verschiebung nach rechts, das rechte Auflager die gleichgroße Verschiebung nach links. Ist aber das linke Auflager fest, so muß man zu den Verschiebungen bei festem Punkt 4 die Verschiebung $\frac{1}{2}\,\delta_{4P}$ hinzufügen, also als Schlußlinie die Lotrechte durch 0 verwenden. Als Polweite wurde $H = 14{,}175$ tm² gewählt; damit ergibt sich eine Vergrößerung des Maßstabes für die δ_{mP} auf das $\frac{4725}{14{,}175} = 333{,}33$fache. $E\,J_0$ ist wie in dem Beispiel Nr. 50h mit 4725 tm² angenommen. Die Rechnung ist in Tab. 14 zusammengestellt

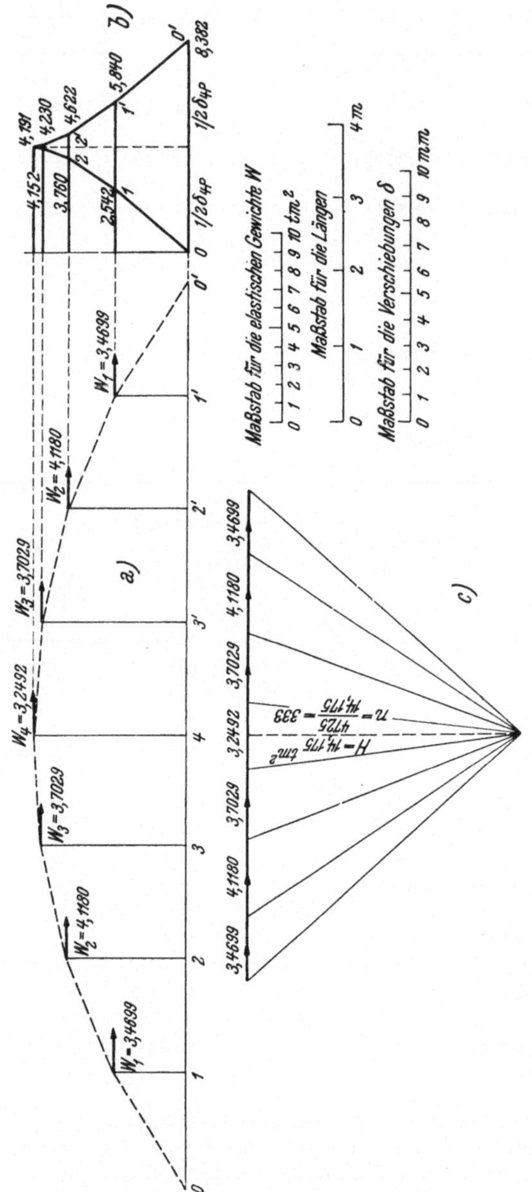

Abb. 122.

Wir erhalten also für die Verschiebung des rechten Auflagers jetzt den Wert 8,382, während wir in Beispiel Nr. 50h hiefür 8,50 mm ermittelt haben. Der Unterschied rührt daher, daß die Integration in beiden Fällen mit verschiedenen Näherungsformeln ausgeführt worden ist. Man sieht, daß der Fehler größer als die Korrektur infolge der Achsialkräfte ist, die in Nr. 50h mit 0,02 mm berechnet wurde.

Ist Trägerform oder Belastung nicht symmetrisch, so kann die Schlußlinie nicht so einfach angegeben werden. Man muß dann bedenken, daß bei Festhalten der Trägermitte die beiden Auflager 0 und 0′ verschieden große lotrechte Verschiebungen erfahren, so daß neben der Parallelverschiebung auch noch eine Drehung des ganzen Tragwerkes notwendig ist; durch Parallelverschiebung und Drehung lassen sich die Bedingungen erfüllen, daß das linke Auflager keine Verschiebung, das rechte Auflager lediglich eine waagrechte Verschiebung erfährt.

Tabelle 14.

	W_m	Q_m	Δy_m	$Q_m \Delta y_m$	$E J_0 \delta_{mP}$	$10^3 \delta_{mP}$ in m	
	tm^2	tm^2	m	tm^3	tm^3	links	rechts
0	0,8461					0,000	8,382
		12,9154	0,930	12,0113			
1	3,4699				12,0113	2,542	5,840
		9,4455	0,609	5,7523			
2	4,1180				17,7636	3,760	4,622
		5,3275	0,348	1,8540			
3	3,7029				19,6176	4,152	4,230
		1,6246	0,113	0,1836			
4	2×1,6246				19,8012	4,191	4,191

B. Fachwerke.

58. Die elastischen Gewichte bei Fachwerken. Wir knüpfen an die Ausführungen von Nr. 54 an und wählen als Linienzug entweder den Obergurt, den Untergurt oder den Diagonalzug. Die elastischen Gewichte greifen in den einzelnen Knoten des gewählten Linienzuges an; wir erhalten dann die Ordinaten der Biegelinie in diesen Knoten. Die Stäbe zwischen den Knoten bleiben gerade, denn bei einem idealen Fachwerk treten keine Momente auf, durch welche die Stäbe verbogen würden. Die Biegelinie eines Fachwerkes ist daher ein Polygon, dessen Ecken mit den Knoten zusammenfallen. Der dem elastischen Gewicht im Knoten m zugeordnete Hilfsangriff besteht, wie schon in Nr. 54 dargelegt wurde, aus den Kräften $1/\lambda_m$ und $1/\lambda_{m+1}$ in der Richtung negativer δ_{mK} in den Knoten $m-1$ und $m+1$ und aus der Kraft $1/\lambda_m + 1/\lambda_{m+1}$ in der Richtung positiver δ_{mK} im Knoten m. Durch diese Kräfte werden nur in einer begrenzten Zahl von Stäben p die Stabkräfte S_{pm} erzeugt; die Stäbe p haben die Längenänderungen Δs_{pK} durch die Ursache K, für die die Biegelinie des Fachwerkes bestimmt werden soll, erfahren. Für das elastische Gewicht W_m im Knoten m erhalten wir dann aus Gl. (55,1)

$$W_m = \sum S_{pm} \Delta s_{pK}. \qquad (58,7)$$

Ist die Biegelinie infolge einer äußeren Belastung P zu bestimmen, so werden die

$$\Delta s_{pK} = \Delta s_{pP} = \frac{S_{pP} s_p}{E F_p},$$

während eine Temperaturänderung die Stabverlängerungen

$$\Delta s_{pt} = s_p \alpha t$$

hervorruft. Hiebei ist aber zu beachten, daß zu diesem Werte noch der Beitrag infolge der bei statisch unbestimmten Systemen allenfalls auftretenden inneren Kräfte dazukommt.

Je nach dem Aufbau des Fachwerkes erhalten wir verschiedene Ausdrücke für W_m. In dem gewählten Linienzug dürfen keine Stäbe vorkommen, die in die Richtung der Verschiebungskomponenten δ_{mK} fallen, weil dann mit $\lambda_m \to 0$ der Wert von $1/\lambda_m$ über alle Grenzen wächst.

a) Wir bestimmen im folgenden die elastischen Gewichte für einige Fachwerksformen und beginnen mit dem Diagonalzug einer einfachen Dreieckskette, bei welchem der zu W_m zugeordnete Hilfsangriff lediglich drei Stäbe, nämlich die beiden Diagonalen D' und D'' und den dazwischen liegenden Gurtstab beansprucht (vgl. Abb. 123a und b). Man bekommt in diesem Falle sowohl die Biegelinie des Ober- als auch des Untergurtes, je nachdem, welche Ordinaten wir auswählen. Die Stabkräfte S_{pm} erhalten wir für einen Knoten m des Obergurtes aus der Momentengleichung um den Punkt o:

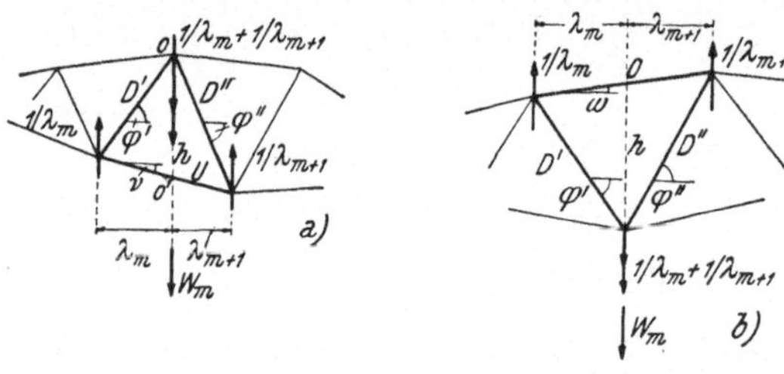

Abb. 123.

$$U = \frac{\sec \nu}{h}$$

und aus der Momentengleichung um den Punkt o′ für die Kräfte in den Diagonalen

$$D' = -\frac{\sec \varphi'}{h} \quad \text{und} \quad D'' = -\frac{\sec \varphi''}{h}.$$

Dies folgt sofort aus der Betrachtung der Abb. 123a, welcher auch die Bezeichnung der Höhe h und der Winkel ν, φ' und φ'' zu entnehmen ist. Bedeuten Δu, $\Delta d'$ und $\Delta d''$ die Verlängerungen der Stäbe U, D' und D'', die wir allgemein früher mit Δs_{pK} bezeichnet haben, so ergibt sich nach (58, 7) für W_m der Ausdruck

$$W_m = \frac{1}{h}(\Delta u \sec \nu - \Delta d' \sec \varphi' - \Delta d'' \sec \varphi''). \tag{58, 7a}$$

Auf die gleiche Weise erhält man für einen Knoten m des Untergurtes (Abb. 123b)

$$W_m = \frac{1}{h}(-\Delta o \sec \omega + \Delta d' \sec \varphi' + \Delta d'' \sec \varphi''). \tag{58, 7b}$$

b) Diese Formeln versagen, wenn Ausfachungsstäbe in die Richtung fallen, in welcher die Komponenten der Verschiebungen bestimmt werden sollen. Dies ist z. B. bei den in den Abb. 124 bis 126 dargestellten

Fachwerken der Fall, wenn es sich, wie gewöhnlich, um die Biegelinie für lotrechte Verschiebungen handelt. Wir müssen uns hier entscheiden, ob wir die Biegelinie des Obergurtes (Abb. 124a und 125a) oder jene des Untergurtes (Abb. 124b und 125b) bestimmen wollen und je nachdem

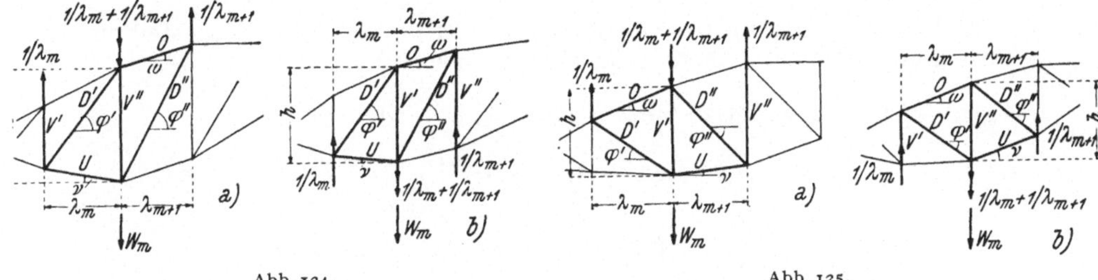

Abb. 124. Abb. 125.

die elastischen Gewichte entweder in den Knoten des Obergurtes oder in jenen des Untergurtes angreifen lassen. Im ersteren Falle erhält man

$$O = -\frac{\sec\omega}{h} \quad U = \frac{\sec\nu}{h} \quad D' = -\frac{\sec\varphi'}{h} \quad D'' = \frac{\sec\varphi''}{h}$$

$$V' = \frac{1}{\lambda_m} \quad V'' = -\frac{\operatorname{tg}\nu + \operatorname{tg}\varphi''}{h}.$$

Damit wird

$$W_m = \frac{1}{h}[\Delta u \sec\nu - \Delta o \sec\omega - \Delta d' \sec\varphi' + \Delta d'' \sec\varphi'' - \\ - \Delta v'' (\operatorname{tg}\nu + \operatorname{tg}\varphi'')] + \frac{\Delta v'}{\lambda_m}. \quad (58, 8a)$$

Soll die Biegelinie des Untergurtes bestimmt werden, so treten als Folge der an den Knoten desselben angreifenden Kräfte $1/\lambda_m$ und $1/\lambda_{m+1}$ die Stabkräfte auf:

$$O = -\frac{\sec\omega}{h} \quad U = \frac{\sec\nu}{h} \quad D' = -\frac{\sec\varphi'}{h} \quad D'' = \frac{\sec\varphi''}{h}$$

$$V' = \frac{\operatorname{tg}\varphi' - \operatorname{tg}\omega}{h} \quad V'' = -\frac{1}{\lambda_{m+1}}$$

und es wird

$$W_m = \frac{1}{h}[\Delta u \sec\nu - \Delta o \sec\omega - \Delta d' \sec\varphi' + \Delta d'' \sec\varphi'' + \\ + \Delta v' (\operatorname{tg}\varphi' - \operatorname{tg}\omega)] - \frac{\Delta v''}{\lambda_{m+1}}. \quad (58, 8b)$$

c) Sind die Diagonalen nach der anderen Richtung geneigt, so ergibt sich für den Obergurt (Abb. 125a)

$$W_m = \frac{1}{h}[\Delta u \sec\nu - \Delta o \sec\omega + \Delta d' \sec\varphi' - \Delta d'' \sec\varphi'' - \\ - \Delta v' (\operatorname{tg}\nu + \operatorname{tg}\varphi')] + \frac{\Delta v''}{\lambda_{m+1}} \quad (58, 9a)$$

und für den Untergurt (Abb. 125b)

$$W_m = \frac{1}{h}\left[\varDelta\, u \sec \nu - \varDelta\, o \sec \omega + \varDelta\, d' \sec \varphi' - \varDelta\, d'' \sec \varphi'' + \right.$$
$$\left. + \varDelta\, v'' (\operatorname{tg} \omega + \operatorname{tg} \varphi'')\right] - \frac{\varDelta\, v'}{\lambda_m}. \qquad (58, 9b)$$

d) Für die Biegelinie des Obergurtes bei der in Abb. 126a dargestellten Ausfachung ergeben sich die elastischen Gewichte

$$W_m = \frac{1}{h}\left[\varDelta\, u' \sec \nu' + \varDelta\, u'' \sec \nu'' - \varDelta\, d' \sec \varphi' - \varDelta\, d'' \sec \varphi'' + \right.$$
$$\left. + \varDelta\, v (\operatorname{tg} \nu' - \operatorname{tg} \nu'')\right] + \frac{\varDelta\, v'}{\lambda_m} + \frac{\varDelta\, v''}{\lambda_{m+1}} \qquad (58, 10a)$$

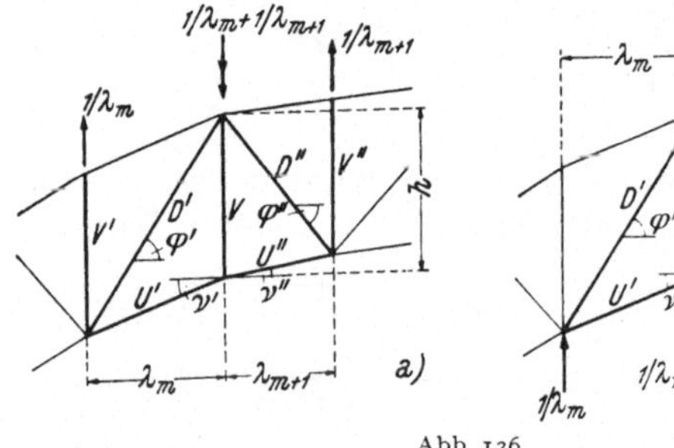

Abb. 126.

und für die Biegelinie des Untergurtes (Abb. 126b)

$$W_m = \frac{1}{h}\left[\varDelta\, u' \sec \nu' + \varDelta\, u'' \sec \nu'' - \varDelta\, d' \sec \varphi' - \varDelta\, d'' \sec \varphi'' + \right.$$
$$\left. + \varDelta\, v (\operatorname{tg} \varphi' + \operatorname{tg} \varphi'')\right]. \qquad (58, 10b)$$

e) Mitunter ist es einfacher, auch bei dem in Abb. 126 dargestellten Fachwerk den Diagonalzug zu wählen. Man erhält dann in jedem

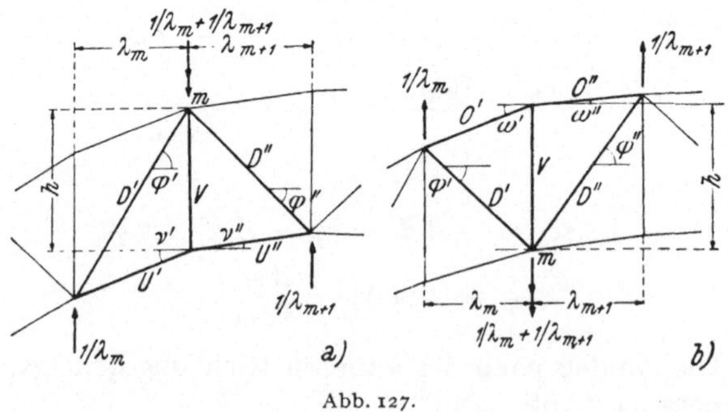

Abb. 127.

zweiten Knoten des Obergurtes und des Untergurtes eine Ordinate der Biegelinie. Die Abb. 127a bestätigt leicht die folgende Gleichung für W_m, wenn m ein Knoten des Obergurtes ist,

$$W_m = \frac{1}{h}\,[\Delta\, u' \sec \nu' + \Delta\, u'' \sec \nu'' - \Delta\, d' \sec \varphi' - \Delta\, d'' \sec \varphi'' + \Delta\, v\,(\operatorname{tg} \nu' - \operatorname{tg} \nu'')] \qquad (58,\ 11\text{a})$$

und nach Abb. 127b, wo m ein Knoten im Untergurt ist,

$$W_m = \frac{1}{h} \cdot [-\Delta\, o' \sec \omega' - \Delta\, o'' \sec \omega'' + \Delta\, d' \sec \varphi' + \Delta\, d'' \sec \varphi'' + \Delta\, v\,(\operatorname{tg} \omega' - \operatorname{tg} \omega'')]. \qquad (58,\ 11\text{b})$$

59. Genäherte Ausdrücke für die elastischen Gewichte bei Fachwerken. Wir zerlegen die Kräfte $1/\lambda_m$ und $1/\lambda_{m+1}$ so wie in Nr. 55 in zwei Komponenten (Abb. 128), von denen die eine, nämlich $1/s_m$, bzw. $1/s_{m+1}$ senkrecht zu dem Stabe s_m, bzw. s_{m+1} wirkt, während die andere, welche die Größe $1/s_m \cdot \operatorname{tg} \beta_m$, bzw. $1/s_{m+1} \cdot \operatorname{tg} \beta_{m+1}$ besitzt, in die Richtung der Stäbe s_m, bzw. s_{m+1} fällt. Die Komponenten $1/s_m$ und $1/s_{m+1}$ rufen die Stabkräfte $\overline{S}_{pm}$ hervor; die Komponenten $1/s_m \cdot \operatorname{tg} \beta_m$ und $1/s_{m+1} \cdot \operatorname{tg} \beta_{m+1}$ rufen lediglich in den Stäben s_m eine Druckkraft $1/s_m \cdot \operatorname{tg} \beta_m$ und in s_{m+1} die Zugkraft $1/s_{m+1} \cdot \operatorname{tg} \beta_{m+1}$ hervor, so daß sich also das elastische Gewicht W_m mit

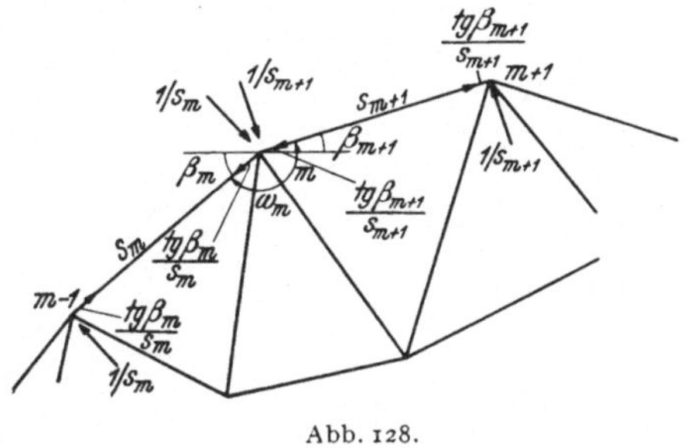

Abb. 128.

$$W_m = \sum \overline{S}_{pm}\,\Delta\, s_{pK} - \Delta\, s_m/s_m \cdot \operatorname{tg} \beta_m + \Delta\, s_{m+1}/s_{m+1} \cdot \operatorname{tg} \beta_{m+1} \qquad (59,\ 12)$$

ergibt. Nun stellt $\sum \overline{S}_{pm}\,\Delta\, s_{pK}$ die Vergrößerung des Winkels zwischen den Stäben s_m und s_{m+1} vor, denn die Stabkräfte $\overline{S}_{pm}$ sind durch einen Kraftangriff hervorgerufen, der mit dem der Vergrößerung $\Delta\,\omega_m$ des Winkels ω zugeordneten Hilfsangriff (vgl. Nr. 48d) identisch ist. Vernachlässigt man also in der zuletzt für W_m angeschriebenen Gleichung die beiden letzten Glieder, so erhält man als eine in den meisten Fällen ausreichende Näherung

$$W_m = \sum S_{pm}\,\Delta\, s_{pK} = \Delta\,\omega_m \qquad (59,\ 13)$$

und es können also als elastische Gewichte die Winkelvergrößerungen des in dem betreffenden Knoten von den beiden Stäben des Linienzuges eingeschlossenen Winkels verwendet werden. Man muß nur beachten, daß die Winkel ω_m

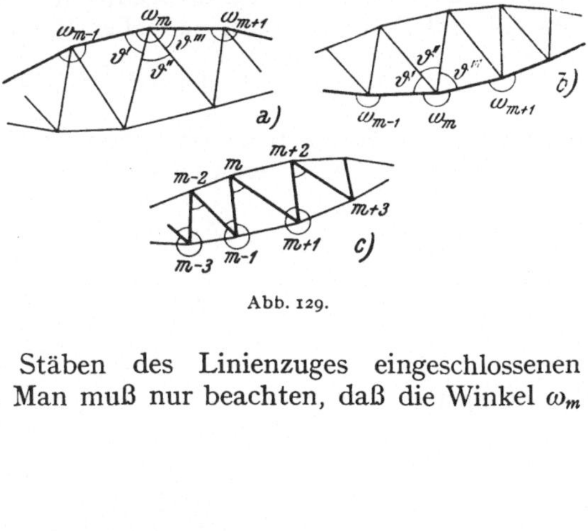

Abb. 129.

stets auf derselben Seite des Stabzuges liegen müssen; man hat also bei den in der Abb. 129 dargestellten Stabzügen die Vergrößerungen der bezeichneten Winkel zu nehmen. In Nr. 48d haben wir die Winkelvergrößerungen in einem Stabdreieck bestimmt, dessen Seiten die Dehnungen ε_1, ε_2 und ε_3 erfahren haben und dafür die Gl. (48, 20)

$$\Delta\vartheta_1 = (\varepsilon_1 - \varepsilon_3)\operatorname{cotg}\vartheta_2 + (\varepsilon_1 - \varepsilon_2)\operatorname{cotg}\vartheta_3$$

erhalten. Ist als Stabzug der Obergurt gewählt (Abb. 129a), so erhält man ein elastisches Gewicht W_m, wenn man die nach dieser Formel bestimmten Winkelvergrößerungen von ϑ', ϑ'' und ϑ''' addiert. Für den Untergurt als Stabzug (Abb. 129b) wird man anstatt der Vergrößerung der Außenwinkel, wie es unsere Ableitung verlangt, die Verkleinerungen der Winkel ϑ', ϑ'' und ϑ''' ermitteln und addieren; es läuft dies darauf hinaus, daß ein positives $W_m' = \Delta\vartheta' + \Delta\vartheta'' + \Delta\vartheta'''$ ein negatives $W_m = -W_m'$ bedeutet. Am einfachsten ist es, den Diagonalzug als Stabzug zu verwenden (129c), denn dann besteht jedes elastische Gewicht nur aus der Änderung eines einzigen Winkels. Dabei ist in den Knoten $\ldots m-2, m, m+2 \ldots$ (Abb. 130a)

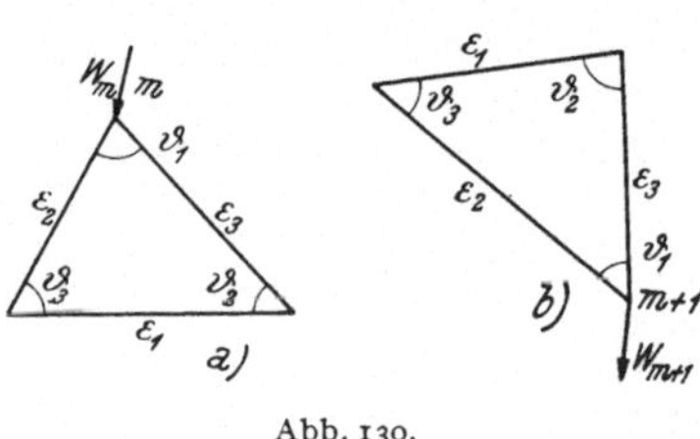

Abb. 130.

$$W_m = (\varepsilon_1 - \varepsilon_3)\operatorname{cotg}\vartheta_2 + (\varepsilon_1 - \varepsilon_2)\operatorname{cotg}\vartheta_3, \tag{59, 14a}$$

in den Knoten $\ldots m-1, m+1, \ldots$ (Abb. 130b)

$$W_m = -(\varepsilon_1 - \varepsilon_3)\operatorname{cotg}\vartheta_2 - (\varepsilon_1 - \varepsilon_2)\operatorname{cotg}\vartheta_3, \tag{59, 14b}$$

weil hier anstatt des Winkels, auf dessen Änderung es ankommt, jener auf der anderen Seite des Stabzuges genommen worden ist. Diese Gleichungen sind auch noch dann anwendbar, wenn ein Stab in die Richtung, in welcher die Komponenten der Verschiebungen als Ordinaten der Biegelinie zu bestimmen sind, fällt.

Eine weniger genaue, aber noch einfachere Gleichung für die elastischen Gewichte erhält man, wenn man die Gl. (48, 23)

$$\Delta\vartheta = \frac{\Delta s_1}{h}\sec\varphi$$

anwendet. Im Diagonalzug sind dann in den Knoten des Obergurtes (Abb. 131a) die elastischen Gewichte

$$W_m = \frac{\Delta u}{h}\sec v, \tag{59, 15a}$$

in den Knoten des Obergurtes (Abb. 131b)

$$W_m = -\frac{\Delta o}{h}\sec\omega \tag{59, 15b}$$

anzubringen.

Wir erwähnen schließlich noch, daß die Verwendung von angenäherten Werten für die elastischen Gewichte, wie dies im vorherigen der Fall war, stets zu kleine Ordinaten der Biegelinie ergibt; denn die Näherung besteht bei Verwendung der Winkeländerung als elastisches Gewicht darin, daß die Längenänderungen der Gurtstäbe kleiner angesetzt werden als sie wirklich sind und wenn man die Winkeländerungen näherungsweise durch $\frac{\Delta u}{h}$, bzw. $\frac{\Delta o}{h}$ ausdrückt, daß überdies die Längenänderungen der Diagonalen vernachlässigt werden. Je kleiner aber die Längenänderungen der Stäbe sind, desto kleiner werden auch die Verschiebungen.

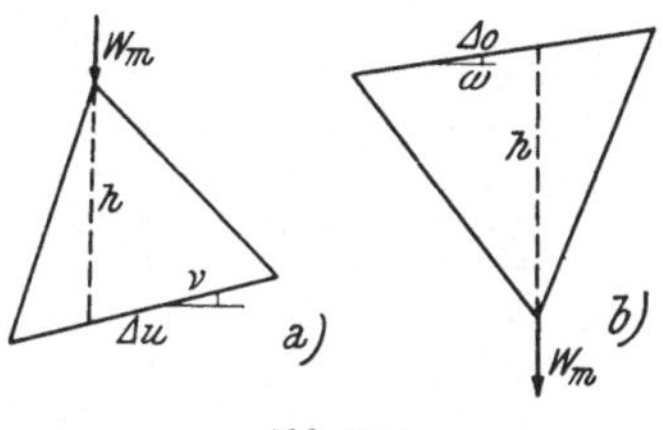

Abb. 131.

60. Ein Beispiel für die Biegelinie eines Fachwerkes. Wir wollen die Biegelinie des Untergurtes (als belastet angenommen) des in Abb. 132 dargestellten Fachwerkes in lotrechter Richtung bestimmen. Es sei irgendwie symmetrisch belastet, so daß in den Untergurten die Spannungen σ_{u_m}, in den Obergurten die Spannungen σ_{o_m} und in den Diagonalen die Spannungen σ_{d_m} auftreten. Dabei muß in den Zugstäben die Spannung in den unverschwächten Stabquerschnitten bestimmt werden; denn die Verlängerung eines Zugstabes ist in der Hauptsache durch die Dehnung der unverschwächten Stabteile bedingt, weil deren Länge ja bedeutend größer ist als jene, wo der Stab durch Nietlöcher oder dgl. verschwächt ist.

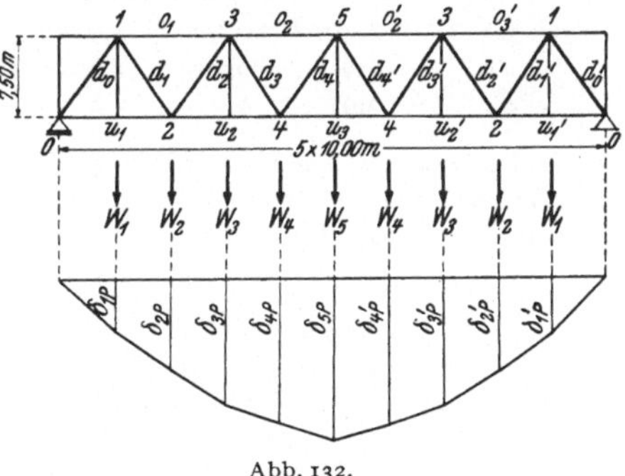

Abb. 132.

Wir wählen den in der Abb. 132 durch stärkere Linien hervorgehobenen Diagonalzug; um die Ordinaten der Biegelinie in den Zwischenknoten des Untergurtes zu erhalten, müssen zu den Verschiebungen der Obergurtknoten noch die Längenänderungen der Vertikalen hinzugefügt werden.

Zunächst sollen die elastischen Gewichte nach der genauen Gl. (58, 7a und b)

$$W = \frac{1}{h}(\Delta u \sec \nu - \Delta d' \sec \varphi' - \Delta d'' \sec \varphi'') \text{ und}$$

$$W = \frac{1}{h}(-\Delta o \sec \omega + \Delta d' \sec \varphi' + \Delta d'' \sec \varphi'')$$

bestimmt werden. Als Maßeinheiten sind t und m gewählt. Die Längenänderung eines Stabes ist durch $\Delta s = \frac{s\,\sigma}{E}$ gegeben, worin s die Stablänge, σ die Spannung und E den Elastizitätsmodul bedeutet. Für alle Gurtstäbe ist $\sec \omega = \sec \nu = 1{,}00$, für die Diagonalen wird $\sec \varphi' = \sec \varphi'' = \frac{9{,}014}{5{,}000} = 1{,}8028$.

Wegen der Symmetrie genügt es, die elastischen Gewichte W_m für eine Trägerhälfte zu bestimmen.

Tabelle 15.

	$10^{-4}\sigma$ t/m^2	s m	$\sec\varphi$	$10^{-4}\sigma\cdot s\cdot\sec\varphi$ t/m	$10^{-4}E\,h\,W_m$ t/m	$W_m\cdot 10^4$
$m=1$ u_1	$+1,00$	10,000	1,0000	$+10,000$		
d_0	$-1,10$	9,014	1,8028	$-17,875$		
d_1	$+1,30$	9,014	1,8028	$+21,124$	6,751	4,29
$m=2$ o_1	$-1,10$	10,000	1,0000	$-11,000$		
d_1	$+1,30$	9,014	1,8028	$+21,124$		
d_2	$-1,10$	9,014	1,8028	$-17,875$	14,249	9,05
$m=3$ u_2	$+1,30$	10,000	1,0000	$+13,000$		
d_2	$-1,10$	9,014	1,8028	$-17,875$		
d_3	$+1,00$	9,014	1,8028	$+16,250$	14,625	9,29
$m=4$ o_2	$-1,10$	10,000	1,0000	$-11,000$		
d_3	$+1,00$	9,014	1,8028	$+16,250$		
d_4	$-0,90$	9,014	1,8024	$-14,626$	12,624	8,01
$m=5$ u_3	$+1,30$	10,000	1,0000	$+13,000$		
d_4	$-0,90$	9,014	1,8028	$-14,626$		
d_4'	$-0,90$	9,014	1,8028	$-14,626$	42,252	26,83

Dabei beträgt $E\,h = 21\cdot 10^6\cdot 7,50 = 1,575\cdot 10^8$ t/m. Mit diesen $10^4\,W_m$ ergeben sich die in der folgenden Tabelle angegebenen Werte für $10^4\cdot\delta_{mP}$. Die Längenänderungen der Vertikalen betragen bei einer Länge von 7,5 m und einer Spannung von 0,8 t/cm²

$$\varDelta\,v = \frac{7,50\cdot 0,8\cdot 10^4}{21\cdot 10^6} = 2,9\cdot 10^{-3}\ \text{m} = 2,9\ \text{mm}.$$

Diese Verlängerung tritt in den Zwischenknoten des Untergurtes zu den mittels Belastung durch W_m ermittelten Ordinaten der Biegelinie hinzu.

Tabelle 16.

	$10^4\cdot W_m$	$10^4\cdot Q_m$	$10^4\cdot Q_m\,\lambda_m$ m	$10^4\,\delta_{mP}'$ m	δ_{mP}' mm	δ_{mP} mm
		44,05	220,25			
$m=1$	4,29			220,25	22,0	24,9
		39,76	198,80			
$m=2$	9,05			419,05	41,9	41,9
		30,71	153,55			
$m=3$	9,29			572,60	57,3	60,2
		21,42	107,10			
$m=4$	8,01			679,70	68,0	68,0
		13,41	67,05			
$m=5$	26,83			746,75	74,7	77,6

Zum Vergleich verwenden wir die Näherungsgleichung [siehe hiezu (59, 14)].

$$W_m = \pm\frac{1}{E}\left[(\sigma_1-\sigma_2)\operatorname{cotg}\vartheta_3 + (\sigma_1-\sigma_3)\operatorname{cotg}\vartheta_2\right].$$

die in unserem Falle wegen $\operatorname{cotg} \vartheta_2 = \operatorname{cotg} \vartheta_3 = \frac{5{,}00}{7{,}50} = 0{,}6667$ in

$$W_m = \pm \frac{1}{E} (2\,\sigma_1 - \sigma_2 - \sigma_3) \operatorname{cotg} \vartheta$$

übergeht. Für $m = 1$, 3 und 5 gilt das positive, für $m = 2$ und $m = 4$ das negative Vorzeichen, so daß alle W_m positiv sind und nach unten wirken. Für E ist $2{,}1 \cdot 10^7$ t/m² zu setzen.

Die Berechnung der W_m ist in Tab. 17 durchgeführt.

Tabelle 17.

		$10^{-4}\,\sigma$ t/m^2	$\pm\, 10^{-4} (2\,\sigma_1 - \sigma_2 - \sigma_3)$ t/m^2	$10^{-4}\, E\, W_m$ t/m^2	$10^4\, W_m$
$m = 1$	u_1	+ 1,00			
	d_0	— 1,10			
	d_1	+ 1,30	1,800	1,200	5,714
$m = 2$	o_1	— 1,10			
	d_1	+ 1,30			
	d_2	— 1,10	2,400	1,600	7,619
$m = 3$	u_2	+ 1,30			
	d_2	— 1,10			
	d_3	+ 1,00	2,700	1,800	8,571
$m = 4$	o_2	— 1,10			
	d_3	+ 1,00			
	d_4	— 0,90	2,300	1,533	7,302
$m = 5$	u_3	+ 1,30			
	d_4	— 0,90			
	d_4'	— 0,90	4,400	2,933	13,968

Mit diesen Werten von W_m erhält man die folgenden Ordinaten der Biegelinien, die, wie schon erwähnt, kleiner als die genauen Werte sind.

Tabelle 18.

	$10^4\, W_m$	$10^4\, Q_m$	$10^4\, Q_m\, \lambda_m$ m	$10^4\, \delta_{mP}'$ m	δ_{mP}' mm	δ_{mP} mm
		43,17	215,85			
$m = 1$	5,71			215,85	21,6	24,5
		37,46	187,30			
$m = 2$	7,62			403,15	40,3	40,3
		29,84	149,20			
$m = 3$	8,57			552,35	55,2	58,1
		21,27	106,35			
$m = 4$	7,30			658,70	65,9	65,9
		13,97	69,85			
$m = 5$	27,94			728,55	72,9	75,8

Fügen wir zu den vorstehenden elastischen Gewichten die Werte [vgl. (59, 12)]

$$\Delta W_m = \frac{1}{E} (\sigma_{m+1} \operatorname{tg} \beta_{m+1} - \sigma_m \operatorname{tg} \beta_m)$$

hinzu, wobei in unserem Falle

$$\operatorname{tg} \beta_{m+1} = -\operatorname{tg} \beta_m = \pm \frac{7{,}500}{5{,}000} = \pm 1{,}5000$$

wird und β_m für $m = 1$, 3 und 5 positiv, für $m = 2$ und 4 negativ zu nehmen ist, so erhalten wir die schon früher ermittelten genauen Werte für W_m. Es ergibt sich für diese Verbesserungen der W_m

Tabelle 19.

		$10^{-4} \sigma$ t/m^2	$-10^{-4}(\sigma_m + \sigma_{m+1}) \operatorname{tg} \beta_m$ t/m^2	$10^4 \Delta W_m$	$10^4 W_m$	$10^4 (W_m + \Delta W_m)$
$m = 1$	d_0	$-1{,}10$				
	d_1	$+1{,}30$	$-0{,}30$	$-1{,}429$	5,714	4,29
$m = 2$	d_1	$+1{,}30$				
	d_2	$-1{,}10$	$+0{,}30$	$+1{,}429$	7,619	9,05
$m = 3$	d_2	$-1{,}10$				
	d_3	$+1{,}00$	$+0{,}15$	$+0{,}714$	8,571	9,29
$m = 4$	d_3	$+1{,}00$				
	d_4	$-0{,}90$	$+0{,}15$	$+0{,}714$	7,302	8,02
$m = 5$	d_4	$-0{,}90$				
	d_4'	$-0{,}90$	$+2{,}70$	$+12{,}857$	13,968	26,83

Endlich bestimmen wir zum Vergleich die elastischen Gewichte nach der einfachen Gl. (59, 15)

$$W_m = \frac{\Delta u_m}{h} = \frac{u_m \sigma_u}{E h} \quad \text{und} \quad W_m = -\frac{\Delta o_m}{h} = -\frac{o_m \sigma_o}{E h}.$$

Tabelle 20.

	$10^{-4} \sigma \cdot s$ t/m	$10^4 W_m$	$10^4 Q_m$	$10^4 Q_m \lambda$ m	$10^4 \delta_{mP}$ m	δ_{mP}' mm	δ_{mP} mm
			36,81	184,05			
u_1	$+10{,}000$	6,35			184,05	18,4	21,3
			30,46	152,30			
o_1	$-11{,}000$	6,98			336,35	33,6	33,6
			23,48	117,40			
u_2	$+13{,}000$	8,25			453,75	45,4	48,3
			15,23	76,15			
o_2	$-11{,}000$	6,98			529,90	53,0	53,0
			8,25	41,25			
u_3	$+13{,}000$	8,25			571,15	57,1	60,0

Vergleicht man den Wert von δ_{mP} des mittleren Fachwerkknotens nach dieser Rechnung (60,0 mm) mit dem genauen Wert (77,6 mm), so sieht man, daß der Fehler schon recht beträchtlich ist; er wird um so größer, je länger und schwächer die Diagonalen sind, also je weniger Felder das Fachwerk besitzt. Wir erinnern in diesem Zusammenhange daran, daß auch bei biegungssteifen Stäben der Einfluß der Querkräfte auf die Durchbiegungen um so größer wird, je höher der Querschnitt des Stabes im Verhältnis zu der Stablänge ist.

61. Die Bestimmung der Verschiebung eines Fachwerkes mittels Williot-Planes. Während man bei der Verwendung von elastischen Gewichten die Komponenten der Verschiebungen in einer bestimmten Richtung, nicht aber die tatsächlichen Verschiebungen erhält, erlaubt das Verfahren von Williot die Verschiebungen der Fachwerksknoten der Richtung und Größe nach anzugeben. Auch dieses Verfahren ist an die Bedingung geknüpft, daß die Verschiebungen klein im Vergleich zu den Abmessungen des Fachwerkes sind; es benützt nur geometrische und kinematische Überlegungen, die zu einer zeichnerischen Methode führen.

Wir wollen annehmen, daß sich in einem Fachwerk die Längen der einzelnen Stäbe um die gegebenen Beträge Δs_{pK} infolge irgendeiner Ursache geändert haben. Dabei sollen wie üblich Stabverlängerungen positiv, Stabverkürzungen negativ bezeichnet werden. Wir betrachten nun einen Knoten q dieses Fachwerkes, der mittels der Stäbe s_r und s_{r+1} an den Knoten m und n angeschlossen ist. Die Verschiebungen dieser beiden Knoten, nämlich $\overline{\delta}_{mK}$ und $\overline{\delta}_{nK}$ sollen der Größe und Richtung nach bereits bekannt sein. Es ist nun nach der Verschiebung des Knotens q gefragt, wenn die Stabverlängerungen Δs_{rK} und Δs_{r+1K} gegeben sind. In der Abb. 133a ist das Stabdreieck mit den Knoten m, n und q heraus-

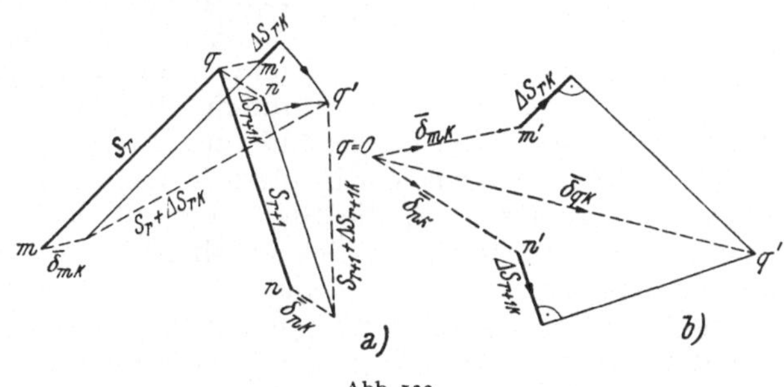

Abb. 133.

gezeichnet. Neben seiner Lage im unverformten Zustand ist auch die Lage nach der Verformung dargestellt. Nur sind sowohl die Verschiebungen $\overline{\delta}_{mK}$ und $\overline{\delta}_{nK}$, als auch die Stabverlängerung Δs_{rK} und die Stabverkürzung Δs_{r+1K} im Verhältnis zu den Stablängen s_r und s_{r+1} viel zu groß angenommen; dies ist notwendig, damit dieser Zeichnung überhaupt Einzelheiten entnommen werden können. Um zu der neuen Lage des Knotens q zu gelangen, denken wir uns die beiden Stäbe s_r und s_{r+1} zunächst parallel in die Endpunkte von $\overline{\delta}_{mK}$ und $\overline{\delta}_{nK}$ verschoben, sodann den Stab s_r um Δs_{rK} verlängert und s_{r+1} um Δs_{r+1K} verkürzt und beide Stäbe nunmehr solange gegeneinander verdreht, bis die Stabenden im Punkte q' zusammenfallen. Die Strecke $\overline{qq'}$ stellt demnach die Verschiebung des Knotens q, d. i. $\overline{\delta_{qK}}$ der Größe und Richtung nach vor.

Die Verschiebungen $\overline{\delta_{mK}}$, $\overline{\delta_{nK}}$ und $\overline{\delta_{qK}}$ sowie die Stablängenänderungen Δs_{rK} und Δs_{r+1K} betragen in praktischen Fällen nur Tausendstel der Stützweite, bzw. der Stablängen. Es ist also unmöglich, die Zeichnung in einem so großen Maßstab anzulegen, daß diese Größen überhaupt meßbar sind. Man kann aber die zwischen den Punkten q, m', n' und q' gezeichnete Figur unabhängig von dem Maßstab, der für die Stablängen gewählt wurde, beliebig vergrößert gesondert herauszeichnen; dies ist in Abb. 133b geschehen. Dabei sind die Radien der beiden Kreise, deren Schnitt den Punkt q' liefert, so groß geworden, daß die verhältnismäßig kurzen Kreisbogen durch die Senkrechten auf Δs_{rK} und Δs_{r+1K} oder — was dasselbe ist — durch Senkrechte auf die Stäbe s_r und s_{r+1} ersetzt werden können. Es sind dann die Verschiebungen der Knoten m, n,und q, also $\overline{\delta_{mK}}$, $\overline{\delta_{nK}}$ und $\overline{\delta_{qK}}$ durch die Strecken qm' qn' und qq' dargestellt. Man pflegt diese Strecken bei der Konstruktion eines solchen Williotschen Verschiebungsplanes gar nicht zu zeichnen, sondern begnügt sich mit einer Figur, in welcher die Verschiebungen der Knoten m, n und q als Entfernungen ihrer *Bilder* m', n' und q' von dem nunmehr in o umbenannten Punkt q als gemeinsamen Anfangspunkt erscheinen.

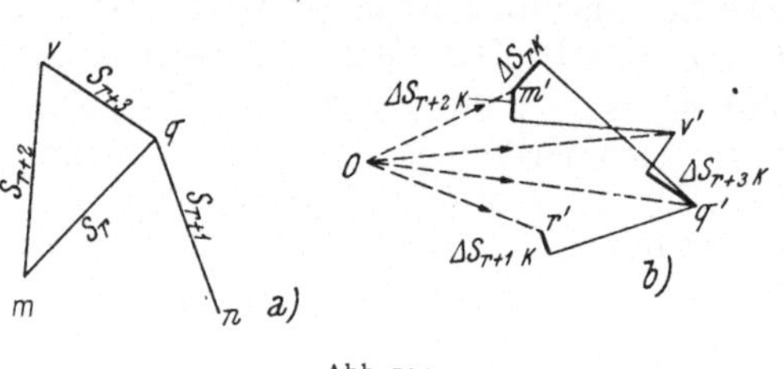

Abb. 134.

Ist nun an die Punkte m und q ein weiterer Punkt v durch die Stäbe s_{r+2} und s_{r+3} angeschlossen (Abb. 134a), deren Längenänderungen Δs_{r+2K} und Δs_{r+3K} gegeben sind, so ist die Konstruktion in gleicher Weise zu wiederholen, indem nunmehr der Knoten v an die Stelle von q tritt. Sein Bild v' wird also nach Abb. 134b in der Weise erhalten, daß man von dem Bild m' des Knotens m, bzw. von dem Bild q' von q die Verkürzung Δs_{r+2K} und die Verlängerung Δs_{r+3K} parallel zu den zugehörigen Stäben s_{r+2} und s_{r+3} aufträgt und die in den Endpunkten dieser Längenänderung errichteten Senkrechten auf die Stäbe s_{r+2} und s_{r+3} zum Schnitt bringt; so erhält man das Bild v' des Knotens v und die Strecke o — v' stellt die Verschiebung δ_{vK}' der Größe und Richtung nach vor. Dabei ist eine Stabverlängerung stets in der Richtung von dem Knoten mit bereits bekannter Verschiebung (also z. B. Δs_{rK} in der Richtung von m nach q oder Δs_{r+3K} von m nach v) eine Stabverkürzung aber umgekehrt, d. i. bei Δs_{r+1K} in der Richtung von q nach n und bei Δs_{r+2K} in der Richtung von v nach m aufzutragen. Die Verschiebungen der Knoten sind in dem gleichen Maßstab wie für die Längenänderungen der Stäbe gewählt zu messen.

Das eben beschriebene Verfahren setzt uns in die Lage, die Knotenverschiebungen eines Fachwerkes zu bestimmen, bei dem jeder Knoten mit zwei Stäben an zwei Knoten mit bereits bekannten Verschiebungen angeschlossen ist. Es ist bei allen Fachwerken, die nach dem in Nr. 12 angegebenen Gesetz gebildet sind, anwendbar. Man beginnt dabei bei dem ersten Knoten, der mit zwei Stäben mit der festen Erde verbunden ist; denn die Punkte, in denen die Stäbe an der festen Erde angeschlossen sind, sind unverschieblich. Wird durch Stab- oder Stützenvertauschung ein neues Fachwerk gebildet, so kann es vorkommen, daß die bisherigen Überlegungen nicht hinreichen, um die Aufgabe zu lösen; wir müssen in diesem Falle noch einige Ergänzungen vornehmen, die in Nr. 63 beschrieben sind.

62. Ein Beispiel. Bei dem in Abb. 135a dargestellten Perrondach genügen unsere bisherigen Untersuchungen, um die Knotenverschiebungen mittels eines Williot-Planes anzugeben. Zunächst werden mittels eines Cremonaplanes (Abb. 135b) die Stabkräfte in dem Fachwerk infolge der eingetragenen Belastung ermittelt und dann in der untenstehenden Tabelle, der Stablängen und Stabquerschnitte zu entnehmen sind, die Längenänderungen der einzelnen Stäbe berechnet. Dabei ist

$$\Delta s_{pP} = S_{pP} \frac{s_p}{E F_p} \quad \text{mit } E = 2{,}1 \cdot 10^3 \text{ t/cm}^2.$$

Wir wählen nunmehr in Abb. 135c den Punkt o, von dem aus alle Knotenverschiebungen aufgetragen erscheinen werden. Den Plan können wir nur mit den Knoten 1 und 2 beginnen; denn dies sind die einzigen Knoten, deren Verschiebungen bekannt sind. Diese beiden Knoten sind nämlich fest und ihre Verschiebungen daher Null; ihre Bilder 1′ und 2′ fallen somit mit o zusammen. An diese Knoten ist der Knoten 3 mittels der Stäbe o_2 und d angeschlossen. Wir tragen also von 1′ Δo_2 positiv als Verlängerung des Stabes o_2 in der Richtung von 1 gegen 3 und von 2′ die Verkürzung des Stabes d, nämlich Δd, entgegengesetzt der Richtung von 2 gegen 3 auf. Nun werden die in den Endpunkten von Δo_2 und Δd errichteten Senkrechten zum Schnitt gebracht; dies ergibt das Bild des Knotens 3, d. i. 3′. An den Knoten 2 und 3 hängt mittels der Stäbe v und u_2 der Knoten 4. Da der Stab v keine Längenänderung erfährt, ist in 3′ selbst die Senkrechte auf diesen Stab zu errichten, während von 2′ entgegengesetzt der Richtung von 2 gegen 4 die Verkürzung Δu_2 aufzutragen und dann im Endpunkt von Δu_2 die Senkrechte auf u_2 zu errichten ist. So erhält man das Bild 4′. Endlich bekommt man auf die gleiche

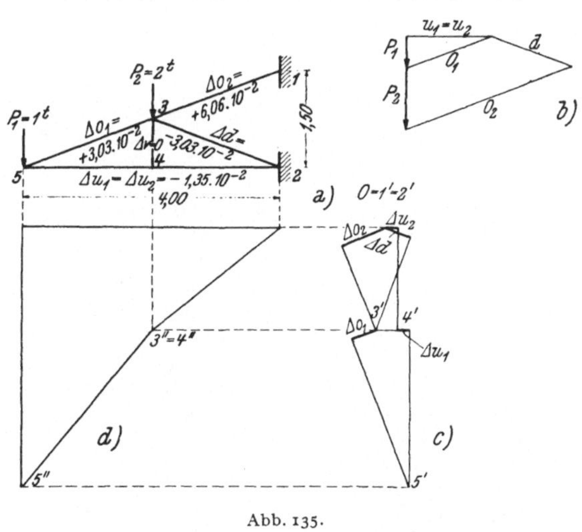

Abb. 135.

Tabelle 21.

Stab	S_{pP} t	s_p m	F_p	cm²	Δs_{pP} cm
u_1	— 2,67	2,00	2 ∟ 70·70·7	18,8	$-1{,}35\cdot 10^{-2}$
u_2	— 2,67	2,00	2 ∟ 70·70·7	18,8	$-1{,}35\cdot 10^{-2}$
o_1	2,85	2,14	2 ∟ 50·50·5	9,6	$+3{,}03\cdot 10^{-2}$
o_2	5,70	2,14	2 ∟ 50·50·5	9,6	$+6{,}06\cdot 10^{-2}$
d	— 2,85	2,14	2 ∟ 50·50·5	9,6	$-3{,}03\cdot 10^{-2}$
v	0	0,75	—	—	—

Weise mittels der Längenänderungen $\Delta\, o_1$ und $\Delta\, u_1$, die an die Bilder 3′ und 4′ anzuschließen sind, den Punkt 5′.

Die Verschiebungen eines Knotens sind dann durch die Strecke von 0 zu einem Bild gegeben. Um die Biegelinie eines Stabzuges zu erhalten, braucht man bloß die Verschiebungen in die betreffende Richtung zu projizieren, wie dies in der Abb. 135d für Verschiebungen in lotrechter Richtung durchgeführt wurde. Da der Stab v spannungslos bleibt, also seine Länge nicht ändert, sind die Biegelinien für Unter- und Obergurt identisch.

63. **Verallgemeinerung des Verfahrens von Williot.** Zumeist ist es nicht möglich, zwei Knoten mit bekannten Verschiebungen anzugeben, an denen ein dritter Punkt unmittelbar mit zwei Stäben angeschlossen ist. Schon bei einem Fachwerk auf zwei Stützen, wie in Abb. 136a dargestellt,

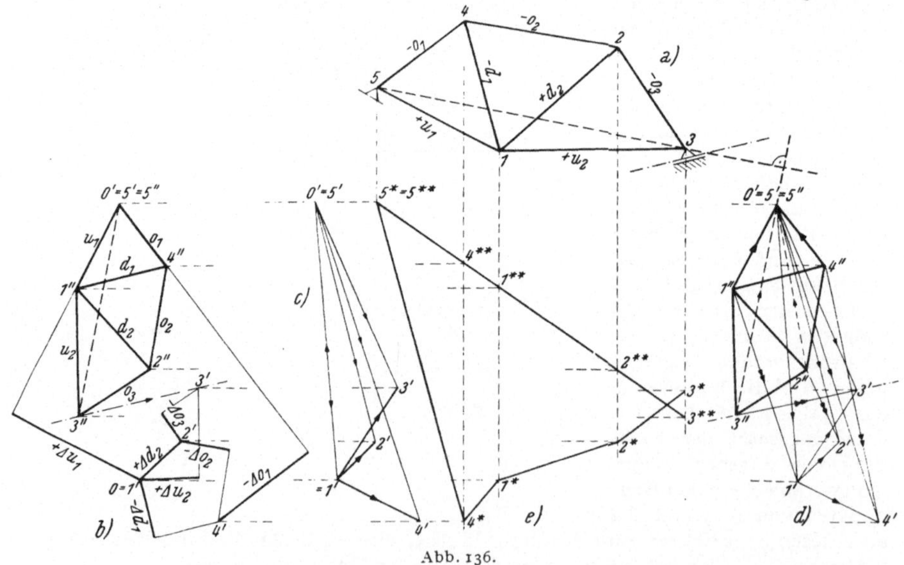

Abb. 136.

ist dies der Fall. Denn wir wissen bloß, daß das linke Auflager fest ist, daher die Verschiebung Null erfährt, während wir von dem rechten Auflager nur die Richtung der Verschiebung, nämlich in der Gleitrichtung des Lagers, nicht aber deren Größe kennen. Überdies gibt es keinen Knoten, der an diese beiden Knoten mit zwei Stäben angeschlossen ist. Wir lösen unsere Aufgabe in der Weise, daß wir uns zunächst um die Bedingungen für die Verschiebungen der Auflagerknoten 5 und 3 überhaupt nicht kümmern; wir nehmen vielmehr, sicherlich unzutreffend, an, daß irgendein Knoten, z. B. der mittlere mit 1 bezeichnete, fest ist, während die Verschiebung eines Knotens, der mit diesem Knoten 1 durch einen Stab verbunden ist, in die Richtung dieses Stabes fällt. In der genannten Abbildung ist angenommen, daß sich der Knoten 2 in der Richtung von 1 nach 2 verschoben hat. Dann läßt sich ein Williot-Plan nach den bisher erläuterten Regeln (Abb. 136b) zeichnen. Wir wählen also vorläufig einen Punkt o, mit dem das Bild 1′ zusammenfällt; das Bild von 2, d. i. 2′, wird erhalten, wenn man die Stablängenänderung Δd_2 von 1′ aus in der Richtung von 1 nach 2 aufträgt. Dann wird aus 1′ und 2′ einmal das Bild 3′ das andere Mal 4′ erhalten und schließlich von 1′ und 4′ ausgehend 5′ bestimmt. In Abb. 136c sind übrigens nur die Verschiebungen der Knoten aufgetragen; sie sind sämtlich vom Punkte o = 1′ aus zu messen und man sieht, daß das Auflager 5, anstatt fest zu bleiben, die Verschiebung o — 5′ erfahren hat. Das andere Auflager hat die Verschiebung o — 3′ erfahren, die aber nicht die vorgeschriebene Richtung besitzt. Damit das Auflager 5 in Ruhe bleibt, erteilen wir dem ganzen Fachwerk eine Parallelverschiebung von der gleichen Größe aber in entgegengesetzter Richtung wie o — 5′. Es tritt also zu den bereits ermittelten Verschiebungen noch die Verschiebung 5′ — o; die Verschiebungen nach der Parallelverschiebung setzen sich aus der Verschiebung 5′ — o und der schon bestimmten Verschiebung, die durch die Strecke von o zu dem betreffenden Knotenbild gegeben ist, zusammen. Als resultierende Verschiebung ergibt sich, wie man aus der Zeichnung Abb. 136c sofort ersehen kann, die Strecke von 5′ zu dem Bild des Knotens. So erfährt z. B. der Knoten 3 durch die Parallelverschiebung die Verschiebung 5′ — o, zu welcher die Verschiebung o — 3′ kommt und die Summe dieser beiden Verschiebungen ist 5′ — 3′. Es sind also alle Knotenverschiebungen jetzt durch die Entfernungen der Bilder der Knoten von 5′ dargestellt; wir setzen daher zu dem Bild 5′ die Bezeichnung o′ und streichen dafür o in 1′. In der Abb. 136c ist dies durchgeführt; dort sind, um die Zeichnung nicht unnötig verwickelt zu machen, bloß die Bilder der Knoten wie sie aus Abb. 136b erhalten wurden, eingetragen. Praktisch verzichtet man natürlich auf diese gesonderte Zeichnung und nimmt die Übertragung des Punktes o von 1′ nach 5′ unmittelbar in der Zeichnung 136b vor.

Während die Auflagerbedingung für den Knoten 5 erfüllt ist, ist dies für das andere Auflager in dem Knoten 3 noch nicht der Fall. Denn dieser Knoten besitzt nach Vornahme der Parallelverschiebung eine Verschiebung o′ — 3′; in der Tat kann er sich nur in der Richtung der Gleitbahn des Auflagers verschieben. Man muß also das Fachwerk um den Punkt 5 solange (in dem vorliegenden Falle entgegen dem Uhrzeigersinn) drehen, bis der Knoten 3 in der Gleitrichtung liegt. Durch diese Verdrehung erfährt der Knoten 3 eine Verschiebung, die senkrecht auf der Geraden 5—3 steht. Die Größe dieser Verschiebung ist dadurch bestimmt, daß sie zu der bereits vorhandenen 0′—3′ hinzugefügt, eine Verschiebung parallel zur Gleitrichtung des Lagers im Knoten 3 ergibt. Man legt also durch 0′ die Senkrechte auf 5—3, d. i. 5—3″ und bringt sie mit der Parallelen zur Gleitrichtung 3′—3″ des Lagers durch das Bild 3′ zum Schnitt. Der Schnittpunkt ist in Abb. 136d mit 3″ bezeichnet und 3″—3′ stellt die endgültige in die Gleitrichtung fallende Verschiebung des Auflager-

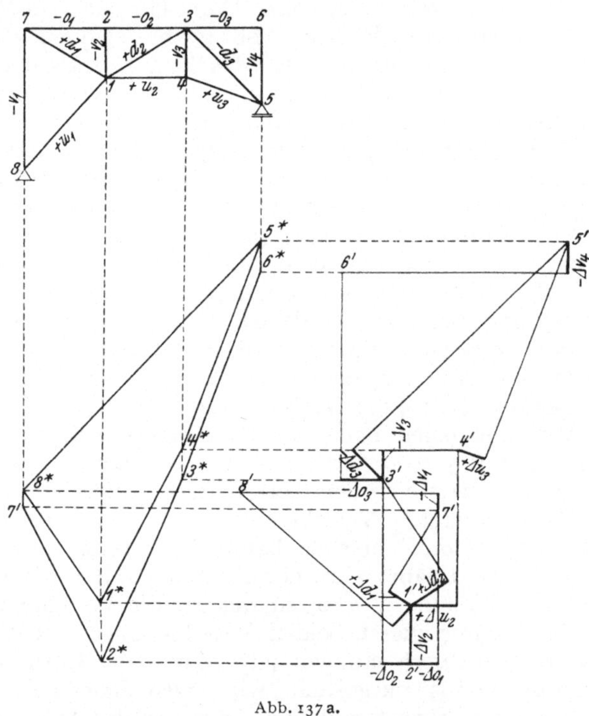

Abb. 137a.

knotens 3 vor. Durch diese Drehung erfahren aber auch die übrigen Knoten des Fachwerkes zusätzliche Verschiebungen; man erhält dieselben nach Nr. 2, wenn man eine dem gegebenen Fachwerk ähnliche Figur, um 90° im entgegengesetzten Sinne wie die vorgenommene Drehung verschwenkt, zeichnet. Dann stellen die Strecken 1″—1′, 2″—2′, 3″—3′ usw. die endgültigen Verschiebungen der Knoten 1, 2, 3 vor. 5″ fällt mit 5′ zusammen, d. h. die Verschiebung dieses Knotens ist Null (wie vorgeschrieben). Bei der praktischen Anwendung verzichtet man natürlich, wie schon erwähnt, auf die gesonderte Anlage der Zeichnungen nach Abb. 136c und 136d, sondern trägt auch den Verschiebungsplan infolge der Drehung in den Williot-Plan ein, wie dies nachträglich in

Abb. 136b geschehen ist. Man muß sich nur merken, daß die Verschiebungen der Knoten durch die Strecken zwischen den Bildern mit doppeltem Strich als Index und jenen mit einem Strich dargestellt werden. Die Biegelinien selbst erhält man, wenn man die Bilder der Knoten in die Richtung der Ordinaten der verlangten Biegelinie projiziert (Abb. 136e). Dabei müssen natürlich die Projektionen der Bilder mit doppeltem Strich als Index auf der durch $5^{**} — 3^{**}$ gelegten Geraden liegen; denn bei einer Drehung einer starren Scheibe sind die Verschiebungen und auch deren Komponenten in einer bestimmten Richtung proportional den Entfernungen vom Drehpol, wie schon in Nr. 2 gezeigt worden ist. Wenn also die Verschiebungskomponente auch von 3 bekannt ist, erübrigt

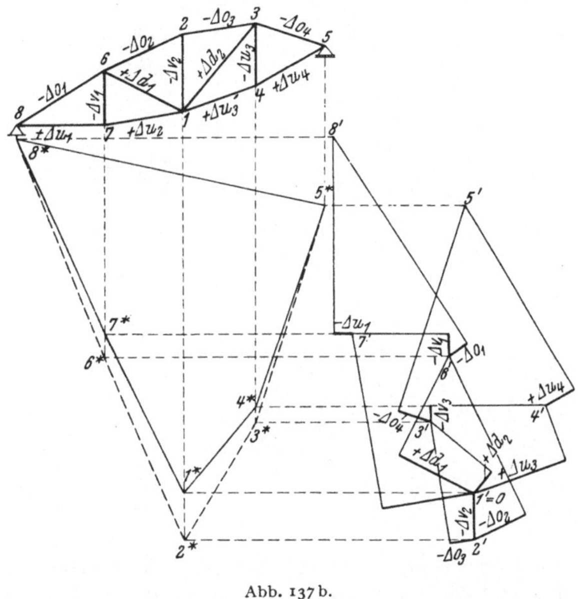

Abb. 137b.

sich die Zeichnung der verdrehten Figur und die Ordinaten der Biegelinie sind von der Verbindungsgeraden $5^{**} — 3^{**}$ zu messen. Dies ist der Fall, wenn die Komponenten der Verschiebungen, die als Ordinaten der Biegelinien verwendet werden, senkrecht zur Gleitrichtung des Gleitlagers stehen. Dann ist nämlich die Verschiebungskomponente und damit die Ordinate der Biegelinie an dieser Stelle Null. In den Abb. 137a und b sind Beispiele für diesen Sonderfall, der praktisch übrigens häufig vorliegt, gegeben. Auch für die Biegelinie der Abb. 136 genügt es, die Lage von $3''$ und damit 3^{**} zu ermitteln, um $5^{**} — 3^{**}$ zeichnen zu können. Nur wenn die Gesamtverschiebungen bestimmt werden sollen, ist die Zeichnung der gedrehten Figur erforderlich.

64. Verschiebungen eines Dreigelenkbogen-Fachwerkes. Es sollen die Verschiebungen des in Abb. 138a dargestellten Dreigelenkbogens ermittelt werden, dessen Stäbe bestimmte gegebene Längenänderungen erfahren haben. Wir denken uns zunächst das Scheitelgelenk festgehalten, setzen also $1' = 0$; um für jede Bogenhälfte einen Williot-Plan zeichnen zu können, halten wir die Richtung der Stäbe vom Gelenk 1 zu den Knoten 2 und 5 fest, sind demnach in der Lage, von den Bildern $1' = 0$ und $2'$ und $5'$ ausgehend, die Williot-Pläne für beide Bogenhälften bis zu den Bildern $4'$ und $7'$ gemäß Abb. 138b zu zeichnen. Bei diesem Plan hat also der Punkt 1 keine Verschiebung, die Knoten 4 und 7 die Verschiebungen $0 — 4'$ und $0 — 7'$ erhalten; überdies hat sich der Winkel zwischen den Stäben s_1 und s_6 nicht geändert. In Wirklichkeit müssen die Knoten 4 und 7 in Ruhe bleiben, das

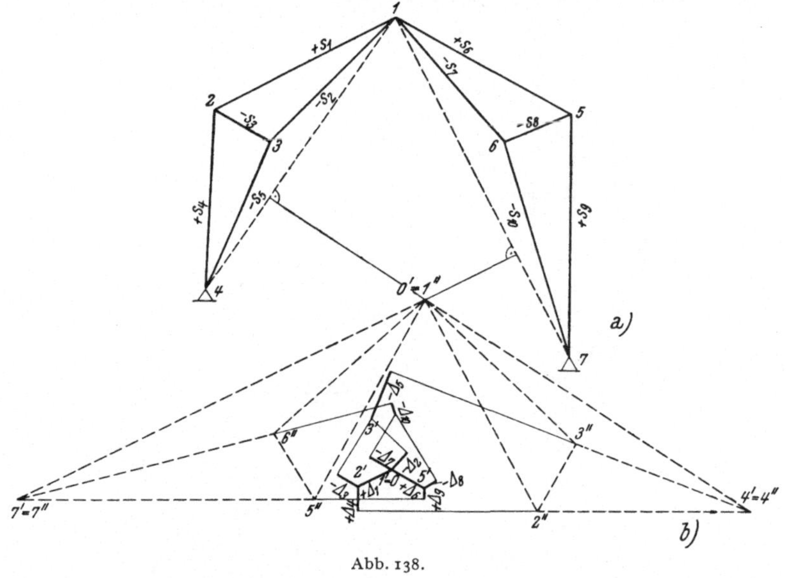

Abb. 138.

Gelenk 1 wird eine Verschiebung erfahren und der Winkel zwischen den Stäben s_1 und s_6 wird sich ändern. Um diese Bedingungen zu erfüllen, verschiebt man das Tragwerk im verformten Zustand parallel zu sich selbst, so daß der Punkt 1 in die richtige Lage kommt; dann werden die Verschiebungen von 4 und 7 zwar noch nicht Null sein, aber sie können durch eine Drehung der beiden Bogenhälften um den Punkt 1, also durch eine Änderung des Winkels zwischen den Stäben s_1 und s_6, zum Verschwinden gebracht werden. Durch diese Drehung kommen zu den nach der Parallelverschiebung noch vorhandenen Verschiebungen der Knoten 4 und 7 Verschiebungen hinzu, deren Richtung senkrecht auf den Richtungen der Geraden $1 — 4$, bzw. $1 — 7$ stehen. Wir müssen also die Parallelverschiebung so wählen, daß die durch sie bewirkte Verschiebung $0' — 4'$ senkrecht auf $1 — 4$, die Verschiebung $0' — 7'$ senkrecht auf $1 — 7$ steht. Das kann man in der einfachsten Weise so machen, daß man in den Bildern $4'$ und $7'$ die Senkrechten auf $1 — 4$ und $1 — 7$ errichtet und zum Schnitt bringt. Der Schnittpunkt $0'$ wird jetzt zum Pol des Planes gemacht; die Verschiebungen von 4 und 7 sind nunmehr durch die Strecken $0'—4'$, bzw. $0—7'$, die Verschiebung eines beliebigen Punktes i durch $0'—i'$ dargestellt. Die nach der Parallelverschiebung um $0' - 1'$ noch vorhandenen Verschiebungen von 4 und 7, nämlich $0' - 4'$ und $0' - 7'$, haben tatsächlich die verlangten Richtungen senkrecht zu $1 - 4$ und $1 - 7$; sie können also durch Drehungen der beiden Bogenhälften um 1 zum Verschwinden gebracht werden. Diese Verdrehung muß so groß sein, daß die durch dieselbe entstehenden Verschiebungen von 4 und 7 gerade so groß, aber entgegengesetzt gerichtet sind wie $0 - 4'$, bzw. wie $0 - 7'$. Nach früherem ist also $0' = 1''$, $4' = 4''$, $7' = 7''$ zu setzen und, um die zusätzlichen Verschiebungen infolge der Drehung um 1 zu bestimmen, ist die um 90^0 gedrehte, dem Fachwerksnetz ähnliche Figur zu zeichnen, wie dies in Abb. 138b geschehen und in Nr. 64 erklärt worden ist. Die endgültigen Verschiebungen beliebiger Punkte i sind dann durch die Strecken $i'' - i'$ gegeben. Die Verschiebungen der Widerlager 4 und 7 sind tatsächlich Null, da $4''$ und $4'$ sowie $7''$ und $7'$ zusammenfallen. Das Scheitelgelenk erfährt die Verschiebung $1'' - 1'$.

65. Die Ermittlung der waagrechten Biegelinie aus der lotrechten. Die gleichen Überlegungen, welche zur Konstruktion des Williotschen Verschiebungsplanes geführt haben, erlauben uns die Biegelinie der waagrechten Verschiebungen zu ermitteln, wenn wir die lotrechte Biegelinie eines Stabzuges kennen. Abb. 139a stellt einen Stabzug vor, bei welchem die lotrechten Komponenten der Verschiebungen der Knoten

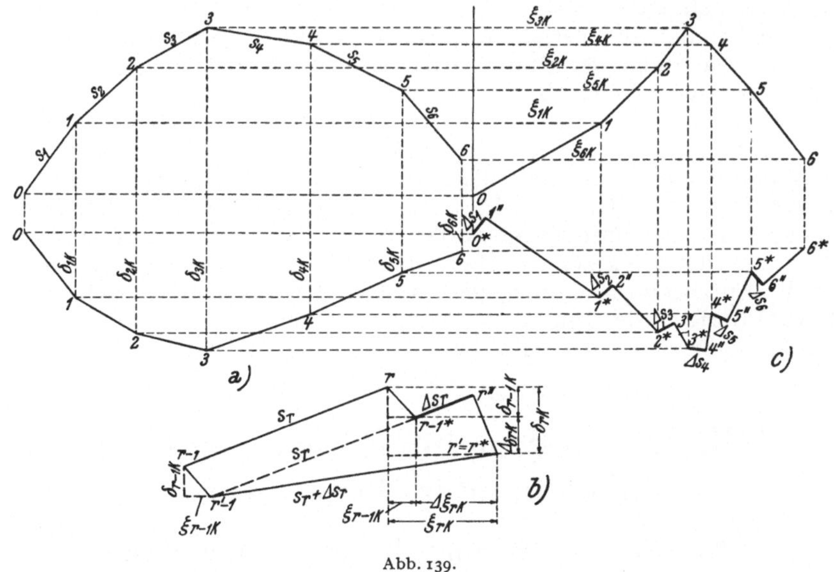

Abb. 139.

gegeben sind. In der Abb. 139b ist ein Stab zwischen den Knoten $r - 1$ und r herausgezeichnet. Er erfährt bei der Deformation eine Verlängerung um den Betrag Δs_r und kommt in die Lage $(r' - 1) - r'$. Denken wir den Stab zunächst parallel zu sich in die Lage $(r' - 1) - (r - 1^*)$ verschoben, die Verlängerung Δs_r bis zum Punkte r'' angetragen und dann um den Punkt $r' - 1$ solange gedreht, bis die Differenz $\delta_{rK} - \delta_{r-1K} =$

$=\Delta\ \delta_{rK}$ auftritt, so erhalten wir den Beitrag, welchen der Stab zu der gesamten waagrechten Verschiebung des Stabzuges gibt, als waagrechte Projektion $\Delta\ \xi_{rK}$ der Strecken $(r - 1^*) - r''$ und $r'' - r'$. Da der Winkel, um den sich der Stab verdreht, voraussetzungsgemäß sehr klein ist, kann der Kreisbogen durch die auf die Stabrichtung Senkrechte $r'' - r'$ ersetzt werden. Alle Verschiebungen sind natürlich nur in einem viel größeren Maßstab als das Tragwerk darstellbar; man muß deshalb den Verschiebungsplan gesondert zeichnen und wählt als Maßstab den gleichen wie für die Ordinaten der Biegelinie in lotrechter Richtung. In der Abb. 139c ist die beschriebene Konstruktion für die einzelnen Stäbe der Reihe nach durchgeführt; für den ersten Stab s_1 wird dessen Verlängerung $\Delta\ s_1 = 0^* - 1''$ in der Stabrichtung aufgetragen, sodann die hierauf Senkrechte mit der Waagrechten durch 1 zum Schnitt gebracht. Von dem so erhaltenen Punkt 1^* ausgehend, wird die Verlängerung des Stabes s_2, d. i. $1^* - 2''$ aufgetragen und ebenso wie früher der Punkt 2^* bestimmt. Ist der Punkt 0 in waagrechter Richtung unverschieblich, so sind die Ordinaten der Biegelinie in dieser Richtung von der Lotrechten durch 1^* zu messen und die Strecken ξ_{1k}, ξ_{2k} usw. sind dann die waagrechten Verschiebungen der Knoten 1, 2 usw. Damit ist die waagrechte Biegelinie gefunden.

Man kann diese Verfahren auch auf biegungssteife Tragwerke anwenden. An Stelle der Stablängenänderungen tritt die Änderung des Abstandes zweier benachbarter Punkte, zu welcher neben der Dehnung der Stabachse auch die Verbiegungen des Stabes einen Beitrag liefern. Dieser Beitrag ist um so kleiner, je weniger die Stabachse von vornherein gekrümmt ist; er verschwindet bei geraden Stäben. Die Punkte 1, 2, 3 ... müssen daher hinreichend nahe aneinander gewählt werden, so daß die Stabachse in den einzelnen Intervallen als gerade angesehen werden kann, wenn man sich eine gesonderte Berechnung des Einflusses der Verbiegung auf die Entfernungsänderung der einzelnen Punkte ersparen will. Sehr oft wird übrigens der Einfluß der Längenänderung der Stabachse infolge von Normalkräften vernachlässigt.

VII. Die allgemeine Theorie statisch unbestimmter Tragwerke.

A. Die Bestimmung der inneren Kräfte.

66. Einleitende Bemerkungen. Wir haben uns in den vorhergehenden Abschnitten bereits öfters mit statisch unbestimmten Systemen befaßt und wiederholen die bisherigen Ergebnisse in der nachstehenden kurzen Zusammenfassung. Bei den Untersuchungen über den Aufbau von Tragwerken haben wir in Nr. 10 und 11 zunächst festgestellt, daß s Scheiben mit a Stützungen untereinander und mit der Erde verbunden nur dann ein unverschiebliches System ergeben, wenn $a \geq 3\,s$ ist; die Unverschieblichkeit eines Fachwerkes mit k Knoten und s Stäben verlangt nach Nr. 12 die Beziehung $s \geq 2k$. Dabei sind die Stützungen und Stäbe, welche das Tragwerk an die Erde anschließen, mitzuzählen. Wir setzen im folgenden stets Unverschieblichkeit der Tragwerke voraus und erinnern daran, daß die vorstehenden Bedingungen für die Unverschieblichkeit notwendig, aber nicht hinreichend sind. Unverschiebliche Tragwerke, bei welchen $a - 3s = n$ oder $s - 2k = n$ $(n > 0)$ ist, werden als n-fach kinematisch überbestimmt oder als n-fach statisch unbestimmt bezeichnet. Definitionsgemäß können bei solchen Tragwerken höchstens n Stützungen oder Stäbe ausgeschaltet werden, ohne daß Verschieblichkeit eintritt. Wir nannten das so erhaltene Tragwerk das in dem vorgelegten statisch unbestimmten System enthaltene *Grundsystem*, das also stets unverschieblich sein muß. Im übrigen gibt es zu einem vorgelegten kinematisch überbestimmten System je nach der Wahl der unwirksam angenommenen Stützungen oder Stäbe verschiedene Grundsysteme; man muß allerdings darauf achten, daß man nicht eine solche Wahl trifft, die ein verschiebliches Grundsystem ergibt.

Die Betrachtungen über die Ermittlung der inneren Kräfte eines Tragwerkes haben wir in Nr. 16 bis 18 zu der Feststellung geführt, daß bei einem System, bei welchem $a - 3s = n$ oder $s - 2k = n$ mit $n > 0$ ist, gerade n Unbekannte mehr vorliegen, als aus den Gleichgewichtsbedingungen bestimmt werden können; man bezeichnet deshalb ein solches n-fach kinematisch überbestimmtes Tragwerk auch als n-fach statisch unbestimmt. Es können demnach n Stützungs- oder Stabkräfte als überzählig angenommen, ihnen beliebige Werte beigelegt und dann die übrigen Stützungs- oder Stabkräfte mittels der Gleichgewichtsbedingungen bestimmt werden. Es gibt also ∞^n verschiedene Systeme von inneren Kräften, die mit den äußeren Kräften im Gleichgewicht stehen und man kann nicht ohne weiteres angeben, welches dieser Systeme tatsächlich auftreten wird.

67. Statisch unbestimmtes System und Grundsystem. Man erhält ein ausgezeichnetes System von inneren Kräften eines statisch unbestimmten Tragwerkes, die im Gleichgewicht stehen, wenn man die als überzählig angenommenen unbekannten Stütz- oder Stabkräfte gleich Null setzt. Die inneren Kräfte des statisch unbestimmten Systems sind dann dieselben wie die jenes statisch bestimmten Grundsystems, das durch Ausschalten jener Stützungen entstanden ist, durch welche die überzähligen, nunmehr Null gesetzten Stützkräfte übertragen wurden.

Die überzähligen Stützkräfte oder Stabkräfte nennt man *statisch unbestimmte* Größen und pflegt sie gewöhnlich mit X_a, X_b ... zu bezeichnen; der Index weist auf ihren Angriffspunkt hin. Wir fügen der Deutlichkeit wegen noch einen zweiten Index hinzu, der ihre Ursache kennzeichnet. So sollen die durch eine äußere Belastung hervorgerufenen unbestimmten Größen mit X_{aP}, X_{bP} ... bezeichnet werden. Im allgemeinen werden in statisch unbestimmten Tragwerken aber auch Temperaturänderungen, unrichtiger Zusammenbau und Widerlagerverschiebungen innerer Kräfte, sonach bestimmte Werte der statisch unbestimmten Größen hervorrufen; sind dieselben durch eine Temperaturänderung bedingt, so sollen sie X_{at}, X_{bt} ... genannt werden. $X_{a\Delta}$, $X_{b\Delta}$ ... bedeutet, daß die Ursache fehlerhafter Zusammenbau ist und endlich mögen durch Widerlagerverschiebungen die statisch Unbestimmten X_{aw}, X_{bw}, ... hervorgerufen werden. Es gilt also auch hier die Vereinbarung, *daß der erste Index stets den Ort, an welchen die statisch Überzählige angreift, der zweite Index die Ursache bezeichnet.* Wenn wir diese Ursache nicht näher kennzeichnen wollen, verwenden wir die Bezeichnung X_{aK}, X_{bK}, ...

Die vorerwähnte Ausschaltung von Stützungen kann man sich dadurch vorgenommen denken, daß eine Verbindung von zwei Scheiben durch eine solche mit höherem Freiheitsgrad ersetzt wird. Vertauscht man z. B. eine feste Einspannung durch ein Gelenk, oder, was dasselbe ist, baut man in einen Stab ein Gelenk ein, so kann im Grundsystem an dieser Stelle i kein Moment auftreten; im statisch unbestimmten System ist aber an dieser Stelle das Moment X_{iK} vorhanden. Hingegen werden sich im Grundsystem die beiden im Gelenk zusammentreffenden Scheiben gegeneinander verdrehen oder die Stabachse wird einen Knick erhalten; im vorgelegten statisch unbestimmten System ist dies nicht möglich. Es tritt also im Grundsystem eine gegenseitige Verdrehung δ_{iK} auf, während im statisch unbestimmten System diese Verdrehung, die wir hier δ_{iKn} nennen wollen, verschwindet. Ersetzt man eine Einspannung durch ein Gleitlager, oder denkt man sich in einen Stab einen Mechanismus eingebaut, der lediglich eine Verdrehung und eine Verschiebung der Stabenden in einer bestimmten Richtung ermöglicht, senkrecht dazu aber verhindert, so unterscheidet sich das vorgelegte statisch unbestimmte System von dem Grundsystem dadurch, daß in letzterem an dieser Stelle kein Moment X_{aK} und keine Kraft X_{bK} in der zur gesperrten senkrechten Richtung auftreten kann. Dagegen tritt an dieser Stelle eine gegenseitige Verdrehung δ_{aK} und eine Änderung des Abstandes der beiden Stabenden δ_{bK} auf. Im statisch unbestimmten System ist es wiederum gerade umgekehrt; X_{aK} und X_{bK} sind von Null verschieden, δ_{aKn} und δ_{bKn} sind Null. Läßt man endlich eine Einspannung überhaupt weg oder schneidet einen Stab durch, so können im Grundsystem an dieser Stelle weder ein Moment X_{aK}, noch eine Normalkraft X_{bK} und eine Querkraft X_{cK} übertragen werden. Dafür treten hier einen gegenseitige Verdrehung δ_{aK} und gegenseitige Verschiebungen δ_{bP} und δ_{cP} in der Richtung von X_{bK} und X_{cK} auf, während im statisch unbestimmten System X_{aK}, X_{bK} und X_{cK} von Null verschieden, die Verschiebungen δ_{aKn}, δ_{bKn} und δ_{cKn} Null sind.

Ersetzt man ein Gelenk durch ein Gleitlager, so entfällt von den beiden Komponenten des Gelenkdruckes jene, die in die Richtung der Verschieblichkeit des Gleitlagers fällt; diese Komponente X_{aK} ist im unbestimmten System von Null verschieden, während die Verschiebung in dieser Richtung δ_{aK} im Grundsystem vorhanden, im statisch unbestimmten System mit δ_{aKn} bezeichnet, verschwindet. Läßt man ein Gelenk überhaupt weg, indem man z. B. durch Entfernen des Gelenkbolzens den Zusammenhang des statisch unbestimmten Tragwerkes unterbricht, so sind im Grundsystem die beiden Komponenten des Gelenkdruckes X_{aK} und X_{bK} zum Verschwinden gebracht; dafür treten gegenseitige Verschiebungen in deren Richtung δ_{aK} und δ_{bK} auf. Wieder ist es im statisch unbestimmten System gerade umgekehrt: X_{aK} und X_{bK} erhalten bestimmte, von Null verschiedene Werte, δ_{aKn} und δ_{bKn} sind hingegen Null.

Entfernt man endlich ein Gleitlager oder, was auf dasselbe hinauskommt, schneidet man einen Stab eines Fachwerkes durch, so hat man im Grundsystem die durch das Gleitlager übertragene Auflagerkraft X_{aK}, bzw. die Stabkraft X_{aK} gleich Null zu setzen, während eine gegenseitige Verschiebung der beiden Schnittufer δ_{aK} möglich wird. Im vorgegebenen statisch unbestimmten System ist X_{aK} von Null verschieden, aber δ_{aKn} Null.

Wir können also allgemein feststellen, *daß im statisch unbestimmten System die statisch unbestimmten Größen von Null verschieden sind und die Verschiebungen ihrer Angriffspunkte verschwinden, im Grundsystem hingegen umgekehrt, erstere verschwinden, letztere aber von Null verschieden sind.* Wir erkennen weiters, *daß statisch Unbestimmte und die Verschiebungen ihrer Angriffspunkte in derselben Weise einander zugeordnet sind, wie dies in Nr. 41 zwischen Hilfsangriff und Verschiebung der Fall war.*

Auf diese Weise sind die statisch unbestimmten Größen entweder als innere Kräfte oder als innere Momente erklärt. Die Größen X_{aK}, $X_{bK} \ldots X_{nK}$ sind daher an beiden Schnittufern im entgegengesetzten Sinne wirkend anzubringen. Bedeuten sie innere Kräfte, so sind die gegenseitigen Verschiebungen in der Richtung derselben, bedeuten sie innere Momente, sind die gegenseitigen Verdrehungen der Stabenden an der Schnittstelle zu betrachten. Rechnen wir die Erdscheibe zu dem Tragwerk, so können wir diese Erklärung auch dann aufrechterhalten, wenn die statisch unbestimmten Größen überzählige Stützungen gegen die Erde vorstellen. Die Untersuchung der inneren Kräfte in der Erde ist nicht Gegenstand unserer Betrachtungen; deshalb pflegt man die auf die Erde einwirkende Stützkraft X_{aK} nicht weiter zu verfolgen, sondern begnügt sich mit der Angabe der auf das Tragwerk wirkenden Kraft X_{aK}. Da ferner die Erde als unverschieblich angenommen wird, kann die Verschiebung δ_{aK} auch als absolute Verschiebung des Angriffspunktes a von X_{aK} aufgefaßt werden. Wir bezeichnen ein Tragwerk, bei welchem Stützkräfte gegen die Erde als statisch unbestimmte Größen angenommen werden, als *äußerlich* statisch unbestimmt, im Gegensatz zu *innerlich* statisch unbestimmten Tragwerken, bei denen die genannten Größen innere Kräfte vorstellen. Im übrigen kann man ein äußerlich statisch unbestimmtes Tragwerk *stets* bei einer anderen Wahl der Überzähligen als innerlich statisch unbestimmt auffassen; die Umkehrung gilt aber nicht. Da die Unterscheidung in äußerlich und innerlich statisch unbestimmte Systeme für unsere ferneren Betrachtungen ohne Einfluß ist, verfolgen wir dieselbe nicht weiter.

In den meisten statisch unbestimmten Systemen kommen Stützungen und Stäbe vor, die man *nicht* ausschalten darf, ohne daß Verschieblichkeit eintritt. Solche Stützungen oder Stäbe wollen wir *notwendig* nennen;

die übrigen bezeichnen wir als *nicht notwendig*. Die Zahl der nicht notwendigen Stäbe und Stützungen ist fast immer größer als der Grad der statischen Unbestimmtheit n, so daß sich also stets zumindest eine Gruppe von n überzähligen Stützungen oder Stäben auswählen läßt, deren Ausschaltung ein statisch bestimmtes Grundsystem gibt. So sind bei dem in Abb. 140a dargestellten Fachwerk die nicht notwendigen Stäbe durch die Strichstärke hervorgehoben. Da das System zweifach statisch unbestimmt ist, können je zwei von ihnen durch einen Schnitt ausgeschaltet werden und ihre Stabkräfte als statisch unbestimmte Größen betrachtet werden. Man erhält so verschiedene Grundsysteme, die in den Abb. 140b bis d dargestellt sind.

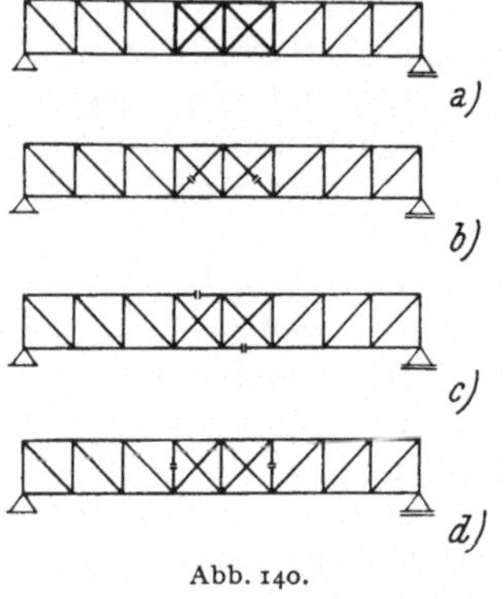

Abb. 140.

68. Die inneren Kräfte und die Verschiebungen des statisch unbestimmten Systems. Wir setzen zunächst voraus, daß wir die Berechnung des Grundsystems vollständig beherrschen, also nicht nur die inneren Kräfte, sondern auch die Verschiebungen desselben, vor allem der Angriffspunkte der statisch Überzähligen, bestimmen können. Dann halten wir uns vor Augen, daß das Grundsystem, außer mit den gegebenen äußeren Kräften auch noch mit den richtigen Werten der statisch unbestimmten Größen X_{aK}, X_{bK} ... belastet, vollkommen gleichwertig mit dem vorgelegten statisch unbestimmten System sein muß, d. h. also dieselben Auflagerdrücke, inneren Kräfte und auch Verformungen und Verschiebungen wie das statisch unbestimmte System aufweisen muß. Bezeichnet also im Grundsystem G_{sK} irgendeine dieser Größen an der Stelle s infolge der Ursache K, G_{sX} die Größe infolge der Belastung durch alle richtigen Überzähligen X_{aK}, X_{bK} ..., so ist im statisch unbestimmten Tragwerk

$$G_{sKn} = G_{sK} + G_{sX}.$$

Ist das Grundsystem nur mit $X_a = 1$ als einziger Kraft belastet, wirken also weder äußere Kräfte P noch die übrigen Überzähligen, so soll G in s den Wert G_{sa} erhalten; ebenso erklären wir die Größen G_{sb}, ... G_{si} ... G_{sn} als Werte von G in s, wenn jeweils nur $X_b = 1$, ... $X_i = 1$, ... $X_n = 1$ das Grundsystem belasten. Dann wird nach dem Überlagerungsgesetz

$$G_{sX} = G_{sa}\, X_{aK} + G_{sb}\, X_{bK} + \ldots + G_{si}\, X_{iK} + \ldots + G_{sn}\, X_{nK}$$

und damit

$$G_{sKn} = G_{sK} + G_{sa}\, X_{aK} + G_{sb}\, X_{bK} + \ldots + G_{si}\, X_{iK} + \ldots + G_{sn}\, X_{nK} =$$

$$= G_{sK} + \sum_{k=1}^{n} G_{sk}\, X_{kK}. \tag{68, 1}$$

Es ist also im besonderen das Moment im statisch unbestimmten System an der Stelle s infolge irgendeiner Ursache K

$$M_{sKn} = M_{sK} + \sum_{k=1}^{n} M_{sk} X_{kK},$$

die Normalkraft

$$N_{sKn} = N_{sK} + \sum_{k=1}^{n} N_{sk} X_{kK}, \qquad (68, 2a)$$

die Stabkraft im Stabe p (beim Fachwerk)

$$S_{pKn} = S_{pK} + \sum_{k=1}^{n} S_{pk} X_{kK}$$

und die Verschiebung eines beliebigen Punktes i

$$\delta_{iKn} = \delta_{iK} + \sum_{k=1}^{n} \delta_{ik} X_{kK}. \qquad (68, 2b)$$

Hiezu sei bemerkt, daß nur infolge einer äußeren Belastung innere Kräfte und Auflagerdrücke in dem statisch bestimmten Grundsystem entstehen können. M_{sK}, N_{sK}, S_{pK} sind also Null, wenn als Ursache Temperaturänderungen, fehlerhafter Zusammenbau oder Widerlagerverschiebungen in Frage kommen. Hingegen treten Verschiebungen δ_{iK} aus den genannten Ursachen auch in dem statisch bestimmten Grundsystem auf.

69. Die Elastizitätsgleichungen. Die zuletzt angeschriebene Gleichung für die Verschiebungen des statisch unbestimmten Systems kann dazu verwendet werden, die fehlenden n Gleichungen zur Berechnung der statisch unbestimmten Größen X_{aK}, X_{bK} ... X_{nK} zu erhalten. Man braucht diese Gleichung bloß der Reihe nach für die Angriffspunkte der statisch Überzähligen anzuschreiben, also i mit a, b ... n (Gl. 68, 2b) zusammenfallen zu lassen, um die Verschiebungen δ_{aKn}, δ_{bKn}, ... δ_{nKn} zu erhalten, die aber nach früherem verschwinden müssen. So erhält man die *Elastizitätsgleichungen*, deren Zahl mit jener der statisch unbestimmten Größen übereinstimmt:

$$\begin{array}{l}
\delta_{aa} X_{aK} + \delta_{ab} X_{bK} + \ldots \delta_{aj} X_{jK} + \ldots \delta_{an} X_{nK} + \delta_{aK} = 0 \\
\delta_{ba} X_{aK} + \delta_{bb} X_{bK} + \ldots \delta_{bj} X_{jK} + \ldots \delta_{bn} X_{nK} + \delta_{bK} = 0 \\
\ldots\ldots\ldots\ldots\ldots\ldots\ldots\ldots\ldots \\
\delta_{ia} X_{aK} + \delta_{ib} X_{bK} + \ldots \delta_{ij} X_{jK} + \ldots \delta_{in} X_{nK} + \delta_{iK} = 0 \\
\ldots\ldots\ldots\ldots\ldots\ldots\ldots\ldots\ldots \\
\delta_{na} X_{aK} + \delta_{nb} X_{bK} + \ldots \delta_{nj} X_{jK} + \ldots \delta_{nn} X_{nK} + \delta_{nK} = 0
\end{array} \qquad (69, 3)$$

In diesen Gleichungen bedeuten alle δ Verschiebungen oder Verdrehungen im statisch bestimmten Grundsystem. Der erste Index stellt stets den Ort, der zweite die Ursache der Verschiebung oder Verdrehung vor. Es bedeutet also z. B. δ_{aa} die Verschiebung des Angriffspunktes von X_a infolge der Kraft $X_a = 1$, δ_{ab} die Verschiebung von a infolge $X_b = 1$, welche im Punkte b wirkt, allgemein δ_{ij} die Verschiebung des Angriffspunktes von X_i, d. i. des Punktes i infolge der Kraft $X_j = 1$. δ_{aK} bedeutet die Verschiebung von a infolge der Ursache K, δ_{bK} jene von b infolge der Ursache K usw. Alle Verschiebungen, die in ein und derselben Gleichung vorkommen, haben also den durch den ersten Index gekennzeichneten gleichen Angriffspunkt und sind von derselben Art, also entweder gegenseitige Verschiebungen oder gegenseitige Verdrehungen. Sie müssen auch alle in derselben Richtung als positiv angesetzt werden. *Wir vereinbaren hiefür die als positiv gewählte Richtung der in diesem Punkt angreifenden statisch unbestimmten Größe.* Es wurde bereits in Nr. 67 darauf hingewiesen, daß die Verschiebungen der Angriffspunkte der statisch unbestimmten Größen und diese selbst in der gleichen Weise zugeordnet sind wie Hilfsangriff und Verschiebung; wir lenken die Aufmerksamkeit des Lesers insbesondere darauf, *daß auf Grund der eben getroffenen Vereinbarung über die Richtung derselben, $X_i = 1$ den für die Bestimmung der δ_{ij} und δ_{iK} in Betracht kommenden Hilfsangriff vorstellt.* $X_i = 1$ als einzige Kraft am Grundsystem angreifend, ruft in demselben die schon in Nr. 66 verwendeten Momente M_{si}, Normalkräfte N_{si} und Stabkräfte S_{pi} hervor; $X_j = 1$, d. i. die Belastung, die δ_{ij} verursacht, erzeugt die Momente M_{sj}, Normalkräfte N_{sj} und Stabkräfte S_{pj}. Schließlich sollen noch durch die einstweilen nicht näher definierte Ursache die Verformungen $\Delta\, d\,\varphi_{sK}$ und $\Delta\, ds_{sK}$, bzw. die Stabverlängerungen $\Delta\, s_{pK}$ entstanden sein. Wir wiederholen, daß sich alle vorerwähnten Verschiebungen auf das statisch bestimmte Grundsystem beziehen; zu ihrer Berechnung können also die in Nr. 43 und 44 angegebenen Gleichungen verwendet werden. So erhält man für ein System mit biegungssteifen Stäben

$$\delta_{ij} = \int M_{si} M_{sj} \frac{d\,s}{E\,J} + \int N_{si} N_{sj} \frac{d\,s}{E\,F} \quad \text{und}$$

$$\delta_{iK} = \int M_{si}\, \Delta\, d\,\varphi_{sK} + \int N_{si}\, \Delta\, ds_{sK} \qquad (69, 4a)$$

und für ein Fachwerk

$$\delta_{ij} = \sum S_{pi}\, S_{pj} \frac{s_p}{E\,F_p} \quad \text{und}$$

$$\delta_{iK} = \sum S_{pi}\, \Delta\, s_{pK}. \qquad (69, 4b)$$

Die angeführten Gleichungen liefern bereits die richtigen Vorzeichen für δ_{ij}; wenn man sie aber irgendwie anders ermittelt oder Formelsammlungen entnimmt, muß man darauf achten, daß sie positiv in der Richtung von X_i — oder was dasselbe ist — von δ_{ii} gerechnet werden; das gleiche gilt auch von δ_{iK}. Benützt man die hier angeführten Gleichungen, dann müssen $\Delta\, d\,\varphi_{sK}$, $\Delta\, ds_{sK}$ und $\Delta\, s_{pK}$ in jener Richtung positiv gewählt werden, wie sie durch positive M_{si}, N_{si} und S_{pi} erzeugte Verformungen besitzen. Positive $\Delta\, d\,\varphi_{sK}$ bewirken also die gleiche Krümmungsänderung der Stabachse wie positive M_{si} und wenn, wie üblich, Zugkräfte als positiv bezeichnet werden, so sind Verlängerungen der Stabachse als positive $\Delta\, ds_{sK}$ und $\Delta\, s_{pK}$ anzusetzen.

70. Bemerkungen über die Matrix der δ_{ij}. Wie schon aus den Gleichungen für die δ_{ij} und wie übrigens sofort aus dem in Nr. 51 abgeleiteten Satz von MAXWELL folgt, ist $\delta_{ij}=\delta_{ji}$. In dem Schema oder der *Matrix* der Koeffizienten (im folgenden sind die Bezeichnungen der Punkte a, b, ..n durch 1, 2, ..n ersetzt)

$$\begin{pmatrix} \delta_{11} & \delta_{12} & \delta_{13} & \dots & \delta_{1j} & \dots & \delta_{1n} \\ \delta_{21} & \delta_{22} & \delta_{23} & \dots & \delta_{2j} & \dots & \delta_{2n} \\ \cdot & \cdot & \cdot & \cdot & \cdot & \cdot & \cdot \\ \delta_{i1} & \delta_{i2} & \delta_{13} & \dots & \delta_{ij} & \dots & \delta_{in} \\ \cdot & \cdot & \cdot & \cdot & \cdot & \cdot & \cdot \\ \delta_{n1} & \delta_{n2} & \delta_{n3} & \dots & \delta_{nj} & \dots & \delta_{nn} \end{pmatrix}$$

sind also die zur Diagonale symmetrisch stehenden Glieder gleich groß; man spricht von einer *symmetrischen* Matrix. Die Diagonalglieder δ_{ii} sind stets positiv.

Es wurde bereits darauf hingewiesen, daß die Wahl des Grundsystems wesentlich den Umfang der Rechenarbeit beeinflußt. In manchen Fällen läßt es sich erreichen, daß sich die Matrix auf die Diagonalglieder reduziert und alle anderen verschwinden. Dann kann jede statisch unbestimmte Größe X sofort aus einer Gleichung bestimmt werden. Aber es bedeutet auch schon einen Vorteil, wenn wenigstens einige Elemente δ_{ij} Null sind; die Matrix kann so geordnet werden, daß dann nur Glieder, die der Diagonale benachbart sind, vorkommen und die Elastizitätsgleichungen verknüpfen dann entweder je drei oder je fünf, jedenfalls aber wegen der Symmetrie der Matrix eine ungerade Zahl von Werten X. $\delta_{ij}=0$ ist mit der Tatsache gleichbedeutend, daß im Punkte i ein Einfluß von X_j nicht vorhanden ist. Deshalb ist es stets vorteilhaft, das Grundsystem bei höher statisch unbestimmten Tragwerken so zu wählen, daß es in einzelne, sich gegenseitig möglichst wenig oder überhaupt nicht beeinflussende Teilsysteme zerfällt. So ist es also besser, bei einem Durchlaufträger über mehrere Felder nicht die Stützendrücke, sondern die Stützenmomente als Unbekannte einzuführen. Zumindest ist es aber vorteilhaft, wenn die Elemente der Matrix mit ihrer Entfernung von der Diagonale rasch abnehmen; denn anderenfalls ist die Auflösung der Elastizitätsgleichungen wegen der zur Erreichung einer genügenden Genauigkeit notwendigen Rechenarbeit umständlich.

71. Innere Kräfte eines statisch unbestimmten Systems infolge einer Belastung. Es soll nun noch die Ermittlung der Glieder δ_{iK} der Elastizitätsgleichungen bei verschiedenen Ursachen K erörtert werden. Zunächst sei angenommen, daß das statisch unbestimmte System durch gegebene äußere Kräfte P beansprucht wird und wir schreiben statt δ_{aK}, $\delta_{bK} \ldots \delta_{nK}$ jetzt δ_{aP}, $\delta_{bP} \ldots \delta_{nP}$. Treten infolge der Belastung P im Grundsystem die Momente M_{sP}, die Normalkräfte N_{sP} und die Stabkräfte S_{pP} auf [vgl. (68, 2), wobei der Index K durch P zu ersetzen ist], so ergeben die Gleichungen für die Verschiebung eines statisch bestimmten Systems, wenn der Punkt i der Reihe nach mit den Angriffspunkten der statisch unbestimmten Größen $a, b \ldots n$ zusammenfällt, für ein System mit biegungssteifen Stäben nach Nr. 44

$$\begin{aligned} \delta_{aP} &= \int M_{sa} M_{sP} \frac{ds}{EJ} + \int N_{sa} N_{sP} \frac{ds}{EF} \\ \delta_{bP} &= \int M_{sb} M_{sP} \frac{ds}{EJ} + \int N_{sa} N_{sP} \frac{ds}{EF} \\ & \ldots\ldots\ldots\ldots \end{aligned} \tag{71, 5a}$$

und für ein Fachwerk

$$\begin{aligned} \delta_{aP} &= \sum S_{pa} S_{pP} \frac{s_p}{EF_p} \\ \delta_{bP} &= \sum S_{pb} S_{pP} \frac{s_p}{EF_p} \\ & \ldots\ldots \end{aligned} \tag{71, 5b}$$

Hat man aus den Elastizitätsgleichungen

$$\begin{aligned} \delta_{aa} X_{aP} + \delta_{ab} X_{bP} + \ldots \delta_{an} X_{nP} + \delta_{aP} &= 0 \\ \delta_{ba} X_{aP} + \delta_{bb} X_{bP} + \ldots \delta_{bn} X_{nP} + \delta_{bP} &= 0 \\ \ldots\ldots\ldots\ldots & \\ \delta_{na} X_{aP} + \delta_{nb} X_{bP} + \ldots \delta_{nn} X_{nP} + \delta_{nP} &= 0 \end{aligned} \tag{71, 6}$$

X_{aP}, X_{bP}, $\ldots X_{nP}$ bestimmt, so ergeben die Gl.

$$\begin{aligned} M_{sPn} &= M_{sP} + M_{sa} X_{aP} + M_{sb} X_{bP} + \ldots M_{sn} X_{nP} \\ Q_{sPn} &= Q_{sP} + Q_{sa} X_{aP} + Q_{sb} X_{bP} + \ldots Q_{sn} X_{nP} \\ S_{pPn} &= S_{pP} + S_{pa} X_{aP} + S_{pb} X_{bP} + \ldots S_{pn} X_{nP} \end{aligned} \tag{71, 7}$$

die Momente M_{sPn}, die Querkräfte Q_{sPn} und die Stabkräfte S_{pPn} des statisch unbestimmten Systems an einer beliebigen Stelle s.

Die hier und später folgenden Beispiele sollen den Leser mit den entwickelten Gedankengängen vertraut machen und nicht etwa eine vollständige Theorie praktisch wichtiger Systeme bringen. Es sei in diesem Zusammenhang auch auf den letzten Abschnitt der „Einführung in die Festigkeitslehre“ verwiesen, in dem einige einfache statisch unbestimmte Tragwerke untersucht wurden.

72. Beispiele für die Berechnung der inneren Kräfte statisch unbestimmter Systeme infolge einer äußeren Belastung.

a) Als erstes Beispiel eines einfach statisch unbestimmten Systems behandeln wir einen Durchlaufträger über zwei Felder, der in der Mitte durch eine Pendelstütze gestützt ist und eine gleichmäßig verteilte Last trägt (Abb. 141a). Da die Mittelstütze einen Druck erhalten wird, wird sie sich etwas verkürzen und es tritt also die in dieser Abbildung eingezeichnete Verformung des Systems ein. Entfernt man das untere Lager der Pendelstütze, so erhält man als Grundsystem einen freiaufliegenden Träger, an welchem die nunmehr unbeanspruchte und unwirksam gewordene Pendelstütze hängt. Die statisch unbestimmte Größe bedeutet bei dieser Wahl des Grundsystems den Auflagerdruck der Pendelstütze. In Abb. 141b ist das Grundsystem mit seiner Verformung infolge der äußeren Belastung dargestellt. Wir entnehmen dieser Abbildung die der statisch unbestimmten Größe X_a zugeordnete Verschiebung δ_{aP} des Angriffspunktes von X_a. Belastet man das Grundsystem mit $X_a = 1$, so tritt eine Verformung wie in Abb. 141c gezeichnet auf. Die Verschiebung δ_{aa} hat entgegengesetzte Richtung wie δ_{aP}, mithin ist δ_{aP} negativ. Die Elastizitätsgleichung $\delta_{aa} X_{aP} + \delta_{aP} = 0$ ergibt demnach für X_{aP} einen positiven Wert, d. h. die angenommene Richtung von X_{aP} war richtig und es tritt also, wie ohne weiteres von vornherein festzustellen ist, in der Pendelstütze ein Druck auf. Da die Pendelstütze als unbeansprucht in Abb. 141b ihre Länge nicht geändert hat, ist δ_{aP} gleich der Durchbiegung der Balkenmitte δ_{mP}. Diese haben wir in Nr. 50 d), Gl. (50, 35a) für eine Gleichlast mit $\frac{5\,q\,l^4}{384\,E\,J}$ bestimmt. In unserem Falle beträgt die Stützweite jedoch $2\,l$ anstatt l und wenn in dem angegebenen Wert l^4 durch $(2\,l)^4$ ersetzt wird, so findet man unter Beachtung des negativen Vorzeichens

$$\delta_{aP} = -\frac{5\,q\,l^4}{24\,E\,J}. \qquad (72, 8a)$$

Bei der Berechnung von δ_{aa} ist darauf zu achten, daß δ_{aa} um die Zusammendrükung der Pendelstütze infolge der Druckkraft $X_a = 1$ größer als δ_{ma} ist (Abb. 141c). Für die Durchbiegung eines freiaufliegenden Trägers durch eine in der Mitte angreifende Last P erhielten wir in Nr. 50 c), Gl. (50, 33a) $\frac{P l^3}{48\,E\,J}$; in unserem Falle ist $P = X_a = 1$ und l durch $2\,l$ zu ersetzen, so daß sich

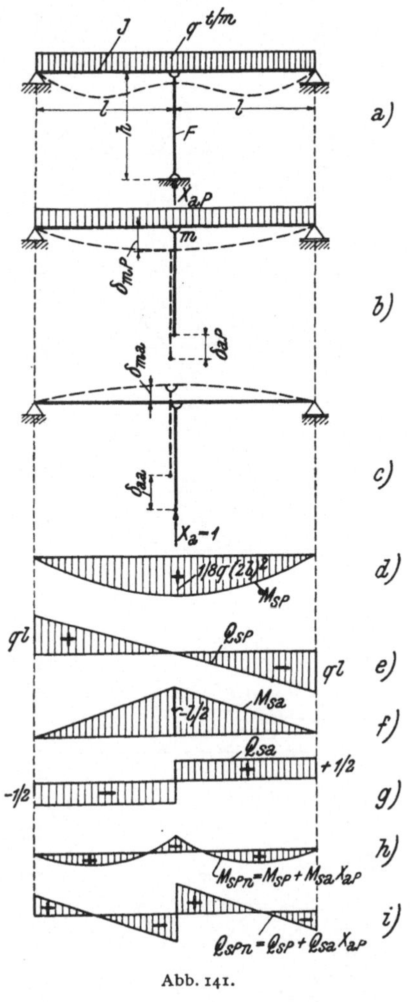

Abb. 141.

$$\delta_{mP} = \frac{l^3}{6\,E\,J} \qquad (72, 8b)$$

ergibt. Hiezu tritt noch die Zusammendrückung der Pendelstütze, deren Länge h und deren Fläche F sein möge; sie wird demnach $\frac{h}{E\,F}$ und damit erhält man für

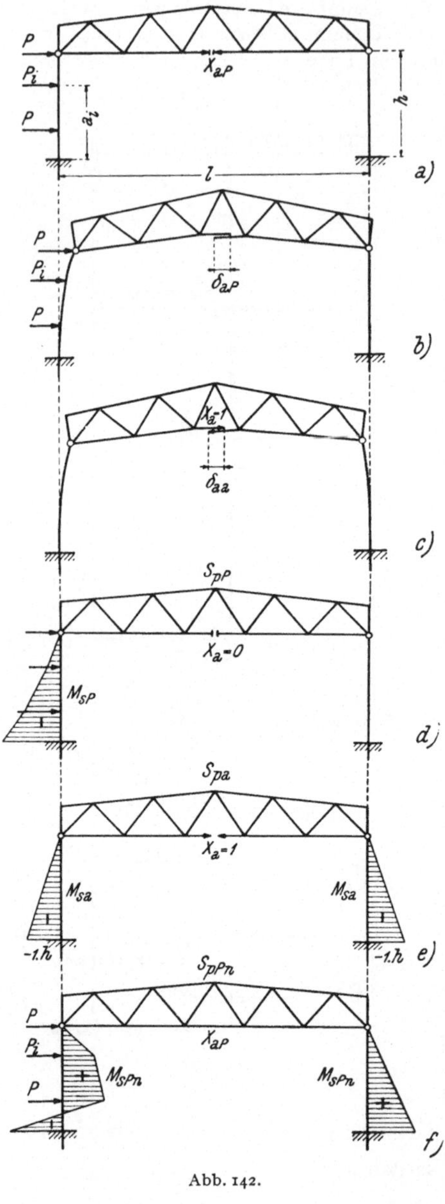

Abb. 142.

$$\delta_{aa} = \frac{l^3}{6\,E J} + \frac{h}{E F}. \qquad (72,\ 8c)$$

Sohin ergibt sich für X_{aP}

$$X_{aP} = \frac{\delta_{aP}}{\delta_{aa}} = \frac{\dfrac{5\,q\,l^4}{24\,E J}}{\dfrac{l^3}{6\,E J} + \dfrac{h}{E F}} = \frac{\dfrac{5\,q\,l}{4}}{1 + \dfrac{6\,h\,J}{l^3\,F}} \qquad (72,\ 9)$$

Der Druck in der Mittelstütze X_{aP} wird daher um so kleiner, je größer der Wert $\frac{6\,h\,J}{l^3\,F}$ ist, also je nachgiebiger die Stütze im Verhältnis zur Biegungssteifigkeit des Trägers ist. Leistet die Stütze einer Zusammendrückung gegenüber überhaupt keinen Widerstand, ist also z. B. $F = 0$, so wird wegen $\frac{6\,h\,J}{l^3\,F} \rightarrow \infty \ldots$ $X_{aP} = 0$ und der Träger wirkt als freiaufliegender Träger mit der Stützweite $2\,l$. Ist aber die Stütze vollständig unnachgiebig, also $F \rightarrow \infty$ oder $h = 0$, dann erhalten wir wegen $\frac{6\,h\,J}{l^3\,F} = 0$ für X_{aP} denselben Wert, wie wir ihn schon im letzten Abschnitt der „Einführung in die Festigkeitslehre", Gl (86, 13), für den Durchlaufträger mit

$$X_{aP} = \frac{5\,q\,l}{4} \qquad (72,\ 10)$$

ermittelt haben.

Momente und Querkräfte des statisch unbestimmten Tragwerkes bestimmen wir gemäß den Gl. (71, 7)

$$M_{sPn} = M_{sP} + M_{sa}\,X_{aP}$$
$$Q_{sPn} = Q_{sP} + Q_{sa}\,X_{aP}$$

durch Überlagerung der Momente M_{sP}, bzw. der Querkräfte Q_{sP} (Abb. 141 d bis g) des Grundsystems infolge der Belastung P und der mit X_{aP} multiplizierten M_{sa} und Q_{sa}, die durch $X_a = 1$ hervorgerufen werden. Die Momente M_{sPn} und die Querkräfte Q_{sPn} liegen dann zwischen den Grenzwerten, welche den Werten $\frac{6\,h\,J}{l^3\,F} = 0$ und $\frac{6\,h\,J}{l^3\,F} = \infty$ entsprechen und die in den Abb. 141 h und i eingezeichnet sind.

Es bedingt also eine Verstärkung der Stütze ein Anwachsen der Druckkraft in derselben, eine Verstärkung des Trägers ein Anwachsen seiner Biegungsmomente; dies ist eine allen statisch unbestimmten Systemen anhaftende Eigentümlichkeit, daß mit dem Verstärken eines Teiles die inneren Kräfte in demselben zunehmen.

b) Als weiteres Beispiel eines einfach statisch unbestimmten Systems untersuchen wir den in Abb. 142a dargestellten Hallenbinder. Er besteht aus zwei in unverschieblichen und unverdrehbaren Fundamenten eingespannten Stützen, die an ihren oberen Enden durch die eigentliche Dachkonstruktion miteinander verbunden sind. Als Belastung seien waagrechte, auf eine Stütze einwirkende Kräfte — etwa durch den Wind auf die Gebäudewand veranlaßt — gegeben. Um ein Grundsystem zu erhalten, schneiden wir den Untergurt des Fachwerkes an irgendeiner Stelle durch; die Normalkraft an dieser Stelle ist dann die statisch unbestimmte Größe. Die Abb. 142b zeigt die Verformung des Grundsystems durch die waagrechten Kräfte mit der Verschiebung δ_{aP}, die Abb. 142c die Verformung infolge $X_a = 1$, nämlich δ_{aa}. Die Verschiebung δ_{aP} läßt sich mit der in Nr. 50e angegebenen Gleichung (50, 37a) sofort berechnen. Der Beitrag der Kraft P_i hiezu beträgt mit den Bezeichnungen der Abb. 142a $\frac{2\,a_i + 3\,h}{6\,E\,J}\,a_i^2\,P_i$ und die gesamte Verschiebung wird demnach

$$\delta_{aP} = \sum^{i} \frac{2\,a_i + 3\,(h - a_i)}{6\,E\,J}\,a_i^2\,P_i = \sum^{i} \frac{3\,h - a_i}{6\,E\,J}\,a_i^2\,P_i.$$

δ_{aa} setzt sich aus zwei Teilen zusammen: infolge der Durchbiegung der Stützen ergibt sich ebenfalls nach Nr. 50e $\frac{2\,h^3}{3\,E\,J}$ als gegenseitige Näherung der oberen Stützenenden; dazu kommt noch der Beitrag infolge der Dehnung des Untergurtes; er erhält die Zugkraft 1 infolge $X_a = 1$, seine Fläche sei F, die Länge l. Mithin beträgt seine Verlängerung $\frac{l}{EF}$ und δ_{aa} wird

$$\delta_{aa} = \frac{2\,h^3}{3\,E\,J} + \frac{l}{FE}\;.$$

δ_{aP} hat denselben Richtungssinn wie δ_{aa}, ist also positiv und damit wird

$$X_{aP} = -\frac{\delta_{aP}}{\delta_{aa}} = -\frac{\frac{1}{2}\sum^{i}\left(3 - \frac{a_i}{h}\right)\left(\frac{a_i}{h}\right)^2 P_i}{2 + 3\,\frac{l\,J}{h^3\,F}}.$$

Das negative Vorzeichen von X_{aP} besagt, daß seine Richtung entgegengesetzt der getroffenen Annahme ist; es bedeutet also eine Druckkraft.

In den Abb. 142d und e sind die Momente M_{sP} und M_{sa} angegeben; die Abb. 142f zeigt die Momente M_{sPn} des statisch unbestimmten Tragwerkes, welche durch die Überlagerung der M_{sP} und $M_{sa}\,X_{aP}$ erhalten werden.

c) Das Beispiel in Abb. 143a zeigt einen Binder, dessen linkes Auflager gelenkig und dessen rechtes Auflager eingespannt gelagert ist. Abmessungen und die Verhältnisse der Trägheitsmomente sind der Abb. 143a zu entnehmen. Das System ist zweifach statisch unbestimmt. Als Grundsystem wählen wir den freiaufliegenden Träger, der durch den Ersatz der Einspannungen des rechten Rahmenstieles durch ein Gleitlager entsteht. Dementsprechend müssen wir die Horizontalkomponente der rechten Auflagerreaktion X_a und das Einspannmoment X_b als statisch überzählige Größen annehmen. In der Abb. 143b sind die Größen δ_{aP}, d. i. die waagrechte Verschiebung, und δ_{bP}, die Verdrehung des rechten Stieles am Auflager infolge der gegebenen gleichmäßigen Belastung des Riegels mit 3 t/m, sowie die Momente M_{sP} dargestellt. Die Abb. 143c zeigt die Verschiebung δ_{aa} und die Verdrehung δ_{ba} sowie die Momente M_{sa} infolge des Angriffes $X_a = 1$, die Abb. 143d die Verdrehung δ_{bb} und die Verschiebung δ_{ab} sowie die Momente M_{sb} infolge des Angriffes $X_b = 1$. In Tab. 22 sind die zur Berechnung notwendigen Werte zusammengestellt.

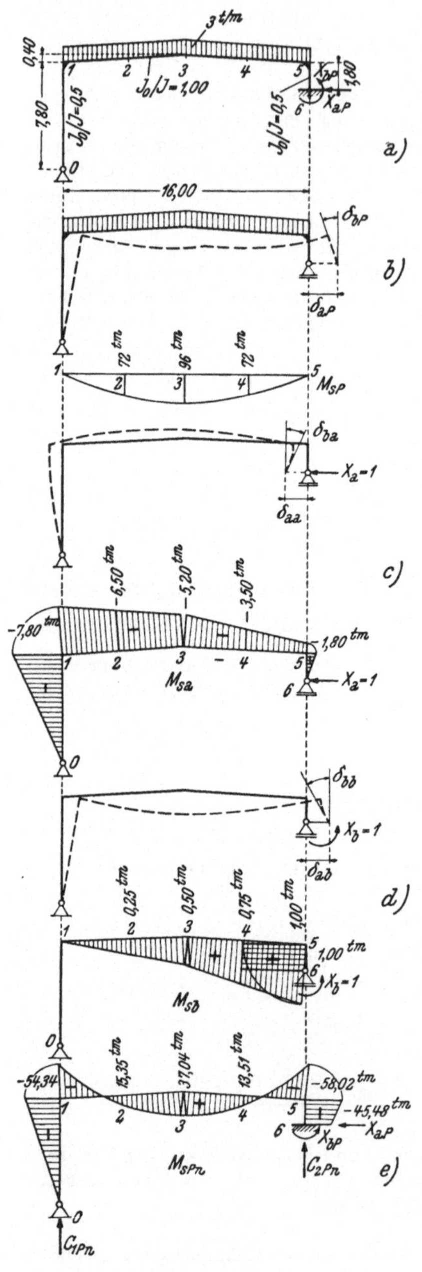

Abb. 143.

Zur Ermittlung der Integrale für δ_{aP}, δ_{bP}, δ_{aa}, δ_{ab} und δ_{bb} benützen wir die in Nr. 49 angegebenen Gleichungen, die wir auf die einzelnen Intervalle 0 — 1, 1 — 3, 3 — 5 und 5 — 6 anwenden. Die Bestimmung von

$$E J_0 \delta_{aP} = \int M_{sa} M_{sP} \frac{J_0}{J} ds$$

und

$$E J_0 \delta_{bP} = \int M_{sb} M_{sP} \frac{J_0}{J} ds$$

erfolgt mittels der Gleichung

$$\int u v \, ds = \frac{\Delta s}{6} \left[u_1 (v_1 + 2 v_2) + u_3 (2 v_2 + v_3)\right]$$

mit M_{sa}, bzw. $M_{sb} = u$ und $M_{sP} \frac{J_0}{J} = v$; denn M_{sa} und M_{sb} sind linear, M_{sP} quadratisch innerhalb der Intervalle 1 — 3 und 3 — 5 veränderlich. Der Beitrag der Normalkräfte wurde hiebei vernachlässigt. Es ergibt sich also

Tabelle 22.

Querschnitt	0		1		2		3		4		5		6
J_0/J		0,5		1,0		1,0		1,0		1,0		0,5	
Δs		7,8			8,01				8,01			1,8	
M_{sP}	0		0		72		96		72		0		0
M_{sa}	0		—7,8		—6,5		—5,2		—3,5		—1,8		0
M_{sb}	0		0		0,25		0,50		0,75		1,0		1,0

$$EJ_0\,\delta_{aP} = -\frac{8{,}01}{6}\,[7{,}8\,(0+2\cdot 72)+5{,}2\,(2\cdot 72+96)] -$$
$$-\frac{8{,}01}{6}\,[5{,}2\,(96+2\cdot 72)+1{,}8\,(2\cdot 72+0)] = \frac{8{,}01}{6}\cdot 3878{,}4 =$$
$$= -5178\ \mathrm{tm}^3;$$

$$E\,J_0\,\delta_{bP} = \frac{8{,}01}{6}\,[0\cdot(0+2\cdot 72)+0{,}5\,(2\cdot 72+96)] +$$
$$+\frac{8{,}01}{6}\,[0{,}5\,(96+2\cdot 72)+1{,}0\,(2\cdot 72+0)] = \frac{8{,}01}{6}\cdot 384 =$$
$$= 512{,}64\ \mathrm{tm}^3.$$

Für die Berechnung der Integrale δ_{aa}, δ_{bb} und $\delta_{ab}=\delta_{ba}$, bei welchen M_{sa} und M_{sb} in den einzelnen Intervallen linear veränderlich sind, verwenden wir die Gleichung

$$\int uv\,ds = \frac{\Delta s}{6}\,[u'(2v'+v'')+u''(2v''+v')].$$

So erhalten wir

$$EJ_0\,\delta_{aa} = 0{,}5\cdot\frac{7{,}8^3}{3}+\frac{8{,}01}{6}\,[7{,}8\,(2\cdot 7{,}8+5{,}2)+5{,}2\,(2\cdot 5{,}2+7{,}8)] +$$
$$+\frac{8{,}01}{6}\,[5{,}2\,(2\cdot 5{,}2+1{,}8)+1{,}8\,(2\cdot 1{,}8+5{,}2)+0{,}5\cdot\frac{1{,}8^3}{3} =$$
$$= 79{,}092+\frac{8{,}01}{6}\cdot 336{,}16+0{,}972 = 528{,}84\ \mathrm{tm}^3.$$

$$E\,J_0\,\delta_{bb} = \frac{8{,}01}{6}\,[0\cdot(2\cdot 0+0{,}5)+0{,}5\,(2\cdot 0{,}5+0)] +$$
$$+\frac{8{,}01}{6}\,[0{,}5\,(2\cdot 0{,}5+1)+1\,(2\cdot 1+0{,}5)]+0{,}5\cdot 1{,}8\cdot 1^2 =$$
$$= +\frac{8{,}01}{6}\cdot 4{,}0+0{,}90 = 6{,}24\ \mathrm{tm}^3.$$

$$E\,J_0\,\delta_{ab} = -\frac{8{,}01}{6}\,[7{,}8\,(2\cdot 0+0{,}5)+5{,}2\,(2\cdot 0{,}5+0)] -$$
$$-\frac{8{,}01}{6}\,[5{,}2\,(2\cdot 0{,}5+1)+1{,}8\,(2\cdot 1+0{,}5)] -$$
$$-0{,}5\cdot 1\cdot\frac{1{,}8^2}{2} = -\frac{8{,}01}{6}\cdot 24-0{,}81 = -32{,}85\ \mathrm{tm}^3.$$

Mit diesen Werten lauten die Elastizitätsgleichungen

$$528{,}84\, X_{aP} - 32{,}85\, X_{bP} - 5178 = 0$$
$$-32{,}85\, X_{aP} + 6{,}24\, X_{bP} + 512{,}64 = 0,$$

aus denen sich die statisch unbestimmten Größen mit

$$X_a = +6{,}966 \text{ t} \quad \text{und} \quad X_b = -45{,}48 \text{ tm}$$

ergeben. Die Richtung von X_{aP} war demnach richtig angenommen. Hingegen wirkt X_{bP} im umgekehrten Sinn wie angesetzt; es treten also an der Innenseite des rechten Rahmenstieles Druckspannungen, an der Außenseite Zugspannungen infolge X_{bP} auf.

Wir können nun jede beliebige Größe G_{sPn} des statisch unbestimmten Tragwerkes gemäß der Gleichung

$$G_{sPn} = G_{sP} + G_{sa}\, X_{aP} + G_{sb}\, X_{bP}$$

bestimmen. So ergibt sich z. B. für den linken Auflagerdruck $C_{1\,Pn}$ wegen

$$C_{1\,P} = 1/2 \cdot 3{,}00 \cdot 16 = 24 \text{ t}, \quad C_{1\,a} = 1 \cdot \frac{6{,}00}{16{,}00} = 0{,}375$$

und $$C_{1\,b} = 1/l = \frac{1}{16} = 0{,}0625 \text{ m}^{-1}$$

$$C_{1Pn} = 24 + 0{,}375 \cdot 6{,}966 - 0{,}0625 \cdot 45{,}48 = 23{,}77 \text{ t},$$

für den rechten Auflagerdruck mit $C_{2a} = -0{,}375$ und $C_{2a} = -0{,}0625 \text{ m}^{-1}$

$$C_{2\,Pn} = 24 - 0{,}375 \cdot 6{,}966 + 0{,}0625 \cdot 45{,}48 = 24{,}23 \text{ t}.$$

Endlich stellen wir die Biegungsmomente $M_{s\,Pn}$ in Tab. 23 zusammen; sie sind in der Abb. 143e dargestellt.

Tabelle 23.

Querschnitt	0	1	2	3	4	5	6
M_{sP}	0	0	72	96	72	0	0
$M_{sa}\, X_{aP}$	0	— 54,34	— 45,28	— 36,22	— 24,38	— 12,54	0
$M_{sb}\, X_{bP}$	0	0	— 11,34	— 22,74	— 34,11	— 45,48	0
M_{sPn}	0	— 54,34	+ 15,35	+ 37,04	+ 13,51	— 58,02	— 45,48

d) Als Beispiel für ein zweifach statisch unbestimmtes System mit gekrümmter Stabachse behandeln wir den in Abb. 144a dargestellten *Eingelenkbogen*, der aus zwei durch ein Gelenk miteinander verbundenen Kragträgern besteht. Die linke Bogenhälfte sei durch eine gleichmäßig verteilte Belastung von 2,00 t/m beansprucht; der Bogen sei nach einer Parabel geformt und habe bei einer Stützweite von 24,00 m einen Pfeil von 4,50 m. Die Bogendicke nehme von 42 cm im Scheitel auf 60 cm am Widerlager zu. Als statisch unbestimmte Größen wählen wir die waagrechte Komponente X_a und die lotrechte Komponente X_b des Gelenkdruckes; dann besteht das Grundsystem aus zwei voneinander unabhängigen Kragträgern. In den Abb. 144b, c und d sind die Momente M_{sP}, M_{sa} und M_{sb} des Grundsystems angegeben, die durch die erwähnte äußere Belastung, durch $X_a = 1$ und $X_b = 1$ entstehen; ferner sind die Verformungen und speziell die Verschiebungen δ_{aP}, δ_{bP}, δ_{aa} und δ_{bb} verzeichnet.

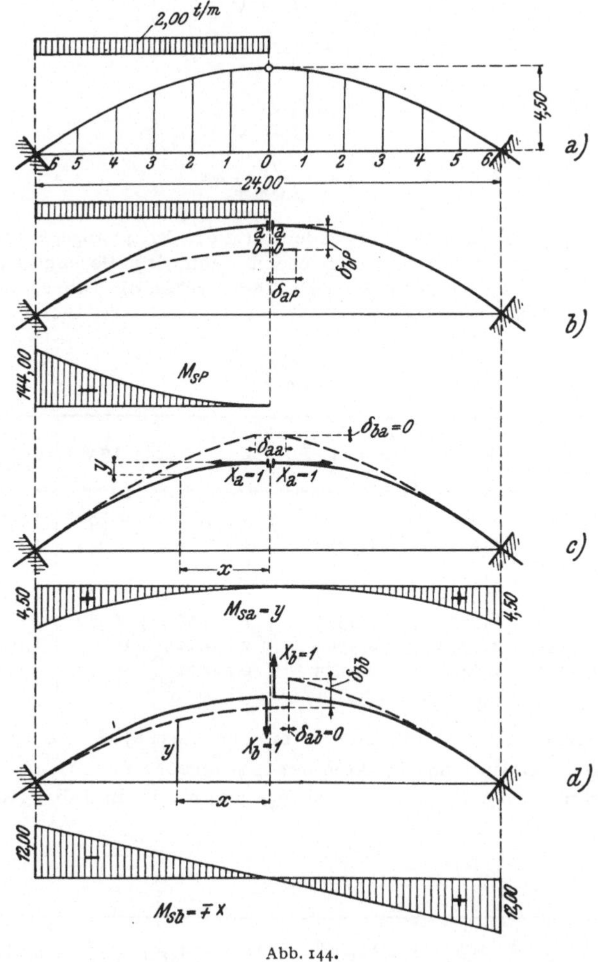

Abb. 144.

Aus Abb. 144c und d erkennt man, daß bei der von uns vorausgesetzten Symmetrie des Bogens δ_{ab} und δ_{ba} verschwinden; es ist nach dem Satz von MAXWELL $\delta_{ba} = \delta_{ab}$. Die Elastizitätsgleichungen vereinfachen sich demzufolge in

$$\delta_{aa} X_{aP} + \delta_{aP} = 0$$
$$\delta_{bb} X_{bP} + \delta_{bP} = 0.$$

Wie man leicht bestätigt findet, ergibt sich für das Grundsystem

$$M_{sP} = -\frac{q\,x^2}{2}$$
$$M_{sa} = y \text{ und } M_{sb} = -x.$$

Es ist also

$$E\,J_0\,\delta_{aP} = \int y\,\frac{J_0}{J\cos\psi}\,M_{sP}\,dx$$

$$E\,J_0\,\delta_{bP} = -\int x\,\frac{J_0}{J\cos\psi}\,M_{sP}\,dx$$

$$E\,J_0\,\delta_{aa} = \int y^2\,\frac{J_0}{J\cos\psi}\,dx$$

$$E\,J_0\,\delta_{bb} = \int x^2\,\frac{J_0}{J\cos\psi}\,dx.$$

Zur Bestimmung dieser Integrale verwenden wir die in Nr. 49 angegebene Gl. (49, 28) von NEWTON; die Genauigkeit wird ausreichend, wenn wir je Bogenhälfte 6 Intervalle annehmen. Über die Durchführung der Rechnung geben die Tab. 24 (Maßeinheiten t und m) Aufschluß.

Tabelle 24.

	d	$\frac{d_0}{d}$	$\left(\frac{d_0}{d}\right)^2$	$\frac{J_0}{J} = \left(\frac{d_0}{d}\right)^3$	x	y	$\operatorname{tg}\psi$	$\frac{1}{\cos\psi}$	$\frac{J_0}{J\cos\psi}$
6	0,60	1,0000	1,0000	1,0000	12	4,500	0,750	1,250	1,2500
5	0,57	1,0526	1,1079	1,1662	10	3,125	0,625	1,179	1,3749
4	0,54	1,1111	1,2346	1,3717	8	2,000	0,500	1,118	1,5336
3	0,51	1,1765	1,3841	1,6284	6	1,125	0,375	1,068	1,7391
2	0,48	1,2500	1,5625	1,9531	4	0,500	0,250	1,031	2,0136
1	0,45	1,3333	1,7778	2,3704	2	0,125	0,125	1,008	2,3894
0	0,42	1,4286	2,0408	2,9155	0	0,000	0,000	1,000	2,9155

Dabei bestimmen sich die Ordinaten y mit $y = 0{,}03125\,x^2$, die Neigungswinkel der Stabachse in den einzelnen Punkten mit $\operatorname{tg}\psi = 0{,}0625\,x$ und $1/\cos\psi = \sqrt{1 + \operatorname{tg}^2\psi}$.

Die Berechnung von δ_{aa} und δ_{bb} sowie δ_{aP} und δ_{bP} ist in Tab. 25 und 26 durchgeführt.

Tabelle 25.

	α	$y\,\frac{J_0}{J\cos\psi}$	$y^2\,\frac{J_0}{J\cos\psi}$	$\alpha\,y^2\,\frac{J_0}{J\cos\psi}$	M_{sP}	$M_{sP}\,y\,\frac{J_0}{J\cos\psi}$	$\alpha\,M_{sP}\,y\,\frac{J_0}{J\cos\psi}$
6	1	5,6250	25,3125	25,3125	— 144	— 810,00	— 810,00
5	3	4,2965	13,4266	40,2798	— 100	— 429,65	— 1288,95
4	3	3,0672	6,1344	18,4032	— 64	— 196,30	— 588,90
3	2	1,9565	2,2011	4,4022	— 36	— 70,43	— 140,86
2	3	1,0068	0,5034	1,5102	— 16	— 16,11	— 48,33
1	3	0,2987	0,0373	0,1119	— 4	— 1,20	— 3,60
0	1	0,0000	0,0000	0,0000	0	0,00	0,00

$$\frac{1}{2}\cdot\frac{8\,EJ_0\,\delta_{aa}}{3\,\Delta s} = 90{,}0198 \qquad \frac{8\,EJ_0\,\delta_{aP}}{3\,\Delta s} = -2880{,}64$$

Tabelle 26.

	a	$x \frac{J_0}{J \cos \psi}$	$x^2 \frac{J_0}{J \cos \psi}$	$a x^2 \frac{J_0}{J \cos \psi}$	$M_{sP} x \frac{J_0}{J \cos \psi}$	$a M_{sP} x \frac{J_0}{J \cos \psi}$
6	1	15,0000	180,000	180,000	2160,00	2160,00
5	3	13,7490	137,490	412,470	1374,90	4124,70
4	3	12,2688	98,150	294,450	785,20	2355,60
3	2	10,4346	62,608	125,216	375,65	751,30
2	3	8,0544	32,218	96,654	128,87	386,61
1	3	4,7788	9,558	28,674	19,12	57,36
0	1	0,0000	0,000	0,000	0,00	0,00

$$\frac{1}{2} \cdot \frac{8 E J_0 \delta_{bb}}{3 \Delta s} = 1137,464 \qquad \frac{8 E J_0 \delta_{bP}}{3 \Delta s} = 9835,57$$

Hiebei genügt es, sich auf die linke Bogenhälfte zu beschränken; denn der Beitrag der rechten Hälfte zu δ_{aa} und δ_{bb} ist gleich jenem der linken, während er für δ_{aP} und δ_{bP} wegen $M_{sP} = 0$ verschwindet. Mithin lauten die Elastizitätsgleichungen

$$180,04 \, X_{aP} - 2880,64 = 0$$
$$2274,93 \, X_{bP} + 9835,57 = 0$$
$$X_{aP} = 16,000 \text{ t}$$
$$X_{bP} = -4,3235 \text{ t}.$$

Wir bestimmen nun noch nach der Gleichung

$$M_{sPn} = M_{sP} + M_{sa} X_{aP} + M_{sb} X_{bP} = M_{sP} + y X_{aP} - x X_{bP}$$

die Momente M_{sPn} im statisch unbestimmten System und erhalten:

Tabelle 27.

	linke Bogenhälfte						
	6	5	4	3	2	1	0
M_{sP}	— 144,000	— 100,000	— 64,000	— 36,000	— 16,000	— 4,000	0,000
$y \cdot X_{aP}$	72,000	50,000	32,000	18,000	8,000	2,000	0,000
$x \cdot X_{bP}$	51,882	43,235	34,588	25,941	17,294	8,647	0,000
M_{sPn}	— 20,118	— 6,765	2,588	7,941	9,294	6,647	0,000

	rechte Bogenhälfte						
	0	1	2	3	4	5	6
M_{sP}	0,000	0,000	0,000	0,000	0,000	0,000	0,000
$y \cdot X_{aP}$	0,000	2,000	8,000	18,000	32,000	50,000	72,000
$x \cdot X_{bP}$	0,000	— 8,647	— 17,294	— 25,941	— 34,588	— 43,235	— 51,882
M_{sPn}	0,000	— 6,647	— 9,294	— 7,941	— 2,588	6,765	20,118

In symmetrisch zur Mittelachse des Bogens gelegenen Punkten der Stabachse treten demnach gleich große, entgegengesetzt bezeichnete Momente auf; dieses

Ergebnis finden wir auch durch die folgende Überlegung unmittelbar bestätigt: Bei einem Bogen mit parabolischer Achse fällt bei Vollbelastung mit einer gleichmäßig verteilten Last die Stützlinie mit der Bogenachse zusammen; es treten also keine Momente auf. Fügt man demnach zu der vorliegenden Belastung der linken Bogenhälfte die Belastung der rechten hinzu, so müssen durch letztere allein genau dieselben Momente, aber mit entgegengesetzten Vorzeichen hervorgerufen werden, damit die Summe beider Belastungen, die Vollast ergibt, verschwindet.

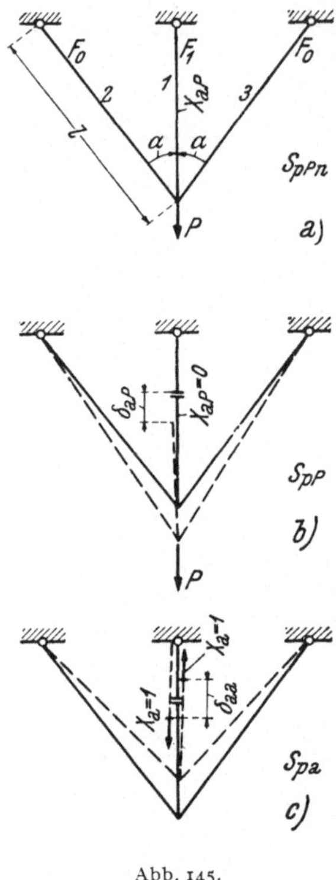

Abb. 145.

Wir haben bei der vorstehenden Rechnung den Beitrag der Normalkräfte zu den Verschiebungen vernachlässigt. Für δ_{bb}, δ_{aP} und δ_{bP} wird man dies stets tun; nur bei δ_{aa} pflegt man mitunter, wenn eine größere Genauigkeit angestrebt wird, diesen Beitrag mit

$$E\,J_0\,\delta_{aa} = \int N_a{}^2 \frac{J_0}{F\cos\psi}\,dx = \int \frac{J_0}{F}\cos\psi\,dx$$

zu berücksichtigen. Aber, wie schon das Beispiel in Nr. 50 h zeigt, ist auch dieser Wert meist so klein, daß seine Vernachlässigung keinen maßgebenden Einfluß auf das Ergebnis hat.

e) Als ein einfaches Beispiel für ein einfach statisch unbestimmtes Fachwerk betrachten wir das in Abb. 145a dargestellte System. Als statisch überzählige Größe wählen wir die Zugkraft des mittleren Stabes. Im Grundsystem ist also der mittlere Stab geschnitten und bleibt für jede Belastung außer für den Hilfsangriff $X_a = 1$ spannungslos. Dafür tritt aber die Verschiebung δ_{aP} bei der Belastung mit P, wie in Abb. 145b ersichtlich, ein. Die Belastung des Grundsystems mit $X_a = 1$ ist in Abb. 145c dargestellt. Dabei erfährt der Angriffspunkt von X_a die Verschiebung δ_{aa}; sie hat entgegengesetzte Richtung wie δ_{aP} und δ_{aP} ist also negativ. $X_{aP} = -\frac{\delta_{aP}}{\delta_{aa}}$ ist also positiv, d. h. die angenommene Richtung stimmt und der mittlere Stab erhält also eine Zugkraft, wie es ja ohne weiteres einzusehen ist. Es ist stets zweckmäßig, die Rechnung in Tabellenform durchzuführen, wie dies im folgenden geschieht:

In Tab. 28 sind zunächst Stablänge s_p, Stabquerschnitt F_p und die Werte $s_p \frac{F}{F_p}$ zusammengestellt, wobei als Vergleichsfläche der Querschnitt der beiden äußeren Stäbe angenommen ist. Die Stabkräfte S_{pP} und S_{pa} im Grundsystem infolge der Belastung P, bzw. des Hilfsangriffes $X_a = 1$ sind ebenfalls angeschrieben; sie lassen sich einfach berechnen. In Tab. 28 sind dann die Ausdrücke $S_{pP}\,S_{pa}\,s_p \frac{F_0}{F_p}$ und $S_{pa}{}^2\,s_p \frac{F_0}{F_p}$ angegeben; ihre Summe ergibt die Werte $EF_0\,\delta_{aP}$ und $EF_0\,\delta_{aa}$. Damit wird $X_{aP} = -\frac{EF_0\,\delta_{aP}}{EF_0\,\delta_{aa}}$ und die Stabkräfte im statisch unbestimmten System, die in der letzten Spalte der Tab. 29 angeschrieben sind, bestimmen sich nach früherem aus $S_{pPn} = S_{pP} + S_{pa}\,X_{aP}$.

Tabelle 28.

Stab	s_p	F_p	$s_p \frac{F_0}{F_p}$	S_{pP}	S_{pa}
1	$l \cos\alpha$	F	$l \cos\alpha \frac{F_0}{F}$	0	1
2	l	F_0	l	$\frac{P}{2} \sec\alpha$	$-\frac{\sec\alpha}{2}$
3	l	F_0	l	$\frac{P}{2} \sec\alpha$	$-\frac{\sec\alpha}{2}$

Tabelle 29.

Stab	$S_{pP}\, S_{pa}\, s_p \frac{F_0}{F_p}$	$S_{pa}^2\, s_p \frac{F_0}{F_p}$	$S_{pa}\, X_{aP}$	$S_{pPn} = S_{pP} + S_{pa}\, X_{aP}$
1	0	$l \cos\alpha \frac{F_0}{F}$	$\frac{P}{N}$	$\frac{P}{N}$
2	$-\frac{Pl \sec^2\alpha}{4}$	$\frac{l \sec^2\alpha}{4}$	$-\frac{P}{2} \frac{\sec\alpha}{N}$	$\frac{P}{2} \sec\alpha \left(1 - \frac{1}{N}\right)$
3	$-\frac{Pl \sec^2\alpha}{4}$	$\frac{l \sec^2\alpha}{4}$	$-\frac{P}{2} \frac{\sec\alpha}{N}$	$\frac{P}{2} \sec\alpha \left(1 - \frac{1}{N}\right)$

$$EF_0\, \delta_{aP} = -\frac{Pl \sec^2\alpha}{2}, \quad EF_0\, \delta_{aa} = l\left(\cos\alpha \frac{F_0}{F} + \frac{\sec^2\alpha}{2}\right)$$

$$X_{aP} = \frac{\frac{Pl \sec^2\alpha}{2}}{l\left(\cos\alpha \frac{F_0}{F} + \frac{\sec^2\alpha}{2}\right)} = \frac{P}{\left(2\cos^3\alpha \frac{F_0}{F} + 1\right)} = \frac{P}{N},$$

wobei $N = 2\cos^3\alpha \frac{F_0}{F} + 1$.

f) Der in Abb. 146a dargestellte parallelgurtige Fachwerksträger ist entsprechend den überzähligen Gegendiagonalen in den drei Mittelfeldern dreifach statisch unbestimmt. Als statisch unbestimmte Größen nehmen wir die Stabkräfte in diesen Gegendiagonalen an und erhalten so das in Abb. 146b gezeichnete Grundsystem, in dem die überzähligen Stäbe durch einen Schnitt unwirksam gemacht worden sind. Infolge der äußeren Belastung verschieben sich die Schnittufer um die Strecken δ_{aP}, δ_{bP} und δ_{cP}. Aus den Momenten und Querkräften des freiaufliegenden Trägers lassen sich in einfacher Weise die Stabkräfte S_{pP} des Grundsystems berechnen; sie sind in der Tabelle 30 (Maßeinheiten t und m) zusammengestellt, die auch die notwendigen Angaben über Stablängen und Stabquerschnitte enthält. In den Ausdrücken $S_p = s_p \frac{F_0}{F_p}$ ist als Vergleichsfläche F_0 der Querschnitt des Obergurtes verwendet. Für die überzähligen Stäbe ist $S_{aP} = S_{bP} = S_{cP} = 0$. Dann belasten wir das Grundsystem der Reihe nach mit den Hilfsangriffen $X_a = 1$, $X_b = 1$ und $X_c = 1$. Diese Hilfsangriffe erzeugen jeweils nur in den das betreffende

Feld begrenzenden Gurtstäben, den beiden Vertikalen und *beiden* Diagonalen Stabkräfte; es darf nicht übersehen werden, daß die geschnittenen Stäbe infolge der Hilfsangriffe $X_a = 1$, $X_b = 1$ und $X_c = 1$ die Stabkräfte $S_{aa} = 1$, $S_{bb} = 1$ und $S_{cc} = 1$ erhalten, während $S_{ab} = S_{ba} = S_{ac} = S_{ca} = 0$ usw. verschwinden. Diese Tatsache, daß nämlich, wenn $i \neq k$, $S_{ik} = S_{ki} = 0$ für i und $k = a, b, c$ und $S_{ik} = 1$ für $i = k$ sowie, wie oben bemerkt, $S_{iP} = 0$ für $i = a, b, c$ wird, gilt natürlich für alle statisch unbestimmten Systeme, bei welchen die Stäbe a, b, c als überzählig betrachtet worden sind. Wir schreiben im folgenden nur jene Stäbe an, die durch die statisch unbestimmten Größen beeinflußt werden, lassen also in den Tabellen jene Stäbe weg, bei denen $S_{pa} = S_{pb} = S_{pc} = 0$, also $S_{pPn} = S_{pP}$ ist.

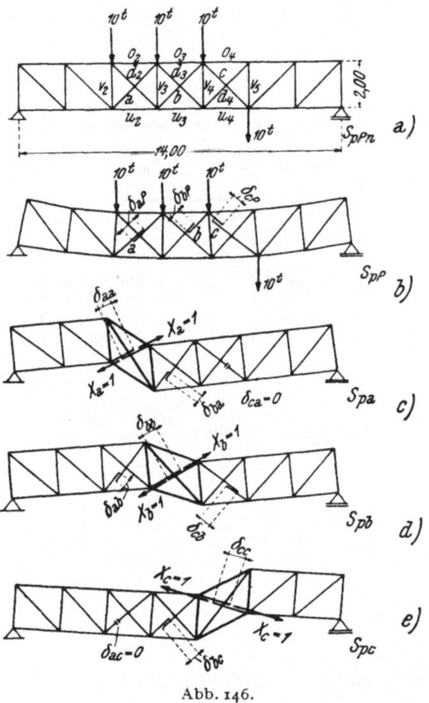

Abb. 146.

In Tab. 31 sind sodann die Werte $S_{pP}\, S_{pa}\, s_p \dfrac{F_0}{F_p}$ und $S_{pa}^2\, s_p \dfrac{F_0}{F_p}$ angegeben. Von den Produkten $S_{pa}\, S_{pb}\, s_p \dfrac{F_0}{F_p}$ und $S_{pb}\, S_{pc}\, s_p \dfrac{F_0}{F_p}$ sind nur jene für die Stäbe V_3 und V_4 von Null verschieden; $S_{pa}\, S_{pc}\, s_p \dfrac{F_0}{F_p}$ verschwindet überhaupt für alle Stäbe. Gemäß den Gleichungen $EF_0\, \delta_{aP} = \sum S_{pP}\, S_{pa}\, s_p \dfrac{F_0}{F_p}$ usw. sowie $EF_0\, \delta_{aa} = \sum S_{pa}^2\, s_p \dfrac{F_0}{F_p}$ usw. erhält man durch Summierung der untereinanderstehenden Werte die Größen $EF_0\, \delta_{aP}$, $EF_0\, \delta_{bP}$, ... $EF_0\, \delta_{aa}$, $EF_0\, \delta_{bb}$ ... und damit die Elastizitätsgleichungen

$$24{,}103\,X_{aP} + 1{,}936\,X_{bP} \qquad\qquad +213{,}67 = 0$$
$$1{,}936\,X_{aP} + 24{,}103\,X_{bP} + 1{,}936\,X_{cP} \qquad + 41{,}96 = 0$$
$$1{,}936\,X_{bP} + 24{,}103\,X_{cP} \qquad +186{,}29 = 0$$

ihre Auflösung ergibt

$$X_{aP} = -8{,}827\ \text{t} \qquad X_{bP} = -0{,}4745\ \text{t} \qquad X_{cP} = -7{,}691\ \text{t}.$$

Tabelle 30.

	s_p	$\frac{F_0}{F_p}$	$\varrho_p = s_p \frac{F_0}{F_p}$	S_{pP}	S_{pa}	S_{pb}	S_{pc}
o_2	2,00	1,000	2,000	— 50,000	— 0,7071	0	0
o_3	2,00	1,000	2,000	— 50,000	0	— 0,7071	0
o_4	2,00	1,000	2,000	— 50,000	0	0	— 0,7071
u_2	2,00	1,181	2,362	40,000	— 0,7071	0	0
u_3	2,00	1,181	2,362	50,000	0	— 0,7071	0
u_4	2,00	1,181	2,362	40,000	0	0	— 0,7071
d_2	2,828	3,191	9,025	14,141	1,000	0	0
d_3	2,828	3,191	9,025	0	0	1,000	0
d_4	2,828	3,191	9,025	14,141	0	0	1,000
v_2	2,00	1,936	3,872	— 20,000	— 0,7071	0	0
v_3	2,00	1,936	3,872	— 10,000	— 0,7071	— 0,7071	0
v_4	2,00	1,936	3,872	— 10,000	0	— 0,7071	— 0,7071
v_5	2,00	1,936	3,872	— 10,000	0	0	— 0,7071
a	2,828	3,191	9,025	0	1,000	0	0
b	2,828	3,191	9,025	0	0	1,000	0
c	2,828	3,191	9,025	0	0	0	1,000

Tabelle 31.

	$S_{pP}\,S_{pa}\,\varrho_p$	$S_{pP}\,S_{pb}\,\varrho_p$	$S_{pP}\,S_{pc}\,\varrho_p$	$S_{pa}^2\,\varrho_p$	$S_{pb}^2\,\varrho_p$	$S_{pc}^2\,\varrho_p$	$S_{pa}\,S_{pb}\,\varrho_p$	$S_{pb}\,S_{pc}\,\varrho_p$
o_2	70,71	0	0	1,000	0	0	0	0
o_3	0	70,71	0	0	1,000	0	0	0
o_4	0	0	70,71	0	0	1,000	0	0
u_2	— 66,81	0	0	1,181	0	0	0	0
u_3	0	— 83,51	0	0	1,181	0	0	0
u_4	0	0	— 66,81	0	0	1,181	0	0
d_2	127,63	0	0	9,025	0	0	0	0
d_3	0	0	0	0	9,025	0	0	0
d_4	0	0	127,63	0	0	9,025	0	0
v_2	54,76	0	0	1,936	0	0	0	0
v_3	27,38	27,38	0	1,936	1,936	0	1,936	0
v_4	0	27,38	27,38	0	1,936	1,936	0	1,936
v_5	0	0	27,38	0	0	1,936	0	0
a	0	0	0	9,025	0	0	0	0
b	0	0	0	0	9,025	0	0	0
c	0	0	0	0	0	9,025	0	0
	213,67 $= EF_0\,\delta_{aP}$	41,96 $= EF_0\,\delta_{bP}$	186,29 $= EF_0\,\delta_{cP}$	24,103 $= EF_0\,\delta_{aa}$	24,103 $= EF_0\,\delta_{bb}$	24,103 $= EF_0\,\delta_{cc}$	1,936 $= EF_0\,\delta_{ab}$	1,936 $= EF_0\,\delta_{cb}$

Die Stabkräfte im statisch unbestimmten Fachwerk S_{pPn} werden nach der Gl.

$$S_{pPn} = S_{pP} + S_{pa} X_{aP} + S_{pb} X_{bP} + S_{pc} X_{cP}$$

bestimmt. Damit ergeben sich die Werte in Tab. 32.

Tabelle 32.

	S_{pP}	$S_{pa} X_{aP}$	$S_{pb} X_{bP}$	$S_{pc} X_{cP}$	S_{pPn}
o_2	—50,000	6,242	0	0	—43,758
o_3	—50,000	0	0,336	0	—49,664
o_4	—50,000	0	0	5,438	—44,562
u_2	40,000	6,242	0	0	46,242
u_3	50,000	0	0,336	0	50,336
u_4	40,000	0	0	5,438	45,438
d_2	14,141	—8,827	0	0	5,314
d_3	0	0	—0,475	0	— 0,475
d_4	14,141	0	0	—7,691	6,450
v_2	—20,000	6,242	0	0	—13,758
v_3	—10,000	6,242	0,336	0	— 3,422
v_4	—10,000	0	0,336	5,438	— 4,232
v_5	—10,000	0	0	5,438	— 4,562
a	0	—8,827	0	0	— 8,827
b	0	0	—0,475	0	— 0,475
c	0	0	0	—7,691	— 7,691

73. Innere Kräfte eines statisch unbestimmten Systems infolge Temperaturänderungen. Ist ein statisch unbestimmtes Tragwerk bei einer bestimmten Temperatur spannungslos zusammengebaut worden und ändert sich nach dem Zusammenbau die Temperatur, so werden in der Regel dadurch innere Kräfte, die man als *Temperaturspannungen* bezeichnet, hervorgerufen werden. Es ist aber auch möglich, daß Temperaturänderungen keine inneren Kräfte bedingen; ein Beispiel dafür ist ein Zweigelenkbogen mit Zugband, der eine gleichmäßige Temperaturänderung aller Teile erfährt. Denn durch diese Temperaturänderung wird die Form des Tragwerkes linear vergrößert oder verkleinert und dies kann offensichtlich ohne jeden Zwang geschehen. Anders liegen die Verhältnisse bei einem Zweigelenkbogen mit unverschieblichen Widerlagern; hier bedingt eine Temperaturerhöhung eine Verlängerung der Stabachse und diese wiederum im Hinblick auf die Unverschieblichkeit der Kämpfer des Bogens eine Verbiegung derselben, also das Auftreten von Biegungsmomenten.

Die in Nr. 68 und Nr. 69 angestellten allgemeinen Betrachtungen führen sofort zur Lösung unserer Aufgabe; zum Hinweis, daß die Ursache der Verschiebungen und der statisch unbestimmten Größen eine Temperaturänderung ist, bezeichnen wir die Verschiebungen mit $\delta_{at}, \delta_{bt}, \ldots \delta_{nt}$, die statisch unbestimmten Größen mit $X_{at}, X_{bt}, \ldots X_{nt}$. Die Elastizitätsgleichungen lauten also

$$\begin{aligned} \delta_{aa} X_{at} + \delta_{ab} X_{bt} + \delta_{ac} X_{ct} \ldots + \delta_{at} &= 0 \\ \delta_{ba} X_{at} + \delta_{bb} X_{bt} + \delta_{bc} X_{ct} \ldots + \delta_{bt} &= 0 \\ \delta_{ca} X_{at} + \delta_{cb} X_{bt} + \delta_{cc} X_{ct} \ldots + \delta_{ct} &= 0 \\ \ldots\ldots\ldots\ldots\ldots\ldots \end{aligned} \qquad (73, 11)$$

Die Koeffizienten der Unbekannten sind dabei die gleichen wie früher, die Matrix der δ_{ik} hat sich also nicht geändert. Zur Bestimmung der δ_{at}, δ_{bt}, δ_{ct}, ... benützen wir die in Nr. 45 abgeleiteten Beziehungen; für ein Tragwerk aus biegungssteifen Stäben wird bei der Querschnittshöhe h und einer Temperaturdifferenz $\varDelta t$ zwischen unterer und oberer Randfaser bei längs der Querschnittshöhe linear veränderlicher Temperaturänderung und bei einer Temperaturerhöhung von t^0 in der Stabachse

$$\begin{aligned} \delta_{at} &= \int M_{sa}\, \alpha \frac{\varDelta t}{h}\, ds + \int N_{sa}\, \alpha\, t\, ds \\ \delta_{bt} &= \int M_{sb}\, \alpha \frac{\varDelta t}{h}\, ds + \int N_{sb}\, \alpha\, t\, ds \\ \delta_{ct} &= \int M_{sc}\, \alpha \frac{\varDelta t}{h}\, ds + \int N_{sc}\, \alpha\, t\, ds \\ &\ldots\ldots\ldots\ldots\ldots\ldots \end{aligned}$$

und für ein Fachwerk, dessen Stäbe eine Temperaturänderung von t_p erfahren haben,

$$\begin{aligned} \delta_{at} &= \sum S_{pa}\, \alpha\, t_p\, s_p \\ \delta_{bt} &= \sum S_{pb}\, \alpha\, t_p\, s_p \\ \delta_{ct} &= \sum S_{pc}\, \alpha\, t_p\, s_p \\ &\ldots\ldots\ldots \end{aligned}$$

Bezüglich der Vorzeichen der Größen δ_{at}, δ_{bt}, ... sei wiederholt, daß sie dann positiv sind, wenn sie den gleichen Richtungssinn wie δ_{aa}, δ_{bb}, ... besitzen. Verwendet man die angegebenen Gleichungen für δ_{at}, δ_{bt}, ..., so ergibt sich von selbst das richtige Vorzeichen, wenn die Vorzeichen von $\varDelta t$ und t so gewählt werden, daß positive Werte derselben die gleichen Verformungen hervorrufen wie positive Momente oder Normalkräfte. Es bedingt also ein positives $\varDelta t$ dieselbe Krümmungsänderung wie ein positives Moment; ein positives t bedeutet eine Temperaturerhöhung, wenn Zugkräfte, wie üblich, positiv bezeichnet werden.

Sind die Unbekannten X_{at}, X_{bt} ... bestimmt, dann können Momente, Normalkräfte usw., die im Grundsystem immer Null sind, im statisch unbestimmten System mittels der Gleichungen

$$\begin{aligned} M_{stn} &= M_{sa} X_{at} + M_{sb} X_{bt} + M_{sc} X_{ct} + \ldots \\ N_{stn} &= N_{sa} X_{at} + N_{sb} X_{bt} + N_{sc} X_{ct} + \ldots \end{aligned} \qquad (73, 11a)$$

ermittelt werden.

Zur Erläuterung ist in Abb. 147a ein einfaches Beispiel dargestellt; ein Durchlaufträger über drei Felder erfährt eine ungleichmäßige Erwärmung, so daß die oberen Fasern gegenüber den unteren eine um Δt höhere Temperatur aufweisen.

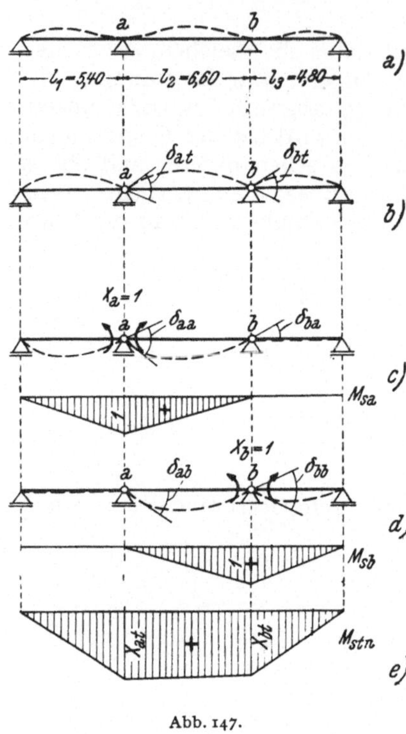

Abb. 147.

In Abb. 147b ist das Grundsystem dargestellt, dessen Verformung mit den Winkeln δ_{at} und δ_{bt} dieser Abbildung zu entnehmen ist. Die statisch unbestimmten Größen sind also die Stützenmomente X_{at} und X_{bt}; wir entnehmen den Abb. 147c und d die Momente M_{sa} und M_{sb}, ferner die Biegelinien infolge der Belastung $X_a = 1$ und $X_b = 1$, schließlich die Winkel δ_{aa}, δ_{bb} und $\delta_{ab} = \delta_{ba}$. Letztere haben denselben Sinn wie die jedenfalls positiven Werte von δ_{aa} und δ_{bb}, sind also ebenfalls positiv, während δ_{at} und δ_{bt} wegen des entgegengesetzten Sinnes wie δ_{aa} und δ_{bb} negativ sind. Dieses Ergebnis erhält man auch, wenn man die Gleichungen

$$\delta_{at} = \int M_{sa}\, \alpha \frac{\Delta t}{h}\, ds$$

und

$$\delta_{bt} = \int M_{sb}\, \alpha \frac{\Delta t}{h}\, ds$$

verwendet; denn M_{sa} und M_{sb} sind, hervorgerufen durch $X_a = 1$ und $X_b = 1$, positiv, während das gegebene $\Delta t = t_u - t_0$ negativ wird. In Abb. 147a ist das statisch unbestimmte System mit seiner Biegelinie angegeben.

Die Durchführung der Rechnung ergibt im besonderen mit den Stützweiten $l_1 = 5{,}40$ m, $l_2 = 6{,}60$ m und $l_3 = 4{,}80$ m für $\Delta t = -20^0$ und ein I-Profil NP 50 ($h = 0{,}50$ m, $J = 68740$ cm^4)

$$EJ_0\,\delta_{aa} = \int M_{sa}^2 \frac{J_0}{J}\, ds = \frac{l_1 + l_2}{3} = \frac{5{,}40 + 6{,}60}{3} = 4{,}00 \text{ m}$$

$$EJ_0\,\delta_{bb} = \int M_{sb}^2 \frac{J_0}{J}\, ds = \frac{l_2 + l_3}{3} = \frac{6{,}60 + 4{,}80}{3} = 3{,}80 \text{ m}$$

$$EJ_0\,\delta_{ab} = \int M_{sa} M_{sb} \frac{J_0}{J}\, ds = \frac{l_2}{6} = \frac{6{,}60}{6} = 1{,}10 \text{ m}$$

unter Verwendung der in Nr. 49 am Schlusse angegebenen Gleichungen. Ferner wird mit $E = 2{,}1 \cdot 10^7$ t/m^2 und $J = 6{,}8740\ 10^{-4}$ m^4

$$EJ_0 = 2{,}1 \cdot 6{,}8740 \cdot 10^3 = 1{,}44354 \cdot 10^4 \text{ tm}^2 \text{ und}$$

$$EJ_0\,\delta_{at} = EJ_0 \frac{\alpha \Delta t}{h} \int M_{sa}\, ds = EJ_0 \frac{\alpha \Delta t}{h} \frac{1}{2} (l_1 + l_2) =$$

$$= -1{,}44354 \cdot 10^4 \cdot \frac{20 \cdot 1{,}25 \cdot 10^{-5}}{0{,}5} \cdot \frac{1}{2} (5{,}40 + 6{,}60) = -43{,}306 \text{ tm}^2$$

und ebenso

$$EJ_0 \delta_{bt} = EJ_0 \frac{\alpha \Delta t}{h} \frac{1}{2} (l_2 + l_3) = -1,44354 \cdot 10^4 \cdot \frac{20 \cdot 1,25 \cdot 10^{-5}}{0,5} \cdot \frac{1}{2} \cdot$$
$$\cdot (6,60 + 4,80) = -41,141 \text{ tm}^2.$$

Sohin lauten die Elastizitätsgleichungen

$$4,00 X_{at} + 1,10 X_{bt} - 43,306 = 0$$
$$1,10 X_{at} + 3,80 X_{bt} - 41,141 = 0$$

mit den Lösungen $X_{at} = +8,527$ tm und $X_{bt} = +8,358$ tm.

Mit diesen Werten ergibt sich der in Abb. 147e eingezeichnete Verlauf der M_{stn}. Die Stützendrücke betragen

$$C_{1tn} = \frac{8,528}{5,40} = 1,579 \text{ t}$$
$$C_{2tn} = -\frac{8,528}{5,40} - \frac{8,528}{6,60} + \frac{8,358}{6,60} = -1,579 - 1,292 + 1,266 = -1,605 \text{ t}$$
$$C_{3tn} = \frac{8,528}{6,60} - \frac{8,358}{6,60} - \frac{8,358}{4,80} = 1,292 - 1,266 - 1,741 = -1,715 \text{ t}$$
$$C_{4tn} = \frac{8,358}{4,80} = 1,741 \text{ t}.$$

Als zweites Beispiel wählen wir einen eingespannten Bogen, also ein dreifach statisch unbestimmtes System, welcher eine gleichmäßige Erwärmung um t^0 erfährt (Abb. 148a). Als statisch bestimmtes Grundsystem wird nach Abb. 148b ein Träger auf zwei Stützen angenommen; es wird erhalten, wenn man die linke Einspannung durch ein Gelenk, die rechte durch ein Gleitlager ersetzt. Dementsprechend treten als statisch unbestimmte Größen die beiden Einspannmomente X_{at} und X_{ct} und der Horizontalschub X_{bt} am rechten Gleitlager auf. Die Verdrehungen δ_{at} und δ_{ct} sind Null, denn durch eine gleichmäßige Erwärmung nimmt das Grundsystem eine der ursprünglichen ähnliche Form an, wie Abb. 148b zeigt. Die Verschiebung δ_{bt} läßt sich sofort angeben; sie beträgt, vom Vorzeichen abgesehen, $\alpha t l$, wenn l die Spannweite ist.

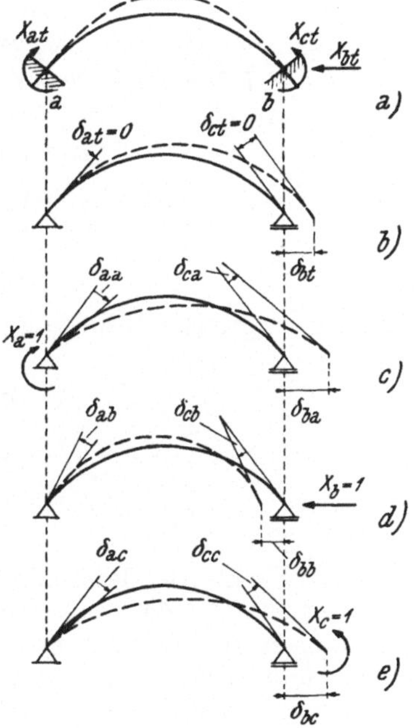

Abb. 148.

Die Verdrehungen δ_{aa}, δ_{ab}, usw. sowie die Verschiebungen δ_{bb}, δ_{ba} usw., infolge der Belastungen $X_a = 1$, $X_b = 1$ und $X_c = 1$ sind den Abb. 148c bis e zu entnehmen. Der Vergleich der Richtung von δ_{bt} mit δ_{bb} zeigt, daß δ_{bt} negativ ist. Die Vorzeichen von δ_{ab} und δ_{ac} sind durch Vergleich ihrer Richtungen mit jener von δ_{aa} festzustellen; man findet δ_{ab} negativ, δ_{ac} positiv. Ähnliche Überlegungen ergeben die Vorzeichen der anderen Verschiebungen, und zwar wird δ_{ba} und δ_{bc} negativ, wie die Betrachtung von δ_{bb} erkennen läßt und endlich ergibt der Vergleich der Richtungen von δ_{ca} und δ_{cb} mit δ_{cc} ersteres positiv, letzteres negativ.

74. Innere Kräfte eines statisch unbestimmten Systems infolge fehlerhaften Zusammenbaues. Auch ein fehlerhafter Zusammenbau kann bei einem statisch unbestimmten System innere Kräfte und damit *Montagespannungen* hervorrufen. Ist z. B. bei einem Zweigelenkbogen mit Zugband letzteres zu kurz geraten, so kann es nur mit Zwang dem System eingefügt werden. Im allgemeinen wird also eine um den Betrag Δs_p falsche Länge oder eine Verbiegung der Stabachse um den Winkel $\Delta \varphi_p$ an der Stelle p im Grundsystem die Verschiebungen $\delta_{a\Delta}$, $\delta_{b\Delta}$ ... der Angriffspunkte der statisch unbestimmten Größen $X_{a\Delta}$, $X_{b\Delta}$ ... bedingen. Die Elastizitätsgleichungen lauten in diesem Falle

$$\begin{aligned}
\delta_{aa} X_{a\Delta} + \delta_{ab} X_{b\Delta} + \delta_{ac} X_{c\Delta} + \ldots + \delta_{a\Delta} &= 0 \\
\delta_{ba} X_{a\Delta} + \delta_{bb} X_{b\Delta} + \delta_{bc} X_{c\Delta} + \ldots + \delta_{b\Delta} &= 0 \\
\delta_{ca} X_{a\Delta} + \delta_{cb} X_{b\Delta} + \delta_{cc} X_{c\Delta} + \ldots + \delta_{c\Delta} &= 0 \\
\ldots\ldots\ldots\ldots\ldots\ldots
\end{aligned} \qquad (74, 12)$$

Die Vorzeichen von $\delta_{a\Delta}$, $\delta_{b\Delta}$ ... bestimmen sich nach den gleichen Regeln wie sie in Nr. 73 angegeben wurden. Bedeutet also $X_{a\Delta}$ die Zugkraft in einem überzähligen Stab wie z. B. in dem Zugband eines Zweigelenkbogens und ist das Zugband um den Betrag Δs_p zu kurz, so daß also im Grundsystem die Schnittstelle klafft, dann ist $\delta_{a\Delta}$ negativ, denn es hat den umgekehrten Richtungssinn wie δ_{aa}. Wird $X_{a\Delta}$ positiv, so war die angenommene Richtung von X_a richtig.

Bestimmt man die Größen $\delta_{a\Delta}$, $\delta_{b\Delta}$, ... nach den in Nr. 46 angegebenen Gleichungen oder, wenn nicht nur an einer einzigen Stelle fehlerhafte $\Delta\, d\varphi$ und $\Delta\, ds$ vorliegen, mittels der allgemeineren Beziehungen

$$\begin{aligned}
\delta_{a\Delta} &= \int M_{sa}\, \Delta\, d\varphi + \int N_{sa}\, \Delta\, ds \\
\delta_{b\Delta} &= \int M_{sb}\, \Delta\, d\varphi + \int N_{sb}\, \Delta\, ds \\
&\ldots\ldots\ldots\ldots
\end{aligned}$$

für ein Tragwerk mit biegungssteifen Stäben und mit

$$\begin{aligned}
\delta_{a\Delta} &= \sum S_{pa}\, \Delta\, s_p \\
\delta_{b\Delta} &= \sum S_{pb}\, \Delta\, s_p \\
&\ldots\ldots
\end{aligned}$$

für ein Fachwerk, dann ergeben sich die richtigen Vorzeichen unter der Voraussetzung, daß positive $\Delta\, d\varphi$ denselben Richtungssinn wie Verformungen der Stabachse durch positive Momente, positive $\Delta\, ds$ gleichgerichtete Verformungen, wie durch positive Normalkräfte hervorgerufen, besitzen. Es ist also speziell für einen zu langen Stab $\Delta\, ds$ positiv zu bezeichnen, wenn Zugkräfte, wie üblich, positiv angenommen werden.

Wenn $X_{a\Delta}, X_{b\Delta}, \ldots$ aus den Elastizitätsgleichungen (74, 12) bestimmt sind, so ergeben sich Momente und Normalkräfte wie folgt:

$$\begin{aligned} M_{s\Delta n} &= M_{sa} X_{a\Delta} + M_{sb} X_{b\Delta} + \ldots \\ N_{s\Delta n} &= N_{sa} X_{a\Delta} + N_{sb} X_{b\Delta} + \ldots \end{aligned} \tag{74, 13}$$

denn $M_{s\Delta}$ und $N_{s\Delta}$ sind in dem statisch bestimmten Grundsystem stets Null.

75. Innere Kräfte eines statisch unbestimmten Systems infolge der Verschiebung von Widerlagern. Diese Aufgabe läßt sich leicht auf die im Vorhergehenden behandelte zurückführen, wenn man die unrichtig montierten Lager durch Stäbe mit entsprechend falschen Längen ersetzt. So haben wir bei dem in Abb. 149 dargestellten Durchlaufträger über drei Felder die Gleitlager durch Stäbe ersetzt, die so angeordnet sind, daß positiv bezeichneten Auflagerdrücken positive Stabkräfte, also Zugkräfte entsprechen. Es bedeuten dann zu kurze Stäbe Verschiebungen der Auflager in der Richtung der Auflagerdrücke; für solche Stäbe ist aber nach den Überlegungen in Nr. 74 δ_{iw} negativ zu nehmen, während die Verschiebung eines Auflagers Δc_p in der Richtung der Auflagerkraft C_p, wie vereinbart, positiv ist. Es gilt demnach

$$\delta_{iw} = -\Delta c_p.$$

Bezeichnen also $C_{1a}, C_{2a}, \ldots$ die Auflagerreaktionen an den Stellen 1, 2 ... infolge der Belastung durch $X_a = 1$, $C_{1b}, C_{2b}, \ldots$ infolge $X_b = 1$ (alles im Grundsystem) und werden hier die Verschiebungen der Lager Δc_1, Δc_2 in der Richtung positiver C positiv angenommen, so erhält man

$$\begin{aligned} \delta_{aw} &= -\sum C_{pa} \Delta c_p \\ \delta_{bw} &= -\sum C_{pb} \Delta c_p \\ &\ldots\ldots\ldots \end{aligned}$$

und die Elastizitätsgleichungen lauten

$$\begin{aligned} \delta_{aa} X_{aw} + \delta_{ab} X_{bw} + \ldots + \delta_{aw} &= 0 \\ \delta_{ba} X_{aw} + \delta_{bb} X_{bw} + \ldots + \delta_{bw} &= 0 \\ \ldots\ldots\ldots\ldots\ldots \end{aligned} \tag{75, 14}$$

Damit ist auch der Fall erledigt, daß ein Widerlager eine Verschiebung erfahren hat, die einer als statisch unbestimmten Größe angenommenen Auflagerkraft zugeordnet ist. Nehmen wir an, daß X_{iw} eine Auflagerreaktion vorstelle, deren Angriffspunkt die zugeordnete Verschiebung Δc_i erfahren habe, so tritt in dem Ausdruck für δ_{iw} noch das Glied $-\Delta c_i$ hinzu und es ist also

$$\delta_{iw} = -\Delta c_i - \sum C_{pi} \Delta c_p. \tag{75, 15}$$

Es mögen die Elastizitätsgleichungen an dem in Abb. 149a dargestellten Durchlaufträger über drei Felder aufgestellt werden. Als statisch unbestimmte Größen sind die Stützendrücke der inneren Stützen angenommen. Die Verschiebungen, welche die Auflager in der Richtung der Stützendrücke erfahren haben, sind in dieser Abbildung angegeben; da die Auflagerreaktionen, wie üblich, nach oben auf den Träger wirkend positiv gerechnet werden, ergeben sich für Δc_0 und $\Delta c_1 = \Delta_a$ positive, für $\Delta c_2 = \Delta_b$ und Δc_3 negative Werte. Die Auflagerdrücke C_{0a} und C_{3a} infolge $X_a = 1$ sind ebenso wie C_{0b} und C_{3b} infolge $X_b = 1$ negativ. Es wird also

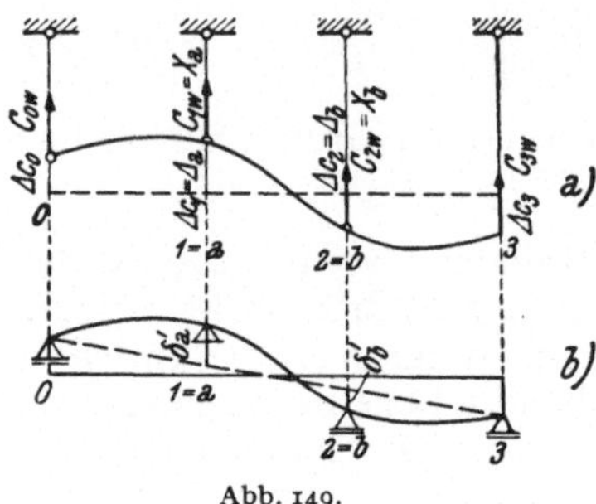

Abb. 149.

$$\delta_{aw} = -(C_{0a}\,\Delta c_0 + \Delta_a + C_{3a}\,\Delta c_3)$$
$$\delta_{bw} = -(C_{0b}\,\Delta c_0 + \Delta_b + C_{3b}\,\Delta c_3)$$

Sind die Felder gleich, so wird $C_{0a} = C_{3b} = -2/3$ und $C_{0b} = C_{3a} = -1/3$; wenn z. B. $\Delta c_1 = +6$ mm, $\Delta c_1 = \Delta_a = +5$ mm, $\Delta c_2 = \Delta_b = -4$ mm und $\Delta c_3 = -9$ mm gegeben sind, wird

$$\delta_{aw} = -[-2/3 \cdot 6 + 5 - 1/3 \cdot (-9)] = -4 \text{ mm}$$

und

$$\delta_{bw} = -[-1/3 \cdot 6 - 4 - 2/3 \cdot (-9)] = 0.$$

δ_{aw}, δ_{bw}, ... kann man oftmals einfacher durch geometrische oder kinematische Überlegungen als wie mit den angegebenen Gleichungen bestimmen. Bei dem eben behandelten Durchlaufträger lassen sich z. B. durch eine Verdrehung des Systems als starre Scheibe die Verschiebungen Δc_1 und Δc_3 zum Verschwinden bringen (Abb. 149 b); dadurch wird an den inneren Kräften nichts geändert. Es kommt dann lediglich auf die Verschiebungen $\delta_a' = -\delta_{aw}$ und $\delta_b' = -\delta_{bw}$ an; diese Verschiebungen erhält man, wenn man zu den gegebenen Verschiebungen Δ_a und Δ_b die Verschiebungen infolge der Verdrehung hinzufügt. Verbindet man die Endpunkte von Δc_1 und Δc_3 durch eine Gerade, so sind dadurch die Verschiebungen infolge der Verdrehung des Systems gegeben und man erkennt, daß die in der Abb. 149b bezeichneten Strecken die Verschiebungen $\delta_a' = -\Delta_a$ und $\delta_b'' = -\Delta_b$ vorstellen.

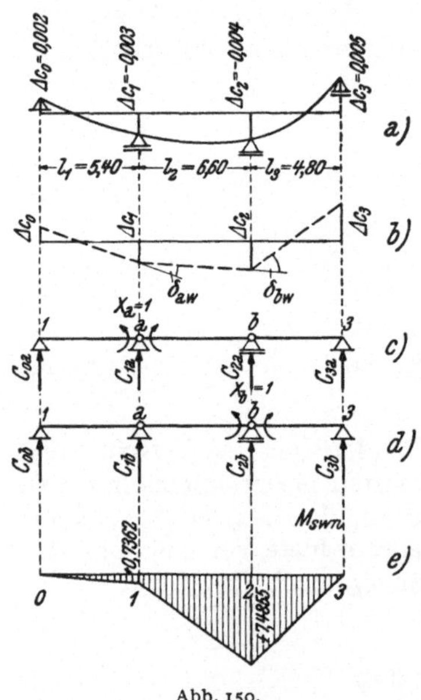

Abb. 150.

Wir zeigen die Berechnung an einem Dreifeldbalken mit den Stützweiten nach Abb. 150a. Es mögen die Auflager C_0 und C_3 um 2 bzw. 5 mm zu hoch, die Auflager C_1 und C_2 um 3 bzw. 4 mm zu tief liegen. Es ist also $\Delta c_0 = +0{,}002$, $\Delta c_1 = -0{,}003$, $\Delta c_2 = -0{,}004$ und $\Delta c_3 = +0{,}005$ m. Wir geben aber, so wie in Nr. 73, der Wahl der Stützenmomente als statisch unbestimmte Größen den Vorzug. Die Größen δ_{aw} und δ_{bw} bedeuten dann die gegenseitigen Verdrehungen der Stabenden des Grundsystems in den Stützen C_1 und C_2 (Abb. 150b); wir können sie mittels der Gleichungen

$$\delta_{aw} = -\sum C_{pa}\,\Delta\,c_p$$

und

$$\delta_{bw} = -\sum C_{pb}\,\Delta\,c_p$$

bestimmen, wobei C_{pa} und C_{pb} die Auflagerdrücke infolge der Hilfsangriffe $X_a = 1$ und $X_b = 1$ bedeuten, die in Abb. 150c und d dargestellt sind. Wie man sich leicht überzeugt, ist

$$C_{0a} = \frac{1}{l_1} = \frac{1}{5{,}40} = 0{,}18519$$

$$C_{1a} = -\left(\frac{1}{l_1} + \frac{1}{l_2}\right) = -\left(\frac{1}{5{,}40} + \frac{1}{6{,}60}\right) = -(0{,}18519 + 0{,}15152) = -0{,}33670$$

$$C_{2a} = \frac{1}{l_2} = \frac{1}{6{,}60} = 0{,}15152$$

$$C_{3a} = 0$$

$$C_{0b} = 0$$

$$C_{1b} = \frac{1}{l_2} = \frac{1}{6{,}60} = 0{,}15152$$

$$C_{2b} = -\left(\frac{1}{l_2} + \frac{1}{l_3}\right) = -\left(\frac{1}{6{,}60} + \frac{1}{4{,}80}\right) = -(0{,}15152 + 0{,}20833) = -0{,}35985$$

$$C_{3b} = \frac{1}{l_3} = \frac{1}{4{,}80} = 0{,}20833.$$

Damit wird

$$\delta_{aw} = -(0{,}18519 \cdot 0{,}002 + 0{,}33670 \cdot 0{,}003 - 0{,}15152 \cdot 0{,}004 + 0 \cdot 0{,}005) = -0{,}0007744$$

$$\delta_{bw} = -(0 \cdot 0{,}002 - 0{,}15152 \cdot 0{,}003 + 0{,}35985 \cdot 0{,}004 + 0{,}20833 \cdot 0{,}005) = -0{,}002066.$$

Entsprechend der Bedeutung der δ_{aw} und δ_{bw} kann man diese Größen auch unmittelbar durch Betrachtung der Abb. 150b erhalten; so findet man in Übereinstimmung mit den vorstehenden Ergebnissen

$$\delta_{aw} = -\frac{\Delta\,c_2 - \Delta\,c_1}{l_2} + \frac{\Delta\,c_1 - \Delta\,c_0}{l_1} = -\frac{-0{,}004 + 0{,}003}{6{,}60} + \frac{-0{,}003 - 0{,}002}{5{,}40} =$$

$$= -0{,}0007744$$

$$\delta_{bw} = -\frac{\Delta\,c_3 - \Delta\,c_2}{l_3} + \frac{\Delta\,c_2 - \Delta\,c_1}{l_2} = -\frac{0{,}005 + 0{,}004}{4{,}80} + \frac{-0{,}004 + 0{,}003}{6{,}60} =$$

$$= -0{,}0020266.$$

Da (vgl. Nr. 73, erstes Beispiel) $EJ_0 = 1{,}44354 \cdot 10^4\,\text{tm}^2$ beträgt, wird

$$EJ_0\,\delta_{aw} = -1{,}44354 \cdot 10^4 \cdot 0{,}0007744 = -11{,}1788\,\text{tm}^2$$

$$EJ_0\,\delta_{aw} = -1{,}44354 \cdot 10^4 \cdot 0{,}0020266 = -29{,}2548\,\text{tm}^2$$

und die mit EJ_0 multiplizierten Elastizitätsgleichungen lauten

$$4{,}00\,X_{aw} + 1{,}10\,X_{bw} - 11{,}1788 = 0$$

$$1{,}10\,X_{aw} + 3{,}80\,X_{bw} - 29{,}2548 = 0$$

mit den Lösungen $X_{aw} = +0{,}7362$ tm und $X_{bw} = +7{,}4855$ tm.

Der Momentenverlauf ist dadurch festgelegt und in Abb. 150e dargestellt.

B. Die Bestimmung der Formänderungen.

76. Allgemeine Bemerkungen über die Formänderungen statisch unbestimmter Systeme. Die Betrachtungen, die wir im IV. Abschnitt bei der Herleitung des Prinzips der virtuellen Verschiebungen vorgenommen haben, gelten sowohl für statisch bestimmte wie auch für statisch unbestimmte Tragwerke. In den Gl. (41, 1) und (41, 3)

$$\sum P\,\delta = \int M\,\Delta\,d\varphi + \int N\,\Delta\,ds + \int Q\,\Delta\,dh$$

$$\sum P\,\delta = \sum S\,\Delta\,s$$

war vorausgesetzt, daß die inneren Kräfte M, N, Q und S mit der Belastung P im Gleichgewicht stehen. Bei statisch bestimmten Tragwerken gibt es nur ein System von inneren Kräften, welches diese Bedingung erfüllt; im Gegensatz hiezu sind bei einem n-fach statisch unbestimmten Tragwerk ∞^n verschiedene Systeme der inneren Kräfte möglich; die mit der äußeren Belastung im Gleichgewicht sind. Von diesen Gleichgewichtssystemen der inneren Kräfte werden wir in folgenden zwei als besonders ausgezeichnet ins Auge fassen: entweder werden wir die in dem statisch unbestimmten Tragwerk tatsächlich auftretenden Momente, Normalkräfte, Querkräfte, bzw. Stabkräfte infolge der äußeren Belastung verwenden oder aber wir setzen alle statisch unbestimmten Größen gleich Null und verwenden demnach die inneren Kräfte des Grundsystems. In diesem Falle können wir also die Berechnung der inneren Kräfte des statisch unbestimmten Tragwerkes erübrigen.

Bei den Formänderungen der Stabelemente $\Delta\,d\varphi$, $\Delta\,ds$, $\Delta\,dh$ bezw. $\Delta\,s$ ist darauf zu achten, daß dieselben *verträglich* sind. Damit wollen wir folgendes zum Ausdruck bringen: Bei einem statisch unbestimmten System ist es nicht möglich, die Verformungen der einzelnen Stabelemente vollständig willkürlich vorzugeben. So sind z. B. bei einem n-fach statisch unbestimmten Fachwerk die Längenänderungen der n überzähligen Stäbe bereits durch die Längenänderungen der Stäbe des statisch bestimmten Grundsystems bestimmt. Erhalten diese überzähligen Stäbe andere Längenänderungen, so werden in dem statisch unbestimmten Fachwerk Stabkräfte auftreten, die solche zusätzliche Längenänderungen hervorrufen, daß die gesamten Längenänderungen wiederum verträglich sind und der Zusammenhang des Tragwerkes nicht gestört wird. Solche verträgliche Längenänderungen oder allgemeiner verträgliche Verformungen eines statisch unbestimmten Tragwerkes erhalten wir z. B., wenn wir für dieselben die Verformungen infolge irgendeiner äußeren Belastung verwenden. Nehmen wir aber an, daß die Verformungen der Stabelemente durch irgendeine beliebige Ursache — z. B. durch eine Temperaturänderung oder durch unrichtigen Zusammenbau — entstanden sind, so sind wir nicht sicher, daß wir es tatsächlich mit verträglichen Verformungen zu tun haben. Es wird im Gegenteil einen Zufall bedeuten, wenn solche beliebige Verformungen verträglich sind, also keine inneren Kräfte in dem statisch unbestimmten Tragwerk hervorrufen.

77. Die Verschiebungen statisch unbestimmter Tragwerke. Um die Verschiebung eines Punktes i in einem statisch unbestimmten Tragwerk zu bestimmen, können wir die gleichen Überlegungen anstellen, wie in Nr. 41 bei statisch bestimmten Tragwerken. Verwenden wir die inneren Kräfte N_{sin}, S_{sin}, bzw. die inneren Momente M_{sin} des statisch unbestimmten Systems, die in demselben durch den der gesuchten Verschiebung δ_{iKn} zugeordneten Hilfsangriff hervorgerufen werden, so erhalten wir (vgl. 41, 1)

$$\delta_{iKn} = \int M_{sin}\, \Delta\, d\varphi_{sKn} + \int N_{sin}\, \Delta\, ds_{sKn}, \tag{77, 16}$$

bzw. für ein Fachwerk

$$\delta_{iKn} = \sum S_{pin}\, \Delta\, s_{pKn}.$$

Man kann aber nach Nr. 76 auch die inneren Kräfte des Grundsystems benützen und bekommt dann

$$\delta_{iKn} = \int M_{si}\, \Delta\, d\varphi_{sKn} + \int N_{si}\, \Delta\, ds_{sKn}, \tag{77, 17}$$

bzw.

$$\delta_{iKn} = \sum S_{pi}\, \Delta\, s_{pKn}.$$

Alle Größen mit dem Index n beziehen sich hiebei und auch im folgenden auf das n-fach statisch unbestimmte Tragwerk, ohne diesen Index auf das statisch bestimmte Grundsystem.

Wir können diese Gleichungen für die Verschiebungen der Angriffspunkte der statisch unbestimmten Größen anwenden, wenn wir den Punkt i der Reihe nach mit den Angriffspunkten $a, b, \ldots n$ der statisch unbestimmten Größen zusammenfallen lassen. Dann erhalten wir nach Nr. 67 $\delta_{aKn} = \delta_{bKn} = \ldots = \delta_{nKn} = 0$, also

$$\begin{aligned} &\int M_{sa}\, \Delta\, d\varphi_{sKn} + \int N_{sa}\, \Delta\, ds_{sKn} = 0 \\ &\int M_{sb}\, \Delta\, d\varphi_{sKn} + \int N_{sb}\, \Delta\, ds_{sKn} = 0 \\ &\dots\dots\dots\dots\dots\dots \\ &\int M_{sn}\, \Delta\, d\varphi_{sKn} + \int N_{sn}\, \Delta\, ds_{sKn} = 0. \end{aligned} \tag{77, 18}$$

$\Delta\, d\varphi_{sKn}$ und $\Delta\, ds_{sKn}$ bestehen aus zwei Teilen, und zwar aus $\Delta\, d\varphi_{sK}$ und $\Delta\, ds_{sK}$, die im Grundsystem auftreten würden, wenn also X_{aK}, $X_{bK}, \ldots$ Null wären, und den durch X_{aK}, $X_{bK}, \ldots$ hervorgerufenen Beiträgen; es ist also

$$\begin{aligned} \Delta\, d\varphi_{sKn} &= \Delta\, d\varphi_{sK} + \frac{M_{sa} X_{aK} + M_{sb} X_{bK} + \ldots}{EJ}\, ds \\ \Delta\, ds_{sKn} &= \Delta\, ds_{sK} + \frac{N_{sa} X_{aK} + N_{sb} X_{bK} + \ldots}{EF}\, ds. \end{aligned} \tag{77, 19}$$

Dabei ist z. B. bei einer äußeren Belastung des statisch unbestimmten Tragwerkes

$$\Delta\, d\varphi_{sK} = \Delta\, d\varphi_{sP} = \frac{M_{sP}}{EJ}\, ds, \quad \Delta\, ds_{sK} = \Delta\, ds_{sP} = \frac{N_{sP}}{EF} ds,$$

bei einer Temperaturänderung

$$\Delta\, d\varphi_{sK} = \Delta\, d\varphi_{st} = \frac{\alpha \Delta t}{h}\, ds, \qquad ds_{sK} = ds_{st} = \alpha\, t\, ds,$$

während bei einem fehlerhaften Zusammenbau diese Werte vorgegeben sind.

Durch Einsetzen der Werte für $\Delta\, d\varphi_{sKn}$ und $\Delta\, ds_{sKn}$ nach Gl. (77, 19) in die Gl. (77, 18) erhält man sofort die in Nr. 69 abgeleiteten Elastizitätsgl. (69, 3); man benützt diese Gleichungen oft als Kontrolle für die Richtigkeit der Bestimmung der inneren Kräfte eines statisch unbestimmten Tragwerkes. Setzt man aber die Werte $\Delta\, d\varphi_{sKn}$ und $\Delta\, ds_{sKn}$ in die Gl. (77, 16)

$$\delta_{iKn} = \int M_{sin}\, \Delta\, d\varphi_{sKn} + \int N_{sin}\, \Delta\, ds_{sKn}$$

ein, so ergibt sich

$$\begin{aligned} \delta_{iKn} &= \int M_{sin} \left(\Delta\, d\varphi_{sK} + \frac{M_{sa} X_{aK} + M_{sb} X_{bK} + \ldots}{EJ}\, ds\right) + \\ &\quad + \int N_{sin} \left(\Delta\, ds_{sK} + \frac{N_{sa} X_{aK} + N_{sb} X_{bK} + \ldots}{EF}\, ds\right) \\ &= \int M_{sin}\, \Delta\, d\varphi_{sK} + \int N_{sin}\, \Delta\, d s_{sK} + \\ &\quad + X_{aK} \left(\int \frac{M_{sin} M_{sa}}{EJ}\, ds + \int \frac{N_{sin} N_{sa}}{EF}\, ds\right) + \\ &\quad + X_{bK} \left(\int \frac{M_{sin} M_{sb}}{EJ}\, ds + \int \frac{N_{sin} N_{sb}}{EF}\, ds\right) + \ldots \end{aligned}$$

Die Ausdrücke $\frac{M_{sin}}{EJ}\, ds$ und $\frac{N_{sin}}{EF}\, ds$ stellen die Verformungen der Stabelemente des statisch unbestimmten Systems infolge des Hilfsangriffes 1 in i vor; es ist also

$$\frac{M_{sin}}{EJ}\, ds = \Delta\, d\varphi_{sin} \text{ und } \frac{N_{sin}}{EF} = \Delta\, ds_{sin}.$$

Wird in den Gl. (77, 18) K durch i ersetzt, so sieht man, daß die Koeffizienten der X_{aK}, X_{bK}, ... verschwinden und es ist

$$\delta_{iKn} = \int M_{sin}\, \Delta\, d\varphi_{sK} + \int N_{sin}\, \Delta\, ds_{sK}. \tag{77, 20}$$

Es können also auch — wie bereits angeführt — die Verformungen des Grundsystems benützt werden, wenn man die inneren Kräfte des statisch unbestimmten Systems infolge des Hilfsangriffes verwendet, welcher der gesuchten Verschiebung zugeordnet ist.

Damit ergeben sich für die Verschiebungen von statisch unbestimmten Systemen die nachstehenden Gleichungen:

a) *infolge einer äußeren Belastung P*, durch welche im statisch unbestimmten Tragwerk die inneren Kräfte M_{sPn}, N_{sPn} und S_{pPn}, im statisch bestimmten Grundsystem M_{sP}, N_{sP} und S_{pP} hervorgerufen werden:

$$\begin{aligned}\delta_{iPn} &= \int M_{sin}\, M_{sPn} \frac{ds}{EJ} + \int N_{sin}\, N_{sPn} \frac{ds}{EF} \\ &= \int M_{si}\, M_{sPn} \frac{ds}{EJ} + \int N_{si}\, N_{sPn} \frac{ds}{EF} \\ &= \int M_{sin}\, M_{sP} \frac{ds}{EJ} + \int N_{sin}\, N_{sP} \frac{ds}{EF}\end{aligned} \qquad (77, 21)$$

bzw.

$$\begin{aligned}\delta_{iPn} &= \sum S_{pin}\, S_{pPn} \frac{s_p}{EF_p} \\ &= \sum S_{pi}\, S_{pPn} \frac{s_p}{EF_p} \\ &= \sum S_{pin}\, S_{pP} \frac{s_p}{EF_p};\end{aligned}$$

b) *infolge einer Temperaturänderung $\varDelta t^0$ bzw. t^0:*

$$\begin{aligned}\delta_{itn} &= \int M_{sin} \left(\frac{\alpha \varDelta t}{h} + \frac{M_{stn}}{EJ}\right) ds + \int N_{sin} \left(\alpha t + \frac{N_{stn}}{EF}\right) ds \\ &= \int M_{si} \left(\frac{\alpha \varDelta t}{h} + \frac{M_{stn}}{EJ}\right) ds + \int N_{si} \left(\alpha t + \frac{N_{stn}}{EF}\right) ds \\ &= \int M_{sin} \frac{\alpha \varDelta t}{h}\, ds + \int N_{sin}\, \alpha\, t ds\end{aligned} \qquad (77, 22)$$

bzw.

$$\begin{aligned}\delta_{itn} &= \sum S_{pin} \left(\alpha t + \frac{S_{ptn}}{EF_p}\right) s_p \\ &= \sum S_{pi} \left(\alpha t + \frac{S_{ptn}}{EF_p}\right) s_p \\ &= \sum S_{pin}\, \alpha\, t\, s_p.\end{aligned}$$

Hierin bedeuten

$$\begin{aligned}M_{stn} &= M_{sa} X_{at} + M_{sb} X_{bt} + \dots \\ N_{stn} &= N_{sa} X_{at} + N_{sb} X_{bt} + \dots \\ S_{ptn} &= S_{pa} X_{at} + S_{pb} X_{bt}\end{aligned}$$

die inneren Kräfte infolge der Temperaturänderung $\varDelta t^0$ und t^0;

c) *infolge fehlerhaften Zusammenbaues:*

$$\begin{aligned}\delta_{i\Delta n} &= \int M_{sin} \left(\varDelta d\varphi_s + \frac{M_{s\Delta n}}{EJ} \cdot ds\right) + \int N_{sin} \left(\varDelta ds_s + \frac{N_{s\Delta n}}{EF} \cdot ds\right) = \\ &= \int M_{si} \left(\varDelta d\varphi_s + \frac{M_{s\Delta n}}{EJ} \cdot ds\right) + \int N_{si} \left(\varDelta ds_s + \frac{N_{s\Delta n}}{EF} \cdot ds\right) = \\ &= \int M_{sin}\, \varDelta d\varphi_s + \int N_{sin} \varDelta ds_s,\end{aligned} \qquad (77, 23)$$

bzw.

$$\delta_{i\Delta n} = \sum S_{pin}\left(\Delta s_p + \frac{S_{p\Delta n}}{EF_p} s_p\right) =$$
$$= \sum S_{pi}\left(\Delta s_p + \frac{S_{p\Delta n}}{EF_p} s_p\right) =$$
$$= \sum S_{pin}\,\Delta s_p.$$

Hiebei sind

$$\begin{aligned} M_{s\Delta n} &= M_{sa}\,X_{a\Delta} + M_{sb}\,X_{b\Delta} + \dots \\ N_{s\Delta n} &= N_{sa}\,X_{a\Delta} + N_{sb}\,X_{b\Delta} + \dots \\ S_{p\Delta n} &= S_{pa}\,X_{a\Delta} + S_{pb}\,X_{b\Delta} + \dots \end{aligned}$$

die im statisch unbestimmten Tragwerk infolge der unrichtigen Form der Stabelemente auftretenden inneren Kräfte.

d) *Infolge der Widerlagerverschiebungen* Δ_k:

Das Prinzip der virtuellen Verschiebungen liefert zunächst unmittelbar die Gl. (vgl. Nr. 41)

$$\delta_{iwn} = -\sum C_{kin}\,\Delta_k + \int M_{sin}\,M_{swn}\,\frac{ds}{EJ} + \int N_{sin}\,N_{swn}\,\frac{ds}{EF},$$

worin C_{kin} die Stützendrücke des statisch unbestimmten Tragwerkes infolge des Hilfsangriffes 1 in i, M_{swn} und N_{swn} Momente und Normalkräfte infolge der Stützenverschiebungen bedeuten. Nach den vorhergegangenen Untersuchungen verschwinden die Integrale rechter Hand und wir finden

$$\delta_{iwn} = -\sum C_{kin}\,\Delta_k. \tag{77, 24}$$

Anderseits ergibt sich aber, wenn die durch den Hilfsangriff am statisch bestimmten Tragwerk hervorgerufenen Stützendrücke mit C_{ki} bezeichnet werden

$$\delta_{iwn} = -\sum C_{ki}\,\Delta_k + \int M_{si}\,M_{swn}\,\frac{ds}{EJ} + \int N_{si}\,N_{swn}\,\frac{ds}{EF} \tag{77, 25}$$

78. Beispiele für die Ermittlung der Formänderungen statisch unbestimmter Systeme.

a) Es soll die Durchbiegung in der Feldmitte eines Durchlaufträgers mit zwei gleichen Feldern unter einer gleichmäßig verteilten Belastung beider Felder (Abb. 151 a) bestimmt werden. Dieses einfach statisch unbestimmte System wurde bereits in Nr. 86 der „Festigkeitslehre" behandelt und der Verlauf der Momente M_{sPn} angegeben. Es ist der gleiche wie in Nr. 72a, wenn die Mittelstütze als unnachgiebig betrachtet wird (Abb. 141 h). Wir verwenden daher die zweite der Gl. (77, 21)

$$\delta_{iPn} = \int M_{si}\,M_{sPn}\,\frac{ds}{EJ}.$$

Als Grundsystem wurde in der „Festigkeitslehre“ wie auch hier in Nr. 72a ein Träger auf zwei Stützen verwendet; statisch unbestimmte Größe war demnach der mittlere Stützendruck. Die Berechnung von δ_{iPn} wird aber vereinfacht, wenn als Grundsystem ein Tragwerk gewählt wird, das durch Einbau eines Gelenkes über der Mittelstütze entsteht. Das Grundsystem für die M_{si} besteht also aus zwei, durch ein Gelenk verbundene freiaufliegende Träger mit der Stützweite l und die M_{si} sind in der Abb. 151b eingezeichnet. Im zweiten Feld verschwinden die Momente M_{si}.

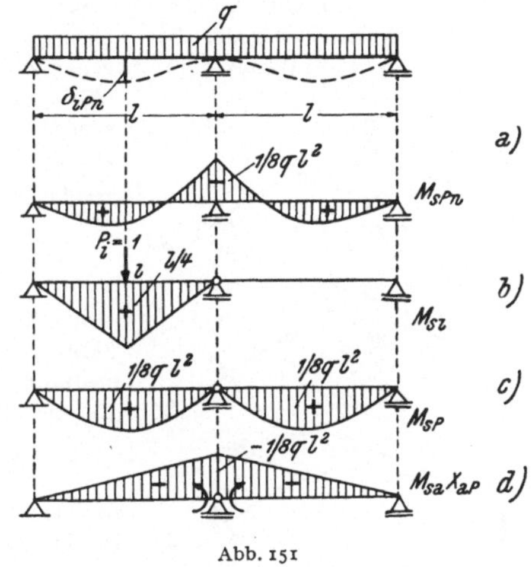

Abb. 151

Die Integration wird am einfachsten durchgeführt, wenn wir M_{sPn} in zwei Teile zerlegen; es besteht aus den Momenten M_{sP} des eben erklärten Grundsystems (Abb. 151c), also aus zwei Parabeln mit den größten Ordinaten in Feldmitte von $\frac{pl^2}{8}$ und dem Beitrag $M_{sa} X_{aP}$ infolge des Stützenmomentes (Abb. 151d); aus der Untersuchung in Nr. 72a können wir die Größe des Stützenmomentes mit $X_{aP} = -\frac{pl^2}{8}$ errechnen (siehe auch in der „Festigkeitslehre“); es ist also

$$M_{sPn} = M_{sP} + M_{sa} X_{aP}$$

Nun stellt das Integral $\int M_{si} M_{sP} \frac{ds}{EJ}$ die Durchbiegung eines freiaufliegenden Trägers mit der Stützweite l in Feldmitte vor, für die in Nr. 50d der Wert $\frac{5}{384} \frac{pl^4}{EJ}$ ermittelt wurde. Das Integral $X_{aP} \int M_{si} M_{sa}\, ds$ bedeutet nach den Gleichungen am Schluß von Nr. 49 den rechten Auflagerdruck eines freiaufliegenden Trägers von der Stützweite l, wenn er mit der $X_{aP} M_{si}$-Fläche belastet ist. Die M_{si}-Fläche beträgt $\frac{l}{2} \cdot \frac{l}{4} = \frac{l^2}{8}$ und der Auflagerdruck von $X_{aP} M_{si}$ demnach $-\frac{l^2}{8} \cdot \frac{1}{2} \cdot \frac{pl^2}{8} = -\frac{pl^4}{128}$. Somit ist die gesuchte Durchbiegung in Feldmitte

$$\delta_{iPn} = \frac{1}{EJ} \left(\frac{5}{384} - \frac{1}{128} \right) p l^4 = \frac{p\, l^4}{192\, EJ}.$$

b) Als Beispiel für die Formänderung infolge einer Temperaturänderung ist der Eingelenkbogen (Abb. 144) gewählt, der bereits in Nr. 72d unter dem Einfluß einer Belastung untersucht worden ist. Es soll die Änderung des Winkels zwischen den beiden Bogenhälften im Scheitelgelenk bestimmt werden, wenn der Bogen eine gleichmäßige Temperaturerhöhung um t^0 erfährt. Als statisch unbestimmte Größen wählen wir wie früher die waagrechte und die lotrechte Komponente des Gelenkdruckes.

Wir wollen von der zweiten der Gl. (77, 22)

$$\delta_{itn} = \int M_{si}\left(\frac{\alpha \Delta t}{h} + \frac{M_{stn}}{EJ}\right) ds + \int N_{si}\left(\alpha t + \frac{N_{stn}}{EF}\right) ds$$

ausgehen. Zunächst bestimmen wir die M_{si} und N_{si}; der der gefragten gegenseitigen Verdrehung der Stabachsen im Scheitelgelenk zugeordnete Hilfsangriff besteht aus zwei daselbst in entgegengesetzter Richtung angreifenden Momenten 1 (Abb. 152a) und man erkennt leicht, daß im Grundsystem $M_{si} = 1 =$ constant und $N_{si} = 0$ ist. Da weiters $\Delta t = 0$, vereinfacht sich die oben angegebene Gleichung in

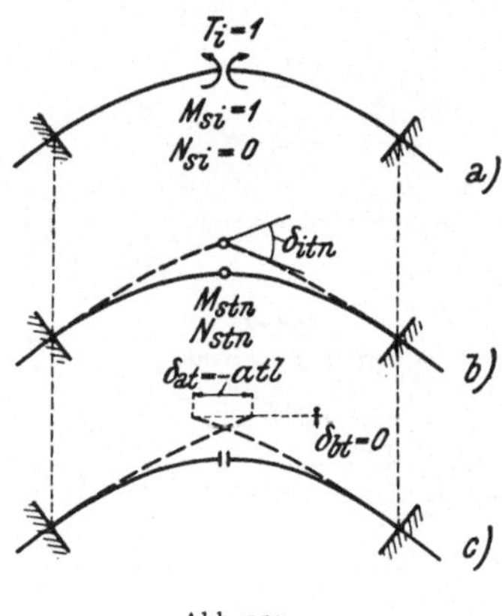

Abb. 152.

$$\delta_{itn} = \int M_{si} \frac{M_{stn}}{EJ} ds.$$

Um die Momente M_{stn} des Eingelenkbogens (Abb. 152b) infolge der gleichmäßigen Temperaturerhöhung zu berechnen, bestimmen wir aus den Elastizitätsgleichungen

$$\delta_{aa} X_{at} = -\delta_{at} \text{ und } \delta_{bb} X_{bt} = -\delta_{bt}$$

die statisch unbestimmten Größen X_{at} und X_{bt} (wie in Nr. 72d bereits erklärt, ist bei diesem System wegen der Symmetrie $\delta_{ab} = \delta_{ba} = 0$). Aus Symmetriegründen ist $\delta_{bt} = 0$, also auch $X_{bt} = 0$; für δ_{at} (vgl. Abb. 152c) ergibt sich mit $\Delta t = 0$ und $N_{sa} = -\cos\psi$

$$\delta_{at} = \int M_{sa} \frac{\alpha \Delta t}{h} ds + \int N_{sa} \alpha t ds = -\alpha t \int dx = -\alpha t l,$$

wenn l die Spannweite ist: es ist also

$$X_{at} = \frac{\alpha t l}{\delta_{aa}}, \quad X_{bt} = 0$$

und weiters

$$M_{stn} = M_{sa} X_{at} = y \frac{\alpha t l}{\delta_{aa}}.$$

Wir fanden in Nr. 72d

$$\frac{1}{2} \frac{8 E J_0}{3 \Delta s} \delta_{aa} = 90{,}0198$$

und es erübrigt sich noch in

$$\delta_{itn} = \int M_{si} \frac{M_{stn}}{EJ} ds = \frac{\alpha t l}{\delta_{aa}} \int \frac{y}{EJ} ds$$

die Bestimmung des Integrales $\int \frac{y}{EJ} ds$.

Unter Verwendung der Tab. 25 in Nr. 72d ermitteln wir vorteilhafter

$$\frac{1}{2} \frac{8 E J_0}{3 \Delta s} \int \frac{y\, dx}{EJ \cos\psi}$$

und finden mit der Näherungsformel von Newton

Tabelle 33.

	k	$y \frac{J_0}{J \cos \psi}$	$k\, y \frac{J_0}{J \cos \psi}$
6	1	5,6250	5,6250
5	3	4,2965	12,8895
4	3	3,0672	9,2016
3	2	1,9565	3,9130
2	3	1,0068	3,0204
1	3	0,2987	0,8961
0	1	0,0000	0,0000

$$\frac{1}{2} \frac{8 E J_0}{3 \Delta s} \int \frac{y}{EJ} ds = 35{,}5456.$$

Mithin ist $\delta_{itn} = \frac{35{,}5456}{90{,}0198} \alpha t l = 0{,}395\, \alpha t l.$ Für $l = 24{,}00$ m, $\alpha = 0{,}0000125$ und $t = 40^0$ C erhält man

$$\delta_{itn} = 0{,}00474 \text{ rad} = 16'.$$

Verwendet man hingegen die dritte der Gl. (77, 22)

$$\delta_{itn} = \int M_{sin} \frac{\alpha \Delta t}{h} ds + \int N_{sin} \alpha t \, ds,$$

so verschwindet wegen $\Delta t = 0$ das erste Integral und es müssen die Normalkräfte N_{sin} infolge des Hilfsangriffes bestimmt werden. Wegen der Symmetrie ist auch jetzt $X_{bi} = 0$ und X_{ai} erhält man aus der Elastizitätsgleichung

$$\delta_{aa} X_{ai} + \delta_{ai} = 0$$

mit $\delta_{ai} = \int M_{sa} \frac{M_{si}}{EJ} ds = \int y \frac{ds}{EJ}$;

denn $M_{sa} = y$, wie wir schon früher feststellten, und $M_{si} = 1 = \text{const}$. Wir haben also auch in diesem Falle das Integral $\int y \frac{ds}{EJ}$ zu bestimmen und erhalten auf die gleiche Weise, wie oben,

$$\frac{1}{2} \frac{8 E J_0}{3 \Delta s} \int y \frac{ds}{EJ} = 35{,}5456.$$

Es ist demnach

$$X_{ai} = -\frac{35{,}5456}{90{,}0198},$$

also $N_{sin} = N_{sa} X_{ai} = -X_{ai} \cos \psi$ und damit wird

$$\delta_{itn} = \int N_{sin} \alpha t \, d s = -X_{ai} \int \alpha t \, d s \cdot \cos \psi =$$
$$= -X_{ai} \int \alpha t \, d s = -X_{ai} \alpha t l =$$
$$= \frac{35{,}5456}{90{,}0198} \cdot 0{,}0000125 \cdot 40 \cdot 24$$
$$= 0{,}00474 \text{ rad.}$$

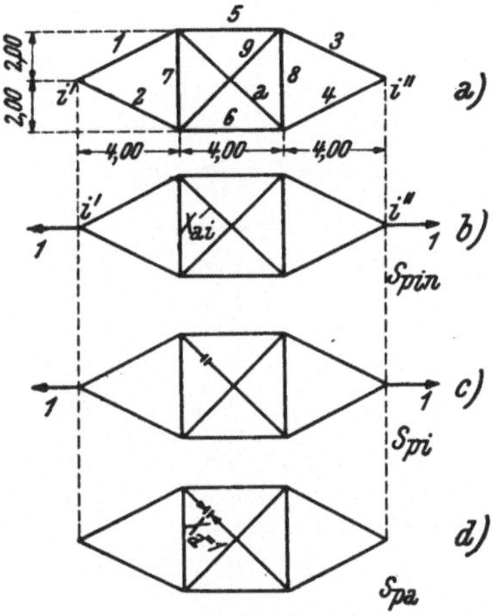

Abb. 153.

c) Die Stäbe des in Abb. 153 dargestellten Fachwerkes erhielten unrichtige Längen, die sich um die Beträge Δs_p von den richtigen unterscheiden. Es soll die hiedurch verursachte Änderung des Abstandes der Knoten i' und i'' bestimmt werden, wenn die Stäbe 7 und 8 um je 10 mm zu lang sind.

Wir benützen die letzte Gl. von (77, 23)

$$\delta_{i \Delta n} = \sum S_{pin} \Delta s_p$$

und bestimmen zunächst die Stabkräfte S_{pin} in dem einfach statisch unbestimmten System infolge des Hilfsangriffes, der aus zwei in den Punkten i' und i'' angreifenden Kräften 1 mit derselben Wirkungslinie besteht (Abb. 153b). Als statisch unbestimmte Größe ist die Stabkraft der mit a bezeichneten Diagonale, X_{ai}, gewählt; die Rechnung ist in Tab. 34 (Maßeinheiten t und m) durchgeführt:

Tabelle 34.

	s_p	$\frac{F_0}{F_p}$	$\varrho_p = s_p \frac{F_0}{F_p}$	S_{pa}	S_{pi}	$\varrho_p S_{pa}$	$\varrho_p S_{pa}^2$	$\varrho_p S_{pa} S_{pi}$
1	4,4721	1	4,4721	0	0,5590	0	0	0
2	4,4721	1	4,4721	0	0,5590	0	0	0
3	4,4721	1	4,4721	0	0,5590	0	0	0
4	4,4721	1	4,4721	0	0,5590	0	0	0
5	4,0000	1	4,0000	— 0,7071	0,5000	— 2,828	2,000	— 1,4142
6	4,0000	1	4,0000	— 0,7071	0,5000	— 2,828	2,000	— 1,4142
7	4,0000	10	40,0000	— 0,7071	— 0,2500	— 28,284	20,000	7,0710
8	4,0000	10	40,0000	— 0,7071	— 0,2500	— 28,284	20,000	7,0710
9	5,6568	10	56,5680	1,0000	0	56,568	56,568	0
a	5,6568	10	56,5680	1,0000	0	56,568	56,568	0
							+ 157,136	+ 11,3136

$$X_{ai} = -\frac{11,3136}{157,136} = -0,0720 \text{ t}$$

Tabelle 35.

	$S_{pa} X_{ai}$	S_{pin}	Δs_p	$S_{pin} \Delta s_p$
1	0	0,5590	0	0
2	0	0,5590	0	0
3	0	0,5590	0	0
4	0	0,5590	0	0
5	0,0509	0,5509	0	0
6	0,0509	0,5509	0	0
7	0,0509	— 0,1991	0,010	— 0,0020
8	0,0509	— 0,1991	0,010	— 0,0020
9	— 0,0720	— 0,0720	0	0
a	— 0,0720	— 0,0720	0	0

$$\delta_{i\Delta n} = -0,0040 \text{ m}$$

Die Knoten i' und i'' haben sich demnach um 4 mm genähert; denn $\delta_{i\Delta n}$ hat entsprechend dem negativen Vorzeichen die entgegengesetzte Richtung wie der Hilfsangriff.

d) Als Beispiel für die Bestimmung der Formänderung eines statisch unbestimmten Tragwerkes infolge unrichtiger Lage der Widerlager fragen wir nach der Verdrehung der Stabachse über der Stütze C_1 des in Nr. 73 und 75 untersuchten

Dreifeldbalkens infolge der dort angenommenen unrichtigen Stützenlagen (Abb. 154a). Da der Momentverlauf M_{swn} (Abb. 154b) infolge dieser Widerlagerverschiebungen in Nr. 75 bereits ermittelt wurde, verwenden wir die Gl. (77, 25)

$$\delta_{iwn} = -\sum C_{pi} \Delta c_p + \int M_{si} M_{swn} \frac{ds}{EJ} + \int N_{si} N_{swn} \frac{ds}{EF}.$$

Dabei besteht der der gesuchten Stabachsenverdrehung zugeordnete Hilfsangriff aus einem Momente 1, welches über der Stütze C_1 angreift; es ist gleichgültig, ob der Angriffspunkt desselben zum ersten oder zum zweiten Feld gehörend betrachtet wird. Im ersten Fall erhält man den Verdrehungswinkel am rechten Auflager des ersten Feldes, im zweiten Falle den Verdrehungswinkel am linken Auflager des zweiten Feldes; da aber im statisch unbestimmten System die Biegungslinie keine Ecke aufweisen darf, müssen diese beiden Winkel gleich groß sein. In Abb. 154c greift der Hilfsangriff, also ein Moment von der Größe 1, am Stabende des ersten Feldes an; es treten dann lediglich in diesem Felde Momente M_{si} auf und das oben angeschriebene Integral erstreckt sich daher nur über l_1. Das Integral über die Normalkräfte entfällt, da sowohl die N_{si} als auch die N_{swn} Null sind. Von den C_{pi} sind nur C_{0i} und C_{1i} von Null verschieden, und zwar ist

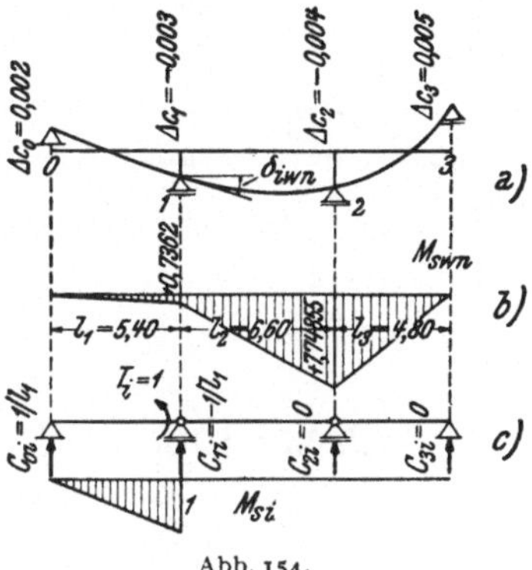

Abb. 154.

$$C_{0i} = -C_{1i} = \frac{1}{l_1}, \quad C_{2i} = C_{3i} = 0.$$

Es ist also

$$-\sum C_{pi} \Delta c_p = -\frac{1}{5,40}(0,002+0,003) = -0,0009259.$$

Für das Integral $\int M_{si} M_{swn} \frac{ds}{EJ}$ ergibt sich

$$\int M_{si} M_{swn} \frac{ds}{EJ} = \frac{5,40}{1,44354 \cdot 10^4} \cdot \frac{1 \cdot 0,7362}{3} = 0,918 \cdot 10^{-4}.$$

Damit wird

$$\delta_{iwn} = -0,0009259 + 0,0000918 = -0,0008341 \text{ rad}.$$

e) Bei dem in Nr. 72c untersuchten Rahmenbinder (Abb. 143a) soll der rechte Rahmenstiel anstatt senkrecht schräg mit einer Abweichung von 10^0 gegen die Lotrechte nach innen eingespannt sein; überdies soll dieses Auflager um 10 cm zu tief und um 15 cm zu weit nach rechts liegen, so daß die waagrechte Entfernung der Auflager jetzt fälschlich 16,15 m beträgt (Abb. 155a). Es wird nach der Änderung des Abstandes der beiden Rahmenecken, d. i. der Punkte i' und i'', gefragt. Wir wollen die Gl. (77, 24)

$$\delta_{iwn} = -\sum C_{pin} \Delta c_p$$

verwenden und müssen zunächst die Auflagerreaktionen C_{pin} infolge des Hilfsangriffes, der aus zwei Kräften 1 mit derselben Wirkungslinie in den Punkten i' und i'' angreifend besteht, ermitteln. In Abb. 155b sind die Momente M_{si} dargestellt, wobei als statisch unbestimmte Größen ebenso wie in Nr. 72b die Horizontalkomponente des Auflagerdruckes und das Einspannmoment am rechten Auflager angenommen sind. Die bereits dort ermittelten Momente M_{sa} und M_{sb}, durch $X_a = 1$ bzw. $X_b = 1$ hervorgerufen, sind in Abb. 143c und d angegeben. Die schon wiederholt verwendete Gl.

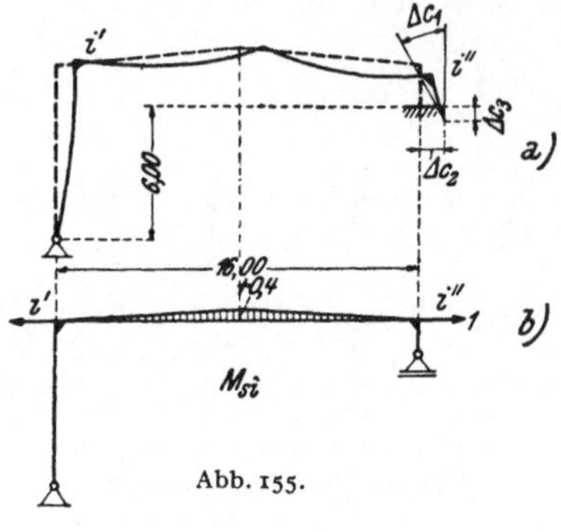

Abb. 155.

$$\int u\, v\, ds = \frac{\Delta s}{6}\,[u'\,(2\,v'+v'')+u''\,(2\,v''+v')]$$

ergibt

$$E J_0\, \delta_{ai} = \int M_{si}\, M_{sa}\, \frac{J_0}{J}\, ds = -\left[\frac{8{,}01}{6}\cdot 1\cdot 0{,}4\,(2\cdot 5{,}2+7{,}8)+\right.$$
$$\left.+\frac{8{,}01}{6}\cdot 1\cdot 0{,}4\,(2\cdot 5{,}2+1{,}8)\right] = -16{,}2336$$

$$E J_0\, \delta_{bi} = M_{si}\, M_{sb}\, \frac{J_0}{J}\, ds = \frac{8{,}01}{6}\cdot 1\cdot 0{,}4\,(2\cdot 0{,}5+0)+$$
$$+\frac{8{,}01}{6}\cdot 1\cdot 0{,}4\,(2\cdot 0{,}5+1{,}0) = +1{,}6020.$$

Mit Benützung der in Nr. 72c berechneten Werte für $E J_0\, \delta_{aa} = 528{,}84$ $E J_0\, \delta_{bb} = 6{,}24$ und $E J_0\, \delta_{ab} = -32{,}85$ lauten die Elastizitätsgleichungen

$$528{,}84\, X_{ai} - 32{,}85\, X_{bi} - 16{,}2336 = 0$$
$$-32{,}85\, X_{ai} + 6{,}24\, X_{bi} + 1{,}6020 = 0$$

und deren Lösung $X_{ai} = +0{,}021916$ und $X_{bi} = -0{,}14135$.
Die Belastung durch den Hilfsangriff ruft im Grundsystem keine Auflagerreaktionen hervor; die statisch unbestimmten Größen X_{ai} und X_{bi} erzeugen ein Einspannmoment

$$C_{1in} = X_{bi} = -0{,}14135,$$

eine waagrechte nach innen gerichtete Kraft

$$C_{2in} = +X_{ai} = +0{,}021916$$

und endlich eine lotrechte, nach oben gerichtete Kraft C_{3in}

$$C_{3in} = \frac{+0{,}14135}{16{,}0} - \frac{6{,}00}{16{,}0}\cdot 0{,}021916 = +0{,}000616.$$

Die angegebene Verdrehung von $10^0 = 0{,}0174$ rad stellt ein positives $\Delta\, c_1$ vor, da sie denselben Drehsinn wie ein positives C_{1in} besitzt; $\Delta\, c_2 = 0{,}15$ m und $\Delta\, c_3 = 0{,}10$ m sind negativ, weil ihre Richtungen entgegengesetzt jener von C_{2in} und C_{3in} sind. Es wird demnach

$$\delta_{iwn} = -\sum C_{pin}\, \Delta\, c_p = +0{,}14135\cdot 0{,}0174 + 0{,}021916\cdot 0{,}15$$
$$+0{,}000616\cdot 0{,}10 = +0{,}0058 \text{ m}.$$

Der Abstand der beiden Punkte i' und i'' vergrößert sich also um rund 6 mm, weil δ_{iwn} ein positives Vorzeichen besitzt, also gleichen Richtungssinn wie der angenommene Hilfsangriff aufweist.

79. Die Biegelinien statisch unbestimmter Systeme. Die Überlegung, daß die Formänderungen von Tragwerken ganz allgemein, also auch jene statisch unbestimmter Systeme, lediglich durch die Verformungen der Stabelemente bestimmt sind, so daß es sich also, wenn diese bekannt sind, um eine Aufgabe geometrischer oder kinematischer Natur handelt, führt zu der Erkenntnis, daß die Biegelinien statisch unbestimmter Tragwerke nach denselben Verfahren ermittelt werden können, wie sie in Abschnitt VI entwickelt worden sind. Bei Systemen aus biegungssteifen Stäben sind für die Ermittlung der elastischen Gewichte die Größen $\Delta\, d\varphi_{sKn}$ und $\Delta\, ds_{sKn}$, die im statisch unbestimmten System auftreten, zu benützen, also für die Biegelinie infolge einer Belastung

$$\Delta\, d\varphi_{sPn} = \frac{M_{sPn}}{EJ}\, ds \;\ldots\; \Delta\, ds_{sPn} = \frac{N_{sPn}}{EF}\, ds,$$

infolge einer Temperaturänderung

$$\Delta\, d\varphi_{stn} = \frac{\alpha\, \Delta\, t}{h}\, ds + \frac{M_{stn}}{EJ}\, ds \;\ldots\; \Delta\, ds_{stn} = \alpha\, t\, ds + \frac{N_{stn}}{EF}\, ds,$$

infolge eines fehlerhaften Zusammenbaues

$$\Delta\, d\varphi_{s\Delta n} = \Delta\, d\varphi_{s\Delta} + \frac{M_{s\Delta n}}{EJ}\, ds \;\ldots\; \Delta\, ds_{s\Delta n} = \Delta\, ds_{s\Delta} + \frac{N_{s\Delta n}}{EF}\, ds$$

und infolge einer Widerlagerverschiebung

$$\Delta\, d\varphi_{swn} = \frac{M_{swn}}{EJ}\, ds \;\ldots\; \Delta\, ds_{swn} = \frac{N_{swn}}{EF}\, ds.$$

Bei einem statisch unbestimmten Fachwerk sind die elastischen Gewichte bzw. der Williot-Plan mit den Stablängenänderungen

$$\Delta\, s_{pPn} = \frac{S_{pPn}}{EF_p}\, s_p,$$

$$\Delta\, s_{ptn} = \alpha\, t\, s_p + \frac{S_{ptn}}{EF_p}\, s_p,$$

$$\Delta\, s_{p\Delta n} = \Delta\, s_{p\Delta} + \frac{S_{p\Delta n}}{EF_p}\, s_p \text{ und}$$

$$\Delta\, s_{pwn} = \frac{S_{pwn}}{EF_p}\, s_p$$

zu bestimmen.

In vielen Fällen ergeben sich aus der Biegelinie Kontrollen für die Richtigkeit der Rechnung. So müssen sich z. B. bei dem Durchlaufträger in Abb. 151 für alle Auflagerpunkte die Verschiebungen Null ergeben; es liegen also, wenn man z. B. die Biegelinie mittels Seilpolygons der elastischen Gewichte bestimmt, diese Punkte auf einer geraden Linie. Bei einem Träger auf zwei Stützen, welcher an einem Auflager eingespannt ist, muß die Biegelinie hier die Schlußlinie tangieren; dasselbe muß bei der Biegelinie des in Abb. 144 dargestellten Eingelenkbogens entsprechend der Einspannung des Bogens in die Widerlager der Fall sein. Erfüllt man aber diese Forderung von vornherein, dann darf sich bei dem einseitig eingespannten Träger für das andere Auflager (Gleitlager) keine lotrechte Verschiebung ergeben, während bei dem Eingelenkbogen im Gelenk keine sprunghafte Unstetigkeit der Biegelinie, sondern nur eine Ecke auftreten darf.

C. Ergänzende Bemerkungen, insbesondere weitere Methoden zur Berechnung statisch unbestimmter Systeme.

80. Statisch unbestimmte Grundsysteme. Für die Berechnung statisch unbestimmter Systeme haben in der Praxis noch andere Verfahren Eingang gefunden, von denen einige im folgenden behandelt werden sollen. Die bisher angestellten Überlegungen bleiben grundsätzlich die gleichen, wenn an Stelle eines statisch bestimmten Grundsystems ein statisch unbestimmtes verwendet wird. Wir wählen also von den n statisch unbestimmten Größen eines n-fach statisch unbestimmten Systems die ersten ν, nämlich X_a, X_b, ... X_ν als Unbekannte; es bleibt dann ein $(n-\nu)$-fach statisch unbestimmtes Grundsystem übrig. Alle Größen, die sich auf dieses Grundsystem beziehen, erhalten den Index $n-\nu$; es bedeuten dann $\delta_{aa\,n-\nu}$, $\delta_{ab\,n-\nu}$, ... die Verschiebungen des Punktes a infolge des Hilfsangriffes $X_a = 1$, $X_b = 1$ ..., $\delta_{aK\,n-\nu}$, $\delta_{bK\,n-\nu}$, ... die Verschiebungen der Punkte a, b, ... infolge irgendeiner Ursache K. Die Elastizitätsgleichungen erhalten auf Grund der gleichen Überlegung wie in Nr. 68 und 69 die Form

$$\begin{aligned}
\delta_{aa\,n-\nu}\, X_{aK} + \delta_{ab\,n-\nu}\, X_{bK} \ldots + \delta_{a\nu\,n-\nu}\, X_{\nu K} + \delta_{aK\,n-\nu} &= 0 \\
\delta_{ba\,n-\nu}\, X_{aK} + \delta_{bb\,n-\nu}\, X_{bK} \ldots + \delta_{b\nu\,n-\nu}\, X_{\nu K} + \delta_{bK\,n-\nu} &= 0 \\
\ldots\ldots\ldots\ldots\ldots\ldots\ldots\ldots\ldots\ldots\ldots & \\
\delta_{\nu a\,n-\nu}\, X_{aK} + \delta_{\nu b\,n-\nu}\, X_{bK} \ldots + \delta_{\nu\nu\,n-\nu}\, X_{\nu K} + \delta_{\nu K\,n-\nu} &= 0;
\end{aligned} \qquad (80, 26)$$

Es liegt also ein lineares Gleichungssystem mit ν Gleichungen und ebenso vielen Unbekannten vor; hat man dasselbe aufgelöst, so können irgend welche Größen des n-fach statisch unbestimmten Systems mittels Überlagerung aus dem $(n-\nu)$-fach statisch unbestimmten Grundsystem bestimmt werden. Es ist z. B. das Moment M_{sKn} am n-fach statisch unbestimmten Tragwerk an der Stelle s aus jenem des $(n-\nu)$-fach statisch unbestimmten Grundsystems $M_{sK\,n-\nu}$ und den Momenten $M_{sa\,n-\nu}$, $M_{sb\,n-\nu}$ ... $M_{s\nu\,n-\nu}$, d. s. die Momente infolge $X_{aK} = 1$ bezw. $X_{bK} = 1$ usw. mittels der Gleichung

$$M_{sKn} = M_{sK\,n-\nu} + M_{sa\,n-\nu}\, X_{aK} + M_{sb\,n-\nu}\, X_{bK} + \ldots M_{s\nu\,n-\nu}\, X_{\nu K} \qquad (80, 27)$$

zu erhalten. Voraussetzung ist demnach, daß nicht nur die inneren Kräfte, sondern auch die Verschiebungen des statisch unbestimmten Grundsystems bekannt sind.

Wir erläutern das Grundsätzliche dieses Verfahrens an einem eingespannten Rahmen (Abb. 156a), dessen waagrechter Riegel durch zwei Pendelstützen gestützt wird. Dieses System ist fünffach statisch unbestimmt; denn der eingespannte Rahmen ist dreifach statisch unbestimmt und durch die beiden Pendelstützen treten noch zwei weitere statisch unbestimmte Größen hinzu. Als Grundsystem ist der eingespannte Rahmen, als statisch Unbestimmte die beiden Stützkräfte X_{aP} und X_{bP} gewählt. Die Abb. 156b zeigt die Verformung des Grundsystems infolge einer Belastung P; wir entnehmen dieser Zeichnung die Größen $\delta_{aP\,n-\nu}$ und $\delta_{bP\,n-\nu}$. Der Hilfsangriff $X_a = 1$ verursacht die Verschiebungen $\delta_{aa\,n-\nu}$ und $\delta_{ba\,n-\nu}$, der Hilfsangriff $X_b = 1$ die Verschiebungen $\delta_{ab\,n-\nu}$ und $\delta_{bb\,n-\nu}$, die in den Abb. 156c und d ersichtlich sind. Die Elastizitätsgleichungen lauten in diesem Falle

$$\delta_{aa\,n-\nu}\,X_{aP} + \delta_{ab\,n-\nu}\,X_{bP} + \delta_{aP\,n-\nu} = 0$$
$$\delta_{ba\,n-\nu}\,X_{aP} + \delta_{bb\,n-\nu}\,X_{bP} + \delta_{bP\,n-\nu} = 0$$

Vergleichen wir die Richtungen von $\delta_{ab\,n-\nu}$ und $\delta_{aP\,n-\nu}$ mit jener von $\delta_{aa\,n-\nu}$, so erkennen wir, daß die erstgenannte Verschiebung positiv und

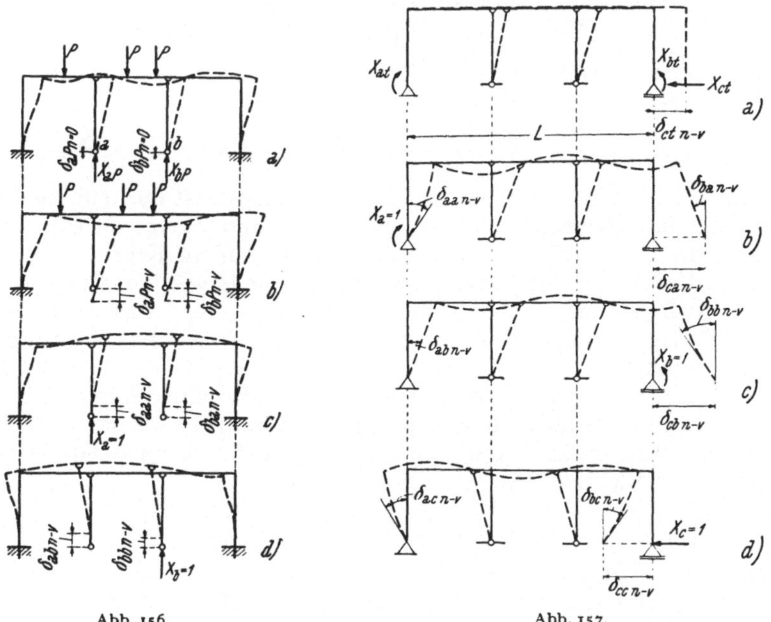

Abb. 156. Abb. 157.

die zweite negativ ist; für $\delta_{ba\,n-\nu}$ und $\delta_{bP\,n-\nu}$ ergibt der Vergleich mit $\delta_{bb\,n-\nu}$ ebenfalls die entsprechenden Vorzeichen. X_{aP} und X_{bP} erhält man positiv. Die Verformung des vorgelegten fünffach statisch unbestimmten Systems zeigt Abb. 156a; δ_{aPn} und δ_{bPn} sind bei demselben natürlich Null.

Wir wollen dieses System noch bei einer gleichmäßigen Temperaturerhöhung des Riegels untersuchen, wählen aber diesmal die Einspannmomente an den Stielfüßen und den Horizontalschub als überzählige Größen. Das Grundsystem ist dann ein zweifach statisch unbestimmter Durchlaufträger, wie in Abb. 157a dargestellt. Seine Verformung infolge einer gleichmäßigen Temperaturerhöhung ist dort ebenfalls eingetragen. Man entnimmt dieser Abbildung, daß hier speziell $\delta_{at\;n-\nu}$ und $\delta_{bt\;n-\nu}$ verschwinden. $\delta_{ct\;n-\nu}$ ist negativ, wie dem Vergleiche mit der Richtung von X_{ct} zu entnehmen ist. Man kann übrigens $\delta_{ct\;n-\nu}$ ohne weitere Rechnung in diesem Fall sofort angeben; bedeutet L die Gesamtlänge des Riegels, α den Temperaturausdehnungskoeffizienten und beträgt die Temperaturerhöhung t^0, so ist

$$\delta_{ct\;n-\nu} = -\alpha\, t\, L$$

Die Verformungen infolge $X_a = 1$, $X_b = 1$ und $X_c = 1$ sind aus den Abb. 157b bis d ersichtlich.

Wir erhalten mit diesen Werten die Elastizitätsgleichungen

$$\begin{aligned}
&\delta_{aa\;n-\nu}\, X_{at} + \delta_{ab\;n-\nu}\, X_{bt} + \delta_{ac\;n-\nu}\, X_{ct} = 0 \\
&\delta_{ba\;n-\nu}\, X_{at} + \delta_{bb\;n-\nu}\, X_{bt} + \delta_{bc\;n-\nu}\, X_{ct} = 0 \\
&\delta_{ca\;n-\nu}\, X_{at} + \delta_{cb\;n-\nu}\, X_{bt} + \delta_{cc\;n-\nu}\, X_{ct} + \delta_{ct\;n-\nu} = 0
\end{aligned}$$

und irgendeine Größe des vorgelegten fünffach statisch unbestimmten Systems, also z. B. ein Moment M_{stn} wird durch

$$M_{stn} = M_{st\;n-\nu} + M_{sa\;n-\nu}\, X_{at} + M_{sb\;n-\nu}\, X_{bt} + M_{sc\;n-\nu}\, X_{ct}$$

bestimmt. In unserer Aufgabe ist $M_{st\;n-\nu} = 0$; doch ist dies ein spezieller Fall, denn im allgemeinen können in dem Grundsystem, da es statisch unbestimmt ist, durch Temperaturänderungen innere Kräfte entstehen.

Ganz ähnliche Überlegungen können angestellt werden, wenn es sich um die inneren Kräfte infolge fehlerhaften Zusammenbaues oder infolge von Widerlagerverschiebungen eines mehrfach statisch unbestimmten Systems handelt.

Besonders häufig wählt man $\nu = 1$, nimmt also ein Grundsystem an, das nur um einen Grad weniger statisch unbestimmt ist als das vorgelegte Tragwerk. Man erhält dann nur eine einzige überzählige Größe X_{aK}, die aus einer Elastizitätsgleichung

$$\delta_{aa\;n-1}\, X_{aK} + \delta_{aK\;n-1} = 0 \tag{80, 28}$$

bestimmt werden kann. Für irgend welche Größen des vorgelegten Tragwerkes, also wieder z. B. für das Moment M_{sKn}, erhält man

$$M_{sKn} = M_{sK\;n-1} + M_{sa\;n-1}\, X_{aK} \tag{80, 29}$$

Auch hier wird $M_{sK\;n-1}$ für eine Temperaturänderung oder auch für eine Widerlagerverschiebung im Gegensatz zu einem statisch bestimmten Grundsystem im allgemeinen nicht verschwinden.

Durch die Wiederholung des Schrittes von einem $(k-1)$-fach statisch unbestimmten System zu einem k-fach statisch unbestimmten, kann man die inneren Kräfte eines n-fach statisch unbestimmten Tragwerkes in der Weise berechnen, daß man zunächst ein statisch bestimmtes Grundsystem annimmt; man berücksichtigt dann nur eine einzige der n überzähligen Größen und erhält so ein einfach statisch unbestimmtes System. Dieses verwendet man wieder als Grundsystem für ein zweifach statisch unbestimmtes Tragwerk, indem eine zweite der Überzähligen hinzugefügt wird und fährt so fort, bis man schließlich mittels eines $(n-1)$-fach statisch unbestimmten Systemes als letzte Unbekannte X_{nK} des vorgelegten n-fach statisch unbestimmten Tragwerkes ermitteln kann. Man hat also jedesmal nur eine einzige Gleichung mit nur einer Unbekannten aufzulösen. Die bei diesem Rechnungsgang auftretenden statisch unbestimmten Größen X'_{iK} sind aber noch nicht etwa die endgültigen Werte X_{iK} im vorgelegten n-fach statisch unbestimmten Tragwerk; diese müssen vielmehr in eigenen analogen Rechnungsgängen ermittelt werden. Dadurch wird dieses Verfahren umständlicher, als es auf den ersten Blick den Anschein hat und seine Anwendung ist auf spezielle Fälle beschränkt, in denen es Vorteile bietet.

81. Lineare Transformation der Elastizitätsgleichungen. Bei der Berechnung eines n-fach statisch unbestimmten Systemes haben wir an dem Grundsystem der Reihe nach die Hilfsangriffe (Abb. 158a)

$$\begin{array}{lll} X_a=1 & X_b=0 \ldots & X_n=0 \\ X_a=0 & X_b=1 \ldots & X_n=0 \\ \cdots & \cdots & \cdots \\ X_a=0 & X_b=0 \ldots & X_n=1 \end{array}$$

angreifen lassen. Allgemeiner können wir anstatt dessen die Kräftegruppen

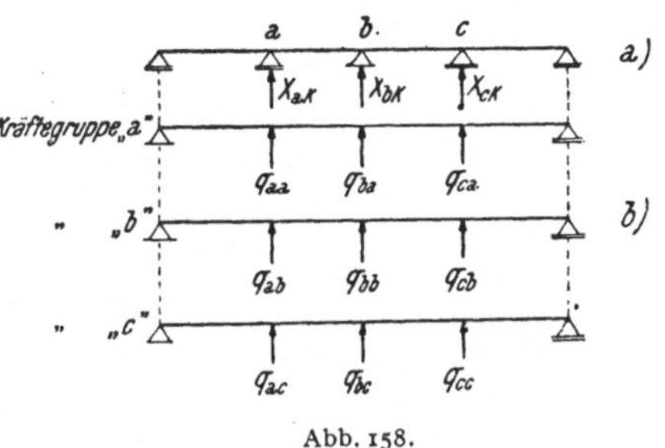

Abb. 158.

$$\begin{array}{llll} „a“ & X_a=q_{aa} & X_b=q_{ba} \ldots & X_n=q_{na} \\ „b“ & X_a=q_{ab} & X_b=q_{bb} \ldots & X_n=q_{nb} \\ \cdots & \cdots & \cdots & \cdots \\ „n“ & X_a=q_{an} & X_b=q_{bn} \ldots & X_n=q_{nn} \end{array}$$

verwenden, wie dies in Abb. 158b z. B. bei einem Durchlaufträger über vier Felder dargestellt ist. Die infolge irgendeiner Ursache K im statisch unbestimmten Tragwerk auftretenden statisch unbestimmten Größen X_{aK}, $X_{bK} \ldots X_{nK}$ können dann in der Weise erhalten werden, daß die Kräfte der einzelnen Kräftegruppen mit vorläufig noch unbekannten Werten Y_{aK}, $Y_{bK} \ldots Y_{nK}$ multipliziert und die in demselben Punkt wirkenden Kräfte addiert werden. Das Grundsystem ist demnach der Reihe nach mit

$$\begin{array}{lll} q_{aa}\, Y_{aK} & q_{ba}\, Y_{aK} \ldots & q_{na}\, Y_{aK} \\ q_{ab}\, Y_{bK} & q_{bb}\, Y_{bK} \ldots & q_{nb}\, Y_{bK} \\ \cdots & \cdots & \cdots \\ q_{an}\, Y_{nK} & q_{bn}\, Y_{nK} \ldots & q_{nn}\, Y_{nK} \end{array}$$

belastet und wenn die Y_{jK} richtig ermittelt sind, muß

$$\begin{array}{l} X_{aK} = q_{aa}\, Y_{aK} + q_{ab}\, Y_{bK} + \ldots q_{an}\, Y_{nK} \\ X_{bK} = q_{ba}\, Y_{aK} + q_{bb}\, Y_{bK} + \ldots q_{bn}\, Y_{nK} \\ \cdots\cdots\cdots\cdots \\ X_{nK} = q_{na}\, Y_{aK} + q_{nb}\, Y_{bK} + \ldots q_{nn}\, Y_{nK} \end{array} \tag{81, 30}$$

oder allgemein

$$X_{jK} = \sum_r q_{jr}\, Y_{rK}$$

sein.

Durch diese Gleichungen werden die Größen X in die Größen Y *transformiert.* Setzen wir dieselben in die Elastizitätsgleichungen

$$\sum_j \delta_{ij}\, X_{jK} + \delta_{iK} = 0 \quad (i = a, b, \ldots n)$$

ein, so erhalten wir

$$\sum_j \delta_{ij} \sum_r q_{jr}\, Y_{rK} + \delta_{iK} = 0$$

und mit

$$\sum_j \delta_{ij}\, q_{jr} = c_{ir}$$

nach Vertauschung der Summationsfolge

$$\sum_r c_{ir}\, Y_{rK} + \delta_{iK} = 0 \quad (i = a, b, \ldots n).$$

Nun multiplizieren wir diese Gleichungen der Reihe nach mit q_{it} und addieren; dann erhalten wir das Gleichungssystem

$$\sum_i q_{it} \sum_r c_{ir}\, Y_{rK} + \sum_i q_{it}\, \delta_{iK} = 0 \quad (t = a, b, \ldots n)$$

und nach Vertauschung der Summationsfolge im ersten Glied ergibt sich mit

$$\sum_i q_{it}\, c_{ir} = \varepsilon_{tr} \quad \text{und} \quad \sum_i q_{it}\, \delta_{iK} = \varepsilon_{tK}$$

für die Y_{rK} das Gleichungssystem

$$\sum_r \varepsilon_{tr} Y_{rK} + \varepsilon_{tK} = 0 \quad (t = a, b, \ldots n) \qquad (81, 31)$$

Die Größen ε_{tr} und ε_{tK} können aber noch in einfacherer Weise berechnet werden. Wir erinnern daran, daß für ein System von biegungssteifen Stäben

$$\delta_{ij} = \int M_{si} M_{sj} \frac{ds}{EJ}$$

ist, wenn vorläufig zur Vereinfachung der Einfluß der Normalkräfte unterdrückt wird. Es ist also

$$c_{ir} = \sum_j \delta_{ij} q_{jr} = \sum_j \int M_{si} M_{sj} q_{jr} \frac{ds}{EJ} =$$
$$= \int M_{si} \left(\sum_j M_{sj} q_{jr} \right) \frac{ds}{EJ} = \int M_{si} \overline{M}_{sr} \frac{ds}{EJ}.$$

Hierin bedeuten $\sum_j M_{sj} q_{jr} = \overline{M}_{sr}$ die Momente im Grundsystem, die durch Belastung mit der Kräftegruppe „r", d. i. mit

$$X_a = q_{ar}, \; X_b = q_{br}, \; \ldots \; X_n = q_{nr}$$

entstehen. Damit ergibt sich aber weiter

$$\varepsilon_{tr} = \sum_i q_{it} c_{ir} = \sum_i q_{it} \int M_{si} \overline{M}_{sr} \frac{ds}{EJ} = \int \left(\sum_i M_{si} q_{it} \right) \overline{M}_{sr} \frac{ds}{EJ}$$
$$\varepsilon_{tr} = \int \overline{M}_{st} \overline{M}_{sr} \frac{ds}{EJ}$$

und dabei stellen

$$\sum_i M_{si} q_{it} = \overline{M}_{st}$$

die Momente im Grundsystem vor, die durch die gleichzeitige Belastung mit

$$X_a = q_{at}, \; X_b = q_{bt}, \; \ldots \; X_n = q_{nt},$$

also durch die Kräftegruppe „t" hervorgerufen werden.

Für ε_{tK} erhalten wir wegen $\delta_{iK} = \int M_{si} \Delta\, d\,\varphi_{sK}$

$$\varepsilon_{tK} = \sum_i q_{it} \int M_{si} \Delta\, d\,\varphi_{sK} = \int \left(\sum_i M_{si} q_{it} \right) \Delta\, d\,\varphi_{sK} = \int \overline{M}_{st} \Delta\, d\,\varphi_{sK}$$

mit der gleichen Bedeutung von $\overline{M}_{st}$ wie oben erklärt.

Berücksichtigt man den Einfluß der Normalkräfte, so erhält man, wie leicht bestätigt werden kann,

$$\varepsilon_{tr} = \int \overline{M}_{st} \overline{M}_{sr} \frac{ds}{EJ} + \int \overline{N}_{st} \overline{N}_{sr} \frac{ds}{EF}$$

und (81, 32)

$$\varepsilon_{tK} = \int \overline{M}_{st} \Delta\, d\,\varphi_{sK} + \int \overline{N}_{st} \Delta\, ds_{sK}$$

und für Fachwerke

$$\varepsilon_{tr} = \sum_p \overline{S}_{pt} \overline{S}_{pr} \frac{s_p}{EF_p} \qquad \varepsilon_{tK} = \sum_p \overline{S}_{pt} \Delta\, s_{pK}, \tag{81, 33}$$

wenn $\overline{N}_{st}$ und $\overline{S}_{pt}$ die Normalkräfte bzw. Stabkräfte infolge der Kräftegruppe „t", $\overline{N}_{sr}$ und $\overline{S}_{pr}$ jene infolge der Kräftegruppe „r" im Grundsystem bedeuten. $\Delta\, d\,\varphi_{sK}$, $\Delta\, ds_{sK}$ und $\Delta\, s_{pK}$ bedeuten die Verformungen der Stabelemente infolge irgendeiner Ursache K.

Jede Größe des statisch unbestimmten Systems ist durch die Gl.

$$G_{sKn} = G_{sK} + \sum_j G_{sj} X_{jK}$$

gegeben. Ersetzt man darin X_{jK} durch $X_{jK} = \sum_r q_{jr} Y_{rK}$, so erhält man

$$G_{sKn} = G_{sK} + \sum_j G_{sj} \sum_r q_{jr} Y_{rK} = G_{sK} + \sum_r \sum_j G_{sj} q_{jr} Y_{rK} =$$

$$= G_{sK} + \sum_r \overline{G}_{sr} Y_{rK}. \tag{81, 34}$$

$\overline{G}_{sr}$ sind die Werte von G, die durch die Belastung mit der Kräftegruppe „r" im Grundsystem hervorgerufen werden.

Würde man die q_{ij} einer Kräftegruppe proportional den richtigen Werten X_{iK} wählen, so ergibt sich, wenn $q_{ij} = \mu_j X_{iK}$ gesetzt wird, $Y_{jK} = = 1/\mu_j$, während alle anderen Y_{rK}, gleichgültig wie die übrigen q_{ir} angenommen wurden, Null werden.

Zumeist kann man sich durch eine geeignete Wahl der q_{ij} jedoch eine Vereinfachung der Gleichungen für die Y_{iK} beschaffen. Ein allerdings nur selten erreichbarer Idealfall wäre es, wenn die q_{ij} so angenommen werden, daß alle $\varepsilon_{tr} = 0$, wenn $r \neq t$; denn dann nehmen die Gleichungen (81, 31) für Y_{iK} die Gestalt

$$\begin{aligned} \varepsilon_{aa} Y_{aK} + \varepsilon_{aK} &= 0 \\ \varepsilon_{bb} Y_{bK} + \varepsilon_{bK} &= 0 \\ \cdots\cdots & \\ \varepsilon_{nn} Y_{nK} + \varepsilon_{nK} &= 0 \end{aligned}$$

an und jede Unbekannte kann sofort aus einer einzigen Gleichung bestimmt werden.

Das folgende Beispiel erläutert die Anwendung dieses Verfahrens an einem Durchlaufträger mit vier gleichen Stützweiten l; das erste Feld sei gleichmäßig verteilt belastet. Wir wählen die Stützenmomente als statisch unbestimmte Größen und setzen die Kräftegruppe

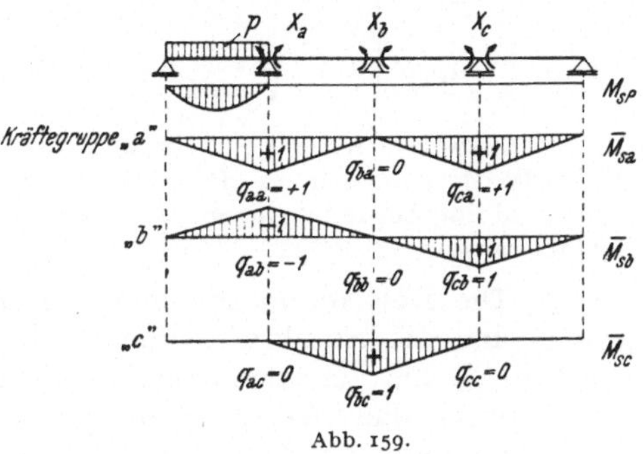

Abb. 159.

„a" $q_{aa}=+1$ $q_{ba}=0$ $q_{ca}=+1$

„b" $q_{ab}=-1$ $q_{bb}=0$ $q_{cb}=+1$

„c" $q_{ac}=0$ $q_{bc}=+1$ $q_{cc}=0$

so daß sich die in Abb. 159 eingezeichneten Momente $\overline{M}_{sa}$, $\overline{M}_{sb}$ und $\overline{M}_{sc}$ ergeben. Die in Nr. 49 angegebenen Gleichungen erlauben danach sofort die Werte für ε_{ir} und ε_{iP} anzuschreiben; es wird, wenn wir den konstanten Faktor $1/EJ$, der sich am Ende weghebt, weglassen

$$\varepsilon_{aa}=\frac{4}{3}l \qquad \varepsilon_{ab}=0 \qquad \varepsilon_{ac}=\frac{l}{3}$$

$$\varepsilon_{ba}=0 \qquad \varepsilon_{bb}=\frac{4}{3}l \qquad \varepsilon_{bc}=0$$

$$\varepsilon_{ca}=\frac{l}{3} \qquad \varepsilon_{\iota b}=0 \qquad \varepsilon_{cc}=\frac{2}{3}l.$$

Ferner ist

$$\varepsilon_{aP}=\frac{pl^3}{24}, \qquad \varepsilon_{bP}=\frac{-pl^3}{24}, \qquad \varepsilon_{cP}=0$$

und damit nehmen die Gleichungen für Y_{iP} die Form an:

$$4\,Y_{aP} \qquad\qquad + \quad Y_{cP}+\frac{pl^2}{8}=0$$

$$4\,Y_{bP} \qquad\qquad -\frac{pl^2}{8}=0$$

$$+Y_{aP} \qquad\qquad +2\,Y_{cP} \qquad =0.$$

Die Lösung lautet

$$Y_{aP}=-\frac{pl^2}{28}$$

$$Y_{bP}=+\frac{pl^2}{32}$$

$$Y_{cP}=+\frac{pl^2}{56}$$

und damit ergibt sich entsprechend der Gl. (81, 30)

$$X_{iP} = q_{ia}\,Y_{aP} + q_{ib}\,Y_{bP} + q_{ic}\,Y_{cP}$$

$$X_{aP} = \left[+1\cdot\left(-\frac{1}{28}\right) - 1\cdot\frac{1}{32} + 0\cdot\frac{1}{56}\right]pl^2 = -\frac{15}{224}\,pl^2$$

$$X_{bP} = \left[\ \ 0\cdot\left(-\frac{1}{28}\right) + 0\cdot\frac{1}{32} + 1\cdot\frac{1}{56}\right]pl^2 = +\frac{4}{224}\,pl^2$$

$$X_{cP} = \left[+1\cdot\left(-\frac{1}{28}\right) + 1\cdot\frac{1}{32} + 0\cdot\frac{1}{56}\right]pl^2 = -\frac{1}{224}\,pl^2.$$

Wir verweisen weiters auf Nr. 108, wo das Verfahren der Transformation der Elastizitätsgleichungen zur Herleitung einfacher Gleichungen für den geschlossenen Ring und im Zusammenhang damit für statisch unbestimmte Bogenträger verwendet wird.

82. Die Deformationsmethode. *a) Fachwerke.* Bei jedem Fachwerk lassen sich die Stabkräfte mittels der Stablängenänderungen, letztere aber durch die Verschiebungen der Knotenpunkte, also auch die Stabkräfte durch diese Verschiebungen ausdrücken. Da die Verschiebungen der Knotenpunkte durch deren zwei Komponenten bestimmt sind, jeder Knoten aber zwei Gleichgewichtsgleichungen liefert, erhält man gerade soviel Gleichungen als Unbekannte und es ist also möglich, derart auf dem Umwege über die Verschiebungen die Stabkräfte zu berechnen. Für dieses Verfahren hat sich die Bezeichnung *Deformationsmethode* eingebürgert; es läßt sich sowohl auf statisch bestimmte, als auch auf statisch unbestimmte Fachwerke anwenden. Bei ersteren bietet es jedoch keinen Vorteil, denn die übliche unmittelbare Bestimmung der Stabkräfte mittels der Gleichgewichtsbedingungen ist stets einfacher. Bei einem n-fach statisch unbestimmten Fachwerk bringt die Anwendung der Deformationsmethode dann einen Vorteil mit sich, wenn die Anzahl der verschieblichen Knoten kleiner als $n/2$ ist; denn dann enthalten die Elastizitätsgleichungen mehr Unbekannte als die Zahl der unbekannten Komponenten der Knotenverschiebungen beträgt.

Es erscheint zweckmäßig, abweichend von der bisherigen Bezeichnungsweise im folgenden als Indizes die Knoten zu verwenden, die durch den betreffenden Stab verbunden werden. Es soll also S_{ik} die Stabkraft, s_{ik} die Länge und F_{ik} den Querschnitt des Stabes bezeichnen, der die Knoten i und k verbindet. Die Verschiebungen der Knoten in zwei zueinander senkrecht angenommenen Richtungen sollen mit u_i und v_i bezeichnet werden; der Winkel, mit welchem der Stab i—k gegen die Richtung der positiven u geneigt ist, sei α_{ik}. Selbstverständlich ist $S_{ik} = S_{ki}$, $l_{ik} = l_{ki}$ und $F_{ik} = F_{ki}$, aber $\alpha_{ik} = \pi + \alpha_{ki}$. Nennt man die Stabverlängerung $\Delta\,s_{ik}$, so erhält man für S_{ik}

$$S_{ik} = \frac{\Delta\,s_{ik}\,E F_{ik}}{s_{ik}}. \qquad (82, 35)$$

Für $\Delta\,s_{ik}$ ergibt sich aber, wie der Abb. 160 zu entnehmen ist,

$$\Delta\,s_{ik} = (u_k \cos\alpha_{ik} - v_k \sin\alpha_{ik}) - (u_i \cos\alpha_{ik} - v_i \sin\alpha_{ik})$$
$$= (u_k - u_i)\cos\alpha_{ik} - (v_k - v_i)\sin\alpha_{ik}.$$

Es ist also

$$S_{ik} = [(u_k - u_i)\cos\alpha_{ik} - (v_k - v_i)\sin\alpha_{ik}]\,\frac{EF_{ik}}{s_{ik}}\,. \qquad (82, 36)$$

Nennt man die Komponenten der im Knoten i wirkenden Lasten U_i und V_i, so ergeben die Gleichgewichtsbedingungen der am Knoten i angreifenden Kräfte

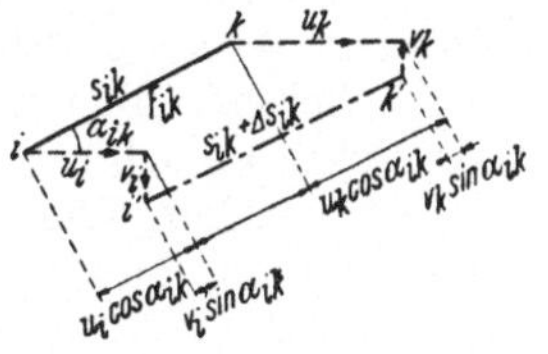

$$\sum_k S_{ik}\cos\alpha_{ik} + U_i = 0$$

$$\sum_k S_{ik}\sin\alpha_{ik} + V_i = 0$$

Abb. 160.

und nach Einsetzen des vorstehenden Wertes für S_{ik}

$$\left.\begin{aligned}\sum_k [(u_k - u_i)\cos\alpha_{ik} - (v_k - v_i)\sin\alpha_{ik}]\cos\alpha_{ik}\,\frac{EF_{ik}}{s_{ik}} + U_i &= 0\\ \sum_k [(u_k - u_i)\cos\alpha_{ik} - (v_k - v_i)\sin\alpha_{ik}]\sin\alpha_{ik}\,\frac{EF_{ik}}{s_{ik}} + V_i &= 0.\end{aligned}\right\} \qquad (82, 37)$$

Dabei erstrecken sich die Summen über alle Stäbe k, die von dem Knoten i ausgehen. Die hieraus berechneten u_i, u_k, v_i, v_k liefern, in Gl. (82, 36) eingesetzt, die Stabkräfte S_{ik}.

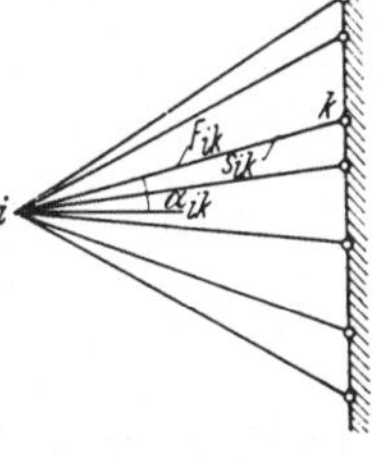
Abb. 161.

Ein Beispiel, bei dem das Verfahren vorteilhaft verwendet werden kann, zeigt die Abb. 161. Dieses System ist fünffach statisch unbestimmt; denn von den sieben Stäben sind nur zwei notwendig, um den Knoten i unverschieblich festzuhalten. Für alle Knoten k ist $u_k = v_k = 0$, so daß man nur zwei Gleichungen mit den zwei Unbekannten u_i und v_i erhält. Die Gleichungen (82, 37) lauten daher in diesem Fall:

$$-u_i \sum_k \cos^2\alpha_{ik}\,\frac{EF_{ik}}{s_{ik}} + v_i \sum_k \sin\alpha_{ik}\cos\alpha_{ik}\,\frac{EF_{ik}}{s_{ik}} + U_i = 0$$

$$-u_i \sum_k \cos\alpha_{ik}\sin\alpha_{ik}\,\frac{EF_{ik}}{s_{ik}} + v_i \sum_k \sin^2\alpha_{ik}\,\frac{EF_{ik}}{s_{ik}} + V_i = 0.$$

Hat man hieraus u_i und v_i berechnet, so erhält man die Stabkräfte nach Gl. (82, 36)

$$S_{ik} = (-u_i\cos\alpha_{ik} + v_i\sin\alpha_{ik})\,\frac{EF_{ik}}{s_{ik}}\,.$$

b) Systeme mit biegungssteifen Stäben. Die Deformationsmethode läßt sich auch bei Systemen mit biegungssteifen Stäben anwenden; nur liefert hier jeder Knoten neben den Verschiebungen u und v auch noch die Verdrehung τ als Unbekannte. Dafür steht aber in jedem Knoten noch eine dritte Gleichung, nämlich daß die Summe der Momente verschwinden muß, zur Verfügung. Es läßt sich aber oftmals die recht vereinfachende Annahme treffen, daß die Knoten zwar verdrehbar, aber nicht verschieblich sind, also $u = v = o$ ist. Dies ist z. B. bei symmetrischer Belastung des in Abb. 162 dargestellten Tragwerkes der Fall. Aber auch bei Tragwerken wie in Abb. 163, die gegen seitliche Verschiebungen größere Steifigkeit besitzen, werden bei beliebiger lotrechter Belastung nur kleine waagrechte Verschiebungen auftreten, die vernachlässigt werden können. Voraussetzung ist in beiden Fällen, daß die Längenänderung der Stäbe infolge der Achsialkräfte nicht berücksichtigt wird, wie dies ja zumeist erlaubt ist. Unstatthaft ist die Vernachlässigung der Knotenverschiebungen selbstverständlich dann, wenn die Belastung aus Kräften, die in den Knoten angreifen, besteht; man erkennt ohne weiteres, daß durch eine Belastung mit solchen Kräften bei unverschieblich angenommenen Knoten keine inneren Momente im Tragwerk auftreten würden und dies steht in offenbarem Widerspruch mit der zu erwartenden Verbiegung der Stäbe.

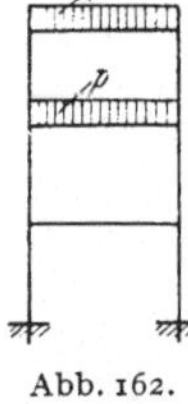

Abb. 162.

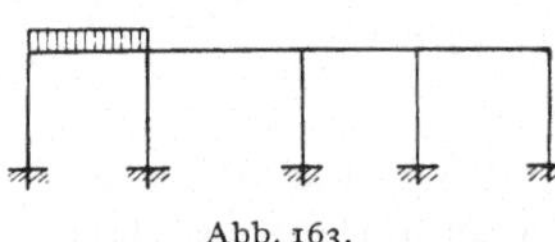

Abb. 163.

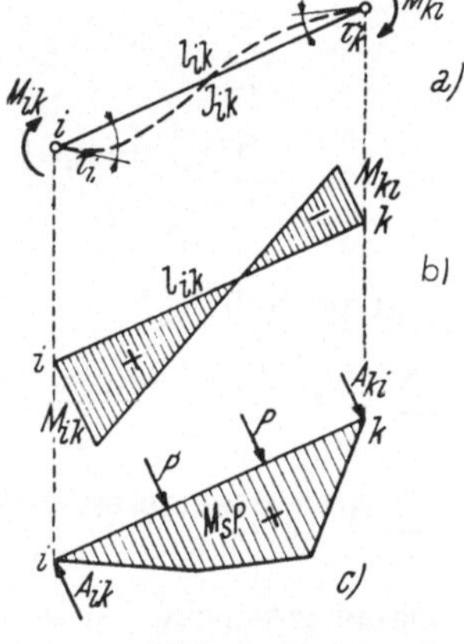

Abb. 164.

Wenn wir die Vernachlässigung der Verschiebungen für zulässig erachten, so liefert jeder Knoten nur eine einzige, die Formänderung des Tragwerkes beschreibende Größe, nämlich die Verdrehung des Knotens, als Unbekannte; zu deren Berechnung steht uns die Bedingung zur Verfügung, daß die Summe der Momente, die an den Stabenden der in diesem Knoten zusammentreffenden Stäbe angreifen, verschwinden muß. An Abb. 164a ist der Knoten i und der Knoten k mit dem sie verbindenden Stab $i - k$ dargestellt, dessen Länge l_{ik} und dessen Trägheitsmoment J_{ik} genannt werden möge. Der Knoten i soll sich um den Winkel τ_i im Uhrzeigersinn verdreht haben; die Verdrehung des Knotens k im gleichen Sinne wird mit τ_k bezeichnet. Das Moment des Stabes i am Stabende i soll M_{ik}, am Stabende k M_{ki} heißen. Dabei sind die eingezeichneten Richtungen der Momente als positiv angenommen und es ist zu beachten, daß diese Annahme hinsichtlich des Drehsinnes von M_{ki} von der bisherigen Festsetzung abweicht. Positive Momente M_{ki} bedingen also Biegungsmomente im Stabe $i - k$, die wir bisher als negativ bezeichnet haben.

Ist der Stab in den Knoten i und k gelenkig angeschlossen, so entsteht durch die äußere Belastung dieses Stabes ein Verdrehungswinkel des Stabendes in i, der nach den Darlegungen in Nr. 50b gleich dem $\frac{1}{E J_{ik}}$-fachen

Auflagerdruck A_{ik} des Stabes $i-k$ in i ist, wenn der Träger mit den Momenten, die infolge der äußeren Belastung P auftreten, belastet wird. Die an den Stabenden angreifenden Momente M_{ik} und M_{ki} erzeugen die in Abb. 164b dargestellte Momentenlinie; dadurch entsteht in i ein Auflagerdruck $\frac{l_{ik}}{6}(2M_{ik}-M_{ki})$ und man erhält insgesamt für τ_i

$$\tau_i=\frac{l_{ik}}{6EJ_{ik}}(2M_{ik}-M_{ki})+\frac{A_{ik}}{EJ_{ik}} \tag{82, 38}$$

und ebenso

$$\tau_k=\frac{l_{ki}}{6EJ_{ki}}(2M_{ki}-M_{ik})+\frac{A_{ki}}{EJ_{ki}},$$

wenn man i und k vertauscht; natürlich ist $l_{ik}=l_{ki}$ und $J_{ik}=J_{ki}$. Der Wechsel in der positiven Richtung von A_{ki} im Vergleich zu A_{ik} möge dabei nicht übersehen werden.

Aus den beiden Gleichungen kann M_{ik} durch τ_i und τ_k ausgedrückt werden; man erhält

$$M_{ik}=\frac{6EJ_{ik}}{3l_{ik}}(2\tau_i+\tau_k)-\frac{6}{3l_{ik}}(2A_{ik}+A_{ki})$$

oder wenn hierin

$$EJ_0\tau_i=t_i \qquad EJ_0\tau_k=t_k$$
$$\frac{6J_{ik}}{l_{ik}J_0}=\psi_{ik},\quad \frac{6A_{ik}}{l_{ik}}=Q_{ik} \text{ und } \frac{6A_{ki}}{l_{ik}}=Q_{ki} \tag{82, 39}$$

gesetzt wird,

$$M_{ik}=\frac{1}{3}\psi_{ik}(2t_i+t_k)-\frac{1}{3}(2Q_{ik}+Q_{ki}) \tag{82, 40a}$$

und durch Vertauschung von i mit k

$$M_{ki}=\frac{1}{3}\psi_{ki}(2t_k+t_i)-\frac{1}{3}(2Q_{ki}+Q_{ik}). \tag{82, 40b}$$

Dabei ist

$$\psi_{ik}=\psi_{ki}$$

Entsprechend der Gl. $\sum_k M_{ik}=0$ ergibt also jeder Knoten i eine Gleichung von der Form

$$\sum_k\psi_{ik}(2t_i+t_k)-\sum_k(2Q_{ik}+Q_{ki})=0$$

oder

$$\sum_k\psi_{ik}t_k+2t_i\sum_k\psi_{ik}-\sum_k(2Q_{ik}+Q_{ki})=0\ [1] \tag{82, 41}$$

und man erhält also ebensoviel Gleichungen als Unbekannte.

---

[1] Die Summen erstrecken sich, wie stets im folgenden, über alle von dem Knoten i ausgehenden Stäbe $i-k$.

Eine besondere Betrachtung ist nur für Knoten notwendig, bei welchen ein Stab zu einem Randknoten führt. Wenn der vom Knoten i abzweigende Stab $i - j$ im Knoten j eingespannt ist, dann ist $t_j = 0$ und in der Summe $\sum\limits_k \psi_{ik} t_k$ entfällt das Glied mit t_j. Ist dieser Stab aber im Knoten j gelenkig gelagert, so muß das Moment M_{ji} verschwinden, d. h. es muß

$$\psi_{ji}(2\,t_j + t_i) - (2\,Q_{ji} + Q_{ij}) = 0 \qquad (82, 42)$$

sein, so daß sich hieraus der Wert

$$t_j = -\frac{1}{2} t_i + \frac{1}{\psi_{ji}}\left(Q_{ji} + \frac{1}{2} Q_{ij}\right)$$

ergibt. Multipliziert man die Gl. (82, 42) mit $\frac{1}{2}$ und subtrahiert sie von (82, 41), so findet man mit $\psi_{ji} = \psi_{ij}$

$$\sum_k \psi_{ik} t_k - \psi_{ij} t_j + 2\,t_i\left(\sum_k \psi_{ik} - \frac{\psi_{ij}}{4}\right) - \sum_k (2\,Q_{ik} + Q_{ki}) + Q_{ji} + \frac{1}{2} Q_{ij} = 0.$$

Als ein einfaches Beispiel behandeln wir das in Abb. 165 dargestellte System, welches aus r biegungssteifen Stäben besteht, die an einem Ende k eingespannt, am anderen Ende in einem Knoten i biegungssteif miteinander verbunden sind. Belastet werde dieses Tragwerk durch ein im Knoten i angreifendes Moment T, welches im Uhrzeigersinn dreht. Es ist 3 $(r - 1)$-fach statisch unbestimmt und wenn wir Kräfte als statisch unbestimmte Größen wählen würden, erhielten wir $3(r - 1)$ Gleichungen mit ebensoviel Unbekannten, deren Bestimmung bereits eine ziemliche Rechenarbeit verursachen würde.

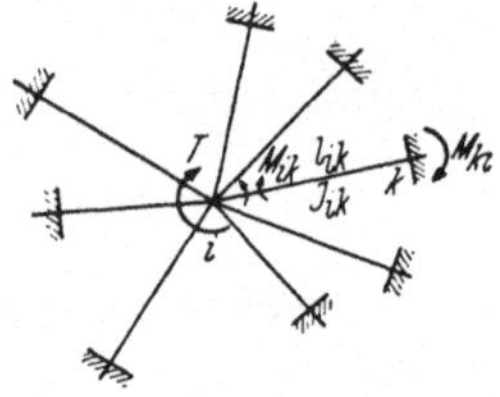

Abb. 165.

Infolge der Einspannung sind in dem vorliegenden Falle alle $t_k = 0$ und ebenso verschwinden auch, da die Stäbe unbelastet sind, die Q_{ik} und Q_{ki}. Wir erhalten also für die Momente M_{ik} an den Stabenden i nach Gl. (82, 40a)

$$M_{ik} = \frac{1}{3} \psi_{ik} \cdot 2\,t_i$$

und für die Momente M_{ki} an den Einspannstellen k aus Gl. (82, 40b)

$$M_{ki} = \frac{1}{3} \psi_{ki} t_i.$$

Die Summe aller M_{ik} muß dem angreifenden Moment T gleich sein und daraus ergibt sich die Gl.

$$\sum_k M_{ik} = \frac{1}{3} \sum_k \psi_{ik}\, 2\,t_i = \frac{2}{3} t_i \sum_k \psi_{ik} = T$$

und somit

$$t_i = \frac{T}{\frac{2}{3}\sum\limits_k \psi_{ik}}.$$

Damit wird

$$M_{ik} = \frac{\psi_{ik}}{\sum\limits_k \psi_{ik}} T,$$

d. h. das Moment T verteilt sich im Verhältnis der ψ_{ik}, also der Größen $\frac{J_{ik}}{l_{ik}}$ auf die einzelnen Stäbe. Die Einspannmomente M_{ki} betragen die Hälfte der M_{ik}; man darf nicht übersehen, daß die M_{ki}, für die sich positive Werte ergeben, die Stäbe im umgekehrten Sinn verbiegen wie die M_{ik}, also sonst als negativ bezeichnet werden.

c) *Ein Näherungsverfahren zur Ermittlung der t_i.* Das Gleichungssystem (82, 41), das wir für die t_i abgeleitet haben,

$$\sum_k \psi_{ik}\, t_k + 2\, t_i \sum_k \psi_{ik} - \sum_k (2\, Q_{ik} + Q_{ki}) = 0 \quad (i = 1, 2 \ldots r)$$

erlaubt ein Näherungsverfahren zur Lösung zu verwenden, welches von Cross herrührt und das wir mit einer vereinfachenden Abänderung im folgenden wiedergeben wollen. Aus der angegebenen Gleichung folgt

$$t_i = -\frac{\sum\limits_k \psi_{ik}\, t_k}{2\sum\limits_k \psi_{ik}} + \frac{\sum\limits_k (2\, Q_{ik} + Q_{ki})}{2\sum\limits_k \psi_{ik}} = -\sum_k a_{ik}\, t_k + t_i^{(0)},$$

wobei also

$$\frac{\psi_{ik}}{2\sum\limits_k \psi_{ik}} = a_{ik} \text{ und}$$

$$\frac{\sum\limits_k (2\, Q_{ik} + Q_{ki})}{2\sum\limits_k \psi_{ik}} = t_i^{(0)} \tag{82, 43}$$

gesetzt wurde. Es ist wesentlich, daß daher $\sum\limits_k a_{ik} \lessgtr \frac{1}{2}$ ist, auch dann, wenn Stäbe, die zu Randknoten führen, vorhanden sind.

Wir bestimmen nun eine Näherungsfolge $t_i^{(1)}, t_i^{(2)} \ldots t_i^{(n)}$, indem wir

$$t_i^{(n)} = -\sum_k a_{ik} \,.\, t_k^{(n-1)} + \frac{\sum\limits_k (2\, Q_{ik} + Q_{ki})}{2\sum\limits_k \psi_{ik}} \tag{82, 44}$$

setzen. Bei der praktischen Rechnung wird einfacher die Korrektur der n^{ten} Näherung

$$\Delta t_i^{(n)} = t_i^{(n)} - t_i^{(n-1)} = -\sum_k a_{ik} \cdot \Delta t_k^{(n-1)}$$

berechnet, wobei, wenn wir den beliebigen Anfangswert mit

$$\Delta t_i^{(1)} = t_i^{(0)} = \frac{\sum_k (2\,Q_{ik} + Q_{ki})}{2 \sum_k \psi_{ik}} \qquad (82, 45)$$

annehmen, sich

$$t_i^{(n)} = \sum_{\varrho=1}^{\varrho=n-1} \Delta t_i^{(\varrho)}$$

ergibt.

Ist $t_i^{(n)}$ bei entsprechend großem n hinreichend genau bestimmt, so erhält man die Momente in den Knoten entsprechend Gl. (82, 40a)

$$M_{ik}^{(n)} = \frac{1}{3} [\psi_{ik} (2\,t_i^{(n)} + t_k^{(n)}) - (2\,Q_{ik} + Q_{ki})]. \qquad (82, 46)$$

Es ist nun noch der Beweis zu erbringen, daß dieses Verfahren tatsächlich zu den richtigen Werten t_i führt, daß also

$$\lim_{n \to \infty} t_i^{(n)} = t_i$$

wird. Subtrahieren wir von der Gleichung

$$t_i = -\sum_k a_{ik}\, t_k + \frac{\sum_k (2\,Q_{ik} + Q_{ki})}{2 \sum_k \psi_{ik}}$$

die Gleichung

$$t_i^{(n)} = -\sum_k a_{ik}\, t_k^{(n-1)} + \frac{\sum_k (2\,Q_{ik} + Q_{ki})}{2 \sum_k \psi_{ik}},$$

so erhält man mit

$$t_i - t_i^{(n)} = z_i^{(n)}$$

den Fehler der n^{ten} Näherung

$$z_i^{(n)} = -\sum_k a_{ik}\, z_k^{(n-1)}$$

und wenn

$$\lim_{n \to \infty} t_i^{(n)} = t_i$$

werden soll, muß

$$\lim_{n \to \infty} z_i^{(n)} = 0$$

sein.

Wir erhalten also mit beliebig angenommenen Werten $z_i^{(0)}$

$$z_i^{(1)} = -\sum_k a_{ik}\, z_k^{(0)}$$

$$z_i^{(2)} = -\sum_k a_{ik}\, z_k^{(1)} = \sum_k a_{ik} \sum_j a_{kj}\, z_j^{(0)} = \sum_j a_{ij}^{(2)}\, z_j^{(0)}$$

$$z_i^{(3)} = -\sum_k a_{ik}\, z_k^{(2)} = -\sum_k a_{ik} \sum_j a_{kj}^{(2)}\, z_j^{(0)} = \sum_j a_{ij}^{(3)}\, z_j^{(0)}$$

$$\cdots\cdots\cdots\cdots\cdots\cdots\cdots$$

$$z_j^{(n)} = \sum_k a_{ij}^{(n)}\, z_j^{(0)},$$

wobei
$$a_{ij}^{(n)} = (-1)^n \sum_k a_{ik}\, a_{kj}^{(n-1)}.$$

Es ist nun zu zeigen, daß $a_{ij}^{(n)}$ mit wachsendem n gegen Null abnimmt. Bedeutet $A_j^{(n-1)}$ das größte $|a_{kj}^{(n-1)}|$ unter den Werten $|a_{1j}^{(n-1)}|$, $|a_{2j}^{(n-1)}|$ ... $|a_{rj}^{(n-1)}|$, so ist, weil nach früherem stets $\sum_k a_{ik} \leq \frac{1}{2}$

$$|a_{ij}^{(n)}| \leq A_j^{(n-1)} \sum_k a_{ik} \leq \frac{1}{2}\, A_j^{(n-1)}$$

und es gilt also auch für das größte $|a_{ij}^{(n)}| = A_i^{(n)}$ unter den Werten $|a_{1j}^{(n)}|$, $a_{2j}^{(n)}|$, ... $|a_{rj}^{(n)}|$

$$A_j^{(n)} \leq \frac{1}{2} \cdot A_j^{(n-1)}$$

und ebenso
$$A_j^{(n-1)} \leq \frac{1}{2} \cdot A_j^{(n-2)}$$

$$\cdots\cdots\cdots$$

$$A_j^{(2)} \leq \frac{1}{2} \cdot A_j^{(1)},$$

wobei $A_j = A_j^{(1)}$ den größten Wert der $|a_{ij}|$ unter den $|a_{1j}|$, $|a_{2j}|$ ... $|a_{rj}|$ vorstellt. So erhält man

$$A_j^{(n-1)} \leq \left(\frac{1}{2}\right)^{(n-2)} . A_j^{(1)}$$

und weil $\left(\frac{1}{2}\right)^{(n-2)}$ für ein hinreichend großes n beliebig klein gemacht werden kann, wird also $A_j^{(n-1)}$ und ebenso auch $A_j^{(n)}$ mit wachsendem n gegen Null abnehmen. Mithin nimmt auch

$$z_i^{(n)} = \sum_k a_{ik}^{(n)}\, z_k^{(0)} \leq A_k^{(n)} \sum_k z_k^{(0)}$$

für ein gegen Unendlich strebendes n den Wert Null an und damit ist der Beweis erbracht, daß das angegebene Näherungsverfahren stets gegen die richtige Lösung konvergieren wird.

Die Durchführung der Rechnung wird an dem Stockwerksrahmen in Stahlbeton (Abb. 166) gezeigt. Stablängen und Stabquerschnitte (Höhen) sind dieser Abbildung zu entnehmen. Die Ermittlung der ψ_{ik} und a_{ik} ist in Tab. 36 vorgenommen; dabei ist $\frac{6}{J_0} = \frac{12}{b}$ gewählt, so daß sich nach Gl. (82, 39)

$$\psi_{ik} = \frac{h_{ik}^3}{l_{ik}}$$

und damit a_{ik} nach Gl. (82, 43) ergibt.

Tabelle 36.

$i - k$	l_{ik}	h_{ik}	b_{ik}	ψ_{ik}	$- a_{ik}$
			Knoten 1		
1 — 2	5,00	0,45	0,40	0,018	— 0,5000
				0,018	— 0,5000
			Knoten 2		
2 — 1	5,00	0,45	0,40	0,018	— 0,1475
2 — 3	8,00	0,60	0,40	0,027	— 0,2213
2 — 4	4,00	0,40	0,40	0,016	— 0,1312
				0,061	— 0,5000
			Knoten 3		
3 — 2	8,00	0,60	0,40	0,027	— 0,3140
3 — 6	4,00	0,40	0,40	0,016	— 0,1860
				0,043	— 0,5000
			Knoten 4		
4 — 2	4,00	0,40	0,40	0,016	— 0,0662
4 — 5	5,00	0,50	0,40	0,025	— 0,1033
4 — 6	8,00	0,80	0,40	0,064	— 0,2643
4 — 7	4,00	0,40	0,40	0,016	— 0,0662
				0,121	— 0,5000
			Knoten 5		
5 — 4	5,00	0,50	0,40	0,025	— 0,5000
				0,025	— 0,5000
			Knoten 6		
6 — 3	4,00	0,40	0,40	0,016	— 0,0833
6 — 4	8,00	0,80	0,40	0,064	— 0,3333
6 — 8	4,00	0,40	0,40	0,016	— 0,0833
				0,096	— 0,5000

Die Werte von ψ_{ik} und $\sum \psi_{ik}$ sind in der Abb. 166b eingetragen; in der Abb. 166c sind die a_{ik} jeweils zu den zugehörigen Stabenden angeschrieben. Endlich sind in Abb. 166d die Belastung und die Q_{ik} ersichtlich. Für eine gleichmäßig verteilte Belastung von $4\,t/m$ des Stabes 1 — 2 ergibt sich

$$Q_{12} = -Q_{21} = \frac{1}{4} q l^2 = \frac{4 \cdot 5^2}{4} = 25 \text{ tm}$$

und von 2 t/m des Stabes 4 — 6

$$Q_{46} = -Q_{64} = \frac{1}{4} \cdot 2 \cdot 8^2 = 32 \text{ tm}.$$

Alle anderen Q_{ik} sind Null.

Mit diesen Werten von Q erhält man die nachstehenden Werte für die $t_i^{(0)}$ nach Gl. (82, 43)

$$t_1^{(0)} = \frac{2 \cdot 25 - 25}{2 \cdot 0{,}018} = +694{,}4$$

$$t_2^{(0)} = \frac{-2 \cdot 25 + 25}{2 \cdot 0{,}061} = -204{,}9$$

$$t_4^{(0)} = \frac{2 \cdot 32 - 32}{2 \cdot 0{,}121} = +132{,}2$$

$$t_6^{(0)} = \frac{-2 \cdot 32 + 32}{2 \cdot 0{,}096} = -166{,}7.$$

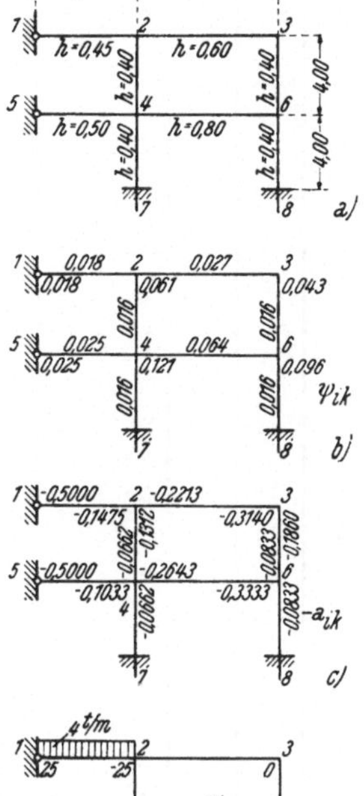

Abb. 166.

Die Verbesserung dieser Werte $t_i^{(0)}$ ist entsprechend den Gl. (82, 45) in Tab. 37 vorgenommen. Es ist nicht notwendig, diese Gleichungen anzuschreiben; ein Blick auf die Abb. 166c gibt über den Gang der Rechnung Aufschluß. Die Stäbe 4 — 7 und 6 — 8, die zu den Randknoten 7 und 8 führen, können weggelassen werden, weil die Randknoten 7 und 8 eingespannt sind. An Stelle der Tabelle kann man auch die einzelnen Verbesserungen $\Delta t_i^{(n)}$ in dieser Systemskizze zu den Knoten schreiben. Um die nächste Verbesserung zu finden, sind die bei den Enden der vom Knoten i weggehenden Stäbe angeschriebenen a_{ik} mit den am anderen Stabende, das ist also beim Knoten k angeschriebenen $\Delta t_k^{(n)}$ zu multiplizieren und die so erhaltenen Produkte addiert ergibt dann gemäß der Gl. (82, 45) den Wert $\Delta t_i^{(n+1)}$. Diese Rechnung ist in der folgenden Tabelle bis zur vierten Verbesserung durchgeführt.

Die Konvergenz ist in dem vorliegenden Beispiel nicht besonders gut, genügt aber im allgemeinen den praktischen Erfordernissen. Selbstverständlich kann man die Genauigkeit durch weitere Iterationen erhöhen; doch führt die folgende Abschätzung rascher zum Ziele. Wie die Werte von $\Delta t_i^{(n)}$ zeigen, ergibt sich in diesem Beispiel für $\frac{\Delta t_i^{(n+1)}}{\Delta t_i^{(n)}}$ ungefähr $\frac{1}{2}$, so daß man also für die auf $\Delta t_i^{(n)}$ folgenden Verbesserungen $\Delta t_i^{(n)} \left(\frac{1}{2} + \frac{1}{4} + \frac{1}{8} + \dots \right) = \Delta t_i^{(n)}$ setzen kann. Man hat also als

Tabelle 37.

$i - k$	$-a_{ik}$	$t_i^{(0)}$	$t_k^{(0)}$	$-a_{ik}\,t_k^{(0)}$	$\Delta t_k^{(1)}$	$-a_{ik}\Delta t_k^{(1)}$	$\Delta t_k^{(2)}$	$-a_{ik}\Delta t_k^{(2)}$	$\Delta t_k^{(3)}$	$-a_{ik}\Delta t_k^{(3)}$
1 — 2	— 0,5000		— 204,9	+ 102,5	— 119,7	+ 59,9	— 43,9	+ 22,0	— 22,4	+ 11,2
	$t_1^{(0)} =$	+ 694,4	$\Delta t_1^{(1)} =$	+ 102,5	$\Delta t_1^{(2)} =$	+ 59,5	$\Delta t_1^{(3)} =$	+ 22,0	$\Delta t_1^{(4)} =$	+ 11,2
2 — 1	— 0,1475		+ 694,4	— 102,4	+ 102,5	— 15,2	+ 59,9	— 8,8	+ 22,0	— 3,2
2 — 3	— 0,2213		0	0	+ 95,3	— 21,1	+ 45,8	— 10,1	+ 18,8	— 4,1
2 — 4	— 0,1312		+ 132,2	— 17,3	+ 57,7	— 7,6	+ 26,3	— 3,5	+ 13,1	— 1,7
	$t_2^{(0)} =$	— 204,9	$\Delta t_2^{(1)} =$	— 119,7	$\Delta t_2^{(2)} =$	— 43,9	$\Delta t_2^{(3)} =$	— 22,4	$\Delta t_2^{(4)} =$	— 9,0
3 — 2	— 0,3140		— 204,9	+ 64,3	— 119,7	+ 37,6	— 43,9	+ 13,8	— 22,4	+ 7,0
3 — 6	— 0,1860		— 166,7	+ 31,0	— 44,1	+ 8,2	— 27,1	+ 5,0	— 12,6	+ 2,3
	$t_3^{(0)} =$	0	$\Delta t_3^{(1)} =$	+ 95,3	$\Delta t_3^{(2)} =$	+ 45,8	$\Delta t_3^{(3)} =$	+ 18,8	$\Delta t_3^{(4)} =$	+ 9,3
4 — 2	— 0,0662		— 204,9	+ 13,6	— 119,7	+ 7,9	— 43,9	+ 2,9	— 22,4	+ 1,5
4 — 5	— 0,1033		0	0	— 66,1	+ 6,8	— 28,9	+ 3,0	— 13,2	+ 1,4
4 — 6	— 0,2643		— 166,7	+ 44,1	— 44,1	+ 11,6	— 27,1	+ 7,2	— 12,6	+ 3,3
	$t_4^{(0)} =$	+ 132,2	$\Delta t_4^{(1)} =$	+ 57,7	$\Delta t_4^{(2)} =$	+ 26,3	$\Delta t_4^{(3)} =$	+ 13,1	$\Delta t_4^{(4)} =$	+ 6,2
5 — 4	— 0,5000		+ 132,2	— 66,1	+ 57,7	— 28,9	+ 26,3	— 13,2	+ 13,1	— 6,6
	$t_5^{(0)} =$	0	$\Delta t_5^{(1)} =$	— 66,1	$\Delta t_5^{(2)} =$	— 28,9	$\Delta t_5^{(3)} =$	— 13,2	$\Delta t_5^{(4)} =$	— 6,6
6 — 3	— 0,0833		0	0	+ 95,3	— 7,9	+ 45,8	— 3,8	+ 18,8	— 1,6
6 — 4	— 0,3333		+ 132,2	— 44,1	+ 57,7	— 19,2	+ 26,3	— 8,8	+ 13,1	— 4,4
	$t_6^{(0)} =$	— 166,7	$\Delta t_6^{(1)} =$	— 44,1	$\Delta t_6^{(2)} =$	— 27,1	$\Delta t_6^{(3)} =$	— 12,6	$\Delta t_6^{(4)} =$	— 6,0

Verbesserung nochmals das letzte $\Delta t_i^{(n)}$ hinzuzufügen, um genauere Werte zu gewinnen. Damit erhält man

Tabelle 38.

i	1	2	3	4	5	6
$t_i^{(0)}$	+ 694,4	— 204,9	0	+ 132,2	0	— 166,7
$\Delta t_i^{(1)}$	+ 102,5	— 119,7	+ 95,3	+ 57,7	— 66,1	— 44,1
$\Delta t_i^{(2)}$	+ 59,9	— 43,9	+ 45,8	+ 26,3	— 28,9	— 27,1
$\Delta t_i^{(3)}$	+ 22,0	— 22,4	+ 18,8	+ 13,1	— 13,2	— 12,6
$\Delta t_i^{(4)}$	+ 11,2	— 9,0	+ 9,3	+ 6,2	— 6,6	— 6,0
	+ 890,0	— 399,9	+ 169,2	+ 235,5	— 114,8	— 256,5
$\Delta t_i^{(4)}$	+ 11,2	— 9,0	+ 9,3	+ 6,2	— 6,6	— 6,0
t_i	+ 901,2	— 408,9	+ 178,5	+ 241,7	— 121,4	— 262,5

Will man, was aber bei praktischen Berechnungen nicht notwendig ist, die Lösungen noch genauer bestimmen, so kann man jetzt mit diesen Werten gemäß Gl. (82, 44) unter Beachtung von Gl. (82, 43) eine nochmalige Verbesserung vornehmen, wie dies im folgenden geschieht:

Tabelle 39.

$i - k$	$-a_{ik}$	$t_i^{(0)}$	$t_i^{(n-1)}$	$t_k^{(n-1)}$	$-a_{ik}t_k^{(n-1)}$
1 — 2	— 0,5000	+ 694,4	+ 901	— 409	+ 204,5
				$t_1^{(0)} =$	+ 694,4
				$t_1^{(n)} =$	+ 898,9
2 — 1	— 0,1475			+ 901	— 132,9
2 — 3	— 0,2213			+ 179	— 39,6
2 — 4	— 0,1312			+ 242	— 31,8
		— 204,9	— 409	$t_2^{(0)} =$	— 204,9
				$t_2^{(n)} =$	— 409,2
3 — 2	— 0,3140			— 409	+ 128,4
3 — 6	— 0,1860			— 262	+ 48,9
		0	+ 179	$t_3^{(0)} =$	+ 0,0
				$t_3^{(n)} =$	+ 177,3
4 — 2	— 0,0662			— 409	+ 27,1
4 — 5	— 0,1033			— 121	+ 12,5
4 — 6	— 0,2643			— 262	+ 69,5
		+ 132,2	+ 242	$t_4^{(0)} =$	+ 132,2
				$t_4^{(n)} =$	+ 241,3
5 — 4	— 0,5000			+ 242	— 121,5
		0	— 121	$t_5^{(0)} =$	0
				$t_5^{(n)} =$	— 121,5
6 — 3	— 0,0833			+ 179	— 14,9
6 — 4	— 0,3333	— 166,7	— 263	+ 242	— 80,7
				$t_6^{(0)} =$	— 166,7
				$t_6^{(n)} =$	— 262,3

Endlich bestimmen wir die M_{ik} (in tm) nach der Gl. (82, 46), wie dies in Tab. 40 zusammengestellt ist.

Tabelle 40.

$i - k$	$-(2Q_{ki} + Q_{ki}) = Q_{ik}$	$2t_i$	t_k	$2t_i + t_k$	ψ_{ik}	$\psi_{ik}(2t_i + t_k)$	$3M_{ik}$	M_{ik}
1 — 2	— 25,0	+ 1798	— 409	+ 1389	0,018	+ 25,000	0	0
								0
2 — 1	+ 25,0	— 818	+ 899	+ 81	0,018	+ 1,46	+ 26,46	+ 8,82
2 — 3	0	— 818	+ 177	— 641	0,027	— 17,31	— 17,31	— 5,77
2 — 4	0	— 818	+ 241	— 577	0,016	— 9,23	— 9,23	— 3,08
								— 0,03
3 — 2	0	+ 354	— 409	— 55	0,027	— 1,49	— 1,49	— 0,50
3 — 6	0	+ 354	— 262	+ 92	0,016	+ 1,47	+ 1,47	+ 0,49
								— 0,01
4 — 2	0	+ 482	— 409	+ 73	0,016	+ 1,17	+ 1,17	+ 0,39
4 — 5	0	+ 482	— 121	+ 361	0,025	+ 9,03	+ 9,03	+ 3,01
4 — 6	— 32,0	+ 482	— 262	+ 220	0,064	+ 14,08	— 17,92	— 5,97
4 — 7	0	+ 482	0	+ 482	0,016	+ 7,71	+ 7,71	+ 2,57
								0,00
5 — 4	0	— 242	+ 241	— 1	0,025	+ 0,025	+ 0,025	+ 0,01
								+ 0,01
6 — 3	0	— 524	+ 177	— 347	0,016	— 5,55	— 5,55	— 1,85
6 — 4	— 32,0	— 524	+ 241	— 283	0,064	— 18,11	+ 13,89	+ 4,63
6 — 8	0	— 524	0	— 524	0,016	— 8,38	— 8,38	— 2,79
								— 0,01

In der letzten Spalte ist zur Beurteilung der Genauigkeit der Rechnung die Summe der Momente M_{ik} jedes Knotens, die gleich Null sein soll, angegeben.

83. Die Bemessung statisch unbestimmter Tragwerke. Der Zweck der Berechnung von Tragwerken ist letzten Endes entweder der Nachweis, daß die einzelnen Teile desselben ausreichend bemessen sind oder die Bemessung derselben überhaupt. Die erste Aufgabe bereitet auch bei statisch unbestimmten Systemen keine Schwierigkeiten; für die Bemessung der Teile statisch unbestimmter Tragwerke ist es aber notwendig, zunächst irgendwelche Annahmen über die Querschnitte zu treffen und dann einen Spannungsnachweis zu führen; denn die auftretenden inneren Kräfte hängen ja, wie die Ermittlung derselben gezeigt hat, von den Querschnitten ab. Zumeist fällt der Spannungsnachweis unbefriedigend aus und dann wird eine Wiederholung der Rechnung mit geänderten Querschnitten notwendig, bis das Ergebnis zufriedenstellend ist.

Wir wollen uns im folgenden mit dieser Frage befassen, beschränken uns hiebei aber auf statisch unbestimmte Fachwerke, weil die Verhältnisse bei diesen übersichtlicher wie bei Systemen aus biegungssteifen Stäben sind.

a) Zuerst legen wir uns die Frage vor, welchen Einfluß die Änderung der Fläche eines Stabes auf die in ihm auftretende Stabkraft besitzt. Handelt es sich dabei um einen notwendigen Stab, der also nicht als überzählig gewählt werden kann, ohne daß das Fachwerk verschieblich wird, so ist die Aufgabe offensichtlich trivial. Bei einem nicht notwendigen Stab liegen die Verhältnisse aber nicht so einfach, da durch eine Querschnittsänderung die statisch unbestimmten Größen und damit auch die in ihm auftretende Stabkraft geändert wird. Wir betrachten nun den Stab, dessen Fläche geändert wird, als überzählig, benützen also ein $(n - 1)$-fach statisch unbestimmtes System mit der Stabkraft dieses Stabes als statisch unbestimmter Größe X_{aP}. Wir erhalten für dieselbe nach Gl. (80, 28)

$$X_{aP} = -\frac{\delta_{aP\,n-1}}{\delta_{aa\,n-1}} = -\frac{\sum\limits_{p} S_{pP\,n-1} S_{pa\,n-1} \cdot \varrho_p}{\sum\limits_{p} S_{pa\,n-1}{}^2 \cdot \varrho_p}\,; \quad \varrho_p = \frac{s_p F_0}{F_p}\,.$$

Dabei kommt in dem Zähler kein Summand vor, der die Fläche F_a des betrachteten Stabes enthält, weil $S_{aP\,n-1} = 0$ ist. Wir haben daher den Zähler, den wir im folgenden kurz mit Z bezeichnen wollen, als unabhängig von F_a zu betrachten. In der Summe, die den Nenner bildet, kommt ein Summand vor, der die Fläche F_a enthält, und zwar lautet derselbe $\left(\text{wegen } \varrho_a = \frac{s_a F_0}{F_a} \text{ und } S_{pa\,n-1} = 1\right) \frac{s_a F_0}{F_a}$. Mithin kann der Nenner in der Form

$$N + \frac{s_a F_0}{F_a}$$

geschrieben werden und es ist also

$$X_{aP} = -\frac{Z}{N + \frac{s_a F_0}{F_a}}\,.$$

Man sieht daraus, daß eine Vergrößerung der Fläche eines Stabes die Stabkraft ihrem absoluten Betrage nach stets vergrößert. Man erhält die kleinste Stabkraft, nämlich Null, wenn man $F_a = 0$ macht, also den Stab überhaupt wegläßt und die größte, wenn man $F_a \to \infty$ wählt; in diesem Falle tritt die größte überhaupt mögliche Stabkraft $X_{aP} = -\frac{Z}{N}$ auf.

Anders verhält es sich mit der Spannung $\sigma_{aPn} = \frac{X_{aP}}{F_a} = -\frac{Z}{NF_a + s_a F_0}$. Hier bedingt eine Vergrößerung der Fläche eine Abnahme der Spannung und man sieht, daß der Fläche $F_a = 0$ die Spannung $\sigma_{aPn} = \frac{Z}{\varepsilon_a F_0}$ entspricht, während $F_a \to \infty$ die Spannung Null ergibt.

b) Nun wollen wir uns mit der Aufgabe befassen, ein statisch unbestimmtes Fachwerk so zu dimensionieren, daß wenn möglich in allen Stäben vorgegebene zulässige Spannungen k_{pPn} auftreten. Wir schreiben hiezu die Elastizitätsgleichungen in der Form[1]

$$\sum_{p=1}^{r} S_{pj}\, S_{pPn}\, \varrho_p = \sum_{p=1}^{r} S_{pj}\, S_{pPn} \frac{s_p F_0}{F_p} = 0 \quad (j = 1, 2 \ldots n)$$

an. Es sind dies gerade n Gleichungen, in denen aber alle unbekannten Stabkräfte S_{pPn} und unbekannten Flächen F_p, also bei r Stäben überhaupt, aus denen das Fachwerk bestehen soll, $2r$ Unbekannte vorkommen. r weitere Gleichungen erhalten wir in der Form

$$\frac{S_{pPn}}{F_p} = k_{pPn} \quad (p = 1, 2 \ldots r),$$

[1] Diese Form folgt aus den Elastizitätsgleichungen

$$\sum_{k=1}^{n} \delta_{jk}\, X_{kP} + \delta_{jP} = 0 \quad (j = 1, 2, \ldots n),$$

wenn man für

$$\delta_{jk} = \sum_{p=1}^{r} S_{pj}\, S_{pk}\, \varrho_p$$

und für

$$\delta_{jP} = \sum_{p=1}^{r} S_{pj}\, S_{pP}\, \varrho_p$$

einsetzt. Dann erhält man

$$\sum_{k} \sum_{p} S_{pj}\, S_{pk}\, \varrho_p\, X_{kP} + \sum_{p} S_{pj}\, S_{pP}\, \varrho_p = 0.$$

Vertauscht man die Summationsfolge

$$\sum_{p} S_{pj}\, \varrho_p \left(\sum_{k} S_{pk}\, X_{kP} + S_{pP} \right) = 0,$$

so folgt wegen

$$\sum_{k} S_{pk}\, X_{kP} + S_{pP} = S_{pPn}$$

die obige Gleichung.

wobei die k_{pPn} die vorgegebenen Spannungen sind und endlich stehen uns noch die Gleichungen

$$S_{pPn}=S_{pP}+\sum_{j=1}^{n} S_{pj}\, S_{jPn} \quad (p=n+1, \ldots r)$$

zur Verfügung, wobei wir einheitlich $X_{jP}=S_{jPn}$ gesetzt haben. Dies sind ursprünglich ebenfalls r Gleichungen, nur gehen sie für $p=j$, also für die überzähligen Stäbe in Identitäten über. Bei einem n-fach statisch unbestimmten Fachwerk gibt es also n solcher Identitäten und die letzte Gleichungsgruppe enthält also nur $r-n$ nicht identische Gleichungen. Insgesamt stehen also $n+r+r-n=2r$ Gleichungen mit ebensoviel Unbekannten zur Verfügung. Das Gleichungssystem ist aber nicht linear.

Setzt man die Gleichungen des zweiten Gleichungssystems in jene des ersten ein, so erhält man

$$\sum_{p=1}^{r} S_{pj}\, k_{pPn}\, s_p=0 \quad (j=1, 2 \ldots n)$$

und daraus ist ersichtlich, daß die k_{pPn} nicht willkürlich vorgegeben werden können, sondern daß n Werte diesen n Gleichungen entsprechend gewählt werden müssen. Es ist also im allgemeinen nicht möglich, ein statisch unbestimmtes Fachwerk so zu bemessen, daß in allen Stäben eine bestimmte, etwa die zulässige Spannung auftritt. Sind also die k_{pPn} so vorgegeben, daß sie die Gleichungen $\sum\limits_{p} S_{pj}\, k_{pPn}\, s_p=0$ befriedigen, so verbleibt noch das Gleichungssystem

$$\frac{S_{pPn}}{F_p}=k_{pPn}$$

und

$$S_{pPn}=S_{pP}+\sum_{p} S_{pj}\, S_{jPn}$$

zu lösen übrig, das aber um n Unbekannte mehr enthält als Gleichungen zur Verfügung stehen. Es können also n Werte der F_p oder der S_{pPn} angenommen werden; dann können die übrigen unbekannten F_p und S_{pPn} bestimmt werden.

Es ist allerdings noch auf einen Umstand hinzuweisen, der die Behandlung dieses Problems sehr erschwert. Es besteht die Forderung, daß die F_p selbstverständlich positiv sein, oder, was dasselbe ist, daß S_{pPn} und k_{pPn} gleiches Vorzeichen besitzen müssen. Bei einer ungeschickten Wahl der vorgegebenen Spannungen wird dies aber nicht der Fall sein. Wenn z. B. bei dem Fachwerk in Abb. 146 für einen Stab, der bei der eingetragenen Belastung unbedingt eine Zugspannung erhält, eine Druckspannung k_{pPn} vorgeschrieben wird, so wird diese negative

Spannung eine negative Fläche als Lösung bedingen und dies ist widersinnig. Es tritt also als weitere Forderung noch hinzu, daß nur solche Werte von Spannungen k_{pPn} zugelassen sind, die positive F_p ergeben.

c) In der Praxis pflegt man bei der Bemessung eines statisch unbestimmten Systems, wie schon erwähnt, so vorzugehen, daß man zunächst irgendwelche Annahmen für die Querschnitte trifft oder, was auf dasselbe hinauskommt, die Verhältnisse $\frac{F_p}{F_0}$ annimmt, wobei F_0 eine beliebig gewählte Vergleichsfläche bedeutet; dann berechnet man die inneren Kräfte und ändert nun entsprechend denselben die Querschnitte so, daß die zulässigen Spannungen erreicht werden. Man wiederholt die Rechnung mit diesen neuen Querschnitten und kontrolliert die auftretenden Spannungen. Bei einem Fachwerk beginnt man also mit den angenommenen Flächen $F_p^{(0)}$, berechnet die Stabkräfte $S_{pPn}^{(0)}$ und wiederholt dann die Rechnung mit den neuen Flächen $F_p^{(1)} = \frac{S_{pPn}^{(0)}}{k_{pPn}}$. Es besteht nun folgende Alternative: *entweder genügen die gegebenen* k_{pPn} *nicht den Bedingungen* $\sum_p k_{pPn} S_{pj} s_p = 0$, *dann werden die neuen Flächen auch nicht der verlangten Beziehung*

$$k_{pPn} = \frac{S_{pPn}^{(1)}}{F_p^{(1)}}$$

genügen und wir werden unsere Aufgabe auch nicht durch eine nochmalige Wiederholung der Rechnung lösen können, da, wie wir sahen, es in diesem Falle überhaupt keine Lösung gibt; oder aber die k_{pPn} *haben von vornherein die Bedingung* $\sum_p k_{pPn} S_{pj} s_p = 0$ *erfüllt; dann werden die* $F_p^{(1)}$ *bereits die Bedingung erfüllen, daß* $k_{pPn} = \frac{S_{pPn}^{(1)}}{F_p^{(1)}}$ *ist und eine weitere Wiederholung der Rechnung ist überflüssig.* Die $S_{pPn}^{(1)}$ bedeuten dabei die Stabkräfte, welche bei den Flächen $F_p^{(1)}$ auftreten.

Der zweite Teil dieser Behauptung kann wie folgt bewiesen werden:

Wir schreiben die Elastizitätsgleichungen zur Bestimmung der n als überzählig angenommenen Stabkräfte $S_{jPn}^{(1)}$ $(j = 1, 2 \ldots n)$ in der Form

$$\sum_{p=1}^{r} \left(S_{pP} + \sum_{j=1}^{n} S_{pj} S_{jPn}^{(1)} \right) S_{pk} \frac{s_p F_0}{F_p^{(1)}} = 0, \quad k = 1, 2, \ldots n$$

setzen hierin den Wert für $F_p^{(1)}$ ein

$$F_p^{(1)} = \frac{S_{pPn}^{(0)}}{k_p} = \frac{S_{pP} + \sum_j S_{pj} S_{jPn}^{(0)}}{k_p}$$

und erhalten damit das Gleichungssystem mit n Unbekannten und n Gleichungen

$$\sum_p \frac{S_{pP} + \sum_j S_{pj} S_{jPn}^{(1)}}{S_{pP} + \sum_j S_{pj} S_{jPn}^{(0)}} S_{pk} k_p s_p = 0.$$

Weil k_p voraussetzungsgemäß die Gleichung

$$\sum_p k_p S_{pj} s_p = 0 \quad (j = 1, 2, \ldots n)$$

erfüllt, so ist

$$\frac{S_{pP} + S_{pj} S_{jPn}^{(1)}}{S_{pP} + S_{pj} S_{jPn}^{(0)}} = 1,$$

eine Lösung, aus der folgt

$$S_{jPn}^{(1)} = S_{jPn}^{(0)} \quad (j = 1, 2, \ldots n)$$

und damit endlich auch für alle Stäbe p

$$S_{pPn}^{(1)} = S_{pPn}^{(0)}.$$

Zum Schlusse sei noch darauf hingewiesen, daß die vorstehenden Untersuchungen zur Voraussetzung haben, daß für alle Stäbe nur ein und derselbe Belastungsfall als für die Bemessung maßgebend in Frage kommt. Zumeist liegen aber mehrere Belastungsfälle vor, von denen jeder in bestimmten Stäben die größten Stabkräfte erzeugt; ja es ist möglich, daß für jeden Stab ein gesonderter Belastungsfall als ungünstigster in Betracht kommt. Dann wird die Untersuchung wesentlich schwieriger; schon die Beantwortung der Frage, ob es in diesem Falle überhaupt möglich ist, so zu dimensionieren, daß vorgegebene Spannungen auftreten, bereitet ziemliche Schwierigkeiten.

84. Der Satz von der Gegenseitigkeit der inneren Kräfte. Der Satz von Maxwell gilt, wie aus der Ableitung in Nr. 51 folgt, auch für statisch unbestimmte Systeme. Es gibt aber noch einen anderen Satz über die Gegenseitigkeit der inneren Kräfte, Momente und Auflagerreaktionen, der allerdings nur für statisch unbestimmte Tragwerke einen wesentlichen Inhalt hat, für statisch bestimmte aber trivial ist. Dieser Satz besagt, daß eine innere Kraft, das Moment oder die Auflagerreaktion an einer Stelle s, hervorgerufen durch eine Verformung des Stabelementes $\Delta u = 1$ an der Stelle u, also $E_{s\,\Delta u}$ gleich ist der inneren Kraft, dem Moment oder dem Auflagerdruck $E_{u\,\Delta s}$ an der Stelle u, erzeugt durch die Verformung $\Delta s = 1$ an der Stelle s. Es gilt also

$$E_{u\,\Delta s} = E_{s\,\Delta u},$$

wobei $E_{s\,\Delta u}$ und Δs, $E_{u\,\Delta s}$ und Δu einander zugeordnet sind. Ist eine der Größen $E_{s\,\Delta u}$ oder $E_{u\,\Delta s}$ eine Auflagerreaktion, dann ist selbstverständlich Δs, bzw. Δu die dieser Auflagerreaktion zugeordnete Verschiebung (Verdrehung) ihres Angriffspunktes. Abb. 167 zeigt einen Durchlaufträger, bei welchem durch einen Knick $\Delta u = 1$ in u der Auflagerdruck $E_{s\,\Delta}$, entstanden ist. Diesem Auflagerdruck ist die Verschiebung $\Delta s = 1$ zugeordnet, durch die in u das Moment $E_{u\,\Delta s}$ hervorgerufen wird; es ist $E_{s\,\Delta u} = E_{u\,\Delta s}$.

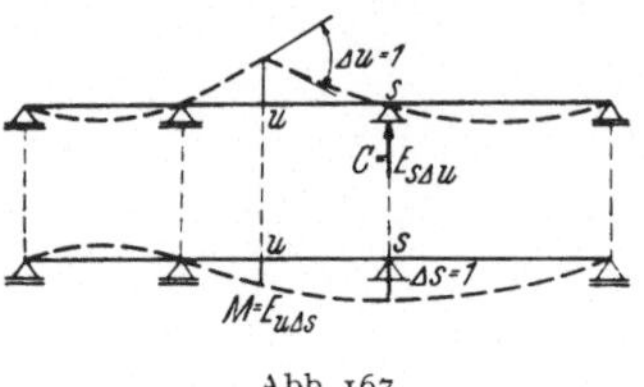

Abb. 167.

Der Beweis ist einfach zu erbringen. Wir benützen als Grundsystem ein $(n-2)$-fach statisch unbestimmtes Tragwerk, bei welchem die Größen $E_{s\,\Delta u}$ in s und $E_{u\,\Delta s}$ in u als statisch unbestimmte Größen gewählt sind. Es erzeugt nun $\Delta u = 1$ in u die statisch unbestimmten Größen $E_{s\,\Delta u}$ in s und $E_{u\,\Delta u}$ in u. Damit lauten die Elastizitätsgleichungen

$$\begin{aligned} \delta_{uu\,n-2} E_{u\,\Delta u} + \delta_{us\,n-2} E_{s\,\Delta u} + 1 &= 0 \\ \delta_{su\,n-2} E_{u\,\Delta u} + \delta_{ss\,n-2} E_{s\,\Delta u} &= 0 \end{aligned}$$

Dagegen entstehen infolge $\Delta s = 1$ die statisch unbestimmten Größen $E_{s\,\Delta s}$ in s und $E_{u\,\Delta s}$ in u, zu deren Bestimmung die Elastizitätsgleichungen

$$\begin{aligned} \delta_{uu\,n-2} E_{u\,\Delta s} + \delta_{us\,n-2} E_{s\,\Delta s} &= 0 \\ \delta_{su\,n-2} E_{u\,\Delta s} + \delta_{ss\,n-2} E_{s\,\Delta s} + 1 &= 0 \end{aligned}$$

zur Verfügung stehen. Löst man das erste Gleichungssystem nach $E_{s\,\Delta u}$ auf, so erhält man

$$E_{s\,\Delta u} = \frac{\delta_{su}}{\delta_{uu}\,\delta_{ss} - \delta_{su}^2}$$

und denselben Wert erhält man für $E_{u\,\Delta s}$ aus dem zweiten Gleichungssystem; damit ist der verlangte Beweis erbracht.

Für ein statisch bestimmtes System ist dieser Satz trivial; denn es ergibt sich $E_{s\,\Delta u} = E_{u\,\Delta s} = 0$, weil in einem solchen System durch Verformungen der Stabelemente keine inneren Kräfte, Momente oder Auflagerreaktionen erzeugt werden.

VIII. Einflußlinien.

A. Erklärung und Anwendung der Einflußlinien.

85. **Allgemeines über Einflußlinien.** An einem Tragwerk greife eine Einzellast von 1 t in einem beliebigen Punkte u in bestimmter Richtung an; sie rufe in einem Punkte s eine bestimmte Einwirkung E, also z. B. eine innere Kraft oder eine Verschiebung hervor. Gemäß unserer getroffenen Vereinbarungen fügen wir an E die Indizes s und u an, schreiben also

E_{su}, und zwar bedeutet, wie stets bisher, der erste Index den Ort s und der zweite die Ursache; letzterer soll auf die Last $P = 1\,t$ im Punkte u hinweisen. Durch den Index u soll überdies auch die Richtung, in welcher $P = 1\,t$ in dem Punkte u wirkt, festgelegt sein.

Nehmen wir, wie stets in der Baustatik, das Superpositionsgesetz als gültig an, so wird eine Last P_u im Punkte u an der Stelle s eine Einwirkung

$$E_{sP} = E_{su}\, P_u$$

hervorrufen und wenn das Tragwerk durch mehrere Lasten $P_1, P_2 \ldots P_u$ belastet wird, wird in s eine Einwirkung

$$E_{sP} = \sum_u E_{su}\, P_u \tag{85, 1}$$

entstehen.

In dieser Gleichung betrachten wir *demnach den Punkt s als fest, während u veränderlich ist* und der Reihe nach die Werte $u = 1, 2 \ldots$ durchläuft. Wir tragen die Werte E_{su} in den einzelnen Punkten u in der Richtung der hier wirkenden Kraft $P = 1\,t$ auf und nennen E_{su} *die Einflußfunktion der Größe E im Bezugspunkt s.*

In den meisten Fällen, die praktische Bedeutung besitzen, wird die Last $P_u = 1$ *parallel* zu sich längs eines bestimmten Weges, *des Lastweges*, über das Tragwerk wandern; dies ist z. B. bei einer Brücke der Fall, bei welcher der Lastweg je nach der konstruktiven Ausbildung ent-

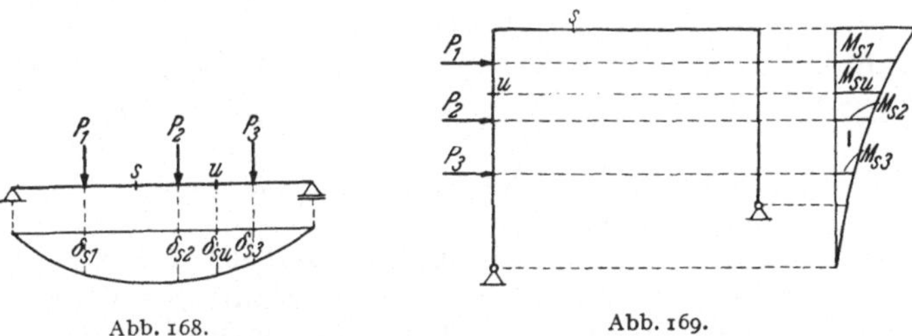

Abb. 168. Abb. 169.

weder der Obergurt oder der Untergurt sein kann. u ist dann eine stetige Veränderliche und wir tragen E_{su} jeweils in der Richtung von P an der Stelle u auf. Wir erhalten auf diese Weise die *Einflußlinie* der Größe E in dem Bezugspunkt s. Die Ordinaten der Einflußlinie E_{su} stellen somit den Wert von E an der *festen* Stelle s vor, wenn die Last $P = 1\,t$ an der Stelle u und in der Richtung dieser Ordinate wirkt. In Abb. 168 ist die Einflußlinie für die lotrechte Durchbiegung des Punktes s eines frei-aufliegenden Trägers gezeichnet Die Ordinate dieser Linie in u, also $E_{su} = \delta_{su}$ bedeutet demnach die Durchbiegung, die in dem Bezugspunkt s auftritt, wenn die Last $P = 1\,t$ lotrecht im Punkte u wirkt. Abb. 169 zeigt die Einflußlinie für ein Moment im Punkte s des Riegels eines Zweigelenkrahmens, wenn die Belastung waagrecht längs des linken Stieles angreift; besteht die Belastung aus den drei eingezeichneten Lasten P_1,

P_2 und P_3, an deren Stellen die Ordinaten der Einflußlinie M_{s1}, M_{s2} und M_{s3} betragen, so hat das Moment M_{sP} in s infolge dieser Belastung den Wert

$$M_{sP} = M_{s1}\, P_1 + M_{s2}\, P_2 + M_{s3}\, P_3 = \sum_u M_{su}\, P_u .$$

Tritt an Stelle von Einzellasten eine verteilte Belastung $p\,(u)$, so kann man sich das Tragwerk durch unendlich viele, aber unendlich kleine Einzellasten $p\,(u)\,.\,du$ belastet vorstellen. Mithin wird

$$E_{sP} = \int E_{su}\, p\,(u)\, du; \tag{85, 2}$$

E_{su} muß in diesem Falle analytisch als Funktion von u gegeben sein, wenn die Integration ausgeführt werden soll; deshalb schreiben wir in diesem Falle wohl auch $E_s\,(u)$.

Durch die zuletzt angegebene Gleichung wird eine *quellenmäßige* Darstellung von E_{sP} gegeben, die als Definition der Einflußfunktion E_{su} angesehen werden kann. Sie stellt einen Sonderfall einer *Integralgleichung* vor; der Mathematiker nennt E_{su} den *Kern* der Integralgleichung, $p\,(u)$ den *Belag*. Die Theorie der Integralgleichungen befaßt sich aber mit der zumeist viel schwierigeren Aufgabe, bei gegebener Funktion E_{sP} und bekanntem Kern E_{su} jenen Belag zu finden, welcher die Integralgleichung erfüllt, während bei den Anwendungen in der Baustatik es bei gegebenem Kern und bekanntem Belag lediglich auf eine Quadratur, d. h. die Ausführung einer Integration ankommt.

Liegt im besonderen eine gleichmäßig verteilte Belastung vor, ist also $p\,(u) = p = \text{const.}$, so wird

$$E_{sP} = \int E_{su}\, p\, du = p \int E_{su}\, du = p\, F. \tag{85, 3}$$

Hierin bedeutet F die von der Einflußlinie und der Abszissenachse eingeschlossene Fläche, die kurz, aber nicht ganz zutreffend, *Einflußfläche* genannt wird. Dabei ist aber, wie stets, auf das Vorzeichen der E_{su} zu achten; nennt man ohne Bedachtnahme auf das Vorzeichen die Einflußfläche der positiven Ordinaten F^+, jene der negativen F^-, so ist

$$F = F^+ - F^-.$$

Aus der Gl. $E_{sP} = \sum E_{su} P_u$ folgt die Benennung der Ordinaten einer Einflußlinie. Hat E_{sP} die Dimension $[a]$, so hat E_{su} die Benennung $\frac{[a]}{\text{Kraft}}$. Es sind also die Ordinaten der Einflußlinie für eine Kraft (Auflagerdruck, Normalkraft, Querkraft, Stabkraft eines Fachwerkes u. dgl.) unbenannte Zahlen; Einflußlinienordinaten eines Momentes haben die Dimension einer Länge, einer Durchbiegung $\frac{\text{Länge}}{\text{Kraft}}$ und einer Winkelverdrehung den reziproken Wert einer Kraft.

86. Anwendung der Einflußlinien. Ist die Einflußlinie einer Größe für einen bestimmten Bezugspunkt bekannt, so können wir die Aufgabe, den Wert E_{sP} für eine beliebige Belastung in gegebener Stellung zu bestimmen, mittels der angegebenen Gleichungen lösen. In den meisten Fällen wird aber der Umweg über die Einflußlinie keinen besonderen Vorteil bieten, sondern die unmittelbare Berechnung von E_{sP}, wie sie der Gegenstand der vorhergehenden Abschnitte war, vorgezogen werden. Hingegen ist die Einflußlinie ein unentbehrliches Hilfsmittel für die Lösung der Aufgabe, jene Belastung unter verschiedenen Belastungsmöglichkeiten auszuwählen, die einen ausgezeichneten Wert, also den größten positiven oder den größten negativen Wert für E liefern. Wir erkennen sofort, daß man nur jene Teile eines Tragwerkes belasten darf, wo die Einflußlinie positive Ordinaten besitzt, um den größten Wert E_{max} zu erhalten. Die Belastung der Tragwerksteile mit negativen Ordinaten der Einflußlinie liefert den größten negativen Wert von E, nämlich E_{min}. Es gilt also allgemein, daß bei Einflußlinien ohne Vorzeichenwechsel der Ordinaten Vollbelastung, bei Vorzeichenwechsel Teilbelastung für die Extremalwerte von E maßgebend ist. Die Stelle, an der die Ordinate der Einflußlinie Null ist, nennt man auch den *Lastscheidepunkt;* eine hier wirkende Einzellast hat auf den Wert von E im Bezugspunkt keinen Einfluß.

Hat man es, wie häufig, mit einer gleichmäßig verteilten Belastung, die aber in beliebiger Stellung auf das Tragwerk einwirken kann, zu tun, so ist die Frage nach den Maximalwerten, bzw. nach den Minimalwerten einfach zu beantworten; bedeutet, wie früher, F^+ die Einflußfläche mit positiven, F^- jene mit negativen Ordinaten, so ist

$$E_{s\,max} = p \cdot F^+ \quad \text{und} \quad E_{s\,min} = p \cdot F^-.$$

In diesem Falle wird man aber oft nur mittels nicht maßstäblicher Skizzen von Einflußlinien, die man sich einfach beschaffen kann, die Belastungsstrecken mit positiven und negativen Ordinaten der betreffenden Einflußlinie und danach die Belastungsverteilung feststellen und dann den betreffenden Wert von E für diese Belastung nach den in den vorhergegangenen Abschnitten erläuterten Methoden bestimmen. So zeigt Abb. 170 die Einflußlinie für den Auflagerdruck der zweiten Stütze eines durchlaufenden Trägers über drei Felder. Um den größten positiven Auflagerdruck bei einer gleichmäßig verteilten Belastung zu erhalten, muß das erste und zweite Feld voll belastet werden; die Belastung des dritten Feldes ergibt den größten negativen Auflagerdruck. Damit ist die maßgebende Belastung festgelegt und es kann der Stützendruck ohne weitere Zuhilfenahme der Einflußlinie bestimmt werden.

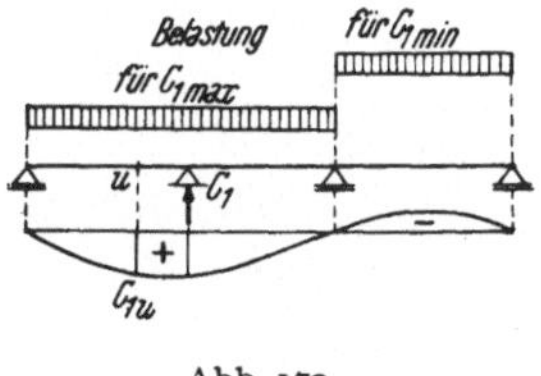

Abb. 170.

Besteht die Belastung aus einem *Lastenzug*, d. i. aus einer Reihe von Einzellasten, die bei unveränderlichen gegenseitigen Abständen in verschiedenen Stellungen auf das Tragwerk einwirken können, wie dies

z. B. bei einem eine Brücke belastenden Eisenbahnzug der Fall ist, so ist die Bestimmung der Extremalwerte nicht so einfach; denn es muß vorerst für jeden Bezugspunkt s die jeweilige ungünstigste Laststellung ermittelt werden. Im allgemeinen kann dies nur durch Versuche geschehen; auch dabei müssen natürlich jene Teile des Tragwerkes mit entgegengesetztem Vorzeichen der Einflußlinie unbelastet bleiben. Man trägt am einfachsten die Lasten in ihrer Reihenfolge auf einen Papierstreifen auf, bringt ihn in diejenige Stellung zur Belastungsstrecke des Tragwerkes, von der man vermutet, daß die Laststellung einen Extremalwert für die Größe E_{sP} gibt, und mißt die Ordinaten E_{su} an den markierten Stellen des Streifens ab. Zumeist sind einige Versuche notwendig; doch kann man sich die Arbeit etwas vereinfachen, wenn man die folgenden Hinweise beachtet:

Wenn, wie es häufig vorkommt, die Einflußlinie in einzelnen Teilgebieten linear ist, also z. B. einen polygonalen Verlauf hat, so können wir den Beitrag, den die Einzellasten in einem solchen linearen Teilgebiet liefern, also $\sum P_u E_{su}$,

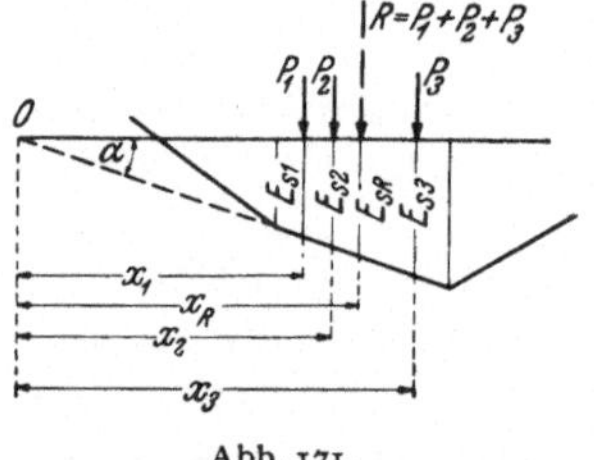

Abb. 171.

$$\sum P_u E_{su} = R \cdot E_{sR} \qquad (86, 4)$$

setzen; darin bedeutet $R = \sum P_u$, die Resultierende der über dem betreffenden geraden Stück der Einflußlinie stehenden Lasten und E_{sR} die Ordinate der Einflußlinie im Angriffspunkt von R, wie dies in Abb. 171 dargestellt ist. Dies ist einfach zu beweisen, denn E_{su} kann in diesem Falle durch

$$E_{su} = x_u \operatorname{tg} \alpha$$

ersetzt werden; die Bedeutung von x_u und $\operatorname{tg} \alpha$ kann dieser Abbildung entnommen werden. Es ist also

$$\sum P_u E_{su} = \operatorname{tg} \alpha \sum P_u x_u;$$

$P_u x_u$ stellt das Moment der Kräfte P bezogen auf den Punkt o vor, ist also gleich $R \cdot x_R$. Demnach wird

$$\sum P_u E_{su} = \operatorname{tg} \alpha \cdot R \cdot x_R.$$

Nun ist $x_R \operatorname{tg} \alpha = E_{sR}$ und sonach

$$\sum P_u E_{su} = R \cdot E_{sR}.$$

Man wird sich dieser Beziehung besonders dann mit Vorteil bedienen, wenn, wie es oft der Fall ist, die Lasten gleich groß sind und gleiche

Abstände voneinander besitzen, weil dann die Lage der Resultierenden und damit E_{sR} sofort angegeben werden kann.

Es läßt sich aber auch über die ungünstigste Laststellung bei polygonalen Einflußlinien eine Aussage machen, die ihr Auffinden erleichtert. In Abb. 172 ist ein Teil einer solchen Einflußlinie zwischen zwei Lastscheidepunkten dargestellt. Der Kürze wegen bezeichnen wir die Ordinaten der Einflußlinie mit η_u; verschiebt man den Lastenzug um das Stück Δx nach rechts, so ändern sich die η_u um die Beträge $\Delta\eta_u = \Delta\, x \operatorname{tg} \alpha_i$. Die Änderung von E_{sP} beträgt demnach

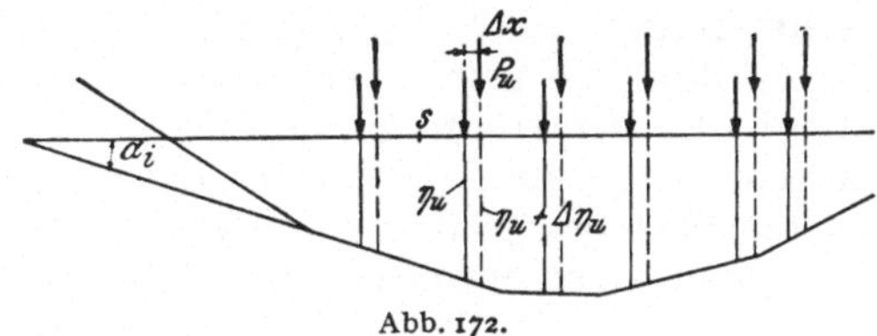

Abb. 172.

$$\Delta E_{sP} = \sum P_u (\eta_u + \Delta\,\eta_u) - \sum P_u\,\eta_u = \Delta\,x \sum P_u \operatorname{tg} \alpha_i.$$

Nach den Regeln der Maxima-Minima-Rechnung liegt dann ein Extremalwert vor, wenn ΔE_{su} verschwindet, also

$$\sum P_u \operatorname{tg} \alpha_i = 0$$

ist. Wenn also für eine versuchsweise angenommene Laststellung

$$\sum P_u \operatorname{tg} \alpha_i > 0$$

ist, so bleibt bei einer Verschiebung des Lastenzuges dieser Wert ungeändert, solange weder eine Last auf der linken Seite hinzukommt, noch eine Last rechts den Träger verläßt und überdies keine Last eine Ecke der Einflußlinie überschreitet. Durch das Hinzukommen einer neuen Last oder den Wegfall einer Last wird die Ungleichheit nicht geändert, denn im ersten Fall wird die Summe der positiven Glieder vergrößert, im zweiten Fall jene der negativen verkleinert. Erst wenn eine Last von einer Strecke mit größerem $\operatorname{tg} \alpha_i$ auf eine mit kleinerem $\operatorname{tg} \alpha_i$ oder gar mit positivem auf eine solche mit negativem $\operatorname{tg} \alpha_i$ wandert, also eine Ecke überschreitet, nimmt der Wert von $\sum P_u \operatorname{tg} \alpha_i$ sprunghaft ab. Bleibt dabei $\sum P_u \operatorname{tg} \alpha_i$ immer noch positiv, so muß man in derselben Richtung den Lastenzug weiter verschieben, bis eine weitere Last über eine Ecke weggeht. Daß dabei einmal $\sum P_u \operatorname{tg} \alpha_i = 0$ wird, muß allerdings ein Zufall sein, der sehr selten vorkommen wird; aber es wird sicherlich zu erreichen sein, daß endlich einmal $\sum P_u \operatorname{tg} \alpha_i < 0$ eintritt. Verschiebt man nun in diesem Fall zurück, so kehrt sich das Ungleichheitszeichen wieder um. Man kann die Bedingung $\sum P_u \operatorname{tg} \alpha_i = 0$ nur auf diese Weise erfüllen, daß man die Last, bei deren Überschreiten einer Ecke $\sum P_u \operatorname{tg} \alpha_i$ das Vorzeichen wechselt, in zwei unendlich nahe befindliche Teillasten zerlegt; die Teilung muß so vorgenommen werden, daß die eine Teillast zu den Lasten links der betreffenden Ecke, die andere zu den Lasten rechts gezählt wird. Es muß also unbedingt eine Last über einer Ecke der Einflußlinie stehen, bei welcher $\operatorname{tg} \alpha' > \operatorname{tg} \alpha''$ ist, also die Neigung abnimmt. Der größte Unterschied in den Neigungen tritt an der Stelle der größten Ordinate auf; es ist daher zu erwarten, daß eine der größten Lasten über der größten Ordinate aufzustellen ist. Keinesfalls darf eine Last über einer einspringenden Ecke der Einflußlinie stehen; überdies ist zu beachten, daß mitunter relative Maxima auftreten können und versuchsweise Vergleiche zwischen verschiedenen Laststellungen notwendig sind.

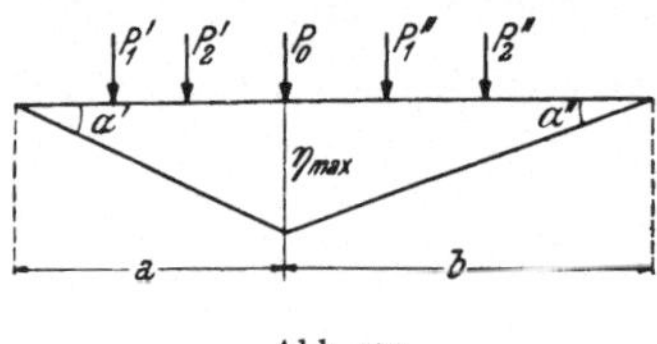

Abb. 173.

Nur wenn die Einflußlinie, wie in Abb. 173, aus zwei Geraden besteht, können wir die ungünstige Laststellung genau angeben. In diesem Falle ist $\operatorname{tg} \alpha' = \frac{\eta_{\max}}{a}$ und $\operatorname{tg} \alpha'' = -\frac{\eta_{\max}}{b}$ und wenn P_u' die Lasten links, P_u'' die Lasten rechts von der größten Ordinate $\eta_{\max}$ bezeichnen, so nimmt die Bedingungsgleichung für $E_{\max}$ die Form

$$\frac{\Sigma P_u'}{a} = \frac{\Sigma P_u''}{b}$$

an. Ist also für eine beliebig angenommene Laststellung zunächst

$$\frac{\Sigma P_u'}{a} > \frac{\Sigma P_u''}{b},$$

so muß solange nach rechts verschoben werden, bis eine Last P_0 über $\eta_{\max}$ zu stehen kommt, die so geteilt werden kann, daß die Belastung je Längeneinheit des Trägers links und rechts gleich groß wird, wenn man den einen Teil der maßgebenden Last P_0 zu Lasten P_u', den anderen zu den Lasten P_u'' zählt. Man kann dies auch so formulieren, daß man sagt, es müsse

$$\frac{\Sigma P_u' + P_0}{a} > \frac{\Sigma P_u''}{b}$$

und (86, 5)

$$\frac{\Sigma P_u'}{a} < \frac{\Sigma P_u'' + P_0}{b}$$

sein. Wir haben diese Bedingung schon in Nr. 21 für das Maximalmoment eines freiaufliegenden Trägers erhalten und in der Tat wird sich in der Folge ergeben, daß die Einflußlinie für das Moment eines solchen Trägers ein Dreieck mit der Spitze unter dem Bezugspunkt ist.

B. Die Ermittlung der Einflußlinien.

87. Die Bestimmung der Ordinaten einer Einflußlinie als Funktion von u und s. Gemäß der Definition der Einflußlinie können wir die Ordinaten derselben in der Weise bestimmen, daß wir die Last $P = 1$ t im Punkte u wirken lassen und den Wert von E an der Stelle s bestimmen; wir erhalten so die Ordinate E_{su} an der Stelle u. Wir müssen dabei nur beachten, daß stets im Bezugspunkt s eine Unstetigkeit auftritt, so daß eine Einflußlinie nur in einzelnen Teilbereichen als geschlossene Funktion darstellbar ist. Dieses Verfahren empfiehlt sich daher nur in einfachen Fällen; zumeist wird eine der später beschriebenen Methoden rascher zum Ziele führen.

In Abb. 174 ist ein Kragträger dargestellt, bei welchem für den Punkt s die Einflußlinien für die Querkraft und das Moment ermittelt werden sollen. Für die Querkraft in s ergibt sich für den Fall, daß die Last $P = 1\,t$ rechts von dem Bezugspunkt s steht, also

$$0 < u \leq s \ldots Q_{su} = 0$$

und wenn die Last $P = 1\,t$ links von s, also

$$s < u \leq l \ldots Q_{su} = -1,$$

so daß also die Einflußlinie Q_{su} die in dieser Abbildung dargestellte Form besitzt. Für das Moment in s erhält man für

$$0 \leq u \leq s \ldots M_{su} = 0$$

und für

$$s \leq u \leq l \ldots M_{su} = -x;$$

damit ergibt sich die in Abb. 174 gezeichnete Form der Einflußlinie M_{su}.

Als weiteres Beispiel sind die Einflußlinien für Auflagerdruck, Querkraft und Moment eines freiaufliegenden Trägers ermittelt (Abb. 175). Für den linken Auflagerdruck bekommt man bei der Belastung mit einer Kraft $P = 1\,t$ im Punkte u

$$C_{au} = \frac{l - u}{l}$$

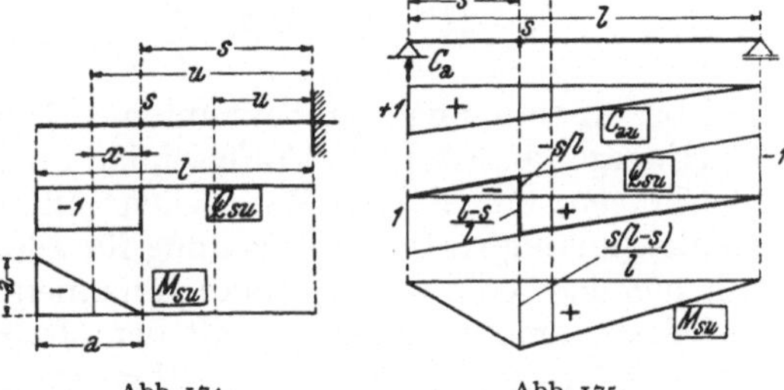

Abb. 174. Abb. 175.

und dies ist eine gerade Linie, die in a $(u = 0)$ die Ordinate 1, in b $(u = 1)$ die Ordinate 0 besitzt. Für die Querkraft im Punkte s findet man, wenn die Last links vom Punkte s steht, also für

$$0 \leq u < s \ldots Q_{su} = A - P = \frac{l - u}{l} - 1 = -\frac{u}{l},$$

und wenn die Last rechts von s wirkt, d. i. für

$$s < u \leq l \ldots Q_{su} = A = \frac{l - u}{l}.$$

Die Einflußlinie Q_{su} besteht demnach aus zwei parallelen Geraden; im Bezugspunkt, also an der Stelle $u = s$, tritt eine sprunghafte Unstetigkeit auf und die Ordinate von E_{su} nimmt um den Betrag 1 zu, wie dies in der genannten Abbildung ersichtlich ist.

Das Moment in s hat, wenn die Last links vom Bezugspunkt steht, den Wert

$$0 \leq u \leq s \ldots M_{su} = \frac{u(l - s)}{l}$$

und wenn die Last rechts vom Bezugspunkt wirkt

$$s \leq u \leq l \ldots M_{su} = \frac{s(l - u)}{l}.$$

Die Einflußlinie für das Moment eines freiaufliegenden Trägers hat demnach die Gestalt eines Dreieckes, dessen Spitze unter dem Bezugspunkt liegt; die größte Ordinate hat den Wert $M_{ss} = \frac{s(l - s)}{l}$.

Die Einflußlinie für die Querkraft zeigt einen Zeichenwechsel. Soll für eine gleichmäßig verteilte Belastung p die größte positive und die größte negative Querkraft bestimmt werden, so darf entweder nur von rechts oder nur von links bis zum Bezugspunkt belastet werden. Die Ordinate im Bezugspunkt springt von $-\frac{s}{l}$ auf $\frac{l - s}{l}$, daher beträgt die negative Einflußfläche $F^- = -\frac{s^2}{2l}$, demnach $Q_{s\,\min} = -\frac{s^2}{2l}p$, die positive Einflußfläche $F^+ = \frac{(l - s)^2}{2l}$ und $Q_{s\,\max} = \frac{(l - s)^2}{2l}p$. Bei Vollbelastung mit p wird hingegen

$$Q_{sp} = (F^+ - F^-)\,p = \frac{(l - s)^2 - s^2}{2l}\,p = \left(\frac{l}{2} - s\right) \cdot p$$

in Übereinstimmung mit bekannten Ergebnissen.

Hingegen besitzen die Einflußlinien für die Momente des freiaufliegenden Trägers nur einerlei Vorzeichen; alle Ordinaten sind positiv. Weil bei gleichmäßig verteilter Belastung für alle Punkte s derselbe Belastungsfall, nämlich Vollast, das Maximalmoment bedingt, ist in diesem Falle die Maximalmomentenkurve mit der Momentenkurve für Vollbelastung identisch. Wir bestimmen $F^+ = \frac{s(l - s)}{2}$ und erhalten demgemäß $M_{s\,\max} = \frac{ps(l - s)}{2}$. Auch bei dem früher behandelten Kragträger gibt Vollbelastung die größten Momente und Querkräfte; denn es ist statthaft, auch jene Teile des Kragträgers zu belasten, wo die Ordinaten Null sind. Es ist daher auch hier die Maximalmomentenkurve und die Maximalquerkraftkurve mit Momentenlinie, bzw. Querkraftlinie infolge Vollbelastung mit der gleichmäßig verteilten Belastung identisch.

Bei diesen beiden einfachen Beispielen war es möglich, E_{su} als Funktion von s und u sofort anzugeben; mitunter ist es aber einfacher, E_{su} für diskrete Werte von s zu bestimmen. Man stellt dann $P=1\,t$ der Reihe nach in den Punkten $u=1, 2, \ldots n$ auf und berechnet für jede Laststellung die Werte von E_{su} an den Stellen $s=1, 2, \ldots n$.

Dies soll an einem Träger, der am linken Auflager eingespannt, am rechten durch ein Gleitlager gestützt ist (Abb. 176), gezeigt werden. Wir begnügen uns, in den fünf, mit 0, 2, 4, 6 und 8 bezeichneten Stellen Ordinaten der Einflußlinien zu bestimmen; als Bezugspunkte wählen wir dieselben Punkte. Das Tragwerk ist einfach statisch unbestimmt; als statisch unbestimmte Größen wählen wir den rechten Auflagerdruck. Das Grundsystem ist dann ein Kragträger, dessen linkes Ende fest eingespannt ist. Für die einzelnen Belastungsfälle ($P=1\,t$ in $u=0$, 2, 4, 6 und 8) gilt

$$X_{au} = -\frac{\delta_{au}}{\delta_{aa}} \text{ mit } \delta_{au} = \int M_{sa}\, M_{su} \frac{J_0}{J}\, ds$$

$$\text{und } \delta_{aa} = \int M_{sa}^2 \frac{J_0}{J}\, ds.$$

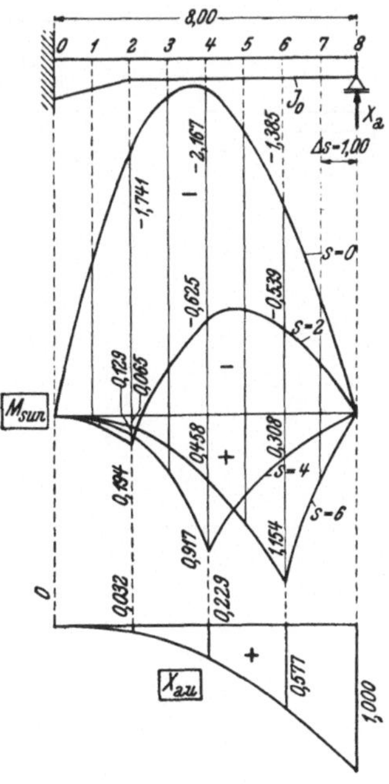

Abb. 176.

Wir beginnen mit der Bestimmung von δ_{aa}, welches für alle Belastungsfälle den gleichen Wert hat. Die Integrationen werden mittels der SIMPSONschen Näherungsformel ausgeführt (Maßeinheiten t und m).

Tabelle 41.

s	$\frac{h}{h_0}$	$\frac{J_0}{J}$	M_{sa}	$M_{sa}\frac{J_0}{J}$	$M_{sa}^2\frac{J_0}{J}=z$	α	αz
0	2,0	0,1250	8,0	1,0000	8,0000	1	8,000
1	1,5	0,2963	7,0	2,0741	14,5187	4	58,075
2	1	1,0000	6,0	6,0000	36,0000	2	72,000
3	1	1,0000	5,0	5,0000	25,0000	4	100,000
4	1	1,0000	4,0	4,0000	16,0000	2	32,000
5	1	1,0000	3,0	3,0000	9,0000	4	36,000
6	1	1,0000	2,0	2,0000	4,0000	2	8,000
7	1	1,0000	1,0	1,0000	1,0000	4	4,000
8	1	1,0000	0	0	0	1	0

$$\frac{3\,E J_0}{\Delta s}\,\delta_{aa} = 318{,}075$$

Die Werte für $\frac{3\,E J_0}{\Delta s}\,\delta_{au}$, X_{au} und M_{sun} sind in Tab. 42 der Reihe nach für die Belastung $P_u = 1$ in $u = 2$, 4 und 6 zusammengestellt. Man erhält demnach Ordinaten der Einflußlinien an diesen Stellen. Es wird für

Tabelle 42.

	s	M_{su}	$M_{su}\,M_{sa}\,\frac{J_0}{J} = r$	$\alpha\, r$	$M_{sa}\,X_{au}$	M_{sun}
$u = 2$	0	— 2,00	— 2,0000	— 2,0000	0,259	— 1,741
	1	— 1,00	— 2,0741	— 8,2964		
	2	0	0	0	0,194	0,194
	3	0	0	0		
	4	0	0	0	0,129	0,129
	5	0	0	0		
	6	0	0	0	0,065	0,065
	7	0	0	0		
	8	0	0	0	0	0

$$\frac{3\,E J_0}{\Delta s}\,\delta_{au} = -\,10{,}2964 \qquad X_{au} = \frac{10{,}2964}{318{,}075} = 0{,}03237\ \text{t}$$

	s	M_{su}	$M_{su}\,M_{sa}\,\frac{J_0}{J} = r$	$\alpha\, r$	$M_{sa}\,X_{au}$	M_{sun}
$u = 4$	0	— 4,00	— 4,0000	— 4,0000	1,833	— 2,167
	1	— 3,00	— 6,2223	— 24,8892		
	2	— 2,00	— 12,0000	— 24,0000	1,375	— 0,625
	3	— 1,00	— 5,0000	— 20,0000		
	4	0	0	0	0,917	0,917
	5	0	0	0		
	6	0	0	0	0,458	0,458
	7	0	0	0		
	8	0	0	0	0	0

$$\frac{3\,E J_0}{\Delta s}\,\delta_{au} = -\,72{,}8892 \qquad X_{au} = \frac{72{,}8892}{318{,}075} = 0{,}2292\ \text{t}$$

	s	M_{su}	$M_{su}\,M_{sa}\,\frac{J_0}{J} = r$	$\alpha\, r$	$M_{sa}\,X_{au}$	M_{sun}
$u = 6$	0	— 6,00	— 6,0000	— 6,0000	4,615	— 1,385
	1	— 5,00	— 10,3705	— 41,4820		
	2	— 4,00	— 24,0000	— 48,0000	3,461	— 0,539
	3	— 3,00	— 15,0000	— 60,0000		
	4	— 2,00	— 8,0000	— 16,0000	2,308	0,308
	5	— 1,00	— 3,0000	— 12,0000		
	6	0	0	0	1,154	1,154
	7	0	0	0		
	8	0	0	0	0	0

$$\frac{3\,E J_0}{\Delta s}\,\delta_{au} = -\,183{,}4820 \qquad X_{au} = \frac{183{,}4820}{318{,}075} = 0{,}5768\ \text{t}$$

Die so erhaltenen Werte M_{sun} ordnen wir in der folgenden Matrix an, die noch mit zwei Spalten aus Nullen bestehend gerändert wird, denn für $u = 0$ und $u = 8$ wird $M_{sun} = 0$.

Tabelle 43.

s	$u=0$	$u=2$	$u=4$	$u=6$	$u=8$
0	0	—1,741	—2,167	—1,385	0
2	0	0,194	—0,625	—0,539	0
4	0	0,129	0,917	0,308	0
6	0	0,065	0,458	1,154	0
8	0	0	0	0	0

Die Zeilen dieser Matrix geben die Ordinaten der Einflußlinie für das Biegungsmoment in den einzelnen ihnen vorangesetzten Bezugspunkten s an. Sie sind ebenso wie die Ordinaten von X_{au} in der Abb. 176 dargestellt.

88. Die Ermittlung einer Einflußlinie aus bekannten Einflußlinien. Eine Größe, deren Einflußlinie bestimmt werden soll, möge durch die Gl.

$$E_{sP}=a\,A_{s'P}+b\,B_{s''P}+c\,C_{s'''P}+\ldots$$

gegeben sein. Dabei stellen $a, b, c, \ldots$ Konstante vor, während $A, B, C, \ldots$ irgendwelche Einwirkungen bedeuten, die natürlich durch dieselbe Belastung P wie E hervorgerufen sind. Die vorstehende Gleichung gilt für jede Belastung, also auch für den Fall, daß eine einzige Einzelkraft $P=1$ t in dem beliebigen Punkte u angreift; dann tritt aber gemäß der Definition für die Ordinaten einer Einflußlinie E_{su} der Ausdruck $A_{s'u}, B_{s''u}, C_{s'''u}, \ldots$ an die Stelle von $E_{sP}, A_{s'P}, B_{s''P}, C_{s'''P}, \ldots$ und wir erhalten

$$E_{su}=a\,A_{s'u}+b\,B_{s''u}+c\,C_{s'''u}+\ldots \qquad (88, 6)$$

als Vorschrift, wie aus den Einflußlinien der Größen $A, B, C, \ldots$ die Ordinaten der neuen Einflußlinie von E zu bilden sind. Von dieser Beziehung wird sehr häufig Gebrauch gemacht. Wir erläutern dies an einigen Beispielen.

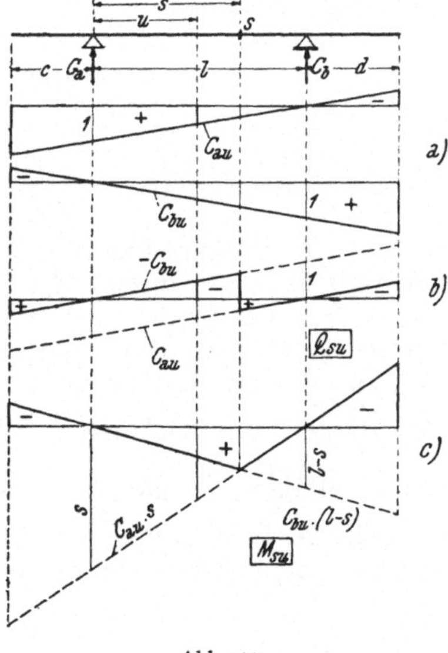

Abb. 177.

a) Wir bestimmen die Einflußlinien für die Querkraft und das Moment in einem Querschnitt s des Mittelfeldes eines freiaufliegenden Trägers mit beiderseitigen Kragarmen, wie in Abb. 177 dargestellt. Wir beginnen mit der Ermittlung der Einflußlinien für die Stützendrücke C_a und C_b nach den Darlegungen in Nr. 87 und erhalten mit den Bezeichnungen der Abb. 177

$$C_{au} = \frac{l-u}{l} \quad \text{und} \quad C_{bu} = \frac{u}{l},$$

wobei nur zu beachten ist, daß $u < 0$ wird, wenn die Last am linken Kragarm steht. Damit ergibt sich für C_{au} eine Gerade, die im linken Auflager die Ordinate 1, im rechten Auflager die Ordinate 0 besitzt; für den rechten Kragarm wird C_{au} wegen $l < u$ negativ. Die Einflußlinie für C_{bu} sieht ebenso aus, nur sind die Ordinaten unter den Stützen vertauscht. Die Einflußlinien C_{au} und C_{bu} sind in Abb. 177a dargestellt.

Für einen Punkt s im mittleren Felde ergibt sich für die Querkraft und das Moment unter der Voraussetzung, daß die Last rechts von s steht,

$$Q_{su} = C_{au} \qquad M_{su} = s \cdot C_{au}$$

und wenn die Last links von s wirkt,

$$Q_{su} = -C_{bu} \qquad M_{su} = (l - s)\, C_{bu},$$

denn im ersten Fall ist C_{au} die einzige Kraft am linken, im zweiten Fall C_{bu} die einzige Kraft am rechten Trägerteil. Damit ergeben sich die in Abb. 177b und c verzeichneten Einflußlinien Q_{su} und M_{su}; es sei wiederum auf die typischen Unstetigkeiten in dem Bezugspunkt $u = s$ aufmerksam gemacht. Q_{su} besitzt hier einen Sprung „1", während M_{su} daselbst die Ecke „1" aufweist.

b) Es soll die Einflußlinie für den Horizontalschub eines Dreigelenkbogens ermittelt werden. Derselbe bestimmt sich bekanntlich aus der Gleichung[1]

$$H_{au} = \frac{M_{cu}}{f},$$

wobei f die Bogenordinate, von der Bogensehne gemessen, im Scheitelgelenk bedeutet, während M_{cu} das Moment des freiaufliegenden „Ersatzträgers" an der Stelle des Scheitelgelenkes unter der gleichen Belastung wie der des Bogens, also infolge der Last $P = 1$ t im Punkte u vorstellt. Um M_{cu} zu erhalten, hätten wir in den Auflagern die Strecken w' und w'' aufzutragen; die Ordinaten $\frac{M_{cu}}{f}$ werden demnach erhalten, wenn an diesen Stellen $\frac{w'}{f}$ und $\frac{w''}{f}$ aufgetragen werden.

Soll die Einflußlinie für ein Moment des Dreigelenkbogens gesucht werden, so benützen wir die Gleichung

$$\overline{M}_{su} = M_{su} - H_{au}\, y_s.$$

M_{su} ist dabei das Moment des Ersatzbalkens an der Stelle s infolge der Belastung $P = 1$ in u, H_{au} der Horizontalschub infolge der gleichen

[1] Bezüglich der folgenden, hier als bekannt vorausgesetzten Gleichungen siehe „Einführung in die Statik", Abschnitt VI.

Belastung, also beide sind die Ordinaten der Einflußlinien dieser Größen an der Stelle u, während y_s die Bogenordinate im Bezugspunkt s bedeutet. Wir müssen daher die Einflußlinien M_{su} und H_{au}, letztere nach Multiplikation mit $-y_s$, überlagern und erhalten das in Abb. 178 dargestellte Ergebnis. Für M_{su} werden demnach unter den Auflagern die Strecken s und $l-s$, für $-H_{au}\,y_s$ die Strecken $-y_s\frac{w'}{f}$ und $-y_s\frac{w''}{f}$ aufzutragen sein. Eine übersichtlichere Darstellung erhalten wir, wenn wir die Ordinaten von $\overline{M}_{su}$ von einer Geraden auftragen. Wenn wir dabei den Lastscheidepunkt k bestimmen, erübrigen wir die Berechnung von $y_s\frac{w'}{f}$ und $y_s\frac{w''}{f}$; um k zu erhalten, genügt die Überlegung, daß dann in s kein Moment $\overline{M}$ auftreten wird, wenn die Stützlinie infolge der Belastung $P=1\,\text{t}$ in u durch den Querschnitt s geht. Die Last $P=1$ t muß demnach im Schnittpunkt der beiden Geraden $a-s$ und $b-c$ stehen und dies ist also der Lastscheidepunkt.

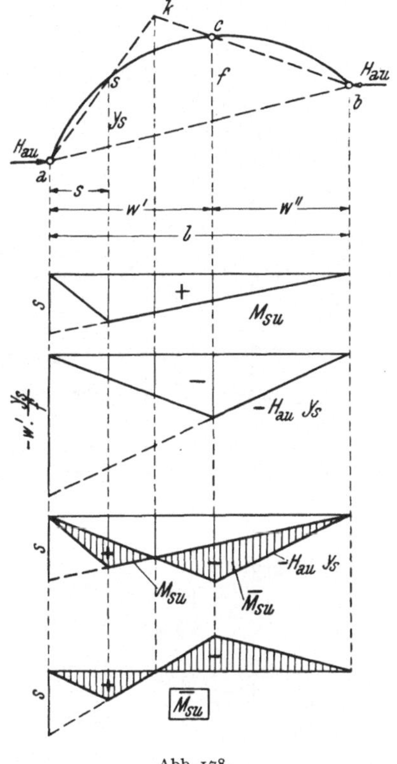

Abb. 178.

Ebenso kann man sich die Einflußlinie der Querkraft $\overline{Q}$ durch Überlagerung der Einflußlinien für die Querkraft Q des Ersatzträgers und jener des Horizontalschubes entsprechend der Gleichung

$$\overline{Q}_{su}=a\,Q_{su}+b\,H_{au}$$

beschaffen, worin $a=\cos\varphi$ und $b=-\frac{\sin(\varphi-\alpha)}{\cos\alpha}$. Um $a\,Q_{su}$ zu erhalten, tragen wir über den Auflagern anstatt 1 und -1 die Werte a und $-a$ auf; für $b\,H_{au}$ wird $b\frac{w'}{f}$ und $b\frac{w''}{f}$ an diesen Stellen abgetragen (Abb. 179). Man kann sich auch in diesem Falle durch Ermittlung des Lastscheidepunktes die Bestimmung von b ersparen. Verläuft nämlich die Stützlinie parallel zur Tangente an die Bogenachse im Bezugspunkt, so tritt keine Querkraft in demselben auf und man muß demnach die Last $P=1$ t im Schnittpunkt dieser Parallelen mit der Geraden $b-c$ aufstellen; also erhält man in diesem Schnittpunkt den gesuchten Lastscheidepunkt. Bei Bezugspunkten in der Nähe des Scheitelgelenkes liegt der so erhaltene Schnittpunkt im anderen Bogenteil; dann gibt es keinen Lastscheidepunkt, doch kann die Einflußlinie $b\cdot H_{au}$ auf die gleiche Weise gefunden werden. Dies wird bei anderer Gelegenheit bewiesen werden.

Endlich ist in Abb. 180 auch noch die Einflußlinie für die Normalkraft (Druck positiv) des Bogens angegeben. Sie ist durch die Gleichung

$$N_{su} = a\, Q_{su} + b\, H_{au}$$

bestimmt; jetzt ist $a = \sin\varphi$ und $b = \frac{\cos(\varphi - \alpha)}{\cos\alpha}$. Damit ergibt sich durch Überlagern der Einflußlinien $a\,Q_{su}$ und $b\,H_{au}$ der dargestellte Verlauf.

c) Man verwendet dieses Verfahren zumeist für die Ermittlung von Einflußlinien statisch unbestimmter Systeme, wenn man die Einflußlinien der statisch unbestimmten Größen kennt. Denn eine beliebige Größe eines statisch unbestimmten Tragwerkes läßt sich in der Form

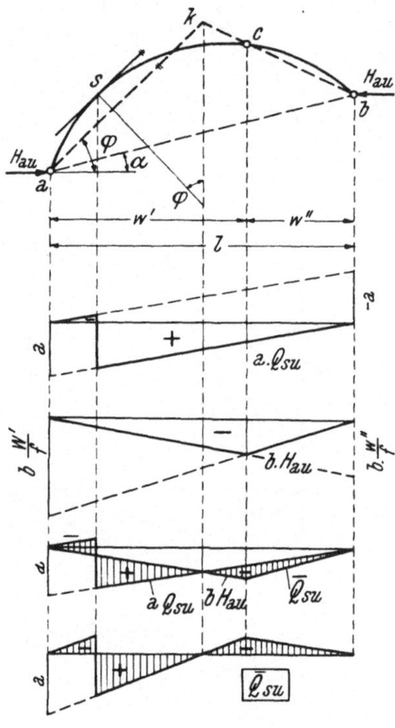

Abb. 179.

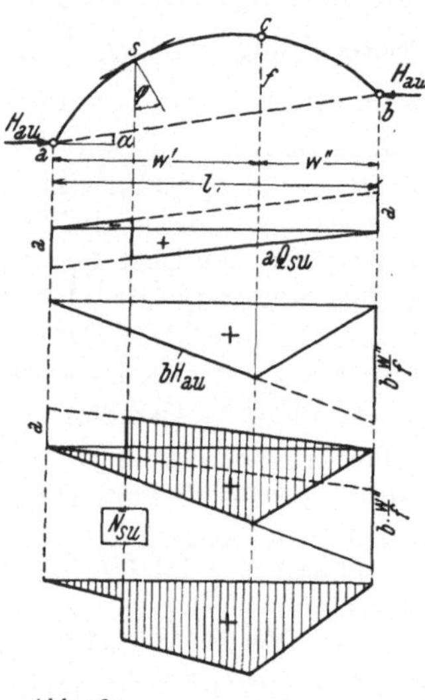

Abb. 180.

$$E_{sPn} = E_{sP} + E_{sa}\, X_{aP} + E_{sb} X_{bP} + E_{sc}\, X_{cP} + \ldots \qquad (88, 7)$$

darstellen und wenn man diese Gleichung für die spezielle Belastung $P = 1$ t in dem beliebigen Punkte u anwendet, bekommt man die Vorschrift, wie aus den bekannten Einflußlinien von E im Grundsystem und denen der statisch unbestimmten Größen X_{au}, X_{bu}, X_{cu} ... die Einflußlinie von E_{sun} im statisch unbestimmten System zusammenzusetzen ist. Es ist

$$E_{sun} = E_{su} + E_{sa}\, X_{au} + E_{sb}\, X_{bu} + E_{sc}\, X_{cu} + \ldots; \qquad (88, 8)$$

die Größen E_{sa}, E_{sb}, E_{sc} ... sind dabei an die Stelle der früher mit a, b, c ... bezeichneten Konstanten getreten; sie ändern sich erst, wenn die

Einflußlinie für einen anderen Bezugspunkt zu bestimmen ist. Beispiele hiezu werden nach Erläuterung der Verfahren für die Ermittlung der Einflußlinien der statisch unbestimmten Größen gebracht werden.

89. Einflußfeld und Verschiebungsfeld. Die Punkte u eines Tragwerkes sollen infolge einer Ursache K in s die Verschiebungen δ_{uK} erfahren haben, die wir in ihrer Gesamtheit das Verschiebungsfeld nennen. Voraussetzungsgemäß sind diese Verschiebungen stets sehr klein im Vergleich zu den Abmessungen des Tragwerkes, so daß es unmöglich ist, sie im gleichen Maßstab wie das Tragwerk darzustellen, sondern zu ihrer Darstellung eine eigene Zeichnung in entsprechend größerem Maßstab notwendig wird, wie dies etwa bei den Verschiebungsplänen von Fachwerken nach dem Verfahren von WILLIOT geschieht. Die Verschiebungen sind also in den folgenden Abbildungen, in denen sie zur Verdeutlichung in den betreffenden Punkten u der Größe und Richtung nach aufgetragen und keine eigenen Verschiebungspläne gezeichnet sind, viel zu groß dargestellt.

Durch eine geeignete Spezialisierung der Ursache K läßt sich nun erreichen, daß zwischen Verschiebungsfeld und Einflußfeld ein bestimmter, im folgenden noch näher beschriebener Zusammenhang besteht. Dabei müssen wir unterscheiden, ob E_{su} eine Formänderung (Verschiebung oder Verdrehung) oder aber die Resultierende der inneren Kräfte (Normalkraft, Querkraft, Moment) vorstellt. Wir erhalten so eine Methode zur Ermittlung der Einflußlinien und Einflußfunktionen, die vielfach mit Vorteil angewendet werden kann.

Wir lassen nun die bisherige Einschränkung, die Last $P = 1$ wirke in den Punkten u stets parallel zu einer gegebenen Richtung, fallen, sondern sie möge daselbst eine ganz beliebige Richtung besitzen. Tragen wir die Größe E_{su} jeweils an der Stelle u in der Richtung von $P = 1$ in u auf, so erhalten wir das Einflußfeld der Größe E in s.

a) Handelt es sich um die Einflußlinie für eine Formänderung, also z. B. für die Verschiebung $E_{su} = \delta_{su}$ eines Punktes s in einer bestimmten Richtung oder um die Verdrehung der Stabachse in s, so führt der Satz von MAXWELL von der Gegenseitigkeit der Verschiebungen (vgl. Nr. 51) zum Ziele. Nach diesem Satz gilt

$$\delta_{su} = \delta_{us}$$

und um demnach den Einflußwert für die Verschiebung oder Verdrehung δ_{su} im Punkte s infolge der Kraft $P_u = 1$ in u zu bestimmen, muß man daher im Bezugspunkt s den zu δ_{su} zugeordneten Hilfsangriff „1“ angreifen lassen und die dadurch hervorgerufenen Verformungen $\overline{\delta}_{us}$ in den Punkten u bestimmen. Die Ursache für das Verschiebungsfeld $\overline{\delta}_{us}$ ist demnach dieser Hilfsangriff in s und da δ_{us} die in die Richtung der angreifenden Kraft $P_u = 1$ fallende Komponente von $\overline{\delta}_{us}$ bedeutet, stellt δ_{us} bereits den gesuchten Einflußwert $E_{su} = \delta_{us}$ in u vor.

In Abb. 181a ist ein Zweigelenkbogen dargestellt, bei welchem das Einflußfeld für die Verschiebung des Punktes s in der angegebenen (lotrechten) Richtung bestimmt werden soll. Zu dieser Verschiebung ist als Hilfsangriff eine in der vorgegebenen Richtung wirkende Kraft $P_s = 1$ zugeordnet. Diese Kraft erzeugt die eingetragenen Verschiebungen $\overline{\delta}_{us}$ und wenn also in einem Punkte u eine Kraft $P_u = 1$ wirkt, so gibt die Komponente von $\overline{\delta}_{us}$ in der Richtung von P_u die Verschiebung an, die der Punkt s erfährt, wenn der Bogen mit $P_u = 1$ belastet wird (Abb. 181b).

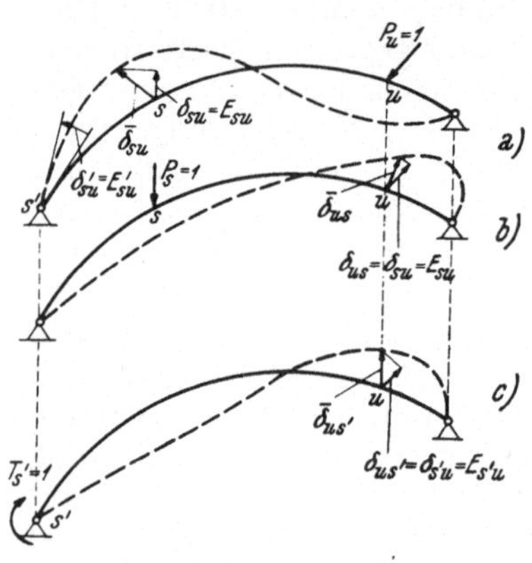

Abb. 181.

Wird nach dem Einflußfeld der Verdrehung der Bogenachse im linken Auflager gefragt, so kommt als zugeordneter Hilfsangriff ein Moment $T_s' = 1$ in Frage, wie dies samt dem hiedurch erzeugten Verschiebungsfeld in der Abb. 181c dargestellt ist. Die Komponenten der $\overline{\delta}_{us}'$ in einer bestimmten Richtung, nämlich δ_{us}' stellen die Verdrehungen δ_{su}' am linken Stabende vor, wenn der Bogen durch $\overline{P}_u = 1$ in der Richtung der betrachteten Komponente von δ_{us}' belastet ist.

Hinsichtlich der Vorzeichen ist zu bemerken, daß der Hilfsangriff „1“ im Bezugspunkt s stets in jener Richtung anzunehmen ist, in der er positive δ_{su} erzeugt; die $\delta_{us} = \delta_{su}$ sind dann positiv, wenn sie in die Richtung der in u angreifenden Kräfte $P_u = 1$ fallen.

b) Sollen die Einflußfunktionen für Normalkraft, Querkraft, Momente oder Auflagerreaktionen bestimmt werden, so gehen wir zur Ermittlung des Hilfsangriffes von der folgenden Überlegung aus: Für die Verschiebung eines Punktes i infolge vorgegebener Verformungen der Stabelemente $\Delta\, d\varphi_s$, $\Delta\, ds_s$ und $\Delta\, dh_s$ erhielten wir in Nr. 46 die Gl.

$$\delta_{i\Delta} = \int M_{si}\, \Delta\, d\varphi_s + \int N_{si}\, \Delta\, ds_s + \int Q_{si}\, \Delta\, dh_s,$$

bzw. für ein Fachwerk, dessen Stäbe die Längsänderungen $\Delta\, s_p$ erfahren haben

$$\delta_{i\Delta} = \sum_p S_{pi}\, \Delta s_p.$$

In diesen Gleichungen bezeichnen M_{si}, N_{si}, Q_{si} und S_{pi} die Momente, Normalkräfte, Querkräfte und die Stabkräfte infolge des Hilfsangriffes $P_i = 1$ im Punkte i, also gerade infolge jener Belastung, die bei der Ermittlung der Einflußlinien in Frage kommt, wenn wir den Punkt i durch den Punkt u ersetzen; dann sind weiters $M_{si} = M_{su}$, $N_{si} = N_{su}$, $Q_{si} = Q_{su}$ und $S_{pi} = S_{pu}$ die gesuchten Einflußwerte, wenn wir s mit dem Bezugspunkt zusammenfallen lassen. Um nun z. B. M_{su} an einer bestimmten

Stelle s zu bestimmen, verfügen wir, was ja erlaubt ist, über die Verformungen der Stabelemente so, daß keines derselben seine Gestalt ändert, also alle $\Delta\, d\varphi_s$, $\Delta\, ds_s$, $\Delta\, dh_s$ und $\Delta s_p = 0$ sind mit Ausnahme von $\Delta\, d\varphi_s$ in dem Bezugspunkt s, wobei $\Delta\, d\varphi_s$ hier den Wert $\Delta\, d\varphi_s = 1$ erhält. $\delta_{i\Delta} = \delta_{u\Delta s}$ wird dann die durch dieses $\Delta\, d\varphi_s = 1$ in s hervorgerufene Verschiebung des Punktes u in der Richtung der Kraft $P_u = 1$ in u. Es gilt also

$$M_{su} = \delta_{u\,\Delta s}, \tag{89, 9a}$$

d. h. um die Einflußwerte M_{su} zu finden, erteilen wir dem Stabelement in s die diesem Moment zugeordnete Verformung, d. i. die gegenseitige Verdrehung der beiden das Stabelement begrenzenden Querschnitte $\Delta\, d\varphi_s = 1$ und bestimmen die Verschiebungen $\delta_{u\,\Delta s}$ der Punkte u in der Richtung von $P_u = 1$ infolge $\Delta\, d\varphi_i = 1$.

Eine gleiche Überlegung gibt

$$N_{su} = \delta_{u\,\Delta s}, \tag{89, 9b}$$

d. h. für die Einflußwerte einer Normalkraft N im Punkte s kommt das Verschiebungsfeld $\overline{\delta_u}_{\,\Delta s}$ infolge der der Normalkraft N zugeordneten Verlängerung $\Delta\, ds_s = 1$ im Punkte s in Betracht.

Ferner ergibt sich ebenso

$$Q_{su} = \delta_{u\,\Delta s}, \tag{89, 9c}$$

wobei die $\overline{\delta_u}_{\,\Delta s}$ jetzt durch $\Delta\, dh_s = 1$ in s hervorgerufen sind und endlich

$$S_{pu} = \delta_{u\,\Delta s}; \tag{89, 9d}$$

hiebei ist $\overline{\delta_u}_{\,\Delta s}$ durch die Verlängerung $\Delta\, s_p = 1$ des Stabes p entstanden.

Diese Ergebnisse gelten zunächst gemäß den Einschränkungen in Nr. 46 nur für statisch bestimmte Tragwerke. Die Erweiterung auf statisch unbestimmte Systeme ist aber sofort möglich, denn es ergaben sich für solche Systeme nach Nr. 74

$$\delta_{i\,\Delta n} = \int M_{sin}\,\Delta\, d\varphi_s + \int N_{sin}\,\Delta\, ds_s + \int Q_{sin}\,\Delta\, dh_s$$

und auf dieselbe Weise wie oben erhalten wir für die gesuchten Ordinaten der Einflußlinie

$$\left.\begin{aligned} M_{sun} &= \delta_{u\,\Delta s\,n} \\ N_{sun} &= \delta_{u\,\Delta s\,n} \\ Q_{sun} &= \delta_{u\,\Delta s\,n} \\ S_{pun} &= \delta_{u\,\Delta s\,n} \end{aligned}\right\} \tag{89, 10}$$

Die $\delta_{u\,\Delta s\,n}$ bedeuten nunmehr die Verschiebungen am *statisch unbestimmten System* infolge der zugeordneten Verformung „1" des Stabelementes im Bezugspunkt s.

Wenn das Verschiebungsfeld $\overline{\delta_u}_{\,\Delta s}$, bzw. $\overline{\delta_u}_{\,\Delta s\,n}$ bekannt ist, gibt die Projektion dieser $\overline{\delta_n}_{\,\Delta s}$, bzw. $\overline{\delta_u}_{\,\Delta s\,u}$ in der Richtung von $P_u = 1$ den Wert von E im Bezugspunkt, also den gesuchten Einflußwert E_{su} oder bei einem statisch unbestimmten System E_{sun} an. Das erklärte Verfahren bleibt demnach für statisch bestimmte und unbestimmte Systeme im wesentlichen dasselbe. Die erwähnten Verformungen des Stabelementes im Bezugspunkt, welche die Ursache des Verschiebungsfeldes sind, sind bereits in Nr. 13 ausführlich erklärt worden. Man kann sich im Bezugspunkt einen Mechanismus eingebaut denken, der die gewünschte Verformung zu erzeugen gestattet. Handelt es sich um die Einflußlinie eines Momentes, so muß man im Bezugspunkt ein Gelenk angebracht denken, welches eine gegenseitige Verdrehung der beiden hier zusammentreffenden Stabenden ermöglicht. Bei einer Normalkraft wird durch eine teleskopartige Auszugsvorrichtung dieselbe Wirkung wie die Verlängerung des Stabelementes erzeugt werden können und endlich könnte ein Mechanismus erdacht werden, der die Verschiebung der beiden Querschnitte im Bezugspunkt in der Richtung senkrecht zur Stabachse gestattet.

Für die Vorzeichen ergibt sich folgende Regel: *Die Verformung im Bezugspunkt hat stets in dem Sinn zu erfolgen, wie sie durch eine positive Bezugsgröße hervorgerufen würde; dann sind die Ordinaten der Einflußlinie positiv, wenn sie in die Richtung der Last $P_u=1$ fallen.*

c) Auf die gleiche Weise kann auch die Einflußfunktion einer Auflagerreaktion aus einem Einflußfeld erhalten werden. Wir benützen die in Nr. 47 für ein statisch bestimmtes System abgeleitete Gleichung

$$\delta_{uw} = -\sum C_{su} \cdot w_s, \tag{89, 11a}$$

bzw. für ein statisch unbestimmtes System die in Nr. 75 erhaltene Gleichung

$$\delta_{uwn} = -\sum C_{sun} \cdot w_s, \tag{89, 11b}$$

durch welche die Verschiebung eines Punktes u bestimmt ist, wenn sich die Widerlager um die gegebenen Beträge verschoben oder verdreht haben. Die C_{su}, bzw. C_{sun} sind dabei die den Verschiebungen w_s zugeordneten Auflagerreaktionen in deren Richtung, die durch eine in u angreifende Kraft $P_u=1$ am vorgelegten System erzeugt werden. Wir setzen also wiederum alle $w_s=0$ mit Ausnahme desjenigen, welches jenem C_s zugeordnet ist, dessen Einflußlinie zu bestimmen ist. Diesem w_s erteilen wir den Wert „-1“ und erhalten damit

$$\delta_{uw} = C_{su}, \text{ bzw.} \tag{89, 12a}$$

$$\delta_{uwn} = C_{sun}. \tag{89, 12b}$$

Grundsätzlich ist also auch in diesem Falle kein Unterschied zwischen einem statisch bestimmten und einem statisch unbestimmten System. Dem Angriffspunkt von C ist die dieser Größe zugeordnete Verschiebung oder Verdrehung „-1“ zu erteilen. Die Komponente der hiedurch erzeugten Verschiebung des Punktes u in der Richtung der hier angreifenden Kraft $P_u=1$ ergibt dann den Wert von C infolge dieser Kraft P_u.

Man muß also sowohl bei der Ermittlung der Einflußfunktion einer

Verschiebung (Verdrehung), wie bei jener einer Resultierenden der inneren Kräfte (Normalkraft, Querkraft, Moment) oder einer Auflagerreaktion die Verschiebungen der Angriffspunkte der Lasten P_u bestimmen. In letzterem Fall ergibt sich zwischen statisch bestimmten und unbestimmten Tragwerken aber ein Unterschied, auf den schon hier aufmerksam gemacht werden soll. Ein statisch bestimmtes System wird durch den Einbau eines wie vorstehend beschriebenen Mechanismus verschieblich; es besitzt dann einen Freiheitsgrad und es entsteht eine *zwangsläufige kinematische Kette*. Die einzelnen Teile des Tragwerkes erfahren Verschiebungen, wie sie bei starren Scheiben möglich sind, ohne daß hiebei innere Kräfte auftreten. Man kann die Bewegungen des Systems als Drehungen um ihre Momentanzentren auffassen. Lasten P_u, deren Wirkungslinien durch ein Momentanzentrum gehen, rufen im Bezugspunkt keine Wirkung hervor, weil ihr Angriffspunkt keine Verschiebung in der Richtung der Kraft erfährt.

Hingegen bleibt bei einem statisch unbestimmten System nach dem Einbau eines wie oben beschriebenen Mechanismus immer noch ein unverschiebliches Tragwerk bestehen und die verlangte Verschiebung im Bezugspunkt ist nur durch *Anwendung einer Zwangskraft* möglich. Dadurch werden innere Kräfte verursacht, die ihrerseits Verformungen erzeugen.

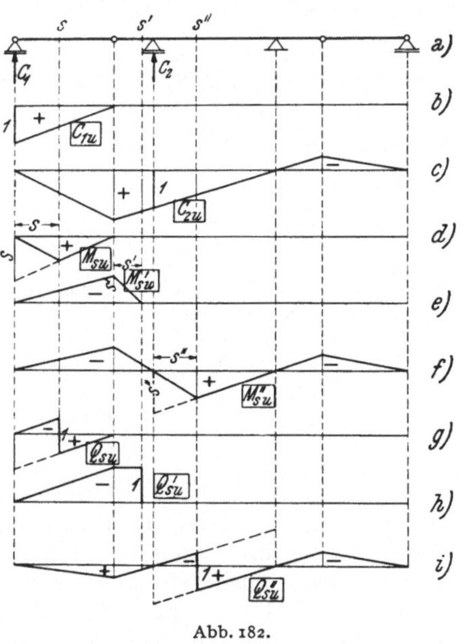

Abb. 182.

Die folgenden Beispiele sollen das Grundsätzliche des beschriebenen Verfahrens erläutern. Zunächst ist in Abb. 182a ein Gerberträger dargestellt; in den Abb. 182b und c sind die Verschiebungsfelder für die Auflagerdrücke angegeben; sie sind dadurch erzeugt worden, daß den Angriffspunkten der betreffenden Auflagerdrücke die Verschiebung „—1", also entgegen der als positiv angenommenen Richtung des Auflagerdruckes, erteilt wurde. Die einzelnen Scheiben, aus denen das Tragwerk zusammengesetzt ist, drehen sich dabei um die festgehaltenen Auflagerpunkte (denn diese dürfen keine lotrechten Verschiebungen erfahren), so daß alle δ_{us} parallel sind. Die Abb. 182d, e und f zeigen die Verschiebungsfelder für Momente, wenn der Bezugspunkt im Einhängeträger, im Kragträger und im Mittelfeld liegt. Wir denken uns jedesmal im Bezugspunkt ein Gelenk eingebaut und die so entstandene kinematische Kette so verschoben, daß, wieder unter Festhaltung der Auflager, welche die

Momentanzentren der einzelnen Scheiben vorstellen, im Bezugspunkt die gegenseitige Verdrehung der Stabenden „1“ auftritt. Auch hier sind alle Verschiebungen δ_{us} parallel. Endlich sind noch die Verschiebungsfelder für die Querkraft angegeben (Abb. 182g, h und i).

Zum Vergleich sind die Einflußfunktionen eines Durchlaufträgers in Abb. 183 dargestellt. Bei den Einflußlinien für das Moment ist der Längenmaßstab des Trägers und der Einflußwerte verschieden gewählt. Gegenüber dem Gerberträger haben die Verschiebungsfelder, die ja in beiden Fällen mit der Biegelinie des Trägers identisch sind, nur in den Bezugspunkten Unstetigkeiten; hierauf wird in Nr. 92 und 93 noch ausführlicher zurückgekommen.

In der Abb. 184 sind die Verschiebungsfelder eines Dreigelenkbogens

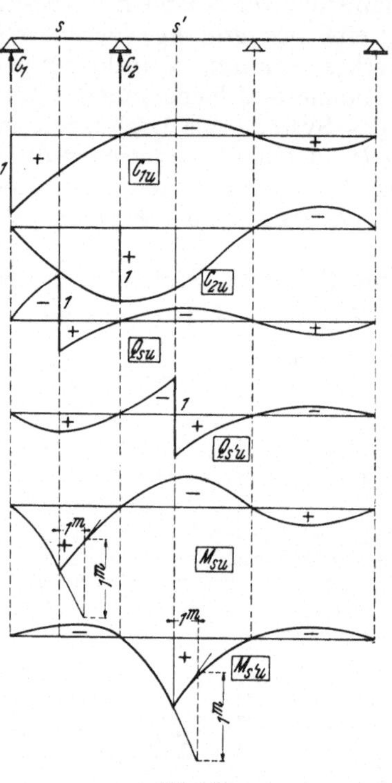

Abb. 183.

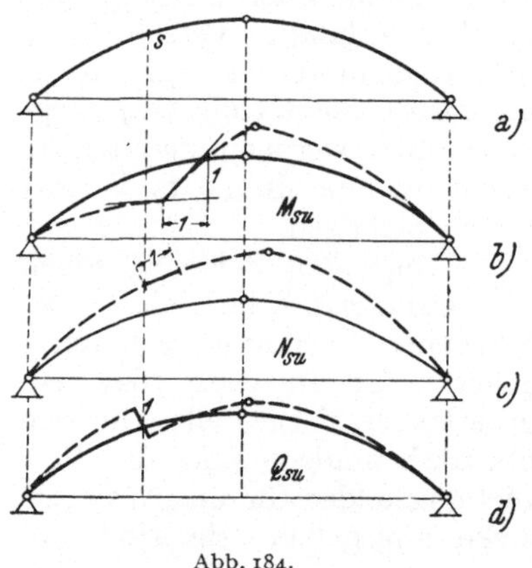

Abb. 184.

angegeben, die für die Einflußfunktion eines Momentes, einer Querkraft und einer Normalkraft in Frage kommen. Für das Einflußfeld eines Momentes ist im Bezugspunkt s ein Gelenk angeordnet und dann die zwei hier zusammentreffenden Stabenden solange gegeneinander verdreht, bis der Winkel „1“ entsteht. Die Normalkraft verlangt, daß in s die beiden Stabenden um die Strecke „1“ voneinander entfernt werden, und die Querkraft, daß im Bezugspunkt eine Verschiebung „1“ senkrecht zur Stabachse auftritt. In beiden Fällen dürfen sich die Stabenden aber nicht gegeneinander verdrehen, so daß also die Stabenden nach der Verschiebung parallel bleiben.

90. Einflußlinien als Biegelinien; mittelbare Belastung. Aus der Erklärung der Einflußlinie in Nr. 85 und den Erläuterungen in Nr. 89 folgt sofort, *daß wir die Einflußlinie irgendeiner Größe als Biegelinie* *des Lastweges erhalten.* Die Ordinaten der Einflußlinie sind durch die Komponenten der tatsächlichen Verschiebungen in der Richtung der parallelen wandernden Lasten $P_u = 1$ gegeben. Ist die gesuchte Einflußgröße eine Formänderung im Punkte s, so ist die Biegelinie durch den dieser Formänderung zugeordneten Hilfsangriff „1" im Bezugspunkt s verursacht. Handelt es sich um eine Kraft oder ein Moment, so muß im Bezugspunkt die zugeordnete Verschiebung „1", bzw. Verdrehung „1" auftreten. Die Vorzeichen sind stets so zu wählen, daß Kraft und Verschiebung, bzw. Moment und Verdrehung im Bezugspunkt im gleichen Sinn wirken als positiv bezeichnet werden. Die Ordinaten der Einflußlinie sind dann positiv, wenn sie in die Richtung der Karft $P_u = 1$ fallen. Die nachstehenden Beispiele in Nr. 91 werden dies noch ausführlicher erklären.

In der dem Bezugspunkt entsprechenden Stelle einer Einflußlinie tritt eine für die betreffende Bezugsgröße charakteristische Unstetigkeit auf, wenn der Bezugspunkt auf dem Lastweg liegt. So ändern sich die Ordinaten der Einflußlinie der Querkraft hier sprunghaft um den Wert $1 \cdot \cos \varphi$, wenn φ den Winkel zwischen der Richtung der Kraft P_u und der Normalen auf die Stabachse im Bezugspunkt bedeutet; denn im Bezugspunkt haben die beiden Stabquerschnitte eine gegenseitige Verschiebung „1" senkrecht zur Stabachse erfahren. Der Sprung erfolgt hiebei bei der üblichen Festsetzung des Vorzeichens der Querkraft in der Richtung wachsender Ordinaten der Einflußlinie, *also vom Negativen ins Positive.* Da sich die Querschnitte nicht gegeneinander verdrehen dürfen, müssen die Tangenten an die beiden Äste der Einflußlinie im Bezugspunkt parallel sein.

Für die Einflußlinie der Normalkraft ergibt sich im Bezugspunkt ebenfalls eine sprunghafte Unstetigkeit, die den Wert $1 \cdot \sin \varphi$ besitzt. Auch hier müssen die vorerwähnten Tangenten an die Einflußlinie parallel sein.

Bei einer Einflußlinie für ein Biegungsmoment ändert sich im Bezugspunkt die Neigung sprunghaft um den Betrag „1", während die Ordinaten keine Unstetigkeit aufweisen; dies rührt daher, weil ja den beiden benachbarten Querschnitten im Bezugspunkt die gegenseitige Verdrehung „1" erteilt wurde. Bei der gebräuchlichen Festsetzung des Vorzeichens eines Biegungsmomentes nimmt die Neigung der Einflußlinie sprunghaft um den Betrag „1" im Bezugspunkt ab, die so entstehende Ecke in der Einflußlinie weist also in die Richtung positiver Ordinaten der Einflußlinie. Diese Ecke „1" ist dabei so definiert, daß der von den beiden Tangenten abgeschnittenen, zur Richtung von P_u parallelen Strecke dieselbe Länge zugeschrieben wird wie ihre Entfernung vom Punkt s senkrecht zu P_u im Längenmaßstab der Tragwerkszeichnung gemessen, beträgt. Man erhält also die Längeneinheit der Ordinaten der Einflußlinie für ein Moment als Abschnitt zwischen den beiden Tangenten in einer Entfernung vom Punkt s gleich der Einheit des Längenmaßstabes der Zeichnung, wie dies bei den Darstellungen von Momenteneinflußlinien in den betreffenden Abbildungen geschehen ist.

Im übrigen sei hinsichtlich der Größenverhältnisse der Ordinaten der Einflußlinien nochmals auf die Bemerkung am Anfang von Nr. 89 hingewiesen.

Wir haben bislang unmittelbare Belastung der Tragwerke vorausgesetzt; es soll nun noch untersucht werden, wie sich die Einflußlinien ändern, wenn unmittelbare Belastung vorliegt. Die Ergebnisse unserer bisherigen Untersuchungen erlauben dies sofort zu beantworten. Der Lastweg ist jetzt durch die sekundären Längsträger, welche die Lasten unmittelbar aufnehmen, gebildet; es sind demnach deren Verschiebungen $\overline{\delta_{us}}$ zu ermitteln. Betrachtet man, wie dies in der Regel der Fall ist, die sekundären Längsträger als freiaufliegend mit der Knotenentfernung als Stützweite, so erfahren sie nur solche Verschiebungen, wie dies bei einem starren Stab möglich ist. Sie bleiben also gerade und ihre Auflager erhalten die gleichen Verschiebungen wie die Knoten des Tragwerkes. Die Ordinaten der Einfluß-

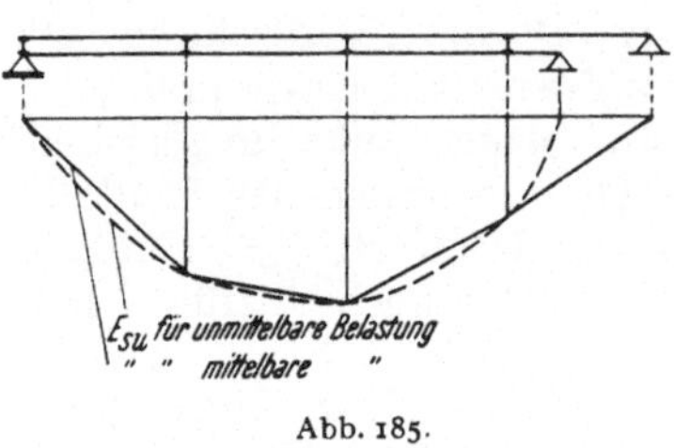

Abb. 185.

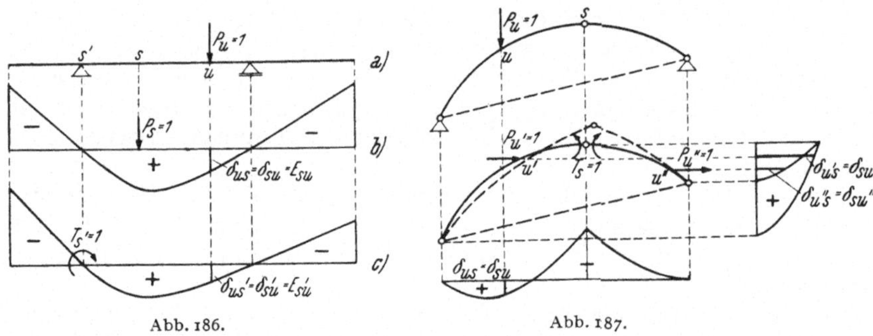

Abb. 186. Abb. 187.

linien bleiben daher in den Knoten unverändert und verlaufen zwischen den Knoten in den einzelnen Feldern geradlinig. Man braucht also bei mittelbarer Belastung die Ordinaten der Biegelinie nur in den Knoten genau zu bestimmen. Die Abb. 185 zeigt, wie aus den Einflußlinien bei unmittelbarer Belastung jene bei mittelbarer Belastung erhalten werden.

91. Beispiele für die Einflußlinien von Verformungen. Die Einflußlinie für die Durchbiegung δ_{su} in lotrechter Richtung des Punktes s eines freiaufliegenden Trägers (Abb. 186a) mit Kragarm ist in Abb. 186b dargestellt. Als der δ_{su} zugeordnete Hilfsangriff kommt eine Last $P_s = 1$ im Bezugspunkt in Betracht, welche die Biegelinie δ_{us} verursacht und dies ist bereits die gesuchte Einflußlinie. Die Ordinaten derselben sind im Mittelfeld positiv, über den Kragarmen negativ, denn sie haben im ersten Falle dieselben, im zweiten entgegengesetzte Richtung wie P_u.

Die Einflußlinie für die Verdrehung der Stabachse am linken Auflager s' wird als Biegelinie infolge des Hilfsangriffes eines Momentes „1“ an dieser Stelle erhalten. Bezeichnet man die Verdrehung der Stabachse im Uhrzeigersinn als positiv, so muß $T_{s'} = 1$ in diesem Sinne wirkend angenommen werden. Dann bedeuten die Ordinaten $\delta_{us'}$ in der Richtung von P_u — wie sie also im Mittelfeld auftreten — Verdrehungen im Sinne von T_s, also positive Werte von $\delta_{s'u}$ (Abb. 186c).

Als ein weiteres Beispiel ist die Einflußlinie für die gegenseitige Verdrehung der beiden Stabenden im Scheitelgelenk eines Dreigelenkbogens in Abb. 187 angegeben. Dieser Formänderung sind im Scheitel zwei angreifende Momente „1“ zugeordnet, die das eingezeichnete Verschiebungsfeld hervorrufen. Wirken die Lasten P_u lotrecht, dann sind für die Biegelinie die lotrechten Komponenten δ_{us} zu nehmen und man erhält die unterhalb des Systems eingezeichnete Biegelinie als Einflußlinie. Bei waagrecht angreifenden Lasten sind die horizontalen Komponenten der Verschiebungen $\overline{\delta}_{us}$ gleich den gesuchten Ordinaten der Einflußlinie $\delta_{su'}$ und $\delta_{su''}$.

92. Die kinematische Ermittlung der Einflußlinien von inneren Kräften, Momenten und Auflagerreaktionen statisch bestimmter Tragwerke. Bei diesen Einflußlinien sind die in die Richtung der wandernden Last $P_u = 1$ fallenden Komponenten der Verschiebungen $\overline{\delta}_{us}$ zu bestimmen, die durch die der Einflußgröße zugeordnete Verformung „1“ des Stabelementes im Bezugspunkt erzeugt werden. Denkt man sich, wie schon erwähnt, im Bezugspunkt einen Mechanismus eingebaut, welcher eine der Verformung entsprechende Bewegungsmöglichkeit gestattet, so entsteht bei statisch bestimmten Systemen eine kinematische Kette; die Komponenten der Verschiebungen des Lastweges lassen sich leicht nach Nr. 2 angeben, wenn die Momentanzentren der einzelnen Scheiben, aus denen diese kinematische Kette besteht, bekannt sind. Die Aufgabe läuft demnach darauf hinaus, die *Momentanzentren aufzufinden; diese entsprechen dann Nullstellen, die Relativpole aber Ecken der Einflußlinie, die im übrigen aus einzelnen Geraden besteht.*

So wird bei dem in Abb. 182 dargestellten Gelenkträger das Verschiebungsfeld stets aus lauter parallelen lotrechten Verschiebungen gebildet; es ist daher mit der Biegelinie in lotrechter Richtung und auch mit der Einflußlinie bei lotrechter wandernder Last $P_u = 1$ identisch. Wir erkennen, daß Momentanzentren stets Nullpunkten der Einflußlinien entsprechen, denn alle Punkte einer Scheibe, die auf einer durch das Momentanzentrum gehenden Parallelen zur Kraftrichtung liegen, erfahren nur Verschiebungen senkrecht zur Richtung der Kraft P_u, besitzen also keine Komponente in der Richtung derselben. Relativpole zwischen den einzelnen Scheiben entsprechen Ecken der Einflußlinie. Wir erkennen weiters die charakteristischen Unstetigkeiten der Einflußlinien in dem Bezugspunkt; die Ecke „1“ bei der Einflußlinie für das Moment und die sprunghafte Unstetigkeit „1“ bei jener für die Querkraft. Um die Einflußlinie für eine Auflagerreaktion zu erhalten, wurde dem Auflager die Verschiebung „— 1", also entgegen der als positiv angenommenen Richtung des Auflagerdruckes erteilt.

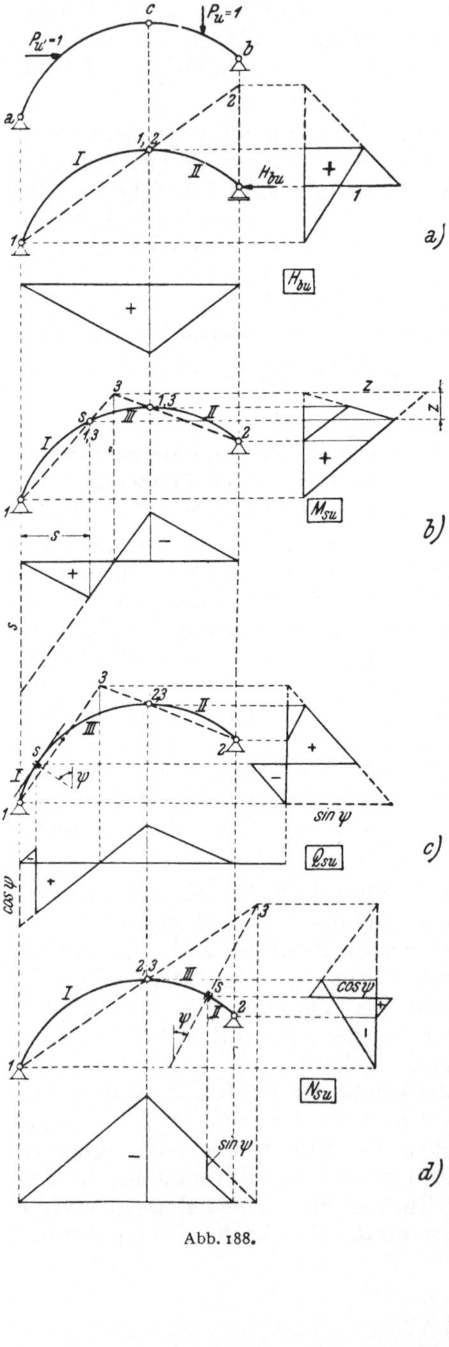

In Abb. 188 sind die Einflußlinien eines Dreigelenkbogens auf kinematischem Wege bestimmt. Um zunächst die Einflußlinie für den Horizontalschub zu erhalten (Abb. 188a), erteilen wir dem betreffenden Auflager die Verschiebung „— 1", also entgegen der Richtung von H. Das Momentanzentrum der Scheibe I fällt dabei in das linke Auflager, denn diese Scheibe kann nur eine Drehung um das Gelenk dieses Auflagers ausführen. Das Momentanzentrum der Scheibe II wird durch die Überlegung gefunden, daß es einerseits auf der Normalen zur Verschiebung des rechten Auflagers liegen muß, während anderseits nach dem Satz in Nr. 4 die Momentanzentren 1 und 2 mit dem Relativpol 1, 2 der beiden Scheiben I und II auf einer Geraden liegen müssen; dadurch ergibt sich das Momentanzentrum 2. Man erhält so die schon in Nr. 88 auf anderem Wege bestimmte Einflußlinie des Horizontalschubes. Für eine waagrechte wandernde Last ist die Einflußlinie ebenfalls angegeben. Ihre Ermittlung geschieht aus der erwähnten Tatsache, daß Momentanzentren Nullstellen, Relativpole Ecken der Einflußlinie entsprechen, dazwischen die Einflußlinie aber geradlinig verläuft.

Ebenso kann die Einflußlinie für ein Biegungsmoment des Dreigelenkbogens gefunden werden. Man denkt sich (Abb. 188b) im Bezugspunkt ein Gelenk eingebaut, wodurch drei Scheiben, die mit I, II und III bezeichnet sind, erhalten werden. Die Momentanzentren der Scheiben I

Abb. 188.

und *II* sind die Kämpfergelenke; der absolute Pol der Scheibe *III* wird erhalten, wenn man von dem Satz Gebrauch macht, daß die Momentanzentren zweier Scheiben und ihr Relativpol auf einer Geraden liegen müssen, wie in Nr. 4 erklärt wurde. Man braucht also bloß die beiden Geraden 1 — 1,3 und 2 — 2,3 zum Schnitt bringen und erhält in diesem Schnittpunkt 3 das gesuchte Momentanzentrum der Scheibe *III*. Nun kennt man alle Momentanzentren sowie die Relativpole, damit also die Ecken und Nullstellen der Einflußlinie, die jetzt leicht zu verzeichnen ist. Der Maßstab ist dadurch gegeben, daß die Ecke im Bezugspunkt den Wert „1" erhält. Im übrigen sind die Ordinatenmaßstäbe und der Längenmaßstab verschieden.

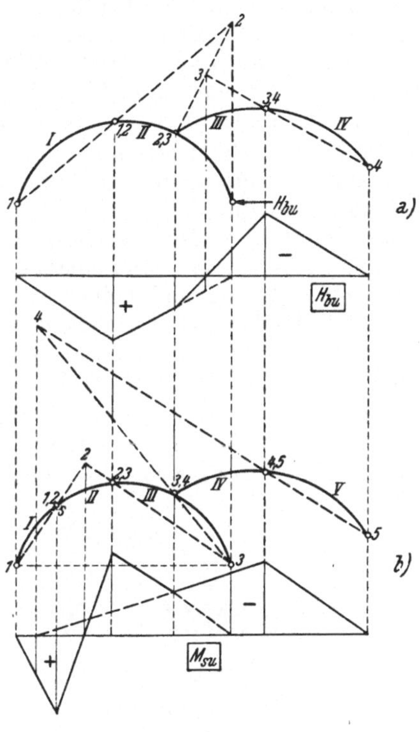

Abb. 189.

Auch die Einflußlinie für eine Querkraft können wir mit Benützung der Momentanzentren und Relativpole erhalten, die bei der Verschiebung „1" der beiden Stabenden im Bezugspunkt senkrecht zur Richtung der Stabachse auftreten. Die Momentanzentren der beiden Scheiben *I* und *II* (Abb. 188c) sind die beiden Widerlagergelenke. Das Momentanzentrum der Scheibe *III* muß einerseits nach Nr. 4 auf der Geraden 2—2,3, anderseits auf einer Senkrechten zur Verschiebung „1" im Bezugspunkt, also auf der Parallelen zur Tangente an die Stabachse durch das Widerlagergelenk liegen. So erhält man die Momentanzentren der drei Scheiben; im Bezugspunkt entsteht jetzt bei lotrechter Belastung eine Unstetigkeit $1 \cdot \cos \psi$, die den Maßstab festlegt; denn entsprechend der Verschiebung „1" senkrecht zur Stabachse ändert sich die Ordinate hier sprunghaft um $1 \cdot \cos \psi$, bzw. $1 \cdot \sin \psi$ bei waagrechter Belastung. Unter dem Scheitelgelenk als Relativpol 2,3 der Scheiben *II* und *III* erhält die Einflußlinie eine Ecke.

Endlich ist auch noch die Einflußlinie für die Normalkraft (Druck) des Bogens auf kinematischem Wege ermittelt. Jetzt muß das Stabelement im Bezugspunkt um den Betrag „1" verlängert werden; das Momentanzentrum der Scheibe *III* liegt jetzt auf der Normalen zur Tangente an die Stabachse im Bezugspunkt und wird im Schnittpunkt derselben mit der Geraden 1 — 1,3 erhalten, wie dies in Abb. 188d dargestellt ist. Auch in diesem Falle tritt im Bezugspunkt eine sprunghafte

Änderung der Ordinate der Einflußlinie auf; die Unstetigkeit beträgt $1 \cdot \sin \psi$, bzw. $1 \cdot \cos \psi$ bei waagrechter Belastung.

Auch die Einflußlinien komplizierter Tragwerke lassen sich auf diese Weise mitunter recht schnell finden, so z. B. bei dem in Abb. 189 dargestellten System, welches aus zwei Dreigelenkbogen besteht. Auch hier genügt die Anwendung des im Vorhergehenden benützten Satzes, wonach die Momentanzentren und die Relativpole zweier Scheiben auf einer Geraden liegen, um die absoluten Pole der einzelnen Scheiben zu bestimmen. So ist die Einflußlinie des Horizontalschubes (Abb. 189a) und jene des Biegungsmomentes (Abb. 189b) in dem Querschnitt s des ersten Bogens für lotrechte Belastung ermittelt worden. Man braucht, so wie bei den bisherigen Beispielen, nur darauf zu achten, daß Nullstellen der Einflußlinien Momentanzentren, Ecken Relativpolen entsprechen.

Will man die Einflußlinie für eine Stabkraft eines Fachwerkes bestimmen, so hat man dem betreffenden Stab die Verlängerung „1" zu erteilen und die Verschiebungslinie des belasteten Gurtes zu ermitteln. Man denkt sich also den Stab durchschnitten und ein Stück von der Länge „1" eingefügt. Bei einem statisch bestimmten Fachwerk geschieht dies ohne Zwang und keiner der übrigen Stäbe ändert hiedurch seine Länge. Das Fachwerk zerfällt dadurch in einzelne starre Scheiben, deren Momentanzentren und Relativpole auf die gleiche Weise wie früher zum Zeichnen der Einflußlinie verwendet werden.

In Abb. 190 ist die Einflußlinie eines Obergurtstabes eines Kragträgers angegeben. Von den beiden Scheiben, in welche das Tragwerk zerfällt, bleibt die mit I bezeichnete in Ruhe; die Ordinaten der Einflußlinie

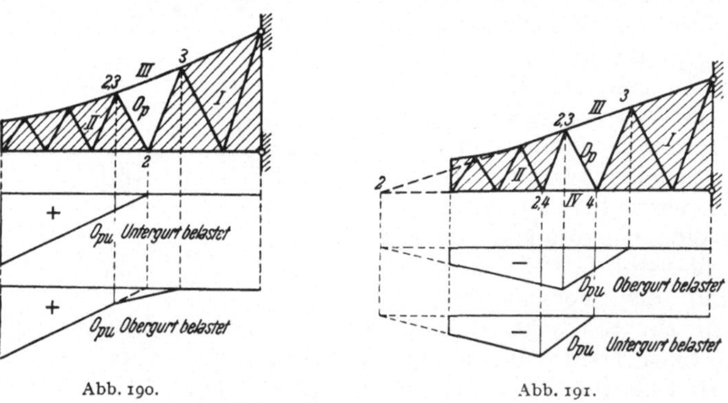

Abb. 190. Abb. 191.

sind daher dort Null. Man erkennt weiters, daß das Momentanzentrum der Scheibe II der RITTERsche Momentenpunkt ist. Verlängert man den Obergurt, so wird sich dadurch die Scheibe II durch Drehung um diesen Punkt senken und wenn der Untergurt belastet ist, erhält man die angegebene Einflußlinie. Ist aber der Obergurt belastet, dann muß man beachten, daß der Lastweg auf Scheibe II im Punkte 2,3, auf Scheibe I im Punkte 3 endet und zwischen diesen beiden Punkten die Verschiebungen des betreffenden Obergurtstabes in Frage kommen. Diese Verschiebungen sind aber durch die Verschiebungen der Knoten 3 und 2,3 gegeben und es entsteht die in Abb. 190 verzeichnete Einflußlinie. Will man die Einflußlinie einer Diagonale erhalten, dann muß man den absoluten Drehpol der Scheibe II in Abb. 191 bestimmen; derselbe liegt, wie aus den Überlegungen in Nr. 4 folgt, auf dem Schnittpunkt der beiden Gurte und dies ist also eine Nullstelle der Einflußlinie. Je nachdem ob Obergurt oder Untergurt belastet sind, kommt es auf die Verschiebungen des die beiden Scheiben I und II verbindenden Obergurt- oder Untergurtstabes an; diese sind durch die Verschiebungen der Enden der betreffenden Stäbe gegeben. So erhält man die dargestellten Einflußlinien.

Die Frage des Maßstabes der Ordinaten der Einflußlinie ist allerdings noch nicht geklärt. Man könnte sich nun entweder einen eigenen Verschiebungsplan zeichnen oder aber, was in diesem Falle einfacher ist, irgendeine Ordinate — am besten die größte — dadurch bestimmen, daß man die Last $P_u = 1$ an dieser Stelle aufstellt und die Stabkraft bestimmt.

Man kann aber auch so vorgehen, daß man für das Fachwerk einen Williot-Plan zeichnet, bei welchem nur jener Stab, dessen Einflußlinie bestimmt werden soll, die Verlängerung „1“ erhält, während die Längenänderungen aller übrigen Stäbe Null sind. Man kann sich diese Aufgabe oftmals dadurch vereinfachen, daß man starre Scheiben, die aus mehreren Stäben bestehen, durch ein einziges Stabdreieck mit ungeänderten Stablängen ersetzt. Dieses Verfahren ist dann von Vorteil, wenn ein Fachwerk aus einer großen Anzahl von Scheiben besteht und das Aufsuchen der Momentanzentren der einzelnen Scheiben verhältnismäßige Mühe macht und umständlich wird. In Abb. 192 ist die Einflußlinie einer Vertikalen auf diese Weise bestimmt worden. Für das Zeichen des Williot-Planes sind zunächst die Punkte a und b festgehalten; dann fallen die Bilder a', b', e', g' und h' mit dem Pol o zusammen. Dann bestimmt man sich das Bild des Punktes c, wobei man darauf achtet, daß der Stab V_p sich um „1“ verlängert hat, also $\Delta v_p = 1$ ist. Nun braucht man nur noch die Bilder d' und f' zu bestimmen; dabei bleiben die Entfernungen c — d und c — f unverändert. In bekannter Weise projizieren wir die Bilder e', g', b', d' und f' unter die betreffenden Fachwerksknoten und erhalten damit die Einflußlinie von V_p bei belastetem Untergurt. Ist der Obergurt belastet, so sind die Verschiebungen der Knoten desselben zu nehmen. Da e und f keine lotrechte Verschiebung erfahren können, erhält man als Schlußlinie die Gerade e^* — f^*.

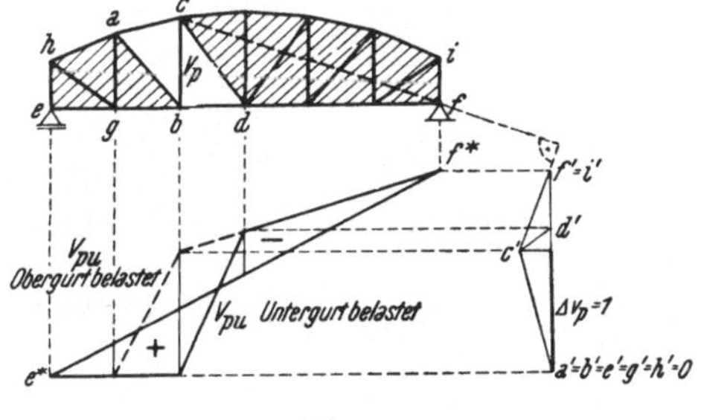

Abb. 192.

93. Einflußlinien für Normalkräfte, Querkräfte, Momente und Auflagerreaktionen von statisch unbestimmten Systemen als Biegelinien. Wendet man das in Nr. 90 angeführte Verfahren zur Bestimmung der Einflußlinie auf statisch unbestimmte Tragwerke an, so muß man die Biegelinie eines $(n-1)$-fach statisch unbestimmten Tragwerkes ermitteln, welche durch die der Bezugsgröße zugeordnete Verformung des Stabelementes im Bezugspunkt hervorgerufen wird. Selbstverständlich ist auch hier die Biegelinie des Lastweges mit den Verschiebungskomponenten in der Richtung der Lasten P_u zu nehmen. Aber jetzt ist die Verformung des Stabelementes im Bezugspunkt nur unter Anwendung von Zwangskräften möglich, durch welche innere Kräfte in dem Tragwerk entstehen und diese erzeugen Formänderungen des Tragwerkes. Die Einflußlinien bestehen daher nicht mehr aus geraden Linien; sie sind gekrümmt, besitzen aber für den Fall, daß der Bezugspunkt auf dem Lastweg liegt, *die gleichen Unstetigkeiten im Bezugspunkt wie schon bei statisch bestimmten Systemen beschrieben.*

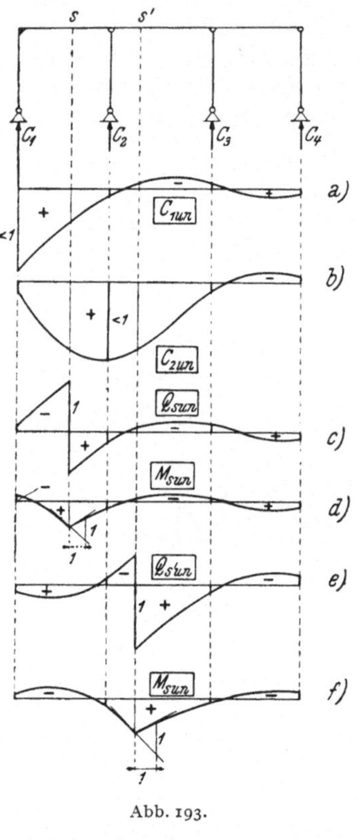

Abb. 193.

Die Ermittlung der Biegelinie eines statisch unbestimmten Systems verursacht aber immerhin einige Arbeit, die für jede Einflußlinie zu wiederholen wäre. In der praktischen Anwendung beschränkt man sich deshalb darauf, die Einflußlinien der statisch unbestimmten Größen auf diese Weise zu bestimmen und leitet sich aus diesen die Einflußlinien anderer Bezugsgrößen mittels der in Nr. 88 angegebenen Gleichungen ab. Man kann aber das in Nr. 90 beschriebene Verfahren sehr gut dazu verwenden, um sich über den Verlauf von irgendwelchen Einflußlinien eines statisch unbestimmten Systemes ein ungefähres Bild zu machen, wenn man sich überlegt, wie die Biegelinie des Lastweges durch die im Bezugspunkt anzunehmende Verformung des Stabelementes aussieht. So stellen die Verschiebungsfelder des Durchlaufträgers in Abb. 183 bereits die Biegelinien und damit die Einflußlinien für lotrechte Belastung vor, denn es treten in diesem Falle überhaupt nur lotrechte Verschiebungen auf. Weitere Beispiele zeigen die Abb. 193 bis 195.

Zunächst sind in Abb. 193 nochmals die Einflußlinien eines Durchlaufträgers dargestellt, der aber jetzt auf nachgiebigen Stützen ruht. In diesem Falle werden infolge der bei der Verformung auftretenden Kräfte in den stützenden Stäben diese ihre Länge ändern und daher die unterstützten Punkte des Durchlaufträgers nicht mehr wie vordem in Ruhe bleiben, sondern sich in lotrechter Richtung verschieben. Dadurch erhalten die Einflußlinien an diesen Stellen von Null verschiedene Ordinaten; allerdings sind diese zumeist sehr klein und ihre Vernachlässigung beeinträchtigt die Genauigkeit nicht sonderlich. Man muß ferner beachten, daß bei der Einflußlinie eines Stützendruckes oder einer Stützenkraft die Verlängerung der Stütze um den Betrag „1“ einen Druck in dem stützenden Stab und damit eine Verkürzung desselben hervorruft; es wird also die lotrechte Verschiebung des Trägers und damit die Ordinate der Einflußlinie kleiner als „1“ sein.

In der Abb. 194 sind die Einflußlinien für Moment, Horizontalschub und Auflagerdruck eines eingespannten Bogens dargestellt. Man

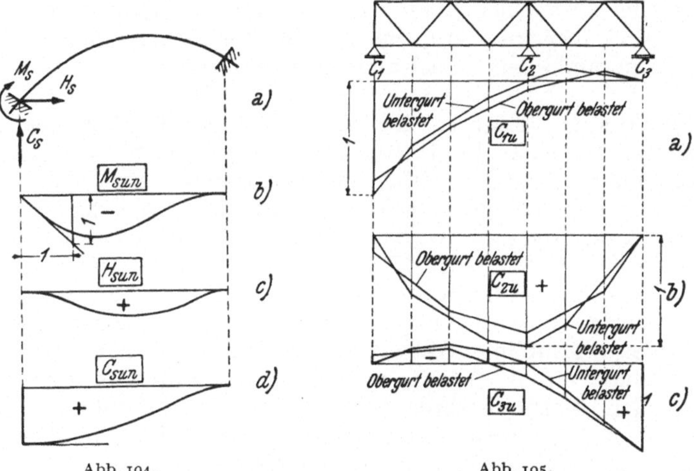

Abb. 194. Abb. 195.

erkennt die charakteristischen Unstetigkeiten der Einflußlinien im Bezugspunkt; aus der Gestalt des verformten Bogens ist ersichtlich, daß infolge der Einspannung in den Kämpfern die Biegelinien und damit auch die Einflußlinien hier tangentiell an die Horizontale verlaufen müssen. Die Längenänderung des Bogens infolge der Normalkräfte ist stets sehr klein, so daß die Bogenlänge fast ungeändert bleibt; deshalb muß der Bogen bei der Verformung teils unter, teils über die ursprüngliche Bogenachse ausweichen und die Ordinaten der Einflußlinien für Momente und Querkräfte wechseln das Vorzeichen.

Die Abb. 195 zeigt die Einflußlinien für die Stützendrücke eines Fachwerkträgers über zwei Felder. Zum Vergleich sind jeweils die Einflußlinien bei Belastung des Untergurtes und des Obergurtes dargestellt. Ist der Untergurt belastet, so tritt unter jener Stütze, für deren Auflagerdruck die Einflußlinie gezeichnet wird, die Ordinate „1“ auf; unter den anderen Stützen ist sie Null, weil die betreffenden Untergurtknoten, durch die Auflager in lotrechter Richtung festgehalten, keine

Verschiebungen in dieser Richtung erfahren. Ist aber der Obergurt belastet und betrachtet man dessen Biegelinie, so sieht man, daß der Obergurtknoten über dem dritten Auflager stets durch eine spannungslose Vertikale mit dem Auflager C_3 verbunden ist. Da sich demnach die Länge der Vertikalen über C_3 nicht ändert, erfährt auch dieser Obergurtknoten dieselbe Verschiebung wie C_3, d. h. bei der Einflußlinie für C_3 die Verschiebung „1", bei den Einflußlinien der beiden anderen Stützendrücke die Verschiebung Null. Hingegen erhalten die Vertikalen über den beiden anderen Auflagern C_1 und C_2 stets Stabkräfte, wenn irgendwelche Zwangsverformungen des Tragwerkes vorgenommen werden. Es tritt also infolge der damit verbundenen Längenänderung eine Verschiebung der Obergurtknoten über den Auflagern C_1 und C_2 ein und die Einflußlinien erhalten an diesen Stellen kleine Ordinaten, bzw. eine Ordinate, die etwas kleiner als „1" ist. Die Unterschiede gegen Null, bzw. „1" sind aber stets so klein, daß ihre Vernachlässigung vom praktischen Standpunkt aus zumeist unbedenklich ist.

94. **Praktische Verfahren zur Ermittlung der Einflußlinien statisch unbestimmter Systeme.** Die beiden Verfahren, die bisher zur Ermittlung der Einflußlinien statisch unbestimmter Systeme entwickelt wurden, erweisen sich für die praktische Berechnung nicht besonders vorteilhaft. Die Berechnungsweise in Nr. 88 verlangt, daß für jeden Querschnitt, in welchem eine Ordinate der Einflußlinien angegeben werden soll, die statisch unbestimmten Größen berechnet, also die Elastizitätsgleichungen aufgelöst werden müssen; dabei liefert jede Laststellung nur eine einzige Ordinate der Einflußlinie. Das zweite Verfahren (nach Nr. 90), welches die Biegelinie des $(n-1)$-fach statisch unbestimmten Systems benützt und das in Nr. 93 erklärt wurde, verlangt für jede Einflußlinie eine gesonderte Auflösung der Elastizitätsgleichungen; man erhält in einem Rechnungsgang sämtliche Ordinaten einer Einflußlinie.

Es erscheint nun zur Verringerung der Rechenarbeit auf der Hand liegend, nur die Einflußlinien der statisch unbestimmten Größen zu bestimmen und jene aller übrigen Größen aus denen der statisch unbestimmten abzuleiten. Dazu benützt man die schon in Nr. 88 angeschriebenen Gleichung

$$E_{sun} = E_{su} + E_{sa} X_{au} + E_{sb} X_{bu} + \ldots,$$

aus denen durch Überlagerung der Einflußlinie E_{su} des Grundsystems und jenen der statisch unbestimmten Größen X_{au}, X_{bu} ... die Einflußlinie E_{sun} des statisch unbestimmten Systems gefunden wird. Unsere Aufgabe besteht demnach vor allem in der Ermittlung der Einflußlinien der statisch unbestimmten Größen X_{au}, X_{bu} ...; hiefür kommen die drei im folgenden beschriebenen Verfahren in Betracht.

95. **Erstes Verfahren zur Bestimmung der Einflußlinien der statisch unbestimmten Größen.** Wenn in den Elastizitätsgleichungen

$$\begin{array}{l}
\delta_{aa} X_{aP} + \delta_{ab} X_{bP} + \ldots \delta_{ai} X_{iP} + \ldots \delta_{aP} = 0 \\
\delta_{ba} X_{aP} + \delta_{bb} X_{bP} + \ldots \delta_{bi} X_{iP} + \ldots \delta_{bP} = 0 \\
\ldots\ldots\ldots\ldots\ldots\ldots \\
\delta_{ia} X_{aP} + \delta_{ib} X_{bP} + \ldots \delta_{ii} X_{iP} + \ldots \delta_{iP} = 0 \\
\ldots\ldots\ldots\ldots\ldots\ldots
\end{array}$$

entsprechend den Ausführungen in Nr. 88 die von P abhängigen Größen δ_{aP}, δ_{bP}, ... δ_{iP} ... durch die Ordinaten ihrer Einflußlinien ersetzt werden, so erhält man das Gleichungssystem

$$\begin{array}{l}
\delta_{aa} X_{au} + \delta_{ab} X_{bu} + \ldots \delta_{ai} X_{iu} + \ldots \delta_{au} = 0 \\
\delta_{ba} X_{au} + \delta_{bb} X_{bu} + \ldots \delta_{bi} X_{iu} + \ldots \delta_{bu} = 0 \\
\ldots\ldots\ldots\ldots\ldots\ldots \\
\delta_{ia} X_{au} + \delta_{ib} X_{bu} + \ldots \delta_{ii} X_{iu} + \ldots \delta_{iu} = 0 \\
\ldots\ldots\ldots\ldots\ldots\ldots
\end{array}$$

dessen Auflösung die gesuchten Ordinaten X_{au}, X_{bu} ... X_{iu} ... der Einflußlinien der statisch unbestimmten Größen aus jenen der denselben zugeordneten Verschiebungen δ_{au}, δ_{bu}, ... δ_{iu} ... zu bestimmen gestatten. Man findet

$$\begin{array}{l}
X_{au} = q_{aa} \delta_{au} + q_{ab} \delta_{bu} + \ldots q_{ai} \delta_{iu} + \ldots \\
X_{bu} = q_{ba} \delta_{au} + q_{bb} \delta_{bu} + \ldots q_{bi} \delta_{iu} + \ldots \\
\ldots\ldots\ldots\ldots\ldots\ldots \\
X_{iu} = q_{ia} \delta_{au} + q_{ib} \delta_{bu} + \ldots q_{ii} \delta_{iu} + \ldots \\
\ldots\ldots\ldots\ldots\ldots\ldots
\end{array} \qquad (95, 13\,a)$$

Die Koeffizienten q_{aa}, q_{ba} ... lassen sich durch folgende Überlegung bestimmen: Setzt man $\delta_{au} = 1$, alle anderen $\delta_{ju} = 0$, so ergeben die eben angeschriebenen Ausdrücke für die X

$$X_{au} = q_{aa} \qquad X_{bu} = q_{ba} \ldots X_{iu} = q_{ia} \ldots \qquad (95, 13\,b)$$

und diese Größen können also durch Auflösen des Gleichungssystems

$$\begin{array}{l}
\delta_{aa} q_{aa} + \delta_{ab} q_{ba} + \ldots \delta_{aj} q_{ja} \ldots + 1 = 0 \\
\delta_{ba} q_{aa} + \delta_{bb} q_{ba} + \ldots \delta_{bj} q_{ja} \ldots \quad = 0 \\
\ldots\ldots\ldots\ldots\ldots\ldots \\
\delta_{ia} q_{aa} + \delta_{ib} q_{ba} + \ldots \delta_{ij} q_{ja} \ldots \quad = 0 \\
\ldots\ldots\ldots\ldots\ldots\ldots
\end{array} \qquad (95, 14\,a)$$

gefunden werden. Mit Hilfe des Satzes über die Gegenseitigkeit der inneren Kräfte, der in Nr. 84 erklärt wurde, läßt sich sofort zeigen, daß

$$q_{ik} = q_{ki} \qquad (95, 15)$$

ist; denn setzt man in den Gl. (95, 13a) $\delta_{iu} = 1$, alle übrigen $\delta_{ru} = 0$, so erhält man

$$X_{au} = q_{ai}, \; X_{bu} = q_{bi} \ldots X_{ku} = q_{ki} \ldots$$

und ebenso mit $\delta_{ku} = 1$, alle übrigen $\delta_{ru} = 0$

$$X_{au}=q_{ak},\ X_{bu}=q_{bk}\ \ldots\ X_{iu}=q_{ik}\ \ldots$$

X_{iu} ist dabei also nur durch die Verschiebung $\delta_{ku}=1$, X_{ku} nur durch $\delta_{iu}=1$ entstanden. Mit den Bezeichnungen von Nr. 84 wird also $X_{iu}=$ $=E_{i\,\Delta k}$ und $X_{ku}=E_{k\,\Delta i}$ und daraus folgt wegen $X_{iu}=q_{ik}$ und $X_{ku}=q_{ki}$ die Behauptung $q_{ik}=q_{ki}$, weil ja nach dem Satz von der Gegenseitigkeit der inneren Kräfte

$$E_{i\,\Delta k}=E_{k\,\Delta i}$$

ist.

Die Einflußlinien der Verschiebungen δ_{au}, δ_{bu}, ... δ_{iu} ... werden nach Nr. 90 als Biegelinien infolge des diesen Größen zugeordneten Hilfsangriffes erhalten, der aber in diesem Falle nichts anderes als die Belastung des Grundsystems mit den Kräften $X_a=1$, $X_b=1$, ... $X_i=$ $=1$ ... vorstellt. Es ist also

$$\delta_{ua}=\delta_{au},\ \delta_{ub}=\delta_{bu},\ \ldots\delta_{ui}=\delta_{iu}\ \ldots \tag{95, 16}$$

und man muß also die Biegelinien des Grundsystems infolge der Belastungen $X_a=1$, $X_b=1$, ... $X_i=1$ ... ermitteln und dann diese Biegelinien nach der durch die Gl. (95, 13a) ausgedrückten Vorschrift überlagern. Selbstverständlich ist dabei stets die Biegelinie des Lastweges mit den Verschiebungskomponenten in der Richtung der wandernden Last $P_u=1$ zu nehmen. Berücksichtigen wir, daß, wie oben bewiesen, $q_{ik}=q_{ki}$ ist, so können wir die Ausdrücke für X_{au}, X_{bu}, ... X_{iu} ... in der Form

$$\begin{aligned}
X_{au} &= \delta_{ua}\, q_{aa} + \delta_{ub}\, q_{ba} + \ldots\ \delta_{ui}\, q_{ia} + \ldots \\
X_{bu} &= \delta_{ua}\, q_{ab} + \delta_{ub}\, q_{bb} + \ldots\ \delta_{ui}\, q_{ib} + \ldots \\
&\ldots\ldots\ldots\ldots\ldots \\
X_{iu} &= \delta_{ua}\, q_{ai} + \delta_{ub}\, q_{bi} + \ldots\ \delta_{ui}\, q_{ii} + \ldots \\
&\ldots\ldots\ldots\ldots\ldots
\end{aligned} \tag{95, 17}$$

anschreiben. Es liefert also die Auflösung des Gleichungssystems (95, 14a) bereits alle q_{ja}, welche in dem Ausdruck für X_{au} vorkommen; das Gleichungssystem

$$\begin{aligned}
\delta_{aa}\, q_{ai} + \delta_{ab}\, q_{bi} + \ldots\ \delta_{ai}\, q_{ii} + \ldots \quad &= 0 \\
\delta_{ba}\, q_{ai} + \delta_{bb}\, q_{bi} + \ldots\ \delta_{bi}\, q_{ii} + \ldots \quad &= 0 \\
\ldots\ldots\ldots\ldots\ldots & \\
\delta_{ia}\, q_{ai} + \delta_{ib}\, q_{bi} + \ldots\ \delta_{ii}\, q_{ii} + \ldots + 1 &= 0 \\
\ldots\ldots\ldots\ldots\ldots &
\end{aligned} \tag{95, 14b}$$

ergibt die q_{ji}, welche als Koeffizienten des Ausdruckes für X_{iu} benötigt werden.

Liegt ein einfach statisch unbestimmtes System vor, so entfällt die Überlagerung der Biegelinien; die Elastizitätsgleichung

$$\delta_{aa}\, X_{au} + \delta_{au} = 0$$

liefert sofort die Ordinaten der Einflußlinie X_{au} (da $\delta_{au}=\delta_{ua}$)

$$X_{au} = -\frac{\delta_{ua}}{\delta_{aa}}, \tag{95, 18}$$

wobei δ_{ua} die Biegelinie des Lastweges in der Richtung der wandernden Last P_u, δ_{aa} die X_a zugeordnete Verschiebung des Angriffspunktes von X_a, beide Verschiebungen am Grundsystem infolge $X_a = 1$ erzeugt, bedeuten. Man erkennt, daß in diesem Fall

$$q_{aa} = -\frac{1}{\delta_{aa}}$$

wird. Zur Erläuterung folgen einige Beispiele.

1. Beispiel: Bei dem in Abb. 196 dargestellten Durchlaufträger über zwei Felder von 18,0 und 12,0 m Stützweite und konstantem Trägheitsmoment ist der Stützendruck im mittleren Auflager als statisch unbestimmte Größe gewählt. Es soll die Einflußlinie desselben ermittelt werden. Wir erhalten bei diesem einfach statisch unbestimmten System für die Ordinaten der Einflußlinie nach Gl. (95, 18)

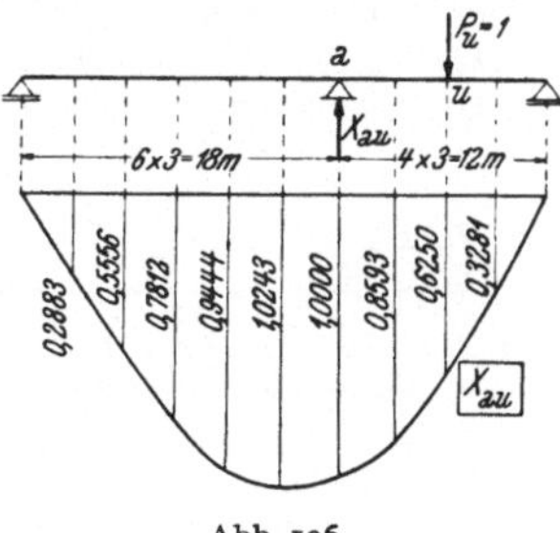

Abb. 196.

$$X_{au} = -\frac{\delta_{ua}}{\delta_{aa}}.$$

δ_{ua} ist die Biegelinie infolge der Belastung $X_a = 1$ des Grundsystems. Zu ihrer Ermittlung verwenden wir die in Nr. 50 abgeleitete Gl. (50, 33) für die Durchbiegung eines freiaufliegenden Trägers an der Stelle ξ, wenn die Last die Abstände a vom linken, bzw. b vom rechten Auflager besitzt und l die Stützweite vorstellt:

$$EJ_0 \delta_{iP} = P \frac{b\,\xi}{6\,l} [a\,(l+b) - \xi^2] \quad (\xi \leq a).$$

In unserem Falle ist

$$\delta_{iP} = -\delta_{ua}, \quad \xi = u, \quad a = 18{,}0 \text{ m}, \quad b = 12{,}0 \text{ m}, \quad l = 30{,}0 \text{ m}, \quad P = 1,$$

und es gilt daher für die Querschnitte u im ersten Feld

$$EJ_0 \delta_{au} = -\frac{12{,}0 \cdot u}{6 \cdot 30{,}0} [18{,}0\,(30{,}0 + 12{,}0) - u^2]$$
$$= -\frac{u}{15} (756 - u^2)$$

Im zweiten Feld ist u durch $30{,}0 - u$ zu ersetzen und a und b zu vertauschen, so daß man

$$EJ_0 \delta_{au} = -\frac{18\,(30{,}0 - u)}{6 \cdot 30{,}0} [12{,}0\,(30{,}0 + 18{,}0) - (30{,}0 - u)^2] =$$
$$= -\frac{30{,}0 - u}{10} [576 - (30{,}0 - u)^2]$$

erhält. Wir teilen hiebei das erste Feld in 6, das zweite in 4 gleiche Teile. Bezüglich δ_{aa} ist zu bemerken, daß es nur dann gleich δ_{ua} im Querschnitt a ($u = 18{,}0$ m) ist, wenn die Mittelstütze nicht nachgiebig ist. Ist sie aber durch einen nachgiebigen Stab gestützt, dann kommt noch die Zusammendrückung Δ dieser Stütze hinzu; wir benötigen $EJ_0\Delta$ und hiefür ergibt sich z. B. mit $J_0 = 0{,}14$ m^4, $F = 0{,}2435$ m^2 und $h = 8{,}00$ m (Querschnitt und Höhe der Stütze)

$$EJ_0 \Delta = \frac{8{,}00 \cdot 0{,}14}{0{,}2435} = 4{,}6 \text{ m}^3.$$

Die Rechnung ist in Tab. 44 durchgeführt (Benennungen t und m):

Tabelle 44.

1. Feld

u	u^2	$756 - u^2$	$EJ_0\,\delta_{ua}$	$X_{au} = -\dfrac{EJ_0\,\delta_{ua}}{EJ_0\,\delta_{aa}}$	$X_{au}' = -\dfrac{EJ_0\,\delta_{ua}}{EJ_0\,\delta_{aa}'}$
3,0	9,0	747	— 149,4	0,2883	0,2856
6,0	36,0	720	— 288,0	0,5556	0,5507
9,0	81,0	675	— 405,0	0,7812	0,7744
12,0	144,0	612	— 489,6	0,9444	0,9361
15,0	225,0	531	— 531,0	1,0243	1,0150
18,0	324,0	432	— 518,4	1,0000	0,9912

2. Feld

$30{,}0 - u$	$(30{,}0 - u)^2$	$576 - (30{,}0 - u)^2$	$EJ_0\,\delta_{ua}$	X_{au}	X_{au}'
12,0	144,0	432	— 518,4	1,0000	0,9912
9,0	81,0	495	— 445,5	0,8593	0,8518
6,0	36,0	540	— 324,0	0,6250	0,6195
3,0	9,0	567	— 170,1	0,3281	0,3252

$$EJ_0\,\delta_{aa} = 518{,}4 \text{ tm}^3 \qquad EJ_0\,\delta_{aa}' = 518{,}4 + 4{,}6 = 523{,}0 \text{ tm}^3$$

Dabei sind die Ordinaten der Einflußlinie für eine feste Mittelstütze X_{au} mit $EJ_0\,\delta_{aa} = 518{,}4$ und für eine nachgiebige Stützung X_{au}' mit $EJ_0\,\delta_{aa}' = 523{,}0$ einander gegenübergestellt. Je nachgiebiger die Mittelstütze ist, um so kleiner werden die Ordinaten; sie verschwinden, wenn die Stütze überhaupt keinen Druck infolge ihrer Nachgiebigkeit aufnehmen kann.

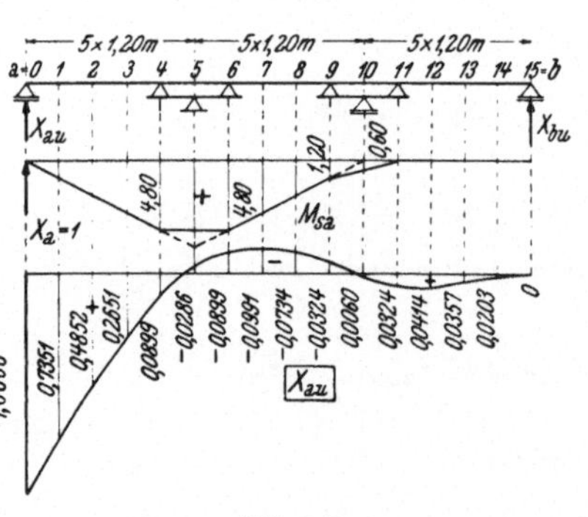

Abb. 197.

2. Beispiel. In Abb. 197 ist ein Durchlaufträger über drei Felder dargestellt. Die Auflagerung auf den beiden Mittelstützen erfolgt mit Kopfträgern. Der Träger, dessen Trägheitsmoment konstant angenommen ist, wird dadurch insgesamt an sechs Stellen unterstützt; doch ist das Tragwerk trotzdem nur zweifach statisch unbestimmt, denn die beiden Stützdrücke, die durch den Kopfträger auf den Träger ausgeübt werden, sind gleich groß. Als statisch unbestimmte Größen werden die Stützdrücke an den beiden Enden gewählt. Die für die Rechnung notwendigen Abmessungen und die Querschnitte, an denen Ordinaten der Einflußlinien verlangt werden, sind der Abb. 197a zu entnehmen.

Um die Biegelinien δ_{ua} und δ_{ub} zu erhalten, bestimmen wir zunächst die Momente M_{sa} und M_{sb} infolge $X_a = 1$ und $X_b = 1$. Das Grundsystem ist ein freiaufliegender Balken mit Kragarmen, dessen Momente infolge der Belastung $X_a = 1$, bzw. $X_b = 1$, auch unter Berücksichtigung der Stützung durch die Kopfträger einfach zu ermitteln sind. Man braucht bloß die Momentlinie, die bei gewöhnlicher Stützung ohne Kopfträger entsteht, über den Stützen — ähnlich wie bei mittelbarer Belastung — abzuschrägen. So erhält man die in der ersten Spalte der folgenden Tabelle angegebenen Momente M_{sa}. Wegen der Symmetrie des Trägers sind die M_{sb} spiegelgleich den M_{sa}; dasselbe gilt für die δ_{ua} und δ_{ub}. Es genügt daher die Ermittlung der Biegelinie δ_{ua}.

Da die Stellen, an denen die Einflußlinienordinaten ermittelt werden sollen, äquidistant sind, kann die Gl. (28, 13), bzw. Gl. (55, 6)

$$EJ_0 W_n = \frac{1}{6} \Delta x \, (M_{n-1} + 4\, M_n + M_{n+1})$$

verwendet werden; sie gibt in dem vorliegenden Falle genaue Resultate, weil sich die Momente in den einzelnen Teilintervallen linear ändern. Hiebei ist $\frac{\Delta x}{6} = \frac{1,20}{6} = 0,2$ m.

Tabelle 45.

n	u	M_{na}	$4\,M_{na}$	$M_{n-1} + 4\,M_n + M_{n+1}$	$EJ_0 W_n$	$EJ_0 \sum W_n$	$EJ_0 \sum W_n \Delta x$	$EJ_0 \delta'_{ua}$
0	0	0	0	1,20	0,24			0
1	1,2	1,20	4,80	7,20	1,44	0,24	0,288	0,288
2	2,4	2,40	9,60	14,40	2,88	1,68	2,016	2,304
3	3,6	3,60	14,40	21,60	4,32	4,56	5,572	7,776
4	4,8	4,80	19,20	27,60	5,52	8,88	10,656	18,432
5	6,0	4,80	19,20	28,80	5,76	14,40	17,280	35,712
6	7,2	4,80	19,20	27,60	5,52	20,16	24,192	59,904
7	8,4	3,60	14,40	21,60	4,32	25,68	30,816	90,720
8	9,6	2,40	9,60	14,40	2,88	30,00	36,000	126,720
9	10,8	1,20	4,80	7,80	1,56	32,88	39,456	166,176
10	12,0	0,60	2,40	3,60	0,72	34,44	41,328	207,504
11	13,2	0	0	0,60	0,12	35,16	42,192	249,696
12	14,4	0	0	0	0	35,28	42,336	292,032
13	15,6	0	0	0	0	35,28	42,336	334,368
14	16,8	0	0	0	0	35,28	42,336	376,704
15	18,0	0	0	0	0	35,28	42,336	419,040

Die Ordinaten der Biegelinie, die in der vorstehenden Tabelle als Momente der $EJ_0 W_n$ in bekannter Weise bestimmt worden sind und mit $EJ_0 \delta_{ua}'$ bezeichnet wurden, sind noch durch eine Drehung des Trägers zu korrigieren. Denn die bislang erhaltene Biegelinie setzt voraus, daß der Träger im Querschnitt *o* eingespannt ist. Tatsächlich dürfen aber die Stützpunkte der Kopfträger keine Verschiebung erfahren haben, wenn von der Zusammendrückung der Stützen abgesehen wird. Vernachlässigen wir weiters die Verbiegung der Kopfträger, so ergibt sich bei der vorliegenden Biegelinie eine Verschiebung der Kopfträgermitte gleich dem arithmetischen Mittel der beiden Kopfträgerenden, also bei der ersten Mittelstütze von Querschnitt 4 und 6

$$\frac{1}{2}(18{,}432+59{,}904)=39{,}168$$

und bei der zweiten Mittelstütze von Querschnitt 9 und 11

$$\frac{1}{2}(166{,}176+249{,}696)=207{,}936.$$

Die Verschiebungen $EJ_0\,\delta_{ua}''$, die an den einzelnen Stellen u auftreten, wenn man durch eine Drehung die beiden Verschiebungen $EJ_0\,\delta_{5a}'=39{,}168$ und $EJ_0\,\delta_{10a}'=$ $=207{,}936$ wegschaffen will, sind durch

$$EJ_0\,\delta_{ua}''=EJ_0\,\delta_{au}''=cu+d$$

darzustellen. Es wird also für die Mitte des ersten Kopfbalkens

$$-39{,}168=6c+d,$$

für die Mitte des zweiten

$$-207{,}936=12\,c+d,$$

daraus $c=-28{,}128$ und $d=129{,}600$ und endlich

$$EJ_0\,\delta_{ua}=EJ_0\,(\delta_{ua}'+\delta_{ua}'').$$

Die auf diese Weise berechneten Ordinaten der Biegelinie $EJ_0\,\delta_{ua}$ sind in Tab. 46 angegeben. Die Ordinaten $EJ_0\,\delta_{ub}$ sind, durch Vertauschen von rechter und linker Trägerhälfte erhalten, ebenfalls angeführt.

Tabelle 46.

u	$EJ_0\delta_{ua}'$	$EJ_0\,\delta_{ua}''$	$EJ_0\,\delta_{ua}$	$EJ_0\,\delta_{ub}$	$EJ_0\,k\,\delta_{ub}$	$EJ_0\,(\delta_{ua}+k\delta_{ub})$	$X_{au}=\dfrac{EJ_0\,(\delta_{ua}+k\cdot\delta_{ub})}{EJ_0\,(\delta_{aa}+k\cdot\delta_{ab})}$
0	0	129,600	129,600	42,336	— 13,830	115,770	1,0000
1,2	0,288	95,846	96,134	33,754	— 11,027	85,107	0,7351
2,4	2,304	62,093	64,397	25,171	— 8,223	56,174	0,4852
3,6	7,776	28,339	36,115	16,589	— 5,419	30,696	0,2651
4,8	18,432	— 5,414	13,018	8,006	— 2,615	10,403	0,0899
6,0	35,712	— 39,168	— 3,456	— 0,432	0,141	— 3,315	— 0,0286
7,2	59,904	— 72,922	— 13,018	— 8,006	2,615	— 10,403	— 0,0899
8,4	90,720	— 106,675	— 15,955	— 13,709	4,478	— 11,477	— 0,0991
9,6	126,720	— 140,429	— 13,709	— 15,955	5,212	— 8,497	— 0,0734
10,8	166,176	— 174,182	— 8,006	— 13,018	4,253	— 3,753	— 0,0324
12,0	207,504	— 207,936	— 0,432	— 3,456	1,129	0,697	0,0060
13,2	249,696	— 241,690	8,006	13,018	— 4,253	3,753	0,0324
14,4	292,032	— 275,443	16,589	36,115	— 11,798	4,791	0,0414
15,6	334,368	— 309,197	25,171	64,397	— 21,036	4,135	0,0357
16,8	376,704	— 342,950	33,754	96,134	— 31,404	2,350	0,0203
18,0	419,040	— 376,704	42,336	129,600	— 42,336	0,000	0,0000

Der Tab. 46 können die Werte δ_{aa}, δ_{ab} und δ_{bb}, welche als Koeffizienten der Gleichungssysteme (95, 14) zur Bestimmung der Werte q_{aa}, q_{ab} und q_{bb} benötigt werden, sofort entnommen werden. Es ist in unserem Falle

$$EJ_0\,\delta_{aa} = EJ_0\,\delta_{ua}\ (\text{in } u = 0) \qquad = 129{,}600$$
$$EJ_0\,\delta_{ba} = EJ_0\,\delta_{ua}\ (\text{in } u = 18{,}0\ \text{m}) = \ 42{,}336$$
$$EJ_0\,\delta_{bb} = EJ_0\,\delta_{ub}\ (\text{in } u = 18{,}0\ \text{m} \ = 129{,}600.$$

Doch läßt sich das Auflösen des Gleichungssystems für $q_{aa}, q_{ba} \ldots$ und die Überlagerung

$$X_{au} = \delta_{ua}\, q_{aa} + \delta_{ub}\, q_{ba}$$
$$X_{bu} = \delta_{ua}\, q_{ab} + \delta_{ub}\, q_{bb}$$

durch folgende Überlegung umgehen: Die Einflußlinie für X_a muß in b, das ist für $u = 18{,}0$ m die Ordinate Null und in a, das ist für $u = 0$ die Ordinate „1" besitzen. Wir multiplizieren also die $EJ_0\delta_{ub}$ mit $k = -\frac{42{,}336}{129{,}600} = -0{,}326667$ und bilden die Werte $EJ_0\,(\delta_{ua} + k\,\delta_{ub})$; dann wird die Bedingung, daß die Ordinate von X_a in $u = 18{,}0$ verschwindet, erfüllt sein. Hingegen tritt in $u = 0$ anstatt „1" der Wert 115,770 auf. Deshalb sind die $EJ_0\,(\delta_{ua} + k\,\delta_{ub})$ noch durch 115,770 zu dividieren, um die endgültigen X_{au} zu erhalten. Diese Rechenoperationen sind in den drei letzten Spalten der obenstehenden Tabelle durchgeführt.

Wie schon erwähnt, erübrigt sich wegen der Symmetrie des Tragwerkes eine Berechnung der Ordinaten X_{bu}; denn sie sind gleich den X_{au}, wenn man rechts und links vertauscht.

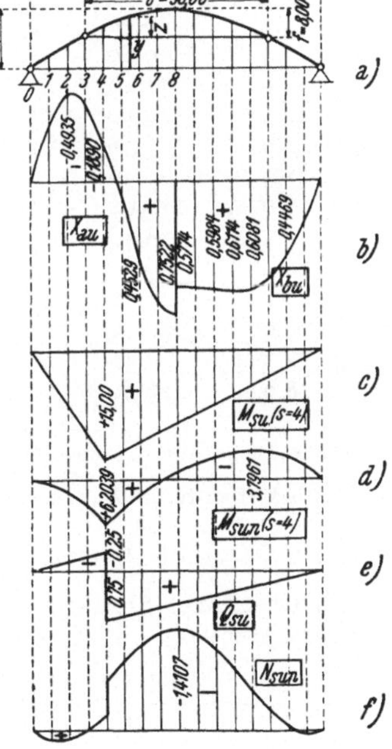

Abb. 198.

3. Beispiel.

Als weiteres Beispiel bestimmen wir die Einflußlinien der statisch unbestimmten Größen eines Zweigelenkbogens, der überdies noch ein Zugband besitzt; dieses Tragwerk ist in Abb. 198a dargestellt. Das System ist zweifach statisch unbestimmt; als statisch unbestimmte Größen wählen wir die Kraft im Zugband X_a und den Horizontalschub X_b. Wir stellen zunächst die für die Berechnung benötigten, von der Bogenform abhängigen Größen zusammen; unter der Voraussetzung, daß der Bogen nach einer Parabel geformt ist und die Ordinaten der Einflußlinie an acht Stellen in jeder Bogenhälfte bestimmt werden sollen, ergibt sich bei einer Stützweite von 80,00 m und einem Pfeil von 20,48 m die Bogenordinate y

$$y = 0{,}080 \cdot 4 \cdot u\,(16 - u) \qquad (u = 1, 2 \ldots 8).$$

Da die Winkelgewichte für die erforderlichen Biegelinien nach der Gl. (49,29b) ermittelt werden sollen, bestimmen wir überdies auch die Werte von y an den Stellen $\frac{1}{2}, 1\frac{1}{2}, 2\frac{1}{2} \ldots$ Weiters sind in Tab. 47 auch die Werte $y' = \operatorname{tg}\varphi$ angegeben, aus denen mittels $\sqrt{1 + \operatorname{tg}^2\varphi} = \sec\varphi$ erhalten wird.

Es ist $\frac{dy}{du} = 5{,}12 - 0{,}64\,u$ und weil das Intervall von u bis $u+1$ 5,00 m lang ist, gilt $x = 5\,u$ und es wird

$$y' = \operatorname{tg} \varphi = \frac{d\,y}{d\,x} = \frac{1}{5{,}00}\,(5{,}12 - 0{,}64\,u) = 1{,}024 - 0{,}128\,u.$$

Endlich sind in Tab. 47 auch noch die Ordinaten z des Bogens über dem Zugband angeführt; das Zugband geht durch den Querschnitt 3, dessen Ordinate 12,48 m beträgt; also ist

$$z = y - 12{,}48.$$

Tabelle 47.

u	$16-u$	$y = 0{,}32u(16-u)$	$z = y - 12{,}48$	$y' = 1{,}024 - 0{,}128u$	$\sec\varphi = \sqrt{1+y'^2}$	$\frac{J_0}{J}$	$\frac{J_0}{J}\sec\varphi$
0	16,0	0	—	1,024	1,431	—	0
0,5	15,5	2,48	—	0,960	1,386	2,2	3,049
1,0	15,0	4,80	—	0,896	1,343	2,0	2,686
1,5	14,5	6,96	—	0,832	1,301	1,8	2,342
2,0	14,0	8,96	—	0,768	1,261	1,6	2,018
2,5	13,5	10,80	—	0,704	1,223	1,4	1,712
3,0	13,0	12,48	0,00	0,640	1,187	1,2	1,424
3,5	12,5	14,00	1,52	0,576	1,154	1,2	1,385
4,0	12,0	15,36	2,88	0,512	1,124	1,0	1,124
4,5	11,5	16,56	4,08	0,448	1,096	1,0	1,096
5,0	11,0	17,60	5,12	0,384	1,071	1,0	1,071
5,5	10,5	18,48	6,00	0,320	1,050	1,2	1,260
6,0	10,0	19,20	6,72	0,256	1,032	1,2	1,238
6,5	9,5	19,76	7,28	0,192	1,018	1,4	1,425
7,0	9,0	20,16	7,68	0,128	1,008	1,4	1,411
7,5	8,5	20,40	7,92	0,064	1,002	1,4	1,403
8,0	8,0	20,48	8,00	0,000	1,000	1,4	1,400

Die Biegelinie δ_{ua} zufolge der Belastung $X_a = 1$ und δ_{ub} zufolge $X_b = 1$ erhält man als Momentenlinien eines freiaufliegenden Trägers mit der Belastung $M_{sa}\,\frac{J_0}{J}\sec\varphi$, bzw. $M_{sb}\,\frac{J_0}{J}\sec\varphi$. Wie man sich leicht überzeugt, wird $M_{sa} = -z$ und $M_{sb} = -y$. Nach Gl. 28, 13, bzw. Gl. 55, 6 belasten wir hier, wo alle Intervalle $\Delta\,x$ gleich groß sind, mit

$$W_{ua} = -\frac{\Delta\,x}{3}\left[\left(z\,\frac{J_0}{J}\sec\varphi\right)_{u-\frac{1}{2}} + \left(z\,\frac{J_0}{J}\sec\varphi\right)_{u} + \left(z\,\frac{J_0}{J}\sec\varphi\right)_{u+\frac{1}{2}}\right]$$

und

$$W_{ub} = -\frac{\Delta\,x}{3}\left[\left(y\,\frac{J_0}{J}\sec\varphi\right)_{u-\frac{1}{2}} + \left(y\,\frac{J_0}{J}\sec\varphi\right)_{u} + \left(y\,\frac{J_0}{J}\sec\varphi\right)_{u+\frac{1}{2}}\right].$$

Wir verwenden der Einfachheit halber die Werte $W_{ua}/\Delta\,x$ und $W_{ub}/\Delta\,x$, überdies Q an Stelle von $Q\,\Delta\,x$ und erhalten deshalb die mit $\frac{E J_0}{\Delta\,x^2}$ multiplizierten Werte δ_{ua} und δ_{ub}.

Die Ausdrücke

$$X_{au} = \delta_{ua}\,q_{aa} + \delta_{ub}\,q_{ba}$$

und

$$X_{bu} = \delta_{ua}\,q_{ab} + \delta_{ub}\,q_{bb}$$

stellen Differenzen vor; es müssen daher $\delta_{ua} = \delta_{au}$ und $\delta_{ub} = \delta_{bu}$ hinreichend genau bestimmt werden, um auch X_{au} und X_{bu} mit der notwendigen Genauigkeit zu erhalten. Aus diesem Grunde ist es zumeist erforderlich, δ_{ua} und δ_{ub} rechnerisch zu ermitteln und auf die zeichnerische Bestimmung der Momente von W_{ua} und W_{ub} mittels eines Seilpolygones zu verzichten. In Tab. 48 sind zunächst die Werte $y \frac{J_0}{J} \sec \varphi$ und $z \frac{J_0}{J} \sec \varphi$ angeschrieben. Dann sind die Werte $\frac{W_{ua}}{\Delta x}$ und $\frac{W_{ub}}{\Delta x}$ an den einzelnen Stellen u als arithmetische Mittel dieser Werte in den drei aufeinanderfolgenden Stellen $u - \frac{1}{2}$, u, $u + \frac{1}{2}$ angegeben und mit dieser Belastung in üblicher Weise die Momente an den Stellen u bestimmt.

Tabelle 48.

u	$z \frac{J_0}{J} sec\, \varphi$	$\frac{W_{ua}}{\Delta x}$	Q	$\delta_{ua} \cdot \frac{EJ_0}{\Delta x^2}$	$y \frac{J_0}{J} sec\, \varphi$	$\frac{W_{ub}}{\Delta x}$	Q	$\delta_{ub} \cdot \frac{EJ_0}{\Delta x^2}$
0	0	—		0	0	—		0
0,5	0		— 34,907		7,562		— 154,587	
1,0	0	0		— 34,907	12,893	— 12,252		— 154,587
1,5	0		— 34,907		16,300		— 142,335	
2,0	0	0		— 69,814	18,081	— 17,624		— 296,922
2,5	0		— 34,907		18,490		— 124,711	
3,0	0	— 0,702		— 104,721	17,771	— 18,550		— 421,633
3,5	2,105		— 34,205		19,390		— 106,161	
4,0	3,237	— 3,271		— 138,926	17,264	— 18,268		— 527,791
4,5	4,472		— 30,934		18,150		— 87,893	
5,0	5,483	— 5,838		— 169,860	18,850	— 20,095		— 615,687
5,5	7,560		— 25,096		23,285		— 67,798	
6,0	8,320	— 8,751		— 194,956	23,770	— 25,071		— 683,485
6,5	10,374		— 16,345		28,158		— 42,727	
7,0	10,837	— 10,774		— 211,301	28,446	— 28,408		— 726,212
7,5	11,112		— 5,571		28,621		— 14,319	
8,0	11,200	— 5,571		— 216,672	28,672	— 14,319		— 740,531

Nunmehr werden die Koeffizienten der Elastizitätsgleichungen bestimmt. Es ist

$$EJ_0\, \delta_{aa} = \int M_{sa}{}^2 \frac{J_0}{J} \sec \varphi\, dx + 1 \cdot \frac{J_0}{F} l' = \int z^2 \frac{J_0}{J} \sec \varphi\, dx + \frac{J_0}{F} l'$$

$$EJ_0\, \delta_{bb} = \int M_{sb}{}^2 \frac{J_0}{J} \sec \varphi\, dx = \int y^2 \frac{J_0}{F} \sec \varphi\, dx$$

$$EJ_0\, \delta_{ab} = \int M_{sa} M_{sb} \frac{J_0}{J} \sec \varphi\, dx = \int y z \frac{J_0}{J} \sec \varphi\, dx.$$

Die Zusammendrückung des Bogens infolge der Normalkräfte N_{sa} und N_{sb} wurde hierbei vernachlässigt und nur bei δ_{aa} die Dehnung des Zugbandes im Betrage von $\frac{l'}{EF}$ berücksichtigt; F bedeutet die Fläche des Zugbandes, l' seine Länge. $\frac{J_0}{F}$ wurde mit 1,40 m² angenommen, l' beträgt 50,00 m, so daß das Zusatzglied zu $\frac{3}{2} EJ_0\, \delta_{aa}/\Delta x$

$$\frac{3}{2} \frac{l'}{\Delta x} \frac{J_0}{F} = \frac{3}{2} \frac{50{,}00}{5{,}00} 1{,}40 = 21 \text{ m}^2$$

beträgt. Die Integrationen sind mittels der Simpsonschen Näherungsformel durchgeführt (vgl. Nr. 49).

Tabelle 49.

u	$z^2 \frac{J_0}{J} \sec\varphi$	a	$a z^2 \frac{J_0}{J} \sec\varphi$	$yz \frac{J_0}{J} \sec\varphi$	a	$a yz \frac{J_0}{J} \sec\varphi$	$y^2 \frac{J_0}{J} \sec\varphi$	a	$a y^2 \frac{J_0}{J} \sec\varphi$
0	—		—	—		—	0,00	1	0,00
1	—		—	—		—	61,89	4	247,56
2	—		—	—		—	162,01	2	324,02
3	0,000	1	0,000	0,00	1	0,00	221,78	4	887,12
4	9,322	4	37,288	49,72	4	198,88	265,18	2	530,36
5	28,073	2	56,146	96,51	2	193,02	331,76	4	1327,04
6	55,910	4	223,640	159,73	4	638,92	456,38	2	912,76
7	83,227	2	166,454	218,46	2	436,92	573,47	4	2293,68
8	89,600	2	179,200	229,38	2	458,76	587,20	1	587,20
			662,728						
			21,000						

$$\frac{3}{2}\,\frac{EJ_0}{\varDelta x}\,\delta_{aa} = 683{,}728 \qquad \frac{3}{2}\,\frac{EJ_0}{\varDelta x}\,\delta_{ab} = 1926{,}50 \qquad \frac{3}{2}\,\frac{EJ_0}{\varDelta x}\,\delta_{bb} = 7109{,}94$$

Also wird

$$\frac{EJ_0}{\varDelta x}\,\delta_{aa} = 455{,}82, \qquad \frac{EJ_0}{\varDelta x}\,\delta_{ab} = 1284{,}33 \text{ und } \frac{EJ_0}{\varDelta x}\,\delta_{bb} = 4739{,}96.$$

Die Gleichungen zur Bestimmung von q_{aa}, q_{ab} und q_{bb} lauten somit, wenn wir die Gl. (95, 14) mit $EJ_0/\varDelta x$ multiplizieren,

$$\begin{aligned} 455{,}82\, q_{aa} + 1284{,}33\, q_{ba} + \frac{EJ_0}{\varDelta x} &= 0 \\ 1284{,}33\, q_{aa} + 4739{,}96\, q_{ba} &= 0 \end{aligned} \quad \text{mit den Lösungen} \quad \begin{aligned} q_{aa} &= -0{,}0092747 \cdot EJ_0/\varDelta x \\ q_{ba} &= 0{,}0025130 \cdot EJ_0/\varDelta x \end{aligned}$$

$$\begin{aligned} 455{,}82\, q_{ab} + 1284{,}33\, q_{bb} &= 0 \\ 1284{,}33\, q_{ab} + 4739{,}96\, q_{bb} + \frac{EJ_0}{\varDelta x} &= 0 \end{aligned} \quad \text{mit den Lösungen} \quad \begin{aligned} q_{ab} &= 0{,}0025130 \cdot EJ_0/\varDelta x \\ q_{bb} &= -0{,}0008919 \cdot EJ_0/\varDelta x. \end{aligned}$$

Die Ordinaten der Einflußlinien für die beiden statisch unbestimmten Größen werden also durch die Gleichung

$$\begin{aligned} X_{au} &= -0{,}0092747\, \frac{EJ_0}{\varDelta x}\,\delta_{ua} + 0{,}0025130\, \frac{EJ_0}{\varDelta x}\,\delta_{ub} = \\ &= -0{,}0463735\, \frac{EJ_0}{\varDelta x^2}\,\delta_{ua} + 0{,}012565\, \frac{EJ_0}{\varDelta x^2}\,\delta_{ub} \\ X_{bu} &= +0{,}0025130\, \frac{EJ_0}{\varDelta x}\,\delta_{ua} - 0{,}0008919\, \frac{EJ_0}{\varDelta x}\,\delta_{ub} = \\ &= +0{,}012565\, \frac{EJ_0}{\varDelta x^2}\,\delta_{ua} - 0{,}0044595\, \frac{EJ_0}{\varDelta x^2}\,\delta_{ub} \end{aligned}$$

erhalten.

Diesen Gleichungen entsprechend sind die Ordinaten X_{au} und X_{bu} in Tab. 50 zusammengestellt.

Tabelle 50.

u	$\frac{EJ_0}{\Delta x^2}\delta_{ua}$	$\frac{EJ_0}{\Delta x^2}\delta_{ub}$	$-0{,}0463735\,\frac{EJ_0}{\Delta x^2}\delta_{ua}$	$+0{,}012565\,\frac{EJ_0}{\Delta x^2}\delta_{ub}$	X_{au}	$+0{,}012565\,\frac{EJ_0}{\Delta x^2}\delta_{ua}$	$-0{,}0044595\,\frac{EJ_0}{\Delta x^2}\delta_{ub}$	X_{bu}
0	—	—	0	0	0	0	0	0
1	— 34,91	— 154,59	1,6189	— 1,9425	— 0,3236	— 0,4387	0,6894	0,2507
2	— 69,81	— 296,92	3,2373	— 3,7308	— 0,4935	— 0,8772	1,3241	0,4469
3	— 104,72	— 421,63	4,8564	— 5,2978	— 0,4414	— 1,3158	1,8803	0,5645
4	— 138,93	— 527,79	6,4427	— 6,6317	— 0,1890	— 1,7456	2,3537	0,6081
5	— 169,86	— 615,69	7,8770	— 7,7362	0,1408	— 2,1343	2,7457	0,6114
6	— 194,96	— 638,49	9,0410	— 8,5881	0,4529	— 2,4497	3,0481	0,5984
7	— 211,30	— 726,21	9,7988	— 9,1248	0,6740	— 2,6550	3,2386	0,5836
8	— 216,67	— 740,53	10,0570	— 9,3048	0,7522	— 2,7250	3,3024	0,5774

Die Abb. 198b zeigt den Verlauf dieser beiden Einflußlinien. Bezüglich Abb. 198c bis f siehe Nr. 98, 3. Beispiel.

4. Beispiel. Als Beispiel für die Bestimmung der Einflußlinien der statisch unbestimmten Größen eines Fachwerkes wählen wir den in Abb. 199 dargestellten Parallelträger; in den drei mittleren Feldern sind Gegendiagonalen vorhanden, wodurch ein dreifach statisch unbestimmtes Tragwerk entsteht. Als statisch unbestimmte Größen wählen wir die mit t_3, t_4 und t_5 bezeichneten Diagonalen. Das Grundsystem ist demnach ein Parallelträger, dessen Biegelinien der Reihe nach für die Belastungen $X_a = 1$ (t_3), $X_b = 1$ (t_4) und $X_c = 1$ (t_5) zu bestimmen sind. Diese Belastungen ergeben nur in den 6 Stäben des betreffenden Feldes Stabkräfte, alle anderen Stäbe sind spannungslos. Mit $\operatorname{tg}\varphi = 7/6$, $\sin\varphi = 0{,}75926$ und $\cos\varphi = 0{,}65079$ erhält man infolge der Belastungen $X_a = 1$, $X_b = 1$ und $X_c = 1$ die Stabkräfte

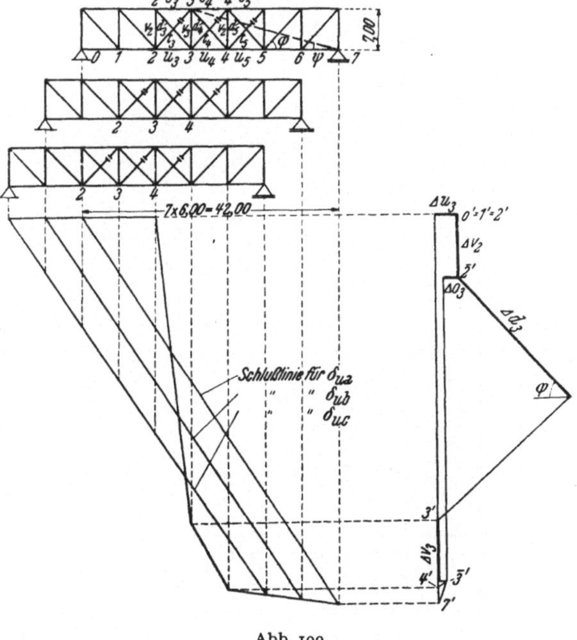

Abb. 199.

$$o = u = -\cos\varphi = -0{,}65079, \quad v = v' = -\sin\varphi = -0{,}75926 \text{ und } d = +1{,}0;$$

Weiters ergeben sich daraus die Stabverlängerungen $EF_0 \Delta s_{pa}$, $EF_0 \Delta s_{pb}$ und $EF_0 \Delta s_{pc}$ entsprechend der Gleichung

$$EF_0 \Delta s_{pa} = S_{pa} \varrho_p \text{ mit } \varrho_p = s_p \frac{F_0}{F_p}.$$

In Tab. 51 sind nur die Stäbe der Felder 3, 4 und 5 enthalten; die übrigen, wie schon erwähnt spannungslosen Stäbe, sind hier nicht angeschrieben.

Tabelle 51

	s_p	$\frac{F_0}{F_p}$	$\varrho = s_p \frac{F_0}{F_p}$	S_{pa}	S_{pb}	S_{pc}	$EF_0 \Delta s_{pa}$	$EF_0 \Delta s_{pb}$	$EF_0 \Delta s_{pc}$
o_3	6,00	0,75	4,50	−0,65079	0	0	−2,9286	0	0
o_4	6,00	0,75	4,50	0	−0,65079	0	0	−2,9286	0
o_5	6,00	0,75	4,50	0	0	−0,65079	0	0	−2,9286
u_3	6,00	1,00	6,00	−0,65079	0	0	−3,9048	0	0
u_4	6,00	1,00	6,00	0	−0,65079	0	0	−3,9048	0
u_5	6,00	1,00	6,00	0	0	−0,65079	0	0	−3,9048
d_3	9,2195	3,00	27,6585	+1,00	0	0	+27,6585	0	0
d_4	9,2195	3,00	27,6585	0	+1,00	0	0	+27,6585	0
d_5	9,2195	3,00	27,6585	0	0	+1,00	0	0	+27,6585
t_3	9,2195	3,00	27,6585	+1,00	0	0	+27,6585	0	0
t_4	9,2195	3,00	27,6585	0	+1,00	0	0	+27,6585	0
t_5	9,2195	3,00	27,6585	0	0	+1,00	0	0	+27,6585
v_2	7,00	2,00	14,00	−0,75926	0	0	−10,6296	0	0
v_3	7,00	2,00	14,00	−0,75926	−0,75926	0	−10,6296	−10,6296	0
v_4	7,00	2,00	14,00	0	−0,75926	−0,75926	0	−10,6296	−10,6296
v_5	7,00	2,00	14,00	0	0	−0,75926	0	0	−10,6296

Mit den in Tab. 51 errechneten Werten für die Stablängenänderungen Δs_{pa}, Δs_{pb} und Δs_{pc} werden nun die Biegelinien des Untergurtes, den wir als belastet annehmen, bestimmt. Es genügt die Konstruktion eines einzigen Williot-Planes; nur die Schlußlinie ist bei den drei Belastungszuständen $X_a = 1$, $X_b = 1$ und $X_c = 1$ verschieden. Williot-Plan und Biegelinien sind in der Abb. 199 dargestellt; hiebei wurde zunächst der linke Teil des Fachwerkes, also die Knoten 0, 1 und 2 sowie die Richtung der Vertikalen v_2 festgehalten. Will man eine größere Genauigkeit als die Zeichnung liefert erhalten, so können die Ordinaten, in denen die Biegelinie Ecken aufweist, leicht rechnerisch durch Betrachtung des Williot-Planes erhalten werden. So ergibt sich aus dem Williot-Plan für die senkrechte Entfernung der Punkte

$$2' - 3' \quad -\Delta v_2 + \Delta d_3 \sin\varphi + (\Delta d_3 \cos\varphi - \Delta u_3) \operatorname{cotg}\varphi =$$
$$= 10{,}6296 + 27{,}6585 \cdot 0{,}75926 + (27{,}6585 \cdot 0{,}65079 + 3{,}9048) \frac{7}{6} =$$
$$= 10{,}6296 + 21{,}0000 + 18{,}7754 = 50{,}4050$$

$$3' - 4' \quad -\Delta v_3 + (-\Delta u_3 + \Delta o_3) \operatorname{cotg}\varphi = 10{,}6296 + (3{,}9048 - 2{,}9286) \frac{6}{7} =$$
$$= 10{,}6296 + 0{,}8367 = 11{,}4663$$

$$4' - 7' \quad (-\Delta u_3 + \Delta o_3)(\operatorname{cotg}\psi - \operatorname{cotg}\varphi) = (3{,}9048 - 2{,}9286)\left(4 \cdot \frac{6}{7} - \frac{6}{7}\right) = 2{,}5102$$

$$2' - 7' \quad 50{,}4050 + 11{,}4663 + 2{,}5102 = 64{,}3815.$$

Damit ergeben sich die nachstehenden Werte für die Ordinaten von $EF_0\,\delta_{ua}$

$$u = 1 \quad -64{,}3815 \cdot \frac{1}{7} = -\ 9{,}1974$$
$$u = 2 \quad -64{,}3815 \cdot \frac{2}{7} = -18{,}3947$$
$$u = 3 \quad -64{,}3815 \cdot \frac{3}{7} + 50{,}4050 = 22{,}8129$$
$$u = 4 \quad -64{,}3815 \cdot \frac{4}{7} + 50{,}4050 + 11{,}4663 = 25{,}0820$$
$$u = 5 \quad -64{,}3815 \cdot \frac{5}{7} + 50{,}4050 + 11{,}4663 + 2{,}5102 \cdot \frac{1}{3} = 16{,}7213$$
$$u = 6 \quad -64{,}3815 \cdot \frac{6}{7} + 50{,}4050 + 11{,}4663 + 2{,}5102 \cdot \frac{2}{3} = 8{,}3606$$
$$u = 7 \quad -64{,}3815 + 50{,}4050 + 11{,}4663 + 2{,}5102 = 0$$

Ähnlich lassen sich die Ordinaten der Biegelinien δ_{ub} und δ_{uc} bestimmen.

Die Werte von $EF_0\,\delta_{ua}$, $EF_0\,\delta_{ub}$ und $EF_0\,\delta_{uc}$ sind im folgenden zusammengestellt:

Tabelle 52.

	$EF_0\,\delta_{ua}$	$EF_0\,\delta_{ub}$	$EF_0\,\delta_{uc}$
0	0	0	0
1	− 9,1974	− 9,0778	− 7,4398
2	− 18,3947	− 18,1557	− 14,8796
3	+ 22,8131	− 27,2335	− 22,3194
4	+ 25,0820	+ 14,0938	− 29,7591
5	+ 16,7213	+ 16,4822	+ 13,2062
6	+ 8,3606	8,2411	+ 6,6031
7	0	0	0

Die Koeffizienten δ_{aa}, δ_{ab}, δ_{ac}; δ_{ba}, δ_{bb}, δ_{bc} und δ_{ca}, δ_{cb}, δ_{cc}, welche in den Gleichungen für die Größen q_{aa}, q_{ab}, q_{ac} benötigt werden, erhalten wir aus den Beziehungen

$$EF_0\,\delta_{aa} = \sum S_{pa}^2\,\varrho_p, \quad EF_0\,\delta_{bb} = \sum S_{pb}^2\,\varrho_p, \quad EF_0\,\delta_{ab} = \sum S_{pa}\,S_{pb}\,\varrho_p, \ldots .$$

So ergibt sich für $EF_0\,\delta_{aa}$

Tabelle 53.

	ϱ_p	S_{pa}	$\varrho_p\,S_{pa}^2$
v_2	14,00	— 0,75926	8,0706
v_3	14,00	— 0,75926	8,0706
o_3	4,50	— 0,65079	1,9060
u_3	6,00	— 0,65079	2,5412
d_3	27,6585	+ 1,00000	27,6585
t_3	27,6585	+ 1,00000	27,6585
		$EF_0\,\delta_{aa} =$	75,9054

In der Summe $EF_0\,\delta_{ab} = \sum S_{pa}\,S_{pb}\,\varrho_p$ ist nur das Glied $v_{3a}\,v_{3b}\,\varrho_3$ von Null verschieden. Denn nur dieser Stab erhält sowohl durch $X_a = 1$ als auch infolge $X_b = 1$ eine Stabkraft. Es wird also

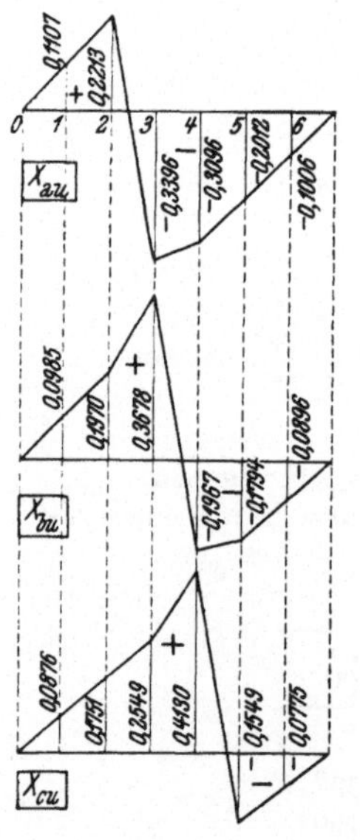

Abb. 200.

$$EF_0\,\delta_{ab} = EF_0\,\delta_{ba} = 14{,}00 \cdot 0{,}75926 \cdot 0{,}75926 = 8{,}0706$$

Hingegen ist $EF_0\,\delta_{ac} = EF_0\,\delta_{ca} = 0$; denn es gibt keinen Stab, der sowohl durch $X_a = 1$ als auch durch $X_c = 1$ beansprucht ist.

In unserem Falle ist ohne weiteres ersichtlich, daß $EF_0\,\delta_{bb} = EF_0\,\delta_{cc} = EF_0\,\delta_{aa} = 75{,}9054$ und $EF_0\,\delta_{bc} = EF_0\,\delta_{cb} = EF_0\,\delta_{ab} = 8{,}0706$ wird. Mithin lauten die Gleichungen für q_{aa}, q_{ba}, q_{ca} ..., wenn wir die Gl. (95, 14a) mit EF_0 multiplizieren,

$$\begin{aligned} 75{,}9054\,q_{aa} + 8{,}0706\,q_{ba} + EF_0 &= 0 \\ 8{,}0706\,q_{aa} + 75{,}9054\,q_{ba} + 8{,}0706\,q_{ca} &= 0 \\ 8{,}0706\,q_{ba} + 75{,}9054\,q_{ca} &= 0 \end{aligned}$$

als deren Lösung sich

$$q_{aa} = -0{,}013326\,EF_0, \quad q_{ba} = +0{,}001433\,EF_0, \quad q_{ca} = -0{,}000152\,EF_0$$

errechnet.

Das Gleichungssystem für q_{ab}, q_{bb} und q_{cb}

$$\begin{aligned} 75{,}9054\,q_{ab} + 8{,}0706\,q_{bb} &= 0 \\ 8{,}0706\,q_{ab} + 75{,}9054\,q_{bb} + 8{,}0706\,q_{cb} + EF_0 &= 0 \\ 8{,}0706\,q_{bb} + 75{,}9054\,q_{cb} &= 0 \end{aligned}$$

hat die Lösungen

$$q_{ab} = +0{,}001433\,EF_0, \quad q_{bb} = -0{,}013479\,EF_0, \quad q_{cb} = +0{,}001433\,EF_0$$

und endlich erhält man als Lösungen des Gleichungssystems

$$\begin{aligned} 75{,}9054\, q_{ac} + 8{,}0706\, q_{bc} \qquad\qquad &= 0 \\ 8{,}0706\, q_{ac} + 75{,}9054\, q_{bc} + 8{,}0706\, q_{cc} \qquad &= 0 \\ 8{,}0706\, q_{bc} + 75{,}9054\, q_{cc} + EF_0 &= 0 \end{aligned}$$

$$q_{ac} = -0{,}000152\, EF_0, \qquad q_{bc} = +0{,}001433\, EF_0, \qquad q_{cc} = -0{,}013326\, EF_0.$$

Mit diesen Werten von q_{ik} ergeben sich die in den Tab. 54 bis 56 berechneten Werte der Einflußlinienordinaten X_{au}, X_{bu} und X_{cu}, die in Abb. 200 aufgetragen sind.

Tabelle 54.

$$X_{au} = -0{,}013326\, EF_0\, \delta_{ua} + 0{,}001433\, EF_0\, \delta_{ub} - 0{,}000152\, EF_0\, \delta_{uc}$$

u	$-0{,}013326$ $EF_0\, \delta_{ua}$	$+0{,}001433$ $EF_0\, \delta_{ub}$	$-0{,}000152$ $EF_0\, \delta_{uc}$	X_{au}
0	0	0	0	0
1	+0,1226	−0,0130	+0,0011	+0,1107
2	+0,2451	−0,0260	+0,0022	+0,2213
3	−0,0340	−0,0390	+0,0034	−0,3396
4	−0,3343	+0,0202	+0,0045	−0,3096
5	−0,2228	+0,0236	−0,0020	−0,2012
6	−0,1114	+0,0118	−0,0010	−0,1006
7	0	0	0	0

Tabelle 55.

$$X_{bu} = 0{,}001433\, EF_0\, \delta_{ua} - 0{,}013479\, EF_0\, \delta_{ub} + 0{,}001433\, EF_0\, \delta_{uc}$$

u	$+0{,}001433$ $EF_0\, \delta_{ua}$	$-0{,}013479$ $EF_0\, \delta_{ub}$	$+0{,}001433$ $EF_0\, \delta_{uc}$	X_{bu}
0	0	0	0	0
1	−0,0132	+0,1224	−0,0107	+0,0985
2	−0,0264	+0,2447	−0,0213	+0,1970
3	+0,0327	+0,3671	−0,0320	+0,3678
4	+0,0359	−0,1900	−0,0426	−0,1967
5	+0,0239	−0,2222	+0,0189	−0,1794
6	+0,0120	−0,1111	+0,0095	−0,0896
7	0	0	0	0

Tabelle 56.

$$X_{cu} = -0{,}000152\, EF_0\, \delta_{ua} + 0{,}001433\, EF_0\, \delta_{ub} - 0{,}013326\, EF_0\, \delta_{uc}$$

u	$-0{,}000152$ $EF_0\, \delta_{ua}$	$+0{,}001433$ $EF_0\, \delta_{ub}$	$-0{,}013326$ $EF_0\, \delta_{uc}$	X_{cu}
0	0	0	0	0
1	+0,0014	−0,0130	+0,0992	+0,0876
2	+0,0028	−0,0260	+0,1983	+0,1751
3	−0,0035	−0,0390	+0,2974	+0,2549
4	−0,0038	+0,0202	+0,3966	+0,4130
5	−0,0025	+0,0236	−0,1760	−0,1549
6	−0,0013	+0,0118	−0,0880	−0,0775
7	0	0	0	0

Es gibt übrigens hier eine einfache Kontrolle für die Richtigkeit der Rechnung. In den Feldern mit Gegendiagonalen muß die Summe der beiden Diagonalkräfte gleich $\frac{Q}{\sin\varphi}$ sein, wobei Q die Querkraft in diesem Felde vorstellt. Es ist also

$$d_3 + t_3 = \frac{Q_{3P}}{\sin\varphi} \quad \text{und} \quad d_4 + t_4 = \frac{Q_{4P}}{\sin\varphi}.$$

Diese Beziehung gilt auch für die Ordinaten der Einflußlinien von d und t. Die Einflußlinie von t_3 ist gleich X_{au}, jene von t_4 gleich X_{bu}, während jene von d_3 aus Symmetriegründen der spiegelbildlichen von X_{cu}, jene von d_4 der spiegelbildlichen von X_{bu}, beide mit umgekehrten Vorzeichen, gleich ist. Es muß also

$$X_{au} - X_{cu}' = \frac{Q_{3u}}{\sin\varphi}$$

und

$$X_{bu} - X_{bu}' = \frac{Q_{4u}}{\sin\varphi}$$

sein.

	1	2	3	4	5	6
X_{au}	+ 0,1107	+ 0,2213	— 0,3396	— 0,3096	— 0,2012	— 0,1006
X'_{cu}	+ 0,0775	+ 0,1549	— 0,4130	— 0,2549	— 0,1751	— 0,0876
	+ 0,1882	+ 0,3762	— 0,7526	— 0,5645	— 0,3763	— 0,1882

Die Ordinaten von $\frac{Q}{\sin\varphi}$ sind aber für Bezugspunkte in dem Felde zwischen den Knoten 2 und 3 mit $l \cdot \sin\varphi = 42 \cdot 0{,}75926 = 31{,}8889$ durch

$$Q_{3u} = \frac{x}{l} \frac{1}{\sin\varphi} = 0{,}031359\, x \qquad \text{für } 0 \leq x \leq 12{,}00$$

und

$$Q_{3u} = -\frac{l-x}{l} \frac{1}{\sin\varphi} = 0{,}031359\,(l-x) \quad \text{für } 18{,}00 \leq x \leq 42{,}00$$

gegeben und diese Werte sind den eben angeschriebenen gleich.

Dieselbe Übereinstimmung ergibt sich auch bei der Einflußlinie $\frac{Q_{4u}}{\sin\varphi}$ mit $d_4 + t_4$.

96. Zweites Verfahren zur Bestimmung der Einflußlinien der statisch unbestimmten Größen. Aus der Gleichung für eine statisch unbestimmte Größe

$$X_{aP} = -\frac{\delta_{aP\,n-1}}{\delta_{aa\,n-1}},$$

die wir in Nr. 80 durch Verwendung eines $(n-1)$-fach statisch unbestimmten Grundsystems erhielten, finden wir sofort die Ordinaten der Einflußlinie X_{an}:

$$X_{au} = -\frac{\delta_{au\,n-1}}{\delta_{aa\,n-1}}. \tag{96, 19}$$

$\delta_{au\,n-1}$ bedeutet dabei die Einflußlinie der X_a zugeordneten Verschiebung und diese wird gleich $\delta_{ua\,n-1}$, d. h. der Biegelinie des $(n-1)$-fach statisch unbestimmten Tragwerkes infolge der Belastung mit dem Hilfsangriff $X_a = 1$. Dabei ist natürlich wiederum die Biegelinie jener Punkte des Tragwerkes zu bestimmen, in denen die wandernde Last $P_u = 1$ angreift; in der Richtung dieser wandernden Last sind auch die Komponenten der tatsächlichen Verschiebungen der Punkte u zu nehmen. Überhaupt ist der ganze Gedankengang der gleiche wie bei dem Verfahren unter Nr. 95 für ein einfach statisch unbestimmtes System; nur ist die Biegelinie des $(n-1)$-fach statisch unbestimmten Tragwerkes an Stelle eines statisch bestimmten Grundsystems zu ermitteln.

Als Beispiel wollen wir die Einflußlinie für die Zugbandkraft des in Nr. 95 untersuchten Zweigelenkbogens auf diese Weise bestimmen. Wir haben also die Biegelinie $\delta_{ua\,n-1}$ des Bogens infolge der Belastung $X_a = 1$ zu ermitteln und benötigen hiezu die Momente in dem Zweigelenkbogen infolge dieser Belastung. Den Horizontalschub des Bogens X_{ba} infolge dieser Belastung erhalten wir aus der Gleichung

$$X_{ba} = -\frac{\int M_{sb}\, M_{sa} \frac{J_0}{J} \sec\varphi\, dx}{\int M_{sb}^2 \frac{J_0}{J} \sec\varphi\, dx},$$

wobei mit den Bezeichnungen der Abb. 198a

$$M_{sa} = -z \qquad M_{sb} = -y$$

ist. Es ist also

$$X_{ba} = -\frac{\int yz \frac{J_0}{J} \sec\varphi\, dx}{\int y^2 \frac{J_0}{J} \sec\varphi\, dx}.$$

In Nr. 95 wurde

$$\frac{1}{\Delta x}\int yz \frac{J_0}{J} \sec\varphi\, dx = 1284{,}33 \text{ und } \frac{1}{\Delta x}\int y^2 \frac{J_0}{J} \sec\varphi\, dx = 4739{,}96$$

bestimmt und mit diesen Werten ergibt sich

$$X_{ba} = -\frac{1284{,}33}{4739{,}96} = -0{,}270959.$$

Nun ist

$$M_{sa\,n-1} = M_{sa} + M_{sb}\, X_{ba} = -z - y \cdot X_{ba}.$$

Diese Werte sind mit den in Nr. 95 bereits berechneten Größen $\frac{J_0}{J}\sec\varphi$ in Tab. 57 angegeben; die elastischen Gewichte W_u sind, so wie im 3. Beispiel der Nr. 95, als arithmetisches Mittel der $M_{sa\,n-1}\frac{J_0}{J}\sec\varphi$ an den Stellen $u-\frac{1}{2}$, u und $u+\frac{1}{2}$ bestimmt.

Tabelle 57.

n	y	$-y \cdot X_{ba}$	$-z$	$M_{sa\,n-1}$	$\frac{J_o}{J}\sec\varphi$	$M_{sa\,n-1}\frac{J_o}{J}\sec\varphi$	$\frac{W_u}{\Delta x}$
0	0	0	0	0	—	0	0
0,5	2,48	0,67198	0	0,67198	3,049	2,0489	
1,0	4,80	1,30060	0	1,30060	2,686	3,5079	3,3245
1,5	6,96	1,88588	0	1,88588	2,342	4,4167	
2,0	8,96	2,42779	0	2,42779	2,018	4,8993	4,7753
2,5	10,80	2,92636	0	2,92636	1,712	5,0099	
3,0	12,48	3,38157	0	3,38157	1,424	4,8154	4,3247
3,5	14,00	3,79343	— 1,52	2,27343	1,385	3,1487	
4,0	15,36	4,16194	— 2,88	1,28194	1,124	1,4409	1,6786
4,5	16,56	4,48708	— 4,08	0,40708	1,096	0,4462	
5,0	17,60	4,76888	— 5,12	— 0,35112	1,071	— 0,3761	— 0,3936
5,5	18,48	5,00732	— 6,00	— 0,99268	1,260	— 1,2508	
6,0	19,20	5,20241	— 6,72	— 1,51759	1,238	— 1,8788	— 1,9580
6,5	19,76	5,35415	— 7,28	— 1,92585	1,425	— 2,7443	
7,0	20,16	5,46254	— 7,68	— 2,21746	1,411	— 3,1288	— 3,0766
7,5	20,40	5,52757	— 7,92	— 2,39243	1,403	— 3,3566	
8,0	20,48	5,54925	— 8,00	— 2,45075	1,400	— 3,4311	— 3,3814

Diese $\frac{W_u}{\Delta x}$ als Belastung aufgebracht, ergeben folgende Momente, welche gleich den gesuchten $\frac{EJ_0}{\Delta x^2}\delta_{ua\,n-1}$ sind:

Tabelle 58.

u	$\frac{W_u}{\Delta x}$	Q	$\frac{EJ_o}{\Delta x^2}\delta_{ua\,n-1}$	X_{au}
0	—		0	0
		6,9842		
1	3,3245		6,9842	— 0,3239
		3,6597		
2	4,7753		10,6439	— 0,4937
		— 1,1156		
3	4,3247		9,5283	— 0,4419
		— 5,4403		
4	1,6786		4,0880	— 0,1896
		— 7,1189		
5	— 0,3936		— 3,0309	0,1406
		— 6,7253		
6	— 1,9580		— 9,7562	0,4525
		— 4,7673		
7	— 3,0766		— 14,5235	0,6736
		— 1,6907		
8	— 1,6907		— 16,2142	0,7522
	6,9842			

Für $$E J_0 \delta_{aa\,n-1} = \int M_{sa} M_{sa\,n-1} \frac{J_0}{J} \sec\varphi\, dx$$

errechnet sich mit $M_{sa} = -z$, $M_{sa\,n-1} = -z - y \cdot X_{ba}$ der Wert

$$E J_0 \delta_{aa\,n-1} = \int z^2 \frac{J_0}{J} \sec\varphi\, dx + X_{ba} \int yz \frac{J_0}{J} \sec\varphi\, dx + \Delta,$$

wobei Δ von der Dehnung des Zugbandes herrührt.

In Nr. 95 wurde bereits ermittelt:

$$\frac{E J_0}{\Delta x} \int z^2 \frac{J_0}{J} \sec\varphi\, dx + \Delta = 455{,}82$$

$$\frac{E J_0}{\Delta x} \int yz \frac{J_0}{J} \sec\varphi\, dx = 1284{,}33.$$

Damit ergibt sich

$$E J_0 \frac{\delta_{aa\,n-1}}{\Delta x} = 455{,}82 - 1284{,}33 \cdot 0{,}270959 =$$

$$= 455{,}82 - 348{,}00 = 107{,}82$$

und $$\frac{E J_0 \delta_{aa\,n-1}}{\Delta x^2} = \frac{107{,}82}{5{,}00} = 21{,}564.$$

Die Division von $\frac{E J_0 \delta_{ua\,n-1}}{\Delta x^2}$ durch diesen Wert $\frac{E J_0 \delta_{aa\,n-1}}{\Delta x^2} = 21{,}564$ ergibt endlich die in der letzten Spalte der vorherstehenden Tabelle angeschriebenen Werte für die Ordinaten der Einflußlinie X_{au}. Der Vergleich mit den in Nr. 95 hiefür erhaltenen Werten zeigt eine befriedigende Übereinstimmung.

97. Drittes Verfahren zur Bestimmung der Einflußlinien der statisch unbestimmten Größen. Bei dem in Nr. 95 behandelten ersten Verfahren zur Bestimmung der Einflußlinien statisch unbestimmter Größen kam es darauf an, die Biegelinien des Grundsystems $\delta_{ua}, \delta_{ub}, \delta_{uc} \ldots$ infolge $X_a = 1$, $X_b = 1$, $X_c = 1 \ldots$ zu überlagern, nachdem sie mit gewissen Beiwerten $q_{aa}, q_{ab}, q_{ac} \ldots$ multipliziert waren. Man erhielt also allgemein die Einflußlinie für X_i aus der Beziehung (95, 17)

$$X_{iu} = \delta_{ua} q_{ai} + \delta_{ub} q_{bi} + \ldots + \delta_{ui} q_{ii} + \ldots$$

Es ist nun ohne weiteres einzusehen, daß dieser Ausdruck als Biegelinie des Grundsystems infolge der Belastung durch die Lastengruppe $q_{ai}, q_{bi}, \ldots q_{ii} \ldots$ aufgefaßt werden kann. Damit ergibt sich das folgende Verfahren zur Bestimmung der Einflußlinie X_{iu} eines statisch unbestimmten Systems:

Durch Auflösen der Elastizitätsgleichungen (95, 14b)

$$\begin{aligned}
&\delta_{aa} q_{ai} + \delta_{ab} q_{bi} + \ldots \delta_{ai} q_{ii} + \ldots = 0\\
&\delta_{ba} q_{ai} + \delta_{bb} q_{bi} + \ldots \delta_{bi} q_{ii} + \ldots = 0\\
&\ldots\ldots\ldots\ldots\ldots\ldots\ldots\\
&\delta_{ia} q_{ai} + \delta_{ib} q_{bi} + \ldots \delta_{ii} q_{ii} + \ldots + 1 = 0\\
&\ldots\ldots\ldots\ldots\ldots\ldots\ldots
\end{aligned}$$

erhalten wir die Kräfte bzw. Momente $q_{ai}, q_{bi}, \ldots q_{ii} \ldots$, welche wir an der Stelle der statisch unbestimmten Größen $X_a, X_b, \ldots X_i \ldots$ am Grundsystem angreifen lassen. Die Biegelinie des Grundsystems infolge dieser Belastung — die Verschiebungskomponenten für die Biegelinie sind selbstverständlich in der Richtung der wandernden Last $P_u = 1$ zu nehmen — ist bereits die gesuchte Einflußlinie X_{iu}.

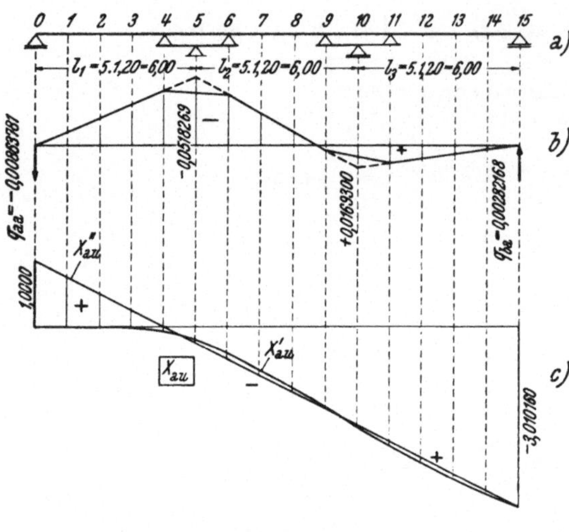

Abb. 201.

Dieses Verfahren vermeidet die Überlagerung der Biegelinien, durch welches zumeist eine Ungenauigkeit der Rechnung verursacht wird.

1. **Beispiel.** Bei dem in Nr. 95 als 2. Beispiel bereits behandelten Träger (Abb. 201 a) sollen nunmehr die Einflußlinien der Endstützendrücke, die wiederum als statisch unbestimmte Größen gewählt werden, nach diesem Verfahren ermittelt werden. Wir beginnen mit der Bestimmung der Verschiebungen δ_{aa}, δ_{ab} und δ_{bb}, wobei wegen der Symmetrie $\delta_{aa} = \delta_{bb}$ wird.

Es ist

$$EJ_0 \delta_{aa} = \int M^2_{sa}\, dx \text{ und } EJ_0 \delta_{ab} = \int M_{sa} M_{sb}\, dx.$$

Die Momentenlinien M_{sa} und M_{sb} (wegen Symmetrie gleich M_{sa}) sind bereits in Abb. 197 dargestellt; die Ermittlung der angeschriebenen Integrale erfolgt mit Hilfe der Gleichungen aus Nr. 49. Wir erhalten

$$EJ_0 \delta_{aa} = \frac{1}{3} 4{,}80 \cdot 4{,}80^2 + 2{,}40 \cdot 4{,}80^2 + \frac{3{,}60}{6} [4{,}80 (9{,}60 + 1{,}20) +$$
$$+ 1{,}20 (2{,}40 + 4{,}80)] + \frac{1}{3} \cdot 2{,}40 \cdot 1{,}20^2 = 36{,}864 + 55{,}296 + 36{,}288 + 1{,}152 =$$
$$= 129{,}600$$

$$EJ_0 \delta_{ab} = 2 \cdot \frac{1}{2} \cdot 2{,}40 \cdot 1{,}20 \cdot 4{,}80 + \frac{3{,}60}{6} [4{,}80 (2{,}40 + 4{,}80) + 1{,}20 (9{,}60 + 1{,}20)] =$$
$$= 13{,}824 + 28{,}512 = 42{,}336$$

in Übereinstimmung mit den Ergebnissen von früher.

Damit sind die Größen $\frac{q_{aa}}{EJ_0}$ und $\frac{q_{ba}}{EJ_0}$ als Lösungen des Gleichungssystems

(95, 14b), welches wegen der Verwendung von $EJ_0\,\delta_{aa}$, $EJ_0\,\delta_{ab}$ und $EJ_0\,\delta_{bb}$ an Stelle von δ_{aa}, δ_{ab} und δ_{bb} die Form

$$129{,}600\,\frac{q_{aa}}{EJ_0} + 42{,}336\,\frac{q_{ba}}{EJ_0} + 1 = 0$$

$$42{,}336\,\frac{q_{aa}}{EJ_0} + 129{,}600\,\frac{q_{ba}}{EJ_0} = 0$$

annimmt, mit

$$\frac{q_{aa}}{EJ_0} = -0{,}00863781 \qquad \frac{q_{ba}}{EJ_0} = 0{,}00282168$$

gegeben. Für die Winkelgewichte zur Bestimmung der Biegelinie infolge der Belastung mit q_{aa} und q_{bb} (Abb. 201b) benötigen wir die Größen $\frac{M}{EJ}$, wobei M die Momente infolge q_{aa} und q_{ba} bedeuten. Die Belastung mit $\frac{q_{aa}}{EJ_0}$ und $\frac{q_{ba}}{EJ_0}$ ergibt aber die Momente $\frac{M}{EJ_0}$, die wir demnach noch mit $\frac{EJ_0}{EJ} = \frac{J_0}{J}$ multiplizieren müssen. In dem vorliegenden Beispiel ist $\frac{J_0}{J} = 1$; es wäre also ohne Kopfbalken das Moment im Querschnitt 5

$$-0{,}00863781 \cdot 6{,}00 = -0{,}0518269$$

und im Querschnitt 10

$$0{,}00282168 \cdot 6{,}00 = 0{,}0169300.$$

In allen übrigen Querschnitten sind dann die Momente durch lineare Interpolation zu ermitteln, wie dies in Abb. 201a dargestellt ist. Da die einzelnen Querschnitte mit gleicher Entfernung angenommen sind und sich die Momente in den Intervallen linear ändern, benützen wir zur Bestimmung der elastischen Gewichte die Gleichung

$$W_u = \frac{\Delta x}{6}\,(M_{u-1} + 4\,M_u + M_{u+1}).$$

Mit diesen W_u als Belastung werden die Momente berechnet, wobei wir zunächst den Träger am rechten Ende eingespannt annehmen. Selbstverständlich wird dann die Bedingung, daß die Unterstützungspunkte der Kopfträger keine Verschiebungen erfahren dürfen, noch nicht erfüllt sein.

Tab. 59 enthält die Berechnung der elastischen Gewichte

$$W_u = \frac{\Delta x}{6}\,(M_{u-1} + 4\,M_u + M_{u+1}) = 0{,}20\,(M_{u-1} + 4\,M_u + M_{u+1}).$$

Tabelle 59.

u	M_u	$4\,M_u$	$M_{u-1}+4\,M_u+M_{u+1}$	W_u
0	0	0	—0,010366	—0,002073
1	—0,010366	—0,041464	—0,062195	—0,012439
2	—0,020731	—0,082924	—0,124387	—0,024877
3	—0,031097	—0,124388	—0,186581	—0,037316
4	—0,041462	—0,165848	—0,236714	—0,047343
5	—0,039769	—0,159076	—0,238614	—0,047723
6	—0,038076	—0,152304	—0,216397	—0,043279
7	—0,024324	—0,097296	—0,145944	—0,029189
8	—0,010572	—0,042288	—0,063433	—0,012687
9	0,003179	0,012716	0,010506	0,002101
10	0,008362	0,033446	0,050169	0,010338
11	0,013544	0,054176	0,072696	0,014539
12	0,010158	0,040632	0,060948	0,012190
13	0,006772	0,027088	0,040632	0,008126
14	0,003386	0,013544	0,020316	0,004063
15	0	0	0,003386	0,000677

Die Belastung des Trägers mit diesen W_u ergibt bei Einspannung am linken Ende nachfolgende Momente als Ordinaten der Biegelinie X_{au}'; dabei haben die unterstützten Punkte der Kopfträger aber Verschiebungen erfahren, die sich bei der ersten Mittelstütze als arithmetisches Mittel der Verschiebungen der Querschnitte 4 und 6, also nach Tab. 60 mit

$$-\frac{1}{2}(0{,}159229+0{,}514213)=-0{,}336721$$

und für die zweite Mittelstütze als Mittel der Verschiebungen der Querschnitte 9 und 11, d. i. mit

$$-\frac{1}{2}(1{,}373673+1{,}973212)=-1{,}673442$$

ergeben. Es ist demnach noch eine weitere Verschiebung X_{au}'' zu überlagern, durch welche diese Verschiebungen kompensiert werden. Gleichzeitig muß durch diese Verschiebungen X_{au}'' im Querschnitt $u=0$ die Ordinate $X_{au}=1$ und in $u=15$ $X_{au}=0$ entstehen. Es erhält also X_{au}'' für $u=0$ den Wert 1, für $u=15$ den Wert $-3{,}010159$; die Werte für $u=1$ bis $u=14$ sind durch lineare Interpolation zu bestimmen. Die gesuchten Einflußwerte X_{au} ergeben sich dann aus

$$X_{au}=X_{au}''-X_{au}'$$

Dies ist in Abb. 201c veranschaulicht; die bezügliche Rechnung ist in den drei letzten Spalten der Tab. 60 durchgeführt. Die Bedingung, daß sich die unterstützten Mitten der Kopfträger nicht verschieben, hat zur Folge, daß die Querschnitte 4 und 6 ebenso wie 9 und 11 gleich große, aber entgegengesetzte Verschiebungen erfahren; denn der als biegungssteif vorausgesetzte Kopfbalken kann sich ja nur um seinen Unterstützungspunkt verdrehen und seine Enden, die mit dem Träger verbunden sind, können also nur die genannten Verschiebungen ausführen. Die Rechnung bestätigt dies, was als Kontrolle dienen kann; überdies zeigt der Vergleich mit dem Ergebnis in Nr. 94 die vollständige Übereinstimmung der Werte X_{au}.

Tabelle 60.

u	W_u	ΣW_u	$\Delta x \Sigma W_u$	X_{au}'	X_{au}''	X_{au}
0	— 0,002073	— 0,002073	— 0,002488	0,00000	1,000000	1,0000
1	— 0,012439	— 0,014512	— 0,017414	— 0,002488	0,732656	0,7351
2	— 0,024877	— 0,039400	— 0,047280	— 0,019902	0,465312	0,4852
3	— 0,037316	— 0,076706	— 0,092047	— 0,067182	0,197968	0,2651
4	— 0,047343	— 0,124049	— 0,148859	— 0,159229	— 0,069376	0,0899
5	— 0,047723	— 0,171771	— 0,206125	— 0,308088	— 0,336720	— 0,0286
6	— 0,043279	— 0,215051	— 0,258061	— 0,514213	— 0,604064	— 0,0899
7	— 0,029189	— 0,244240	— 0,293088	— 0,772274	— 0,871408	— 0,0991
8	— 0,012687	— 0,256926	— 0,308311	— 1,065362	— 1,138752	— 0,0734
9	0,002101	— 0,254825	— 0,305790	— 1,373673	— 1,406096	— 0,0324
10	0,010338	— 0,244791	— 0,299749	— 1,679463	— 1,673440	— 0,0060
11	0,014539	— 0,230252	— 0,276302	— 1,973212	— 1,940784	0,0324
12	0,012190	— 0,218062	— 0,261674	— 2,249514	— 2,208128	0,0414
13	0,008126	— 0,209936	— 0,251923	— 2,511188	— 2,475472	0,0357
14	0,004063	— 0,205873	— 0,247048	— 2,763111	— 2,742816	0,0203
15	0,000677	— 0,205196	— 0,246235	— 3,010159	— 3,010160	0,0000

2. Beispiel. Als Beispiel eines dreifach statisch unbestimmten Fachwerkes sollen die Einflußlinien der Obergurtstäbe o_4, o_9 und o_{14} eines Durchlaufträgers,

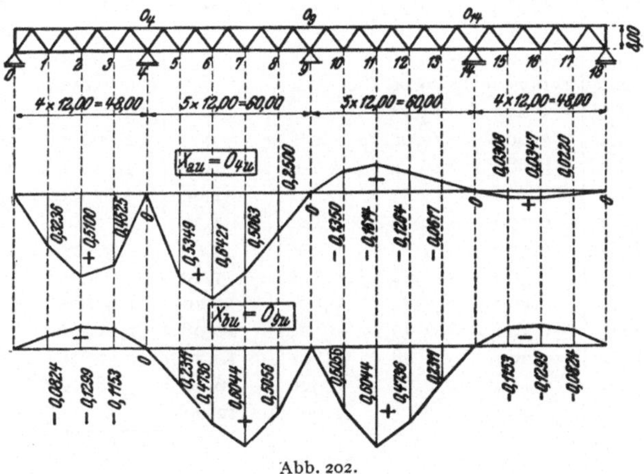

Abb. 202.

wie er in Abb. 202 dargestellt ist, ermittelt werden; dabei sei der Untergurt als belastet angenommen. Wir nehmen die Stabkräfte in diesen drei Stäben als statisch überzählig an. Die Stabkräfte S_{pa}, S_{pb} und S_{pc}, hervorgerufen durch die Hilfsangriffe $o_4 = X_a = 1$, $o_9 = X_b = 1$ und $o_{14} = X_c = 1$, sind sofort anzugeben. Der Hilfsangriff 1 liefert nämlich den Auflagerdruck $A = -\frac{h}{l}$; mit den Bezeichnungen der genannten Abbildung wird das Moment in einem Knoten $M = A \cdot x = -\frac{h\,x}{l}$ und sonach

$$o = -\frac{M}{h} = \frac{x}{l} \quad \text{bzw.} \quad u = -\frac{x}{l}.$$

Im übrigen nehmen wir an, daß es sich um eine erste genäherte Berechnung handeln möge, bei welcher die Flächenverhältnisse $\frac{F_0}{F_p}$ zunächst geschätzt wurden; der Einfluß der Diagonalstäbe möge für diese Näherungsrechnung vernachlässigt werden. In Tab. 61 sind die Werte $\frac{F_0}{F_p}$, die Größen $s_p \frac{F_0}{F_p}$, die Stabkräfte S_{pa} und S_{pb} und endlich die $s_p S_{pa} \frac{F_0}{F_p}$ und $s_p S_{pb} \frac{F_0}{F_p}$ angegeben. Wegen der Symmetrie des Trägers erübrigt es sich, die Werte von S_{pc} gesondert anzuschreiben; ebenso genügt es, nur die Stäbe einer Hälfte des Trägers anzugeben.

Tabelle 61.

	$\frac{F_0}{F_p}$	$s_p \frac{F_0}{F_p}$	S_{pa}	$EF_0 \Delta s_{pa} = S_{pa} s_p \frac{F_0}{F_p}$	S_{pb}	$EF_0 \Delta s_{pb} = S_{pb} s_p \frac{F_0}{F_p}$	$S_{pa}^2 \frac{F_0}{F_p} s_p$	$S_{pb}^2 \frac{F_0}{F_p} s_p$	$S_{pa} S_{pb} \frac{F_0}{F_p} s_p$
u_1	1,5	18,0	— 0,125	— 2,25	0	0	0,28125	0	0
o_1	1,2	14,4	0,250	3,60	0	0	0,90000	0	0
u_2	1,2	14,4	— 0,375	— 5,40	0	0	2,02500	0	0
o_2	1,0	12,0	0,500	6,00	0	0	3,00000	0	0
u_3	1,2	14,4	— 0,625	— 9,00	0	0	5,62500	0	0
o_3	1,0	12,0	0,750	9,00	0	0	6,75000	0	0
u_4	1,5	18,0	— 0,875	— 15,75	0	0	13,78125	0	0
o_4	1,0	12,0	1,000	12,00	0	0	12,00000	0	0
u_5	1,5	18,0	— 0,900	— 16,20	— 0,100	— 1,80	14,58000	0,180	1,620
o_5	1,2	14,4	0,800	11,52	0,200	2,88	9,21600	0,576	2,304
u_6	1,2	14,4	— 0,700	— 10,08	— 0,300	— 4,32	7,05600	1,296	3,024
o_6	1,0	12,0	0,600	7,20	0,400	4,80	4,32000	1,920	2,880
u_7	1,2	14,4	— 0,500	— 7,20	— 0,500	— 7,20	3,60000	3,600	3,600
o_7	1,0	12,0	0,400	4,80	0,600	7,20	1,92000	4,320	2,880
u_8	1,2	14,4	— 0,300	— 4,32	— 0,700	— 10,08	1,29600	7,056	3,024
o_8	1,2	14,4	0,200	2,88	0,800	11,52	0,57600	9,216	2,304
u_9	1,5	18,0	— 0,100	— 1,80	— 0,900	— 16,20	0,18000	14,580	1,620
o_9	1,0	12,0	0	0	1,000	12,00	0	6,000	0
							87,10650	48,744	23,256

In den letzten drei Spalten sind die Werte $S_{pa}^2 \frac{F_0}{F_p} s_p$, $S_{pb}^2 \frac{F_0}{F_p}$ und $S_{pa} S_{pb} \frac{F_0}{F_p} s_p$, deren Summe die Werte $EF_0 \delta_{aa}$, $\frac{1}{2} EF_0 \delta_{bb}$ und $EF_0 \delta_{ab}$ ergibt, angeschrieben. $EF_0 \delta_{ac}$ verschwindet, weil es keinen Stab gibt, der sowohl infolge $X_a = 1$ als auch $X_c = 1$ eine Stabkraft erhält. Wegen der Symmetrie des Trägers ist $EF_0 \delta_{cc} = EF_0 \delta_{aa}$ und $EF_0 \delta_{bc} = EF_0 \delta_{ab}$. Schließlich darf in der Summe für $\frac{1}{2} EF_0 \delta_{bb}$ der Stab o_9 nur mit seiner halben Länge eingesetzt werden, denn er kommt nur einmal vor.

Tabelle 62.

	— 0,0123181 $EF_0 \Delta s_{pa}$	0,0031384 $EF_0 \Delta s_{pb}$	— 0,0008379 $EF_0 \Delta s_{pc}$	$\Delta \overline{s_{pa}}$
u_1	0,027716	0	0	0,027716
o_1	— 0,044345	0	0	— 0,044345
u_2	0,066518	0	0	0,066518
o_2	— 0,073909	0	0	— 0,073909
u_3	0,110863	0	0	0,110863
o_3	— 0,110863	0	0	— 0,110863
u_4	0,194010	0	0	0,194010
o_4	— 0,147817	0	0	— 0,147817
u_5	0,199553	— 0,005649	0	0,193904
o_5	— 0,141905	0,009039	0	— 0,132866
u_6	0,124166	— 0,013558	0	0,110608
o_6	— 0,088690	0,015064	0	— 0,073626
u_7	0,088690	— 0,022596	0	0,066094
o_7	— 0,059127	0,022596	0	— 0,036531
u_8	0,053214	— 0,031635	0	0,021579
o_8	— 0,035476	0,036154	0	0,000678
u_9	0,022173	— 0,050842	0	— 0,028669
o_9	0	0,037661	0	0,037661
u_{10}	0	— 0,050842	0,001508	— 0,049334
o_{10}	0	0,036154	— 0,002413	0,033741
u_{11}	0	— 0,031635	0,003620	— 0,028015
o_{11}	0	0,022596	— 0,004022	0,018574
u_{12}	0	— 0,022596	0,006033	— 0,016563
o_{12}	0	0,015064	— 0,006033	0,009031
u_{13}	0	— 0,013558	0,008446	— 0,005112
o_{13}	0	0,009039	— 0,009653	— 0,000614
u_{14}	0	— 0,005649	0,013574	0,007925
o_{14}	0	0	— 0,010055	— 0,010055
u_{15}	0	0	0,013197	0,013197
o_{15}	0	0	— 0,007541	— 0,007541
u_{16}	0	0	0,007541	0,007541
o_{16}	0	0	— 0,005027	— 0,005027
u_{17}	0	0	0,004525	0,004525
o_{17}	0	0	— 0,003016	— 0,003016
u_{18}	0	0	0,001885	0,001885

Das Gleichungssystem (95, 14b) zur Bestimmung der Größen q_{aa}, q_{ba} und q_{ca} lautet, da als Koeffizienten $EF_0\,\delta_{aa}$, $EF_0\,\delta_{ab}$ und $EF_0\,\delta_{ac}$ an Stelle von δ_{aa}, δ_{ab} und δ_{ac} verwendet werden:

$$87{,}1065\, q_{aa} + 23{,}256\, q_{ba} \qquad\qquad + EF_0 = 0$$

$$23{,}256\, q_{aa} + 97{,}488\, q_{ba} + 23{,}256\, q_{ca} = 0$$

$$23{,}256\, q_{ba} + 87{,}1065\, q_{ca} = 0$$

mit den Lösungen $\frac{q_{aa}}{EF_0} = -0{,}0123181$, $\frac{q_{ba}}{EF_0} = 0{,}0031384$ und $\frac{q_{ca}}{EF_0} = -0{,}0008379$.

Um die Einflußlinie von X_{au} zu erhalten, haben wir die Biegelinie des Lastgurtes infolge der Belastung mit q_{aa}, q_{ba} und q_{ca} zu ermitteln. Dazu benötigen wir die Stablängenänderungen

$$\Delta \overline{s_{pa}} = \Delta s_{pa} q_{aa} + \Delta s_{pb} q_{ba} + \Delta s_{pc} q_{ca}$$

und dies ergibt in unserem Falle

$\Delta \overline{s_{pa}} = -0{,}0123181\, EF_0 \Delta s_{pa} + 0{,}0031384\, EF_0 \Delta s_{pb} - 0{,}0008379\, EF_0 \Delta s_{pc}$, wobei die Werte $EF_0 \Delta s_{pa} = S_{pa} \frac{F_0}{F_p} s_p$, $EF_0 \Delta s_{pb} = S_{pb} \frac{F_0}{F_p} s_p$ und $EF_0 \Delta s_{pc} = = S_{pc} \frac{F_0}{F_p} s_p$ der Tab. 61 zu entnehmen sind und Δs_{pc} gleich Δs_{pa} ist, wenn links mit rechts vertauscht wird (Tab. 62).

Die Biegelinie bestimmen wir am einfachsten in diesem Falle mit Winkelgewichten; es sind daher die Größen [siehe Gl. (59, 15)]

$$W = -\frac{\Delta o}{h} \text{ in den Untergurtknoten und}$$

$$W = \frac{\Delta u}{h} \text{ in den Obergurtknoten}$$

als Belastung anzubringen. Folgerichtig wird ebenso wie bei den Größen $EF_0 \delta_{aa}$, $EF_0 \delta_{ab} \ldots$ auch hiebei der Einfluß der Diagonalen vernachlässigt.

In Tab. 63 sind der Einfachheit halber die h-fachen Winkelgewichte $h \cdot W$ angegeben. Aus dem gleichen Grunde sind auch die Momente $\frac{M}{\lambda}$ bestimmt; man muß daher, um die Ordinaten der Einflußlinie zu erhalten, noch mit $\frac{\lambda}{h} = \frac{6{,}00}{8{,}00} = 0{,}75$ multiplizieren, wie dies in der letzten Spalte der genannten Tabelle geschehen ist. Dabei entsprechen die Werte $\frac{h}{\lambda} X_{au}'$ der Biegelinie des Grundsystems, wenn dasselbe im Knoten 0 eingespannt ist; im Knoten 4 tritt dann eine Ecke auf, die durch die Längenänderung „1" des Stabes o_4 bedingt ist, während die Knoten 4, 9, 14 und 18, weil sie als Auflager unverschieblich sind, auf einer Geraden liegen müssen. In der Tat finden wir dies durch die Gleichung

$$\frac{14{,}132425 - 1{,}836633}{60} = \frac{26{,}428228 - 14{,}132425}{60} = \frac{36{,}264865 - 26{,}428228}{48} = = 0{,}2049$$

bestätigt, die besagt, daß die Neigung der Schlußlinien zwischen den Knoten 4 und 9, 9 und 14 bzw. 14 und 18 die gleiche ist.

Wie in dem vorhergehenden Beispiel müssen nunmehr die Tragwerksteile zwischen 0 und 4 sowie zwischen den Knoten 4 und 18 so verdreht werden, daß die Knoten 0, 4 und 18 keine Verschiebungen erfahren; dies wird durch Hinzufügen der Verschiebungen $\frac{h}{\lambda} \cdot X_{au}''$ erreicht. Damit ergeben sich dann die Verschiebungen $\frac{h}{\lambda} \cdot X_{au}$ und nach Multiplikation mit $\frac{\lambda}{h} = \frac{6{,}00}{8{,}00} = 0{,}75$ die endgültigen Ordinaten der Einflußlinie für X_a. Diese Rechnung ist in Tab. 63 durchgeführt:

Tabelle 63.

u	$h.W = \pm\overline{\Delta s_{pa}}$	$-h\Sigma W$	$\frac{h}{\lambda} X_{au}'$	$\frac{h}{\lambda} X_{au}''$	$\frac{h}{\lambda} X_{au}$	X_{au}
0		0	0	0	0	0
0,5	0,027716	— 0,027716	0			
1,0	0,044345	— 0,072061	— 0,027716	0,459158	0,431442	0,32358
1,5	0,066518	— 0,138579	— 0,099777			
2,0	0,073909	— 0,212488	— 0,238356	0,918316	0,679960	0,50997
2,5	0,110863	— 0,323351	— 0,450844			
3,0	0,110863	— 0,434214	— 0,774195	1,377475	0,603280	0,45246
3,5	0,194010	— 0,628224	— 1,208409			
4,0	0,147817	— 0,776041	— 1,836633	1,836633	0	0
4,5	0,193904	— 0,969945	— 2,612674			
5,0	0,132866	— 1,102811	— 3,582619	4,295791	0,713172	0,53488
5,5	0,110608	— 1,213419	— 4,685430			
6,0	0,073626	— 1,287045	— 5,898849	6,754949	0,856100	0,64208
6,5	0,066094	— 1,353139	— 7,185894			
7,0	0,036531	— 1,389670	— 8,539033	9,214108	0,675075	0,50631
7,5	0,021579	— 1,411249	— 9,928703			
8,0	— 0,000678	— 1,410571	— 11,339952	11,673266	0,333314	0,24999
8,5	— 0,028669	— 1,381902	— 12,750523			
9,0	— 0,037661	— 1,344241	— 14,132425	14,132425	0	0
9,5	— 0,049334	— 1,294907	— 15,476666			
10,0	— 0,033741	— 1,261166	— 16,771573	16,591586	— 0,179987	— 0,13499
10,5	— 0,028015	— 1,233151	— 18,032739			
11,0	— 0,018574	— 1,214577	— 19,265890	19,050746	— 0,215144	— 0,16138
11,5	— 0,016563	— 1,198014	— 20,480467			
12,0	— 0,009031	— 1,188983	— 21,678481	21,509907	— 0,168574	— 0,12643
12,5	— 0,005112	— 1,183871	— 22,867464			
13,0	0,000614	— 1,184485	— 24,051335	23,969067	— 0,082268	— 0,06170
13,5	0,007923	— 1,192408	— 25,235820			
14,0	0,010055	— 1,202463	— 26,428228	26,428228	0	0
14,5	0,013197	— 1,215660	— 27,630691			
15,0	0,007541	— 1,223201	— 28,846351	28,887387	0,041036	0,03078
15,5	0,007541	— 1,230742	— 30,069552			
16,0	0,005027	— 1,235769	— 31,300294	31,346546	0,046252	0,03469
16,5	0,004526	— 1,240295	— 32,536063			
17,0	0,003016	— 1,243311	— 33,776358	33,805706	0,029348	0,02201
17,5	0,001885	— 1,245196	— 35,019669			
18,0	0		— 36,264865	36,264865	0	0

Die Einflußlinie für X_b, das ist die Stabkraft im Obergurt über der Mittelstütze, erhält man auf die gleiche Weise. Man bestimmt die Werte q_{ab}, q_{bb} und q_{cb} aus dem Gleichungssystem

$$87{,}1065\, q_{ab} + 23{,}256\, q_{bb} = 0$$

$$23{,}256\, q_{ab} + 97{,}488\, q_{bb} + 23{,}256\, q_{cb} + EF_0 = 0$$

$$23{,}256\, q_{bb} + 87{,}1065\, q_{cb} = 0$$

mit

$$\frac{q_{ab}}{EF_0} = 0{,}0031384 \quad \frac{q_{bb}}{EF_0} = -0{,}011755 \text{ und } \frac{q_{cb}}{EF_0} = 0{,}0031384.$$

Bei Belastung des Grundsystems mit diesen Kräften treten also die folgenden Längenänderungen der Stäbe auf:

$$\overline{\Delta s_{pb}} = 0{,}0031384\, EF_0 \Delta s_{pa} - 0{,}011755\, EF_0 \Delta s_{pb} + 0{,}0031384\, EF_0 \Delta s_{pc},$$

welche als h-fache Winkelgewichte verwendet werden. Wegen der Symmetrie genügt es, nur eine Tragwerkshälfte zu betrachten. In Tab. 64 sind zunächst die Stablängenänderungen $\overline{\Delta s_{pb}}$ mit Benützung der schon früher ermittelten Werte für $EF_0 \Delta s_{pa}$, $EF_0 \Delta s_{pb}$ und $EF_0 \Delta s_{pc}$ zusammengestellt.

Tabelle 64.

	0,0031384 $EF_0 \Delta s_{pa}$	—0,011755 $EF_0 \Delta s_{pb}$	0,0031384 $EF_0 \Delta s_{pc}$	$\overline{\Delta s_{pb}}$
u_1	— 0,007061	0	0	— 0,007061
o_1	0,011298	0	0	0,011298
u_2	— 0,016947	0	0	— 0,016947
o_2	0,018830	0	0	0,018830
u_3	— 0,028246	0	0	— 0,028246
o_3	0,028246	0	0	0,028246
u_4	— 0,049430	0	0	— 0,049430
o_4	0,037661	0	0	0,037661
u_5	— 0,050842	0,021159	0	— 0,029683
o_5	0,036154	— 0,033854	0	0,002300
u_6	— 0,031635	0,050782	0	0,019147
o_6	0,022596	— 0,056424	0	— 0,033828
u_7	— 0,022596	0,084636	0	0,062040
o_7	0,015064	— 0,084636	0	— 0,069572
u_8	— 0,013558	0,118490	0	0,104932
o_8	0,009039	— 0,135418	0	— 0,126379
u_9	— 0,005649	0,190431	0	0,184782
o_9	0	— 0,141060	0	— 0,141060

Mit der Belastung durch die h-fachen Winkelgewichte $h \cdot W = \pm \overline{\Delta s_{pb}}$ ergeben sich wie bei der Einflußlinie für X_a zunächst die Werte $\frac{h}{\lambda} X_{bu}'$; ferner werden die Werte $\frac{h}{\lambda} X_{bu}''$ hinzugefügt, damit in den Knoten 4 und 9 keine Verschiebungen auftreten und endlich nach Multiplikation mit $\frac{\lambda}{h}$ die Ordinaten der Einflußlinie X_{bu} erhalten. Da diese Einflußlinie zur Trägermitte symmetrisch ist, genügt es, dieselbe für eine Trägerhälfte zu ermitteln, wie dies in Tab. 65 geschehen ist.

Tabelle 65.

u	$h \cdot W$	$-h\Sigma W$	$\frac{h}{\lambda} X_{bu}'$	$\frac{h}{\lambda} X_{bu}''$	$\frac{h}{\lambda} X_{bu}$	X_{bu}
0	0	0	0	0	0	0
0,5	— 0,007061	0,007061	0			
1,0	— 0,011298	0,018359	0,007061	— 0,116983	— 0,109922	— 0,08244
1,5	— 0,016947	0,035306	0,025420			
2,0	— 0,018830	0,054136	0,060726	— 0,233965	— 0,173239	— 0,12992
2,5	— 0,028246	0,082382	0,114862			
3,0	— 0,028246	0,110628	0,197244	— 0,350947	— 0,153703	— 0,11528
3,5	— 0,049430	0,160058	0,307872			
4,0	— 0,037661	0,197719	0,467930	— 0,467930	0	0
4,5	— 0,029683	0,227402	0,665649			
5,0	— 0,002300	0,229702	0,893051	— 0,584913	0,308138	0,23110
5,5	0,019147	0,210555	1,122753			
6,0	0,033828	0,176727	1,333308	— 0,701896	0,631412	0,47356
6,5	0,062040	0,114687	1,510035			
7,0	0,069572	0,045115	1,624722	— 0,818880	0,805842	0,60438
7,5	0,104932	— 0,059817	1,669837			
8,0	0,126379	— 0,186196	1,610020	— 0,935863	0,674157	0,50562
8,5	0,184782	— 0,370978	1,423824			
9,0	0,141060		1,052846	— 1,052846	0	0

98. Einflußlinien beliebiger Größen von statisch unbestimmten Systemen. Hat man die Einflußlinien der statisch unbestimmten Größen ermittelt, so kann leicht die Einflußlinie einer beliebigen Größe dieses Tragwerkes angegeben werden. Man benützt hiezu die Beziehung, die bereits in Nr. 88 angegeben wurde

$$E_{sPn} = E_{sP} + E_{sa} X_{aP} + E_{sb} X_{bP} + E_{sc} X_{cP} + \dots \qquad (88, 7)$$

und aus der sich für die Ordinaten der Einflußlinie der Ausdruck

$$E_{sun} = E_{su} + E_{sa} X_{au} + E_{sb} X_{bu} + E_{sc} X_{cu} + \dots \qquad (98, 20)$$

ergibt. Es bedeuten darin E_{su} die Ordinaten der Einflußlinie der Größe E im Grundsystem, X_{au}, X_{bu} und X_{cu} die Ordinaten der Einflußlinien der statisch unbestimmten Größen und E_{sa}, E_{sb} und E_{sc} die Werte von E im Bezugspunkt s, die bei Belastung des Grundsystems durch den Hilfsangriff $X_a = 1$, $X_b = 1$ und $X_c = 1$ entstehen.

1. Beispiel. Es sollen die Einflußlinien für Auflagerdrücke, Momente und Querkräfte des Durchlaufträgers, der im ersten Beispiel von Nr. 95 behandelt wurde, angegeben werden.

Zunächst bestimmen wir die Einflußlinie des linken Stützendruckes C_{on}. In Abb. 203 ist die Einflußlinie desselben im Grundsystem angegeben; die Ordinaten dieser Einflußlinie sind durch

$$C_{ou} = \frac{l - u}{l} = \frac{30 - u}{30} = 1 - \frac{u}{30}$$

gegeben. C_{oa}, nämlich der Stützendruck infolge $X_a = 1$, beträgt

$$C_{oa} = -\left(1 - \frac{18}{30}\right) = -0,4$$

und es wird also $C_{oa} X_{au}$ dem C_{ou} überlagert. Dann ergibt sich entsprechend der Gleichung

$$C_{oun} = C_{ou} + C_{oa} X_{au} = \left(1 - \frac{u}{30}\right) - 0,4\, X_{au}$$

die Einflußlinie für den Stützendruck C_{oun} im statisch unbestimmten System wie in Tab. 66 berechnet:

Tabelle 66.

u	C_{ou}	X_{au}	$C_{oa} X_{au}$	C_{oun}
0,00	1,0	0	0	1,0000
3,00	0,9	0,2883	— 0,1153	0,7847
6,00	0,8	0,5556	— 0,2222	0,5778
9,00	0,7	0,7812	— 0,3125	0,3875
12,00	0,6	0,9444	— 0,3733	0,2267
15,00	0,5	1,0243	— 0,4097	0,0903
18,00	0,4	1,0000	— 0,4000	0,0000
21,00	0,3	0,8593	— 0,3437	— 0,0437
24,00	0,2	0,6250	— 0,2500	— 0,0500
27,00	0,1	0,3281	— 0,1312	— 0,0312
30,00	0	0	0	0

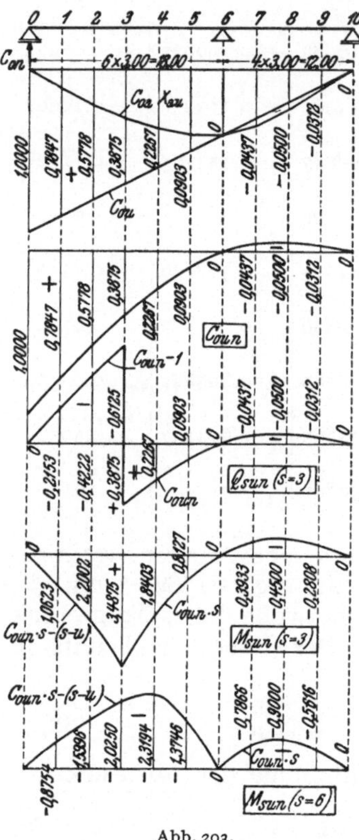

Abb. 203.

Um die Einflußlinie der Querkraft Q_{sun} für den Bezugspunkt $s = 9,00$ m zu bestimmen, könnten wir entsprechend der Gleichung

$$Q_{sun} = Q_{su} + Q_{sa} X_{au}$$

zu den Ordinaten der Einflußlinie von Q im statisch bestimmten Grundsystem die mit Q_{sa} multiplizierten Ordinaten X_{au} hinzuzufügen; dabei ist Q_{sa} die Querkraft in $s = 9,00$ m infolge $X_a = 1$, also $Q_{sa} = -0,4$.

Es ist aber einfacher, die Beziehung

$$Q_{sPn} = C_{oPn}$$

zu benützen, die aber nur dann gilt, wenn die Last $P_u = 1$ rechts von dem Bezugspunkt s angreift; wirkt $P_u = 1$ links von s, so gilt

$$Q_{sPn} = C_{oPn} - P$$

und dementsprechend erhalten wir für die Einflußlinie

$$Q_{sun} = C_{oun} \text{ solange } s < u$$

und $$Q_{sun} = C_{oun} - 1 \text{ wenn } u < s.$$

Damit ergeben sich folgende Ordinaten der Einflußlinie Q_{sun}:

Tabelle 67.

u	C_{oun}	Q_{sun}
0,00	1,0000	0,0000
3,00	0,7847	— 0,2153
6,00	0,5778	— 0,4222
9,00	0,3875	— 0,6125
9,00	0,3875	0,3875
12,00	0,2267	0,2267
15,00	0,0903	0,0903
18,00	0,0000	0,0000
21,00	— 0,0437	— 0,0437
24,00	— 0,0500	— 0,0500
27,00	— 0,0312	— 0,0312
30,00	0	0

Ebenso erscheint es einfacher, die Einflußlinie für ein Moment mittels der Beziehung

$$M_{sun} = s \cdot C_{oun} \text{ für } s < u$$

und

$$M_{sun} = s \cdot C_{oun} - 1 \cdot (s - u) \text{ für } u < s$$

zu bestimmen; denn in letzterem Falle ergibt die links von dem Bezugspunkt stehende Last $P_u = 1$, die von ihm den Abstand $s - u$ besitzt, den Beitrag $-1 \cdot (s - u)$ zu dem Moment in s. Wir erhalten also z. B. für $s = 9{,}00$ m:

Tabelle 68.

u	$s - u$	$s\,C_{oun}$	M_{sun}
0,00	9,00	9,0000	0,0000
3,00	6,00	7,0623	1,0623
6,00	3,00	5,2002	2,2002
9,00	0,00	3,4875	3,4875
12,00	—	1,8403	1,8403
15,00	—	0,8127	0,8127
18,00	—	0,0000	0,0000
21,00	—	— 0,3933	— 0,3933
24,00	—	— 0,4500	— 0,4500
27,00	—	— 0,2808	— 0,2808
30,00	—	0	0

Endlich geben wir noch die auf die gleiche Weise ermittelten Ordinaten der Einflußlinie für das Stützenmoment an; jetzt ist $s = 18{,}00$ m und wir erhalten

Tabelle 69.

u	$s-u$	$s\,C_{oun}$	M_{sun}
0,00	18,00	18,0000	0,0000
3,00	15,00	14,1246	— 0,8754
6,00	12,00	10,4004	— 1,5996
9,00	9,00	6,9750	— 2,0250
12,00	6,00	3,6806	— 2,3194
15,00	3,00	1,6254	— 1,3746
18,00	0,00	0,0000	0,0000
21,00	—	— 0,7866	— 0,7866
24,00	—	— 0,9000	— 0,9000
27,00	—	— 0,5616	— 0,5616
30,00	—	0	0

2. Beispiel. Wir zeigen im folgenden die Bestimmung der Einflußlinien für Querkräfte und Momente des in Nr. 95 als zweites Beispiel untersuchten Durchlaufträgers über drei Felder mit Kopfbalken (Abb. 197). Als statisch unbestimmte Größen dieses zweifach statisch unbestimmten Systems waren die Auflagerdrücke an den beiden Trägerenden gewählt und deren Einflußlinien bestimmt worden. Liegt der Bezugspunkt in einem der beiden Randfelder zwischen den Querschnitten 0 und 4 oder 11 und 15, so können wir so wie bei dem ersten Beispiel verfahren, erhalten also z. B. für die Ordinaten der Einflußlinie für die Querkraft im ersten Feld

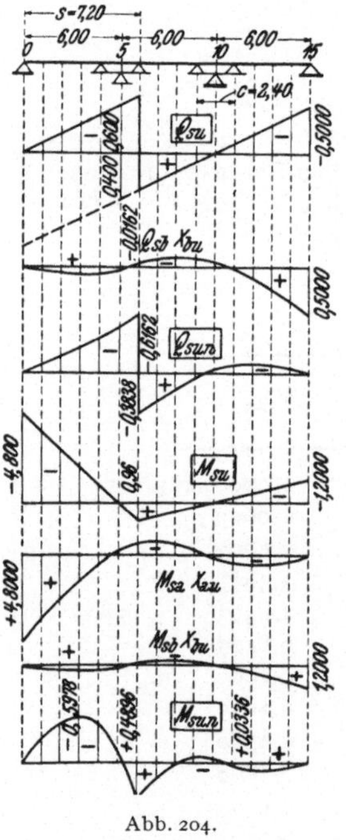

$$Q_{sun} = X_{au} \text{ für } s < u$$

und

$$Q_{sun} = X_{au} - 1 \text{ für } u < s$$

und für jene des Momentes

$$M_{sun} = s \cdot X_{au} \text{ für } s < u$$

$$M_{sun} = s \cdot X_{au} - (s-u) \text{ für } u < s.$$

Für einen Bezugspunkt, der über den Kopfbalken oder im Mittelfeld, also zwischen den Querschnitten 4 und 11, liegt, müssen wir aber die Beziehungen

$$Q_{sun} = Q_{su} + Q_{sa}\,X_{au} + Q_{sb}\,X_{bu} \quad \text{und}$$

$$M_{sun} = M_{su} + M_{sa}\,X_{au} + M_{sb}\,X_{bu}$$

Abb. 204.

verwenden. So ergeben sich speziell für den Querschnitt 6 innerhalb des Feldes 5 bis 6 die in Abb. 204 dargestellten Einflußlinien M_{su} und Q_{su} des statisch bestimmten Grundsystems. Für diesen Bezugspunkt gilt nämlich, wie man sich leicht überzeugt,

$$Q_{su} = \frac{1}{2} \cdot C_{1u} - 1 \text{ und } M_{su} = \frac{1}{2} c \cdot C_{1u} - 1 \cdot (s - u) \text{ für } u < s \text{ und}$$

$$Q_{su} = \frac{1}{2} \cdot C_{1u} \text{ und } M_{su} = \frac{1}{2} c \cdot C_{1u} \text{ für } s < u.$$

Dabei ist C_{1u} die Einflußlinie des Auflagerdruckes der linken Mittelstütze im Grundsystem, deren Ordinaten durch

$$C_{1u} = \frac{l_1 + l_2 - u}{l_2}$$

gegeben sind. c ist der Abstand des Punktes s vom linken Kopfträgerende. Mit den besonderen Werten des vorliegenden Beispieles, nämlich $l_1 = l_2 = 6{,}00$ m, $s = 7{,}20$ m und $c = 2{,}40$ m erhält man demnach für die Ordinaten Q_{su} und M_{su} mit $C_{1u} = 2 - \frac{u}{6}$

$$Q_{su} = -\frac{u}{12} \text{ und } M_{su} = \frac{2{,}40}{2}\left(2 - \frac{u}{6}\right) - 7{,}20 + u = -4{,}80 + 0{,}8\,u \text{ für } u < 7{,}20,$$

weiters

$$Q_{su} = 1 - \frac{u}{12} \text{ und } M_{su} = \frac{2{,}40}{2}\left(2 - \frac{u}{6}\right) = 2{,}40 - 0{,}2\,u \text{ für } u > 7{,}20.$$

Die Koeffizienten von X_{au} und X_{bu} in den Gleichungen für Q_{sun} und M_{sun}, welche die Werte von Q und M im Bezugspunkt s vorstellen, wenn das Grundsystem nur durch $X_a = 1$ bzw. $X_b = 1$ belastet ist, können als Ordinaten der Einflußlinien Q_{su} und M_{su} sofort erhalten werden. Denn bei diesem Beispiel fällt der Punkt a, in welchem $X_a = 1$ und der Punkt b, in dem $X_b = 1$ angreift, mit dem Punkt $u = 0$ bzw. mit $u = 18{,}00$ m zusammen. Die Ordinaten der Einflußlinien Q_{su} und M_{su} an diesen Stellen geben die Werte von Q und M in s an, wenn die Last $P_u = 1$ hier nach abwärts wirkt. Nun haben $X_a = 1$ und $X_b = 1$ aber entgegengesetzte Richtung wie P_u und es ist demnach

$$Q_{sa} = -Q_{su} \quad M_{sa} = -M_{su} \quad \text{für } u = 0$$

und

$$Q_{sb} = -Q_{su} \quad M_{sb} = -M_{su} \quad \text{für } u = 18{,}00,$$

also zahlenmäßig, wie der folgenden Tabelle entnommen werden kann:

$$Q_{sa} = 0, \qquad Q_{sb} = 0{,}500$$

$$M_{sa} = 4{,}80, \qquad M_{sb} = 1{,}20.$$

Die Berechnung der Werte Q_{sun} und M_{sun} ist mit Benützung der in Nr. 95 (2. Beispiel) ermittelten Werte von X_{au} und X_{bu} im folgenden durchgeführt; die Einflußlinien sind in Abb. 204 dargestellt.

Tabelle 70.

u	X_{au}	X_{bu}	$Q_{su} = -\frac{u}{12}$	$Q_{sb} X_{bu}$	Q_{sun}	$M_{su} = -4{,}8 + 0{,}8u$	$M_{sa} X_{au}$	$M_{sb} X_{bu}$	M_{sun}
0,0	1,0000	0,0000	0,0	0,0000	0,0000	— 4,80	4,8000	0,0000	0,0000
1,2	0,7351	0,0203	— 0,1	0,0102	— 0,0898	— 3,84	3,5285	0,0244	— 0,2871
2,4	0,4852	0,0357	— 0,2	0,0179	— 0,1821	— 2,88	2,3290	0,0428	— 0,5028
3,6	0,2651	0,0414	— 0,3	0,0207	— 0,2793	— 1,92	1,2725	0,0497	— 0,5978
4,8	0,0899	0,0324	— 0,4	0,0162	— 0,3838	— 0,96	0,4315	0,0389	— 0,4896
6,0	— 0,0286	0,0060	— 0,5	0,0030	— 0,4970	0,00	— 0,1373	0,0072	— 0,1301
7,2	— 0,0899	— 0,0324	— 0,6	— 0,0162	— 0,6162	0,96	— 0,4315	— 0,0389	0,4896
			$1 - \frac{u}{12}$			$2{,}4 - 0{,}2u$			
7,2	— 0,0899	— 0,0324	0,4	— 0,0162	0,3838	0,96	— 0,4315	— 0,0389	0,4896
8,4	— 0,0991	— 0,0734	0,3	— 0,0367	0,2633	0,72	— 0,4757	— 0,0881	0,1562
9,6	— 0,0734	— 0,0991	0,2	— 0,0496	0,1504	0,48	— 0,3523	— 0,1189	0,0088
10,8	— 0,0324	— 0,0899	0,1	— 0,0450	0,0550	0,24	— 0,1555	— 0,1079	— 0,0234
12,0	0,0060	— 0,0286	0,0	— 0,0143	— 0,0143	0,00	0,0288	— 0,0343	— 0 0055
13,2	0,0324	0,0899	— 0,1	0,0450	— 0,0550	— 0,24	0,1555	0,1079	0,0234
14,4	0,0414	0,2651	— 0,2	0,1326	— 0,0674	— 0,48	0,1987	0,3181	0,0368
15,6	0,0357	0,4852	— 0,3	0,2426	— 0,0574	— 0,72	0,1714	0,5822	0,0336
16,8	0,0203	0,7351	— 0,4	0,3676	— 0,0324	— 0,96	0,0974	0,8821	0,0195
18,0	0,0000	1,0000	— 0,5	0,5000	0,0000	— 1,20	0,0000	1,2000	0,0000

3. Beispiel. Es sollen die Einflußlinien für Biegungsmoment und Normalkraft im Querschnitt 4 ($s = 20{,}00$ m) des Bogens mit Zugband (Abb. 198) bestimmt werden, dessen Einflußlinien für die statisch unbestimmten Größen, nämlich für den Horizontalschub im Widerlager und die Kraft im Zugband, in Nr. 95 (3. Beispiel) ermittelt worden sind. Die Gleichung für die Ordinaten der Einflußlinie des Biegungsmomentes

$$M_{sun} = M_{su} + M_{sa} X_{au} + M_{sb} X_{bu}$$

geht mit $M_{sa} = -z = -2{,}88$ und $M_{sb} = -y = -15{,}36$ in

$$M_{sun} = M_{su} - z X_{au} - y X_{ub} = M_{su} - 2{,}88\, X_{au} - 15{,}36\, X_{bu}$$

über. Die Einflußlinienordinaten M_{su} des Biegemomentes eines freiaufliegenden Trägers sind durch

$$M_{su} = \frac{l - s}{l} \cdot x = \frac{60}{80} u = 0{,}75\, u \quad (x < s)$$

und $$M_{su} = \frac{l - x}{l} \cdot s = (1 - 0{,}0125\, x) \cdot 20 = 20 - 0{,}25\, x \quad (x > s)$$

gegeben.

Die Ordinaten der Einflußlinie für die Normalkraft des Bogens N_{sun} ergeben sich entsprechend der Gleichung

$$N_{sun} = N_{su} + N_{sa} X_{au} + N_{sb} X_{bu}$$

wobei $N_{su} = -Q_{su} \sin\varphi$ und $N_{sa} = N_{sb} = -\cos\varphi$ ist zu $$N_{sun} = -0{,}4555\, Q_{su} - 0{,}8897\, (X_{au} + X_{bu}),$$

denn im Bezugspunkt $s = 20{,}00$ m wird $\sin\varphi = 0{,}4555$ und $\cos\varphi = 0{,}8897$, so daß man die in Tab. 71 errechneten Werte für die Einflußlinie M_{sun} und Q_{sun} erhält (vgl. hiezu die Abb. 198c bis f). Q_{su} sind die Einflußlinienordinaten der Querkraft eines frei aufliegenden, geraden Trägers von 80 m Stützweite.

Tabelle 71.

u	x	X_{au}	X_{bu}	M_{su}	$-2{,}88\, X_{au}$	$-15{,}36\, X_{bu}$	M_{sun}
0	0	0	0	0	0	0	0
1	5,00	— 0,3236	0,2507	3,75	0,9320	— 3,8507	0,8313
2	10,00	— 0,4935	0,4469	7,50	1,4213	— 6,8644	2,0569
3	15,00	— 0,4414	0,5645	11,25	1,2712	— 8,6708	3,8504
4	20,00	— 0,1890	0,6081	15,00	0,5443	— 9,3404	6,2039
5	25,00	0,1408	0,6114	13,75	— 0,4055	— 9,3911	3,9534
6	30,00	0,4529	0,5984	12,50	— 1,3044	— 9,1914	2,0042
7	35,00	0,6730	0,5836	11,25	— 1,9382	— 8,9641	0,3477
8	40,00	0,7522	0,5774	10,00	— 2,1663	— 8,8689	— 1,0352
9	45,00	0,6730	0,5836	8,75	— 1,9382	— 8,9641	— 2,1523
10	50,00	0,4529	0,5984	7,50	— 1,3044	— 9,1914	— 2,9958
11	55,00	0,1408	0,6114	6,25	— 0,4055	— 9,3911	— 3,5466
12	60,00	— 0,1890	0,6081	5,00	0,5443	— 9,3404	— 3,7961
13	65,00	— 0,4414	0,5645	3,75	1,2712	— 8,6708	— 3,6497
14	70,00	— 0,4935	0,4469	2,50	1,4213	— 6,8644	— 2,9431
15	75,00	— 0,3236	0,2507	1,25	0,9320	— 3,8507	— 1,6687
16	80,00	0	0	0	0	0	0

Tabelle 71a.

u	x	Q_{su}	$-0{,}4555\, Q_{su}$	$X_{au} + X_{bu}$	$-0{,}8897\, (X_{au} + X_{bu})$	N_{sun}
0	0	0	0	0	0	0
1	5,00	— 0,0625	0,0285	— 0,0729	0,0649	0,0934
2	10,00	— 0,1250	0,0569	— 0,0466	0,0415	0,0984
3	15,00	— 0,1875	0,0854	0,1231	— 0,1095	— 0,0241
4	20,00	— 0,2500	0,1139	0,4191	— 0,3729	— 0,2590
—	—	0,7500	— 0,3416	0,4191	— 0,3729	— 0,7145
5	25,00	0,6875	— 0,3132	0,7522	— 0,6692	— 0,9824
6	30,00	0,6250	— 0,2874	1.0513	— 0,9353	— 1,2200
7	35,00	0,5625	— 0,2562	1,2566	— 1,1180	— 1,3742
8	40,00	0,5000	— 0,2278	1,3296	— 1,1829	— 1,4107
9	45,00	0,4375	— 0,1993	1,2566	— 1,1180	— 1,3173
10	50,00	0,3750	— 0,1708	1,0513	— 0,9353	— 1,1061
11	55,00	0,3125	— 0,1423	0,7522	— 0,6692	— 0,8115
12	60,00	0,2500	— 0,1139	0,4191	— 0,3729	— 0,4868
13	65,00	0,1875	— 0,0854	0,1231	— 0,1895	— 0,2749
14	70,00	0,1250	— 0,0569	— 0,0466	0,0415	— 0,0154
15	75,00	0,0625	— 0,0285	— 0,0729	0,0649	0,0364
16	80,00	0	0			

IX. Einige häufig angewandte Tragwerksysteme.

A. Der freiaufliegende Fachwerksträger.

99. Einige oft verwendete Formen des Fachwerkträgers auf zwei Stützen. Je nach der Form der Gurte pflegt man *Parallelträger, Parabelträger, Halbparabelträger* und *Dreiecksträger* zu unterscheiden. Die Ausfachungsstäbe können hiebei in verschiedener Weise angeordnet sein; wir beschränken uns jedoch im folgenden zunächst auf einfache Dreiecksketten, wie sie in den folgenden Abbildungen dargestellt sind.

Der Parallelträger, der in Abb. 205 mit verschiedenen Ausfachungen dargestellt ist, ist die einfachste Trägerform; Obergurt und Untergurt sind parallel, also die Trägerhöhe konstant.

Mitunter läßt man den unbeanspruchten Gurtstab und die unbeanspruchte Vertikale über den Auflagern weg; dann entsteht der Trapezträger, wie ihn Abb. 206 zeigt.

Beim Parabelträger (Abb. 207) liegen die Knoten zumindest eines Gurtes auf einer Parabel; die Trägerhöhen nehmen demnach von der Trägermitte gegen die Auflager quadratisch ab. Über den Auflagern ist die Trägerhöhe Null, so daß Ober- und Untergurt in einem Knoten zusammenlaufen. Zumeist ist der belastete Gurt gerade; Träger, bei welchen beide Gurte parabolisch sind, werden verhältnismäßig selten verwendet.

Kürzt man den Parabelträger durch Weglassen der Endfelder, so entsteht der häufig verwendete Halbparabelträger (Abb. 208). Der Träger erhält dann über den Auflagern bereits die Höhe h_0, die gegen die Trägermitte quadratisch bis zu ihrem Größtwert h_m zunimmt.

Der Dreiecksträger (Abb. 209a) ist wohl auf die Verwendung als Dachbinder beschränkt, findet aber als solcher vielfach Anwendung; auch bei diesem Träger kann man durch Weglassen der Randfelder bereits mit einer Trägerhöhe h_0 am Auflager beginnen (Abb. 209b).

100. Die Stabkräfte. Bei freiaufliegenden Fachwerksträgern ist die Bestimmung der größten Gurtkräfte infolge Verkehrslast auch ohne Verwendung von Einflußlinien möglich. Denn für die Gurtkräfte erhält man die bekannten Gleichungen[1]

$$U = \frac{M}{h} \sec \nu \text{ und } O = -\frac{M}{h} \sec \omega; \qquad (100, 1a)$$

für waagrechte Gurte ist selbstverständlich $\sec \omega$ bzw. $\sec \nu = 1$. Der Größtwert einer bestimmten Gurtkraft ergibt sich demnach für den Größtwert des Momentes M in den betreffenden Knoten; es gilt also

[1] Bezüglich der folgenden Gleichungen siehe „Einführung in die Statik". Wir setzen immer lotrechte Belastung voraus.

$$U_{max} = \frac{M_{max}}{h} \sec \nu \text{ und } O = -\frac{M_{max}}{h} \sec \omega. \qquad (100, 1\,b)$$

Man bestimmt also etwa nach dem in Nr. 23 bzw. 27 angegebenen Verfahren die Maximalmomente in den belasteten Knoten des Ersatzbalkens;

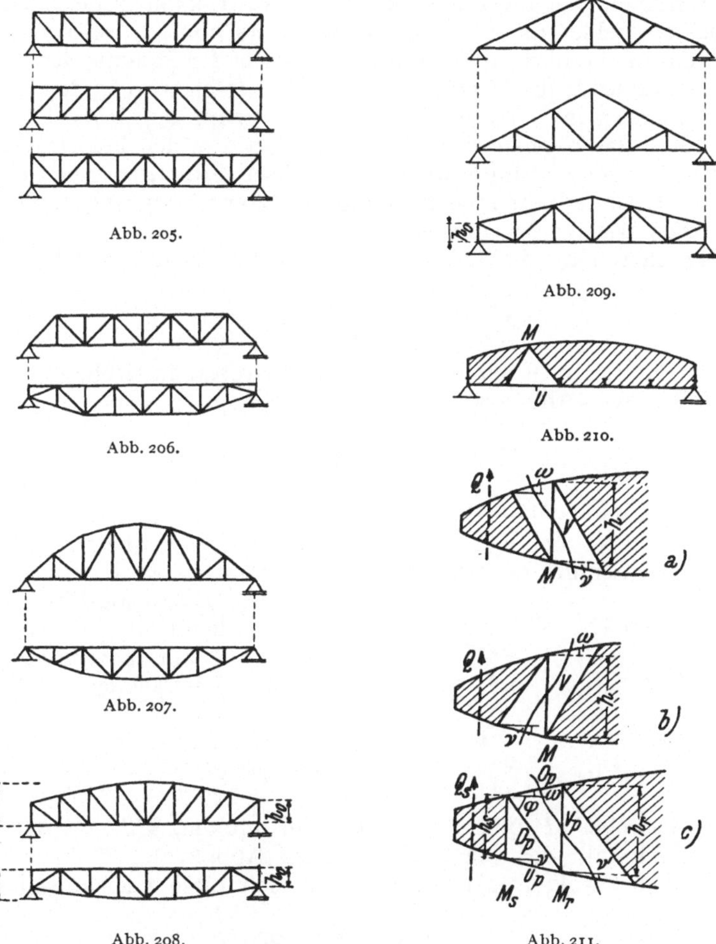

Abb. 205. Abb. 206. Abb. 207. Abb. 208. Abb. 209. Abb. 210. Abb. 211.

benötigt man, wie z. B. für den bezeichneten Untergurt in Abb. 210, das Moment M_{max} für einen zwischen zwei belasteten Knoten gelegenen Punkt, so genügt es, den Verlauf der M_{max} zwischen den einzelnen Knoten geradlinig anzunehmen, wie dies bei der Ermittlung der Maximalmomente bei mittelbarer Belastung in Nr. 27 erörtert worden ist.

Hingegen wird man für die Bestimmung der größten Stabkräfte in den Ausfachungsstäben Einflußlinien verwenden; nur beim Parallelträger ist es einfacher, unmittelbar von der Q_{max}-Kurve auszugehen, wie dies im folgenden gezeigt wird. Es ist weiter zu beachten, daß bei Parallel-, Parabel- und Halbparabelträgern gegen die Mitte fallende Diagonalen in der Hauptsache gezogen sind; gegen die Mitte ansteigende Diagonalen erhalten vornehmlich Druck. Wie sich im Folgenden aus der Betrachtung der Einflußlinie für die Füllstäbe ergeben wird, kann in den Diagonalen der beiden Felder an den Trägerenden stets nur Zug oder nur Druck auftreten; in den übrigen Feldern kann je nach der Stellung der Verkehrslast die Stabkraft ihr Vorzeichen wechseln. Doch wird in der Regel nur in den Feldern in Trägermitte ein solcher Spannungswechsel eintreten; denn durch das Eigengewicht des Trägers wird in den Feldern gegen die Trägerenden der erwähnte Spannungswechsel verhindert. Die Stabkräfte der Vertikalen erhalten beim Ständerfachwerk stets entgegengesetztes Vorzeichen wie die Diagonalen.

Berechnet man die Vertikalkräfte aus der bekannten Gleichung

$$V = -Q + \frac{M}{h} (\operatorname{tg} \omega + \operatorname{tg} \nu), \qquad (100, 2a)$$

wobei die in dieser Gleichung auftretenden Größen aus Abb. 211a ersichtlich sind, bzw. (Abb. 211b) aus der Gleichung

$$V = +Q - \frac{M}{h} (\operatorname{tg} \omega + \operatorname{tg} \nu), \qquad (100, 2b)$$

so ist zu beachten, daß die Querkraft stets in jenem Felde zu nehmen ist, in welchem bei dem zu der betreffenden Vertikalen gehörenden Ritterschen Schnitt der *belastete* Gurt geschnitten wird.

Die Diagonalkräfte werden, entsprechend der Summe aller horizontal am abgetrennten Fachwerksteil wirkenden Kräfte, aus der Gleichung

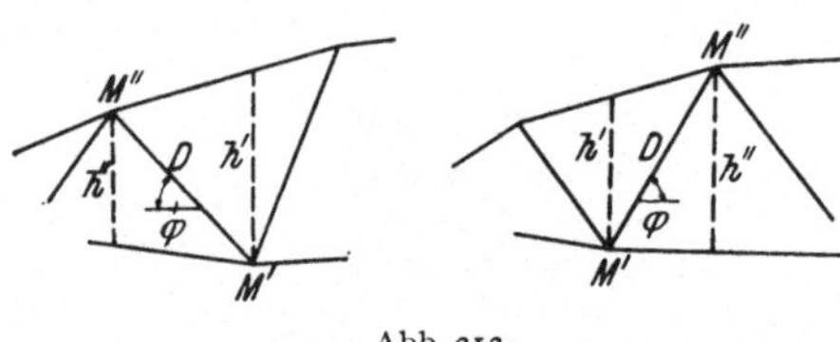

Abb. 212.

$$D = \sec \varphi \left(\frac{M'}{h'} - \frac{M''}{h''} \right) \qquad (100, 3)$$

bestimmt, wobei M' und h' stets zu dem unteren, M'' und h'' zu dem oberen Endpunkt der Diagonale gehören (Abb. 212).

Für den Parallelträger vereinfachen sich diese Gleichungen wegen

$$\operatorname{tg} \omega = \operatorname{tg} \nu = 0$$

zu

$$V = -Q, \qquad (100, 4a)$$

wenn die Diagonalen gegen die Mitte fallen und

$$V = Q$$

bei gegen die Mitte ansteigenden Diagonalen.

Ferner wird hier wegen

$$M' - M'' = \lambda Q \text{ und } \frac{\lambda}{h'} = \frac{\lambda}{h''} = \frac{1}{\operatorname{tg} \varphi}$$

$$D = \frac{Q}{\sin \varphi} \text{ oder } D = -\frac{Q}{\sin \varphi}, \qquad (100, 4b)$$

je nachdem ob die Diagonalen gegen die Mitte fallen oder ansteigen. Man kann demnach bei dem Parallelträger die größten Stabkräfte der Vertikalen und Diagonalen unmittelbar aus den größten Querkräften bestimmen und verwendet hiezu die Kurve der maximalen Querkräfte des Ersatzbalkens, deren Ermittlung in Nr. 27 gezeigt wurde. In Abb. 213 ist die Bestimmung der größten Kräfte der Ausfachungsstäbe zeichnerisch durchgeführt.

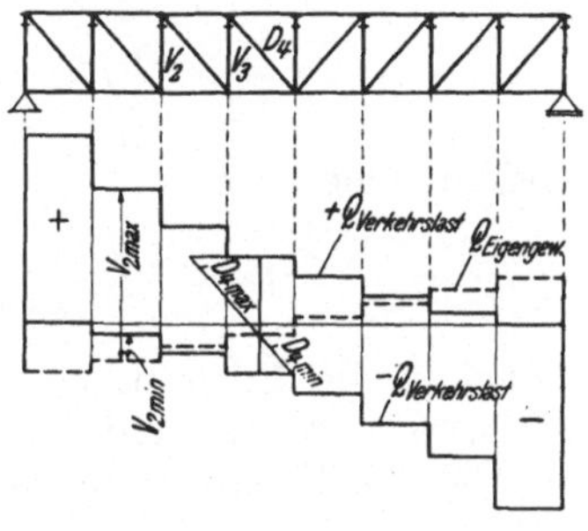

Abb. 213.

101. Vergleich zwischen den vorgenannten Trägerformen. Die Gl. (100, 1a) zeigt, daß bei einem Parallelträger die Gurtkräfte gegen die Mitte des Trägers verhältnisgleich mit den Maximalmomenten zunehmen; will man also eine Überdimensionierung der Gurtstäbe in den Randfeldern vermeiden, so muß man den Gurt gegen die Mitte beträchtlich verstärken. Beim Parabelträger bleiben hingegen die Gurtkräfte nahezu konstant; sind bei Vollbelastung alle Knotenkräfte dem Mittel aus den beiden angrenzenden Feldweiten proportional, wie dies z. B. bei einer gleichmäßig verteilten Belastung der Fall ist, so werden die Horizontalkomponenten der Gurtkräfte in allen Feldern genau gleich groß. Dies erkennt man sofort, wenn in der Gl. (100, 1a) für

$$U = \frac{M}{h} \sec \nu \text{ oder } O = -\frac{M}{h} \sec \omega$$

die Ausdrücke

$$M = \frac{p}{2} x (l - x) \text{ und } h = \frac{4 h_m}{l^2} x (l - x)$$

eingesetzt werden. Dann wird die Horizontalkomponente der Untergurtkraft

$$U \cos \nu = \frac{p l^2}{8 h_m} = \text{const}$$

und der Obergurtkraft

$$O \cos \omega = -\frac{p l^2}{8 h_m} = \text{const.}$$

Ist dabei ein Gurt gerade, so wird seine Kraft wegen $\cos\nu$ oder $\cos\omega = 1$ überhaupt konstant. Aber auch bei dem parabolischen Gurt ändert sich $\cos\nu$ oder $\cos\omega$ von Feld zu Feld so wenig, daß die Gurtkraft nahezu unverändert bleibt. Gleichzeitig sind die Diagonalen spannungslos, weil $\frac{M'}{h'} = \frac{M''}{h''}$ ist. Die Vertikalen erhalten Stabkräfte gleich der an ihnen angreifenden Knotenlasten.

Bei einem Dreieckstrāger nach Abb. 209a ergibt sich mit der Trägerhöhe $h = k \cdot x$ für Vollbelastung mit einer gleichmäßig verteilten Belastung die Gurtkraft im Untergurt

$$U = \frac{p\,x\,(l - x)}{2\,k\,x} = \frac{p}{2\,k}\,(l - x)$$

und im Obergurt

$$O = -\frac{p\,x\,(l - x)}{2\,k\,x} \sec\omega = -\frac{p}{2\,k}\,(l - x) \sec\omega,$$

wobei x die Entfernung des Ritterschen Momentenpunktes von dem Auflager bedeutet und $\operatorname{tg}\omega = k$ ist.

Die Gurtkräfte nehmen daher vom Auflager gegen die Mitte entsprechend dem wachsenden x ab. Fallen die Diagonalen gegen die Mitte, so erhalten sie in diesem Falle wegen $\frac{M'}{h'} < \frac{M''}{h''}$ Druck, gegen die Mitte steigende Diagonalen aber Zug, also gerade umgekehrt wie bei dem Parallelträger; ebenso ist auch die Stabkraft in den Vertikalen entgegengesetzt wie bei dem Parallelträger. Ist eine Trägerhälfte unbelastet, so sind die Stabkräfte der Füllstäbe in diesem Trägerteil Null.

102. Die Einflußlinien der Stabkräfte des freiaufliegenden Fachwerkträgers. Die Gleichungen für die Stabkräfte einer Dreieckskette,

$$U = \frac{M''}{h''} \sec\nu, \quad O = -\frac{M'}{h'} \sec\omega, \quad D = \sec\varphi\left(\frac{M'}{h'} - \frac{M''}{h''}\right) \text{ und}$$

$$V = \mp Q \pm \frac{M}{h}\,(\operatorname{tg}\omega + \operatorname{tg}\nu')$$

erlauben sofort, die Ordinaten der Einflußlinien aus jenen für Moment- und Querkraft des Ersatzbalkens zu bestimmen. Es gilt nach den Darlegungen in Nr. 88 und mit den Bezeichnungen der Abb. 211c (Obergurt belastet):

$$U_{pu} = \frac{M_{su}}{h_s} \sec\nu, \quad O_{pu} = -\frac{M_{ru}}{h_r} \sec\omega, \quad D_{pu} = \sec\varphi\left(\frac{M_{ru}}{h_r} - \frac{M_{su}}{h_s}\right) \text{ und}$$

$$V_{pu} = -Q_{su} + \frac{M_{ru}}{h_r}\,(\operatorname{tg}\omega + \operatorname{tg}\nu') \tag{102, 5}$$

und es bereitet keine Schwierigkeiten, aus den Einflußlinien für Momente und Querkräfte des Ersatzbalkens jene für die Stabkräfte nach den durch diese Gleichungen ausgedrückten Beziehungen zu erhalten, wie dies in Abb. 214 dargestellt ist. Man muß nur stets auf die Lage der Abschrägung achten, die aus dem Umstande, daß der Ersatzbalken mittelbar belastet ist, folgt. Insbesondere möge hervorgehoben werden, daß für die Füllstäbe die Abschrägung und damit der Lastscheidepunkt stets in jenem Felde liegt, in welchem *der belastete Gurt von dem zum betrachteten Stab gehörenden Ritterschen Schnitt getroffen wird (Abb. 215).*

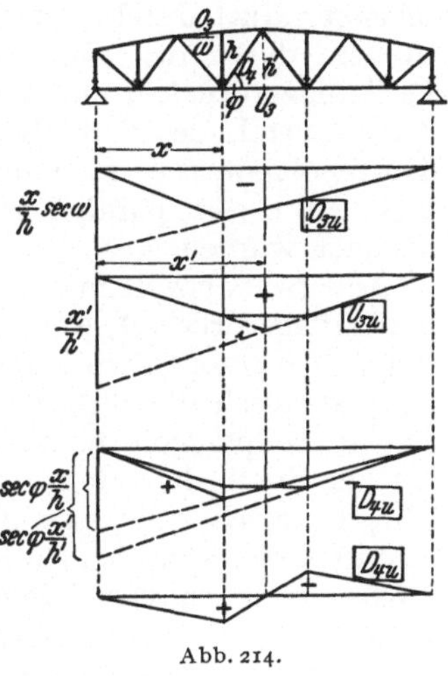
Abb. 214.

Dieser Lastscheidepunkt der Füllstäbe kann übrigens sehr einfach bestimmt werden. Dann ergibt sich eine einfache Kontrolle und speziell für die Bestimmung der Einflußlinien der Vertikalen eine Vereinfachung; denn die Einflußlinie von Q ist sofort erhalten, wenn unter den Auflagern die Strecke „1" bzw. „— 1" aufgetragen wird. Kennt man den Lastscheidepunkt, kann auch die Einflußlinie $\frac{M_{su}}{h_s}(\operatorname{tg}\omega + \operatorname{tg}\nu)$ verzeichnet werden, ohne daß $\frac{\operatorname{tg}\omega + \operatorname{tg}\nu}{h_s}$ bestimmt werden muß. Um den Lastscheidepunkt eines Füllstabes zu bestimmen, stellen wir die folgende Überlegung an: Steht die Last $P_u = 1$

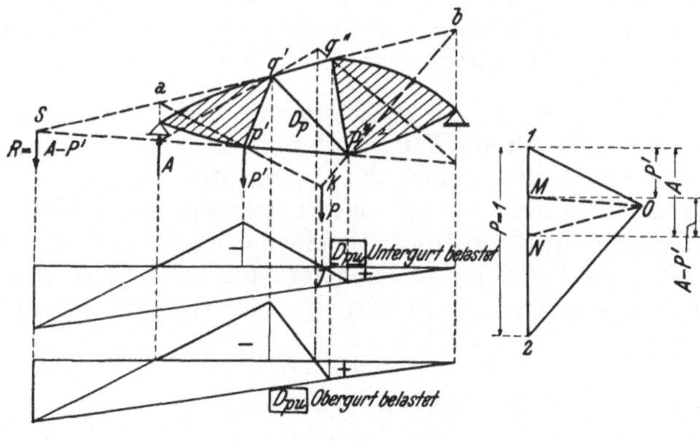

Abb. 215.

im Lastscheidepunkt J, so ist der betreffende Füllstab spannungslos. Nun kann die Stabkraft dieses Füllungsstabes aus dem Moment berechnet werden, das sämtliche Kräfte, die an dem abgetrennten (linken) Trägerteil angreifen, in bezug auf den Ritterschen Momentenpunkt, d. i. den Schnittpunkt S der beiden mitgeschnittenen Gurtstäbe besitzt (Abb. 215). Der betreffende Füllungsstab ist also spannungslos, wenn die Resultierende aller am abgetrennten linken Trägerteil angreifenden Kräfte durch den eben erwähnten Schnittpunkt S der mitgeschnittenen Gurte geht; denn dann verschwindet das Moment um diesen Punkt. Wenn weiter die Last $P_u = 1$ in jenem Felde steht, in welchem der belastete Gurt durch den Ritterschen Schnitt getroffen wird, so greifen an dem durch den Ritterschen Schnitt abgetrennten linken Trägerteil der Auflagerdruck A und die Knotenlast P' an. P' kann nun in einfacher Weise mittels des Seilpolygons $a — b — K$ bestimmt werden, wenn im Kräftepolygon $O — M$ parallel zur Schlußlinie $p' — p''$ gezogen wird, nachdem $0 — 1$ parallel zu $a — p'$ und $0 — 2$ parallel zu $b — p''$ gezeichnet wurden.

Anderseits erhält man mit Benützung desselben Seilpolygons $a—b—K$ den Auflagerdruck A, wenn im Kräftepolygon $O — N$ parallel zur Schlußlinie $a — b$ gezogen wird. Die Resultierende von A und P', die im Kräftepolygon durch die Strecke $M — N$ gegeben ist, greift also dort an, wo sich im Seilpolygon die Parallelen zu den Strecken $O — N$ und $O — M$, d. s. die durch die Punkte a, bzw. b und p', bzw. p'' gegebenen Geraden schneiden. Es geht also die Resultierende von A und P' durch den Schnittpunkt S der beiden bei dem Ritterschen Schnitt mitgeschnittenen Gurte; demnach verschwindet das Moment der Kräfte A und P' um diesen Punkt und die Diagonale ist spannungslos. Sonach erhält man den gesuchten Lastscheidepunkt J eines Füllungsstabes auf folgende einfache Weise: Man verlängert den geschnittenen Stab des unbelasteten Gurtes (d. i. in dem in Abb. 215 dargestellten Beispeil der Stab $(q' — q'')$ bis zum Schnitt mit den Auflagervertikalen, erhält so die Punkte a und b, verbindet diese Punkte mit den belasteten Knoten p' und p'' und erhält als Schnittpunkt der Geraden $a — p'$ und $b — p''$ einen dem Lastscheidepunkt J zugeordneten Punkt K.

103. Weitere Verfahren zur Bestimmung der Einflußlinien für die Stabkräfte von Fachwerken. Wir wollen noch ein anderes Verfahren zur Ermittlung der Einflußlinien der Stabkräfte angeben, welches die Einflußlinien für die Auflagerdrücke des Ersatzbalkens benützt (Abb. 216). Solange nämlich der Auflagerdruck die einzige Kraft an dem durch einen Ritterschen Schnitt abgetrennten Fachwerksteil ist, ist jede der geschnittenen Stabkräfte diesem Auflagerdruck proportional und es gilt also

$$S_{pu} = S_{p1}\, C_{1u}.$$

Darin bedeutet S_{pu} die Einflußlinie des Stabes s_p, C_{1u} die Einflußlinie des linken Auflagerdruckes C_1. Die Größe S_{p1} stellt offenbar die Stabkraft im Stabe S_p vor, wenn $C_{1u} = 1$ wird, denn dann ergibt die vorstehende Gleichung

$$S_{pu} = S_{p1}.$$

Bei der Ermittlung von S_{p1} ist das Fachwerk in den beiden letzten Knoten am rechten Ende festgehalten zu denken (Abb. 216b und c).

Man erhält also die gesuchte Einflußlinie S_{pu}, wenn man die Einflußlinie des Auflagerdruckes C_{1u} mit S_{p1} multipliziert, demnach unter dem linken Auflager als Ordinate nicht „1", sondern $1 \cdot S_{p1}$ aufträgt, wie dies in Abb. 216d dargestellt ist. Nur darf man dabei nicht übersehen, daß C_{1u} die einzige Kraft am linken Trägerteil sein muß, die Last $P_u = 1$ also am rechten Teil stehen muß und nicht etwa bereits im geschnittenen Feld stehen darf; denn in diesem Falle käme bereits ein Anteil der Last $P_u = 1$ als Knotenlast auf den linken Trägerteil und A wäre nicht mehr die einzige Last links. Die wie vor beschriebene Einflußlinie gilt demnach nur rechts des geschnittenen Feldes bis zu dem Knoten m''.

Steht die Last links vom Knoten m', so verfahren wir ebenso mit Benützung der Einflußlinie C_{2u} des rechten Auflagerdruckes und erhalten also insgesamt

$$S_{pu} = S_{p1}\, C_{1u},$$

wenn die Last rechts von m'' steht, also für Einflußordinaten rechts von m'', und

$$S_{pu} = S_{p2}\, C_{2u}$$

für Einflußordinaten links von m'. Dabei bedeuten C_{1u} und C_{2u} die Einflußlinien des linken, bzw. rechten Auflagerdruckes und S_{p1} und S_{p2} die Stabkräfte in S infolge der Auflagerdrücke $C_1 = 1$, bzw. $C_2 = 1$. Man braucht also bloß unter den Auflagern die Stabkräfte S_{p1} und S_{p2} — natürlich unter Berücksichtigung ihres Vorzeichens — aufzutragen, den Gültigkeitsbereich der beiden so gefundenen Einflußlinienteile festzustellen und allenfalls die unter dem geschnittenen Feld entstandene Lücke durch eine Gerade zu schließen. Denn wir haben in Nr. 90 dargelegt, daß bei mittelbarer Belastung die Einflußlinien Polygone sind, deren Ecken unter den belasteten Knoten liegen.

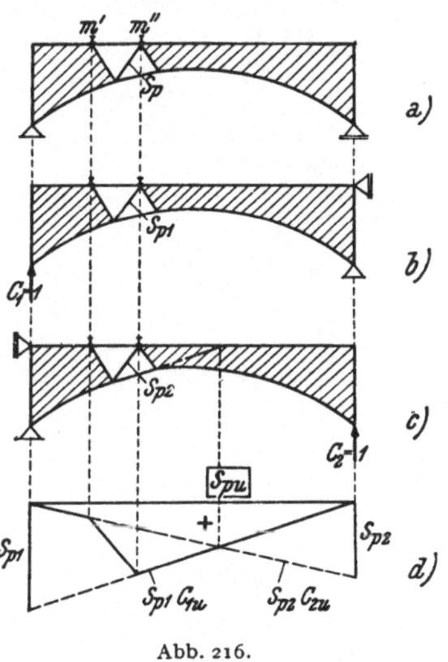

Abb. 216.

Wenn man sich mit zeichnerischer Genauigkeit zufrieden gibt, wird man zwei Cremona-Pläne mit $C_1 = 1$ und $C_2 = 1$ zeichnen und diesen Plänen die Stabkräfte S_{p1} und S_{p2} als Ordinaten der Einflußlinien unter den Auflagern entnehmen.

104. Fachwerksträger mit Hilfsausfachung. Das beschriebene Verfahren kann vorteilhaft zur Bestimmung der Einflußlinien eines Fachwerkträgers mit Hilfsausfachung (Abb. 217a) verwendet werden, wie wir ihn in Nr. 30 bei ruhender Belastung untersucht haben. Die Einflußlinien der Obergurtstäbe, der Vertikalen und des oberen Teiles der Diagonalen sehen ebenso aus, wie wenn die Hilfsausfachung fehlen würde; das erkennt man daraus, daß die Gleichungen für diese Stabkräfte mit und ohne Hilfsausfachung die gleichen sind. Hingegen ändern sich die Einflußlinien für den Untergurt U und für den unteren Teil der Diagonale D_p. Die Größen D_{p1} und D_{p2} (Abb. 217b) sowie U_{p1} und U_{p2} (Abb. 217c), die als Ordinaten der Einflußlinien unter den Auflagern aufzutragen sind und die nach früherem die Stabkräfte in D und U infolge der Belastung $C_1 = 1$ und $C_2 = 1$ vorstellen, bleiben gegenüber dem Fachwerk ohne Hilfsausfachung ungeändert. Auch der Geltungsbereich der Einflußlinie $U_{p1} \cdot C_{1u}$ hat sich nicht geändert; die Last $P_u = 1$ kann am rechten Teil bis zum Knoten n vorrücken und C_1 bleibt die einzige Kraft am linken Teil. Steht die Last aber am linken Trägerteil, so kann sie jetzt noch im Knoten m angreifen; auch dann ist C_2 noch immer die einzige Kraft am rechten Trägerteil. Die Ordinaten der Einflußlinie im Felde m — n werden erhalten, wenn man die Ordinaten in m und in n geradlinig verbindet. Denn es liegt ja mittelbare Belastung vor und da müssen die Einflußlinien zwischen den belasteten Knoten stets geradlinig verlaufen.

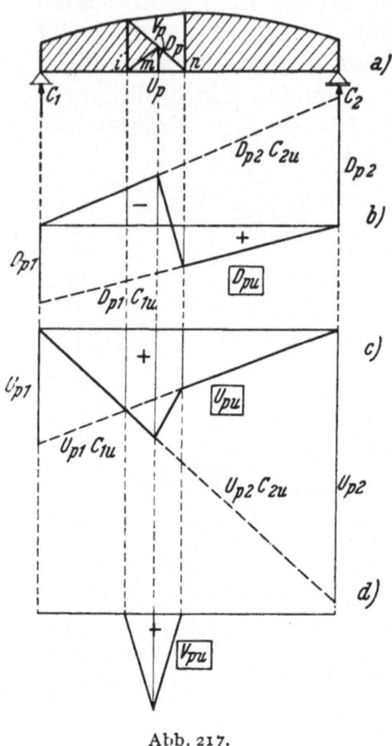

Abb. 217.

Die Einflußlinie für die Hilfsvertikale V ist leicht durch die Überlegung zu finden, daß für Laststellungen außerhalb des Feldes i — n dieser Stab spannungslos, daher die Einflußordinaten Null sind. Greift die Last unmittelbar in dem Knoten der Vertikale an, so entsteht eine Zugkraft von der Größe „1"; mithin hat die Einflußlinie der Hilfsvertikale die in Abb. 217d dargestellte Form.

105. Fachwerksträger mit Rhombenausfachung. Für die Ermittlung der Einflußlinien dieses in Abb. 218a dargestellten Fachwerkträgers erweist sich das in Nr. 92 behandelte kinematische Verfahren zweckmäßig. Wie man sich etwa durch Auszählen von Knoten und Stäben — oder aber einfacher durch das Stabtauschverfahren — überzeugen kann, ist dieses Fachwerk statisch bestimmt. Denkt man sich den Stab, dessen Einflußlinie bestimmt werden soll, um die Längeneinheit „1" verlängert, so stellt die Verschiebungslinie des Lastgurtes bereits die gesuchte Einflußlinie vor. Dabei sind die Verschiebungen der belasteten Knoten (d. i. des Untergurtes) in der Richtung der wandernden Last $P_u = 1$ zu nehmen. Wie in jedem statisch bestimmten System, ist zur Erzeugung der Längenänderung des Stabes und damit auch der Verschiebungen des Tragwerkes keine Kraft notwendig; denn denkt man sich den betreffenden Stab durchschnitten, so wird das Fachwerk verschieblich und das Einfügen der Stabverlängerung „1" ist ohne Aufwendung irgend welcher Zwangskräfte möglich. Demnach erfahren auch alle übrigen Stäbe keine Längenänderungen und unsere Aufgabe kann durch das Verzeichnen eines Williot-Planes gelöst werden, bei welchem lediglich dem untersuchten Stab die Längenänderung „1“ erteilt wird, während alle übrigen Stäbe keine Verlängerung erfahren. In der Abb. 218b ist zunächst die Einflußlinie eines Untergurtstabes ermittelt. Bei der Konstruktion des Williot-Planes denken wir uns vorerst den rechten Teil des Fachwerkes festgehalten; dieser bildet bis zu den Knoten *a*, *b* und *c* eine starre Scheibe und wenn die Untergurtknoten belastet sind, verschwinden am rechten Trägerteil bis einschließlich Knoten *a*

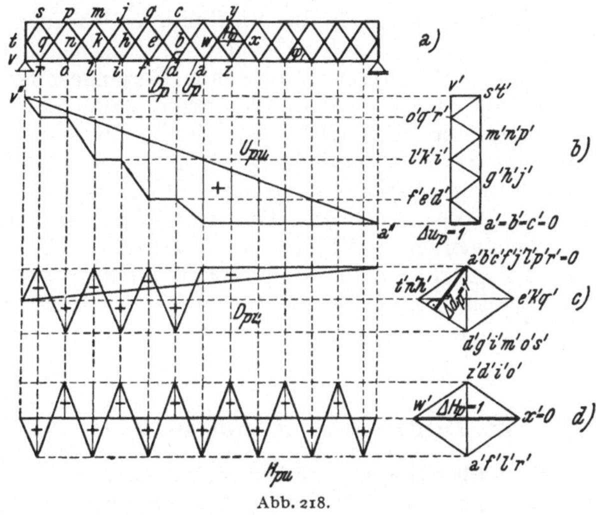

Abb. 218.

die Verschiebungen. Wir zeichnen nun den Williot-Plan, wobei die Knoten *a*, *b* und *c* festgehalten sind, also $a' = b' = c' = 0$ wird; dann erhält man in bekannter Weise die Verschiebungen der übrigen Knoten der linken Trägerhälfte. Für alle Stäbe außer für den Stab zwischen den Knoten *a* und *d* mit der Verlängerung „1“ ist $\Delta s = 0$; dadurch fallen die Bilder der Punkte $d - e - f$, $g - h - j$, $i - k - l$ usw. zusammen. Die Dreiecke $d - e - f$, $g - h - j$ ... des linken Trägerteiles erfahren also Parallelverschiebungen ohne Drehung, was man übrigens auch ohne Zeichnen eines Williot-Planes erkennen kann. Der Williot-Plan ist demnach recht einfach und dem Anfänger bereitet höchstens der Umstand, daß stets drei Punkte zusammenfallen, einige Schwierigkeiten und gibt bei Unaufmerksamkeit Veranlassung zu Fehlern. Genügt allenfalls die zeichnerische Genauigkeit nicht, so lassen sich die Strecken $a' - g' = d' - i' = g' - m'$ usw. leicht rechnen; die Länge derselben beträgt $2 \cdot \operatorname{cotg} \varphi$, wenn φ den Winkel der Diagonalen gegen die Waagrechte vorstellt.

Da bislang der rechte Teil festgehalten wurde, hat der Knoten *v* die dem Williot-Plan zu entnehmende Verschiebung $o - v'$ erhalten, deren Vertikalkomponente gleich der Strecke $o - s'$ ist. Da aber v als Auflagerknoten keine senkrechte Verschiebung erfahren darf, muß das Tragwerk um das rechte Auflager so lange verdreht werden, bis die Vertikalkomponente der Verschiebung des Punktes v infolge dieser Drehung gleich der Verschiebung $o - s'$ wird. Man braucht also bloß die Linie $a'' - v''$ zu ziehen und erhält in den Ordinaten dieser Geraden die Vertikalkomponenten der Verschiebungen, welche die einzelnen Knoten bei der Verdrehung um das rechte Auflager erfahren haben. Damit ergibt sich dann die in der Abb. 218b dargestellte Einflußlinie für den Untergurtstab U_p.

In gleicher Weise lassen sich die Einflußlinien für die Diagonalen bestimmen. In der Abb. 218c ist die Diagonale zwischen den Knoten b und d als Beispiel gewählt; dieser wurde eine Verlängerung „1" erteilt. Auch in diesem Falle ist der Williot-Plan recht einfach.

Endlich ist noch die Einflußlinie für den Stab $w - x$ bestimmt. Erteilt man diesem Stab die Verlängerung „1", so werden die Knoten des Ober- und Untergurtes abwechselnd um die gleichen Beträge einander genähert und voneinander entfernt. Die Einflußlinie besteht demnach aus abwechselnd steigenden und fallenden Geraden; den Schnittpunkten der Diagonalen entsprechen dabei als Momentanzentren Nullpunkte der Einflußlinie. Der Williot-Plan, der nur für ein Feld gezeichnet zu werden braucht, liefert die Knotenverschiebungen der Gurte, wie in Abb. 218d dargestellt.

B. Bogen und Rahmenträger

106. Allgemeines über Bogen- und Rahmentragwerke. Die Tragwerke, die in diesem Abschnitt behandelt werden, besitzen eine stetig gekrümmte oder nur stückweise gerade Stabachse; in ersterem Falle spricht man von Bogen-, im zweiten von Rahmentragwerken. Für die statische Untersuchung spielt dieser Unterschied keine Rolle; kennzeichnend ist für beide Systeme der Umstand, daß auch bei lotrechter Belastung schräg gerichtete Stützendrücke auftreten.

Je nach der Anzahl der in die Stabachse eingelegten Gelenke unterscheidet man den *Dreigelenkbogen*, den *Zweigelenkbogen* und den *Eingelenkbogen*. Bei letzterem sind ebenso wie bei dem gelenklosen oder *eingespannten Bogen* die Stabenden oder Kämpfer in den Auflagern unverdrehbar eingespannt. Der Dreigelenkbogen ist statisch bestimmt. Läßt man das Scheitelgelenk weg, so entsteht der einfach statisch unbestimmte Zweigelenkbogen; er wird mitunter auch mit einem Gleitlager, dafür aber mit einem Zugband ausgeführt. Der zweifach statisch unbestimmte Eingelenkbogen erhält nur ein einziges Gelenk im Scheitel; die Enden des Bogens sind in den Widerlagern fest eingespannt. Dieses System wird verhältnismäßig selten ausgeführt. Häufig wird aber hingegen der eingespannte oder gelenklose Bogen verwendet, der dreifach statisch unbestimmt ist.

Bei allen statisch unbestimmten Bogenträgern werden durch unrichtige Lage der Widerlager und durch Temperaturänderungen innere Kräfte geweckt, die mit jenen infolge der Belastung durchaus größenordnungsmäßig vergleichbar sind. Besonders die durch eine Temperaturänderung hervorgerufenen inneren Kräfte sind bei Tragwerken mit größerer Spannweite stets zu ermitteln.

Im folgenden wird im Gegensatz zur bisherigen Gepflogenheit die Achsialkraft im Bogen wie üblich als Druckkraft positiv bezeichnet.

107. Der Dreigelenkbogen. Dieses statisch bestimmte System wurde bereits in der „Einführung in die Statik" ausführlich behandelt und ist auch in dem vorliegenden Buch wiederholt als erläuterndes Beispiel herangezogen worden. Wir beschränken uns daher auf eine kurze Wiedergabe bereits bekannter Ergebnisse, denen nur noch einige Bemerkungen angefügt werden sollen.

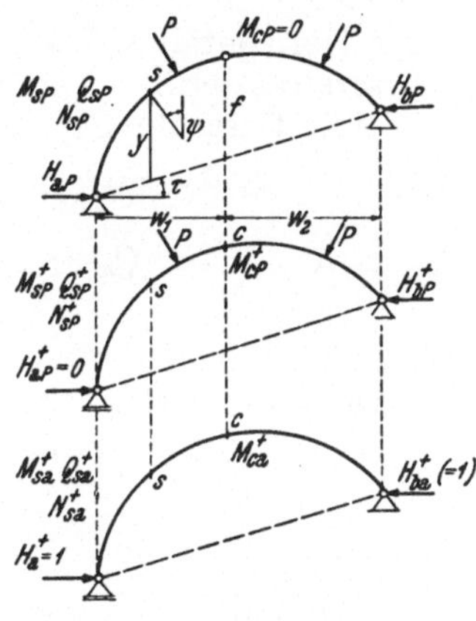

Abb. 219.

Bei einer beliebigen, auch aus schräg gerichteten Kräften bestehenden Belastung führt am raschesten die in Nr. 18 behandelte Stützenvertauschung zum Ziele. Als Ersatztragwerk wählen wir einen freiaufliegenden Träger mit derselben Form der Stabachse wie der Bogen; dieser Träger entsteht dadurch, daß wir uns das Scheitelgelenk durch eine Fixierung unwirksam gemacht denken, dafür aber das Gelenk am linken Widerlager a durch ein waagrecht bewegliches Gleitlager ersetzen (Abb. 219). Im Ersatztragwerk ist demnach das Scheitelmoment M^*_{cP} von Null verschieden, der Horizontalschub H^*_{aP} aber gleich Null; im Dreigelenkbogen ist das Scheitelmoment $M_{cP}=0$, aber H_{aP} von Null verschieden. $H_a=1$ ruft im Ersatzsystem die Momente $M^*_{sa}=-y$, also speziell im Scheitel $M^*_{ca}=-f$ hervor; allgemein ergibt sich das Moment im Dreigelenkbogen infolge einer beliebigen Belastung

$$M_{sP}=M^*_{sP}+M^*_{sa}H_{aP}=M_{sP}-y\cdot H_{aP} \qquad (107, 6)$$

und daraus folgt für $x=c$ wegen $M_{cP}=0$

$$H_{aP}=\frac{M^*_{cP}}{f}. \qquad (107, 7)$$

Hat man H_{aP} bestimmt, so können aus der vorangegangenen Gleichung M_{sP}, aber auch alle übrigen Größen des Dreigelenkbogens bestimmt werden; es ist z. B. die Normalkraft im Bogen

$$N_{sP}=N^*_{sP}+N^*_{sa}H_{aP}=N^*_{sa}+H_{aP}\cos(\psi-\tau)\sec\tau,$$

die Querkraft (107, 8)

$$Q_{sP} = Q^*_{sP} + Q^*_{sa} H_{aP} = Q^*_{sP} - H_{aP} \sin(\psi - \tau) \sec \tau$$

und der Horizontalschub am rechten Widerlager

$$H_{bP} = H^*_{bP} + H^*_{ba} H_{aP} = H^*_{bP} + H_{aP}. \qquad (107, 9)$$

In diesen Gleichungen bedeuten

$$N^*_{sa} = \cos(\psi - \tau) \sec \tau$$

die Normalkraft,

$$Q^*_{sa} = -\sin(\psi - \tau) \sec \tau$$

die Querkraft und

$$H^*_{ba} = 1$$

den Horizontalschub am rechten Widerlager in dem mit $H_a = 1$ belasteten Ersatztragwerk.

Für lotrechte Belastung können diese Ausdrücke in

$$N_{sP} = \sin \psi \, [Q_{sP}' + (\operatorname{cotg} \psi + \operatorname{tg} \tau) H_{aP}],$$

$$Q_{sP} = \cos \psi \, [Q_{sP}' - (\operatorname{tg} \psi - \operatorname{tg} \tau) H_{aP}] \text{ und} \qquad (107, 10)$$

$$H_{bP} = H_{aP}$$

umgeformt werden. Q_{sP}' bedeutet aber jetzt die Querkraft in lotrechter Richtung im Ersatztragwerk, also

$$Q_{sP}' = A^* - \sum P.$$

Die zuletzt angeschriebenen Gleichungen für lotrechte Belastung liefern sofort die Ausdrücke für die Einflußlinien. Hat man $H_{au} = H_{bu}$ aus

$$H_{au} = \frac{M^*_{cu}}{f}$$

bestimmt, so erhält man durch Überlagerung der Einflußlinien M^*_{su} und Q_{su}' des Ersatzträgers mit H_{au} die Einflußlinien des Dreigelenkbogens, und zwar

$$M_{su} = M^*_{su} - y H_{au}$$

$$N_{su} = \sin \psi \, [Q_{su}' + (\operatorname{cotg} \psi + \operatorname{tg} \tau) H_{au}] \text{ und} \qquad (107, 11)$$

$$Q_{su} = \cos \psi \, [Q_{su}' - (\operatorname{tg} \psi - \operatorname{tg} \psi) H_{au}],$$

die in Abb. 188 dargestellt sind. Es sind dies die gleichen Ergebnisse wie in Nr. 92, wo die Einflußlinien dieser Größen kinematisch bestimmt worden sind. Die dort erwähnte Bestimmung der Lastscheidepunkte (Nullstellen der Einflußlinien) kann entweder zur Kontrolle oder zur Vereinfachung der Rechnung benützt werden.

108. Der geschlossene Ring. Der in Abb. 220 dargestellte geschlossene Ring ist bei statisch bestimmter Lagerung ein innerlich dreifach statisch unbestimmtes System. Wir wollen die inneren Kräfte desselben infolge einer beliebigen Belastung ermitteln und werden dann durch Spezialisierung der Ergebnisse die Lösungen für die statisch unbestimmten Bogenträger, nämlich den Zweigelenkbogen, den Eingelenkbogen und den eingespannten oder gelenklosen Bogen erhalten.

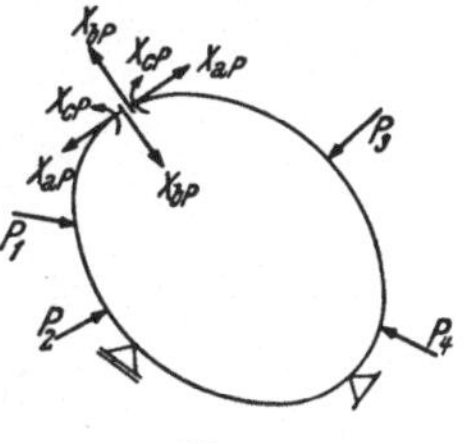

Abb. 220.

Wir schneiden demnach den durch die Kräfte P beanspruchten Ring an einer beliebigen Stelle durch, wie dies in Abb. 220 geschehen ist und müssen an der Schnittstelle die Normalkraft X_{aP}, die Querkraft X_{bP} und das Moment X_{cP} als statisch unbestimmte Größen anbringen. Wir erhalten dann weiters drei Elastizitätsgleichungen, deren jede die drei Unbekannten X_{aP}, X_{bP} und X_{cP} enthält.

Man pflegt nun stets durch eine Transformation

$$X_{aP} = q_{aa}\, Y_{aP} + q_{ab}\, Y_{bP} + q_{ac}\, Y_{cP}$$

$$X_{bP} = q_{ba}\, Y_{aP} + q_{bb}\, Y_{bP} + q_{bc}\, Y_{cP}$$

$$X_{cP} = q_{ca}\, Y_{aP} + q_{cb}\, Y_{bP} + q_{cc}\, Y_{cP},$$

mit der wir uns in Nr. 81 näher befaßt haben, die Elastizitätsgleichungen auf die Form

$$\varepsilon_{aa}\, Y_{aP} + \varepsilon_{aP} = 0 \qquad (108, 12)$$

$$\varepsilon_{bb}\, Y_{bP} + \varepsilon_{bP} = 0$$

$$\varepsilon_{cc}\, Y_{cP} + \varepsilon_{cP} = 0$$

zu bringen.

In der Abb. 221 sind die Kräftegruppen „a", „b" und „c" dargestellt. Zur Erreichung unseres Zieles wählen wir für die Kräftegruppe „a" q_{aa}, q_{ba} und q_{ca} so groß, daß q_{aa} und q_{ba} eine unter dem Winkel τ gegen die Waagrechte gerichtete Resultierende von der Größe $\sec\tau$ ergibt (deren waagrechte Komponente demnach „1" und deren lotrechte Komponente $\operatorname{tg}\tau$ beträgt); das Moment q_{ca} bewirkt dann eine Verschiebung der Resultierenden um die vorläufig noch unbekannte Strecke v in lotrechter Richtung. Es ergeben sich also für die Kräftegruppe „a" die in Abb. 221a eingetragenen Kräfte. Für die Kräftegruppe „b" werden q_{ab}, q_{bb} und q_{cb} so bestimmt, daß lediglich eine vertikale Kraft „1", deren Wirkungslinie um die Strecke u verschoben ist, resultiert (Abb. 221b); die Wirkungslinie dieser Kraft schneidet sich im Punkt o mit jener von $\sec\tau$. Die Kräftegruppe „c" besteht lediglich aus dem Moment $q_{cc} = 1$ ($q_{ac} = = q_{bc} = 0$) und dieses Moment q_{cc} kann von der Schnittstelle des Ringes nach o verschoben werden, wie dies die Abb. 221c zeigt.

Die Ermittlung der Kräfte q_{aa}, q_{ab}, q_{ac} ... ist nicht schwierig, aber für die weitere Untersuchung nicht erforderlich; wir verwenden die Kräftegruppe „a", „b" und „c" in der in den Abb. 221a, b und c dargestellten Form.

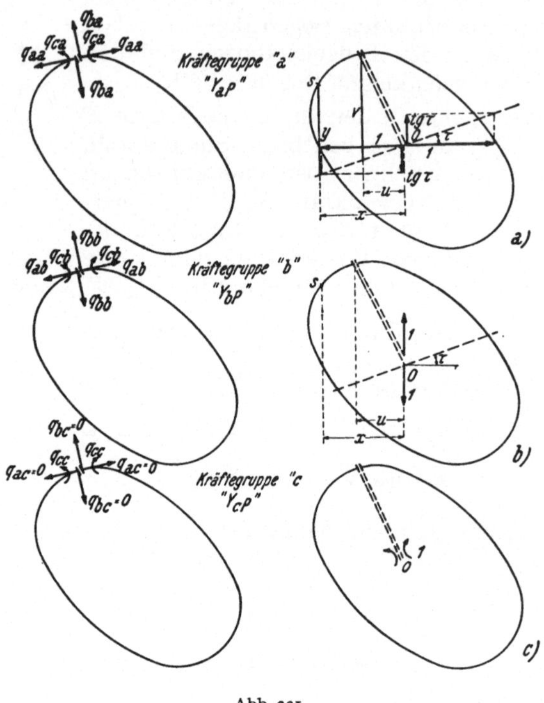

Abb. 221.

Durch passende Wahl der noch willkürlichen Größen u, v und τ läßt es sich nun erreichen, daß

$$\varepsilon_{ab}=0, \quad \varepsilon_{ac}=0 \text{ und } \varepsilon_{bc}=0$$

wird und da weiters nach dem Satz von MAXWELL

$$\varepsilon_{ab}=\varepsilon_{ba} \quad \varepsilon_{ac}=\varepsilon_{ca} \quad \varepsilon_{bc}=\varepsilon_{cb}$$

ist, nehmen dann die Elastizitätsgleichungen die gewünschte Form nach Gl. (108, 12) an, bei der nur die Diagonalglieder vorkommen, so daß jede Unbekannte Y_{aP}, Y_{bP} und Y_{cP} sofort aus einer Gleichung bestimmt werden kann.

Nach den Gleichungen in Nr. 81 wird aber

$$E J_0 \varepsilon_{ab} = \int \overline{M}_{sa} \overline{M}_{sb} \frac{J_0}{J} ds \text{ und } E J_0 \varepsilon_{ac} = \int \overline{M}_{sa} \overline{M}_{sc} \frac{J_0}{J} ds.$$

$\overline{M}_{sa}$ und $\overline{M}_{sb}$ sind die Momente infolge der Kräftegruppe „a", bzw. „b". An Hand der Abb. 221a und b findet man

$$\overline{M}_{sa} = -y \text{ und } \overline{M}_{sb} = -x,$$

wenn y die Ordinate des Punktes s, gemessen von der Wirkungslinie der Kraft $\sec\tau$, und x die Abszisse, gemessen von der Lotrechten durch o, bedeutet. Es muß also

$$E J_0 \varepsilon_{ab} = \int x y \frac{J_0}{J} ds = 0$$

sein. Da weiters $\overline{M}_{sc} = 1$ ist, wird

$$E J_0 \varepsilon_{ac} = \int \overline{M}_{su} \overline{M}_{sc} \frac{J_0}{J} ds = -\int y \frac{J_0}{J} ds \qquad (108, 13)$$

$$E J_0 \varepsilon_{bc} = \int \overline{M}_{sb} \overline{M}_{sc} \frac{J_0}{J} ds = -\int x \frac{J_0}{J} ds$$

und daraus folgt, daß

$$\int y \frac{J_0}{J} ds = 0 \text{ und } \int x \frac{J_0}{J} ds = 0 \qquad (108, 15a)$$

sein muß.

Diese beiden Gleichungen lassen sich einfach deuten: sie besagen nichts anderes, als daß die Wirkungslinie von $\sec\tau$ und die Lotrechte durch den Punkt o Schwerlinien des mit $\frac{J_0}{J}$ längs ds belasteten Ringes sind, also o der Schwerpunkt der auf der Stabachse angebrachten Belastung $\frac{J_0}{J}$ ist. Beziehen wir uns zunächst auf ein beliebiges rechtwinkeliges Koordinatensystem, in welchem ein beliebiger Punkt der Stabachse die Koordinaten $\bar{x}$ und $\bar{y}$ besitzt (Abb. 222), so erhält man die Koordinaten des Schwerpunktes o in diesem Koordinatensystem

$$a = \frac{\int \bar{x} \frac{J_0}{J} ds}{\int \frac{J_0}{J} ds}, \quad b = \frac{\int \bar{y} \frac{J_0}{J} ds}{\int \frac{J_0}{J} ds} \qquad (108, 15a)$$

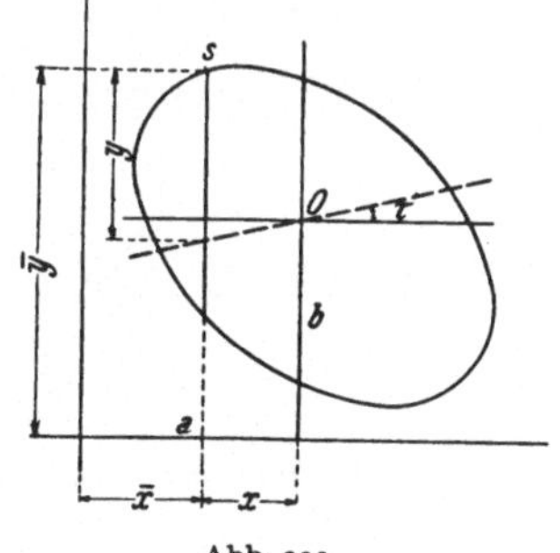

Abb. 222.

Die Gl. $\int x y \frac{J_0}{J} ds = 0$ stellt hingegen die Bedingung vor, daß das Zentrifugalmoment der Belastung $\frac{J_0}{J}$ verschwindet, daß also die lotrechte Achse durch o und die Wirkungslinie von $\sec\tau$ konjugierte Achsen sind. Hieraus läßt sich der Winkel τ bestimmen. Setzt man

$$y = \bar{y} - b + x \operatorname{tg}\tau, \qquad (108, 15b)$$

so wird

$$\int xy \frac{J_0}{J} ds = \int x\, (\bar{y} - b + x \operatorname{tg} \tau) \frac{J_0}{J} sd$$

und weil

$$\int x \frac{J_0}{J} ds = 0$$

folgt aus

$$\int x\, (\bar{y} + x \operatorname{tg} \tau) \frac{J_0}{J} ds = 0$$

$$\operatorname{tg} \tau = -\frac{\int x\bar{y} \frac{J_0}{J} ds}{\int x^2 \frac{J_0}{J} ds}. \qquad (108, 15c)$$

Damit sind die notwendigen Vorarbeiten getroffen und wir können nunmehr an die Ermittlung der Koeffizienten der Elastizitätsgleichungen schreiten. Es ist für die Kräftegruppe „a" (Abb. 223)

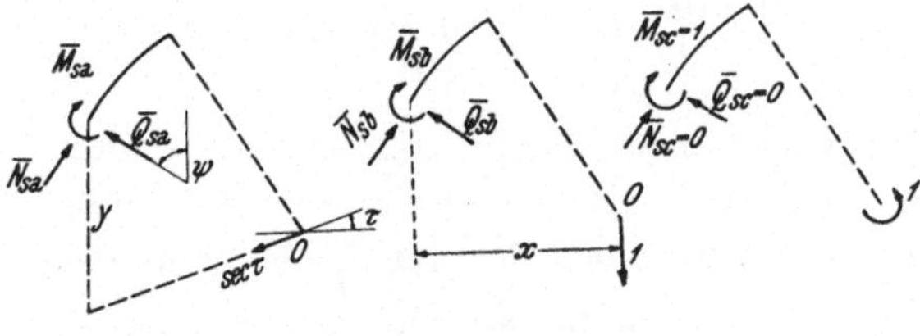

Abb. 223.

$$\overline{M}_{sa} = -y,\ \overline{N}_{sa} = \cos(\psi - \tau) \sec \tau,\ \overline{Q}_{sa} = -\sin(\psi - \tau) \sec \tau,$$

für die Kräftegruppe „b"

$$\overline{M}_{sb} = -x, \qquad \overline{N}_{sb} = \sin \psi, \qquad \overline{Q}_{sb} = \cos \psi$$

und für die Kräftegruppe „c"

$$\overline{M}_{sc} = 1, \quad \overline{N}_{sc} = 0 \text{ und } \overline{Q}_{sc} = 0.$$

Es wird also weiters

$$EJ_0\, \varepsilon_{aa} = \int \overline{M}^2_{sa} \frac{J_0}{J} ds + \int \overline{N}^2_{sa} \frac{J_0}{F} ds = \int y^2 \frac{J_0}{J} ds + C_1$$

$$EJ_0\, \varepsilon_{bb} = \int \overline{M}^2_{sb} \frac{J_0}{J} ds + \int \overline{N}^2_{sb} \frac{J_0}{F} ds = \int x^2 \frac{J_0}{J} ds + C_2$$

$$EJ_0\, \varepsilon_{cc} = \int \overline{M}^2_{sc} \frac{J_0}{J} ds = \int \frac{J_0}{J} ds,$$

ferner

$$E J_0 \varepsilon_{aP} = \int \overline{M}_{sa} M_{sP} \frac{J_0}{J} ds = -\int y M_{sP} \frac{J_0}{J} ds$$

$$E J_0 \varepsilon_{bP} = \int \overline{M}_{sb} M_{sP} \frac{J_0}{J} ds = -\int x M_{sP} \frac{J_0}{J} ds$$

$$E J_0 \varepsilon_{cP} = \int \overline{M}_{sc} M_{sP} \frac{J_0}{J} ds = \int M_{sP} \frac{J_0}{J} ds.$$

Damit ergibt sich endlich:

$$Y_{aP} = \frac{\int y M_{sP} \frac{J_0}{J} ds}{\int y^2 \frac{J_0}{J} ds + C_1}$$

$$Y_{bP} = \frac{\int x M_{sP} \frac{J_0}{J} ds}{\int x^2 \frac{J_0}{J} ds + C_2} \qquad (108, 16)$$

$$Y_{cP} = -\frac{\int M_{sP} \frac{J_0}{J} ds}{\int \frac{J_0}{J} ds}.$$

Die von den Normalkräften herrührenden Glieder C_1 und C_2 sind im Vergleich zu $\int y^2 \frac{J_0}{J} ds$ und $\int x^2 \frac{J_0}{J} ds$ so klein, daß sie vernachlässigt werden können Bei genauen Rechnungen pflegt man allenfalls noch C_1 zu berücksichtigen.

Für Moment. Normalkraft und Querkraft an der Stelle s mit den Koordinaten x und y und dem Winkel ψ gegen die Lotrechte erhält man

$$M_{sPn} = M_{sP} + \overline{M}_{sa} Y_{aP} + \overline{M}_{sb} Y_{bP} + \overline{M}_{sc} Y_{cP} = M_{sP} - y Y_{aP} - x Y_{bP} + Y_{cP}$$

$$N_{sPn} = N_{sP} + \overline{N}_{sa} Y_{aP} + \overline{N}_{sb} Y_{bP} + \overline{N}_{sc} Y_{cP} = \\ = N_{sP} + \cos(\psi - \tau) \sec \tau \, Y_{aP} + \sin \psi \, Y_{bP}$$

$$Q_{sPn} = Q_{sP} + \overline{Q}_{sa} Y_{aP} + \overline{Q}_{sb} Y_{bP} + \overline{Q}_{sc} Y_{cP} = \\ = Q_{sP} - \sin(\psi - \tau) \sec \tau \, Y_{aP} + \cos \psi \, Y_{bP} \qquad (108, 17)$$

109. Der eingespannte Bogen. a) Die in Nr. 108 angegebenen Gleichungen lassen sich sofort auf den eingespannten Bogen (Abb. 224a) anwenden, wenn wir denselben als einen durch die Erde geschlossenen Ring auffassen, bei welchem der in die Erde fallende Teil der Stabachse ein unendlich großes Trägheitsmoment und eine unendlich große Fläche besitzt. In den für den Ring in Nr. 108 angegebenen Integralen, bei welchen J und F im Nenner steht, verschwindet daher der Beitrag dieser ds und alle Integrale erstrecken sich nur über den Bogen zwischen den beiden Auflagern. Für die numerische Rechnung führen wir wieder

$ds = \frac{dx}{\cos\psi}$ ein, wobei dx das Längenelement in waagrechter Richtung bedeutet; zur Abkürzung werden die Größen

$$\frac{J_0}{J\cos\psi} = w, \quad y\,\frac{J_0}{J\cos\psi} = w', \quad x\,\frac{J_0}{J\cos\psi} = w'' \tag{109, 18}$$

verwendet.

Zunächst bestimmen wir den Schwerpunkt o der $\frac{J_0}{J}$; bedeuten x und y die Koordinaten eines Punktes der Bogenachse in einem beliebigen rechtwinkligen Koordinatensystem mit waagrechter x-Achse, so ergibt sich die Abszisse und die Ordinate des Schwerpunktes nach Gl. (108, 14)

$$a = \frac{\int \bar{x}\,w\,dx}{\int w\,dx} \qquad b = \frac{\int \bar{y}\,w\,dx}{\int w\,dx} \tag{109, 19a}$$

und die Neigung der Geraden durch o, von der die Ordinaten y zu messen sind

$$\operatorname{tg}\tau = -\frac{\int \bar{y}\,w''\,dx}{\int x\,w''\,dx} \tag{109, 19b}$$

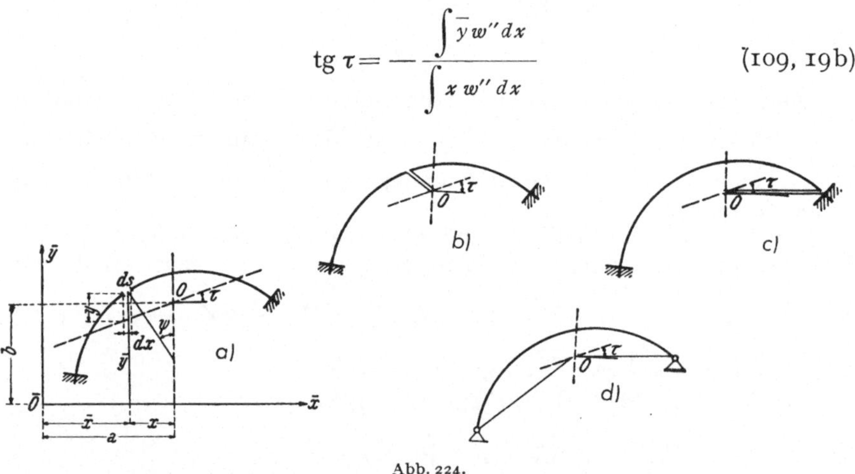

Abb. 224.

Ist die Bogenform symmetrisch, dann wird $\operatorname{tg}\tau = 0$ und die lotrechte Achse fällt mit der Bogensymmetrale zusammen. Es ist also in diesem Falle lediglich b zu berechnen, um die Höhenlage der waagrechten Achse zu bestimmen.

Es kommt nun darauf an, wo wir uns die Bogenachse geschnitten denken, d. h. welches Grundsystem verwendet wird. In Abb. 224b ist der Schnitt im Bogen selbst geführt; dann besteht das Grundsystem aus zwei Kragträgern; bei symmetrischen Bogenformen sind die beiden Kragträger gleich und damit ist eine Vereinfachung der Rechnung verbunden. Schneidet man aber, wie in Abb. 224c, am Auflager, so erhält man als Grundsystem nur einen Kragträger und man geht auch bei symmetrischen Bogen des Vorteiles der Symmetrie verlustig. Zumeist denkt man sich aber den Bogen durch die Erde zu einem geschlossenen Ring ergänzt und den Schnitt in diesem Teil geführt. Da es auf die Bogenform dann dort überhaupt nicht ankommt, kann man sich dieselbe etwa so wie in Abb. 224d dargestellt vorstellen. Das Grundsystem ist dann ein freiaufliegender Träger mit gekrümmter Stabachse, in welchem die Momente M_{sP}, die Querkräfte Q_{sP} und die Normalkräfte N_{sP} an der beliebigen Stelle s auftreten. Um Übereinstimmung der Vorzeichen mit jenen beim geschlossenen Ring zu erreichen, müssen wir die Hilfsangriffe $Y_a = 1$, $Y_b = 1$ und $Y_c = 1$ in den in Abb. 225a bis c eingetragenen Richtungen wirken lassen.

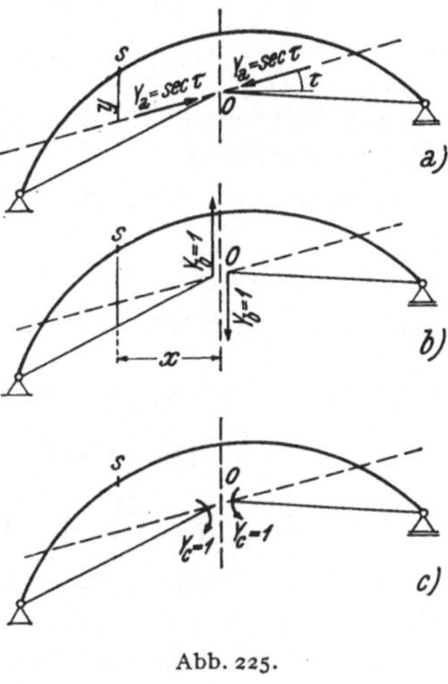

Abb. 225.

Aus den Gl. (108, 16) für den geschlossenen Ring folgen dann sofort jene für den eingespannten Bogen; es ist

$$Y_{aP} = + \frac{\int M_{sP}\, w'\, dx}{\int y\, w'\, dx + C_1}$$

$$Y_{bP} = + \frac{\int M_{sP}\, w''\, dx}{\int x\, w''\, dx + C_2} \qquad (109, 20)$$

$$Y_{cP} = - \frac{\int M_{sP}\, w\, dx}{\int w\, dx}$$

Die Ausdrücke für

$$\overline{M}_{as}, \quad \overline{N}_{sa}, \quad \overline{Q}_{sa},$$

$$\overline{M}_{sb}, \quad \overline{N}_{sb}, \quad \overline{Q}_{sb} \text{ und}$$

$$\overline{M}_{sc}, \quad \overline{N}_{sc}, \quad \overline{Q}_{sc}$$

ändern sich gegenüber dem geschlossenen Ring nicht und haben demnach die in Nr. 108 angegebenen Werte; damit bleiben auch die Gl. (108, 17) unverändert und es ist also

$$\begin{aligned} M_{sPn} &= M_{sP} - y\, Y_{aP} - x\, Y_{bP} + Y_{cP} \\ N_{sPn} &= N_{sP} + \cos(\psi - \tau) \sec \tau\, Y_{aP} + \sin \psi\, Y_{bP} \\ Q_{sPn} &= Q_{sP} - \sin(\psi - \tau) \sec \tau\, Y_{aP} + \cos \psi\, Y_{bP} \end{aligned} \qquad (109, 21\text{a})$$

Bei lotrechter Belastung führt man in den Ausdrücken für N_{sPn} und Q_{sPn} an Stelle von N_{sP} und Q_{sP} die Querkraft Q_{sP}' des Grundsystems in lotrechter Richtung ein. Es ist

$$N_{sP} = Q_{sP}' \sin \psi \text{ und } Q_{sP} = Q_{sP}' \cos \psi$$

und damit ergeben sich die Ausdrücke

$$\begin{aligned} N_{sPn} &= \sin \psi\, [Q_{sP}' + (\operatorname{cotg} \psi + \operatorname{tg} \tau)\, Y_{aP} + Y_{bP}] \\ Q_{sPn} &= \cos \psi\, [Q_{sP}' - (\operatorname{tg} \psi - \operatorname{tg} \tau)\, Y_{aP} + Y_{bP}] \end{aligned} \qquad (109, 21\text{b})$$

Bezüglich der Glieder $C_1 = \int \overline{N}_{sa}^2 \frac{J_0}{F \cos \psi} dx$ und $C_2 = \int \overline{N}_{sb}^2 \frac{J_0}{F \cos \psi} dx$ sei noch folgendes bemerkt: Beide Glieder sind gegenüber den von den Momenten herrührenden Anteilen klein und können vernachlässigt werden. Allenfalls berücksichtigt man noch das Glied C_1, kann aber für dasselbe eine näherungsweise Ermittlung verwenden. Es ist

$$\int \overline{N}_{sa}^2 \frac{J_0}{F \cos \psi} dx = \int \cos^2(\psi - \tau) \sec^2 \tau \frac{J_0}{F \cos \psi} dx$$

und zur Vereinfachung nehmen wir hierin $\frac{F}{\cos(\psi - \tau)} = F_0 =$ konstant an; es bedeutet dies, daß die Projektion des Bogenquerschnittes parallel zur Richtung τ konstant ist. Mit den Querschnittsabmessungen, die sich auf Grund der Bemessung ergeben, wird dies zwar nur angenähert überstimmen; aber dadurch vereinfacht sich der Ausdruck für C_1 in folgender Weise:

$$C_1 = \frac{J_0}{F_0} \sec^2 \tau \int \cos(\psi - \tau) \frac{dx}{\cos \psi} = \frac{J_0}{F_0} \sec^2 \tau \,.\, l',$$

denn $\cos(\psi - \tau) \frac{dx}{\cos \psi}$ stellt die Projektion der Bogenelemente ds in die Richtung τ vor und l' bedeutet die Entfernung der Bogenauflager in dieser Richtung. Da nun $l' = l \sec \tau$ ist, erhält man

$$C_1 \approx \sec^3 \tau \frac{J_0}{F_0} l \qquad (109, 22)$$

mit l als waagrechter Stützweite des Bogens. Dieser Ausdruck ist wegen der Kleinheit im Vergleich zu $\int y\, w'\, dx$ immer noch hinreichend genau; man vergleiche diesbezüglich auch das in Nr. 50h durchgerechnete Beispiel.

Die Berechnung der Integrale in den vorstehenden Gleichungen erfolgt nach der Simpsonschen oder Newtonschen Näherungsformel, die in Nr. 49 angegeben ist. Die Anordnung der ziffernmäßigen Berechnung geschieht am besten so, wie dies in dem Beispiel in Nr. 50 h geschehen ist.

b) Die statisch unbestimmten Bogenträger sind mitunter gegen Temperaturänderungen recht empfindlich und es kann vorkommen, daß die dadurch hervorgerufenen inneren Kräfte mit jenen infolge der Belastung vergleichbar sind. Um Y_{at}, Y_{bt} und Y_{ct}, die durch eine Temperaturerhöhung von t^0 bei einem Wärmeausdehnungskoeffizienten α entstehen, zu bestimmen, ist in den Elastizitätsgleichungen ε_{aP}, ε_{bP} und ε_{cP} durch ε_{at}, ε_{at} und ε_{ct} zu ersetzen. Für diese Größen erhält man aber nach Nr. 81

$$EJ_0\,\varepsilon_{at} = \int \overline{N}_{sa}\,\alpha\,t\,EJ_0\,ds \quad = EJ_0\,\alpha\,t\int \cos\,(\psi - \tau)\sec\tau\,ds = EJ_0\,\alpha\,t\,1\sec^2\tau$$

$$EJ_0\,\varepsilon_{bt} = \int \overline{N}_{sb}\,\alpha\,t\,EJ_0\,ds \quad = EJ_0\,\alpha\,t\int \sin\psi\,ds = EJ_0\,\alpha\,t\,.\,h$$

$$EJ_0\,\varepsilon_{ct} = 0;$$

l bedeutet hiebei die waagrechte, h die lotrechte Entfernung der Auflager.

Mit diesen Werten wird demnach

$$Y_{at} = \frac{EJ_0\,\alpha\,t\,l\sec^2\tau}{\int y\,w'\,dx + C_1}, \quad Y_{bt} = \frac{EJ_0\,\alpha\,t\cdot h}{\int x\,w''\,dx}, \quad Y_{ct} = 0$$

und weiters (109, 23)

$$M_{stn} = -y\,Y_{at} - x\,Y_{bt}$$

$$N_{stn} = \cos\,(\psi - \tau)\sec\tau\,Y_{at} + \sin\psi\,Y_{bt} = \sin\psi\,[(\mathrm{cotg}\,\psi + \mathrm{tg}\,\tau)\,Y_{at} + Y_{bt}]$$

$$Q_{stn} = -\sin\,(\psi - \tau)\sec\tau\,Y_{at} + \cos\psi\,Y_{bt} = \cos\psi\,[-(\mathrm{tg}\,\psi - \mathrm{tg}\,\tau)\,Y_{at} + Y_{bt}]$$

c) Um die Einflußlinien M_{sun}, N_{sun} und Q_{sun} des eingespannten Bogens zu erhalten, bestimmen wir zunächst die Einflußlinien für Y_a, Y_b und Y_c. Aus den Elastizitätsgleichungen (108, 12) erhält man sofort, wenn anstatt einer beliebigen Belastung die Last $P = 1$ in u angenommen wird,

$$Y_{au} = -\frac{EJ_0\,\varepsilon_{au}}{EJ_0\,\varepsilon_{aa}}, \quad Y_{bu} = -\frac{EJ_0\,\varepsilon_{bu}}{EJ_0\,\varepsilon_{bb}}, \quad Y_{cu} = -\frac{EJ_0\,\varepsilon_{cu}}{EJ_0\,\varepsilon_{cc}}.$$

Nach Nr. 81 ist $EJ_0\,\varepsilon_{au} = \int \overline{M}_{sa}\,M_{su}\,\frac{J_0}{J\cos\psi}\,dx$ und dieser Ausdruck ist gleich der Verschiebung $EJ_0\,\delta_{ua}$ infolge einer Belastung, welche die Momente $\overline{M}_{sa}$ erzeugt haben, also infolge der Kräftegruppe „a". Man braucht also bloß die Biegelinie δ_{ua} infolge dieser Kräftegruppe in der Richtung der wandernden Last $P = 1$ in u zu ermitteln und durch $-EJ_0\,\varepsilon_{aa}$ zu dividieren, um die Einflußlinie Y_{au} zu erhalten. So bekommt man

$$Y_{au} = -\frac{EJ_0\,\delta_{ua}}{EJ_0\,\varepsilon_{aa}}, \quad Y_{bu} = -\frac{EJ_0\,\delta_{ub}}{EJ_0\,\varepsilon_{bb}}, \quad Y_{cu} = -\frac{EJ_0\,\delta_{uc}}{EJ_0\,\varepsilon_{cc}}. \qquad (109, 24)$$

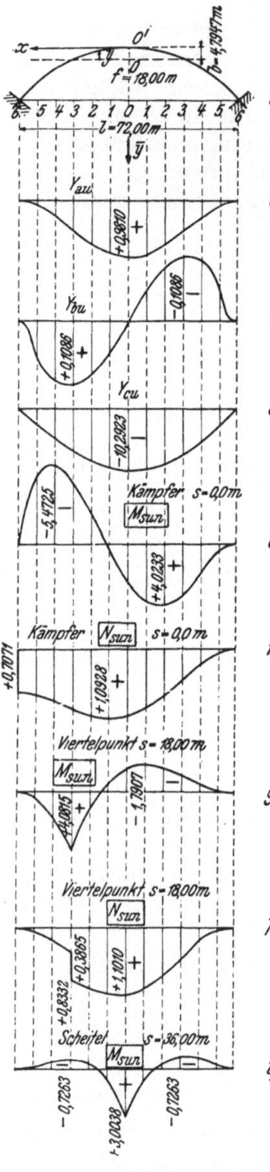

Abb. 226.

Die Biegelinien $EJ_0\,\delta_{ua}$, $EJ_0\,\delta_{ub}$ und $EJ_0\,\delta_{uc}$ erhält man aber, wenn man mit den Momenten $\overline{M}_{sa}\frac{J_0}{J}$, $\overline{M}_{sb}\frac{J_0}{J}$ und $\overline{M}_{sc}\frac{J_0}{J}$ längs ds oder, was dasselbe ist, mit

$$\overline{M}_{sa}\,\frac{J_0}{J\cos\psi} = -\,y\,\frac{J_0}{J\cos\psi} = -\,w'$$

$$\overline{M}_{sb}\,\frac{J_0}{J\cos\psi} = -\,x\,\frac{J_0}{J\cos\psi} = -\,w'' \qquad (109, 25)$$

$$\overline{M}_{sc}\,\frac{J_0}{J\cos\psi} = \frac{J_0}{J\cos\psi} = +\,w$$

längs dx belastet und hiefür die Momentenlinie bestimmt. Positive w sind dabei in der Richtung der wandernden Last $P_u = 1$ anzunehmen; bei w' und w'' ist es wegen der negativen Vorzeichen in den Gleichungen gerade umgekehrt. Bei dieser Festsetzung fallen positive Ordinaten der Biegelinien $EJ_0\,\delta_{ua}$, $EJ_0\,\delta_{ub}$ und $EJ_0\,\delta_{cu}$ in die Richtung der wandernden Last $P_u = 1$, während die Ordinaten der Einflußlinien Y_{au}, Y_{bu} und Y_{cu} nach den Gl. (109, 24) entgegengesetzte Vorzeichen wie die entsprechenden Biegelinien besitzen. Die Kontrolle der Vorzeichen von Y_{au}, Y_{bu} und Y_{cu} geschieht am einfachsten, wenn man sich die Biegelinien infolge der Hilfsangriffe $Y_a = 1$, $Y_b = 1$ und $Y_c = 1$ skizziert. Dann bedeuten Ordinaten der Biegelinien in der Richtung der wandernden Last $P_u = 1$ negative Ordinaten der betreffenden Einflußlinie.

Die Momente infolge der Belastung mit den elastischen Gewichten w, w' und w'' müssen in der Regel rechnerisch bestimmt werden, da das zeichnerische Verfahren mittels Seilpolygon nicht die erforderliche Genauigkeit liefert. Die ziffernmäßige Rechnung ist ähnlich wie in dem Beispiel in Nr. 57b durchzuführen. Im übrigen gibt das folgende Beispiel Aufschluß über die Anordnung der Rechnung.

Bei den Einflußlinien Y_{bu} und Y_{cu} ist zu beachten, daß erstere an der Stelle des Schwerpunktes 0 einen Nullwert besitzen muß. Die Endtangenten von Y_{cu} schließen den Winkel „1" ein. Die Einflußlinien Y_{au} und Y_{bu} hingegen haben an beiden Enden horizontale Tangenten. In Abb. 226 sind diese Einflußlinien dargestellt.

Mittels der Gleichung

$$
\begin{aligned}
M_{sun} &= M_{su} - y\, Y_{au} - x\, Y_{bu} + Y_{cu} \\
N_{sun} &= \sin\psi\, [Q_{su}' + (\operatorname{cotg}\psi + \operatorname{tg}\tau)\, Y_{au} + Y_{bu}] \qquad (109, 26) \\
Q_{sun} &= \cos\psi\, [Q_{su}' - (\operatorname{tg}\psi - \operatorname{tg}\tau)\, Y_{au} + Y_{bu}]
\end{aligned}
$$

können die Einflußlinien der Größen M_{sun}, N_{sun} und Q_{sun} leicht gefunden werden. Q_{su}' bedeutet dabei die Einflußlinie der Querkraft (in lotrechter Richtung), M_{su} jene des Biegungsmomentes im Grundsystem, also eines freiaufliegenden Trägers für den Bezugspunkt s, welcher die Koordinaten y und x besitzt.

d) Es sollen als Beispiel die Einflußlinien für den in Abb. 226 dargestellten eingespannten Bogen ermittelt werden. Die Bogenachse soll nach einer Parabel geformt sein; damit ergeben sich die Ordinaten derselben von einer durch den Scheitel gelegten waagrechten Achse gemessen mit $\bar{y} = 4\, f \left(\frac{x}{l}\right)^2$ oder in den Punkten $m = 0, 1 \ldots 6$, wegen $x = 6\, m$ zu

$$\bar{y} = 4 \cdot f \left(\frac{m}{12}\right)^2 = \frac{4 \cdot 18}{144} m^2 = 0{,}5\, m^2$$

und

$$\operatorname{tg}\psi = \frac{dy}{dx} = 8 \cdot f \frac{x}{l^2} = \frac{8 \cdot 18}{72} \frac{m}{12} = \frac{m}{6}$$

Die Bogenhöhe möge vom Scheitel ($h = 1{,}20$ m) linear längs der waagrechten Achse auf $h_0 = 1{,}80$ m im Kämpfer zunehmen. Damit ergeben sich dann die folgenden für die weitere Rechnung erforderlichen Werte:

Tabelle 72.

m	x	$\bar{y}$	$\operatorname{tg}\psi$	$\sec^2\psi = 1 + \operatorname{tg}^2\psi$	$\sec\psi$	h	$\frac{h_0}{h}$	$\frac{J_0}{J} = \left(\frac{h_0}{h}\right)^3$
6	36	18,000	1,0000	2,0000	1,414	1,80	1,000	1,000
5,5	33	15,125	0,9167	1,8403	1,357	1,75	1,028	1,086
5	30	12,500	0,8333	1,6944	1,302	1,70	1,059	1,187
4,5	27	10,125	0,7500	1,5625	1,250	1,65	1,091	1,298
4	24	8,000	0,6667	1,4445	1,202	1,60	1,125	1,424
3,5	21	6,125	0,5833	1,3402	1,159	1,55	1,161	1,564
3	18	4,500	0,5000	1,2500	1,118	1,50	1,200	1,728
2,5	15	3,125	0,4167	1,1736	1,084	1,45	1,241	1,911
2	12	2,000	0,3333	1,1111	1,054	1,40	1,286	2,127
1,5	9	1,125	0,2500	1,0625	1,031	1,35	1,333	2,370
1	6	0,500	0,1667	1,0278	1,014	1,30	1,384	2,651
0,5	3	0,125	0,0833	1,0069	1,003	1,25	1,440	2,987
0	0	0	0	1,0000	1,000	1,20	1,500	3,375

In Tab. 73 ist zunächst die Ordinate b des Schwerpunktes der elastischen Gewichte $w = \frac{J_0}{J \cos\psi}$ nach Gl. (109, 19) ermittelt; die dabei auftretenden Integrationen werden mittels der Formel von NEWTON nach Gl. (49, 28) näherungsweise durchgeführt, wobei der Faktor $\frac{3\,\Delta x}{8}$ unterdrückt wurde. Dann sind die Ordinaten der einzelnen Bogenpunkte mit $y = b - \bar{y}$ bestimmt und endlich die Größen $w' = y \frac{J_0}{J \cos\psi} = yw$ und $w'' = x \frac{J_0}{J \cos\psi} = xw$ angegeben.

Tabelle 73.

m	$w = \frac{J_0}{J \cos\psi}$	$\bar{y}w$	a	$a\bar{y}w$	aw	$y = b - \bar{y}$	$w' = yw$	$w'' = xw$
6	1,414	25,452	1	25,45	1,414	— 13,205	— 18,672	50,904
5,5	1,473	22,278	3	66,84	4,419	— 10,330	— 15,216	48,609
5	1,545	19,313	3	57,93	4,635	— 7,705	— 11,905	46,350
4,5	1,623	16,433	2	32,86	3,246	— 5,330	— 8,651	43,821
4	1,712	13,696	3	41,09	5,136	— 3,205	— 5,487	41,088
3,5	1,810	11,086	3	33,26	5,430	— 1,330	— 2,407	38,010
3	1,931	8,690	2	17,38	3,862	0,295	0,570	34,758
2,5	2,072	6,475	3	19,43	6,216	1,670	3,460	31,080
2	2,241	4,482	3	13,45	6,723	2,795	6,264	26,892
1,5	2,443	2,748	2	5,50	4,886	3,670	8,966	21,987
1	2,689	1,345	3	4,04	8,067	4,295	11,548	16,134
0,5	2,996	0,375	3	1,12	8,988	4,670	13,991	8,988
0	3,375	0	1	0	3,375	4,795	16,183	0
				318,35	66,397			

$$b = \frac{318{,}35}{66{,}397} = 4{,}7947 \text{ m}.$$

Wegen der Symmetrie der Bogenform ist $a = 0$ und $\operatorname{tg} \tau = 0$. Nunmehr kann an die Ermittlung der Einflußlinien Y_{au}, Y_{bu} und Y_{cu} geschritten werden:

Tabelle 74.

Einflußlinie Y_{au}							
m	yw'	a	ayw'	$\frac{W'}{\Delta x}$	$\frac{Q}{\Delta x}$	$\frac{EJ_0\,\delta_{ua}}{\Delta x^2}$	Y_{au}
6	246,56	1	246,56	— 8,184		0	0
5,5	157,18	3	471,54		— 8,184		
5	91,73	3	275,19	— 11,924		— 8,184	0,0763
4,5	46,11	2	92,22		— 20,108		
4	17,59	3	52,77	— 5,515		— 28,292	0,2638
3,5	3,20	3	9,60		— 25,623		
3	0,17	2	0,34	+ 0,541		— 53,915	0,5028
2,5	5,78	3	17,34		— 25,082		
2	17,51	3	52,53	+ 6,230		— 78,997	0,7367
1,5	32,91	2	65,82		— 18,852		
1	49,61	3	148,83	+ 11,502		— 97,849	0,9125
0,5	65,34	3	196,02		— 7,350		
0	77,60	1	77,60	+ 7,361		— 105,199	0,9810
			1706,36				

Es ist hinsichtlich der Vorzeichen zu beachten, daß negative w' und W' nach unten wirken, die Querkräfte Q demnach am linken Bogenteil ebenfalls negativ sind.

Die Winkelgewichte $\frac{W'}{\Delta x}$ sind hiebei nach der Gl. (55, 6) für gleiche Teilstrecken bestimmt worden; nur für $\frac{W_6'}{\Delta x}$ ergibt sich hievon abweichend

$$\frac{W_6'}{\Delta x} = \frac{1}{6}(w_5' + 2\,w'_{5,5}).$$

Für $EJ_0\,\varepsilon_{aa} = \int y w'\,dx + C_1$ ist der vorstehenden Tabelle zunächst der Wert $\int y w'\,dx = 2 \cdot \frac{3}{8}\,\frac{\Delta x}{2}\,1706{,}36$ zu entnehmen. Das Korrekturglied $C_1 = = \int \cos^2\psi\,\frac{J_0}{F\cos\psi}\,dx = \int \cos\psi\,\frac{J_0}{F}\,dx$ ist in Tab. 75 berechnet, wobei

$$\frac{J_0}{F} = \frac{\frac{1{,}8^3}{12}}{h} = \frac{0{,}486}{h}$$

ist.

Tabelle 75.

m	$\frac{J_0}{F}$	$\frac{J_0}{F}\cos\psi$	a	$a\,\frac{J_0}{F}\cos\psi$
6	0,270	0,191	1	0,191
5,5	0,278	0,205	3	0,615
5	0,286	0,220	3	0,660
4,5	0,294	0,235	2	0,470
4	0,304	0,253	3	0,759
3,5	0,313	0,270	3	0,810
3	0,324	0,290	2	0,580
2,5	0,335	0,309	3	0,927
2	0,347	0,329	3	0,987
1,5	0,360	0,349	2	0,698
1	0,374	0,369	3	1,107
0,5	0,389	0,388	3	1,164
0	0,405	0,405	1	0,405
				9,373

$$EJ_0\varepsilon_{aa} = 2 \cdot \frac{\Delta x}{2} \cdot \frac{3}{8}\,(1706{,}36 + 9{,}37) = \frac{18}{8}\,1715{,}73$$

$$EJ_0\,\delta_{ua} = \frac{\Delta x^2\,EJ_0\,\delta_{ua}}{\Delta x^2} = 6{,}00^2\,\frac{EJ_0\,\delta_{ua}}{\Delta x^2}$$

$$Y_{au} = -\frac{8 \cdot 36}{18} \cdot \frac{\frac{EJ_0\,\delta_{ua}}{\Delta x^2}}{1715{,}73} = -0{,}0093255\,\frac{EJ_0\,\delta_{ua}}{\Delta x^2}.$$

Tabelle 76.

Einflußlinie Y_{bu}

m	xw''	a	$a\,xw''$	$\frac{W''}{\Delta x}$	$\frac{Q}{\Delta x}$	$\frac{\Sigma Q}{\Delta x}$	$\frac{A}{\Delta x}(6-m)$	$\frac{EJ_0\,\delta_{bu}}{\Delta x^2}$	Y_{bu}
6	1832,54	1	1832,54	24,687				0	0
5,5	1604,10	3	4812,30		24,687				
5	1390,50	3	4171,50	46,260		24,687	− 121,028	− 96,341	0,0673
4,5	1183,17	2	2366,34		70,947				
4	986,11	3	2958,33	40,973		95,634	− 242,056	− 146,422	0,1022
3,5	798,21	3	2394,63		111,920				
3	625,64	2	1251,28	37,949		207,554	− 363,084	− 155,530	0,1086
2,5	466,20	3	1398,60		149,869				
2	322,70	3	968,10	26,653		357,423	− 484,112	− 126,689	0,0884
1,5	197,88	2	395,76		176,522				
1	96,80	3	290,40	15,703		533,945	− 605,140	− 71,195	0,0497
0,5	26,96	3	80,88		192,225				
0	0	1	0	0		726,170	− 726,170	0	0
			22920,66						

Bezüglich der Vorzeichen von w'' und W'' gilt das gleiche wie bei Y_{au}. Positive w'' und W'' wirken nach oben, die Querkräfte Q sind bei dieser Belastung positiv. Aus der Bedingung, daß wegen der Symmetrie im Bogenscheitel keine Verschiebung entstehen kann, demnach das Moment der W'' verschwinden muß, bestimmt sich der Auflagerdruck infolge der Belastung mit den W'' wie folgt:

$$\frac{A}{\Delta x} = \frac{726{,}170}{6} = 121{,}028$$

$$EJ_0\,\varepsilon_{bb} = 2 \cdot \frac{\Delta x}{2} \cdot \frac{3}{8} \cdot 22920{,}66 = \frac{18}{8} \cdot 22920{,}66$$

$$EJ_0\,\delta_{ub} = \Delta\, x^2 \cdot \frac{EJ_0\,\delta_{ub}}{\Delta x^2} = 36\,\frac{EJ_0\,\delta_{ub}}{\Delta\, x^2}$$

$$Y_{bu} = -\frac{8 \cdot 36}{18} \cdot \frac{\frac{EJ_0\,\delta_{ub}}{\Delta x^2}}{22920{,}66} = -\,0{,}00069806\,\frac{EJ_0\,\delta_{ub}}{\Delta x^2}\,.$$

$$EJ_0\,\varepsilon_{cc} = 2 \cdot \frac{\Delta x}{2} \cdot \frac{3}{8} \cdot 66{,}397 = \frac{18}{8}\,66{,}397 \text{ (vgl. Tab. 73)}$$

$$EJ_0\,\delta_{uc} = \Delta\, x^2\,\frac{EJ_0\,\delta_{uc}}{\Delta x^2} = 36\,\frac{EJ_0\,\delta_{uc}}{\Delta x^2}$$

$$Y_{cu} = \frac{8 \cdot 36}{18}\,\frac{\frac{EJ_0\,\delta_{uc}}{\Delta x^2}}{66{,}397} = 0{,}24098\,\frac{EJ_0\,\delta_{uc}}{\Delta x^2}$$

Tabelle 77.

Einflußlinie Y_{cu}					
m	w	$\frac{W}{\Delta x}$	$\frac{Q}{\Delta x}$	$\frac{E J_0 \delta_{uc}}{\Delta x^2}$	Y_{cu}
			12,449		
6	1,414	0,727		0	0
	1,473		11,722		
5	1,545	1,547		11,722	— 2,8248
	1,623		10,175		
4	1,712	1,715		21,897	— 5,2768
	1,810		8,460		
3	1,931	1,938		30,357	— 7,3154
	2,072		6,522		
2	2,241	2,252		36,879	— 8,8872
	2,443		4,270		
1	2,689	2,709		41,149	— 9,9161
	2,996		1,561		
0	3,375	1,561		42,710	— 10,2923
		12,449			

Wir geben ferner noch die Einflußlinien für M_{sun} und N_{sun} im Kämpfer, Bogenviertel ($s = 18{,}0$ m) und im Bogenscheitel an.

M_{sun} für den linken Kämpfer ($m = 6$):

$y = -13{,}205$ m, $x = 36{,}00$ m (nach links positiv zu zählen) $M_{sü} = 0$
$M_{sun} = 13{,}205\, Y_{au} - 36{,}00\, Y_{bu} + Y_{cu}$.

Tabelle 78.

m	$-y\, Y_{au}$	$-x\, Y_{bu}$	Y_{cu}	M_{sun}
6	0	0	0	0
5	1,0075	— 2,4228	— 2,8248	— 4,2401
4	3,4835	— 3,6792	— 5,2768	— 5,4725
3	6,6395	— 3,9096	— 7,3154	— 4,5855
2	9,7281	— 3,1824	— 8,8872	— 2,3415
1	12,0496	— 1,7892	— 9,9161	0,3443
0	12,9541	0	— 10,2923	2,6618
1′	12,0496	1,7892	— 9,9161	3,9227
2′	9,7281	3,1824	— 8,8872	4,0233
3′	6,6395	3,9096	— 7,3154	3,2337
4′	3,4835	3,6792	— 5,2768	1,8859
5′	1,0075	2,4228	— 2,8248	0,6055
6′	0	0	0	0

N_{sun} für den linken Kämpfer ($m = 6$):

$\sin\psi = 0{,}7071 \qquad \operatorname{cotg}\psi = 1{,}0000$
$N_{sun} = \sin\psi\,(Q_{su}' + Y_{au} \operatorname{cotg}\psi + Y_{bu})$

Tabelle 79.

m	Q_{su}'	$Y_{au} \operatorname{cotg} \psi$	Y_{bu}	$\frac{N_{sun}}{\sin \psi}$	N_{sun}
6	1,0000	0	0	1,0000	0,7071
5	0,9167	0,0763	0,0673	1,0603	0,7497
4	0,8333	0,2638	0,1022	1,1993	0,8480
3	0,7500	0,5028	0,1086	1,3614	0,9627
2	0,6667	0,7367	0,0884	1,4918	1,0549
1	0,5833	0,9125	0,0497	1,5455	1,0928
0	0,5000	0,9810	0	1,4810	1,0472
1′	0,4167	0,9125	— 0,0497	1,2795	0,9047
2′	0,3333	0,7367	— 0,0884	0,9816	0,6941
3′	0,2500	0,5028	— 0,1086	0,6442	0,4555
4′	0,1667	0,2638	— 0,1022	0,3283	0,2321
5′	0,0833	0,0763	— 0,0673	0,0923	0,0653
6′	0	0	0	0	0

M_{sun} für den Viertelpunkt $(m = 3)$:

$y = +0{,}295$ m, $\quad x = 18{,}00$ m

$$M_{sun} = M_{su} - 0{,}295\, Y_{au} - 18{,}00\, Y_{bu} + Y_{cu}$$

Tabelle 80.

m	M_{su}	$-y\, Y_{au}$	$-x\, Y_{bu}$	Y_{cu}	M_{sun}
6	0	0	0	0	0
5	4,5	— 0,0225	— 1,2114	— 2,8248	0,4413
4	9,0	— 0,0778	— 1,8396	— 5,2768	1,8058
3	13,5	— 0,1483	— 1,9548	— 7,3154	4,0815
2	12,0	— 0,2173	— 1,5912	— 8,8872	1,3043
1	10,5	— 0,2692	— 0,8946	— 9,9161	— 0,5799
0	9,0	— 0,2894	0	— 10,2923	— 1,5817
1′	7,5	— 0,2692	0,8946	— 9,9161	— 1,7907
2′	6,0	— 0,2173	1,5912	— 8,1172	— 1,5133
3′	4,5	— 0,1483	1,9548	— 7,3154	— 1,0089
4′	3,0	— 0,0778	1,8396	— 5,2768	— 0,5150
5′	1,5	— 0,0225	1,2114	— 2,8248	— 0,1359
6′	0	0	0	0	0

N_{sun} für den Viertelpunkt $(m = 3)$:

$$\sin \psi = \frac{0{,}5000}{1{,}11803} = 0{,}4472 \qquad \operatorname{cotg} \psi = 2{,}0000$$

$$N_{sun} = \sin \psi \, (Q'_{su} + Y_{au} \operatorname{cotg} \psi + Y_{bu}).$$

Tabelle 81.

m	Q'_{su}	$Y_{au} \cot g \psi$	Y_{bu}	$\frac{N_{sun}}{\sin \psi}$	N_{sun}
6	0	0	0	0	0
5	— 0,0833	0,1526	0,0673	0,1366	0,0611
4	— 0,1667	0,5276	0,1022	0,4631	0,2071
3	— 0,2500	1,0056	0,1086	0,8642	0,3865
3	0,7500	1,0056	0,1086	1,8642	0,8337
2	0,6667	1,4734	0,0884	2,2285	0,9966
1	0,5833	1,8250	0,0497	2,4580	1,0992
0	0,5000	1,9620	0	2,4620	1,1010
1′	0,4167	1,8250	— 0,0497	2,1920	0,9803
2′	0,3333	1,4734	— 0,0884	1,7183	0,7684
3′	0,2500	1,0056	— 0,1086	1,1470	0,5129
4′	0,1667	0,5276	— 0,1022	0,5921	0,2648
5′	0,0833	0,1526	— 0,0673	0,1686	0,0754
6′	0	0	0	0	0

M_{sun} für den Bogenscheitel ($m = 0$):

$y = 4{,}795$ m $\qquad x = 0{,}00$ m

$M_{sun} = M_{su} - y\, Y_{au} + Y_{cu}$

Tabelle 82.

m	M_{su}	$-y\, Y_{au}$	Y_{cu}	M_{sun}
6	0	0	0	0
5	3,0000	— 0,3659	— 2,8248	— 0,1907
4	6,0000	— 1,2649	— 5,2768	— 0,5417
3	9,0000	— 2,4109	— 7,3154	— 0,7263
2	12,0000	— 3,5306	— 8,8872	— 0,4178
1	15,0000	— 4,3754	— 9,9161	0,7085
0	18,0000	— 4,7039	— 10,2923	3,0038

Die Einflußlinie M_{sun} ist zur Bogenmitte symmetrisch. N_{sun} ist im Bogenscheitel mit Y_{au} identisch.

110. Der Eingelenkbogen. a) Fügt man in einem eingespannten Bogen ein Gelenk ein, so entsteht der Eingelenkbogen, der in Abb. 227 dargestellt ist. Man kann sich auch vorstellen, daß das Trägheitsmoment des Bogens an der Stelle des Gelenkes Null wird. Dann wird das elastische Gewicht $\frac{J_0}{J}$ an dieser Stelle unendlich groß und dadurch fällt der Schwerpunkt der elastischen Gewichte in das Gelenk. Wir führen dieselbe Transformation wie beim eingespannten Bogen ein; die Kräftegruppe „a" besteht demnach aus einer waagrechten Kraft „1" und einer senkrechten Komponente tg τ, also wie früher aus einer in die Richtung τ fallenden Kraft sec τ. Die

Kräftegruppe „b" wird durch eine lotrecht wirkende Kraft „1" vorgestellt. $Y_{cP}=0$, denn im Gelenk kann kein Moment auftreten. In der Tat ist dieses System zweifach statisch unbestimmt; es bleiben also nur die beiden Unbekannten Y_{aP} und Y_{bP} übrig.

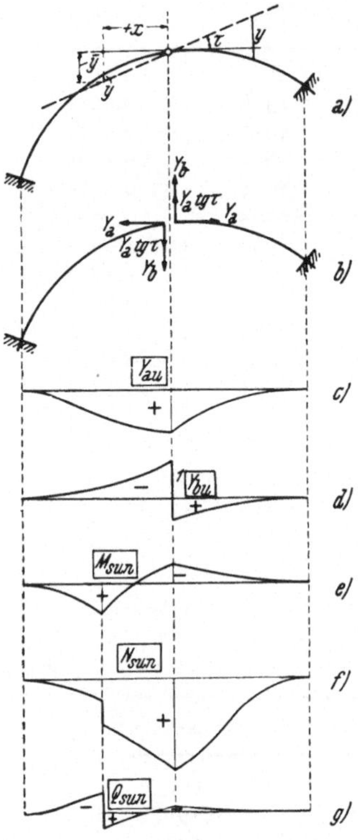

Der Winkel τ, welchen die Ordinatenachse mit der Waagrechten einschließt, ist wie in Gl. (109, 19b) durch

$$\operatorname{tg}\tau = -\frac{\int x\bar{y}\,\frac{J_0}{J\cos\psi}\,dx}{\int x^2\,\frac{J_0}{J\cos\psi}\,dx} = \frac{\int \bar{y}w''\,dx}{\int xw''\,dx} \qquad (110, 27\text{a})$$

gegeben. Die Bogenordinaten y sind von dieser Achse zu rechnen; es wird nach Abb. 227

$$y=\bar{y}+x\operatorname{tg}\tau, \qquad (110, 27\text{b})$$

hiebei sind die $\bar{y}$ negativ einzuführen und damit sind auch die y (allenfalls mit Ausnahme in der Nähe des Gelenkes, wenn die Wirkungslinie von $\sec\tau$ die Bogenachse schneidet) negativ.

Abb. 227.

Als Grundsystem wählt man zwei Kragträger, die durch Lösen des Gelenkes entstanden sind; man vergleiche diesbezüglich auch das Beispiel in Nr. 70d. Es ist also die Schnittstelle des Bogens oder Ringes an die Stelle des Gelenkes gelegt worden. Im übrigen erhält man alle Beziehungen sofort aus jenen für den eingespannten Bogen, wenn $Y_{cP}=0$ gesetzt wird, also

$$Y_{aP}=\frac{\int M_{sP}\,w'\,dx}{\int y\,w'\,dx + C}$$

$$Y_{bP}=\frac{\int M_{sP}\,w''\,dx}{\int x\,w''\,dx} \qquad (110, 28)$$

und damit

$$M_{sPn}=M_{sP}-y\,Y_{aP}-x\,Y_{bP}$$

und, für lotrechte Belastung

$$N_{sPn} = \sin\psi\,[Q_{sP}' + (\operatorname{cotg}\psi + \operatorname{tg}\tau)\,Y_{aP} + Y_{bP}] \tag{110, 29}$$

$$Q_{sPn} = \cos\psi\,[Q_{sP}' - (\operatorname{tg}\psi - \operatorname{tg}\tau)\,Y_{aP} + Y_{bP}].$$

Das Korrekturglied C im Nenner von Y_{aP} erhält denselben Wert wie beim eingespannten Bogen (vgl. Gl. 109, 22)

$$C = \int \cos^2(\psi - \tau)\sec^2\tau\,\frac{J_0}{F\cos\psi}\,dx$$

oder wenn man sich mit einer Annäherung begnügt,

$$C \approx \sec^3\tau\,\frac{J_0}{F_0}\cdot l\,. \tag{110, 30}$$

b) Der Einfluß einer gleichmäßigen Temperaturerhöhung des Bogens ist durch die gleichen Ausdrücke gegeben, wie sie für den eingespannten Bogen in Nr. 109b aufgestellt wurden.

c) Die Einflußlinien Y_{au} und Y_{bu} können ebenso wie beim eingespannten Bogen mittels der Biegelinien $EJ_0\,\delta_{au}$ und $EJ_0\,\delta_{bu}$ durch Belastung mit den elastischen Gewichten w' und w'' gefunden werden. Sie besitzen an den Enden horizontale Tangenten; Y_{au} hat unter dem Gelenk eine Ecke, aber keine sprunghafte Unstetigkeit, während Y_{bu} hier einen Sprung „1", aber parallele Tangenten aufweist. Kennt man die Einflußlinien Y_{au} und Y_{bu}, so erhält man die Einflußlinien für Moment, Normalkraft und Querkraft mittels der Beziehungen

$$M_{sun} = M_{su} - y\,Y_{au} - x\,Y_{bu}$$

$$N_{sun} = \sin\psi\,[Q_{su}' + (\operatorname{cotg}\psi + \operatorname{tg}\tau)\,Y_{au} + Y_{bu}] \tag{110, 31}$$

$$Q_{sun} = \cos\psi\,[Q_{su}' - (\operatorname{tg}\psi - \operatorname{tg}\tau)\,Y_{au} + Y_{bu}]$$

In Abb. 227 sind diese Einflußlinien dargestellt.

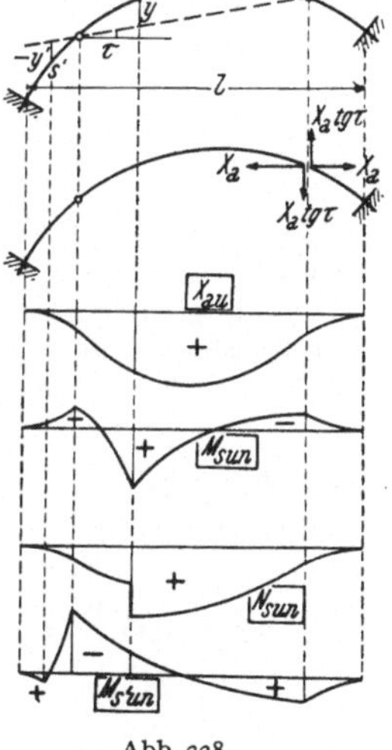

Abb. 228.

111. Der Zweigelenkbogen. a) Durch die Einfügung von zwei Gelenken in einem eingespannten Bogen entsteht der in Abb. 228 dargestellte Zweigelenkbogen. Derselbe ist einfach statisch unbestimmt. Als Grundsystem wählt man einen freiaufliegenden Träger, indem man an Stelle eines Gelenkes ein Gleitlager anbringt, welches eine waagrechte Verschieblichkeit erlaubt. Als statisch unbestimmte Größe X_a tritt demnach die Horizontalkomponente des Gelenkdruckes auf; das Gleichgewicht gegen Verdrehen bedingt dann, daß gleichzeitig mit $X_a = 1$ auch eine lotrechte Komponente $1 \cdot \operatorname{tg}\tau$, also zusammen eine in die Bogensehne fallende Kraft $1 \cdot \sec\tau$ an dem System angreift. Zu dem gleichen Ergebnis gelangt man auch, wenn man den Zweigelenkbogen als einen eingespannten Bogen auffaßt, bei welchem an den Stellen der Gelenke das Trägheitsmoment verschwindet. Es bleibt dann nur die Kräftegruppe „a", also die in die Bogensehne fallende Kraft $\sec\tau$ übrig; denn wegen $\frac{J_0}{J} \to \infty$ in den Gelenken fällt die Schwerachse der elastischen Gewichte mit der Bogensehne, d. i. mit der Verbindungslinie der Gelenke zusammen. Man kann dann die für den eingespannten Bogen abgeleiteten Gleichungen mit $Y_b = Y_c = 0$ verwenden und erhält für Y_{aP} mit der Abkürzung $w' = \frac{J_0}{J\cos\psi} y$

$$Y_{aP} = \frac{\int M_{sP} w' dx}{\int y w' dx + C} = X_{aP}. \qquad (111, 32)$$

Punkte der Stabachse über der Bogensehne haben positive y, wobei y die Bogenordinate, von dieser Sehne gemessen, bedeutet. Das Korrekturglied C bestimmt man wie früher mit

$$C = \int \cos^2(\psi - \tau) \sec^2\tau \frac{J_0}{J} ds \approx \sec^3\tau \frac{J_0}{F_0} l \qquad (111, 33)$$

Erhält der Bogen ein Zugband mit dem Querschnitt F_z, so kommt noch der Einfluß der Dehnung des Zugbandes im Betrage von

$$\frac{J_0}{F_z} l$$

hinzu, so daß C mit dem hier in der Regel auftretenden Wert $\tau = 0$

$$C \approx \left(\frac{J_0}{F_0} + \frac{J_0}{F_z}\right) l \qquad (111, 33\text{a})$$

wird.

Nach Ermittlung von Y_{aP} erhält man weiters das Moment an einer beliebigen Stelle zwischen den Gelenken mit der Ordinate y

$$M_{sPn} = M_{sP} - y\, Y_{aP},$$

und, für lotrechte Belastung die Normalkraft

$$N_{sPn} = \sin\psi\, [Q_{sP}' + (\operatorname{cotg}\psi + \operatorname{tg}\tau)\, Y_{aP}] \qquad (111, 34)$$

und die Querkraft

$$Q_{sPn} = \cos\psi\, [Q_{sP}' - (\operatorname{tg}\psi - \operatorname{tg}\tau)\, Y_{aP}].$$

b) Die in Nr. 109b für den eingespannten Bogen abgeleiteten Gleichungen für eine gleichmäßige Temperaturerhöhung können sofort auf den Zweigelenkbogen übertragen werden. Es ist

$$Y_{at} = \frac{E\,\alpha\, t\, l \sec^2\tau}{\int y w' dx + C}$$

und

$$M_{stn} = -y\, Y_{at}$$

$$N_{stn} = \cos(\psi - \tau) \sec \tau\, Y_{at} = \sin \psi\, (\operatorname{cotg} \psi + \operatorname{tg} \tau)\, Y_{at}$$

$$Q_{stn} = -\sin(\psi - \tau) \sec \tau\, Y_{at} = -\cos \psi\, (\operatorname{tg} \psi - \operatorname{tg} \tau)\, Y_{at}$$

(III, 35)

Selbstverständlich wird bei einem Zweigelenkbogen mit Zugband, das dieselbe Temperaturerhöhung wie der Bogen erfährt, $Y_{at} = 0$; damit verschwinden dann M_{stn}, N_{stn} und Q_{stn}.

c) Auch durch eine unrichtige Lage der Gelenke können innere Kräfte in einem Zweigelenkbogen entstehen. Es kommt dabei aber lediglich auf die Widerlagerverschiebung Δ in der Richtung der Bogensehne an; denn eine Verschiebung in der hiezu senkrechten Richtung bewirkt bloß eine Drehung des Bogens als starre Scheibe um das andere Gelenk, ohne daß hiedurch innere Kräfte entstehen. Für die durch die Kräftegruppe „a" erzeugte Verschiebung erhält man nach Nr. 47

$$\delta_{aw} + C_{aw}\, \Delta = 0,$$

wobei C_{aw} den durch die Kräftegruppe „a" erzeugten Auflagerdruck in der Richtung von δ_{aw}, also in der Bogensehne, bedeutet. Es ist demnach

$$C_{aw} = \sec \tau$$

und damit wird $\delta_{aw} = -\Delta \sec \tau$ und weiters

$$Y_{aw} = \frac{E J_0\, \Delta \sec \tau}{\int y w'\, dx + C} = X_{au}. \qquad \text{(III, 36)}$$

Ein positives Δ entspricht einer Verringerung der Stützweite. Für Momente, Normalkräfte und Querkräfte erhält man

$$M_{swn} = -y\, Y_{aw}$$

$$N_{swn} = \cos(\psi - \tau) \sec \tau\, Y_{aw} = \sin \psi\, (\operatorname{cotg} \psi + \operatorname{tg} \tau)\, Y_{aw} \qquad \text{(III, 37)}$$

$$Q_{swn} = -\sin(\psi - \tau) \sec \tau\, Y_{aw} = -\cos \psi\, (\operatorname{tg} \psi - \operatorname{tg} \tau)\, Y_{aw}$$

d) Die Einflußlinie Y_{au} erhält man wie für den eingespannten Bogen nach der Gleichung

$$Y_{au} = \frac{E J_0\, \delta_{ua}}{\int y w'\, dx + C} = X_{au}, \qquad \text{(III, 38)}$$

wobei δ_{ua} die Biegelinie des Bogens in der Richtung der wandernden Last $P_u = 1$ infolge der Belastung durch die Kräftegruppe „a", also mit $1 \cdot \sec \tau$ in der Richtung der Bogensehne, vorstellt. Diese Biegelinie wird aber als Momentenlinie infolge einer Belastung mit den elastischen Gewichten w' erhalten, wie dies schon beim eingespannten Bogen erklärt wurde. Bei der in Abb. 228 dargestellten Form des Zweigelenkbogens sind die elastischen Gewichte für Punkte der Bogenachse unterhalb der Verbindungslinie der Gelenke negativ, also nach oben gerichtet anzunehmen. Man beginnt mit der Biegelinie der Bogenteile beiderseits außerhalb der Gelenke; die Biegelinie muß an den Bogenenden, die eingespannt sind, waagrechte Tangenten besitzen. Dadurch sind die Werte von δ_{ua} unter den Gelenken festgelegt und die Biegelinie des Bogenteiles zwischen den Gelenken muß so gedreht werden, daß sie in den Gelenken ohne sprunghafte Unstetigkeit anschließt; sie wird aber hier, wie jede Biegelinie unter einem Gelenk, eine Ecke besitzen.

Aus der Einflußlinie Y_{au} und jenen für das Moment M_{su} und die Querkraft Q_{su}' des Grundsystems mit horizontal beweglichem Gleitlager anstatt eines Gelenkes erhält man die Einflußlinien M_{sun}, N_{sun} und Q_{sun} nach den gleichen Ausdrücken wie für den eingespannten Bogen, wenn $Y_{bu} = Y_{cu} = 0$ gesetzt wird:

$$M_{sun} = M_{su} - y\, Y_{au}$$

$$N_{sun} = \sin\psi\,[Q'_{su} + (\operatorname{cotg}\psi + \operatorname{tg}\tau)\, Y_{au}] \qquad (111, 39)$$

$$Q_{sun} = \cos\psi\,[Q'_{su} - (\operatorname{tg}\psi - \operatorname{tg}\tau)\, Y_{au}]$$

Diese Einflußlinien sind in Abb. 228 für einen außerhalb und einen innerhalb der Gelenke liegenden Bezugspunkt dargestellt.

112. Kernpunktmomente. Die folgenden Bemerkungen gelten für alle im vorhergehenden behandelten Bogentragwerke. Ein Querschnitt ist durch eine Normalkraft und ein Biegungsmoment beansprucht und die für die Bemessung maßgebenden Randspannungen ergeben sich daher mit

$$\sigma = \frac{N}{F} \pm \frac{M}{W}.$$

Kennt man also die Einflußlinien für N und M, so kann man wohl die Frage nach den Randspannungen bei einer bestimmten Laststellung beantworten; man kann aber nicht die Laststellung angeben, welche zu σ_{max} gehört, denn N_{max} und M_{max} treten nicht zugleich für ein und dieselbe Laststellung auf. Für N_{max} ist stets Vollbelastung, für M_{max} aber Teilbelastung maßgebend. Man erkennt dies daraus, daß die Einflußlinie für die Normalkraft gleich der Biegelinie in der Richtung der wandernden Last ist, wenn im Bezugspunkt die Längenänderung „1" auftritt. Die Bogenachse steigt infolge dieser Längenänderung in die Höhe, es treten demnach nur negative Verschiebungen ein, die nach den Festsetzungen bei der Aufstellung des Prinzips der virtuellen Verschiebungen Druckkräften entsprechen. Die Einflußlinie für ein Moment wird aber erhalten, wenn man im Bezugspunkt die Ecke „1" erzeugt; die Biegelinie muß jetzt teilweise über, teilweise unter der Bogenachse liegen, denn abgesehen von der unbedeutenden Zusammendrückung infolge der hiebei auftretenden Normalkräfte hat die Bogenachse ihre Länge nicht geändert.

Will man jene Laststellung ermitteln, bei welcher die Randspannungen ein Maximum werden, so benützt man die Gleichung

$$\sigma' = \frac{M_{su}'}{W} \text{ und } \sigma'' = \frac{M_{su}''}{W} \tag{112, 40}$$

für die Randspannungen, worin M_{su}' und M_{su}'' die Kernpunktmomente bedeuten. Man muß sich also die Einflußlinien der Kernpunktmomente beschaffen und dies geschieht einfach so, daß in den Gl.

$$M_{sun} = M_{su} - y\,Y_{au} - x\,Y_{bu} + Y_{cu}$$

für den eingespannten Bogen,

$$M_{sun} = M_{su} - y\,Y_{au} - x\,Y_{bu}$$

für den Eingelenkbogen,

$$M_{sun} = M_{su} - y\,Y_{au}$$

für den Zweigelenkbogen und

$$M_{sun} = M_{su} - y\,H_{au}$$

für den Dreigelenkbogen, für x und y die Koordinaten der Kernpunkte K_1 und K_2 eingesetzt werden und auch M_{su} für einen Bezugspunkt mit der Abszisse des Kernpunktes ermittelt wird (Abb. 229). Bekanntlich ergibt das betreffende Kernpunktmoment immer die Spannung am gegenüberliegenden Rand, so daß also das Moment um den oberen Kernpunkt die Spannungen für den inneren Bogenrand, das untere Kernpunktmoment für den äußeren Bogenrand liefert.

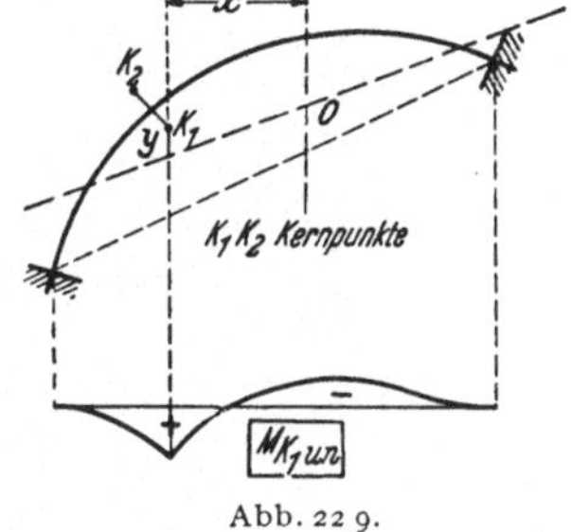

Abb. 229.

Es bedeutet aber keinen sehr großen Fehler, wenn man das Moment bezogen auf die Bogenachse mit der entsprechenden Teilbelastung nimmt und die Normalkraft ebenfalls für diese Laststellung bestimmt.

Die Lage der Kernpunkte hängt von den Querschnittsabmessungen ab; die Kernweiten des Querschnittes müssen bekannt sein. Man ist daher zunächst auf eine Schätzung derselben angewiesen, es sei denn, daß man dieses Verfahren zur Überprüfung eines bereits dimensionierten Bogens verwendet.

113. Rahmentragwerke. Ist die Stabachse anstatt gekrümmt stückweise aus Geraden zusammengesetzt, so bezeichnet man solche Tragwerke — wie schon erwähnt — als *Rahmenträger*. Ihre Berechnung erfolgt genau so wie jene der Bogenträger, vereinfacht sich aber z. T. dadurch, daß die Momente infolge der Hilfsangriffe stets stückweise linear veränderlich sind. Besteht die äußere Belastung aus Einzellasten, so sind auch die M_{sP} linear veränderlich, während sich bei einer gleichmäßig verteilten Belastung diese Größen quadratisch ändern. Man braucht also in diesem Falle die einzelnen Intervalle bei der näherungsweisen Berechnung der Integrale für die δ_{ik} und δ_{iP} nicht hinreichend klein zu wählen, da ja im ersteren Fall die Näherungsformel von SIMPSON, im zweiten Falle jene von NEWTON auch bei beliebig großem Intervall bereits genaue Werte ergeben. Natürlich darf innerhalb der Intervalle keine Unstetigkeit vorliegen und man muß sie daher durch die Ecken des Rahmens oder durch Angriffspunkte von Einzellasten begrenzen. Es empfiehlt sich auch, die Integrationen in diesem Fall längs ds vorzunehmen und nicht erst $dx = ds \sec \psi$ einzuführen.

Die Berechnung solcher Rahmentragwerke ist an früheren Stellen zu wiederholten Malen, wie z. B. in Nr. 72, 78, 79, 82 und 85 gezeigt, so daß es sich erübrigt, hier weitere Beispiele zu behandeln.

C. Mit einem Stabbogen verstärkte Träger.

114. Allgemeine Bemerkungen. Wir untersuchen in diesem Abschnitt biegungssteife Träger, welche, so wie dies in Abb. 230 dargestellt ist, durch einen Stabbogen verstärkt sind. Der Stabbogen besteht aus einzelnen Stäben, die miteinander gelenkig verbunden sind. Die lotrechten Stäbe, welche die Knoten des Stabbogens mit dem Träger verbinden, sind ebenfalls an beiden Enden gelenkig

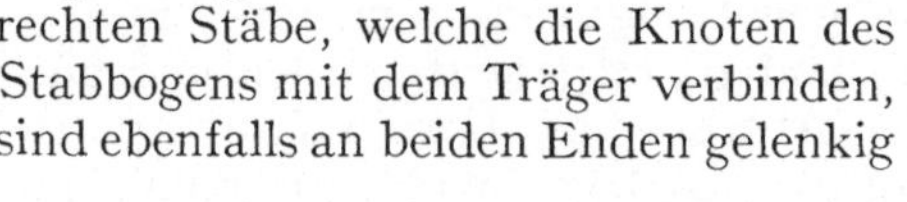

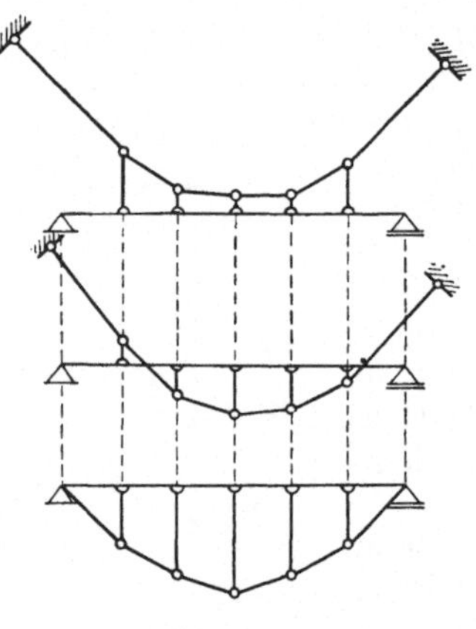

Abb. 230.

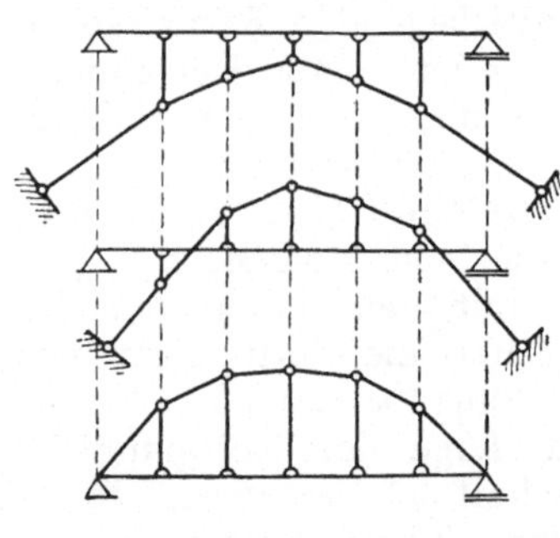

Abb. 231.

angeschlossen. Doch erfolgt der Anschluß an den Träger durch *Halbgelenke;* der Träger selbst ist also an diesen Stellen nicht durch ein Gelenk unterbrochen und kann daher hier ein Biegungsmoment aufnehmen.

Die Anordnung des Stabbogens kann in verschiedener Weise erfolgen. Wie man leicht einsieht, ist der Stabbogen bei den Systemen nach Abb. 230 durch Zug beansprucht; man bezeichnet ihn in diesen Fällen auch als *Kette.* In der Abb. 231 muß der Stabbogen Druckkräfte aufnehmen. In beiden Fällen kann der Stabbogen entweder unabhängig von dem Träger in eigenen Widerlagern befestigt sein oder aber es wird der Träger selbst zur Aufnahme der waagrechten Komponente herangezogen.

Wenn die Belastung nur auf den Träger wirkt, treten in dem Stabbogen und in den Vertikalstäben nur Achsialkräfte, aber keine Momente auf; dies ist eine Folge des gelenkigen Anschlusses dieser Stäbe. Dann ist zu beachten, daß die Horizontalprojektion der Kraft in den einzelnen Stäben des Stabbogens konstant ist. Man braucht bloß das Gleichgewicht eines Knotens des Stabbogens in waagrechter Richtung zu untersuchen, um dies einzusehen. Bezeichnet S_m die Stabbogenkraft im Felde λ_m zwischen den Knoten m — 1 und m, S_{m+1} jene im Felde λ_{m+1}, so ergibt sich aus dem Gleichgewicht des Knotens m (Abb. 232)

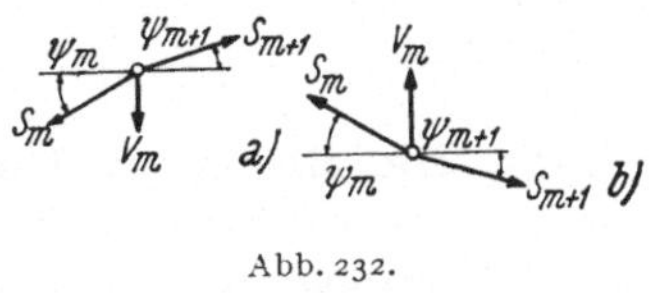
Abb. 232.

$$S_m \cos \psi_m = S_{m+1} \cos \psi_{m+1} = H \qquad (114, 41a)$$

wenn ψ_m und ψ_{m+1} die Neigungswinkel der Stäbe S_m, bzw. S_{m+1} gegen die Waagrechte bedeuten. Die Vertikale V_m erhält eine Stabkraft

$$V_m = S_{m+1} \sin \psi_{m+1} - S_m \sin \psi_m = H (\operatorname{tg} \psi_{m+1} - \operatorname{tg} \psi_m). \qquad (114, 41b)$$

Dabei ist auf das Vorzeichen von ψ zu achten; in Abb. 232a sind beide Winkel positiv, in Abb. 232b beide Winkel negativ einzuführen. Allgemein gilt

$$\operatorname{tg} \psi_m = \frac{v_m - v_{m-1}}{\lambda_m}.$$

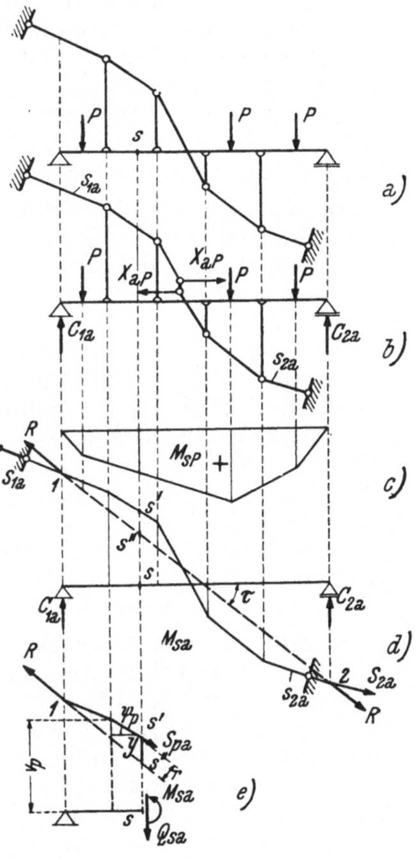
Abb. 233.

Es ist weiters ohne Schwierigkeit einzusehen, daß durch das Anbringen des Stabbogens der Grad der statischen Unbestimmtheit um eins erhöht wird. Denn denkt man sich eine einzige Vertikale oder den Stabbogen an einer beliebigen Stelle durchschnitten, so wird er zur Gänze wirkungslos; die Stabkraft in dem geschnittenen Stab kommt also als neue statisch unbestimmte Größe zu den allenfalls schon vorhandenen. Wir wollen uns im folgenden auf freiaufliegende Träger beschränken, so daß wir es mit einfach statisch unbestimmten Tragwerken zu tun haben.

Als Repräsentanten der verschiedenen möglichen Anordnungen wollen wir den in Abb. 233a dargestellten, an einer Kette aufgehängten freiaufliegenden Träger behandeln; eine Spezialisierung der Ergebnisse erledigt dann die verschiedenen durch die Abb. 230 und 231 dargestellten Sonderfälle.

115. Die allgemeine Theorie des durch einen Stabbogen verstärkten Trägers. Das in Abb. 233a dargestellte Tragwerk sei irgendwie lotrecht belastet, wobei die Belastung aber nicht nur in den Knoten, sondern auch in den Feldern des Trägers wirken möge.

Wir beschaffen uns ein Grundsystem, indem wir an einer beliebigen Stelle des Stabbogens einen kurzen senkrechten Stab einbauen, wie dies in Abb. 233b ersichtlich ist. Dadurch entsteht eine waagrechte Verschieblichkeit, der Stabbogen kann keine Kraft aufnehmen und als Grundsystem bleibt der Träger auf zwei Stützen übrig. An welcher Stelle wir diesen senkrechten Stab anordnen, ist gleichgültig; als statisch unbestimmte Größe haben wir eine waagrechte Kraft X_{aP} einzuführen, welche die Horizontalkomponente der Stabbogenkraft vorstellt, die ja nach Nr. 114 in allen Feldern gleich groß ist.

Die Momente M_{sP} des Grundsystems infolge der Belastung P sind als Momente eines freiaufliegenden Trägers auf zwei Stützen sofort anzugeben (Abb. 233c); die Normalkräfte N_{sP} sind im Träger durchwegs Null. Die Bestimmung der Momente M_{sa} und der Normalkräfte N_{sa} geschieht auf Grund folgender Überlegung: das Gleichgewicht des ganzen Tragwerkes bei Belastung mit $X_a = 1$ erfordert, daß die an dem Tragwerk auftretenden Stützkräfte im Gleichgewicht sind, daß also die Resultierende R der linker Hand angreifenden Stabbogenkraft S_{1a} und des Auflagerdruckes des Trägers C_{1a} gleich groß, aber entgegengesetzt gerichtet mit derselben Wirkungslinie wie die Resultierende R der Kräfte S_{2a} und C_{2a} auf der rechten Seite ist. Nun geht die Resultierende von S_{1a} und C_{1a} durch den Punkt 1, jene von S_{2a} und C_{2a} durch 2; also muß ihre Wirkungslinie in die Richtung 1—2 fallen und entsprechend der Horizontalkomponente $X_a = 1$ beträgt ihre Größe $\sec \tau$, wenn τ den Winkel von 1—2 gegen die Waagrechte bedeutet (Abb. 233d).

Schneiden wir das Tragwerk an einer beliebigen Stelle s und betrachten wir den linken Teil (Abb. 233e), so greift an der Schnittstelle des Stabbogens die Stabkraft S_{pa}, an dem Schnitt des Trägers das Moment M_{sa} und die Querkraft Q_{sa} an. Die Resultierende von S_{pa} und Q_{sa} muß wegen des Gleichgewichtes die Größe $\sec \tau$ besitzen; sie muß weiters durch den Punkt s' gehen und parallel zu R sein. Die Momentengleichung um den Punkt s ergibt

$$M_{sa} = \sec \tau \,.\, r = y.$$

Die Momente M_{sa} sind demnach durch die Ordinaten des Stabbogens, gemessen von der Verbindungslinie der Punkte 1—2, gegeben. Die Ordinaten y sind positiv, wenn der Stabbogen oberhalb der Geraden 1—2 liegt.

Die Stabkraft S_{pa} im Stabbogen ist

$$S_{pa} = \sec \psi_p \tag{115, 42}$$

und die Kraft in den Vertikalen

$$V_{pa} = \operatorname{tg} \psi_{p+1} - \operatorname{tg} \psi_p \tag{115, 43}$$

mit $\operatorname{tg} \psi_{p+1} = \frac{v_{p+1} - v_p}{\lambda_{p+1}}$ und $\operatorname{tg} \psi_p = \frac{v_p - v_{p-1}}{\lambda_p}$.

Die Bedeutung von v_p und ψ_p ist aus Abb. 233e zu ersehen.

Mit diesen Werten ergibt sich

$$E J_0 \delta_{aP} = \int M_{sP}\, y \frac{J_0}{J} dx,$$

$$E J_0 \delta_{aa} = \int y^2 \frac{J_0}{J} dx + C$$

und daher

$$X_{aP} = - \frac{\int M_{sP}\, y \frac{J_0}{J} dx}{\int y^2 \frac{J_0}{J} dx + C}. \tag{115, 44}$$

C stellt den Einfluß der Normalkräfte vor und wird aus der Gleichung

$$C = \sum S_{pa}^2 \frac{J_0}{F_p} s_p = \sum \sec^2 \psi_p \frac{J_0}{F_p} s_p + \sum (\operatorname{tg} \psi_{p+1} - \operatorname{tg} \psi_p)^2 \frac{J_0}{F_p'} v_p$$

ermittelt, wobei fast stets die zweite Summe, mitunter aber C überhaupt, vernachlässigt werden kann. F_p' und v_p bedeuten Querschnitt und Länge der Vertikalen.

Hat man X_{aP} bestimmt, so erhält man die Momente des statisch unbestimmten Tragwerkes mit

$$M_{sPn} = M_{sP} + y\, X_{aP}$$

und die Querkraft

$$Q_{sPn} = Q_{sP} + (\operatorname{tg} \psi_p + \operatorname{tg} \tau)\, X_{aP},$$

weiters

$$S_{pPn} = S_{pa}\, X_{aP} = \sec \psi_p \,.\, X_{aP} \tag{115, 45}$$

für den Stabbogen und

$$V_{pPn} = (\operatorname{tg} \psi_{p+1} - \operatorname{tg} \psi_p)\, X_{aP}$$

für die Vertikalen.

Die Einflußlinie von X_a wird entsprechend der Gleichung

$$X_{au} = -\frac{EJ_0\,\delta_{au}}{EJ_0\,\delta_{aa}} = -\frac{EJ_0\,\delta_{ua}}{EJ_0\,\delta_{aa}} \qquad (115, 46)$$

aus der Biegelinie des Tragwerkes infolge $X_a = 1$ erhalten, welch letztere wieder in bekannter Weise aus der Belastung des Trägers mit den Momenten $M_{sa}\frac{J_0}{J} = +y\frac{J_0}{J}$ gefunden wird. Damit wird die Einflußlinie für ein Biegungsmoment

$$M_{sun} = M_{su} + y\,X_{au},$$

für die Querkraft

$$Q_{sun} = Q_{su} + (\operatorname{tg}\psi_p + \operatorname{tg}\tau)\,X_{au},$$

für die Stabbogenkraft

$$S_{pun} = \sec\psi_p\,X_{au} \qquad (115, 47)$$

und für die Vertikale

$$V_{pun} = (\operatorname{tg}\psi_{p+1} - \operatorname{tg}\psi_p)\,X_{au}.$$

116. Beispiele.

1. *Beispiel.* Der in Abb. 234 dargestellte, durch einen Stabbogen verstärkte Träger (J konstant) mit einer Stützweite von 12,00 m ist auf der linken Hälfte mit 3 t/m belastet. Es sind die Momente, Querkräfte, die Stabkräfte in dem Stabbogen und den Vertikalen zu bestimmen.

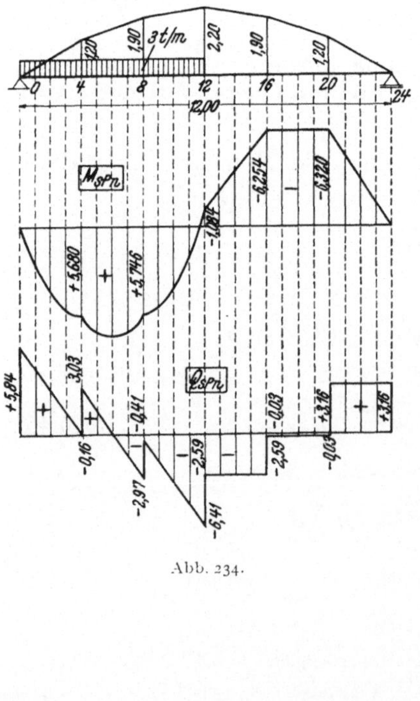

In dem vorliegenden Fall ist $\tau = 0$ und y positiv. Die Integrale für $EJ_0\,\delta_{aP}$ und $EJ_0\,\delta_{aa}$ werden nach der Näherungsformel von NEWTON (vgl. Nr. 49) erhalten. Dabei sind die Momente in den Querschnitten 0 bis 12 wegen $\frac{x}{l} = \frac{m}{24}$, $l = 12{,}00$ m und $p = 3$ t/m im Grundsystem

$$M_{sP} = \frac{3}{8}\cdot p l\,x - \frac{p x^2}{2}$$

$$= \frac{p l^2}{8}\left(\frac{3\,x}{l} - \frac{4\,x^2}{l^2}\right) = \frac{3\,m}{8}\,(18 - m)$$

und in den Querschnitten 12 bis 24 durch

$$M_{sP} = \frac{p l^2}{8}\,\frac{l - x}{l} = \frac{9}{4}\,(24 - m)$$

gegeben. Die Bestimmung von X_{aP} und M_{sPn} ist in Tab. 83 durchgeführt.

Abb. 234.

Tabelle 83.

m	$18-m$	$M_{sP} = \frac{3\,m}{8}(18-m)$	y	a	$a\,M_{sp}\,y$	y^2	$a y^2$	$y\,X_{ap}$	$M_{sPn} = M_{sP} + y\,X_{aP}$
0	18	0	0	1	0	0	0	0	0
1	17	6,375	0,300	3	5,7375	0,0900	0,2700	— 3,830	2,545
2	16	12,000	0,600	3	21,6000	0,3600	1,0800	— 7,660	4,340
3	15	16,875	0,900	2	30,3750	0,8100	1,6200	— 11,490	5,385
4	14	21,000	1,200	3	75,6000	1,4400	4,3200	— 15,320	5,680
5	13	24,375	1,375	3	100,5469	1,8906	5,6719	— 17,553	6,822
6	12	27,000	1,550	2	83,7000	2,4025	4,8050	— 19,787	7,213
7	11	28,875	1,725	3	149,4282	2,9756	8,9269	— 22,021	6,854
8	10	30,000	1,900	3	171,0000	3,6100	10,8300	— 24,254	5,746
9	9	30,375	1,975	2	119,9813	3,9006	7,8013	— 25,212	5,163
10	8	30,000	2,050	3	184,5000	4,2025	12,6075	— 26,169	3,831
11	7	28,875	2,125	3	184,0782	4,5152	13,5469	— 27,127	1,748
12	6	27,000	2,200	1	59,4000	4,8400	4,8400	— 28,084	— 1,084
	$24-m$	$\frac{9\,(24-m)}{4}$			$\frac{1}{2}\,\frac{EJ_0}{3/8 \cdot \Delta x}\,\delta_{aa} = 76{,}3195$				
12	12	27,000	2,200	1	59,4000			— 28,084	— 1,084
13	11	24,750	2,125	3	157,7813			— 27,127	— 2,377
14	10	22,500	2,050	3	138,3750			— 26,169	— 3,669
15	9	20,250	1,975	2	79,9875			— 25,212	— 4,962
16	8	18,000	1,900	3	102,6000			— 24,254	— 6,254
17	7	15,750	1,725	3	81,5063			— 22,021	— 6,271
18	6	13,500	1,550	2	41,8500			— 19,787	— 6,287
19	5	11,250	1,375	3	46,4063			— 17,553	— 6,303
20	4	9,000	1,200	3	32,4000			— 15,320	— 6,320
21	3	6,750	0,900	2	12,1500			— 11,490	— 4,740
22	2	4,500	0,600	3	8,1000			— 7,660	— 3,160
23	1	2,250	0,300	3	2,0250			— 3,830	— 1,580
24	0	0	0	1	0			0	0

$$EJ_0 \frac{\delta_{aP}}{3/8 \cdot \Delta x} = 1948{,}5285$$

$$X_{aP} = -\frac{EJ_0 \delta_{aP}}{EJ_0\,\delta_{aa}} = -\frac{1948{,}5285}{2 \cdot 76{,}3195} = -12{,}7656 \text{ t.}$$

Die Querkräfte erhält man mittels der Beziehung

$$Q_{sPn} = Q_{sP} + \operatorname{tg} \psi_m\, X_{aP},$$

weil $\operatorname{tg} \tau = 0$. Q_{sP} wird gleich $C_{aP} - px = pl \cdot \left(\frac{3}{8} - \frac{x}{l}\right) = 3\,\frac{9-m}{2}$.

In Tab. 84 sind neben der Berechnung der Q_{sPn} auch die Stabkräfte im Stabbogen und in den Hängestangen nach den in Nr. 115 ermittelten Formeln angegeben.

Tabelle 84.

m	v_m	$\operatorname{tg}\psi_m$	Q_{mP}	$X_{aP}\operatorname{tg}\psi_m$	$Q_{mPn} = Q_{mP} + X_{aP}\operatorname{tg}\psi_m$	$\sec\psi_m$	S_{mPn}	$V_{mP} = X_{aP}(\operatorname{tg}\psi_{m-1} - \operatorname{tg}\psi_m)$
0	0		13,50					
		+ 0,60		— 7,66	5,84 — 0,16	1,166	— 14,88	
4	1,20		7,50					3,19
		+ 0,35		— 4,47	3,03 — 2,97	1,060	— 13,53	
8	1,90		1,50					2,56
		+ 0,15		— 1,91	— 0,41 — 6,41	1,011	— 12,91	
12	2,20		— 4,50					3,83
		— 0,15		1,91	— 2,59 — 2,59	1,011	— 12,91	
16	1,90		— 4,50					2,56
		— 0,35		4,47	— 0,03 — 0,03	1,060	— 13,53	
20	1,20		— 4,50					3,19
		— 0,60		7,66	+ 3,16 + 3,16	1,166	— 14,88	
24	0		— 4,50					

2. *Beispiel.* Es sollen die Einflußlinien für Momente und Querkräfte des in Abb. 235 dargestellten Trapezsprengwerkes, das hauptsächlich als hölzernes Brückentragwerk Verwendung findet, bestimmt werden. Die für diese Aufgabe notwendigen Angaben sind der genannten Abbildung zu entnehmen. Wir erhalten die Einflußlinie für den Horizontalschub X_a aus der Gl.

$$X_{au} = -\frac{EJ_0\delta_{ua}}{EJ_0\delta_{aa}}.$$

Mit Vernachlässigung des Einflusses der Normalkräfte wird nach Nr. 115

$$EJ_0\,\delta_{aa} = \int y^2 \frac{J_0}{J}\,dx.$$

Dieses Integral bestimmen wir am einfachsten mittels der in Nr. 49 angegebenen Gleichungen. Die $v = y$ sind die Ordinaten des Stabzuges gegen die Verbindungslinie 1 — 2; bei den $u = \frac{J_0}{J}\,y$ ist in den Randfeldern $\frac{J_0}{J} = 1$, im Mittelfeld $\frac{J_0}{J} = \frac{1}{1,6}$.
Damit erhält man

$$EJ_0\delta_{aa} = 2\left(\frac{4,5}{3}\,4,32\cdot 4,32 + 2,5\cdot 4,32\cdot\frac{4,32}{1,6}\right) = 2\,(1,5 + 1,5625)\cdot 4,32^2 = 114,3072$$

$EJ_0\,\delta_{ua}$ stellt die Biegelinie des Trägers infolge $X_a = 1$ vor; diese wird durch Belastung mit den $M_{sa}\frac{J_0}{J} = +y\frac{J_0}{J}$ erhalten. In dem vorliegenden Fall lassen sich die δ_{ua} leicht rechnen. Die Belastung mit $y\frac{J_0}{J}$ ergibt zunächst den Auflagerdruck

$$A = \frac{1}{2}\left(4,32\cdot 4,50 + \frac{1}{1,6}\cdot 4,32\cdot 5,00\right) = 16,47;$$

für $u \leq 4,50$ wird

$$EJ_0\,\delta_{ua} = 16,47\,u - \frac{1}{2}\,u^2\,\frac{4,32}{4,50}\,\frac{u}{3} = u\,(16,47 - 0,16\,u^2)$$

und für $u \geqq 4{,}50$

$$E J_0\, \delta_{ua} = 16{,}47\ u - \frac{1}{2}\, 4{,}50 \cdot 4{,}32 \left(u - \frac{2}{3}\, 4{,}50\right) - \frac{1}{2}\, 2{,}70\, (u - 4{,}50)^2$$

$$= (16{,}47 - 9{,}72 + 12{,}15)\, u + 29{,}16 - 27{,}3375 - 1{,}35\, u^2$$

$$1{,}8225 + 18{,}90\, u - 1{,}35\, u^2.$$

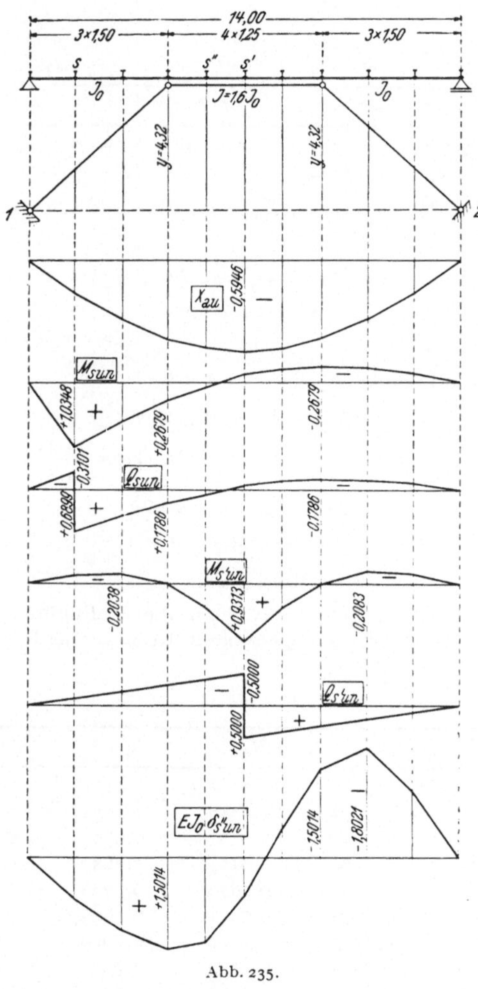

Abb. 235.

Nach Division dieser Ausdrücke durch $E J_0\, \delta_{aa} = 114{,}3072$ erhält man für $u \leqq 4{,}50$

$$X_{au} = -\,(0{,}14408 - 0{,}0013997\, u^2)\, u$$

und für $u \geqq 4{,}50$

$$X_{au} = -\,(0{,}015944 + 0{,}16534\, u - 0{,}011810\, u^2).$$

Wirkt die Belastung, wie dies gewöhnlich der Fall ist, mittelbar, so errechnet man die Ordinaten X_{au} an den Stellen der Knoten und erhält folgende Werte:

Tabelle 85.

u	$-0{,}14408\,u$	$0{,}0013997\,u^2$	X_{au}
0	0	0	0
1,5	−0,2161	0,0047	−0,2114
3	−0,4322	0,0378	−0,3944
4,5	−0,6484	0,1275	−0,5209
	$-0{,}16534\,u$	$0{,}01181\,u^2$	
5,75	−0,9507	0,3906	−0,5762
7,00	−1,1574	0,5787	−0,5946

In der Gleichung $M_{sun} = M_{su} + y\,X_{au}$ sind die Ordinaten M_{su} des Momentes im Grundsystem durch

$$M_{su} = \frac{(l-s)\,u}{l} \qquad (u \leq s)$$

$$M_{su} = \frac{s\,(l-u)}{l} \qquad (u \geq s)$$

gegeben. Für die Einflußlinie der Querkraft erhält man

$$Q_{sun} = Q_{su} + X_{au}\,\mathrm{tg}\,\psi$$

und dies ergibt für Querschnitte $s < 4{,}50$ m, da $\mathrm{tg}\,\psi = \frac{4{,}32}{4{,}50} = 0{,}96$,

$$Q_{sun} = Q_{su} + X_{au}\,0{,}96$$

und für Querschnitte $s > 4{,}50$ m, wegen $\psi = 0$

$$Q_{sun} = Q_{su}.$$

So erhält man für den Bezugspunkt $s = 1{,}50$ m die Einflußlinien für Moment und Querkraft ($y = 1{,}44$ m), letztere im Querschnitt rechts vom Bezugspunkt, also im zweiten Feld:

Tabelle 86.

u	M_{su}	$y\,X_{au}$	M_{sun}	Q_{su}	$0{,}96\,X_{au}$	Q_{sun}
0	0	0	0	0	0	0
1,50	1,3393	−0,3045	1,0348	−0,1071	−0,2030	−0,3101
				0,8929	−0,2030	0,6899
3,00	1,1786	−0,5679	0,6107	0,7857	−0,3786	0,4071
4,50	1,0179	−0,7500	0,2678	0,6786	−0,5000	0,1786
5,75	0,8839	−0,8298	0,0541	0,5893	−0,5532	0,0361
7,00	0,7500	−0,8562	−0,1062	0,5000	−0,5707	−0,0707
8,25	0,6161	−0,8298	−0,2137	0,4107	−0,5532	−0,1425
9,50	0,4821	−0,7500	−0,2679	0,3214	−0,5000	−0,1786
11,00	0,3214	−0,5679	−0,2465	0,2143	−0,3786	−0,1643
12,50	0,1607	−0,3045	−0,1438	0,1071	−0,2030	−0,0959
14,00	0	0	0	0	0	0

Für die Trägermitte ($s' = 7{,}00$ m) ergibt sich die Einflußlinie für das Moment $M_{s'un}$ mit $y = 4{,}32$ und für die Querkraft ($\psi = 0{,}0$)

Tabelle 87.

u	$M_{s'u}$	$y\,X_{au}$	$M_{s'un}$	$Q_{s'un} = Q_{s'u}$
0	0	0	0	0
1,50	0,7500	— 0,9133	— 0,1633	— 0,1071
3,00	1,5000	— 1,7038	— 0,2038	— 0,2142
4,50	2,2500	— 2,2500	0,0000	— 0,3213
5,75	2,8750	— 2,4892	0,3858	— 0,4107
7,00	3,5000	— 2,5687	0,9313	∓ 0,5000
8,25			0,3858	0,4107
9,50			0,0000	0,3213
11,00	symmetrisch		— 0,2038	0,2142
12,50			— 0,1633	0,1071
14,00			0	0

Endlich wollen wir noch die Einflußlinie für die Durchbiegung im Punkte $s'' = 5{,}75$ m bestimmen. Wir müssen, wie in Nr. 90 gezeigt worden ist, in diesem Punkt den Hilfsangriff $P = 1$ wirken lassen und für diese Belastung die Biegelinie bestimmen, die mit der gesuchten Einflußlinie für die Durchbiegung identisch ist. Dazu benötigen wir die elastischen Gewichte $M_{us''} \frac{J_0}{J}$, mit denen der Träger zu belasten ist. Nun erzeugt der Hilfsangriff $P = 1$ in $s'' = 5{,}75$ m ein $X_{as''} = -0{,}5762$; damit werden die Momente $M_{us''n} = M_{us''} + y\,X_{as''}$ und man erhält die in Tab. 88 angegebenen Werte:

Tabelle 88.

u	$M_{us''}$	y	$y\,X_{as''}$	$M_{us''n}$	$\frac{J_0}{J}$	$M_{us''n} \frac{J_0}{J}$
0	0	0	0	0	1	0
1,50	0,8839	1,44	— 0,8297	0,0542	1	0,0542
3,00	1,7678	2,88	— 1,6594	0,1084	1	0,1084
4,50	2,6518	4,32	— 2,4892	0,1626	1 1/1,6	0,1626 0,1016
5,75	3,3884	4,32	— 2,4892	0,8992	1/1,6	0,5620
7,00	2,8750	4,32	— 2,4892	0,3858	1/1,6	0,2411
8,25	2,3616	4,32	— 2,4892	— 0,1276	1/1,6	— 0,0798
9,50	1,8482	4,32	— 2,4892	— 0,6410	1/1,6 1	— 0,4006 — 0,6410
11,00	1,2322	2,88	— 1,6594	— 0,4272	1	— 0,4272
12,50	0,6161	1,44	— 0,8297	— 0,2136	1	— 0,2136
14,00	0	0	0	0	1	0

Die elastischen Gewichte $w = M_{us''n} \frac{J_0}{J}$ ändern sich in den einzelnen Intervallen linear. Mithin gibt die in Nr. 55 abgeleitete Gleichung genaue Werte für die in den Knoten anzubringenden Gewichte W_u. Es ist

$$W_u = \frac{1}{6}\left[(w_{u-1} + 2\,w_u)\,\Delta s_u + (2\,w_u + w_{u+1})\,\Delta s_{u+1}\right]$$

Es ergeben sich also die nachstehenden Werte W_u:

Tabelle 89.

u	w_u	$2\,w_u$	$w_{u-1}+2\,w_u$	$2\,w_u+w_{u+1}$	$\frac{\Delta s_u}{6}$	$\frac{\Delta s_{u+1}}{6}$	$(w_{u-1}+2\,w_u)\frac{\Delta s_u}{6}$	$(2\,w_u+w_{u+1})\frac{\Delta s_{u+1}}{6}$	W_u
0	0	0	—	0,0542	—	0,2500	0	0,0136	0,0136
1,50	0,0542	0,1084	0,1084	0,2168	0,2500	0,2500	0,0271	0,0542	0,0813
3,00	0,1084	0,2168	0,2710	0,3794	0,2500	0,2500	0,0678	0,0949	0,1627
4,50	0,1626	0,3252	0,4336	—	0,2500	—	0,1084	—	0,2678
	0,1016	0,2032	—	0,7652	—	0,2500	—	0,1594	
5,75	0,5620	1,1240	1,2256	1,3651	0,2083	0,2083	0,2553	0,2844	0,5397
7,00	0,2411	0,4822	1,0442	0,4024	0,2083	0,2083	0,2175	0,0838	0,3013
8,25	—0,0798	—0,1596	0,0815	—0,5602	0,2083	0,2083	0,0170	—0,1167	—0,0997
9,50	—0,4006	—0,8012	—0,8810	—	0,2083	—	—0,1835	—	—0,6108
	—0,6410	—1,2820	—	—1,7092	—	0,2083	—	—0,4273	
11,00	—0,4272	—0,8544	—1,4954	—1,0680	0,2500	0,2500	—0,3739	—0,2670	—0,6409
12,50	—0,2136	—0,4272	—0,8544	—0,4272	0,2500	0,2500	—0,2136	—0,1068	—0,3204
14,00	0	0	—0,2136	—	0,2500	—	—0,0534	—	—0,0534

Mit diesen W_u werden zunächst die Momente $\overline{M}_{us}$ eines Ersatzträgers bestimmt, welcher am linken Ende nicht unterstützt, am rechten Ende eingespannt ist. Aus dem Einspannmoment in $u = 14{,}0$ $\overline{M}_{us''} = -6{,}3770$ ergibt sich der linke Auflagerdruck $C_{os} = -\frac{\overline{M}_{us}}{l} = \frac{6{,}3770}{14{,}0} = 0{,}4555$ und daraus endlich $EJ_0\,\delta_{usn} = EJ_0\,\delta_{sun} = \overline{M}_{us} + C_{os} \cdot u$. Diese Rechnung ist in Tab. 90 durchgeführt.

Tabelle 90.

n	W_u	$\overline{Q}_{us}$	Δs	$\overline{Q}_{su}\,\Delta s$	$\overline{M}_{us}$	$C_{os}\,u$	$EJ_0\,\delta_{usn} = EJ_0\,\delta_{sun}$
0	0,0136				0	0	0
		0,0136	1,50	0,0204			
1,50	0,0813				−0,0204	0,6833	0,6629
		0,0949	1,50	0,1424			
3,00	0,1627				−0,1628	1,3665	1,2037
		0,2576	1,50	0,3864			
4,50	0,2678				−0,5492	2,0498	1,5006
		0,5264	1,25	0,6567			
5,75	0,5397				−1,2059	2,6192	1,4133
		1,0651	1,25	1,3314			
7,00	0,3013				−2,5373	3,1885	0,6513
		1,3664	1,25	1,7080			
8,25	−0,0997				−4,2453	3,7579	−0,4875
		1,2667	1,25	1,5834			
9,50	−0,6108				−5,8287	4,3273	−1,5014
		0,6559	1,50	0,9839			
11,00	−0,6409				−6,8126	5,0105	−1,8021
		0,0150	1,50	0,0225			
12,50	−0,3204				−6,8351	5,6938	−1,1413
		−0,3054	1,50	−0,4581			
14,00	−0,0534				−6,3770	6,3770	0

D. Der durchlaufende Träger.

117. Die Gleichungen von CLAPEYRON. Wir haben bereits an verschiedenen Stellen (vgl. Nr. 72, 73, 78, 95, 97 und 98) den Durchlaufträger als Beispiel für statisch unbestimmte Tragwerke herangezogen und wollen im folgenden eine zusammenhängende Darstellung der Berechnung dieses Tragwerkes geben. Wir betrachten einen Träger über eine beliebige Anzahl von Stützen, die wir mit 0, 1, 2 ... $m-1$, m, $m+1$ ... $r-1$, r bezeichnen. Die Felder besitzen die Stützweiten $l_1, l_2 \ldots l_m, l_{m+1} \ldots l_{r-1}, l_r$; die Trägheitsmomente in den einzelnen Feldern $J_1, J_2 \ldots J_m, J_{m+1} \ldots J_{r-1}, J_r$ setzen wir zunächst feldweise konstant voraus. Die öfters benützten Ausdrücke $\frac{J_0}{J_1} l_1 = \lambda_1 \ldots \frac{J_0}{J_m} l_m = \lambda_m \ldots \frac{J_0}{J_r} l_r = \lambda_r$ nennen wir die reduzierten Stützweiten; J_0 ist dabei ein beliebig angenommenes Vergleichsträgheitsmoment.

Als statisch bestimmtes Grundsystem wählen wir ein System, welches aus einzelnen freiaufliegenden Trägern besteht. Es entsteht aus dem vorgelegten Durchlaufträger durch den Einbau von Gelenken über den einzelnen Stützen. Dann sind als statisch unbestimmte Größen die Biegungsmomente über den Stützen, kurz die Stützenmomente genannt, einzuführen. Ein Durchlaufträger mit einem festen Lager und mit Gleitlagern in den übrigen Stützen ist demnach so vielfach statisch unbestimmt, als Zwischenstützen vorhanden sind.

In der Abb. 236a ist ein Teil des Durchlaufträgers zwischen den Stützen $m-1$, m und $m+1$ herausgezeichnet. Bei einer Belastung des Grundsystems nach Abb. 236b ergibt sich die eingezeichnete Biegelinie und insbesondere die gegenseitige Verdrehung der Stabenden über der Stütze m mit $EJ_0\,\delta_{mP}$. Es ist offensichtlich, daß der Winkel $EJ_0\,\delta_{mP}$ nur von der Belastung der Felder l_m und l_{m+1}, nicht aber von jener der übrigen Felder abhängt. Die Bestimmung dieses Winkels ist einfach: nach Nr. 50 ist er gleich der Summe $B_m \dfrac{J_0}{J_m} + A_{m+1}\dfrac{J_0}{J_{m+1}}$; B_m und A_{m+1} sind die Auflagerdrücke in der Stütze m, wenn die Felder l_m und l_{m+1} mit M_{sP} belastet werden.

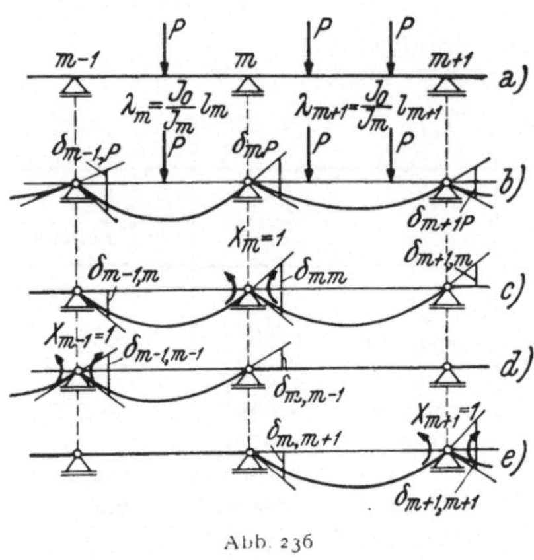

Abb. 236

Die Koeffizienten δ_{mk}, welche in der m-ten Elastizitätsgleichung bei den Unbekannten X_{kP} stehen, stellen die gegenseitige Verdrehung der Stabenden über der Stütze m infolge des Hilfsangriffes $X_k = 1$ vor. Man erkennt nun leicht, daß nur die Hilfsangriffe X_{m-1}, X_m und $X_{m+1} = 1$ eine Verdrehung der Stabenden in m bewirken. Alle anderen Hilfsangriffe sind auf δ_{mk} ohne Einfluß. Die m-te Elastizitätsgleichung enthält also nur die Unbekannten X_{m-1}, X_m und X_{m+1} und hat die Form

$$\delta_{m\,m-1}\,X_{m-1\,P} + \delta_{m\,m}\,X_{mP} + \delta_{m\,m+1}\,X_{m+1} + \delta_{mP} = 0. \qquad (117, 48)$$

δ_{mm} ist durch die Gl.

$$EJ_0\,\delta_{mm} = \int M_{sm}^2 \frac{J_0}{J}\,ds$$

gegeben; betrachtet man die Abb. 236c, so sieht man, daß sich dieses Integral nur über die beiden Felder l_m und l_{m+1} erstreckt und bei feldweise konstanten Trägheitsmoment J_m und J_{m+1} nach den Gleichungen, die in Nr. 49 angegeben sind, den Wert

$$EJ_0\,\delta_{mm} = \frac{1}{3}\left(l_m \frac{J_0}{J_m} + l_{m+1}\frac{J_0}{J_{m+1}}\right) = \frac{1}{3}\left(\lambda_m + \lambda_{m+1}\right) \qquad (117, 49)$$

erhält. Aus der Abb. 236d und e erkennt man weiters, daß die Integrale

$$EJ_0\,\delta_{m\,m-1} = \int M_{s\,m-1}\,M_{sm}\frac{J_0}{J}\,ds$$

und

$$EJ_0\,\delta_{m\,m+1} = \int M_{s\,m+1}\,M_{sm}\frac{J_0}{J}\,ds$$

sich nur über die Felder l_m, bzw. l_{m+1} erstrecken; die Gleichungen in Nr. 49 ergeben in diesem Falle

$$E J_0 \delta_{m\, m-1} = \frac{1}{6} l_m \frac{J_0}{J_m} = \frac{1}{6} \lambda_m$$

und
$$E J_0 \delta_{m\, m+1} = \frac{1}{6} l_{m+1} \frac{J_0}{J_{m+1}} = \frac{1}{6} \lambda_{m+1} \qquad (117, 50)$$

mit den reduzierten Feldlängen $\lambda_m = \frac{J_0}{J_m} l_m$ und $\lambda_{m+1} = l_{m+1} \frac{J_0}{J_{m+1}}$; so erhält die m-te Elastizitätsgleichung die Form

$$\lambda_m X_{m-1\,P} + 2\,(\lambda_m + \lambda_{m+1})\, X_{m\,P} + \lambda_{m+1} X_{m+1\,P} + 6\left(B_m \frac{J_0}{J_m} + A_{m+1} \frac{J_0}{J_{m+1}}\right) = 0$$

oder wenn man, wie dies üblich ist,

$$\frac{6\,B_m}{l_m} = R_m \text{ und } \frac{6\,A_{m+1}}{l_{m+1}} = L_{m+1}$$

setzt,

$$\lambda_m X_{m-1\,P} + 2\,(\lambda_m + \lambda_{m+1})\, X_{m\,P} + \lambda_{m+1} X_{m+1\,P} + (R_m \lambda_m + L_{m+1} \lambda_{m+1}) = 0. \qquad (117, 51)$$

Wir schreiben diese Gleichung das erstemal für die Stütze $m = 1$, das letztemal für die vorletzte Stütze $r - 1$ an; wenn der Träger an den Enden, also in $m = 0$ und $m = r$ frei drehbar gelagert ist, dann wird $X_{0P} = X_{rP} = 0$, und die Elastizitätsgleichungen zur Bestimmung der Stützenmomente X_{kP}, für die sich in der Baustatik die Bezeichnung *Clapeyronsche Gleichungen* eingebürgert hat, lauten ausführlich angeschrieben

$$2\,(\lambda_1 + \lambda_2)\, X_{1P} + \lambda_2 X_{2P} + R_1 \lambda_1 + L_2 \lambda_2 = 0$$

$$\lambda_2 X_{1P} + 2\,(\lambda_2 + \lambda_3)\, X_{2P} + \lambda_3 X_3 + R_2 \lambda_2 + L_3 \lambda_3 = 0$$

. . . .

$$\lambda_{r-2} X_{r-3P} + 2\,(\lambda_{r-2} + \lambda_{r-1})\, X_{r-2P} + \lambda_{r-1} X_{r-1P} + R_{r-2} \lambda_{r-2} + L_{r-1} \lambda_{r-1} = 0$$

$$\lambda_{r-1} X_{r-2P} + 2(\lambda_{r-1} + \lambda_r)\, X_{r-1P} + \lambda_r X_{rP} + R_{r-1} \lambda_{r-1} + L_r \lambda_r = 0.$$

Besitzt der durchlaufende Träger am linken Ende einen Kragarm und entsteht durch die Belastung desselben ein Moment $M_{0\,P} = -\sum P_i x_i$ über der Stütze $m = 0$, so lautet die erste Gl.

$$\lambda_1 M_{0P} + 2\,(\lambda_1 + \lambda_2)\, X_{1P} + \lambda_2 X_{2P} + R_1 \lambda_1 + L_2 \lambda_2 = 0.$$

Ist das Trägerende $m = 0$ unverdrehbar eingespannt, so denke man sich noch ein Feld l_0 mit $J_0 \to \infty$ angefügt; für dieses Feld wird $\lambda_0 = 0$ und die erste Gleichung, jetzt für $m = 0$ angeschrieben, lautet

$$2\,(\lambda_0 + \lambda_1)\, X_{0P} + \lambda_1 X_{1P} + R_0 \lambda_0 + L_1 \lambda_1 = 0.$$

Setzt man hierin entsprechend $J_0 \to \infty$ $\lambda_0 = 0$ und kürzt durch λ_1, so erhält man das Gleichungssystem

$$2 X_{0P} + X_{1P} + L_1 = 0$$

$$\lambda_1 X_{0P} + 2 (\lambda_1 + \lambda_2) X_{1P} + \lambda_2 X_{2P} + R_1 \lambda_1 + L_2 \lambda_2 = 0$$

. . . .

118. Die Belastungsglieder L_m und R_m. Die Größen R_m und L_m, die nur von der Belastung abhängen, sind in Taschenbüchern für die zumeist vorkommenden Belastungen angegeben. Wir haben in Nr. 50c die Verdrehung τ der Stabachse am linken Auflager berechnet, die bei einem freiaufliegenden Träger infolge einer Einzellast P, im Abstand x' vom rechten Auflager wirkend, entsteht, und fanden den Ausdruck

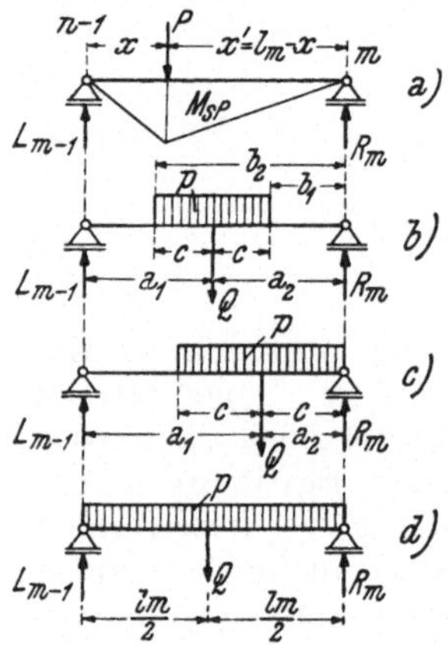

Abb. 237.

$$6 EJ\, l\, \tau = P \cdot x' \cdot (l^2 - x'^2) = 6 A\, l.$$

Es ist demnach für die Belastung des Feldes l_m zwischen den Stützen $m - 1$ und m mit einer Einzellast im Abstande x vom linken und x' vom rechten Auflager (vgl. Abb. 237a)

$$L_{m-1} = P \frac{x' (l_m^2 - x'^2)}{l_m^2} = P\, l_m \frac{x'}{l_m} \left(1 - \frac{x'^2}{l_m^2}\right)$$

und
$$R_m = P\, l_m \frac{x}{l_m} \left(1 - \frac{x^2}{l_m^2}\right). \qquad (118, 53)$$

Besteht die Belastung aus einer gleichmäßig verteilten Last, die — wie Abb. 237b zeigt — nur längs eines Teiles eines Feldes wirkt, so ergibt sich bei entsprechender Anwendung der Gl. (118, 53)

$$L_{m-1} = \int p\, dx' \left(x' - \frac{x'^3}{l_m^2}\right) = p \left(\frac{x'^2}{2} - \frac{x'^4}{4 l_m^2}\right)_{b_1}^{b_2} =$$

$$= p \frac{b_1 + b_2}{2} (b_2 - b_1) \left(1 - \frac{b_1^2 + b_2^2}{2 l_m^2}\right).$$

Setzt man $2 c p = Q$, $b_2 = a_2 + c$ und $b_1 = a_2 - c$, so erhält man

$$L_{m-1} = Q\, a_2 \left(1 - \frac{a_2^2 + c^2}{l_m^2}\right). \qquad (118, 54a)$$

Vertauscht man a_2 mit a_1, so bekommt man für R_m

$$R_m = Q\, a_1 \left(1 - \frac{a_1^2 + c^2}{l_m^2}\right).$$

Reicht die Belastung bis zur rechten Stütze m, so wird mit $a_2 = c$ und $a_1 = l_m - c$ (vgl. Abb. 237c)

$$L_{m-1} = Qc\left(1 - \frac{2c^2}{l_m^2}\right)$$

und $$R_m = 2Qc\left(1 - \frac{c}{l_m}\right)^2. \qquad (118, 55)$$

Ist endlich das ganze Feld l_m vollbelastet, so ergibt $c = \frac{l_m}{2}$ (Abb. 237d)

$$L_{m-1} = R_m = Q\frac{l_m}{4} \qquad (118, 56)$$

119. Die Auflösung der Elastizitätsgleichungen mittels Rekursion. Die Auflösung der Elastizitätsgleichungen bereitet keine Schwierigkeiten, solange die Zahl der Unbekannten nicht zu groß, etwa drei oder höchstens vier ist. Bei einer größeren Zahl der Unbekannten kann man sich die Eigenschaft, daß in einer Gleichung jeweils nur drei aufeinanderfolgende Unbekannte vorkommen, zunutze machen. Es genügt, wenn wir uns die Lösung für den Fall beschaffen, daß nur ein einziges Feld l_p zwischen den Knoten $p-1$ und p beliebig belastet ist. Die Lösungen für eine beliebige Belastung mehrerer Felder kann dann durch Superposition gefunden werden.

Ist also das Feld l_p irgendwie belastet, so daß die Belastungsgrößen L_p und R_p auftreten, so lauten die CLAPEYRONschen Gleichungen

$$\begin{array}{l} 2(\lambda_1 + \lambda_2) X_{1P} + \lambda_2 X_{2P} = 0 \\ \lambda_2 X_{1P} + 2(\lambda_2 + \lambda_3) X_{2P} + \lambda_3 X_{3P} = 0 \\ \dots\dots\dots\dots\dots\dots \\ \lambda_m X_{m-1} + 2(\lambda_m + \lambda_{m+1}) X_{mP} + \lambda_{m+1} X_{m+1\,P} = 0 \\ \dots\dots\dots\dots\dots\dots \\ \lambda_{p-1} X_{p-2P} + 2(\lambda_{p-1} + \lambda_p) X_{p-1\,P} + \lambda_p X_{p\,P} + L_p \lambda_p = 0 \\ \lambda_p X_{p-1\,P} + 2(\lambda_p + \lambda_{p+1}) X_{pP} + \lambda_{p+1} X_{p+1\,P} + R_p \lambda_p = 0 \\ \dots\dots\dots\dots\dots\dots \end{array} \qquad (119, 57)$$

Solange das absolute Glied in den Gleichungen verschwindet, d. i. also für $1 \gtrless m \leq p-2$, kann jedes X_{m-1P} durch

$$X_{m-1\,P} = k_m X_{mP} \qquad (119, 58)$$

ausgedrückt werden, wobei sich für die Koeffizienten k_m eine einfache Rekursionsformel ergibt. Setzt man in der Gleichung für die Stütze m, wo also X_{mP} in der Mitte steht, für $X_{m-1\,P} = k_m X_{mP}$ ein, so erhält man

$$[k_m \lambda_m + 2(\lambda_m + \lambda_{m+1})] X_{mP} + \lambda_{m+1} X_{m+1\,P} = 0$$

und daraus $$X_{mP} = -\frac{\lambda_{m+1}}{k_m \lambda_m + 2(\lambda_m + \lambda_{m+1})} X_{m+1\,P};$$

mit $e_m = \frac{\lambda_{m+1}}{\lambda_m}$ ergibt sich

$$k_{m+1} = -\frac{e_m}{k_m + 2(1 + e_m)}. \qquad (119, 59)$$

Hiebei wird mit

$$k_2 = -\frac{e_1}{2\,(1+e_1)}, \text{ also } k_1 = 0$$

begonnen, wie sofort aus der ersten Elastizitätsgleichung für $m=1$ folgt. Für $m=p-1$, also den Anfang des belasteten Feldes, ergibt sich aber

$$[\lambda_{p-1}\,k_{p-1} + 2\,(\lambda_{p-1}+\lambda_p)]\,X_{p-1\,P} + \lambda_p\,X_{pP} + L_p\,\lambda_p = 0$$

oder

$$X_{p-1\,P} - k_p\,X_{p\,P} - k_p\,L_p = 0. \tag{119, 60a}$$

Genau so können wir vom anderen Ende des Durchlaufträgers, also von der letzten Stütze r aus verfahren. Hier gilt allgemein

$$X_{mP} = h_m\,X_{m-1\,P} \tag{119, 61}$$

und, wie man sich leicht überzeugt, lautet jetzt die Rekursionsformel für h_m

$$h_m = -\frac{c_m}{h_{m+1} + 2\,(1+c_m)}, \tag{119, 62}$$

wobei $h_1 \to \infty$, $h_r = 0$ und $h_{r-1} = -\dfrac{c_{r-1}}{2\,(1+c_{r-1})}$ zu setzen ist. c_m bedeutet

$$c_m = \frac{\lambda_m}{\lambda_{m+1}} = \frac{1}{e_m}.$$

Aus der Abb. 238 ist die Zuordnung der Größen k_m und h_m sowie e_m und c_m zu den Feldern, bzw. Stützen des Durchlaufträgers zu ersehen.

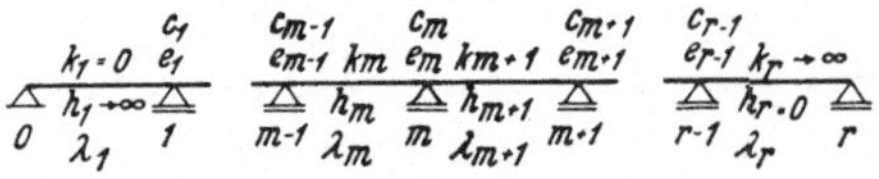

Abb. 238.

In ähnlicher Weise erhält man aus der Elastizitätsgleichung für die Stütze $m=p$

$$\lambda_p\,X_{p-1\,P} + 2\,(\lambda_p + \lambda_{p+1})\,X_{pP} + \lambda_{p+1}\,X_{p+1\,P} + R_p\,\lambda_p = 0$$

$$\lambda_p\,X_{p-1P} + [2\,(\lambda_p+\lambda_{p+1}) + h_{p+1}\,\lambda_{p+1}]\,X_{pP} + R_p\,\lambda_p = 0$$

oder

$$-h_p\,X_{p-1\,P} + X_{pP} - h_p\,R_p = 0 \tag{119, 60b}$$

Auf diese Weise erhält man zwei Gleichungen für die Unbekannten X_{p-1} und X_{pP}, deren Auflösung leicht bewerkstelligt werden kann. Die Gl. (119, 58) und (119, 61)

$$X_{m-1\,P} = k_m\,X_{mP} \quad \text{für } 1 \leq m \leq p-1$$

und

$$X_{m+1\,P} = h_{m+1}\,X_{mP} \quad \text{für } p \leq m \leq r-1$$

erlauben dann der Reihe nach die übrigen Stützenmomente zu bestimmen.

Sind mehrere Felder belastet, so sind für jedes belastete Feld die zwei Gl. (119, 60a und 60b) aufzulösen, die übrigen Stützenmomente durch Rekursion nach den Gl. (119, 58) und (119, 61) zu bestimmen und die erhaltenen Ergebnisse für die X_m zu addieren. Die Festwerte k_m und h_m sind natürlich unabhängig davon, welches Feld belastet ist und sind daher nur einmal zu bestimmen.

120. Ein Näherungsverfahren. Zur Auflösung der CLAPEYRONschen Gleichungen wird häufig das in Nr. 82c erwähnte CROSSsche Näherungsverfahren benützt. Man kann aber dasselbe wesentlich vereinfachen, wenn man von der dort bewiesenen Tatsache Gebrauch macht, daß das Gleichungssystem

$$\sum_k a_{ik}\, x_k + b_i = 0 \qquad (i = 0, 1, 2 \ldots)$$

durch die Näherungsfolgen

$$x_i^{(n)} = -\sum_k c_{ik}\, x_k^{(n-1)} - d_i \quad (c_{ii} = 0,\ c_{ik} = c_{ki})$$

mit

$$c_{ik} = \frac{a_{ik}}{a_{ii}},\quad d_i = \frac{b_i}{a_{ii}}$$

gelöst wird, wobei

$$x_i^{(0)} = -d_i$$

ist. Denn die Voraussetzung $\sum\limits_k a_{ik} < 1$, welche für die Konvergenz dieses Verfahrens hinreicht, ist stets erfüllt; die CLAPEYRONschen Gleichungen erhalten nämlich die Form

$$X_{mP} = -\left[\frac{\lambda_m}{2(\lambda_m + \lambda_{m+1})} X_{m-1\,P} + \frac{\lambda_{m+1}}{2(\lambda_m + \lambda_{m+1})} X_{m+1\,P} + \right.$$
$$\left. + \frac{R_m \lambda_m}{2(\lambda_m + \lambda_{m+1})} + \frac{L_{m+1}\lambda_{m+1}}{2(\lambda_m + \lambda_{m+1})}\right]$$

oder

$$X_{mP} = -(a_{m\,m-1} X_{m-1\,P} + a_{m\,m+1} X_{m+1\,P} + a_{m\,m-1} R_m + a_{m\,m+1} L_{m+1}) \tag{120, 63}$$

mit

$$a_{m\,m-1} = \frac{\lambda_m}{2(\lambda_m + \lambda_{m+1})} \quad \text{und} \quad a_{m\,m+1} = \frac{\lambda_{m+1}}{2(\lambda_m + \lambda_{m+1})} \tag{120, 64}$$

und damit wird

$$\sum_k a_{ik} = \frac{\lambda_m}{2(\lambda_m + \lambda_{m+1})} + \frac{\lambda_{m+1}}{2(\lambda_m + \lambda_{m+1})} = \frac{1}{2}.$$

Für die erste und letzte Gleichung, bei welcher das erste, bzw. zweite Glied fehlt, wird sogar

$$\sum_k a_{ik} < \frac{1}{2}.$$

Wie bei dem Näherungsverfahren in Nr. 82c berechnen wir auch hier einfacher die Verbesserungen

$$\varDelta X_{mP}^{(n+1)} = X_{mP}^{(n+1)} - X_{mP}^{(n)} = -(a_{m\,m-1}\,\varDelta X_{m-1\,P}^{(n)} + a_{m\,m+1}\,\varDelta X_{m+1\,P}^{(n)}) \tag{120, 65a}$$

mit

$$\varDelta X_{mP}^{(1)} = -(a_{m\,m-1}\,R_m + a_{m\,m+1}\,L_{m+1}). \tag{120, 65b}$$

Wir erhalten dann

$$X_{mP}^{(n)} = \sum_{\varrho=1}^{n} \varDelta X_{mP}^{(\varrho)}. \tag{120, 65c}$$

121. Auflagerdrücke, Momente und Querkräfte des Durchlaufträgers. Sind die Stützenmomente bestimmt, so können die Auflagerdrücke, Querkräfte und Momente leicht angegeben werden. Es ergibt sich für den Auflagerdruck in der Stütze m:

$$C_{mPn} = C_{mP} + C_{m\,m-1}\,X_{m-1\,P} + C_{m\,m}\,X_{mP} + C_{m\,m+1}\,X_{m+1\,P}.$$

Dabei bedeutet C_{mP} den Auflagerdruck im Grundsystem, also die Summe der Auflagerdrücke $B_{m-1} + A_m$ des Feldes l_{m-1} und des Feldes l_m. $C_{m\,m-1}$, $C_{m\,m}$ und $C_{m\,m+1}$ sind die Auflagerdrücke im Grundsystem infolge $X_{m-1} = 1$, $X_m = 1$ und $X_{m+1} = 1$; es wird, weil alle übrigen X keinen Beitrag liefern:

$$C_{m\,m-1} = \frac{1}{l_m}, \quad C_{mm} = -\left(\frac{1}{l_m} + \frac{1}{l_{m+1}}\right), \quad C_{m\,m+1} = \frac{1}{l_{m+1}}.$$

Damit ergibt sich

$$C_{mPn} = C_{mP} + \frac{X_{m-1\,P}}{l_m} - X_{mP}\left(\frac{1}{l_m} + \frac{1}{l_{m+1}}\right) + \frac{X_{m+1\,P}}{l_{m+1}}. \tag{121, 66}$$

Für die Querkraft im Feld l_m erhält man

$$Q_{sPn} = Q_{sP} + Q_{s\,m-1}\,X_{m-1\,P} + Q_{sm}\,X_{mP}.$$

Q_{sP}, $Q_{s\,m-1}$ und Q_{sm} sind dabei die Querkräfte an der Stelle s im Grundsystem, also jene eines freiaufliegenden Trägers von der Stützweite l_m; Q_{sP} entsteht durch die Belastung, $Q_{s\,m-1}$ durch den Hilfsangriff, $X_{m-1} = 1$ und Q_{sm} durch $X_m = 1$. Es ist

$$Q_{s\,m-1} = -\frac{1}{l_m} \qquad Q_{sm} = \frac{1}{l_m},$$

also

$$Q_{sPn} = Q_{sP} + \frac{X_{mP} - X_{m-1\,P}}{l_m}. \tag{121, 67}$$

Mitunter erscheint es aber einfacher, die Querkräfte als Summe aller links von dem betreffenden Querschnitt wirkenden Kräfte zu berechnen, wenn die Auflagerkräfte C_{mPn} bestimmt sind.

Das Biegungsmoment M_{sPn} im Feld l_m erhält man nach der Formel

$$M_{sPn} = M_{sP} + M_{s\,m-1}\, X_{m-1\,P} + M_{sm}\, X_{mP}$$

mit $M_{s\,m-1} = \frac{l_m - x}{l_m}$ und $M_{sm} = \frac{x}{l_m}$, wenn x den Abstand des betreffenden Querschnittes im Feld l_m von der linken Stütze $m - l$ bedeutet. Es ist also

$$M_{sPn} = M_{sP} + \frac{(l_m - x)\, X_{m-1\,P} + x\, X_{mP}}{l_m}. \qquad (121, 68)$$

Hat man die Querkräfte in einzelnen Querschnitten bestimmt, so kann man selbstverständlich die Momente auch nach der Gleichung

$$M_{sPn} = M_{s-1\,Pn} + \Delta\, x\, Q_{sPn} \qquad (121, 69)$$

bestimmen; darin bedeuten M_{sPn} und $M_{s-1\,Pn}$ die Momente an zwei aufeinanderfolgenden Stellen $s - 1$ und s, deren Abstand $\Delta\, x$ ist und zwischen denen die Querkraft den konstanten Wert Q_{sPn} besitzt. Für die zahlenmäßige Rechnung erscheint diese Art zumeist vorteilhafter.

122. Die Einflußlinien. Zur Bestimmung der Einflußlinien der statisch unbestimmten Größen, also der Stützenmomente, verwenden wir das in Nr. 95 erläuterte Verfahren, wonach das Grundsystem mit jenen Stützenmomenten q_{pi} zu belasten ist, die sich als Lösung des Gleichungssystems

$$\begin{gathered} 2\,(\lambda_1 + \lambda_2)\, q_{1i} + \lambda_2\, q_{2i} = 0 \\ \lambda_2\, q_{1i} + 2\,(\lambda_2 + \lambda_3)\, q_{2i} + \lambda_3\, q_{3i} = 0 \\ \cdots\cdots\cdots\cdots\cdots\cdots \\ \lambda_i\, q_{i-1\,i} + 2\,(\lambda_i + \lambda_{i+1})\, q_{ii} + \lambda_{i+1}\, q_{i+1\,i} + 6\, E J_0 = 0 \\ \cdots\cdots\cdots\cdots\cdots\cdots \\ \lambda_{r-1}\, q_{r-2\,i} + 2\,(\lambda_{r-1} + \lambda_r)\, q_{r-1\,i} = 0 \end{gathered}$$

ergeben; die Biegelinie des Grundsystems infolge der Belastung mit diesen q_{pi} ist bereits die gesuchte Einflußlinie von X_i. In jeder der angeschriebenen Elastizitätsgleichungen ist $\delta_{pP} = 0$ mit Ausnahme jener, wo q_{ii} in der Mitte steht. Hier ist $\delta_{iP} = 1$ oder, weil alle Elastizitätsgleichungen mit $6\, E J_0$ multipliziert worden sind, $6\, E J_0\, \delta_{iP} = 6\, E J_0$.

Die Lösung des angeschriebenen Gleichungssystems erfolgt am zweckmäßigsten mit dem in Nr. 119 beschriebenen Verfahren; setzen wir allgemein

$$q_{p-1\,i} = k_p\, q_{pi} \text{ für } p \leq i$$

und

$$q_{p+1\,i} = h_{p+1}\, q_{pi} \text{ für } p \geq i,$$

also speziell

$$q_{i-1\,i} = k_i\, q_{ii} \text{ und } q_{i+1\,i} = h_{i+1}\, q_{ii},$$

so ergibt sich für die i-te Gl.

$$[\lambda_i k_i + 2(\lambda_i + \lambda_{i+1}) + h_{i+1} \lambda_{i+1}] q_{ii} + 6 EJ_0 = 0$$

und daraus

$$q_{ii} = -\frac{6 EJ_0}{\lambda_i k_i + 2(\lambda_i + \lambda_{i+1}) + \lambda_{i+1} h_{i+1}}. \tag{122, 70}$$

Dann wird weiter

$$q_{i-1\,i} = k_i q_{ii}, \quad q_{i-2} = k_{i-1} q_{i-1\,i} \ldots$$

$$q_{i+1\,i} = h_{i+1} q_{ii}, \quad q_{i+2} = h_{i+2} q_{i+1\,i} \ldots \tag{122, 71}$$

Die Biegelinie eines beliebigen Feldes l_{p+1} und damit die Ordinaten der Einflußlinie von X in diesem Feld erhalten wir als Momente infolge der Belastung dieses Feldes mit den elastischen Gewichten $\frac{M}{EJ_{p+1}}$, die durch die Belastung mit den q_{pi} hervorgerufen werden. An den Enden des Feldes l_{p+1}, d. i. an den Stützen p und $p+1$, treten die Stützenmomente q_{pi} und $q_{p+1\,i}$ auf; im Feld selbst ändern sich die Momente linear, wie dies in der Abb. 239 dargestellt ist. Diese Momentenfläche zerlegen wir in zwei Dreiecke und beachten, daß die Momente infolge einer von Null am linken Auflager auf $\frac{1}{EJ_{p+1}}$ am rechten Auflager linear anwachsenden verteilten Belastung an einer beliebigen Stelle x von der linken Stütze, bzw. x' von der rechten Stütze

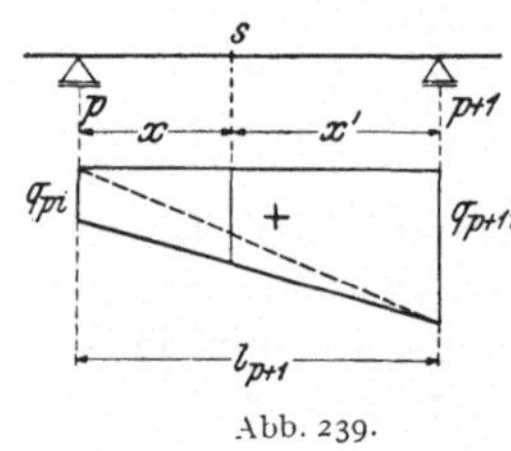

Abb. 239.

$$\frac{l_{p+1}^2}{6 EJ_{p+1}} \frac{x}{l_{p+1}} \left(1 - \frac{x^2}{l_{p+1}^2}\right) = \frac{l_{p+1}^2}{6 EJ_{p+1}} z.$$

beträgt. Für eine von $\frac{1}{EJ_{p+1}}$ an der linken Stütze auf Null an der rechten Stütze abnehmende Belastung erhält man den Wert

$$\frac{l_{p+1}^2 x'}{6 EJ_{p+1} l_{p+1}} \left(1 - \frac{x'^2}{l_{p+1}^2}\right) = \frac{l_{p+1}^2}{6 EJ_{p+1}} z'$$

Damit ergibt sich dann durch Überlagerung des Einflusses von q_{pi} und $q_{p+1\,i}$ die Ordinate der Einflußlinie im Feld l_{p+1}

$$X_{iu} = \frac{l_{p+1}^2}{6 EJ_{p+1}} (q_{pi} z' + q_{p+1\,i} z),$$

wobei $z = \frac{x}{l_{p+1}} \left(1 - \frac{x^2}{l_{p+1}^2}\right)$ und $z' = \frac{x'}{l_{p+1}} \left(1 - \frac{x'^2}{l_{p+1}^2}\right)$ ist.

Diese Werte sind in der Tab. 91 zusammengestellt.

Tabelle 91.

x/l	x'/l	0	0,1	0,2	0,3	0,4	0,5	0,6	0,7	0,8	0,9	1,0
z	z'	0	0,099	0,192	0,273	0,336	0,375	0,384	0,357	0,288	0,171	0

Man vereinfacht die Rechnung, wenn man an Stelle der q_{pi} und $q_{p+1\,i}$ die Werte $t_{pi} = \frac{q_{pi}}{6\,EJ_0}$ und $t_{p+1\,i} = \frac{q_{p+1\,i}}{6\,EJ_0}$ einführt; die t_{pi} sind dann die Lösungen des Gleichungssystems

$$2\,(\lambda_1 + \lambda_2)\,t_{1i} + \lambda_2\,t_{2i} = 0$$

$$\lambda_2\,t_{1i} + 2\,(\lambda_2 + \lambda_3)\,t_{2i} + \lambda_3\,t_{3i} = 0$$

....

$$\lambda_i\,t_{i-1\,i} + 2\,(\lambda_i + \lambda_{i+1})\,t_{ii} + \lambda_{i+1}\,t_{i+1\,i} + 1 = 0$$

....

$$\lambda_{r-1}\,t_{r-2\,i} + 2\,(\lambda_{r-1} + \lambda_r)\,t_{r-1\,i} = 0.$$

Nach Gl. (122, 70) ist weiters

$$t_{ii} = -\frac{1}{\lambda_i\,k_i + 2\,(\lambda_i + \lambda_{i+1}) + \lambda_{i+1}\,h_{i+1}} \tag{122, 72}$$

und damit ergibt sich laut Gl. (122, 71)

$$\begin{aligned} &t_{i-1\,i} = k_i\,t_{ii}, \quad t_{i-2\,i} = k_{i-1}\,t_{i-1\,i} \;\ldots\; t_{p-1\,i} = k_p\,t_{pi} \;\ldots \\ &t_{i+1\,i} = h_{i+1}\,t_{ii}, \quad t_{i+2\,i} = h_{i+2\,i}\,t_{i+1\,i} \;\ldots\; t_{p+1\,i} = h_{p+1}\,t_{pi} \ldots \end{aligned} \tag{122, 73}$$

Es wird also

$$X_{iu} = l_{p+1}\,\lambda_{p+1}\,(t_{pi}\,z' + t_{p+1\,i}\,z). \tag{122, 74}$$

Wir wiederholen, daß dabei k_p nach Gl. (119, 59), h_p nach Gl. (119, 62) zu bestimmen ist.

Die Einflußlinien für die Auflagerdrücke C_{pun}, die Querkräfte Q_{sun} und die Momente M_{sun} an der Stelle s des Feldes l_p folgen sofort aus den Gleichungen, welche in Nr. 121 für die Größen C_{pPn}, M_{sPn} und Q_{sPn} angegeben worden sind, sobald die Einflußlinien für die Stützenmomente bekannt sind. Es wird also die Einflußlinie für den Stützendruck an der Stütze p

$$C_{pun} = C_{pu} + \frac{X_{p-1\,u}}{l_p} - X_{pu}\left(\frac{1}{l_p} + \frac{1}{l_{p+1}}\right) + \frac{X_{p+1\,u}}{l_{p+1}}, \tag{122, 75}$$

für die Querkraft im Querschnitt s des Feldes l_p

$$Q_{sun} = Q_{su} + \frac{X_{pu} - X_{p-1\,u}}{l_p} \tag{122, 76}$$

und für das Moment an derselben Stelle

$$M_{sun} = M_{su} + \frac{(l_p - x)\cdot X_{p-1\,u} + x\cdot X_{pu}}{l_p}. \tag{122, 77}$$

123. Beispiele.

1. Beispiel. Bei dem in Abb. 240 dargestellten Durchlaufträger über fünf Felder ist das Feld zwischen den Stützen 1 und 2 gleichmäßig mit 2 t/m belastet. Es sind die Stützenmomente anzugeben.

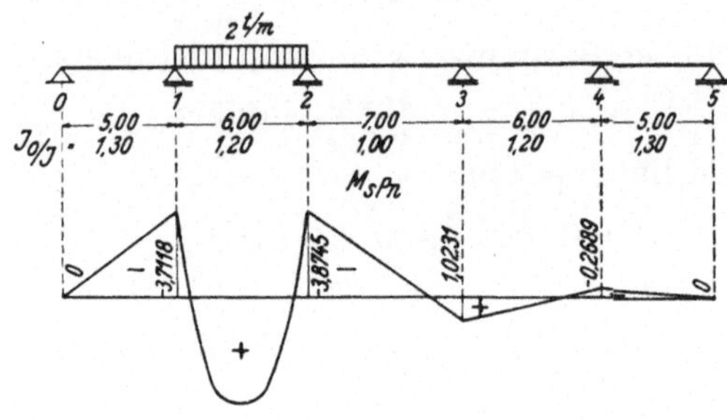

Abb. 240.

In Tab. 92 bestimmen wir aus den gegebenen Stützweiten l und den Verhältnissen der Trägheitsmomente $\frac{J_0}{J}$ die reduzierten Feldweiten λ, aus letzteren die Werte $e_m = \frac{\lambda_{m+1}}{\lambda_m}$ und weiters die Größen

$$k_{m+1} = -\frac{e_m}{k_m + 2(1 + e_m)} \quad \text{mit } k_1 = 0.$$

Wegen der Symmetrie des Trägers ist $h_m = k_{6-m}$.

Tabelle 92.

m	0		1		2		3		4		5
l		5,00		6,00		7,00		6,00		5,00	
$\frac{J_0}{J}$		1,30		1,20		1,00		1,20		1,30	
λ_m		6,50		7,20		7,00		7,20		6,50	
$e_m = \frac{\lambda_{m+1}}{\lambda_m}$			1,10769		0,97222		1,02857		0,90278		
$2(e_m + 1)$			4,21538		3,94444		4,05714		3,80556		
$k_{m+1} = -\frac{e_m}{k_m + 2(e_m + 1)}$		0		—0,26277		—0,26407		—0,27117		∞	
h_{m+1}		∞		—0,27117		—0,26407		—0,26277		0	

Die Belastungsglieder $R_2 = L_2$ betragen $\frac{pl^2}{4} = \frac{2,00 \cdot 6,0^2}{4} = 18$ tm; alle anderen sind Null. Damit lautet das Gleichungssystem zur Bestimmung der Stützenmomente des belasteten Feldes [Gl. (119, 60a) und (119, 60b)]

$$X_{1P} + 0{,}26277\, X_{2P} + 0{,}26277 \cdot 18 = 0$$

$$0{,}27117\, X_{1P} + X_{2P} + 0{,}27117 \cdot 18 = 0,$$

dessen Lösungen $X_{1P} = -3{,}7118$ tm und $X_{2P} = -3{,}8745$ tm betragen. Hieraus ergibt sich

$$X_{3P} = -3{,}8745 \cdot (-0{,}26407) = 1{,}02314 \text{ tm}$$

und

$$X_{4P} = 1{,}02314 \cdot (-0{,}26277) = -0{,}26885 \text{ tm}.$$

Die Berechnung der Momente, Querkräfte und Auflagerdrucke möge dem folgenden Beispiel entnommen werden.

2. Beispiel. Die Stützenmomente des in Abb. 241 dargestellten Durchlaufträgers sollen nach dem Näherungsverfahren von Nr. 120 ermittelt werden.

Die zu dieser Rechnung notwendigen Werte sind in Tab. 93 zusammengestellt:

Tabelle 93.

m	0		1		2		3		4
l_m		6,00		8,00		8,00		6,00	
$\frac{J_0}{J_m}$		1,50		1,00		1,00		1,50	
λ_m		9,00		8,00		8,00		9,00	
$2(\lambda_m + \lambda_{m+1})$			34,00		32,00		34,00		
$a_{m\,m-1}$			0,265		0,250		0,235		
$a_{m\,m+1}$			0,235		0,250		0,265		

Für die in Abb. 241 angegebene Belastung findet man nach Gl. (118, 53)

$$R_1 = 9 \cdot 6{,}00 \frac{2}{3}\left(1 - \frac{4}{9}\right) = 20{,}00$$

$$+ 4{,}5 \cdot 6{,}00 \frac{1}{3}\left(1 - \frac{1}{9}\right) = \underline{8{,}00}$$

$$28{,}00 \text{ tm}$$

$$L_2 = 8 \cdot 8{,}00 \frac{1}{4}\left(1 - \frac{1}{16}\right) = 15{,}00 \text{ tm}$$

$$R_2 = 8 \cdot 8{,}00 \frac{3}{4}\left(1 - \frac{9}{16}\right) = 21{,}00 \text{ tm}$$

$$L_3 = 4 \cdot 8{,}00 \frac{1}{2}\left(1 - \frac{1}{4}\right) = 12{,}00 \text{ tm}$$

$$R_3 = 4 \cdot 8{,}00 \frac{1}{2}\left(1 - \frac{1}{4}\right) = 12{,}00 \text{ tm}.$$

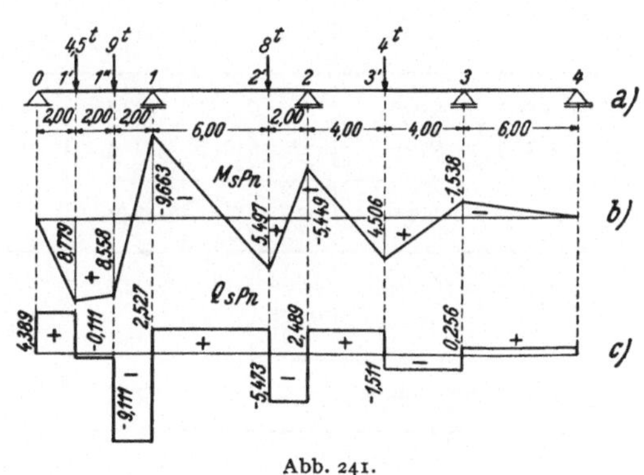

Abb. 241.

In Tab. 94 ist die Rechnung gemäß der Gl. (120, 65) durchgeführt.

Tabelle 94.

$i—k$	a_{ik}	R_i / L_{i+1}	$-a_{ik} R_i$ / $-a_{ik} L_{i+1}$	$\Delta X_{kP}^{(1)}$	$-a_{ik} \Delta X_{kP}^{(1)}$	$\Delta X_{kP}^{(2)}$	$-a_{ik} \Delta X_{kP}^{(2)}$	$\Delta X_{kP}^{(3)}$	$-a_{ik} \Delta X_{kP}^{(3)}$
1—0	0,265	28,00	—7,420	0	0	0	0	0	0
1—2	0,235	15,00	—3,525	—8,250	1,939	3,441	—0,809	—0,970	0,228
	$\Delta X_{1P}^{(\varrho)} =$		—10,945		1,939		—0,809		0,228
2—1	0,250	21,00	—5,250	—10,945	2,736	1,939	—0,485	—0,809	0,202
2—3	0,250	12,00	—3,000	—2,820	0,705	1,939	—0,485	—0,809	0,202
	$\Delta X_{2P}^{(\varrho)} =$		—8,250		3,441		—0,970		0,404
3—2	0,235	12,00	—2,820	—8,250	1,939	3,441	—0,809	—0,970	0,228
3—4	0,265	0	0	0	0	0	0	0	0
	$X_{3P}^{(\varrho)} =$		—2,820		1,939		—0,809		0,228

Fortsetzung von Tabelle 94.

$\Delta X_{kP}^{(4)}$	$-a_{ik} \Delta X_{kP}^{(4)}$	$\Delta X_{kP}^{(5)}$	$-a_{ik} \Delta X_{kP}^{(5)}$	$\Delta X_{kP}^{(6)}$	$-a_{ik} \Delta X_{kP}^{(6)}$	$\Delta X_{kP}^{(7)}$	$-a_{ik} \Delta X_{kP}^{(7)}$
0	0	0	0	0	0	0	0
0,404	—0,095	—0,114	0,027	0,048	—0,011	—0,013	0,003
	—0,095		0,027		—0,011		0,003
0,228	—0,057	—0,095	0,024	0,027	—0,007	—0,011	0,003
0,228	—0,057	—0,095	0,024	0,027	—0,007	—0,011	0,003
	—0,114		0,048		—0,014		0,006
0,404	—0,095	—0,114	0,027	0,048	—0,011	—0,013	0,003
0	0	0	0	0	0	0	0
	—0,095		0,027		—0,011		0,003

Mit den gefundenen $\Delta X_{kP}^{(\varrho)}$ erhält man die nachstehenden Werte $X_m = \sum \Delta X_{kP}^{(\varrho)}$.

Tabelle 95.

m	1	2	3
$\Delta X_{kP}^{(0)}$	— 10,945	— 8,250	— 2,820
$\Delta X_{kP}^{(1)}$	1,939	3,441	1,939
$\Delta X_{kP}^{(2)}$	— 0,809	— 0,970	— 0,809
$\Delta X_{kP}^{(3)}$	0,228	0,404	0,228
$\Delta X_{kP}^{(4)}$	— 0,095	— 0,114	— 0,095
$\Delta X_{kP}^{(5)}$	0,027	0,048	0,027
$\Delta X_{kP}^{(6)}$	— 0,011	— 0,014	— 0,011
$\Delta X_{kP}^{(7)}$	0,003	0,006	0,003
X_{mP}	— 9,663	— 5,449	— 1,538

Nunmehr können die Querkräfte nach der Gl. (121, 67)

$$Q_{sPn} = Q_{sP} + \frac{X_{mP} - X_{m-1\,P}}{l_m}$$

und weiters die Auflagerdrücke

$$C_{mPn} = -Q_{mPn} + Q_{mPn}'$$

ermittelt werden, wobei Q_{mPn} die Querkraft im Felde l_m und Q_{mPn}' die Querkraft im Felde l_{m+1}, beide Male unmittelbar neben der Stütze m, bedeuten.

Tabelle 96.

m	l_m	X_{mP}	$\Delta X_m = X_{mP} - X_{m-1\,P}$	$\frac{\Delta X_m}{l_m}$	Q_{mP}	Q_{mPn}	C_{mPn}
0		0					4,389
					6,000	4,389	
	6,00		— 9,663	— 1,611			
					— 7,500	— 9,111	
1		— 9,663					11,638
					2,000	2,527	
	8,00		4,215	0,527			
					— 6,000	— 5,473	
2		— 5,448					7,962
					2,000	2,489	
	8,00		3,910	0,489			
					— 2,000	— 1,511	
3		— 1,538					1,767
					0	0,256	
	6,00		1,538	0,256			
					0	0,256	
4		0					— 0,256

Endlich werden auch noch die Momente des Durchlaufträgers bestimmt:

Tabelle 97.

s	P_s	Q_{sPn}	Δx	$\Delta x \cdot Q_{sPn}$	M_{sPn}
0	— 4,389				0
		+ 4,389	2,00	8,779	
1′	4,500				8,779
		— 0,111	2,00	— 0,221	
1″	9,000				8,558
		— 9,111	2,00	— 18,221	
1	— 11,638				— 9,663
		2,527	6,00	15,160	
2′	8,000				5,497
		— 5,473	2,00	— 10,946	
2	— 7,962				— 5,449
		2,489	4,00	9,955	
3′	4,000				4,506
		— 1,511	4,00	— 6,044	
3	— 1,767				— 1,538
		0,256	6,00	1,536	
4	0,256				0

3. Beispiel. Es sind die Einflußlinien des im 1. Beispiel (Abb. 240) untersuchten Durchlaufträgers zu bestimmen. Wir wollen mittelbare Belastung voraussetzen. Außer den Querträgern über den Auflagern seien in jedem Feld noch vier Querträger angeordnet. Wir haben dann bloß die Ordinaten der Einflußlinien unter den Querträgern zu berechnen und dazwischen geradlinig zu verbinden. Wir beginnen mit den Einflußlinien für die Stützenmomente X_{1u} und X_{2u}; die Einflußlinien von X_{3u} und X_{4u} sind wegen der Symmetrie des Tragwerkes spiegelgleich X_{2u}, bzw. X_{1u}. Zunächst werden die Werte t_{ii} (für $i = 1$ und $i = 2$) gemäß der Gl. (122, 72) ermittelt. Mit Benützung der schon errechneten Werte von λ_i, k_i und h_m erhält man

Tabelle 98.

$i =$	0	1	2	3	4	5
k_i		0	— 0,26277	— 0,26407	— 0,27117	∞
h_i		∞	— 0,27117	— 0,26407	— 0,26277	0
λ_i		6,50	7,20	7,00	7,20	6,50
$\lambda_i k_i$		0	— 1,8919	— 1,8485	— 1,9524	
$2(\lambda_i + \lambda_{i+1})$		27,4000	28,4000	28,4000	27,4000	
$\lambda_{i+1} h_{i+1}$		— 1,9524	— 1,8485	— 1,8919	0	
$v_i = \lambda_i k_i + 2(\lambda_i + \lambda_{i+1}) + \lambda_{i+1} h_{i+1}$		25,4476	24,6596	24,6596	25,4476	
$t_{ii} = -\frac{1}{v_i}$		— 0,039297	— 0,040552	— 0,040552	— 0,039297	

Zur Bestimmung der Einflußlinien X_{1u} und X_{2u} ergibt sich nach den Gl. (122, 73)

$$t_{p-1i} = k_p\, t_{pi}, \quad \text{bzw.} \quad t_{p+1i} = h_{p+1}\, t_{pi}$$

und daher:

Tabelle 99.

$p=$	0	1	2	3	4	5
t_{pi} $(i=1)$	0	—0,039297	0,010656	—0,002814	0,000739	0
t_{pi} $(i=2)$	0	0,010656	—0,040552	0,010709	—0,002814	0

Endlich entnehmen wir noch die Ausdrücke $z' = \frac{x'}{l}\left(1 - \frac{x'^2}{l^2}\right)$ und $z = \frac{x}{l}\left(1 - \frac{x^2}{l^2}\right)$ für $\frac{x}{l}$, bzw. $\frac{x'}{l}$ gleich 0,2, 0,4, 0,6, 0,8 (entsprechend vier Zwischenordinaten der Einflußlinie in jedem Feld) der Tabelle 91.

Der Gl. (122, 74)

$$X_{iu} = l_{p+1}\, \lambda_{p+1}\, (t_{pi} \cdot z' + t_{p+1i} \cdot z)$$

entsprechend erhält man damit für die Ordinaten X_{1u} und X_{2u} folgende Werte (vgl. Abb. 242a und b):

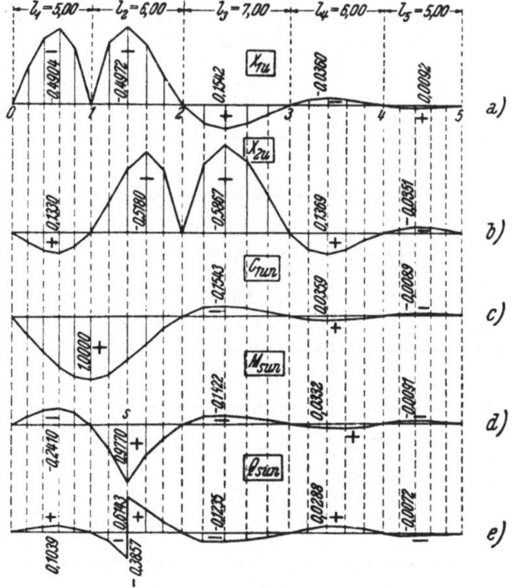

Abb. 242.

Tabelle 100.

Ordinaten der Einflußlinie X_{1u} (Moment Stütze 1)

$\frac{l}{x}$	0	0,2	0,4	0,6	0,8	1,0
z'	0	0,288	0,384	0,336	0,192	0
z	0	0,192	0,336	0,384	0,288	0
1. Feld	$l_1 \lambda_1 t_{01} = 5{,}00 \cdot 6{,}50 \cdot 0 = 0$ $l_1 \lambda_1 t_{11} = 5{,}00 \cdot 6{,}50 \cdot (-0{,}039297) = -1{,}27715$					
$z' l_1 \lambda_1 t_{01}$	0	0	0	0	0	0
$z\, l_1 \lambda_1 t_{11}$	0	— 0,2452	— 0,4291	— 0,4904	— 0,3678	0
X_{1u}	0	— 0,2452	— 0,4291	— 0,4904	— 0,3678	0
2. Feld	$l_2 \lambda_2 t_{11} = 6{,}00 \cdot 7{,}20 \cdot (-0{,}039297) = -1{,}69763$ $l_2 \lambda_2 t_{21} = 6{,}00 \cdot 7{,}20 \cdot 0{,}010656 = 0{,}46034$					
$z' l_2 \lambda_2 t_{11}$	0	— 0,4889	— 0,6519	— 0,5704	— 0,3259	0
$z\, l_2 \lambda_2 t_{21}$	0	0,0884	0,1547	0,1768	0,1326	0
X_{1u}	0	— 0,4005	— 0,4972	— 0,3936	— 0,1933	0
3. Feld	$l_3 \lambda_3 t_{21} = 7{,}00 \cdot 7{,}00 \cdot 0{,}010656 = 0{,}52214$ $l_3 \lambda_3 t_{31} = 7{,}00 \cdot 7{,}00 \cdot (-0{,}002814) = -0{,}13789$					
$z' l_3 \lambda_3 t_{21}$	0	0,1504	0,2005	0,1754	0,1002	0
$z\, l_3 \lambda_3 t_{31}$	0	— 0,0265	— 0,0463	— 0,0529	— 0,0397	0
X_{1u}	0	0,1239	0,1542	0,1225	0,0605	0
4. Feld	$l_4 \lambda_4 t_{31} = 6{,}00 \cdot 7{,}20 \cdot (-0{,}002814) = -0{,}12156$ $l_4 \lambda_4 t_{41} = 6{,}00 \cdot 7{,}20 \cdot 0{,}000739 = 0{,}03193$					
$z' l_4 \lambda_4 t_{31}$	0	— 0,0350	— 0,0467	— 0,0409	— 0,0233	0
$z\, l_4 \lambda_4 t_{41}$	0	0,0061	0,0107	0,0123	0,0092	0
X_{1u}	0	— 0,0289	— 0,0360	— 0,0286	— 0,0141	0
5. Feld	$l_5 \lambda_5 t_{41} = 5{,}00 \cdot 6{,}50 \cdot 0{,}000739 = 0{,}02402$ $l_5 \lambda_5 t_{51} = 5{,}00 \cdot 6{,}50 \cdot 0 = 0$					
$z' l_5 \lambda_5 t_{41}$	0	0,0046	0,0081	0,0092	0,0069	0
$z\, l_5 \lambda_5 t_{51}$	0	0	0	0	0	0
X_{1u}	0	0,0046	0,0081	0,0092	0,0069	0

Tabelle 101.

Ordinaten der Einflußlinie X_{2u} (Moment Stütze 2)						
$\frac{x}{l}$	0	0,2	0,4	0,6	0,8	1,0
z'	0	0,288	0,384	0,336	0,192	0
z	0	0,192	0,336	0,384	0,288	0
1. Feld	$l_1\,\lambda_1\,t_{02} = 5{,}00 \cdot 6{,}50 \cdot 0 = 0$					
	$l_1\,\lambda_1\,t_{12} = 5{,}00 \cdot 6{,}50 \cdot 0{,}010656 = 0{,}34632$					
$z' l_1\,\lambda_1\,t_{02}$	0	0	0	0	0	0
$z\, l_1\,\lambda_1\,t_{12}$	0	0,0665	0,1164	0,1330	0,0997	0
X_{2u}	0	0,0665	0,1164	0,1330	0,0997	0
2. Feld	$l_2\,\lambda_2\,t_{12} = 6{,}00 \cdot 7{,}20 \cdot 0{,}010656 = 0{,}46034$					
	$l_2\,\lambda_2\,t_{22} = 6{,}00 \cdot 7{,}20 \cdot (-0{,}040552) = -1{,}75185$					
$z' l_2\,\lambda_2\,t_{12}$	0	0,1326	0,1768	0,1547	0,0884	0
$z\, l_2\,\lambda_2\,t_{22}$	0	—0,3364	—0,5886	—0,6727	—0,5045	0
X_{2u}	0	—0,2038	—0,4118	—0,5180	—0,4161	0
3. Feld	$l_3\,\lambda_3\,t_{22} = 7{,}00 \cdot 7{,}00 \cdot (-0{,}040552) = -1{,}98705$					
	$l_3\,\lambda_3\,t_{32} = 7{,}00 \cdot 7{,}00 \cdot 0{,}010709 = 0{,}52474$					
$z' l_3\,\lambda_3\,t$	0	—0,5723	—0,7630	—0,6677	—0,3815	0
$z\, l_3\,\lambda_3\,t$	0	0,1008	0,1763	0,2015	0,1511	0
X_{2u}	0	—0,4715	—0,5867	—0,4662	—0,2304	0
4. Feld	$l_4\,\lambda_4\,t_{32} = 6{,}00 \cdot 7{,}20 \cdot 0{,}010709 = 0{,}46263$					
	$l_4\,\lambda_4\,t_{42} = 6{,}00 \cdot 7{,}20 \cdot (-0{,}002814) = -0{,}12139$					
$z' l_4\,\lambda_4\,t_{32}$	0	0,1333	0,1777	0,1555	0,0888	0
$z\, l_4\,\lambda_4\,t_{42}$	0	—0,0233	—0,0408	—0,0466	—0,0349	0
X_{2u}	0	0,1100	0,1369	0,1089	0,0539	0
5. Feld	$l_5\,\lambda_5\,t_{42} = 5{,}00 \cdot 6{,}50 \cdot (-0{,}002814) = 0{,}09146$					
	$l_5\,\lambda_5\,t_{52} = 5{,}00 \cdot 6{,}50 \cdot 0 = 0$					
$z' l_5\,\lambda_5\,t_{42}$	0	—0,0263	—0,0351	—0,0307	—0,0175	0
$z\, l_5\,\lambda_5\,t_{52}$	0	0	0	0	0	0
X_{2u}	0	—0,0263	—0,0351	—0,0307	—0,0175	0

Nachdem die Einflußlinien für die statisch unbestimmten Größen ermittelt sind, lassen sich auch die Einflußlinien für irgendwelche andere Größen leicht angeben. Wir bestimmen zunächst die Einflußlinie für den Stützendruck in der Stütze 1; es ist

$$C_{1un} = C_{1u} - \left(\frac{1}{l_1} + \frac{1}{l_2}\right) X_{1u} + \frac{X_{2u}}{l_2} = C_{1u} - \left(\frac{1}{5{,}00} + \frac{1}{6{,}00}\right) X_{1u} + \frac{X_{2u}}{6{,}00} =$$
$$= C_{1u} - 0{,}36667\, X_{1u} + 0{,}16667\, X_{2u}.$$

Dabei ist C_{1u} nur in den Feldern l_1 und l_2 von Null verschieden, so daß sich für C_{1un} die nachstehenden Werte ergeben (Abb. 242c):

Tabelle 102.

	$\frac{x}{l}$	C_{1u}	$-0{,}36667\ X_{1u}$	$0{,}16667\ X_{2u}$	C_{1un}
Stütze	0	0	0	0	0
1. Feld	0,2	0,2	0,0889	0,0111	0,3010
	0,4	0,4	0,1573	0,0194	0,5767
	0,6	0,6	0,1798	0,0222	0,8020
	0,8	0,8	0,1349	0,0166	0,9515
Stütze	1	1,0	0	0	1,0000
2. Feld	0,2	0,8	0,1468	—0,0340	0,9128
	0,4	0,6	0,1823	—0,0686	0,7137
	0,6	0,4	0,1443	—0,0863	0,4580
	0,8	0,2	0,0709	—0,0694	0,2015
Stütze	2	0	0	0	0
3. Feld	0,2	0	—0,0454	—0,0786	—0,1240
	0,4	0	—0,0565	—0,0978	—0,1543
	0,6	0	—0,0449	—0,0777	—0,1226
	0,8	0	—0,0222	—0,0384	—0,0606
Stütze	3	0	0	0	0
4. Feld	0,2	0	0,0106	0,0183	0,0289
	0,4	0	0,0131	0,0228	0,0359
	0,6	0	0,0105	0,0182	0,0287
	0,8	0	0,0052	0,0090	0,0142
Stütze	4	0	0	0	0
5. Feld	0,2	0	—0,0017	—0,0044	—0,0061
	0,4	0	—0,0030	—0,0059	—0,0089
	0,6	0	—0,0034	—0,0051	—0,0085
	0,8	0	—0,0025	—0,0029	—0,0054
Stütze	5	0	0	0	0

Wir zeigen weiters die Ermittlung der Einflußlinie für ein Biegungsmoment, und zwar wählen wir als Bezugspunkt s den zweiten Querschnitt im zweiten Feld, für welchen $\frac{x}{l_2} = 0{,}4$, $\frac{l_2 - x}{l_2} = 0{,}6$ beträgt.

Die Gl. (122, 77)

$$M_{sun} = M_{su} + \frac{(l_2 - x)\, X_{1u} + x\, X_{2u}}{l_2}$$

nimmt mit den angegebenen Werten für den Bezugspunkt s die Form a

$$M_{sun} = M_{su} + 0{,}6000\, X_{1u} + 0{,}4000\, X_{2u}.$$

Dabei ist M_{su}, das ist die Einflußlinie des Momentes für den Bezugspunkt s, nur im zweiten Feld von Null verschieden; es ist die bekannte Einflußlinie für das Biegungsmoment eines freiaufliegenden Trägers von der Stützweite l_2. Die Berechnung von M_{sun} gestaltet sich wie folgt:

Tabelle 103.

	$\frac{x}{l}$	M_{su}	$0{,}6000\ X_{1u}$	$0{,}4000\ X_{2u}$	M_{sun}
Stütze	0	0	0	0	0
1. Feld	0,2	0	— 0,1471	0,0266	— 0,1205
	0,4	0	— 0,2575	0,0466	— 0,2109
	0,6	0	— 0,2942	0,0532	— 0,2410
	0,8	0	— 0,2207	0,0399	— 0,1808
Stütze	1	0	0	0	0
2. Feld	0,2	0,7200	— 0,2403	— 0,0815	0,3982
	0,4	1,4400	— 0,2983	— 0,1647	0,9770
	0,6	0,9600	— 0,2362	— 0,2072	0,5166
	0,8	0,4800	— 0,1160	— 0,1664	0,1976
Stütze	2	0	0	0	0
3. Feld	0,2	0	0,0743	— 0,1886	— 0,1143
	0,4	0	0,0925	— 0,2347	— 0,1422
	0,6	0	0,0735	— 0,1865	— 0,1130
	0,8	0	0,0363	— 0,0922	— 0,0559
Stütze	3	0	0	0	0
4. Feld	0,2	0	— 0,0173	0,0440	0,0267
	0,4	0	— 0,0216	0,0548	0,0332
	0,6	0	— 0,0172	0,0436	0,0264
	0,8	0	— 0,0085	0,0216	0,0131
Stütze	4	0	0	0	0
5. Feld	0,2	0	0,0028	— 0,0105	— 0,0077
	0,4	0	0,0049	— 0,0140	— 0,0091
	0,6	0	0,0055	— 0,0123	— 0,0068
	0,8	0	0,0041	— 0,0070	— 0,0029
Stütze	5	0	0	0	0

Die Abb. 242d zeigt diese Einflußlinie.

Die Einflußlinie der Querkraft für die Stelle $\frac{x}{l} = 0{,}4$ im zweiten Feld ist im folgenden nach der Gl. (122, 76)

$$Q_{sun} = Q_{su} + \frac{X_{2u} - X_{1u}}{l_2}$$

mit $l_2 = 6{,}00$ m bestimmt (vgl. Abb. 242e).

Tabelle 104.

	$\frac{x}{l}$	0,16667 X_{1u}	0,16667 X_{2u}	0,16667 $(X_{2u} - X_{1u})$	Q_{su}	Q_{sun}
Stütze	0	0	0	0	0	0
1. Feld	0,2	−0,0409	0,0111	0,0520	0	0,0520
	0,4	−0,0715	0,0194	0,0909	0	0,0907
	0,6	−0,0817	0,0222	0,1039	0	0,1039
	0,8	−0,0613	0,0166	0,0779	0	0,0779
Stütze	1	0	0	0	0	0
2. Feld	0,2	−0,0668	−0,0339	0,0329	−0,2000	−0,1671
	0,4	−0,0829	−0,0686	0,0143	−0,4000	−0,3857
	0,4	−0,0829	−0,0686	0,0143	0,6000	0,6143
	0,6	−0,0656	−0,0863	−0,0207	0,4000	0,3793
	0,8	−0,0322	−0,0694	−0,0372	0,2000	0,1628
Stütze	2	0	0	0	0	0
3. Feld	0,2	0,0207	−0,0786	−0,0993	0	−0,0993
	0,4	0,0257	−0,0978	−0,1235	0	−0,1235
	0,6	0,0204	−0,0777	−0,0981	0	−0,0981
	0,8	0,0101	−0,0384	−0,0485	0	−0,0485
Stütze	3	0	0	0	0	0
4. Feld	0,2	−0,0048	0,0183	0,0231	0	0,0231
	0,4	−0,0060	0,0228	0,0288	0	0,0288
	0,6	−0,0048	0,0181	0,0229	0	0,0229
	0,8	−0,0024	0,0090	0,0114	0	0,0114
Stütze	4	0	0	0	0	0
5. Feld	0,2	0,0008	−0,0044	−0,0052	0	−0,0052
	0,4	0,0014	−0,0058	−0,0072	0	−0,0072
	0,6	0,0015	−0,0051	−0,0066	0	−0,0066
	0,8	0,0011	−0,0029	−0,0040	0	−0,0040
Stütze	5	0	0	0	0	0